浙江省土地质量地质调查行动计划系列成果
浙江省土地质量地质调查成果丛书

浙江省土壤元素背景值

ZHEJIANG SHENG TURANG YUANSU BEIJINGZHI

黄春雷　林钟扬　魏迎春　褚先尧　刘永祥　金　希
冯立新　汪一凡　解怀生　韦继康　刘　煜　龚瑞君　等著

中国地质大学出版社
ZHONGGUO DIZHI DAXUE CHUBANSHE

图书在版编目(CIP)数据

浙江省土壤元素背景值/黄春雷等著. —武汉:中国地质大学出版社,2023.10
ISBN 978-7-5625-5725-8

Ⅰ.①浙⋯　Ⅱ.①黄⋯　Ⅲ.①土壤环境-环境背景值-浙江　Ⅳ.①X825.01

中国国家版本馆CIP数据核字(2023)第249607号

| 浙江省土壤元素背景值 | 黄春雷　林钟扬　魏迎春　褚先尧　刘永祥　金　希 | 等著 |
| | 冯立新　汪一凡　解怀生　韦继康　刘　煜　龚瑞君 | |

责任编辑:唐然坤　　　　　选题策划:唐然坤　　　　　责任校对:徐蕾蕾
出版发行:中国地质大学出版社(武汉市洪山区鲁磨路388号)　　　邮政编码:430074
电　　话:(027)67883511　　传　　真:(027)67883580　　E-mail:cbb@cug.edu.cn
经　　销:全国新华书店　　　　　　　　　　　　　　　　　　http://cugp.cug.edu.cn
开本:880毫米×1230毫米 1/16　　　　　　　字数:665千字　　印张:21
版次:2023年10月第1版　　　　　　　　　　　　　　　　印次:2023年10月第1次印刷
印刷:湖北新华印务有限公司
ISBN 978-7-5625-5725-8　　　　　　　　　　　　　　　　　　　　定价:258.00元

如有印装质量问题请与印刷厂联系调换

《浙江省土壤元素背景值》编委会

领导小组

名誉主任	陈铁雄						
名誉副主任	黄志平	潘圣明	马　奇	张金根			
主　　任	陈　龙						
副 主 任	邵向荣	陈远景	胡嘉临	李家银	邱建平	周　艳	张根红
成　　员	邱鸿坤	孙乐玲	吴　玮	肖常贵	鲍海君	章　奇	龚日祥
	蔡子华	褚先尧	冯立新	唐小明	朱朝晖	龚新法	陈焕元
	蔡伟忠	陈齐刚	何蒙奎	王志国	张　军	吴　义	汪燕林
	汪拾金	汪晓亮	王卫青	金旭东	赵国法	张　帆	李桂来
	杨海波	张立勇	林　海	袁　波	金　丽	刘礼峰	李巨宝

编制技术指导组

组　　长	王援高						
副 组 长	董岩翔	孙文明	林钟扬				
成　　员	陈忠大	范效仁	严卫能	何蒙奎	龚新法	陈焕元	叶泽富
	陈俊兵	钟庆华	唐小明	何元才	刘道荣	李巨宝	欧阳金保
	陈红金	朱有为	孔海民	俞　洁	汪庆华	周国华	吴小勇

编辑委员会

主　　编	黄春雷	林钟扬	魏迎春	褚先尧	刘永祥	金　希	冯立新
	汪一凡	解怀生	韦继康	刘　煜	龚瑞君		
编　　委	陈焕元	殷汉琴	徐明星	周宗尧	康占军	张　翔	简中华
	龚冬琴	俞泊汀	黄永亮	裘　荣	王国贤	王其春	李润豪
	张水军	谢常才	张福平	王保欣	王长江	杨天森	孙朝阳
	管瑞哲	张达政	王岩国	阳　翔	王海宝	倪宋燕	宋明义
	胡艳华	傅俊鹤	潘锦勃	李春忠	刘炎良	闫铁生	张紫文
	郑晓伟	徐明忠	董旭明	邱施锋	余朕朕	梁倍源	郭星强
	郑基滋	周　漪	贾　飞	郑　文	潘卫丰	范燕燕	卢新哲
	林　楠	谷安庆	邵一先	杨　豪	李孟奇	傅野思	陈小磊
	刘　健	潘少军	梁　河	谢邦廷	陈　炳	林春进	郝　立

《浙江省土壤元素背景值》组织委员会

主办单位：
  浙江省自然资源厅
  浙江省地质院
  自然资源部平原区农用地生态评价与修复工程技术创新中心

协办单位：
  杭州市规划和自然资源局
  宁波市自然资源和规划局
  温州市自然资源和规划局
  湖州市自然资源和规划局
  嘉兴市自然资源和规划局
  绍兴市自然资源和规划局
  金华市自然资源和规划局
  衢州市自然资源和规划局
  舟山市自然资源和规划局
  台州市自然资源和规划局
  丽水市自然资源和规划局
  浙江省有色金属地质勘查院
  浙江省第三地质大队（浙江省核工业二六九大队）
  浙江省第七地质大队
  浙江省核工业二六二大队
  浙江省第十一地质大队
  浙江省水文地质工程地质大队
  浙江省海洋地质调查大队
  浙江省自然资源集团有限公司

承担单位：
  浙江省地质院
  浙江省地矿建设有限公司
  浙江省工程物探勘察设计院有限公司
  自然资源部平原区农用地生态评价与修复工程技术创新中心
  中国地质调查局农业地质应用研究中心
  浙江省水文地质工程地质大队
  浙江有色地勘集团有限公司

序 一

土地质量地质调查，是以地学理论为指导、以地球化学测量为主要技术手段，通过对土壤及相关介质（岩石、风化物、水、大气、农作物等）环境中有益和有害元素含量的测定，进而对土地质量的优劣做出评判的过程。2016年，浙江省国土资源厅（现为浙江省自然资源厅）启动了"浙江省土地质量地质调查行动计划（2016—2020年）"，并在"十三五"期间完成了浙江省85个县（市、区）的1∶5万土地质量地质调查（覆盖浙江省耕地全域），获得了20余项元素/指标近500万条土壤地球化学数据。

浙江省的地质工作历来十分重视土壤元素背景值的调查研究。早在20世纪60—70年代，浙江省就开展了全省1∶20万区域地质填图，对土壤中20余项元素/指标进行了分析；20世纪80年代，开展了浙江省1∶20万水系沉积物测量工作，分析了沉积物中30余项元素/指标；20世纪90年代末，开展了1∶25万多目标区域地球化学调查，分析了表层和深层土壤中50余项元素/指标；2016—2020年，开展了浙江省土地质量地质调查，系统部署了1∶5万土壤地球化学测量工作，重点分析了土壤中的有益元素（如N、P、K、Ca、Mg、S、Fe、Mn、Mo、B、Se、Ge等）和有害元素（如Cd、Hg、Pb、As、Cr、Ni、Cu、Zn等）。上述各时期的调查都进行了元素地球化学背景值的统计计算，早期的土壤元素背景值调查为本次开展浙江省土壤元素背景值研究奠定了扎实的基础。

元素地球化学背景值的研究，不仅具有重要的科学意义，同时也具有重要的应用价值。基于本轮土地质量地质调查获得的数百万条高精度土壤地球化学数据，结合1∶25万多目标区域地球化学调查数据，浙江省自然资源厅组织相关单位和人员对不同行政区、土壤母质类型、土壤类型、土地利用类型、水系流域类型、地貌类型和大地构造单元的土壤元素/指标的基准值和背景值进行了统计，编制了浙江省及11个设区市（杭州市、宁波市、温州市、湖州市、嘉兴市、绍兴市、金华市、衢州市、舟山市、台州市、丽水市）的"浙江省土地质量地质调查成果丛书"。

该丛书具有数据基础量大、样本体量大、数据质量高、元素种类多、统计参数齐全的特点，是浙江省土地质量地质调查的一项标志性成果，对深化浙江省土壤地球化学研究、支撑浙江省第三次全国土壤普查工作成果共享、推进相关地方标准制定和成果社会化应用均具有积极的作用。同时该丛书还具有公共服务性的特点，可作为农业、环保、地质等技术工作人员的一套"工具书"，能进一步提升各级政府管理部门、科研院所在相关工作中对"浙江土壤"的基本认识，在自然资源、土地科学、农业种植、土壤污染防治、农产品安全追溯等行政管理领域具有广泛的科学价值和指导意义。

值此丛书出版之际，对参加项目调查工作和丛书编写工作的所有地质科技工作者致以崇高的敬意，并表示热烈的祝贺！

中国科学院院士

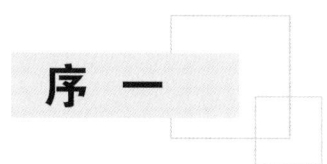

2023年10月

序 二

2002年，全国首个省部合作的农业地质调查项目落户浙江省，自此浙江省的农业地质工作犹如雨后春笋般不断开拓前行。农业地质调查成果支撑了土地资源管理，也服务了现代农业发展及土壤污染防治等诸多方面。2004—2005年，时任浙江省委书记习近平同志在两年间先后4次对浙江省的农业地质工作做出重要批示指示，指出"农业地质环境调查有意义，要应用其成果指导农业生产""农业地质环境调查有意义，应继续开展并扩大成果"。

近20年来，浙江省坚定不移地贯彻习近平总书记的批示指示精神，积极探索，勇于实践，将农业地质工作不断推向新高度。2016年，在实施最严格耕地保护政策、推动绿色发展和开展生态文明建设的时代背景下，浙江省国土资源厅（现为浙江省自然资源厅）立足于浙江省经济社会发展对地质工作的实际需求，启动了"浙江省土地质量地质调查行动计划（2016—2020年）"，旨在通过行动计划的实施，全面查明浙江省的土地质量现状，建立土地质量档案，推进成果应用转化，为实现土地数量、质量和生态"三位一体"管护提供技术支持。

本轮土地质量调查覆盖了浙江省85个县（市、区），历时5年完成，涉及18家地勘单位、10家分析测试单位，有近千名技术人员参加，取得了多方面的成果。一是查明了浙江省耕地土壤养分丰缺状况，土壤重金属污染状况和富硒、富锗土地分布情况，成为全国首个完成1∶5万精度县级全覆盖耕地质量调查的省份；二是采用"文-图-卡-码-库五位一体"表达形式，建成了浙江省1000万亩（1亩≈666.67m^2）永久基本农田示范区土地质量地球化学档案；三是汇集了土壤、水、生物等750万条实测数据，建成了浙江省土地质量地质调查数据库与管理平台；四是初步建立了2000个浙江省耕地质量地球化学监测点；五是圈定了334万亩天然富硒土地、680万亩天然富锗土地，并编制了相关区划图；六是圈出了约2575万亩清洁土地，建立了最优先保护和最优先修复耕地类别清单。

立足于地学优势、以中大比例尺精度开展的浙江省土地质量地质调查在全国尚属首次。此次调查积累了大量的土壤元素含量实测数据和相关基础资料，为全省土壤元素地球化学背景的研究奠定了坚实基础。浙江省及11个设区市的土壤元素背景值研究是浙江省土地质量地质调查行动计划取得的一项重要基础性研究成果，该研究成果的出版将全面更新浙江省的土地（土壤）资料，大大提升浙江省土地科学的研究程度，也将为自然资源"两统一"职责履行、生态安全保障提供重要的基础支撑，从而助力乡村振兴，助推共同富裕示范区建设。

浙江省土地质量地质调查行动计划是迄今浙江省乃至全国覆盖范围最广、调查精度最高的县级尺度土壤地球化学调查行动计划。基于调查成果编写而成的"浙江省土地质量地质调查成果丛书"，具有数据样本量大、数据质量高、元素种类多、统计参数全的特点，实现了土壤学与地学的有机融合，是对数十年来浙江省土壤地球化学调查工作的系统总结，也是全面反映浙江省土壤元素环境背景研究的最新成果。该丛书可供地质、土壤、环境、生态、农学等相关专业技术人员以及有关政府管理部门和科研院校参考使用。

原浙江省国土资源厅党组书记、厅长

陈铁雄

2023年10月

前言

土壤元素背景值一直是国内外学者关注的重点。20世纪70年代,国家"七五"重点科技攻关项目建立了全国41个土类60余种元素的土壤背景值,并出版了《中国土壤环境背景值图集》。同期,农业部(现为农业农村部)主持完成了我国13个省(自治区、直辖市)主要农业土壤及粮食作物中几种污染元素背景值研究,建立了我国主要粮食生产区土壤与粮食作物背景值。21世纪初,国土资源部(现为自然资源部)中国地质调查局与有关省(自治区、直辖市)联合,在全国范围内部署开展了1∶25万多目标区域地球化学调查工作,累计完成调查面积260余万 km²,相继出版了部分省(自治区、直辖市)或重要区域的多目标区域地球化学图集,发布了区域土壤背景值与基准值研究成果。不同时期各地各部门大量的研究学者针对各地区情况陆续开展了大量背景值调查研究工作,获得的宝贵数据资料为区域背景值研究打下了坚实基础。

土壤元素背景值是指在一定历史时期、特定区域内,不受或者很少受人类活动和现代工业污染影响(排除局部点源污染影响)的土壤元素与化合物的含量水平,是一种原始状态或近似原始状态下的物质丰度,也代表了地质演化与成土过程发展到特定历史阶段,土壤与各环境要素之间物质和能量交换达到动态平衡时元素与化合物的含量状态。土壤元素背景值是制定土壤环境质量标准的重要依据。元素背景值研究必须具备3个条件:一是要有一定面积区域范围的系统调查资料;二是要有统一的调查采样与测试分析方法;三是要有科学的数理统计方法。多年来浙江省的土地质量地质调查(含1∶25万多目标区域地球化学调查)工作均符合上述元素背景值研究条件,为浙江省级、市级土壤元素背景值研究提供了充分必要条件。

浙江省陆域面积10.34万 km²。2002—2018年,浙江省共完成1∶25万多目标区域地球化学调查8.37万 km²。项目由浙江省地质调查院(现为浙江省地质院)、中国地质科学院地球物理地球化学勘查研究所、浙江省水文地质工程地质大队承担,共采集分析20 130件表层土壤样品、5001件深层土壤样品。样品测试由中国地质科学院地球物理地球化学勘查研究所实验测试中心承担,分析测试了 Ag、As、Au、B、Ba、Be、Bi、Br、Cd、Ce、Cl、Co、Cr、Cu、F、Ga、Ge、Hg、I、La、Li、Mn、Mo、N、Nb、Ni、P、Pb、Rb、S、Sb、Sc、Se、Sn、Sr、Th、Ti、Tl、U、V、W、Y、Zn、Zr、SiO_2、Al_2O_3、TFe_2O_3、MgO、CaO、Na_2O、K_2O、TC、Corg、pH 共54项元素/指标,获取分析数据136万条。2016—2020年,浙江省系统开展了11个设区市土地质量地质调查工作,全省按照平均10件/km²的采样密度,共采集235 262件表层土壤样品,分析测试了 As、B、Cd、Co、Cr、Cu、Ge、Hg、Mn、Mo、N、Ni、P、Pb、Se、V、Zn、K_2O、Corg 和 pH 共20项元素/指标,获取分析数据470万条。项目由浙江省地质调查院、浙江省有色金属地质勘查局、浙江省地质矿产研究所、浙江省第一地质大队、浙江省第三地质大队、浙江省第四地质大队、浙江省第七地质大队、浙江省第九地质大队、浙江省第十一地质大队、浙江省水文地质工程地质大队、浙江省地球物理地球化学勘查院、中煤浙江检测技术有限公司、中化地质矿山总局浙江地质勘查院、中国建筑材料工业地质勘查中心浙江总队、中国冶金地质总局浙江地质勘查院、湖北省地质局第八地质大队、江西省地质调查研究院和江西省核工业地质局测试研究中心18家单位承担,样品测试由河南省岩石矿物测试中心、湖北省地质实验测试中心、湖南省地质实验测试中心、华北有色(三河)燕郊中心实验室有限公司、浙江省地质矿产研究所、江苏地质矿产设计研究院、辽宁省地质矿产研究院有限责任公司、自然资源部南昌矿产资源监督检测中心、中化地质矿山总局中心实验室和承德华勘五一四地矿测试研究有限公司10家单位承担。严格按照相关规范要求,开展样品采集与测试分析,从而确保调查数据质量,通过数据整理、分布形态检验、异常值剔除等,进行了土壤元素背景值参数的统计与计算。

浙江省土壤元素背景值是浙江省土地质量地质调查(含1∶25万多目标区域地球化学调查)的集成性、标志性成果之一,而《浙江省土壤元素背景值》的出版不仅为地方土壤环境标准制定、环境演化研究与生态修复等提供了最新基础数据,也填补了省级土壤元素背景值研究的空白。

本书共分为5章。第一章区域概况,简要介绍了浙江省自然地理与社会经济概况、区域地质背景、土壤资源与土地利用,由龚瑞君、魏迎春、黄春雷、解怀生等执笔;第二章数据基础及研究方法,详细介绍了项目工作的数据来源、质量监控及土壤元素背景值的计算方法,由解怀生、龚瑞君、林钟扬、魏迎春等执笔;第三章土壤地球化学基准值,介绍了浙江省土壤地球化学基准值,由韦继康、林钟扬、金希、汪一凡、黄春雷、褚先尧等执笔;第四章土壤元素背景值,介绍了浙江省土壤元素背景值,由刘煜、刘永祥、黄春雷、汪一凡、林钟扬、解怀生等执笔;第五章土壤地球化学分区与应用,介绍了浙江省土壤地球化学分区与应用,由魏迎春、褚先尧、冯立新、黄春雷、金希等执笔;全书由黄春雷、林钟扬、魏迎春、解怀生负责统稿,褚先尧、刘永祥、金希负责校稿。

《浙江省土壤元素背景值》一书是2016年以来开展的浙江省土地质量地质调查行动计划众多成果的深化和拓展,凝聚了一大批地质科技工作者及有关工作人员的心血,在编写过程中得到浙江省生态环境厅、浙江省农业农村厅、浙江省生态环境监测中心、浙江省耕地质量与肥料管理总站、浙江省国土整治中心、浙江省自然资源调查登记中心等单位的大力支持与帮助。中国地质调查局奚小环教授级高级工程师、中国地质科学院地球物理地球化学勘查研究所周国华教授级高级工程师、中国地质大学(北京)杨忠芳教授、浙江大学翁焕新教授等对本书内容提出了诸多宝贵意见和建议。在此,对给予帮助、支持的所有人员表示衷心的感谢和祝福。

本书力求全面介绍浙江省土地质量地质调查工作(含1∶25万多目标区域地球化学调查)在土壤元素背景值研究方面的成果,但由于土壤环境的复杂性和影响土壤元素背景值因素的多样性,加之受水平所限,书中难免存在不足之处,有些问题也尚待深入研究。敬请各位专家和同仁不吝赐教,批评指正!

著 者

2023年6月

目 录

第一章 区域概况 (1)

 第一节 自然地理与社会经济概况 (1)
  一、自然地理 (1)
  二、社会经济概况 (2)
 第二节 区域地质背景 (4)
  一、区域地质 (4)
  二、矿产资源 (7)
  三、水文地质 (8)
 第三节 土地资源与土地利用 (9)
  一、土壤母质类型 (9)
  二、土壤类型 (11)
  三、土壤酸碱性 (14)
  四、土壤有机质 (14)
  五、土地利用现状 (17)

第二章 数据基础及研究方法 (19)

 第一节 1∶25万多目标区域地球化学调查 (19)
  一、样品布设与采集 (21)
  二、分析测试与质量控制 (22)
 第二节 1∶5万土地质量地质调查 (24)
  一、样点布设与采集 (28)
  二、分析测试与质量监控 (29)
 第三节 土壤元素背景值研究方法 (31)
  一、概念与约定 (31)
  二、参数计算方法 (31)
  三、统计单元划分 (32)
  四、数据处理与背景值确定 (37)

第三章 土壤地球化学基准值 (38)

 第一节 各行政区土壤地球化学基准值 (38)
  一、浙江省土壤地球化学基准值 (38)
  二、杭州市土壤地球化学基准值 (38)

三、宁波市土壤地球化学基准值 …………………………………………………………………………（43）
　　四、温州市土壤地球化学基准值 …………………………………………………………………………（43）
　　五、绍兴市土壤地球化学基准值 …………………………………………………………………………（48）
　　六、湖州市土壤地球化学基准值 …………………………………………………………………………（48）
　　七、嘉兴市土壤地球化学基准值 …………………………………………………………………………（51）
　　八、金华市土壤地球化学基准值 …………………………………………………………………………（51）
　　九、衢州市土壤地球化学基准值 …………………………………………………………………………（56）
　　十、台州市土壤地球化学基准值 …………………………………………………………………………（61）
　　十一、舟山市土壤地球化学基准值 ………………………………………………………………………（61）
第二节　主要土壤母质类型地球化学基准值 …………………………………………………………………（66）
　　一、松散岩类沉积物土壤母质地球化学基准值 …………………………………………………………（66）
　　二、古土壤风化物土壤母质地球化学基准值 ……………………………………………………………（66）
　　三、碎屑岩类风化物土壤母质地球化学基准值 …………………………………………………………（71）
　　四、碳酸盐岩类风化物土壤母质地球化学基准值 ………………………………………………………（71）
　　五、紫色碎屑岩类风化物土壤母质地球化学基准值 ……………………………………………………（71）
　　六、中酸性火成岩类风化物土壤母质地球化学基准值 …………………………………………………（76）
　　七、中基性火成岩类风化物土壤母质地球化学基准值 …………………………………………………（76）
　　八、变质岩类风化物土壤母质地球化学基准值 …………………………………………………………（83）
第三节　主要土壤类型地球化学基准值 ………………………………………………………………………（83）
　　一、黄壤土壤地球化学基准值 ……………………………………………………………………………（83）
　　二、红壤土壤地球化学基准值 ……………………………………………………………………………（88）
　　三、粗骨土土壤地球化学基准值 …………………………………………………………………………（88）
　　四、石灰岩土土壤地球化学基准值 ………………………………………………………………………（88）
　　五、紫色土土壤地球化学基准值 …………………………………………………………………………（95）
　　六、水稻土土壤地球化学基准值 …………………………………………………………………………（95）
　　七、潮土土壤地球化学基准值 ……………………………………………………………………………（100）
　　八、滨海盐土土壤地球化学基准值 ………………………………………………………………………（100）
　　九、基性岩土土壤地球化学基准值 ………………………………………………………………………（100）
第四节　主要土地利用类型地球化学基准值 …………………………………………………………………（107）
　　一、水田土壤地球化学基准值 ……………………………………………………………………………（107）
　　二、旱地土壤地球化学基准值 ……………………………………………………………………………（107）
　　三、园地土壤地球化学基准值 ……………………………………………………………………………（112）
　　四、林地土壤地球化学基准值 ……………………………………………………………………………（112）
第五节　主要水系流域地球化学基准值 ………………………………………………………………………（117）
　　一、鳌江流域土壤地球化学基准值 ………………………………………………………………………（117）
　　二、飞云江流域土壤地球化学基准值 ……………………………………………………………………（117）
　　三、椒江流域土壤地球化学基准值 ………………………………………………………………………（122）
　　四、瓯江流域土壤地球化学基准值 ………………………………………………………………………（122）
　　五、钱塘江流域土壤地球化学基准值 ……………………………………………………………………（122）
　　六、苕溪流域土壤地球化学基准值 ………………………………………………………………………（129）
　　七、甬江流域土壤地球化学基准值 ………………………………………………………………………（129）
　　八、运河流域土壤地球化学基准值 ………………………………………………………………………（134）

九、独流入海流域土壤地球化学基准值 ······ (134)

第六节 主要地貌单元土壤地球化学基准值 ······ (134)
 一、浙北平原区土壤地球化学基准值 ······ (134)
 二、浙东南沿海岛屿与丘陵港湾平原区土壤地球化学基准值 ······ (139)
 三、浙东丘陵盆地区土壤地球化学基准值 ······ (139)
 四、浙中丘陵盆地区土壤地球化学基准值 ······ (146)
 五、浙西北山地丘陵区土壤地球化学基准值 ······ (146)
 六、浙南山地区土壤地球化学基准值 ······ (151)

第七节 主要大地构造单元地球化学基准值 ······ (151)
 一、江南古岛弧土壤地球化学基准值 ······ (151)
 二、江山-绍兴对接带土壤地球化学基准值 ······ (151)
 三、丽水-余姚结合带土壤地球化学基准值 ······ (156)
 四、温州-舟山陆缘弧土壤地球化学基准值 ······ (156)
 五、武夷地块土壤地球化学基准值 ······ (163)
 六、浙北周缘前陆盆地土壤地球化学基准值 ······ (163)
 七、浙西被动陆缘盆地土壤地球化学基准值 ······ (163)

第四章 土壤元素背景值 ······ (171)

第一节 各行政区土壤元素背景值 ······ (171)
 一、浙江省土壤元素背景值 ······ (171)
 二、杭州市土壤元素背景值 ······ (171)
 三、宁波市土壤元素背景值 ······ (176)
 四、温州市土壤元素背景值 ······ (176)
 五、绍兴市土壤元素背景值 ······ (181)
 六、湖州市土壤元素背景值 ······ (181)
 七、嘉兴市土壤元素背景值 ······ (186)
 八、金华市土壤元素背景值 ······ (186)
 九、衢州市土壤元素背景值 ······ (191)
 十、台州市土壤元素背景值 ······ (191)
 十一、丽水市土壤元素背景值 ······ (196)
 十二、舟山市土壤元素背景值 ······ (196)

第二节 主要土壤母质类型元素背景值 ······ (200)
 一、松散岩类沉积物土壤母质元素背景值 ······ (200)
 二、古土壤风化物土壤母质元素背景值 ······ (200)
 三、碎屑岩类风化物土壤母质元素背景值 ······ (200)
 四、碳酸盐岩类风化物土壤母质元素背景值 ······ (205)
 五、紫色碎屑岩类风化物土壤母质元素背景值 ······ (205)
 六、中酸性火成岩类风化物土壤母质元素背景值 ······ (212)
 七、中基性火成岩类风化物土壤母质元素背景值 ······ (212)
 八、变质岩类风化物土壤母质元素背景值 ······ (212)

第三节　主要土壤类型元素背景值 ………………………………………………………………… (219)
　　一、黄壤土壤元素背景值 ……………………………………………………………………… (219)
　　二、红壤土壤元素背景值 ……………………………………………………………………… (219)
　　三、粗骨土土壤元素背景值 …………………………………………………………………… (219)
　　四、石灰岩土土壤元素背景值 ………………………………………………………………… (224)
　　五、紫色土土壤元素背景值 …………………………………………………………………… (224)
　　六、水稻土土壤元素背景值 …………………………………………………………………… (231)
　　七、潮土土壤元素背景值 ……………………………………………………………………… (231)
　　八、滨海盐土土壤元素背景值 ………………………………………………………………… (231)
　　九、基性岩土土壤元素背景值 ………………………………………………………………… (238)

第四节　主要土地利用类型元素背景值 …………………………………………………………… (238)
　　一、水田土壤元素背景值 ……………………………………………………………………… (238)
　　二、旱地土壤元素背景值 ……………………………………………………………………… (243)
　　三、园地土壤元素背景值 ……………………………………………………………………… (243)
　　四、林地土壤元素背景值 ……………………………………………………………………… (243)

第五节　主要水系流域土壤元素背景值 …………………………………………………………… (250)
　　一、鳌江流域土壤元素背景值 ………………………………………………………………… (250)
　　二、飞云江流域土壤元素背景值 ……………………………………………………………… (250)
　　三、椒江流域土壤元素背景值 ………………………………………………………………… (250)
　　四、瓯江流域土壤元素背景值 ………………………………………………………………… (255)
　　五、钱塘江流域土壤元素背景值 ……………………………………………………………… (255)
　　六、苕溪流域土壤元素背景值 ………………………………………………………………… (255)
　　七、甬江流域土壤元素背景值 ………………………………………………………………… (262)
　　八、运河流域土壤元素背景值 ………………………………………………………………… (262)
　　九、独流入海流域土壤元素背景值 …………………………………………………………… (269)

第六节　主要地貌单元土壤元素背景值 …………………………………………………………… (269)
　　一、浙北平原区土壤元素背景值 ……………………………………………………………… (269)
　　二、浙东南沿海岛屿与丘陵港湾平原区土壤元素背景值 …………………………………… (269)
　　三、浙东丘陵盆地区土壤元素背景值 ………………………………………………………… (276)
　　四、浙中丘陵盆地区土壤元素背景值 ………………………………………………………… (276)
　　五、浙西北山地丘陵区土壤元素背景值 ……………………………………………………… (276)
　　六、浙南山地区土壤元素背景值 ……………………………………………………………… (283)

第七节　主要大地构造单元土壤元素背景值 ……………………………………………………… (283)
　　一、江南古岛弧土壤元素背景值 ……………………………………………………………… (283)
　　二、江山-绍兴对接带土壤元素背景值 ……………………………………………………… (288)
　　三、丽水-余姚结合带土壤元素背景值 ……………………………………………………… (288)
　　四、温州-舟山陆缘弧土壤元素背景值 ……………………………………………………… (288)
　　五、武夷地块土壤元素背景值 ………………………………………………………………… (295)
　　六、浙北周缘前陆盆地土壤元素背景值 ……………………………………………………… (295)
　　七、浙西被动陆缘盆地土壤元素背景值 ……………………………………………………… (295)

第五章 土壤地球化学分区与应用 (303)

第一节 土壤地球化学分区 (303)
一、浙北平原地球化学区（Ⅰ） (303)
二、浙西北山地丘陵地球化学区（Ⅱ） (306)
三、浙中丘陵地球化学区（Ⅲ） (309)
四、浙中盆地地球化学区（Ⅳ） (311)
五、浙南山地地球化学区（Ⅴ） (312)
六、浙东南沿海地球化学区（Ⅵ） (313)

第二节 土壤地球化学分区的应用 (315)
一、在土地质量地球化学监测区划分中的应用 (315)
二、在土壤重金属污染生态风险评价中的应用 (318)

主要参考文献 (322)

第一章 区域概况

第一节 自然地理与社会经济概况

一、自然地理

1. 地理位置

浙江省地处中国东南沿海,东望东海,西接安徽与江西,南临福建,北接上海和江苏,地跨北纬27°02′—31°11′,东经118°01′—123°10′,因钱塘江蜿蜒曲折,穿省而过,古称之江、折江,又为浙江。浙江省现设杭州市、宁波市、温州市、湖州市、嘉兴市、绍兴市、金华市、衢州市、舟山市、台州市、丽水市11个地级市,37个市辖区,20个县级市,33个县(其中1个自治县)。

浙江省陆域面积10.34万km^2,占全国陆域面积的1.1%,东西和南北的直线距离均为450km左右。其中,山地占74.63%,水域占5.05%,平坦地占20.32%,故有"七山一水二分田"之说。浙江省海域面积26万km^2,海岸线总长6 486.24km,占中国海岸线总长的20.3%,居全国首位,面积大于500m^2的海岛有2878个,大于10km^2的海岛有26个,是全国岛屿最多的省份。

2. 地形地貌

浙江省地势由西南向东北倾斜,山脉自西南向东北为大致平行的3支。西北支从浙赣交界的怀玉山伸展成天目山、千里岗山等;中支从浙闽交界的仙霞岭延伸成四明山、会稽山、天台山,入海成舟山群岛;东南支从浙闽交界的洞宫山延伸成大洋山、括苍山、雁荡山。丽水龙泉市境内海拔1929m的黄茅尖为浙江最高峰。浙江省地形复杂,可分为浙北平原区、浙西北山地丘陵区、浙东丘陵盆地区、浙中丘陵盆地区、浙南山地区、浙东南沿海岛屿与丘陵港湾平原区六大地貌分区(图1-1)。

3. 水文气候

境内水系主要有钱塘江、瓯江、灵江、苕溪、甬江、飞云江、鳌江、曹娥江八大水系和京杭大运河浙江段。钱塘江是浙江省内第一大江,有南、北两源,北源从源头至河口入海处全长668km,其中在浙江省境内长425km;南源从源头至河口入海处全长612km,均在浙江省境内。湖泊主要有杭州西湖、嘉兴南湖、宁波东钱湖、绍兴东湖四大名湖,以及新安江水电站建成后形成的全省最大人工湖泊千岛湖等。浙江省主要流域及水系分布如图1-2所示。

浙江省地处亚热带中部,属季风性湿润气候,气温适中,四季分明,光照充足,雨量丰沛。年平均气温在15~18℃之间,年日照时长在1100~2200h之间,年平均降水量在1100~2000mm之间。1月、7月分别为全年

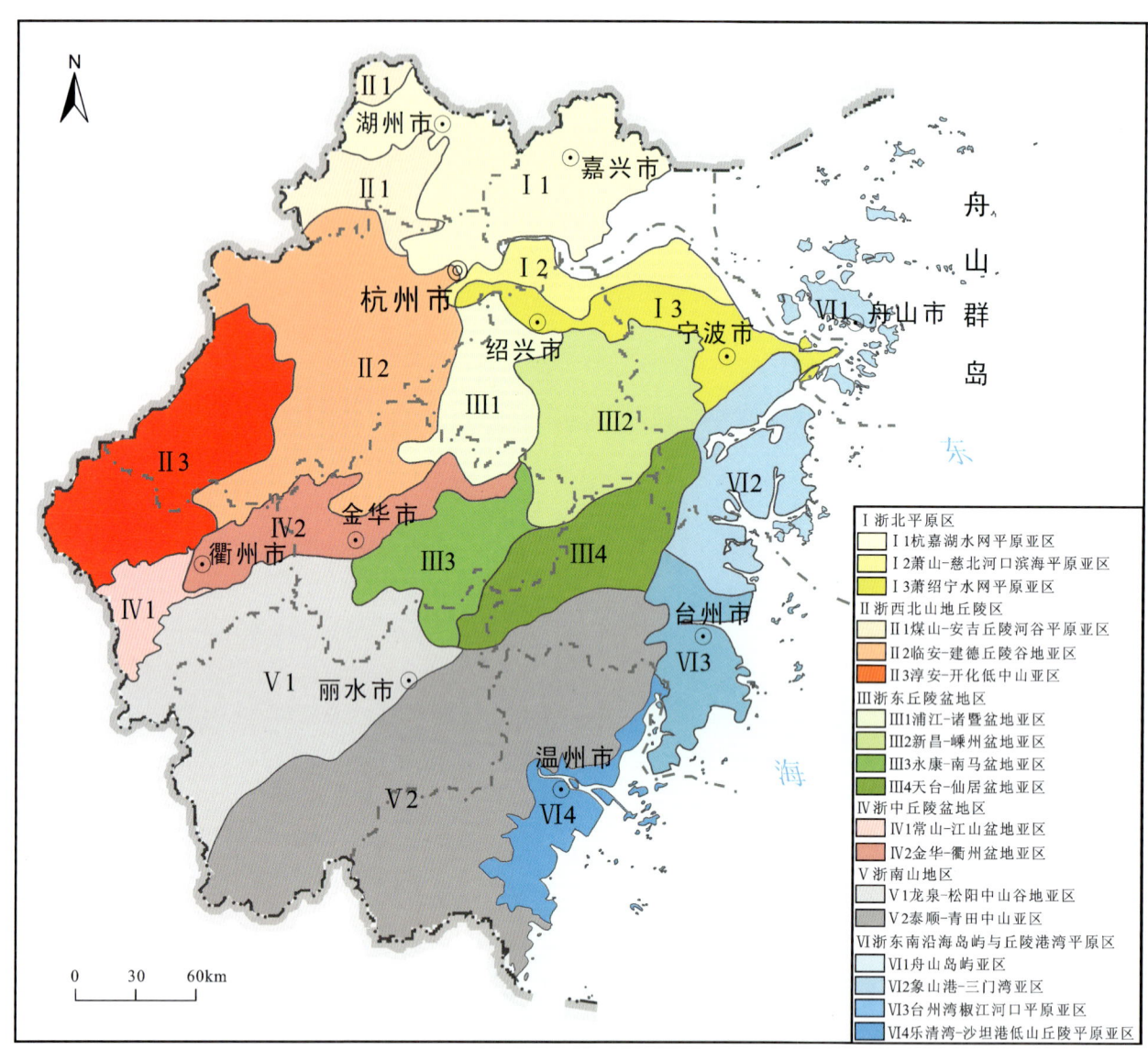

图 1-1 浙江省地貌分区图(据浙江省地质调查院,2005)

气温最低和最高的月份,5月、6月为集中降雨期。因受海洋和东南亚季风影响,浙江省冬、夏两季盛行风向有显著变化,降水有明显的季节变化,气候资源配置多样。同时,受西风带和东风带天气系统的双重影响,气象灾害繁多,是我国受台风、暴雨、干旱、寒潮、大风、冰雹、冻害、龙卷风等灾害影响较为严重的地区之一。

二、社会经济概况

浙江省是中国省内经济发展程度差异最小的省份之一,杭州市、宁波市、绍兴市、温州市是浙江省的四大经济支柱,其中杭州市和宁波市地区生产总值长期位居中国地市级地区生产总值前20位。

(一)综合情况

据浙江省人民政府数据,2022年浙江省地区生产总值为 77 715 亿元,比上年增长 3.1%。第一、二、三产业增加值分别为 2325 亿元、33 205 亿元、42 185 亿元,比 2021 年分别增长 3.2%、3.4%、2.8%,三次产业增加值结构为 3.0∶42.7∶54.3。截至 2022 年末,浙江省常住人口为 6577 万人,人均地区生产总值为 118 496 元,比上年增长 2.2%。

第一章 区域概况

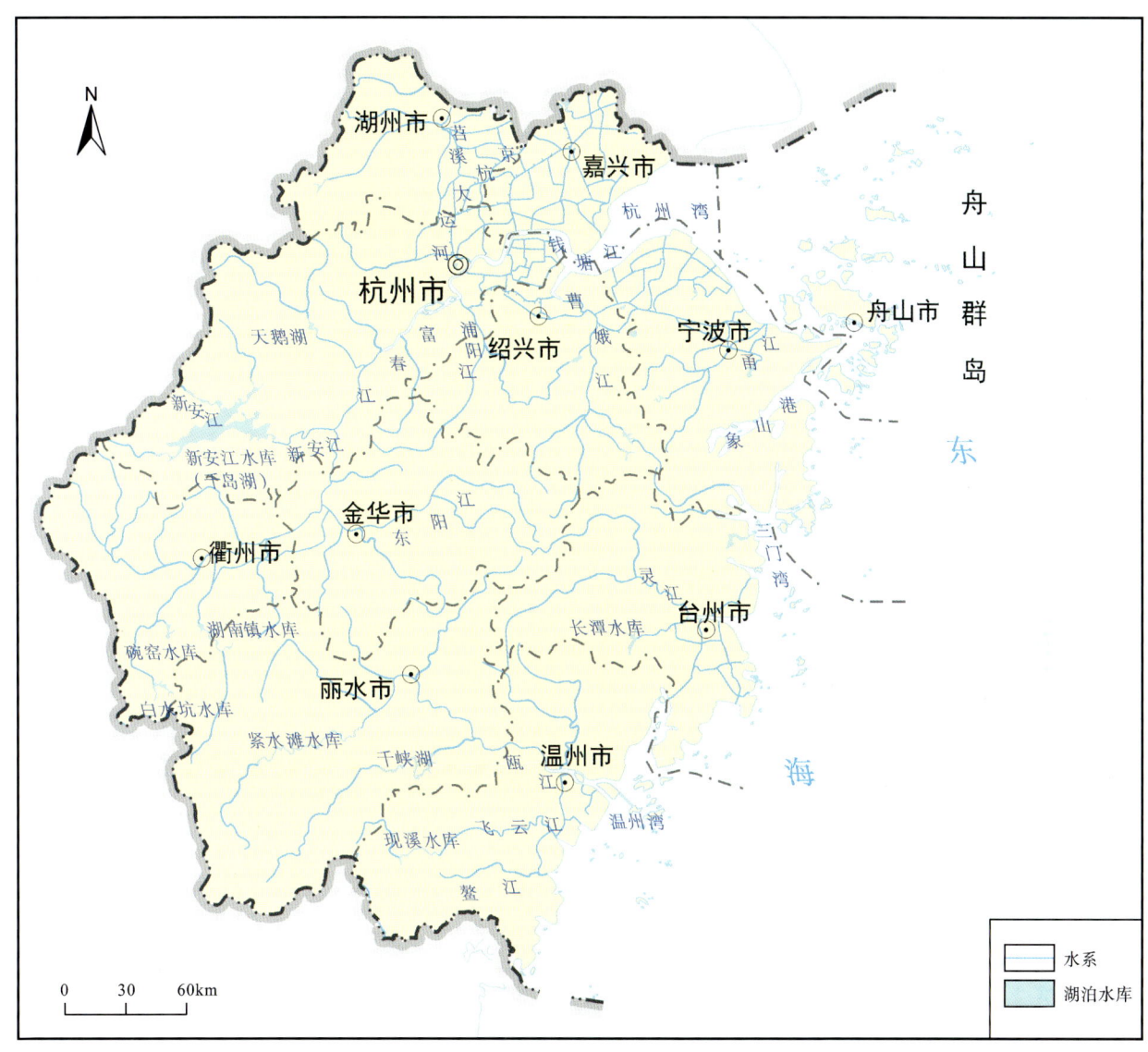

图1-2 浙江省主要流域及水系分布图(据符宁平等,2009)

2022年浙江省经济运行总体保持恢复态势,以新产业、新业态、新模式为主要特征的"三新"经济增加值占浙江省地区生产总值的28.1%。数字经济核心产业增加值8977亿元,比上年增长6.3%。在战略性新兴产业中,新能源、生物、新能源汽车、新一代信息技术产业增加值,比上年分别增长24.8%、10.0%、9.4%和9.3%。全员劳动生产率为19.9万元/人,比上年提高2.2%;规模以上工业劳动生产率为29.6万元/人,比上年提高4.2%。一般公共预算收入8039亿元,总量居全国第3位,其中税收收入6620亿元,占一般公共预算收入的82.3%,收入质量居全国前列。全年服务业增加值42 185亿元,比上年增长2.8%,拉动浙江省地区生产总值增长1.5个百分点,对经济增长贡献率为50.4%。民营经济增加值占全省生产总值的比例为67%。

(二)农业方面

1. 主要农产品稳产保供

2022年浙江省粮食播种面积102万hm²,比上年增长1.4%,总产量621万t,与上年基本持平,油菜籽播种面积 1.24 万 hm^2，比上年增长 3.4%；蔬菜比上年增长 1.0%，中药材比上年下降 1.6%；瓜果类 8.37 万 hm^2，比上年下降 4.5%。水产品总产量 648 万 t，比上年增长 3.6%。

2. 农业现代化效果显现

高标准建设现代农业园区和粮食生产功能区。累计创建 90 个省级现代农业园区，严格保护好 810 万亩粮食生产功能区，农业"双强"行动持续推进，农作物耕种收综合机械化率达 76.5% 以上。新育成 83 种省级认定农业新品种，推广 97 种新品种；新认定 537 种绿色食品，新建 10 个国家农产品地理标志保护工程，累计 40 个；新建 10 个省级精品绿色农产品基地，累计 45 个。

（三）人民生活和保障

2022 年，浙江省全体、城镇、农村居民人均可支配收入分别为 60 302 元、71 268 元和 37 565 元，分别比上年增长 4.8%、4.1% 和 6.6%，扣除价格因素，实际分别比上年增长 2.5%、1.9% 和 4.3%。城乡居民收入比为 1.90∶1，比上年降低（2021 年为 1.94∶1）。全省低收入农户人均可支配收入 18 899 元，其中，山区 26 个县低收入农户人均可支配收入 17 329 元，比上年增长 15.8%，增速比全省低收入农户平均水平高 1.2 个百分点。全年居民人均生活消费支出 38 971 元，比上年增长 6.3%，扣除价格因素，增长 4.0%。按常住地分，城镇居民人均生活消费支出为 44 511 元，比上年增长 5.5%，农村居民人均生活消费支出 27 483 元，比上年增长 8.1%，扣除价格因素，分别增长 3.2% 和 5.8%。

第二节　区域地质背景

浙江省横跨扬子、华夏两大构造板块，经历了漫长的地质历史过程，形成了复杂丰富的地质构造、较为齐全完整的岩石地层系统、规模宏大的岩浆-火山岩以及独具特色的矿产资源。

一、区域地质

（一）岩石地层

浙江省地处中国东部沿海地区，自古元古界至第四系发育齐全，尤以晚中生代火山岩系发育最有特色。以江山-绍兴拼合带为界，浙东南最早地层为八都岩群中深变质岩，构成浙江省最古老的陆壳，变质作用主要发生在古元古代和早中生代，缺失中元古代、新元古代和早古生代地层。浙西北地层出露完整，最早的青白口纪区内形成一套火山-沉积岩建造；南华纪到晚奥陶世，为稳定的浅海—滨浅海和台地，形成一套碎屑-碳酸盐岩建造；奥陶纪到志留纪，地壳变动剧烈，形成一套以复理石-类复理石建造为主的碎屑岩。浙江省早、中泥盆世地层缺失，从晚泥盆世开始，进入统一的陆内环境，浙东南和浙西北的地层发育逐渐趋同。晚泥盆世至早三叠世，区内形成陆棚碳酸盐台地—滨海含煤碎屑建造，由于构造破坏，其在浙东南仅有零星出露。中三叠世，区内由于地壳抬升导致地层缺失。早三叠世至晚侏罗世，区内发育一系列河湖相碎屑含煤建造。晚中生代，区内构造活动十分强烈，形成丰富的火山-沉积岩石组合。新生代之后，沿浙东沿海发育古近系、新近系海湾潮坪碎屑岩组合和河湖相含煤碎屑-火山岩组合。第四系广泛发育，形成冲积—洪积相和海陆交互相沉积组合。浙江省主要岩石地层分布如图 1-3 所示。

第一章 区域概况

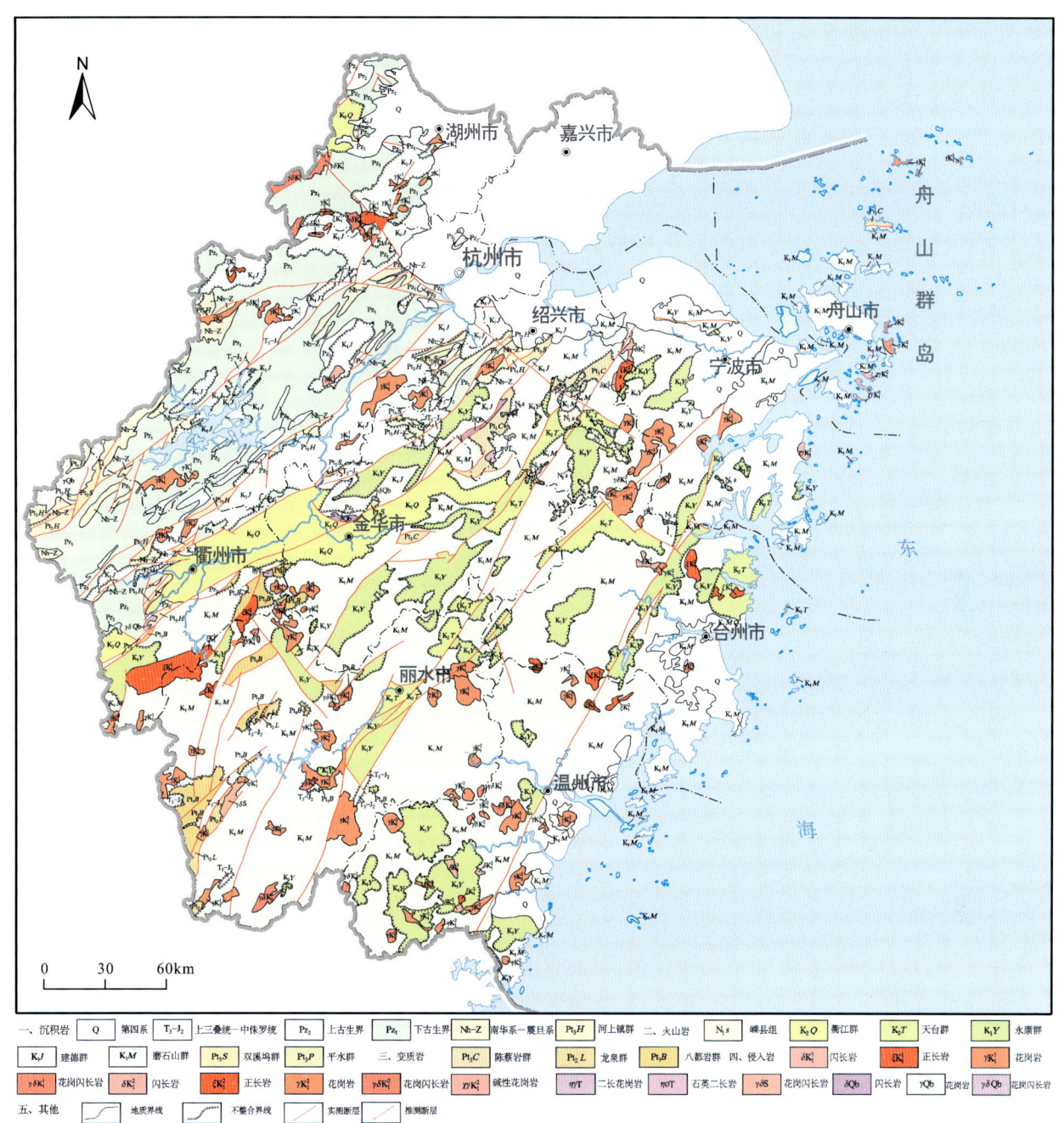

图 1-3 浙江省地质简图(据浙江省地质调查院,2017)

(二)岩浆岩与火山岩

浙江省岩浆活动频繁,分布广泛,其中侵入岩岩石种类繁多。据统计,浙江省各类侵入岩体共计 1400 余个,累计出露面积约 6430 km²,约占浙江省陆域总面积的 6.22%。特别是中生代侵入岩分布最为广泛,是东亚濒西太平洋岩浆活动带的重要组成部分;火山岩出露面积达 42 250 km²,占浙江省基岩面积的 53.38%,岩石类型较为齐全,自超基性至酸性、碱性岩类均有出露。

岩浆岩具有多期侵入、多旋回活动的特征,可划分为新元古代早期、新元古代晚期、早古生代、早中生代、晚中生代和新生代 6 个旋回。新元古代早期岩浆活动强烈,发育钙碱性的海相细碧角斑岩组合与陆相玄武岩和酸性火山岩系,侵入岩以中酸性岩为主,少量为基性岩。新元古代早期和早古生代岩浆活动较弱,无大规模火山活动和岩浆侵入发育。早中生代火山活动微弱,侵入岩较为发育,有基性辉绿岩墙及酸性花岗岩及偏碱性正长岩类等。晚中生代岩浆活动十分强烈,火山构造发育,火山岩相齐全,形成大量高钾钙碱性系列岩石组合,玄武岩、英安岩、流纹岩和花岗岩类发育,晚期出现碱性岩石。新生代岩浆活动亦较为强烈,火山岩以碱性系列为主,夹少量大陆拉斑玄武系列,侵入岩包括超基性岩、基性岩和碱性岩等。

(三)变质岩

浙江省变质岩包括区域变质岩、动力变质岩、接触变质岩和气液变质岩等多种类型,其中以区域变质岩分布最广泛,出露面积约 $2100km^2$,约占浙江省陆域面积的 2%。

浙江区域变质岩在时间上具有明显的旋回性特征,根据区域变质岩石的原岩时代可分为古元古代、新元古代、新元古代—早古生代、晚古生代 4 期变质岩。不同时期变质作用的变质程度和变质岩存在较大的差异。古元古代变质岩为八都岩群和鹤溪岩组,变质程度为角闪岩相到麻粒岩相,主要岩性有片麻岩、片岩、变粒岩、浅粒岩、泥质麻粒岩、紫苏花岗岩和片麻状花岗岩等,由于该时期地壳的热流值较高,变质作用伴随强烈的塑性流变和深熔作用,变质岩中条带状构造和混合岩化普遍发育。新元古代时期,区内主要发生了弧陆碰撞造山,区域变质作用不明显,仅为低绿片岩相,该时期动力变质作用强烈,形成碎裂岩、糜棱岩、构造片(麻)岩等动力变质岩。早古生代晚期—晚古生代早期,区内经历了陆陆碰撞造山,区域变质作用和动力变质作用均十分强烈,该时期区域变质岩主要为陈蔡俯冲增生杂岩和龙泉俯冲增生杂岩,岩性包括榴闪岩、斜长角闪岩、大理岩、片岩、片麻岩、变粒岩和浅粒岩等,变质程度达绿片岩相—角闪岩相,局部可达榴辉岩相,动力变质岩包括碎裂岩、糜棱岩和构造片(麻)岩等,以构造片(麻)岩发育为特征。早中生代时期,区内经历了陆内造山,变质作用强烈,该时期变质作用叠加在古元古代变质作用之上,该时期的变质岩和变质相与古元古代的均较难区分,普遍认为变质程度可达角闪岩相。

(四)构造地质

浙江省区域构造主体呈北东-南西向展布(图 1-4),自浙西北向浙东南依次为 3 个一级构造单元,6 个二级构造单元,7 个三级构造单元。

1. 扬子克拉通(Ⅰ)

扬子克拉通(也称杨子陆块区)由江南造山系与华南洋弧陆碰撞形成,可分为浙北周缘前陆盆地(Ⅰ-1)、江南古岛弧(Ⅰ-2)、浙西被动陆缘盆地(Ⅰ-3)3 个二级构造单元。浙北周缘前陆盆地位于昌化-普陀断裂带以北,可进一步分为安吉-长兴周缘前陆盆地(Ⅰ-1-1)和杭州-嘉兴周缘前陆盆地(Ⅰ-1-2)两个三级构造单元。江南古岛弧(Ⅰ-2)位于扬子克拉通西部,下庄-石柱韧性剪切带以西三级构造单元有苏庄古岩浆弧(Ⅰ-2-1)。浙西被动陆缘盆地(Ⅰ-3)位于江山-绍兴对接带西北、昌化-普陀断裂带以南,可进一步分为新安被动陆缘盆地(Ⅰ-3-1)、千里岗前陆盆地(Ⅰ-3-2)、龙门山古岛弧(Ⅰ-3-3)3 个三级构造单元。

2. 江山-绍兴对接带(Ⅱ)

青白口纪末至中泥盆世,古华南洋与武夷地块持续俯冲-碰撞,北西侧扬子克拉通与南东侧武夷地块发生强烈的挤压碰撞,形成了江山-绍兴对接带。

3. 华夏造山系(Ⅲ)

华夏造山系又称浙东南造山系,中志留世古华南洋南支发生萎缩,武夷地块和东南地块先后发生陆陆碰撞,形成了武夷地块(Ⅲ-1)、丽水-余姚结合带(Ⅲ-2)和温州-舟山陆缘弧(Ⅲ-3)3 个二级构造单元,其中温州-舟山陆缘弧以温州-镇海断裂为界可进一步划分为泰顺-奉化岩浆弧(Ⅲ-3-1)和平阳-普陀岩浆弧(Ⅲ-3-2)两个三级构造单元。

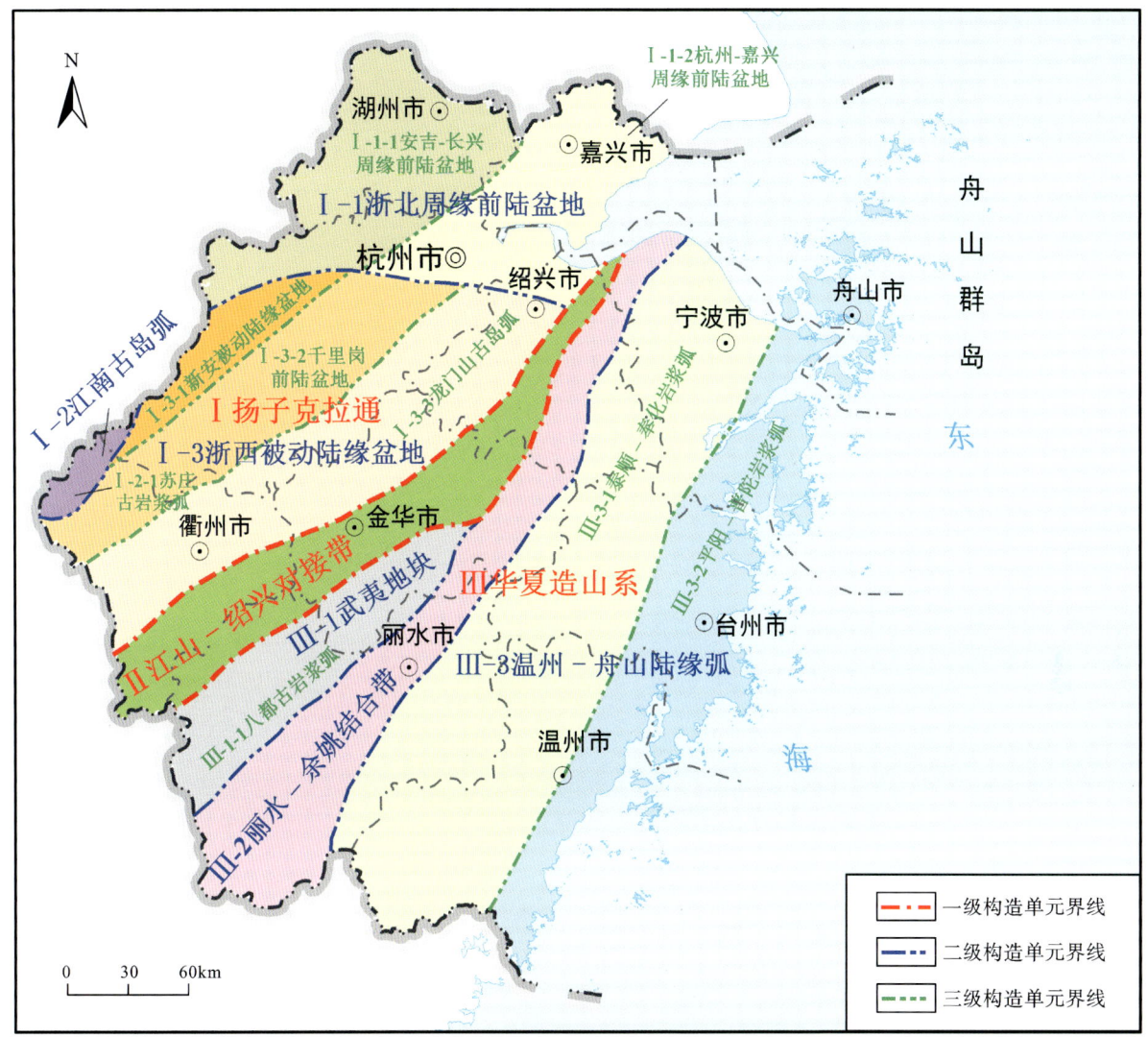

图1-4 浙江省大地构造分布简图(据浙江省地质调查院,2019)

二、矿产资源

根据《2022年浙江省矿产资源储量通报》,浙江省已发现矿种113种,探明储量的有67种,矿产资源总体特征表现为"非金属矿产丰富、金属矿产不足、能源矿产匮乏"。

以萤石、明矾石、叶蜡石、伊利石、硅灰石、沸石、石灰石、花岗岩、大理岩、珍珠岩和高岭土、膨润土、硅藻土为代表的"十块石头三把土"非金属矿是浙江省的优势矿产资源,其中叶蜡石、明矾石、单一萤石、伊利石、硅藻土、沸石、硅灰石、高岭土、大理岩、珍珠岩和膨润土等的探明储量亦均居全国前列。明矾石、叶蜡石以大中型矿床为主,主要集中在浙南地区;萤石主要分布在浙中武义、永康、东阳、金华地区,矿床成群产出;膨润土规模大,质量好,开发早,集中分布在浙西北侏罗系—白垩系的火山-火山碎屑沉积盆地中;沸石主要分布在丽水地区以火山碎屑沉积岩为主的白垩系盆地中,矿化范围广,资源潜力大;硅藻土仅分布在浙东嵊州、新昌境内的新近系玄武岩层间,层位稳定,厚度巨大,资源储量丰富。

金属矿产总体贫乏,仅有铅、锌、钼、铜、金、银等矿产是浙江省潜在的优势矿种,储量略丰富。矿床规模多数为小型或矿点,少数可达大中型,如遂昌治岭头金银多金属矿、黄岩五部铅锌矿达大型规模,余杭闲林埠铁钼矿、绍兴漓渚铁钼矿、绍兴平水铜矿、建德岭后铜矿、诸暨七湾铅锌矿、天台大岭口银铅锌矿、龙泉乌岙铅锌矿和青田石平川钼矿等属中型矿床。

煤炭、石油、天然气等能源矿产紧缺,仅二叠系龙潭煤系形成较有工业意义的煤矿,主要分布在浙北地区的长广煤田中。

三、水文地质

据赋存条件、含水介质的水理性质、岩性,浙江省地下水可划分为松散岩类孔隙水(孔隙水)、红色碎屑岩类孔隙裂隙水(红层水)、碳酸盐岩类裂隙溶洞水(岩溶水)和基岩裂隙水(基岩水)四大类型。

1. 松散岩类孔隙水

松散岩类孔隙水可分为河谷孔隙潜水、滨海平原孔隙潜水、孔隙承压水3类。

河谷孔隙潜水:主要分布于浙江省八大水系及其主要支流的河谷或山间盆地内,总面积约2472km²。含水层主要由全新统冲积、洪冲积砂砾石,含黏性土砂砾石(厚度3~10m)和中更新统含黏性土砂砾石组成。河谷孔隙潜水储存空间较广阔,渗透性能强,补给充沛,水量丰富,水质好,溶解性总固体(TDS)含量一般小于0.1g/L,水化学类型为HCO_3-Ca、$HCO_3-Ca·Na$型。

滨海平原孔隙潜水:分布于滨海平原表部,总面积约18 169km²,含水层由全新统海积、冲海积和冲湖积亚黏土、黏土、亚砂土等组成,透水性差,水量极贫乏,一般4~8m以浅为淡水,水化学类型以HCO_3-Na、$Cl·HCO_3-Na·Mg$型为主。

孔隙承压水:分布于浙北、浙东南滨海平原地区,包括杭嘉湖、宁绍、温黄、温瑞平苍平原以及三门湾、乐清湾等地,总面积约17 192km²。含水层主要由更新统冲积砂砾石、含砾砂、中细砂组成,可划分为Ⅰ、Ⅱ、Ⅲ三个承压含水组。第Ⅰ、Ⅱ含水组可划分为两个含水层,第Ⅲ含水组则可划分为3个含水层。含水层分布规律、岩性、厚度的变化受到古河道演变和展布方向控制,富水性受到古河道规模及其展布制约。孔隙承压水水质较为复杂。

2. 红色碎屑岩类孔隙裂隙水

红色碎屑岩类孔隙裂隙水分布于金衢盆地等全省50多个白垩纪和晚侏罗世断陷盆地及火山盆地中,面积约8810km²。含水岩组为一套内陆河湖相红色碎屑岩夹少量火山岩。单井涌水量一般100~300m³/d,最大可达500~1000m³/d。水质具垂直分带性,100m以浅TDS含量大多小于1g/L,水化学类型多为$HCO_3-Na·Ca$型;100m以深TDS含量在1~6g/L之间,水化学类型多为$SO_4·HCO_3-Na·Ca$、$SO_4—Na$型。

3. 碳酸盐岩类裂隙溶洞水

碳酸盐岩类裂隙溶洞水主要分布于浙西北地区,面积约3130km²。富水性受构造及岩溶发育程度控制。三叠系—石炭系厚层状纯质灰岩组成的岩溶水含水岩组中岩溶发育,在向斜谷地及构造复合部位,水量丰富,钻孔涌水量可达3000m³/d以上。寒武系、震旦系、奥陶系泥质灰岩、白云质灰岩组成的岩溶水含水岩组因岩性不纯,岩溶发育较差且不均一,富水性差异较大,水量一般为贫乏至较丰富,在构造破碎带、岩溶发育地段单井涌水量可达1000~2000m³/d。岩溶水水质良好,TDS含量小于0.5g/L,水化学类型为HCO_3-Ca、$HCO_3-Ca·Mg$型。

4. 基岩裂隙水

基岩裂隙水广泛分布于丘陵山区,面积约66 500km²。含水岩组包括碎屑岩、火山岩和变质岩等,透水性差,水量较贫乏,仅在石英砂岩、安山玢岩等分布区的地貌有利地段及断裂破碎带相对富水,或构成储水构造,单井涌水量可达300m³/d。基岩裂隙水均为低矿化淡水,TDS含量一般小于0.5g/L,水化学类型为HCO_3-Ca、$HCO_3-Ca·Na$型。许多地段偏硅酸、锶含量达到国家饮用天然矿泉水标准。

第三节　土地资源与土地利用

一、土壤母质类型

土壤母质是地表岩石经过表生作用所形成的疏松风化物,是土壤的原始物质来源,因此成土母质对母岩具有较强的承袭性。根据浙江省的岩性特征、沉积构造环境、岩石化学类型等分布特点,本书将浙江省土壤母质划分为松散岩类沉积物、古土壤风化物、碎屑岩类风化物、碳酸盐岩类风化物、紫色碎屑岩类风化物、中酸性火成岩类风化物、中基性火成岩类风化物及变质岩类风化物 8 个大类,根据岩性特征进一步细分为 36 个小类。36 个小类土壤母质的分布特征见图 1-5,主要土壤母质特征如下。

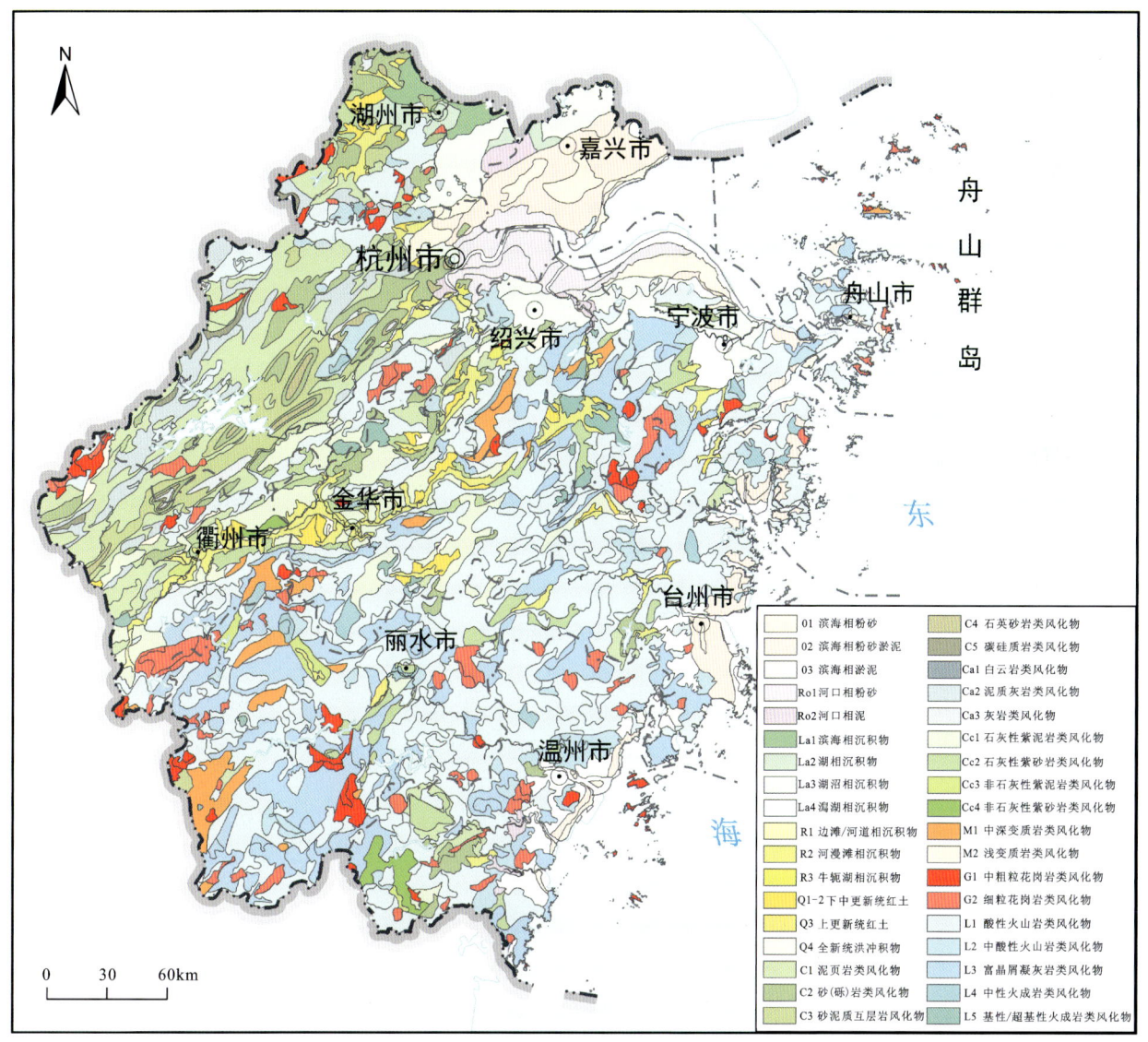

图 1-5　浙江省不同土壤母质分布图(据浙江省地质调查院,2005)

1. 松散岩类沉积物

湖沼相淤泥：主要分布于杭嘉湖平原、宁绍平原。沉积物均匀细腻，以淤泥为主，深度 1m 沉积体内常有数厘米厚的泥炭层，属低能还原环境。沉积物包括潟湖相沉积物、湖沼相沉积物、牛轭湖相沉积物等。

河口相粉砂、淤泥：主要分布于钱塘江两岸的海宁、萧山、绍兴、上虞、慈溪等地。沉积物分选性好，沉积层理清晰，含易溶盐、游离碳酸钙镁。

滨海相粉砂：主要分布于海宁、海盐、平湖等地。沉积物以细砂、粉砂为主，富含分选性极好的石英砂和贝壳碎片。

滨海相粉砂淤泥：主要分布于桐乡、嘉兴、海宁、平湖等地，属潮间带沉积物，以细粉砂、淤泥为主。

河流相冲积、冲（洪）积沉积物：主要分布在衢州、金华、绍兴、湖州等地，主要受流域中上游洪积、冲积物影响，形成以砂、砾、粉砂质为主的沉积物。

2. 古土壤风化物

红土、网纹红土等古土壤风化物：主要分布于金衢盆地、杭嘉湖平原等区域，主要包含更新统红土。沉积物以红色砂、粉砂、淤泥为主。

3. 碎屑岩类风化物

泥页岩类风化物：分布于浙西北开化—淳安—临安、常山—建德—富阳一带，形成于古生代。岩石类型为页岩、泥岩、粉砂岩、钙质及硅质泥岩等，硬度低，易风化，易侵蚀。

砂（砾）岩类风化物：分布于常山—建德—杭州、安吉—长兴一带，形成于古生代和中生代。岩石类型主要为砂岩、砂砾岩，碎屑物为石英、长石，抗风化能力较强。

石英砂岩类风化物：主要分布于杭州、长兴、建德、桐庐、富阳等地，形成于古生代（西湖组、珠藏坞组）。岩石类型为石英砂岩，碎屑物分选较好，成分以石英为主，抗风化能力强。

碳硅质岩类风化物：仅出露于开化、临安、德清等地，形成于新元古代—早古生代（蓝田组、荷塘组、皮园村组、胡乐组）。岩石类型为硅质岩、泥质硅质岩，质地坚硬，抗风化能力强。

4. 碳酸盐岩类风化物

白云岩类风化物：呈条带状零星分布于浙西，以陡山沱组、灯影组、超峰组地层为主。主要岩石类型为白云岩、白云质灰岩、泥岩、硅质岩，矿物以白云石、方解石为主。

泥质灰岩类风化物：分布于常山、淳安、临安、杭州、德清、海宁等地，形成于古生代寒武纪至早奥陶世。岩石类型为泥质灰岩、白云质灰岩，矿物成分以方解石为主，伴白云石。

灰岩类风化物：主要分布于华埠—杭州、安吉—长兴一带，形成于晚古生代（黄龙组、船山组、栖霞组、长兴组、青龙组等）。岩石类型以块状灰岩为主，矿物为方解石，易溶蚀。

5. 紫色碎屑岩类风化物

石灰性紫泥岩类风化物：分布于衢州、金华等地，形成时代为白垩纪（劳村组、寿昌组、横山组、馆头组、朝川组、金华组）。岩石类型以钙质粉砂岩、泥岩为主，碎屑物有石英、云母等，固结程度差，易风化，易侵蚀。

石灰性紫砂岩类风化物：分布于金衢、武义、常山盆地，形成于侏罗纪—白垩纪（马涧组、渔山尖组、馆头组、朝川组、方岩组、塘上组、衢县组）。矿物成分主要为岩屑，易风化，易侵蚀。

非石灰性紫色泥岩类风化物：分布于金华、诸暨、浦江、龙泉、黄岩等地的中生代盆地中（劳村组、寿昌组、横山组、金华组）。岩石类型为砂岩、泥岩、页岩，矿物成分为石英、云母、岩屑。

非石灰性紫色砂岩类风化物：分布于长兴、奉化、浦江、金华、泰顺等中生代陆相盆地中（衢县组、中戴组、朝川组、方岩组）。岩石类型以砂岩、砂砾岩为主，岩石松脆，易风化，易侵蚀。

6. 中酸性火成岩类风化物

酸性火山岩类风化物：分布于浙东南地区，主要岩性为中生界上侏罗统—下白垩统（上墅组、劳村组、黄尖组、寿昌组、大爽组、西山头组、九里坪组、塘上组等）流纹质凝灰岩、流纹岩、霏细岩等，基质致密，抗风化能力强。

中酸性火山岩类风化物：零星分布于浙北和浙东地区，如温州永嘉—乐清、苍南—平阳、桐庐、临海、奉化等地区。主要岩石类型有英安（流纹）质熔结凝灰岩、英安玢岩等。

细粒花岗岩类风化物：主要分布于遂昌、新昌、瑞安、缙云、三门等地。岩石类型有细粒钾长花岗岩、二长花岗岩、花岗闪长岩等。

中粗粒花岗岩类风化物：主要分布于景宁（全称为景宁畲族自治县，简称景宁县）、奉化、宁海、温州、富阳、临安等地。岩石类型有钾长花岗岩、二长花岗岩、花岗闪长岩等。矿物成分主要为石英、长石、云母。岩石极易风化，结构性弱，易侵蚀。

中性火成岩类风化物：分布于临安、奉化、宁海、临海、乐清、苍南等地，形成于中生代（黄尖组、祝村组、西山头组）。岩石类型有安山岩、粗面岩、粗安岩、闪长岩、英安质凝灰岩、英安岩等，成分以斜长石为主，较酸性火山岩类易风化。

7. 中基性火成岩类风化物

中基性火成岩类风化物：主要包括基性、中基性侵入岩类风化物及玄武岩类等中基性喷出岩类风化物。零星分布于新昌、嵊州、武义、江山等地。岩石类型为玄武岩、辉长岩等。主要矿物成分为斜长石、辉石、角闪石。岩石质地均匀细致，易风化。

8. 变质岩类风化物

中深变质岩类风化物：分布于江山-绍兴断裂带南东侧的诸暨、龙泉、龙游、遂昌、庆元等地，形成于元古宙（八都岩群、陈蔡岩群）。岩石类型有片麻岩、片岩、角闪岩等，暗色矿物（黑云母、角闪石等）含量高，易风化。

二、土壤类型

浙江省地貌类型多样，受生物、气候自然条件及人类开发种植活动等因素影响，浙江省湿润气候带土壤发育较成熟，类型多样，并具有明显的地带性和垂直分带性。

1979—1985年第二次全国土壤普查结果表明，浙江省土壤类型主要有黄壤、红壤、粗骨土、石灰岩土、紫色土、水稻土、潮土、滨海盐土、基性岩土9个土类，依据第二次全国土壤普查分类原则，9个土类细分为22个亚类，102个土属（表1-1，图1-6）。

黄壤多分布在中、低山区，母质层风化差，母岩特性较明显，土体较坚实，缺乏多孔性和松脆性，土体厚度较红壤薄。质地一般多为粉砂质壤土或黏壤土，较红壤质地更粗，粉砂性较显著，粉黏比为1.34~2.94。黄壤具强酸性，pH一般小于5.5。

红壤是面积最大的土壤类型，为发育较好的铁铝土，主要分布山地丘陵上。土层深厚，质地黏重，多为壤质黏土，土壤矿物质的风化度高，粉黏比多在0.83~0.98之间，红壤酸性强，表层pH在5.5~6.0之间。

粗骨土广泛分布于易受侵蚀的陡坡地段。成土母质为各种岩类的残积物，土体较厚。细土质地为砂质壤土至砂质黏壤土，土体中60%以上为砾石和砂粒，显粗骨性。粗骨土一般呈强酸性、酸性，少数呈微酸性，pH多数小于5.0，土壤侵蚀严重。

石灰岩土由碳酸盐岩类风化物发育而成。碳酸盐岩的风化过程是一个溶蚀过程，所以石灰岩土土体与母岩之间的界线清楚，其间基本无母质层发育。在成土过程中，碳酸钙（镁）被淋溶，真正的成土物质来源于碳酸盐岩中所含的杂质。因此，石灰岩土一般质地黏重，保水保肥性好，矿质营养物质丰富，有效性阳离子交换量、盐基饱和度高。土壤发育一般处于幼年阶段。

紫色土主要分布于区内的丘陵阶地上，一般由区内（钙质）紫红色、暗紫红色碎屑岩风化物发育形成。土壤成熟度较低，尚未显示明显富铝化作用，表层保持钙质新风化体的特征。土壤剖面发育极为微弱，土体浅薄，质地随母质不同而异，从砂质壤土至壤质黏土均有，粉黏比在0.8～1.6之间，粉砂性较突出。土壤结构性差，易遭冲刷，水土流失严重。pH随不同母质而异，一般在5.0～7.5之间。

表1-1　浙江省土壤类型分类表

土类	亚类	土属
黄壤	黄壤	砂泥质山黄泥、山黄黏泥、山黄泥砂土
	山黄泥土	山黄泥土
红壤	红壤	黄筋泥、砂黏质红泥、红松泥、红泥土、红黏泥
	黄红壤	亚黄筋泥、黄泥土、黄红泥土、沙黏质黄泥、黄黏泥、潮红土
	红壤性土	红粉泥土、油红泥、灰黄泥土
	饱和红壤	棕红泥
	棕红壤	棕黄棕泥、亚棕黄筋泥
粗骨土	酸性粗骨土	白砂土、白岩砂土、片岩砂土、红砂土、黄泥骨、硅藻白土
	中性粗骨土	石砂土
石灰岩土	黑色石灰土	黑油泥、碳质黑泥土
	棕色石灰土	油黄泥、油红黄泥
紫色土	石灰性紫色土	紫砂土、红紫砂土
	酸性紫色土	酸性紫砂土
水稻土	淹育水稻土	红砂田、黄筋泥田、红泥田、黄泥田、黄油泥田、钙质紫泥田、酸性紫泥田、红紫泥田、棕泥田、湖松田、白泥田、江粉泥田、江涂泥田、滨海砂田、淤泥田
	渗育水稻土	培泥砂田、白粉泥田、棕黄筋泥田、棕粉泥田、泥砂田、小粉田、湖成白土田、并松泥田、黄松田、淡涂泥田
	潴育水稻土	洪积泥砂田、黄粉泥田、紫泥砂田、红紫泥田、棕泥田、老黄筋泥田、泥质田、黄斑田、黄砂塥田、硬泥田、粉泥田、老淡涂泥田
	脱潜水稻土	黄斑青紫泥田、黄斑青粉泥田、黄斑青泥田、黄斑青紫塥田、青紫泥田、青粉泥田、青紫塥田
	潜育水稻土	烂浸田、烂泥田、烂青紫泥田、烂塘田、烂青泥田
潮土	灰潮土	洪积泥砂土、清水砂、培泥砂土、泥砂土、潮泥土、堆叠土、粉泥土、砂岗砂土、淡涂泥、滨海砂土
滨海盐土	滨海盐土	涂泥、咸泥、滩涂泥
	潮滩盐土	粗粉砂涂、泥涂、砂涂、黏涂
基性岩土	基性岩土	棕泥土

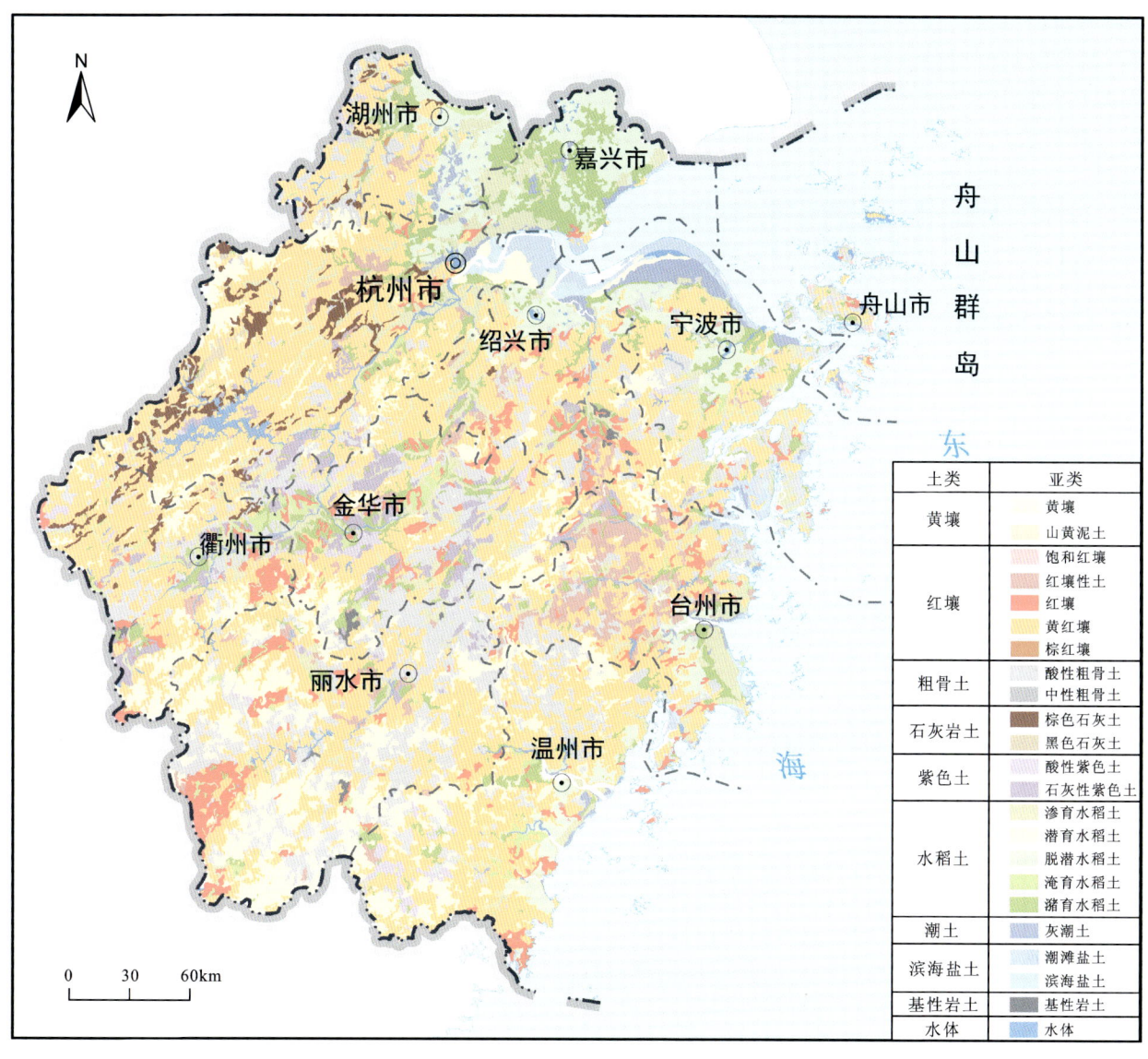

图 1-6 浙江省不同土壤类型分布图（据浙江省地质调查院，2005）

水稻土是在各种自然土壤的基础上，经长期的水耕熟化、定向培育而形成的一种特殊的农业土壤类型，广泛分布于平原地区和河流谷地中。长期的淹水植稻彻底改变了原来土壤的氧化还原状况，频繁、强烈的干湿交替使得土壤有机质的组成、结构和分解、累积强度发生了明显变化，并引起了可溶性物质和胶体物质的迁移转化，使土壤形态和性质发生了重大改变，形成了水稻土独有的剖面形态特征。水稻土主要分布在浙北地区、滨海平原与盆地、河谷平原，土壤大多呈微酸性或中性。水网平原、滨海平原以粉砂质壤土、粉砂质黏壤土至粉砂质黏土为主，盆谷地以砂质壤土、壤土、黏壤土居多。常见的几种亚类为淹育水稻土、渗育水稻土、潴育水稻土、脱潜水稻土、潜育水稻土。

潮土受地下水水位升降和地表水下渗的双重影响，Fe、Mn元素发生频繁的氧化还原交替，土体中出现有上稀下密的铁锰斑纹或结核。土壤反应近中性，pH 一般为 6.5～7.5。土层上部多已脱盐淡化，遇久旱，土体仍易返盐。土层深厚，质地适中，但因受盐分障碍影响，植物生长较差，生物累积微弱，剖面发育较差。

滨海盐土分布于钱塘江边的滩涂上。母质为近期浅海及河口交互相沉积物，土层厚达数米。其中，涂泥分布在钱塘江河口潮间带内，因仍常受海、潮水浸渍，土壤含盐量在 0.4%～0.6% 之间，含盐量上高下低。除原沉积层次外，土壤剖面基本没有分异，结构差，多呈单粒状，养分贫乏，基本没有耕作利用价值。

咸泥分布在涂泥内侧及灰潮土外侧新围垦的滨海平原上,土壤在围垦利用后因不再受海、潮水的浸渍影响,脱盐作用明显加速,深度1m内土体中全盐的平均含量已降至约0.12%。土壤剖面已有初步分异,土壤肥力有所提高,但石灰性反应仍然强烈,pH约为7.5,质地轻,多为砂壤土。

基性岩土多由第三纪(古近纪+新近纪)玄武岩风化残坡积物发育而成,主要分布在新昌-嵊州盆地内玄武岩台地边缘,在武义宣城、江山等地也有小面积分布,分布面积较小。因基性岩土分布于台地边缘,土壤冲刷强烈,致使土壤发育成熟度低,土体厚度一般为50cm左右,湿土呈灰棕色至暗棕色,表土层疏松,含少量有机质和砾石,质地为壤质黏土,土壤呈微酸性至中性。

三、土壤酸碱性

土壤酸碱性是土壤诸多化学性质的综合反映,是土壤理化性质的一项重要指标。土壤中几乎所有的反应和过程都与土壤酸碱性有关,包括土壤重金属元素的活性,有机质的合成与分解,氮、磷等养分元素的有效性及转化释放,元素的迁移,微生物的活动等。它对土壤的一系列性质甚至整个生态环境都有着重要的影响,而土壤酸碱度主要由土壤成因、母质来源、地貌类型及土地利用方式等因素综合决定。

为了能更好地反映浙江省表层土壤的酸碱度现状,此节统计数据主要来自"浙江省土地质量地质调查行动计划(2016—2020年)"数据,其中,pH检测样本总数为231 717件,按照强酸性、酸性、中性、碱性和强碱性5个等级的分级标准进行统计分析,结果如表1-2和图1-7所示。

表1-2 浙江省表层土壤酸碱度分布情况统计表

土壤酸碱度等级	强酸性	酸性	中性	碱性	强碱性
pH分级	pH<5.0	5.0≤pH<6.5	6.5≤pH<7.5	7.5≤pH<8.5	pH≥8.5
样本数/件	68 846	118 609	20 580	21 895	1787
占比/%	29.71	51.19	8.88	9.45	0.77

浙江省表层土壤pH区间为0.66~9.86,平均值为5.66,变异系数为0.96。总体上,浙江省表层土壤酸碱度地球化学变差较大。由表1-2和图1-7可知,浙江省土壤以酸性、强酸性为主,两者样本数占比之和达80.90%,除沿海地区外,几乎覆盖了浙江省内绝大多数的区域,强酸性土壤大致呈北东向展布,主要分布在浙西南林地区,母质类型以中酸性火成岩类风化物为主;其次为碱性和中性土壤,样本数占比分别为9.45%、8.88%,集中分布在杭嘉湖平原区、宁绍平原北部以及台州—温州地区沿海一带,母质以第四系松散沉积物为主;强碱性土壤分布面积较少,占比仅0.77%,零星分布于沿海区域。

四、土壤有机质

在广义上,土壤有机质是指存在于土壤中的各种形态的含碳有机物质,包括土壤中的动植物残体、微生物及其分解与合成的各种有机物质。在狭义上,土壤有机质一般专指一类复杂、特殊、性质比较稳定的高分子有机化合物(腐殖酸),它是由土壤中的有机残体经微生物作用而形成的。

土壤中的有机质是土壤固相部分的重要组成成分,它不仅能促进微生物和土壤生物的活动,还能促进土壤中营养元素的分解,从而改善土壤的物理性质,具有提高土壤保肥性和缓冲性的作用,对植物的生长发育起着极其重要的作用,同时也是植物营养的主要来源之一。

浙江省表层土壤有机质含量数据主要来源于1:5万土地质量地质调查工作成果,嘉兴地区由于有机质数据欠缺采用1:25万多目标区域地球化学调查数据。总的统计样本数为215 200件。

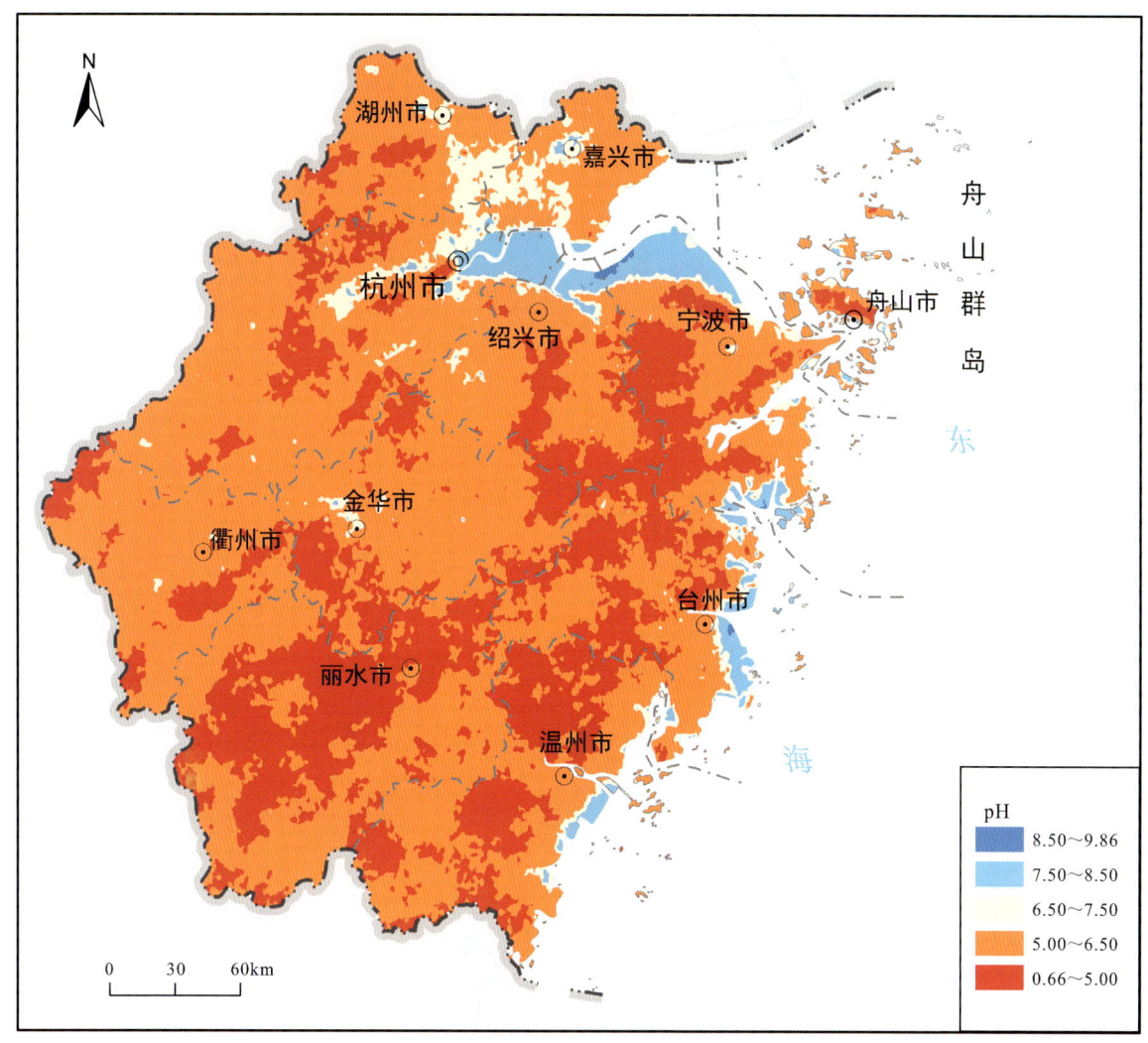

图1-7 浙江省表层土壤酸碱度分布图

如表1-3所示,浙江省表层土壤有机质含量为0.02%~34.51%,算术平均值为2.55%,变异系数为0.41,可见浙江省表层土壤有机质存在较显著的地球化学差异。与浙江省有机质算术平均值相比,11个地级市中,湖州市、嘉兴市、宁波市、温州市等地区的有机质算术平均值相对较高,而舟山市、衢州市、金华市等地区有机质算术平均值明显低于浙江省算术平均值,舟山最低,仅为2.05%。

从浙江省表层土壤有机质地球化学图可知(图1-8),有机质低值区主要分布在杭嘉湖平原区南部、宁绍平原区北部、金衢盆地、丽水东部以及浙江东部沿海一带;高值区主要分布在浙江西北部、丽水南部靠近福建地带以及绍兴—宁波中部区域。

有机质含量的高低主要取决于土壤母质、地貌类型、土地利用方式以及植被分布情况等,其中母岩母质风化物是土壤中有机质的重要来源之一。杭嘉湖平原区、宁绍平原及舟山-台州-温州等低值区的土壤母质主要为河口相粉砂、泥及滨海相粉砂淤泥等,质地以粉砂、细砂、淤泥为主,土壤中黏质含量极少,土壤酸碱度以碱性—强碱性为主,动植物活动较少,土壤保肥性能差,因此有机质含量低;金衢盆地土壤母质类型主要为下中更新统红土、石灰性紫泥岩类风化物以及河漫滩相沉积物等,这些母质风化后的碎屑中石英、云母含量较多,质地以砂、粉砂为主,黏质含量少,植被稀疏,不易富集有机质。而有机质含量高值区多分布在山地丘陵区,海拔较高,植被茂盛,生物丰富多样,主要母质类型为中酸性火成岩类风化物,土质黏重,表层土壤矿物质含量高,因此有机质相对丰富。

表1-3　浙江省及各市表层土壤有机质地球化学参数统计表

行政区	样本数 件	算术平均值 %	算术标准差 %	几何平均值 %	几何标准差 %	极大值 %	极小值 %	变异系数	中位数 %	众值 %
浙江省	215 200	2.55	1.20	2.20	2.86	34.51	0.02	0.41	2.36	2.26
杭州市	28 762	2.45	1.16	2.19	2.93	18.71	0.03	0.47	2.29	1.59
湖州市	17 765	2.83	1.22	2.57	2.97	14.10	0.22	0.43	2.62	2.31
嘉兴市	2384	3.00	1.16	2.76	2.81	7.79	0.45	0.39	2.97	2.57
金华市	27 589	2.17	0.90	2.00	2.69	25.34	0.10	0.41	2.09	2.12
丽水市	18 003	2.59	1.19	2.31	2.97	19.21	0.05	0.46	2.41	2.28
宁波市	26 631	2.74	1.48	2.38	3.19	17.67	0.09	0.54	2.45	1.55
衢州市	19 011	2.31	1.05	2.07	2.95	34.51	0.02	0.46	2.21	1.64
绍兴市	23 237	2.60	1.26	2.28	3.15	15.74	0.10	0.48	2.47	2.26
台州市	19 464	2.60	1.09	2.40	2.78	25.10	0.14	0.42	2.45	2.26
温州市	28 993	2.74	1.22	2.48	2.98	19.34	0.03	0.45	2.55	1.90
舟山市	3361	2.05	0.86	1.88	2.64	8.45	0.24	0.42	1.91	1.64

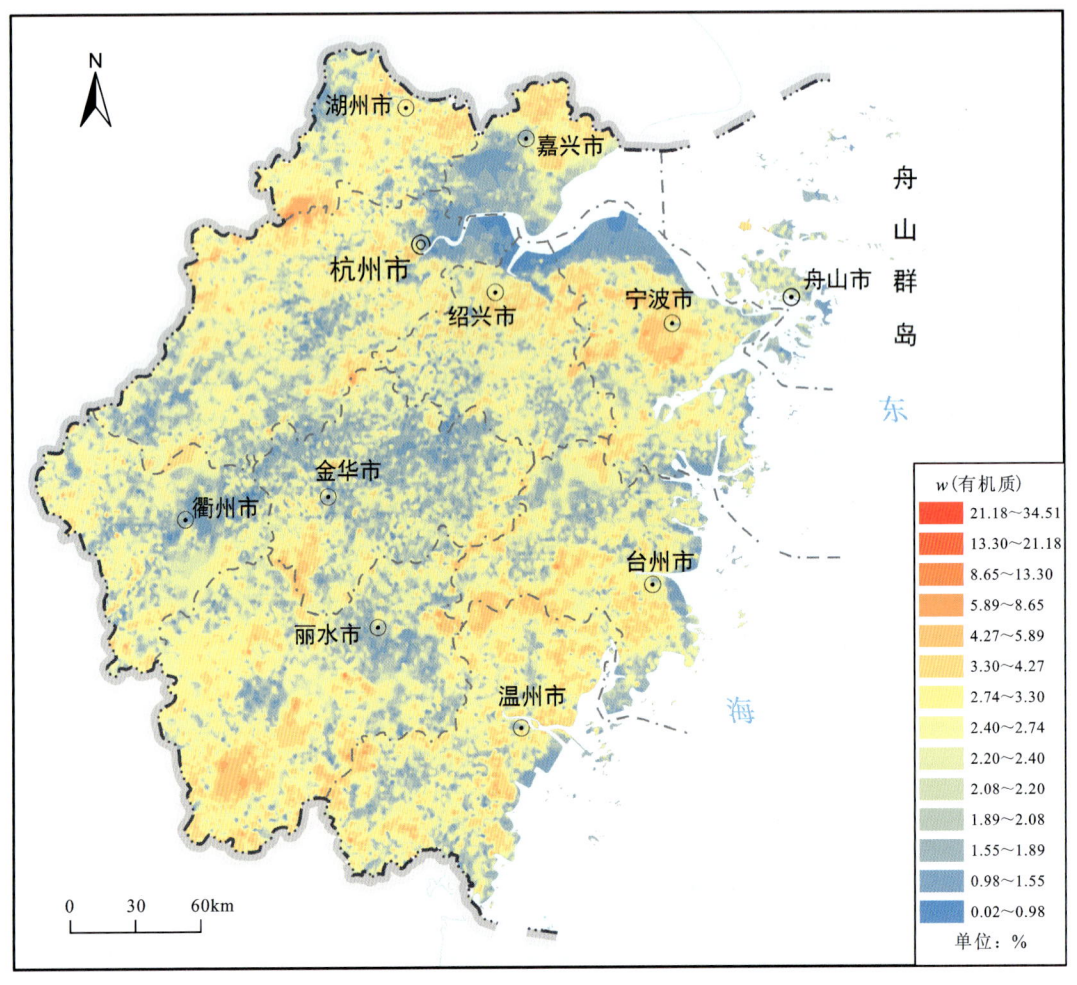

图1-8　浙江省表层土壤有机质地球化学图

第一章 区域概况

五、土地利用现状

2018—2021年第三次全国国土调查(以下简称"三调")汇集了浙江省789万个调查图斑,全面查清了全省的国土利用状况。

根据第三次全国国土调查主要数据,浙江省陆域土地总面积1 046.917万hm²,主要土地利用类型分为8个一级地类35个二级地类,具体分类与统计见表1-4。

耕地面积为129.04万hm²,占比12.33%,其中水田面积为106.28万hm²,旱地面积为22.76万hm²,浙江省耕地面积前三位的设区市为温州市、金华市、宁波市,占浙江省耕地面积的34.67%。

园地面积为76.03万hm²,占比7.26%,其中果园面积为37.33万hm²,茶园面积为17.11万hm²,其他园地面积为21.59万hm²。

林地面积为609.35万hm²,占比58.20%,浙江省林地面积前3位的设区市为丽水市、杭州市、温州市。

草地面积为6.35万hm²,占比0.61%,浙江省草地面积前3位的设区市为宁波市、台州市、温州市,占浙江省草地面积的45.55%。

湿地面积为16.527万hm²。占比1.58%。湿地是"三调"新增的一级地类,包括7个二级地类,因面积较小,部分二级地类未全列出。

城镇村及工矿用地面积为114.68万hm²,占比10.95%。

交通运输用地面积为24.69万hm²,占比2.36%。

水域及水利设施用地面积为70.25万hm²,占比6.71%,浙江省水域及水利设施用地面积前3位的设区市为杭州市、宁波市、湖州市,占浙江省水域及水利设施用地的42.80%。

表1-4 浙江省土地利用现状(利用结构)统计表

地类		面积/万hm²		占比/%
		分项面积	小计	
耕地	水田	106.28	129.04	12.33
	旱地	22.76		
园地	果园	37.33	76.03	7.26
	茶园	17.11		
	其他园地	21.59		
林地	乔木林地	459.04	609.35	58.20
	竹林地	90.63		
	灌木林地	23.19		
	其他林地	36.49		
草地	草地	6.35	6.35	0.61
湿地	红树林地	0.01	16.527	1.58
	沿海滩涂	15.43		
	内陆滩涂	1.08		
	其他湿地	0.007		

续表1-4

地类		面积/万 hm²		占比/%
		分项面积	小计	
城镇村及工矿用地	城市用地	25.66	114.68	10.95
	建制镇用地	26.60		
	村庄用地	57.83		
	采矿用地	2.61		
	风景名胜及特殊用地	1.98		
交通运输用地	铁路用地	1.07	24.69	2.36
	轨道交通用地	0.18		
	公路用地	13.55		
	农村道路	8.95		
	机场用地	0.31		
	港口码头用地	0.62		
	管道运输用地	0.01		
水域及水利设施用地	河流水面	30.35	70.25	6.71
	湖泊水面	0.82		
	水库水面	13.41		
	坑塘水面	21.36		
	沟渠	1.84		
	水工建筑用地	2.47		
浙江省陆域土地总面积		1 046.917	1 046.917	100.00

第二章　数据基础及研究方法

自 2002 年至 2022 年，浙江省相继开展了 1∶25 万多目标区域地球化学调查工作和 1∶5 万土地质量地质调查工作，积累了大量的土壤元素含量实测数据和相关基础资料，为浙江省土壤元素背景值的研究奠定了坚实基础。

第一节　1∶25 万多目标区域地球化学调查

多目标区域地球化学调查是一项基础性地质调查工作，通过系统的"双层网格化"土壤地球化学调查，获得了高精度、高质量的地球化学数据，为基础地质、农业生产、生态环境保护等多领域研究、多部门应用提供多层级的基础资料。

浙江省 1∶25 万多目标区域地球化学调查始于 2002 年，在部、省、地方多级联动下分阶段部署实施，截至 2018 年，共计完成浙江省陆域调查面积 8.37 万 km^2，约占浙江省陆域面积的 80.95％，其中沿海滩涂和近岸浅海调查面积 5876 m^2；仅剩丽水市、衢州市部分地区未全覆盖（表 2-1）。浙江省 1∶25 万多目标区域地球化学调查采集分析 20 130 件表层土壤样、5001 件深层土壤样（图 2-1，图 2-2）。

表 2-1　浙江省 1∶25 万多目标区域地球化学调查工作统计表

时间	所属项目	完成单位	调查区域	调查面积/万 km^2
2002—2005 年	浙江省农业地质环境调查	浙江省地质调查院	嘉兴、宁波、台州、杭州、金华、衢州、温州、绍兴、湖州、丽水	3.69
2011—2013 年	宁波市生态农业地质环境调查	浙江省水文地质工程地质大队	宁波	0.22
2013—2015 年	湖州市本级农业地质环境调查	浙江省地质调查院	湖州	0.04
2014—2015 年	浙西北地区 1∶25 万多目标区域地球化学调查	浙江省地质调查院	杭州、金华、湖州	1.60
2016—2018 年	珠江下游及浙江基本农田土地质量地球化学调查与应用示范	中国地质科学院地球物理地球化学勘查研究所	杭州、绍兴、台州、温州	2.92

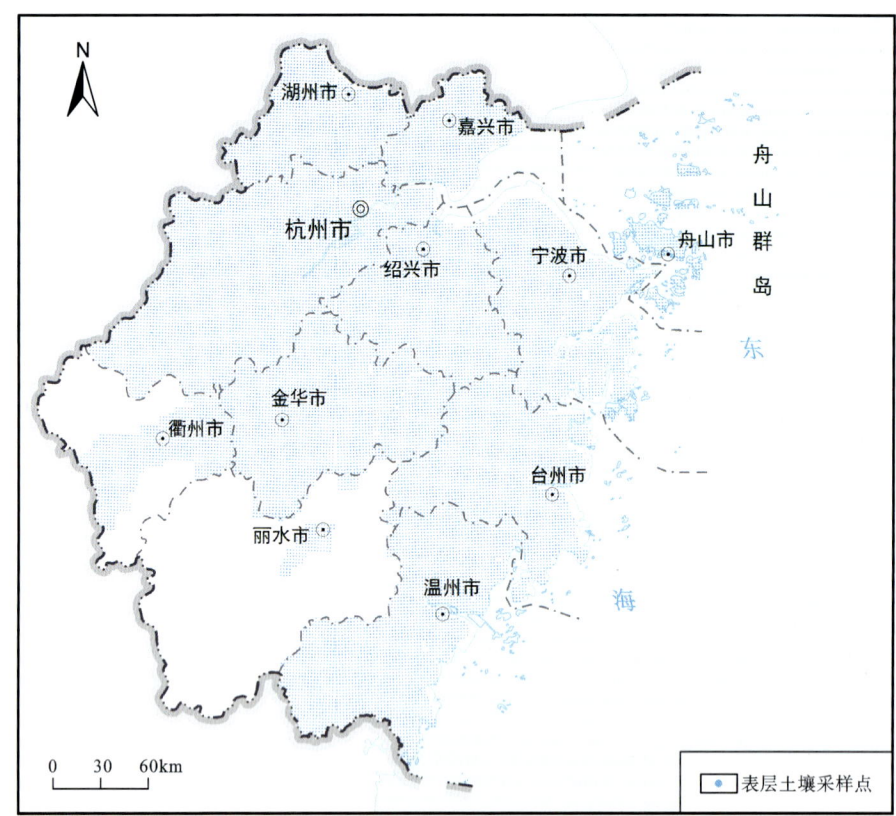

图 2-1 浙江省 1:25 万多目标区域地球化学调查表层土壤采样点分布图

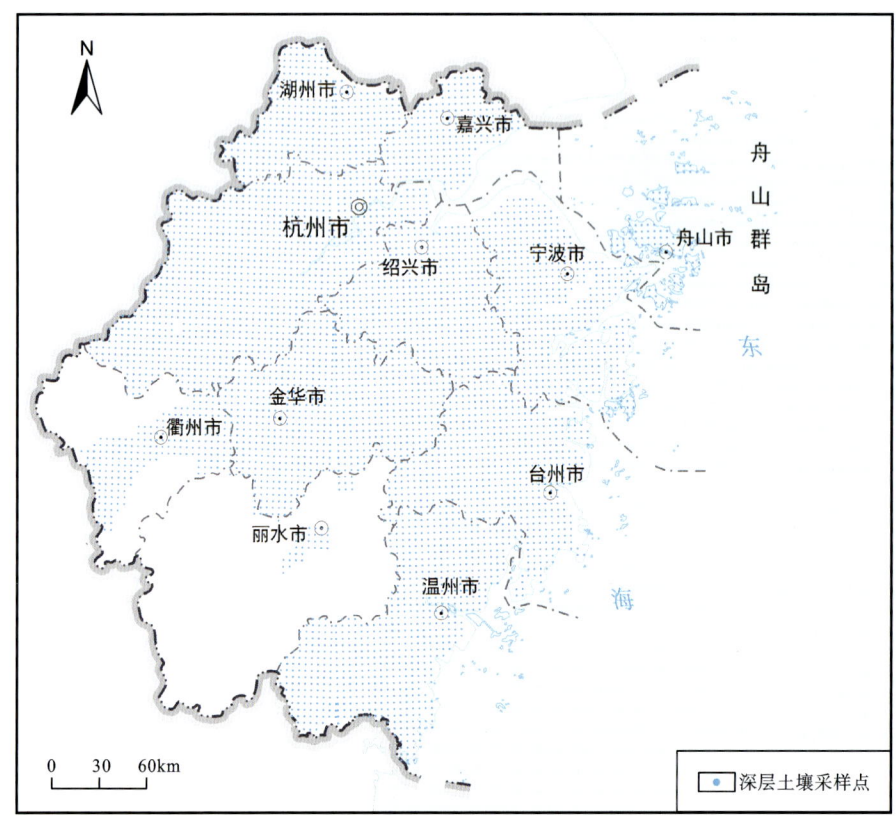

图 2-2 浙江省 1:25 万多目标区域地球化学调查深层土壤采样点分布图

一、样品布设与采集

浙江省1∶25万多目标区域地球化学调查执行主要依据中国地质调查局的《多目标区域地球化学调查规范(1∶250 000)》(DZ/T 0258—2014)、《区域地球化学勘查规范》(DZ/T 0167—2006)、《土壤地球化学测量规范》(DZ/T 0145—2017)、《区域生态地球化学评价规范》(DZ/T 0289—2015)等规范,主要方法技术简述如下。

(一)样品布设和采集

1∶25万多目标区域地球化学调查采用"网格+图斑"双层网格化方式布设,样点布设以代表性为首要原则,兼顾均匀性、特殊性。代表性原则是指按规定的基本密度,将样点布设在网格单元内主要土地利用、主要土壤类型或地质单元的最大图斑内。均匀性原则是指样点与样点之间应保持相对固定的距离,以规定的基本密度形成网格。一般情况下,样点应布设于网格中心部位,每个网格均应有样点控制,不得出现连续4个或以上的空白小格。特殊性原则是指水库、湖泊等采样难度较大的区域,按照最低采样密度要求进行布设,一般选择沿水域边部采集水下淤泥物质。城镇、居民区等区域样点布设可适当放宽均匀性原则,一般布设于公园、绿化地等"老土"区域。

表层土壤样采集深度为0~20cm,平原区深层土壤采集深度为150cm以下,低山丘陵区深层土壤采集深度为120cm以下。

1. 表层土壤样

表层土壤样品布设以1∶5万标准地形图4km^{2}的方里网格为采样大格,以1km^{2}为采样单元格,布设并采集样品,再按1件/4km^{2}的密度组合样品作为该单元的分析样品。样品自左向右、自上而下依次编号。

在平原区及山间盆地区,样点通常布设于单元格中间部位附近,以耕地为主要采样对象。在野外现场根据实际情况,选择具代表性地块的100m范围内,采用"X"形或"S"形进行多点组合采样,注意远离村庄、主干交通线、矿山、工厂等点污染源,严禁采集人工搬运堆积土,避开田间堆肥区及养殖场等受人为影响的局部位置。

在丘陵坡地区,样点通常布设于沟谷下部、平缓坡地、山间平坝等土壤易于汇集处,原则上选择单元格内大面积分布的土地利用类型区,如林地区、园地区等,同时兼顾面积较大的耕地区。在布设的采样点周边100m范围内多点以上采集子样组合成1件样品。

在湖泊、水库及宽大的河流水域区,当水域面积超过2/3单元格面积时,于单元格中间近岸部位采集水底沉积物样品,当水域面积较小时采集岸边土壤样品。

在中低山林地区,由于通行困难,局部地段土层较薄,可在山脊、鞍部或相对平坦、土层较厚、土壤发育成熟地段进行多点组合样品采集。

表层土壤样采集深度为0~20cm,采集过程中去除表层枯枝落叶及样品中的砾石、草根等杂物,上下均匀采集。土壤样品原始质量大于1000g,确保筛分后质量不低于500g。

在野外采样时,原则上在预布点位采样,不得随意移动采样点位,以保证样点分布的均匀性、代表性。实际采样时,根据通行条件,或者矿点、工厂等污染源分布情况,可适当合理地移动采样点位,并在备注栏中说明,同时该采样点与四临样点间距离不小于500m。

2. 深层土壤样

深层土壤样品以1件/4km^{2}的密度布设,再按1件/16km^2(4km×4km)组合成分析样。样品布设以1∶10万标准地形图16km^{2}的方里网格为采样大格,以4km^{2}为采样单元格,自左向右、自上而下依次编号。

在平原及山间盆地区,采样点通常布设于单元格中间部位,采集深度为150cm以下,样品为10~50cm的长土柱。

在山地丘陵及中低山区,样品通常布设于沟谷下部平缓部位或是山脊、鞍部土层较厚部位。由于土层通常较薄,采样深度控制在120cm以下;当反复尝试发现土壤厚度达不到要求时,可将采集深度放松至100cm以下。当单孔样品量不足时,可在周边选择合适地段利用多孔平行孔进行采集。

深层土壤样品原始质量大于1000g,要求采集发育成熟的土壤,避开山区河谷中的砂砾石层及山坡上残坡积物下部(半)风化的基岩层。

样品采集原则同表层土壤,按照预先布设点位图进行采集,不得随意移动采样点位。但实际采样时,可根据土层厚度、土壤成熟度等情况适当、合理地移动采样点位,并在备注栏中说明,同时要求该采样点与四临样点间距离不小于1000m。

(二)样品加工与组合

选择在干净、通风、无污染场地进行样品加工,加工时对加工工具进行全面清洁,防止发生人为玷污。样品采用日光晒干和自然风干,干燥后采用木棰敲打达到自然粒级,用20目尼龙筛全样过筛。加工过程中表层、深层样加工工具分开专用,样品加工好后保留副样500~550g,分析测试子样质量达70g以上,认真核对填写标签,并装瓶、装袋。装瓶样品及分析子样按(表层1:5万、深层1:10万)图幅排放整理,填写副样单或子样清单,移交样品库管理人员,做好交接手续。

在样品库管理人员监督指导下开展分析样品组合工作,组合分析样质量不少于200g。每次只取4件需组合的分析子样,等量取样称重后进行组合,充分混合均匀后装袋。填写送样单并核对,在技术人员检查清点后,送往实验室进行分析。

(三)样品库建设

区域土壤地球化学调查采集的土壤实物样品将长期保存。样品按图幅号存放,并根据表层土壤和深层土壤样品编码图建立样品资料档案。样品库保持定期通风、干燥、防火、防虫。建立定期检查制度,发现样品标签不清、样品瓶破损等情况后要及时处理。样品出入库时办理交接手续。

(四)样品采集质量控制

质量检查组对样品采集、加工、组合、副样入库等进行全过程质量跟踪监管,从采样点位的代表性,采样深度,野外标记,记录的客观性、全面性等方面抽查。野外检查内容主要包括:①样品采集质量,样品防玷污措施,记录卡填写内容的完整性、准确性,记录卡、样品、点位图的一致性;②GPS航点航迹资料的完整性及存储情况等;③样品加工检查,主要核对野外采样组移交样品的一致性,要求样袋完好、编号清楚、原始质量满足要求,样本数与样袋数一致,样品编号与样袋编号对应;④填写野外样品加工日常检查登记表,组合与副样入库等过程符合规范要求。

二、分析测试与质量控制

1. 分析指标

浙江省1:25万多目标区域地球化学调查土壤样品共分析54项元素/指标:银(Ag)、砷(As)、金(Au)、硼(B)、钡(Ba)、铍(Be)、铋(Bi)、溴(Br)、碳(C)、镉(Cd)、铈(Ce)、氯(Cl)、钴(Co)、铬(Cr)、铜(Cu)、氟(F)、镓(Ga)、锗(Ge)、汞(Hg)、碘(I)、镧(La)、锂(Li)、锰(Mn)、钼(Mo)、氮(N)、铌(Nb)、镍(Ni)、磷(P)、铅(Pb)、铷(Rb)、硫(S)、锑(Sb)、钪(Sc)、硒(Se)、锡(Sn)、锶(Sr)、钍(Th)、钛(Ti)、铊(Tl)、铀(U)、钒(V)、钨(W)、钇(Y)、锌(Zn)、锆(Zr)、硅(SiO_2)、铝(Al_2O_3)、铁(Fe_2O_3)、镁(MgO)、钙(CaO)、钠(Na_2O)、钾(K_2O)、有机碳(Corg)、pH。

2. 分析方法及检出限

优化选择以 X 射线荧光光谱法（XRF）、电感耦合等离子体质谱法（ICP-MS）为主，以发射光谱法（ES）、原子荧光光谱法（AFS）、催化分光光度法（COL）以及离子选择性电极法（ISE）等为辅的分析方法配套方案。该套分析方案技术参数均满足中国地质调查局规范要求。分析测试方法和要求方法的检出限列于表 2-2。

表 2-2 各元素/指标分析方法及检出限

元素/指标		分析方法	检出限	元素/指标		分析项目	检出限
Ag	银	ES	0.02μg/kg	Mn	锰	ICP-OES	10mg/kg
Al_2O_3	铝	XRF	0.05%	Mo	钼	ICP-MS	0.2mg/kg
As	砷	HG-AFS	1mg/kg	N	氮	KD-VM	20mg/kg
Au	金	GF-AAS	0.2μg/kg	Na_2O	钠	ICP-OES	0.05%
B	硼	ES	1mg/kg	Nb	铌	ICP-MS	2mg/kg
Ba	钡	ICP-OES	10mg/kg	Ni	镍	ICP-OES	2mg/kg
Be	铍	ICP-OES	0.2mg/kg	P	磷	ICP-OES	10mg/kg
Bi	铋	ICP-MS	0.05mg/kg	Pb	铅	ICP-MS	2mg/kg
Br	溴	XRF	1.5mg/kg	Rb	铷	XRF	5mg/kg
C	碳	氧化热解-电导法	0.1%	S	硫	XRF	50mg/kg
CaO	钙	XRF	0.05%	Sb	锑	ICP-MS	0.05mg/kg
Cd	镉	ICP-MS	0.03mg/kg	Sc	钪	ICP-MS	1mg/kg
Ce	铈	ICP-MS	2mg/kg	Se	硒	HG-AFS	0.01mg/kg
Cl	氯	XRF	20mg/kg	SiO_2	硅	XRF	0.1%
Co	钴	ICP-MS	1mg/kg	Sn	锡	ES	1mg/kg
Cr	铬	ICP-MS	5mg/kg	Sr	锶	ICP-OES	5mg/kg
Cu	铜	ICP-MS	1mg/kg	Th	钍	ICP-MS	1mg/kg
F	氟	ISE	100mg/kg	Ti	钛	ICP-OES	10mg/kg
Fe_2O_3	铁	XRF	0.1%	Tl	铊	ICP-MS	0.1mg/kg
Ga	镓	ICP-MS	2mg/kg	U	铀	ICP-MS	0.1mg/kg
Ge	锗	HG-AFS	0.1mg/kg	V	钒	ICP-OES	5mg/kg
Hg	汞	CV-AFS	3μg/kg	W	钨	ICP-MS	0.2mg/kg
I	碘	COL	0.5mg/kg	Y	钇	ICP-MS	1mg/kg
K_2O	钾	XRF	0.05%	Zn	锌	ICP-OES	2mg/kg
La	镧	ICP-MS	1mg/kg	Zr	锆	XRF	2mg/kg
Li	锂	ICP-MS	1mg/kg	Corg	有机碳	氧化热解-电导法	0.1%
MgO	镁	ICP-OES	0.05%	pH		电位法	0.1

注：ICP-MS 为电感耦合等离子体质谱法；XRF 为 X 射线荧光光谱法；ICP-OES 为电感耦合等离子体光学发射光谱法；HG-AFS 为氢化物发生-原子荧光光谱法；GF-AAS 为石墨炉原子吸收光谱法；ISE 为离子选择性电极法；CV-AFS 为冷蒸气-原子荧光光谱法；ES 为发射光谱法；COL 为催化分光光度法；KD-VM 为凯氏蒸馏-容量法。

3. 实验室内部质量控制

(1) 报出率(P):土壤分析样品各元素报出率均为99.99%以上,满足《多目标区域地球化学调查规范(1∶250 000)》(DZ/T 0258—2014)不低于95%的要求,说明所采用分析方法能完全满足分析要求。

(2) 准确度和精密度:按《多目标区域地球化学调查规范(1∶250 000)》(DZ/T 0258—2014)中"土壤地球化学样品分析测试质量要求及质量控制"的有关规定,根据国家一级土壤地球化学标准物质12次分析值,统计测定平均值与标准值之间的对数误差($\Delta \lg C = |\lg C_i - \lg C_s|$)和相对标准偏差(RSD),结果表明对数误差($\Delta \lg C$)和相对标准偏差(RSD)均满足规范要求。

Au采用国家一级痕量金标准物质的12次Au元素分析值,统计得到$|\Delta \lg C| \leq 0.026$,RSD$\leq 10.0\%$,满足规范要求。

pH参照《生态地球化学评价样品分析技术要求(试行)》(DD 2005-03)要求,依据国家一级土壤有效态标准物质pH指标的6次分析值计算其绝对偏差的绝对值不大于0.1,满足规范要求。

(3) 异常点检验:每批次样品分析测试工作完成后,检查各项指标的含量范围,对部分指标特高含量试样进行了异常点重复性分析,异常点检验合格率均为100%。

(4) 重复性检验监控:土壤测试分析按不低于5.0%的比例进行重复性检验,计算两次分析之间相对偏差(RD),对照规范允许限,统计合格率,其中Au重复性检验比例为10%。重复性检验合格率满足《多目标区域地球化学调查规范(1∶250 000)》(DZ/T 0258—2014)一次重复性检验合格率90%的要求。

4. 用户方数据质量检验

(1) 重复样检验:在区域地球化学调查中,为了监控野外调查采样质量及分析测试质量,一般均按不低于2%的比例要求插入重复样。重复样与基本样品一样,以密码形式连续编号进行送检分析。在收到分析测试数据之后,计算相对偏差(RD),根据相对偏差允许限量要求统计合格率,合格率要求在90%以上。

(2) 元素地球化学图检验:依据实验室提供的样品分析数据,按照《多目标区域地球化学调查规范(1∶250 000)》(DZ/T 0258—2014)相关要求绘制地球化学图。地球化学图采用累积频率法成图,按累积频率的0.5%、1.5%、4%、8%、15%、25%、40%、60%、75%、85%、92%、96%、98.5%、99.5%、100%划分等值线含量,进行色阶分级。各元素地球化学图所反映的背景与异常分布情况同地质背景基本吻合,图面结构"协调",未出现阶梯状、条带状或区块状图形。

5. 分析数据质量检查验收

根据中国地质调查局有关区域地球化学样品测试要求,中国地质调查局区域化探样品质量检查组对全部样品测试分析数据进行了质量检查验收。检查组重点对测试分析中配套方法的选择,实验室内、外部质量监控,标准样插入比例,异常点复检、外检,日常准确度、精密度复核等进行了仔细检查。检查结果显示,各项测试分析数据质量指标达到规定要求,检查组同意通过验收。

第二节 1∶5万土地质量地质调查

2016年8月5日,浙江省国土资源厅发布了《浙江省土地质量地质调查行动计划(2016—2020年)》(浙土资发〔2016〕15号),在全省范围内全面部署实施"711"土地质量调查工程。在"行动计划"的推动下,浙江省完成了85个县(市、区)的1∶5万土地质量地质调查工作,共采集表层土壤地球化学样品235 262件(图2-3)。

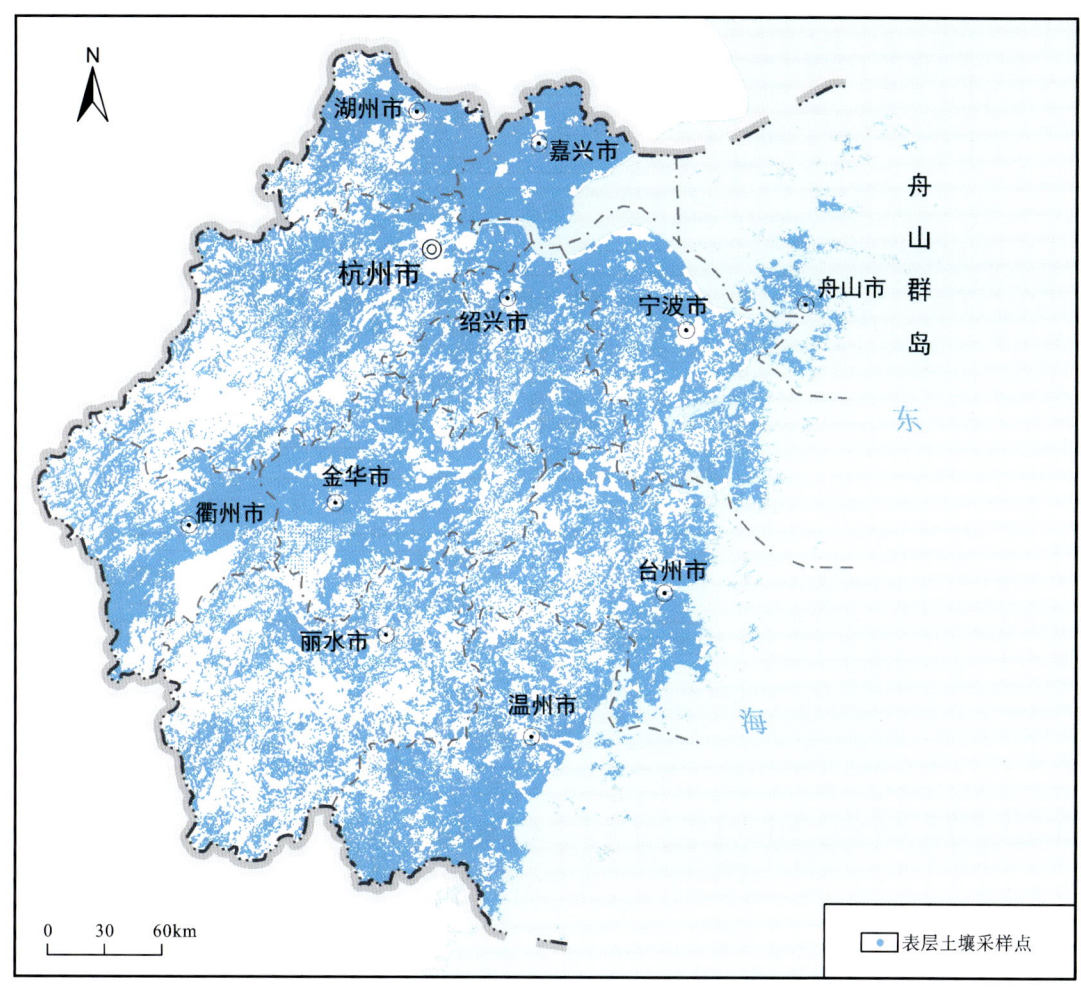

图 2-3　浙江省 1∶5 万土地质量地质调查土壤采样点分布图

浙江省以各县(市、区)行政辖区为调查范围,共分 85 个土地质量地质调查项目,通过公开招投标方式优选 18 家地勘单位、10 家分析测试单位共同完成,具体见表 2-3。

表 2-3　浙江省土地质量地质调查工作情况一览表

市	县(市、区)	承担单位	项目负责	样品测试单位
杭州市	江干区	浙江省地质调查院	林钟扬	浙江省地质矿产研究所
	西湖区	浙江省有色金属地质勘查局	顾往九	承德华勘五一四地矿测试研究有限公司
	萧山区	浙江省地质调查院	龚瑞君、褚先尧	浙江省地质矿产研究所
	余杭区	浙江省地质矿产研究所	黄建军、吴竹明	浙江省地质矿产研究所
	大江东产业集聚区	浙江省地质调查院	龚瑞君	浙江省地质矿产研究所
	富阳区	浙江省有色金属地质勘查局	王国贤、吴琦	承德华勘五一四地矿测试研究有限公司
	临安区	中化地质矿山总局浙江地质勘查院	郑基滋、王其春	华北有色(三河)燕郊中心实验室有限公司
	桐庐县	浙江省第一地质大队	刘永祥、杜雄	湖南省地质实验测试中心
	淳安县	浙江省地球物理地球化学勘查院	金希	湖北省地质实验测试中心
	建德市	浙江省地质调查院	刘健	浙江省地质矿产研究所

续表 2-3

市	县(市、区)	承担单位	项目负责	样品测试单位
宁波市	海曙区	浙江省水文地质工程地质大队	韦继康、陈炳	辽宁省地质矿产研究院有限责任公司
	江北区	浙江省水文地质工程地质大队	王保欣、王刚	辽宁省地质矿产研究院有限责任公司
	镇海区	浙江省水文地质工程地质大队	王保欣、王国强	辽宁省地质矿产研究院有限责任公司
	北仑区	浙江省第九地质大队	杨国杏、樊小军	华北有色(三河)燕郊中心实验室有限公司
	鄞州区	湖北省第八地质大队	杨波	湖北省地质实验测试中心
	奉化区	浙江省地球物理地球化学勘查院	金希	湖北省地质实验测试中心
	余姚市	浙江省第一地质大队	刘锦文、付立冬	湖南省地质实验测试中心
	慈溪市	浙江省水文地质工程地质大队	韦继康、王保欣	辽宁省地质矿产研究院有限责任公司
	宁海县	浙江省水文地质工程地质大队	郑伟军、邹曦	辽宁省地质矿产研究院有限责任公司
	象山县	浙江省第四地质大队	潘远见	河南省岩石矿物测试中心
	东钱湖旅游度假区	江西省核工业地质局测试研究中心	蒋涛	湖北省地质实验测试中心
温州市	鹿城区	浙江省第十一地质大队	王雪涛	河南省岩石矿物测试中心
	龙湾区	浙江省第十一地质大队	全斌斌	河南省岩石矿物测试中心
	瓯海区	浙江省第十一地质大队	王雪涛、林道秀	河南省岩石矿物测试中心
	洞头区	浙江省第十一地质大队	全斌斌	河南省岩石矿物测试中心
	乐清市	浙江省第十一地质大队	周文忠	河南省岩石矿物测试中心
	瑞安市	浙江省第十一地质大队	王学寅	河南省岩石矿物测试中心
	永嘉县	浙江省第十一地质大队	耿永坡	河南省岩石矿物测试中心
	文成县	浙江省第十一地质大队	全斌斌	河南省岩石矿物测试中心
	平阳县	中国建筑材料工业地质勘查中心浙江总队	郝立	湖北省地质实验测试中心
	泰顺县	浙江省第一地质大队	毛昌伟	湖南省地质实验测试中心
	苍南县	浙江省第七地质大队	徐德君、吴瑞清	湖北省地质实验测试中心
湖州市	吴兴区	浙江省核工业二六二大队	李政龙、徐正华	浙江省地质矿产研究所
	南浔区	浙江省地质调查院	解怀生	浙江省地质矿产研究所
	德清县	浙江省核工业二六二大队	陈杰、刘汉光、贾飞	华北有色(三河)燕郊中心实验室有限公司
	长兴县	浙江省有色金属地质勘查局	刘煜、朱勇峰	承德华勘五一四地矿测试研究有限公司
	安吉县	浙江省核工业二六二大队	徐正华、宁立峰	华北有色(三河)燕郊中心实验室有限公司
嘉兴市	南湖区	浙江省地质调查院	杨豪	浙江省地质矿产研究所
	秀洲区	浙江省地质调查院	林楠	浙江省地质矿产研究所
	嘉善县	浙江省地质调查院	潘卫丰	浙江省地质矿产研究所
	平湖市	浙江省地质调查院	魏迎春	浙江省地质矿产研究所
	海盐县	浙江省地质调查院	康占军	浙江省地质矿产研究所
	海宁市	浙江省地质调查院	姚晶娟	浙江省地质矿产研究所
	桐乡市	浙江省地质调查院	詹俊锋	浙江省地质矿产研究所

续表 2-3

市	县(市、区)	承担单位	项目负责	样品测试单位
绍兴市	越城区	浙江省有色金属地质勘查局	梁倍源	河南省岩石矿物测试中心
	柯桥区	浙江省有色金属地质勘查局	陈晓栋	承德华勘五一四地矿测试研究有限公司
	上虞区	浙江省有色金属地质勘查局	李师子、孙舒	湖北省地质实验测试中心
	诸暨市	浙江省有色金属地质勘查局	李润豪、何骥政、刘贤森	承德华勘五一四地矿测试研究有限公司
	嵊州市	浙江省地质矿产研究所	林丹	华北有色(三河)燕郊中心实验室有限公司
	新昌县	浙江省有色金属地质勘查局	郭星强、张福平	湖北省地质实验测试中心
	滨海新城江滨区	浙江省有色金属地质勘查局	李磊、刘煜	湖北省地质实验测试中心
金华市	婺城区	浙江省地质调查院	邵一先	浙江省地质矿产研究所
	金东区	中煤浙江检测技术有限公司	顾睿文	江苏地质矿产设计研究院
	兰溪市	浙江省第三地质大队	童峰、钟南翀	承德华勘五一四地矿测试研究有限公司
	东阳市	江西省地质调查研究院	张旭、黄东荣、聂文昌	自然资源部南昌矿产资源监督检测中心
	义乌市	浙江省地质调查院	张翔	浙江省地质矿产研究所
	永康市	中化地质矿山总局浙江地质勘查院	张玉淑、王其春	江苏地质矿产设计研究院
	浦江县	中化地质矿山总局浙江地质勘查院	王美华、刘强	中化地质矿山总局中心实验室
	武义县	中化地质矿山总局浙江地质勘查院	郑基滋、王其春	江苏地质矿产设计研究院
	磐安县	浙江省第三地质大队	曹岚宇、楼明君	承德华勘五一四地矿测试研究有限公司
	金华经济技术开发区	浙江省地质调查院	谷安庆	浙江省地质矿产研究所
衢州市	柯城区	浙江省核工业二六二大队	索漓、贾飞	华北有色(三河)燕郊中心实验室有限公司
	衢江区	浙江省地质调查院	梁河、黄雯、董利明	浙江省地质矿产研究所
	龙游县	浙江省第一地质大队	方平辉	湖南省地质实验测试中心
	江山市	中化地质矿山总局浙江地质勘查院	李良传	江苏地质矿产设计研究院
	常山县	中化地质矿山总局浙江地质勘查院	周漪	华北有色(三河)燕郊中心实验室有限公司
	开化县	浙江省有色金属地质勘查局	周炜	承德华勘五一四地矿测试研究有限公司
舟山市	定海区	浙江省水文地质工程地质大队	余朕朕	辽宁省地质矿产研究院有限责任公司
	普陀区	浙江省水文地质工程地质大队	余朕朕	辽宁省地质矿产研究院有限责任公司
	岱山县	浙江省水文地质工程地质大队	余朕朕	辽宁省地质矿产研究院有限责任公司
	嵊泗县	浙江省水文地质工程地质大队	余朕朕	辽宁省地质矿产研究院有限责任公司
台州市	椒江区	浙江省水文地质工程地质大队	严慧敏	辽宁省地质矿产研究院有限责任公司
	黄岩区	浙江省地球物理地球化学勘查院	余根华	湖北省地质实验测试中心
	路桥区	浙江省地球物理地球化学勘查院	蒋笙翠	湖北省地质实验测试中心
	临海市	浙江省地质调查院	汪一凡	浙江省地质矿产研究所
	温岭市	浙江省水文地质工程地质大队	韦继康、王国强	辽宁省地质矿产研究院有限责任公司
	玉环市	浙江省水文地质工程地质大队	徐明忠、张玉城	辽宁省地质矿产研究院有限责任公司

续表 2-3

市	县(市、区)	承担单位	项目负责	样品测试单位
台州市	天台县	浙江省地质调查院	卢新哲	浙江省地质矿产研究所
	仙居县	浙江省地质调查院	林钟扬	浙江省地质矿产研究所
	三门县	浙江省有色金属地质勘查局	何骥政、张盼盼	承德华勘五一四地矿测试研究有限公司
丽水市	莲都区	浙江省第七地质大队	章辉	湖北省地质实验测试中心
	龙泉市	浙江省第七地质大队	杨海杰、李春忠	湖南省地质实验测试中心
	青田县	浙江省地球物理地球化学勘查院	沈迪、吴红烛	湖北省地质实验测试中心
	云和县	浙江省第七地质大队	高翔	湖北省地质实验测试中心
	庆元县	中国冶金地质总局浙江地质勘查院	林春进	湖北省地质实验测试中心
	缙云县	浙江省第七地质大队	刘涛	湖南省地质实验测试中心
	遂昌县	浙江省第九地质大队	朱海洋、贾飞	华北有色(三河)燕郊中心实验室有限公司
	松阳县	江西省地质调查研究院、浙江省地质调查院	肖业斌、林楠	自然资源部南昌矿产资源监督检测中心、浙江省地质矿产研究所
	景宁畲族自治县	浙江省地球物理地球化学勘查院	蒋笙翠、邵晓群	湖北省地质实验测试中心

浙江省土地质量地质调查严格按照《土地质量地质调查规范》(DB/33T 2224—2019)、《土地质量地球化学规范》(DZ/T 0295—2016)等技术规范要求,开展土地质量地质调查采样点的布设和样品采集、加工、分析测试等工作。

一、样点布设与采集

1. 样点布设

以"二调"图斑为基本调查单元,根据市内地形地貌、地质背景、成土母质、土地利用方式、地球化学异常、工矿企业分布以及种植结构特点等(遥感影像图及踏勘情况),将调查区划分为地球化学异常区、重要农业产区、低山丘陵区及一般耕地区。按照不同分区采样密度布设样点,异常区为 11~12 件/km²,农业产区为 9~10 件/km²,低山丘陵区为 7~8 件/km²,一般耕地区为 4~6 件/km²,控制全市平均采样密度约为 9 件/km²。在地形地貌复杂、土地利用方式多样、人为污染强烈、元素及污染物含量空间变异性大的地区,根据实际情况适当增加采样密度。

样品主要布设在耕地中,对调查范围内园地、林地以及未利用地等进行有效控制。样品布设时避开沟渠、田埂、路边、人工堆土及微地形高低不平等无代表性地段。每件样品均由 5 件分样等量均匀混合而成,采样深度为 0~20cm。

样品由左至右、自上而下连续顺序编号,每 50 件样品随机取 1 个号码为重复采样号。样品编号时将县(市、区)名称,汉语拼音的第一字母缩写(大写)作为样品编号的前缀,如杭州市萧山区样品编号为 XS0001,便于成果资料供县级使用。

2. 样品采集与记录

选择种植现状具有代表性的地块,在采样图斑中央采集样品。采样时避开人为干扰较大地段,用不锈钢小铲一点多坑(5 个点以上)均匀采集地表至 20cm 深处的土柱组合成 1 件样品。样品装于干净布袋中,湿度大的样品在布袋外套塑料密封袋隔离,防止样品间相互污染。土壤样品质量要达到 1500g 以上。野外利用GPS定位仪确定地理坐标,以布设的采样点为主采样坑,定点误差均小于10m,保存所有采样点航点与航迹文件。

现场用2H铅笔填写土壤样品野外采集记录卡,根据设计要求,主要采用代码和简明文字记录样品的各种特征。记录卡填写的内容真实、正确、齐全,字迹要清晰、工整,不得涂擦,对于需要修改的文字要轻轻划掉后,再将正确内容填写好。

3. 样品保存与加工

保存当日野外调查航迹文件,收队前清点采集的样本数量,与布样图进行编号核对,并在野外手图中汇总;晚上对信息采集记录卡、航点航迹等进行检查,完成当天自检和互检工作,资料由专人管理。

从野外采回的土壤样品及时清理登记后,由专人进行晾晒和加工处理,并按要求填写样品加工登记表。加工场地和加工处理均严格按照下列要求进行。

样品晾晒场地应确保无污染。将样品置于干净整洁的室内通风场地晾晒,或悬挂在样品架上自然风干,严禁暴晒和烘烤,并注意防止雨淋以及酸、碱等气体和灰尘污染。在风干过程中,适时翻动,并将大土块用木棒敲碎以防止固结,加速干燥,同时剔除土壤以外的杂物。

将风干后样品平铺在制样板上,用木棍或塑料棍碾压,并将植物残体、石块等侵入体和新生体剔除干净,细小已断的植物须根可采用静电吸附的方法清除。压碎的土样要全部通过2mm(10目)的孔径筛;未过筛的土粒必须重新碾压过筛,直至全部样品通过2mm孔径筛为止。

过筛后土壤样品充分混匀、缩分、称重,分为正样、副样两件样品。正样送实验室分析,用塑料瓶或纸袋盛装(质量一般在500g左右)。副样(质量不低于500g)装入干净塑料瓶,送样品库长期保存。

4. 质量管理

野外各项工作严格按照质量管理要求开展小组自(互)检、二级部门抽检、单位抽检等三级质量检查,并在全部野外工作结束前,由当地自然资源部门组织专家进行野外工作检查验收,确保各项野外工作系统、规范、质量可靠。

二、分析测试与质量监控

1. 分析实验室及资质

浙江省85个县(市、区)土地质量地质调查项目的样品测试由10家测试单位承担,分别为河南省岩石矿物测试中心、湖北省地质实验测试中心、湖南省地质实验测试中心、华北有色(三河)燕郊中心实验室有限公司、浙江省地质矿产研究所、江苏地质矿产设计研究院、辽宁省地质矿产研究院有限责任公司、自然资源部南昌矿产资源监督检测中心、中化地质矿山总局中心实验室和承德华勘五一四地矿测试研究有限公司,以上各测试单位均具有省级检验检测机构资质认定证书,并得到中国地质调查局的资质认定,完全满足本次土地质量地质调查项目的样品检测工作要求。

2. 分析测试指标

本次土地质量地质调查,根据《土地质量地质调查规范》(DB33/T 2224—2019)要求,土壤必测指标包括砷(As)、硼(B)、镉(Cd)、钴(Co)、铬(Cr)、铜(Cu)、锗(Ge)、汞(Hg)、锰(Mn)、钼(Mo)、氮(N)、镍(Ni)、磷(P)、铅(Pb)、硒(Se)、钒(V)、锌(Zn)、钾(K_2O)、有机碳(Corg)及pH共20项元素/指标。

3. 分析方法配套方案

依据国家标准方法和相关行业标准分析方法,制订了以X射线荧光光谱法(XRF)、电感耦合等离子体质谱法(ICP-MS)为主,以发射光谱法(ES)、原子荧光光谱法(AFS)以及容量法(VOL)等为辅的分析方法配套方案。提供以下元素/指标的分析数据,具体见表2-4。

表2-4 土壤样品元素/指标全量分析方法配套方案

分析方法	简称	项数/项	测定元素/指标
电感耦合等离子体质谱法	ICP-MS	6	Cd、Co、Cu、Mo、Ni、Ge
X射线荧光光谱法	XRF	8	Cr、Cu、Mn、P、Pb、V、Zn、K_2O
发射光谱法	ES	1	B
氢化物发生-原子荧光光谱法	HG-AFS	2	As、Se
冷蒸气-原子荧光光谱法	CV-AFS	1	Hg
容量法	VOL	1	N
玻璃电极法	—	1	pH
重铬酸钾容量法	VOL	1	Corg

4. 分析方法的检出限

本配套方案各分析方法检出限见表2-5,满足《多目标区域地球化学调查规范(1:250 000)》(DZ/T 0258—2014)和《生态地球化学评价样品分析技术要求(试行)》(DD 2005-03)的要求。

表2-5 各元素/指标分析方法检出限要求

元素/指标	单位	要求检出限	方法检出限	元素/指标	单位	要求检出限	方法检出限
pH		0.1	0.1	$Cu^{②}$	mg/kg	1	0.5
Cr	mg/kg	5	3	Mo	mg/kg	0.3	0.2
$Cu^{①}$	mg/kg	1	0.1	Ni	mg/kg	2	0.2
Mn	mg/kg	10	10	Ge	mg/kg	0.1	0.1
P	mg/kg	10	10	B	mg/kg	1	1
Pb	mg/kg	2	2	K_2O	%	0.05	0.01
V	mg/kg	5	5	As	mg/kg	1	0.5
Zn	mg/kg	4	1	Hg	mg/kg	0.000 5	0.000 5
Cd	mg/kg	0.03	0.02	Se	mg/kg	0.01	0.01
Corg	mg/kg	250	200	N	mg/kg	20	20
Co	mg/kg	1	0.1				

注:$Cu^{①}$和$Cu^{②}$采用不同检测方法,$Cu^{①}$为X射线荧光光谱法,$Cu^{②}$为电感耦合等离子体质谱法。

5. 分析测试质量控制

(1)实验室资质能力条件:选择的实验室均具备相应资质要求,软硬件、人员技术能力等方面均具备相关分析测试条件,均制订了工作实施方案,并严格按照方案要求开展各类样品测试工作。

(2)实验室内部质量监控:实验室在接受委托任务后,制订了行之有效的工作方案,并严格按照方案进行各类样品分析测试;各类样品分析选择的分析方法、检出限、准确度、精密度等均满足相关规范要求;内部质量监控各环节均运行合理有效,均满足规范要求。

(3)实验室外部质量监控:主要通过密码样和外检样的形式进行监控,各批次监控样品相对偏差均符合规范要求。

(4)土壤中元素/指标含量分布与土壤环境背景吻合状况:依据实验室提供的样品分析数据,按照规范的要求,绘制了各元素/指标的地球化学图。各元素土壤地球化学评价图所反映的背景和异常情况与地质、土壤和地貌等基本吻合;未发现明显成图台阶,不存在明显的非地质条件引起的条带异常;依据土壤元素含量评价得出的土壤元素的环境质量、养分等级分布规律与地质背景、土地利用、人类活动影响等情况基本一致。

6. 测试分析数据质量检查验收

在完成样品测试分析提交用户方验收使用之前,由浙江省自然资源厅项目管理办公室邀请国内权威专家,对每个县区数据进行测试分析数据质量检查验收。验收专家认为各项目样品分析质量和质量监控已达到《多目标区域地球化学调查规范(1∶250 000)》(DZ/T 0258—2014)和《生态地球化学评价样品分析技术要求(试行)》(DD 2005-03)等要求,一致同意予以验收通过。

第三节 土壤元素背景值研究方法

一、概念与约定

土壤元素地球化学基准值是土壤地球化学本底的量值,反映了一定范围内深层土壤地球化学特征,是指在未受人为影响(污染)条件下,原始沉积环境中的元素含量水平;通常以深层土壤地球化学元素含量来表征,其含量水平主要受地形地貌、地质背景、成土母质来源与类型等因素影响,以区域地球化学调查取得的深层土壤地球化学资料作为土壤元素地球化学基准值统计的资料依据。

土壤元素背景值是指在不受或少受人类活动及现代工业污染影响下的土壤元素与化合物的含量水平。由于人类活动与现代工业发展的影响遍布全球,已很难找到绝对不受人类活动影响的土壤,严格意义上土壤自然背景已很难确定。因此,土壤元素背景值只能是一个相对的概念,即在一定自然历史时期、一定地域内土壤元素或化合物的含量水平。目前,一般以区域地球化学调查获取的表层土壤地球化学资料作为土壤元素背景值统计的资料依据。

基准值和背景值的求取必须同时满足以下条件:样品要有足够的代表性,样品分析方法技术先进,分析质量可靠,数据具有权威性,经过地球化学分布形态检验。在此基础上,统计系列地球化学参数,确定地球化学基准值和背景值。

二、参数计算方法

土壤元素地球化学基准值、背景值统计参数主要有:样本数(N)、极大值(X_{max})、极小值(X_{min})、算术平均值($\overline{X}$)、几何平均值($\overline{X}_g$)、中位数(X_{me})、众值(X_{mo})、算术标准差(S)、变异系数(CV)、分位值($X_{5\%}$、$X_{10\%}$、$X_{25\%}$、$X_{50\%}$、$X_{75\%}$、$X_{90\%}$、$X_{95\%}$)等。

算术平均值($\overline{X}$):$\overline{X} = \dfrac{1}{N}\sum\limits_{i=1}^{N} X_i$

几何平均值$(\overline{X}_g)$：$\overline{X}_g = \sqrt[N]{\prod_{i=1}^{N} X_i} = \frac{1}{N}\sum_{i=1}^{N}\ln X_i$

算术标准差(S)：$S = \sqrt{\dfrac{\sum_{i=1}^{N}(X_i - \overline{X})^2}{N}}$

几何标准差(S_g)：$S_g = \exp\left(\sqrt{\dfrac{\sum_{i=1}^{N}(\ln X_i - \ln \overline{X}_g)^2}{N}}\right)$

变异系数(CV)：$CV = \dfrac{S}{\overline{X}} \times 100\%$

中位数(X_{me})：将一组数据排序后，处于中间位置的数值。当样本数为奇数时，中位数为第$(N+1)/2$位的数值；当样本数为偶数时，中位数为第$N/2$位与第$(N+1)/2$位数的平均值。

众值(X_{mo})：一组数据中出现频率最高的那个数值。

pH 平均值计算方法：在进行 pH 参数统计时，先将土壤 pH 换算为$[H^+]$平均浓度进行统计计算，然后换算成 pH。换算公式为：$[H^+] = 10^{-pH}$，$[H^+]_{平均浓度} = \sum 10^{-pH}/N$，$pH = -\lg[H^+]_{平均浓度}$。

三、统计单元划分

科学合理的统计单元划分是统计土壤元素地球化学参数、确定地球化学基准值和背景值的前提性工作。在浙江省有关土壤地球化学调查数据系统收集整理的基础上，本书进行了统计单元划分以及后期参数与基准值、背景值统计。

为了便于专家学者与管理部门更好的利用数据，本次浙江省土壤元素地球化学基准值、背景值参数统计参照区域土壤元素地球化学基准值、背景值研究的通用作法，结合代杰瑞和庞绪贵(2019)、张伟等(2021)、苗国文等(2020)及陈永宁等(2014)的研究成果，将按照行政区、土壤母质类型、土壤类型、土地利用类型、水系流域、地貌单元、大地构造等划分统计单元，分别进行地球化学参数统计。

1. 行政区

根据浙江省行政区及现在统计数据划分情况(图2-4)，分别按照浙江省以及杭州市、宁波市、温州市、绍兴市、湖州市、嘉兴市、金华市、衢州市、台州市、丽水市、舟山市 11 个设区市分别进行统计。

2. 土壤母质类型

以浙江省 1∶50 万成土母质图为基础，结合浙江省岩石地层地质成因及地球化学特征，浙江省土壤母质类型按照松散岩类沉积物、古土壤风化物、碎屑岩类风化物、碳酸盐岩类风化物、紫色碎屑岩类风化物、中酸性火成岩类风化物、中基性火成岩类风化物、变质岩类风化物 8 种类型划分统计单元(图2-5)。

3. 土壤类型

浙江省地貌类型多样，成土环境复杂，土壤性质差异较大，全省共有 9 个土类 22 个亚类 102 个土属。为便于统计计算，本次土壤元素地球化学基准值、背景值研究按照黄壤、红壤、粗骨土、石灰岩土、紫色土、水稻土、潮土、滨海盐土、基性岩土 9 种土壤类型划分统计单元(图2-6)。

4. 土地利用类型

由于本次调查主要涉及农用地，因此根据土地利用分类，结合浙江省第三次全国国土调查情况，将土地利用类型划分为水田、旱地、园地、林地 4 类统计单元(图2-7)。

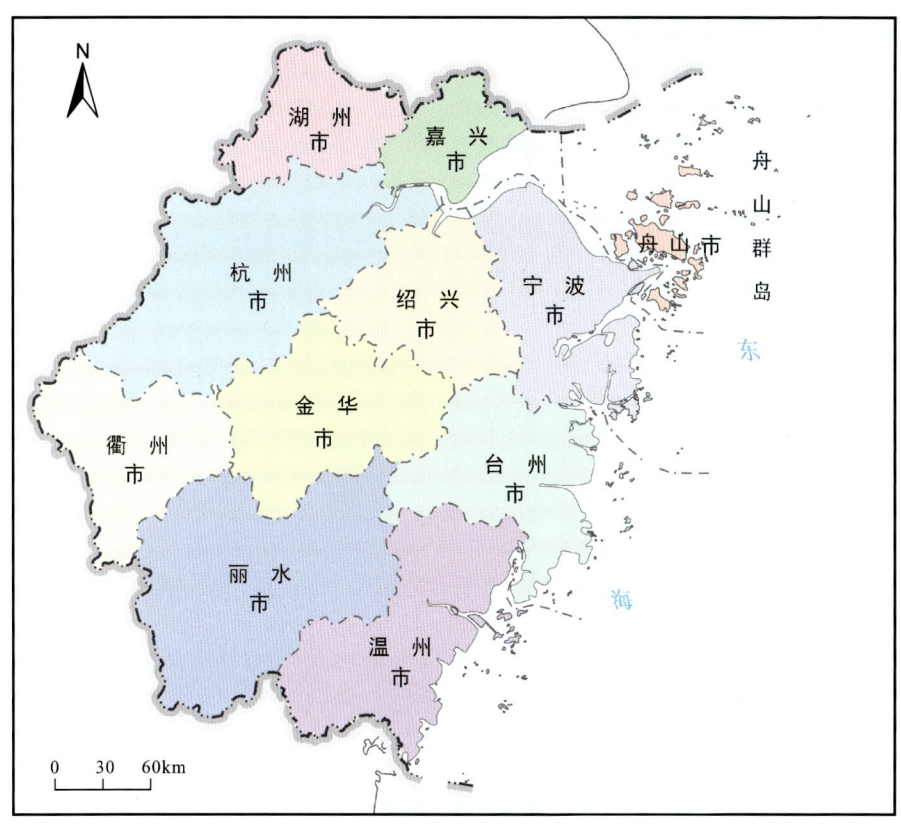

图 2-4 浙江省各行政区统计单元图

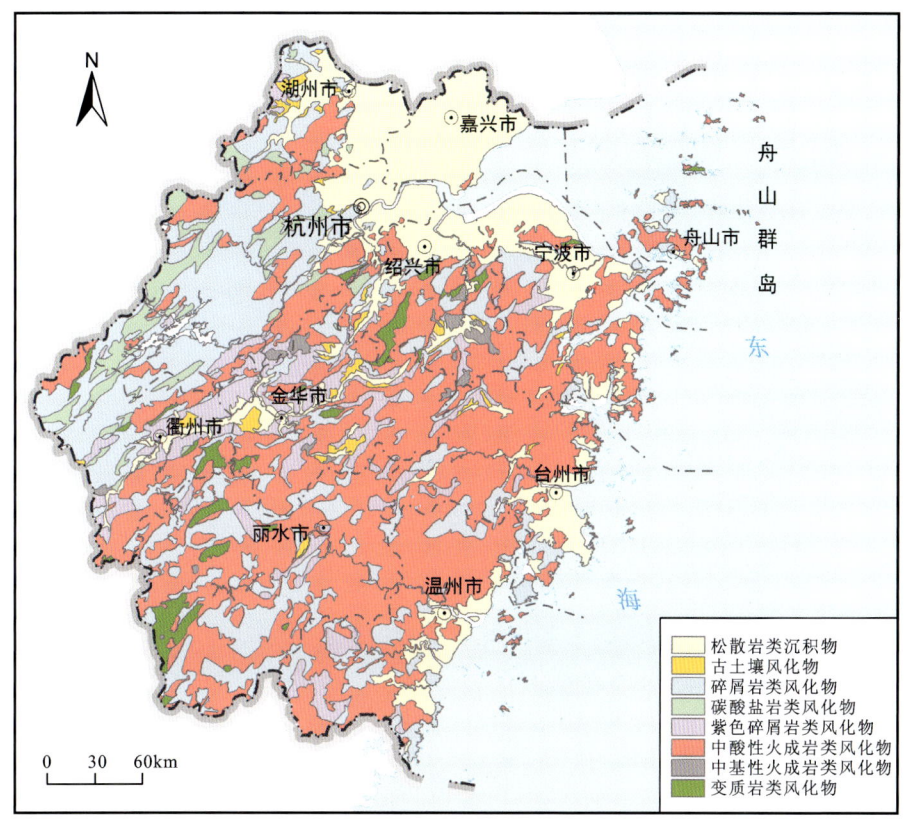

图 2-5 浙江省土壤母质类型统计单元图

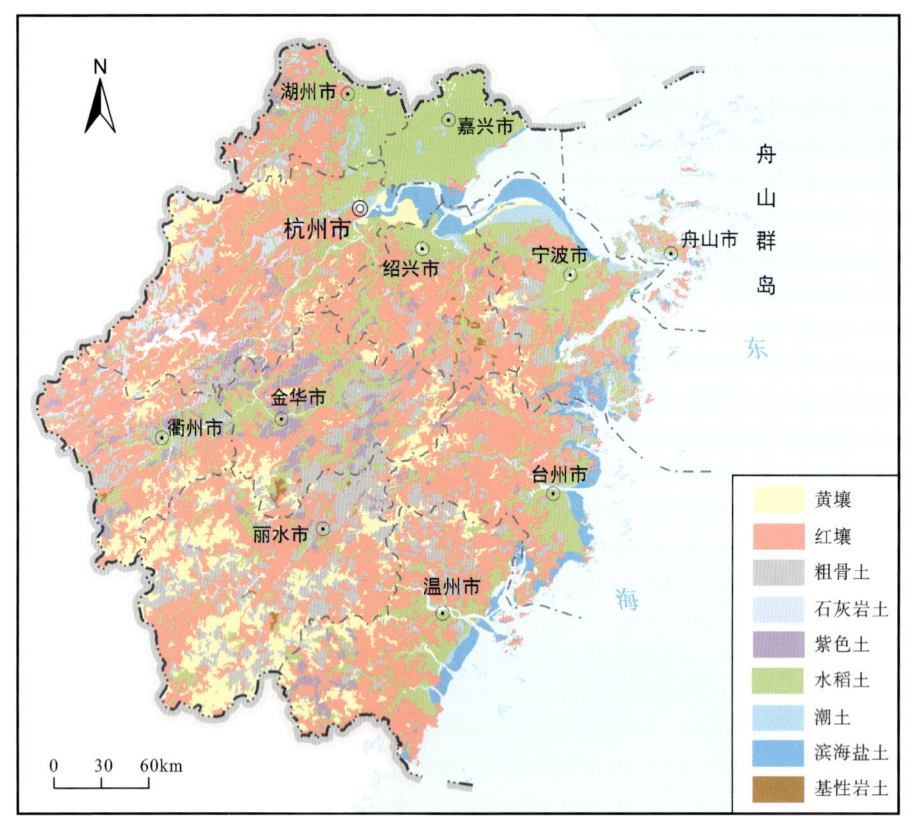

图 2-6 浙江省土壤类型统计单元图

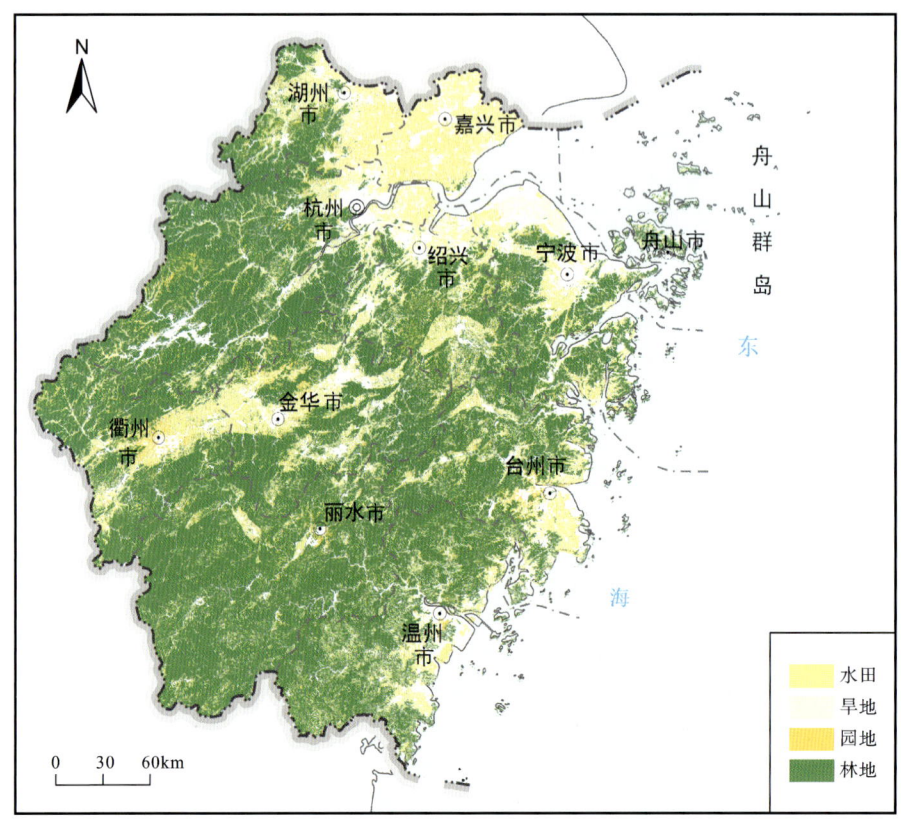

图 2-7 浙江省土地利用类型统计单元图

5. 水系流域

根据浙江省境内主要水系分布以及支流水系汇入等特征,由北及南共划分了9个流域统计单元,分别为鳌江流域、飞云江流域、椒江流域、瓯江流域、钱塘江流域、苕溪流域、甬江流域、运河流域、独流入海流域(图2-8)。钱塘江流域面积最广,其次是瓯江流域。

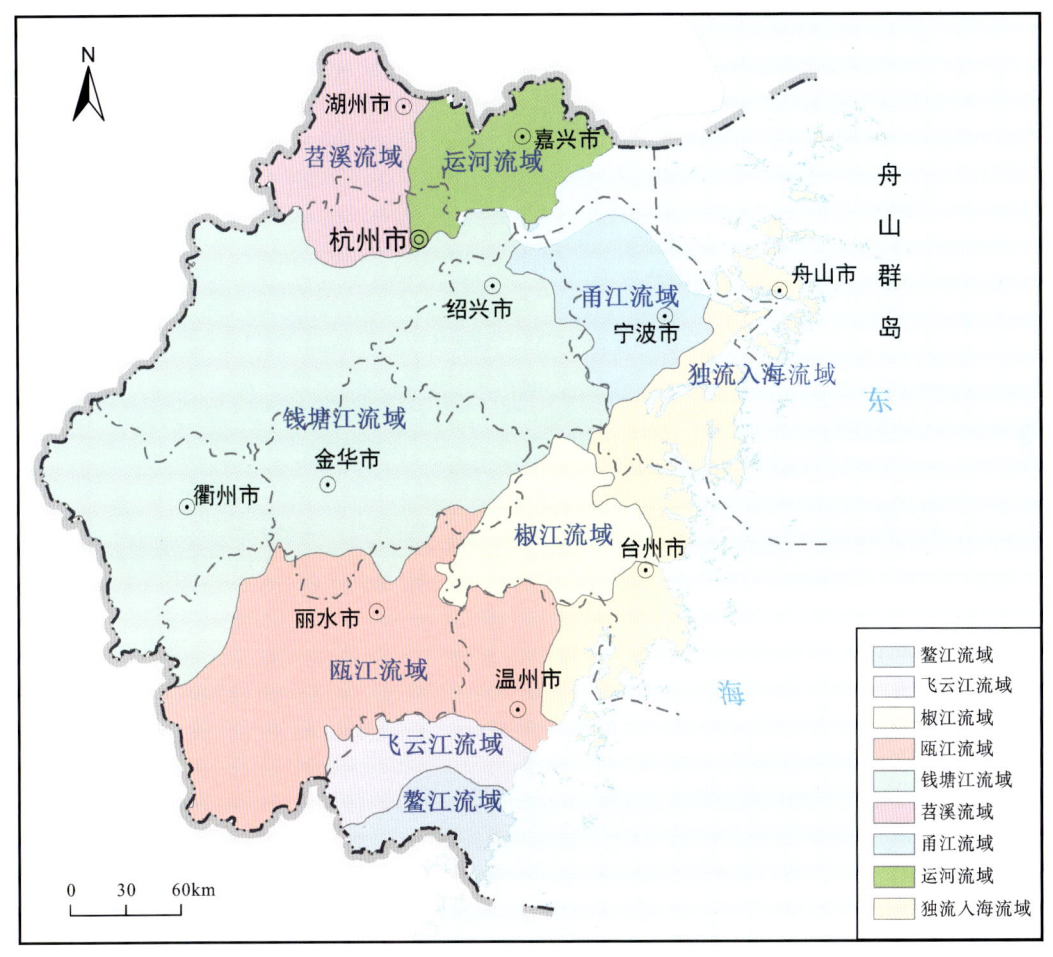

图2-8 浙江省水系流域统计单元图

6. 地貌

浙江素有"七山一水二分田"之说,总体地势由西南向东北倾斜,根据浙江省地势及地貌分区图,划分了6个地貌统计单元,分别为浙北平原区、浙东南沿海岛屿与丘陵港湾平原区、浙东丘陵盆地区、浙中丘陵盆地区、浙西北山地丘陵区、浙南山地区(图2-9)。

7. 大地构造

根据浙江省大地构造分布特征,将浙江省划分为江南古岛弧、江山-绍兴对接带、丽水-余姚结合带、温州-舟山陆缘弧、武夷地块、浙北周缘前陆盆地、浙西被动陆缘盆地7个构造单元进行统计(图2-10)。

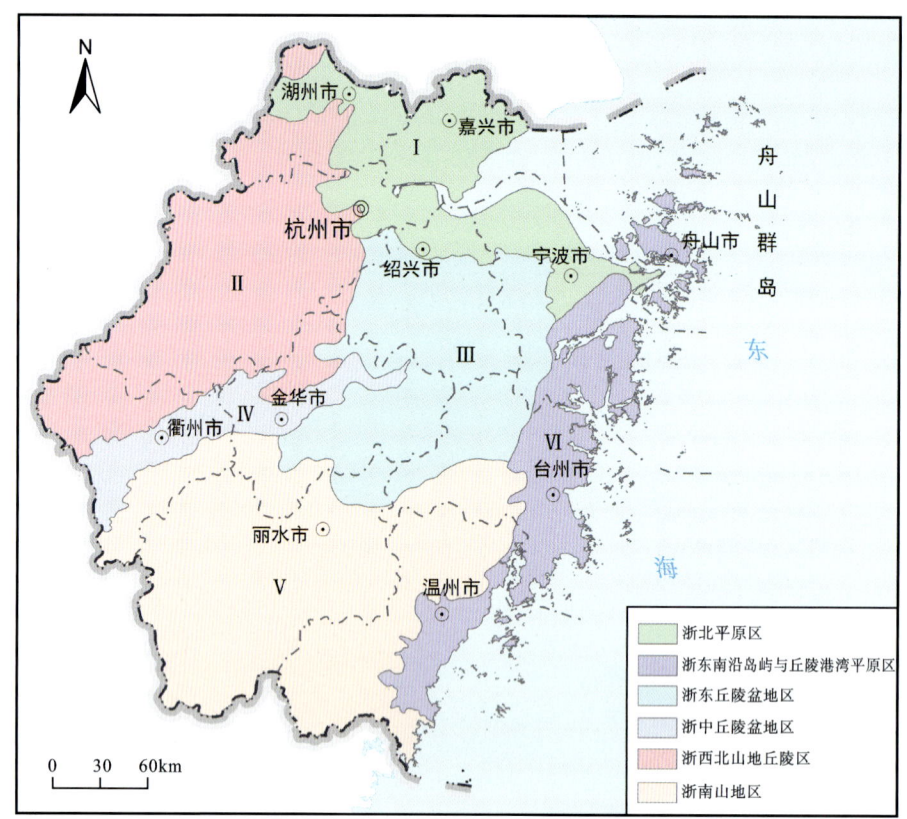

图 2-9　浙江省地貌统计单元图

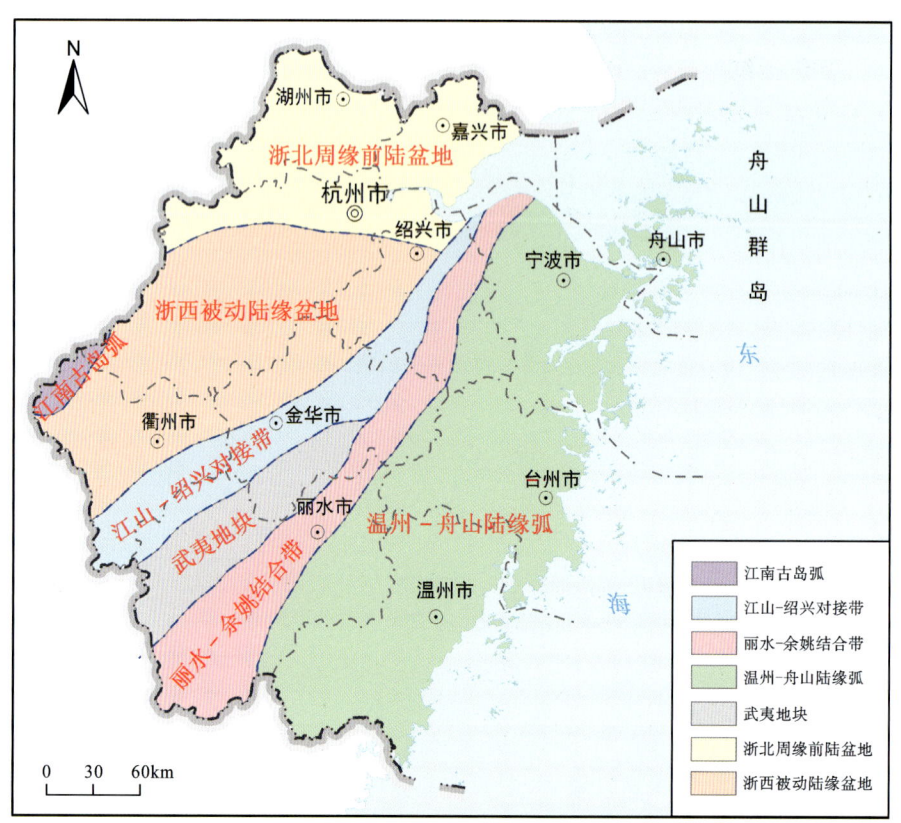

图 2-10　浙江省大地构造统计单元图

四、数据处理与背景值确定

基于统计单元内各层次样本数据,依据《区域性土壤环境背景含量统计技术导则(试行)》(HJ 1185—2021)进行数据分布类型检验、异常值判别与处理及区域性土壤环境背景含量的统计和表征。

1. 数据分布形态检验

数据分布形态检验依据《数据的统计处理和解释正态性检验》(GB/T 4882—2001)要求,利用 SPSS 19 对数据频率分布形态进行正态检验。首先对原始数据进行正态分布检验,将不符合正态分布的数据进行对数转换后再进行对数正态分布检验。当数据不服从正态分布或对数正态分布时,根据箱线图法对异常值进行判别剔除后,再进行正态分布或对数正态分布检验。注意:部分统计单元(或部分元素/指标)因样品少于 30 件无法进行正态分布检验。

2. 异常值判别与剔除

对于明显来源于局部受污染场所的数据,或者因样品采集、分析检测等导致的异常值,必须进行判别和剔除。由于本次杭州市土壤元素地球化学基准值、背景值研究的数据基础样本量较大,异常值判别采用箱线图法进行。

根据收集整理的原始数据各项元素/指标分别计算第一四分位数(Q_1)、第三四分位数(Q_3),以及四分位距($IQR=Q_3-Q_1$)、$Q_3+1.5IQR$ 值、$Q_1-1.5IQR$ 内限值。根据计算结果对内限值以外的异常数据,结合频率分布直方图与点位区域分布特征逐个甄别并剔除。

3. 参数表征与背景值确定

(1)参数表征主要包括统计样本数(N)、极大值(X_{max})、极小值(X_{min})、算术平均值($\overline{X}$)、几何平均值($\overline{X}_g$)、中位数(X_{me})、众值(X_{mo})、算术标准差(S)、几何标准差(S_g)、变异系数(CV)、分位值($X_{5\%}$、$X_{10\%}$、$X_{25\%}$、$X_{50\%}$、$X_{75\%}$、$X_{90\%}$、$X_{95\%}$)、数据分布类型等。

(2)基准值、背景值确定分为以下几种情况:①当数据为正态分布或剔除异常值后正态分布时,取算术平均值作为基准值、背景值;②当数据为对数正态分布或剔除异常值后对数正态分布时,取几何平均值作为基准值、背景值;③当数据经反复剔除后,仍不服从正态分布或对数正态分布时,取众值作为基准值、背景值,有 2 个众值时取靠近中位数的众值,有 3 个众值时取中间位众值;④对于样本数少于 30 件的统计单元,则取中位数作为基准值、背景值。

(3)数值有效位数确定原则:54 项元素/指标中仅 Hg 数值保留 3 位小数,其他均保留 2 位小数;在各参数统计结果取值时,数值小于等于 50 的小数点后保留 2 位,数值大于 50 小于等于 100 的小数点后保留 1 位,数值大于 100 的取整数。注意:极个别数值(如极小值)保留 3 位小数。

说明:本书中样本数单位统一为"件";变异系数(CV)为无量纲,按照计算公式结果用百分数表示,为方便表示本书统一换算成小数,且小数点后保留 2 位;氧化物、TC、Corg 单位为%,N、P 单位为 g/kg,Au、Ag 单位为 μg/kg,pH 为无量纲,其他元素/指标单位为 mg/kg。

第三章　土壤地球化学基准值

第一节　各行政区土壤地球化学基准值

一、浙江省土壤地球化学基准值

浙江省土壤地球化学基准值数据经正态分布检验,结果表明,原始数据中仅 Ga 符合正态分布,I、Li、Al_2O_3 符合对数正态分布,Rb、Ti 剔除异常值后符合正态分布(简称剔除后正态分布),As、Be、Ce、Mn、S、Tl、U、Y、Zn、Corg 剔除异常值后符合对数正态分布(简称剔除后对数分布),其他元素/指标不符合正态分布或对数正态分布(表 3-1)。

浙江省深层土壤总体呈酸性,土壤 pH 基准值为 5.12,极大值为 9.32,极小值为 3.22,略低于中国基准值。

在深层土壤各元素/指标中,绝大多数元素/指标变异系数小于 0.40,分布相对均匀;pH、CaO、Na_2O、I、Ni、Cr、MgO、B、Mo、Sr、Cu、Br、Se、P、Au、As、TC、Cl 共 18 项元素/指标变异系数大于 0.40,其中 pH 变异系数大于 0.80,空间变异性较大。

与中国土壤基准值相比,浙江省土壤基准值中 Na_2O、CaO、Cu、Sr、Cl、Ni、MgO、P、TC 基准值明显偏低,均低于中国基准值的 60%,其中 Na_2O、CaO 基准值均仅为中国基准值的 9%;Sb、As、S 基准值略低于中国基准值,为中国基准值的 60%～80%;Tl、Ce、Ti、Zr、Rb、U、Li、Zn、La、Mn、K_2O、Ga、Al_2O_3、N、W 基准值略高于中国基准值,与中国基准值比值在 1.2～1.4 之间;I、Hg、B、V、Nb、Se、Th、Pb、Cr、Corg 基准值明显高于中国基准值,与中国基准值比值在 1.4 以上,其中 I、Hg 明显相对富集,基准值在中国基准值的 2.0 倍以上,I 基准值为 3.86mg/kg,是中国基准值(1.00mg/kg)的 3.86 倍;其他元素/指标基准值则与中国基准值基本接近。

二、杭州市土壤地球化学基准值

杭州市土壤地球化学基准值数据经正态分布检验,结果表明,原始数据中仅 Ga、TFe_2O_3 符合正态分布,Br、Cr、Cu、F、Ge、I、Mn、N、Ni、P、Tl、W、MgO、K_2O 符合对数正态分布,Be、Li、Pb、Rb、Sc、Th、Zr、Al_2O_3 剔除异常值后符合正态分布,Ag、Au、Bi、Hg、Mo、S、Sn、Sr、U、V、Y、Na_2O 剔除异常值后符合对数正态分布,其他元素/指标不符合正态分布或对数正态分布(表 3-2)。

杭州市深层土壤总体呈酸性,土壤 pH 基准值为 5.69,极大值为 8.91,极小值为 4.59,略低于中国基准值,与浙江省基准值基本接近。

在深层土壤各元素/指标中,绝大多数元素/指标变异系数小于 0.40,分布相对均匀;pH、Na_2O、As、W、Mo、Sb、Br、Cu、Cd、P、CaO、MgO、I、Se、Ni、Ag、Au 共 17 项元素/指标变异系数大于 0.40,其中 pH 变异系数大于 0.80,空间变异性较大。

第三章 土壤地球化学基准值

表 3-1 浙江省土壤地球化学基准值参数统计表

元素/指标	N	$X_{5\%}$	$X_{10\%}$	$X_{25\%}$	$X_{50\%}$	$X_{75\%}$	$X_{90\%}$	$X_{95\%}$	$\bar{X}$	S	$\bar{X}_g$	S_g	X_{max}	X_{min}	CV	X_{me}	X_{mo}	分布类型	浙江省基准值	中国基准值
Ag	4577	38.00	43.00	54.0	67.0	82.0	100.0	110	69.5	21.89	66.2	11.57	134	15.00	0.31	67.0	70.0	其他分布	70.0	70.0
As	4554	3.30	3.85	5.10	6.90	9.29	12.10	13.90	7.49	3.21	6.83	3.29	17.81	1.20	0.43	6.90	7.60	剔除后对数分布	6.83	9.00
Au	4646	0.52	0.61	0.84	1.20	1.60	2.03	2.32	1.26	0.55	1.14	1.58	2.95	0.27	0.43	1.20	1.10	其他分布	1.10	1.10
B	4947	14.71	17.10	24.39	41.00	65.5	76.0	81.2	45.02	23.02	38.65	9.09	127	4.40	0.51	41.00	73.0	其他分布	73.0	41.00
Ba	4662	311	367	443	514	647	807	894	552	170	526	37.56	1041	108	0.31	514	482	其他分布	482	522
Be	4794	1.67	1.80	2.03	2.32	2.64	2.95	3.14	2.35	0.44	2.31	1.68	3.62	1.11	0.19	2.32	2.32	其他分布	2.31	2.00
Bi	4709	0.17	0.19	0.23	0.30	0.40	0.50	0.55	0.32	0.12	0.30	2.17	0.69	0.03	0.36	0.30	0.24	剔除后对数分布	0.24	0.27
Br	4688	1.40	1.50	2.09	2.83	4.00	5.30	6.10	3.16	1.44	2.85	2.13	7.44	0.34	0.46	2.83	1.50	其他分布	1.50	1.80
Cd	4600	0.05	0.06	0.08	0.11	0.14	0.17	0.20	0.11	0.04	0.10	3.96	0.25	0.01	0.39	0.11	0.11	其他分布	0.11	0.11
Ce	4675	63.0	68.0	75.3	83.8	94.0	106	113	85.4	14.68	84.1	13.02	127	45.45	0.17	83.8	72.0	剔除后对数分布	84.1	62.0
Cl	4514	28.00	31.20	37.70	48.21	66.9	88.0	100.0	54.5	22.48	50.4	9.82	130	19.00	0.41	48.21	39.00	其他分布	39.00	72.0
Co	4877	5.34	6.23	8.37	11.80	15.90	18.60	20.40	12.23	4.79	11.25	4.38	27.49	2.06	0.39	11.80	11.90	其他分布	11.90	11.0
Cr	4916	14.10	18.39	28.53	48.00	72.3	94.9	104	52.3	28.51	44.05	9.77	139	1.10	0.54	48.00	71.0	其他分布	71.0	50.0
Cu	4814	7.57	8.98	11.90	17.40	25.30	32.92	37.24	19.34	9.30	17.18	5.61	47.60	2.20	0.48	17.40	11.20	偏峰分布	11.20	19.00
F	4817	302	339	411	498	617	726	796	519	150	497	36.54	957	100.0	0.29	498	431	偏峰分布	431	456
Ga	4952	13.74	14.90	16.70	18.84	21.00	23.05	24.30	18.92	3.29	18.62	5.47	38.18	5.90	0.17	18.84	19.60	正态分布	18.92	15.00
Ge	4854	1.25	1.32	1.42	1.53	1.65	1.77	1.85	1.54	0.17	1.53	1.31	2.01	1.08	0.11	1.53	1.50	其他分布	1.50	1.30
Hg	4606	0.027	0.032	0.040	0.051	0.067	0.084	0.095	0.055	0.021	0.051	5.708	0.119	0.008	0.376	0.051	0.048	其他分布	0.048	0.018
I	4952	1.32	1.69	2.64	3.96	5.88	8.35	10.23	4.64	2.93	3.86	2.68	34.20	0.21	0.63	3.96	1.76	对数分布	3.86	1.00
La	4708	32.70	34.83	39.00	43.00	47.30	52.0	55.0	43.28	6.53	42.78	8.85	61.1	25.92	0.15	43.00	41.00	其他分布	41.00	32.00
Li	4952	22.27	24.91	30.00	37.40	46.65	57.3	63.4	39.53	13.46	37.51	8.34	184	10.83	0.34	37.40	39.50	对数正态分布	37.51	29.00
Mn	4848	368	424	557	735	941	1164	1284	765	278	713	45.51	1563	117	0.36	735	593	剔除后对数分布	713	562
Mo	4529	0.38	0.44	0.62	0.88	1.25	1.69	1.99	0.99	0.48	0.88	1.64	2.55	0.16	0.49	0.88	0.62	偏峰分布	0.62	0.70
N	4797	0.31	0.35	0.42	0.53	0.66	0.81	0.89	0.55	0.18	0.53	1.63	1.07	0.11	0.32	0.53	0.49	其他分布	0.49	0.399
Nb	4680	14.63	16.20	18.10	20.10	22.80	25.70	27.50	20.54	3.74	20.20	5.70	31.00	10.50	0.18	20.10	19.60	其他分布	19.60	12.00
Ni	4894	6.56	8.10	11.55	19.44	32.48	41.70	45.80	22.47	12.85	18.78	6.22	65.1	2.21	0.57	19.44	11.00	其他分布	11.00	22.00
P	4867	0.15	0.18	0.25	0.36	0.50	0.63	0.69	0.38	0.17	0.35	2.14	0.89	0.05	0.44	0.36	0.24	其他分布	0.24	0.488
Pb	4601	19.50	21.32	24.50	28.30	33.00	38.10	42.00	29.08	6.64	28.33	6.94	48.90	10.60	0.23	28.30	30.00	其他分布	30.00	21.00

续表 3-1

元素/指标	N	$X_{5\%}$	$X_{10\%}$	$X_{25\%}$	$X_{50\%}$	$X_{75\%}$	$X_{90\%}$	$X_{95\%}$	$\overline{X}$	S	$\overline{X}_g$	S_g	X_{max}	X_{min}	CV	X_{me}	X_{mo}	分布类型	浙江省基准值	中国基准值
Rb	4845	84.0	94.2	110	129	146	160	169	128	25.68	125	16.30	200	55.8	0.20	129	128	剔除后正态分布	128	96.0
S	4471	57.0	67.3	88.0	116	150	191	220	123	48.17	114	15.76	278	8.10	0.39	116	50.00	剔除后对数分布	114	166
Sb	4479	0.33	0.37	0.45	0.55	0.70	0.88	1.01	0.59	0.20	0.56	1.61	1.26	0.10	0.34	0.55	0.53	其他分布	0.53	0.67
Sc	4842	6.80	7.40	8.60	10.08	12.00	14.20	15.40	10.42	2.54	10.11	3.87	17.22	3.92	0.24	10.08	9.70	其他分布	9.70	9.00
Se	4777	0.09	0.11	0.15	0.21	0.29	0.38	0.43	0.23	0.10	0.21	2.84	0.52	0.02	0.45	0.21	0.21	其他分布	0.21	0.13
Sn	4594	2.20	2.40	2.80	3.35	3.99	4.70	5.23	3.46	0.91	3.35	2.13	6.21	1.14	0.26	3.35	2.60	偏峰分布	2.60	3.00
Sr	4883	30.10	34.80	45.40	67.8	106	130	146	76.7	37.60	67.7	11.89	197	8.20	0.49	67.8	112	其他分布	112	197
Th	4723	10.68	11.56	13.20	14.90	16.79	18.90	20.26	15.06	2.83	14.79	4.79	22.80	7.45	0.19	14.90	14.50	偏峰分布	14.50	10.00
Ti	4738	3129	3441	4025	4616	5188	5708	6031	4602	877	4514	130	7047	2228	0.19	4616	4108	剔除后正态分布	4602	3406
Tl	4782	0.50	0.57	0.70	0.83	0.98	1.14	1.25	0.85	0.22	0.82	1.35	1.47	0.25	0.26	0.83	0.83	剔除后对数分布	0.82	0.60
U	4750	2.09	2.29	2.70	3.20	3.68	4.23	4.57	3.22	0.74	3.14	2.01	5.29	1.37	0.23	3.20	3.00	剔除后对数分布	3.14	2.40
V	4848	39.80	45.80	59.0	77.7	101	119	128	80.5	27.90	75.4	12.54	166	14.40	0.35	77.7	110	其他分布	110	67.0
W	4618	1.33	1.47	1.69	1.93	2.21	2.56	2.80	1.98	0.43	1.93	1.55	3.19	0.84	0.22	1.93	1.93	其他分布	1.93	1.50
Y	4755	19.84	21.20	23.52	26.22	29.13	31.96	33.70	26.47	4.20	26.13	6.64	38.50	15.00	0.16	26.22	26.00	剔除后对数分布	26.13	23.00
Zn	4792	50.8	56.0	65.2	77.8	93.0	107	115	79.8	19.69	77.4	12.54	139	25.90	0.25	77.8	102	其他分布	77.4	60.0
Zr	4820	193	209	242	283	325	362	389	286	58.6	279	25.87	456	140	0.21	283	287	其他分布	287	215
SiO$_2$	4916	60.3	62.0	65.6	69.5	72.6	75.0	76.4	69.0	4.91	68.8	11.52	82.9	55.0	0.07	69.5	70.5	剔除后正态分布	70.5	67.9
Al$_2$O$_3$	4952	11.59	12.26	13.33	14.80	16.33	18.07	19.37	15.00	2.33	14.82	4.75	24.70	8.49	0.16	14.80	13.80	对数分布	14.82	11.90
TFe$_2$O$_3$	4866	3.07	3.32	3.95	4.75	5.71	6.45	6.95	4.84	1.20	4.69	2.55	8.45	1.70	0.25	4.75	4.70	其他分布	4.70	4.10
MgO	4842	0.41	0.47	0.59	0.80	1.25	1.86	2.08	0.98	0.52	0.86	1.66	2.39	0.24	0.53	0.80	0.67	其他分布	0.67	1.36
CaO	4402	0.12	0.14	0.20	0.30	0.50	0.82	1.00	0.40	0.27	0.32	2.49	1.37	0.04	0.69	0.30	0.22	其他分布	0.22	2.57
Na$_2$O	4942	0.12	0.16	0.28	0.59	1.05	1.44	1.66	0.71	0.49	0.53	2.49	2.20	0.05	0.69	0.59	0.16	其他分布	0.16	1.81
K$_2$O	4904	1.69	1.91	2.26	2.67	3.04	3.35	3.59	2.65	0.57	2.59	1.80	4.19	1.09	0.21	2.67	2.99	其他分布	2.99	2.36
TC	4797	0.25	0.30	0.40	0.52	0.71	0.93	1.05	0.57	0.24	0.52	1.76	1.24	0.10	0.42	0.52	0.43	其他分布	0.43	0.90
Corg	4498	0.22	0.26	0.33	0.43	0.54	0.68	0.76	0.45	0.16	0.42	1.87	0.92	0.03	0.36	0.43	0.42	剔除后对数分布	0.42	0.30
pH	4950	4.87	4.98	5.21	5.69	6.85	8.10	8.38	5.36	4.88	6.11	2.88	9.32	3.22	0.91	5.69	5.12	其他分布	5.12	8.10

注:Corg 原始样本数为 4720 件,其他元素/指标为 4952 件;氧化物、TC、Corg 单位为 %,N、P 单位为 g/kg,Au、Ag 单位为 μg/kg,pH 为无量纲,其他元素/指标单位为 mg/kg;中国基准值引自《全国地球化学基准网建立与土壤地球化学基准值特征》(王学求等,2016);后表单位和资料来源相同。

第三章 土壤地球化学基准值

表 3-2 杭州市土壤地球化学基准值参数统计表

元素/指标	N	$X_{5\%}$	$X_{10\%}$	$X_{25\%}$	$X_{50\%}$	$X_{75\%}$	$X_{90\%}$	$X_{95\%}$	$\overline{X}$	S	$\overline{X}_g$	S_g	X_{max}	X_{min}	CV	X_{me}	X_{mo}	分布类型	杭州市基准值	浙江省基准值	中国基准值
Ag	938	34.00	43.00	57.0	72.0	98.0	130	150	80.2	33.46	73.7	12.21	180	15.00	0.42	72.0	32.00	剔除后对数分布	73.7	70.0	70.0
As	938	3.79	4.61	6.20	8.62	13.50	22.03	26.91	11.04	6.93	9.31	3.95	33.10	2.09	0.63	8.62	11.20	其他分布	11.20	6.83	9.00
Au	964	0.61	0.72	0.94	1.24	1.70	2.21	2.50	1.36	0.57	1.25	1.56	3.06	0.36	0.42	1.24	0.96	剔除后对数分布	1.25	1.10	1.10
B	1018	23.43	29.00	46.00	61.0	72.8	81.4	87.4	58.6	19.79	54.3	10.41	113	6.83	0.34	61.0	68.0	偏峰分布	68.0	73.0	41.00
Ba	908	326	367	413	472	582	742	871	515	158	494	36.62	1027	181	0.31	472	436	其他分布	436	482	522
Be	975	1.62	1.68	1.94	2.28	2.62	2.93	3.22	2.30	0.49	2.25	1.68	3.77	1.03	0.21	2.28	1.99	剔除后对数分布	2.30	2.31	2.00
Bi	948	0.17	0.20	0.25	0.31	0.38	0.47	0.52	0.32	0.10	0.31	2.18	0.64	0.13	0.32	0.31	0.29	剔除后对数分布	0.31	0.24	0.27
Br	1032	1.50	1.70	2.20	3.00	4.20	5.55	6.87	3.45	1.90	3.06	2.20	21.17	0.68	0.55	3.00	1.50	对数正态分布	3.06	1.50	1.80
Cd	930	0.05	0.06	0.09	0.12	0.17	0.25	0.30	0.14	0.07	0.12	3.91	0.36	0.01	0.54	0.12	0.11	其他分布	0.11	0.11	0.11
Ce	920	65.0	69.1	76.1	82.9	92.1	105	116	85.3	14.48	84.1	12.85	129	47.30	0.17	82.9	82.0	其他分布	82.0	84.1	62.0
Cl	939	25.59	28.30	32.55	38.20	46.30	59.2	70.4	41.10	12.63	39.39	8.65	80.0	19.00	0.31	38.20	32.00	其他分布	32.00	39.00	72.0
Co	1024	7.37	8.64	10.70	14.40	17.00	19.20	20.80	14.06	4.15	13.40	4.58	26.30	4.69	0.30	14.40	15.70	其他分布	15.70	11.90	11.0
Cr	1032	22.92	30.31	43.80	58.7	71.0	81.7	91.4	58.1	21.21	53.7	10.20	179	7.40	0.37	58.7	51.0	对数正态分布	53.7	71.0	50.0
Cu	1032	10.78	12.30	16.78	22.80	31.80	42.00	49.04	25.96	14.34	23.03	6.30	160	5.23	0.55	22.80	18.40	对数正态分布	23.03	11.20	19.00
F	1032	340	376	440	546	694	898	1036	598	226	563	39.17	2119	198	0.38	546	486	剔除后正态分布	563	431	456
Ga	1032	12.70	13.90	16.10	18.10	19.90	21.80	23.15	18.04	3.06	17.78	5.30	28.40	9.90	0.17	18.10	19.60	正态分布	18.04	18.92	15.00
Ge	1032	1.27	1.34	1.44	1.56	1.68	1.81	1.89	1.57	0.19	1.56	1.32	2.67	1.04	0.12	1.56	1.62	对数正态分布	1.56	1.50	1.30
Hg	957	0.033	0.040	0.052	0.066	0.086	0.110	0.130	0.071	0.028	0.066	5.185	0.150	0.020	0.388	0.066	0.046	对数正态分布	0.066	0.048	0.018
I	1032	1.19	1.69	2.65	3.64	4.77	6.16	6.94	3.81	1.77	3.38	2.38	13.90	0.21	0.47	3.64	3.31	对数正态分布	3.38	3.86	1.00
La	1005	34.30	36.80	40.70	44.40	47.30	49.80	51.3	43.81	5.00	43.51	8.85	57.3	30.70	0.11	44.40	45.50	偏峰分布	45.50	41.00	32.00
Li	1000	26.00	28.30	33.90	40.90	47.30	54.7	59.6	41.27	9.76	40.11	8.42	68.1	20.20	0.24	40.90	39.50	剔除后对数分布	41.27	37.51	29.00
Mn	1032	396	440	581	755	949	1176	1334	793	311	738	45.72	3678	117	0.39	755	593	剔除后对数分布	738	713	562
Mo	927	0.36	0.41	0.60	0.90	1.37	1.98	2.42	1.07	0.63	0.91	1.78	3.17	0.28	0.59	0.90	0.62	对数正态分布	0.91	0.62	0.70
N	1032	0.36	0.41	0.49	0.61	0.78	0.93	1.09	0.65	0.23	0.61	1.57	2.62	0.21	0.36	0.61	0.61	对数正态分布	0.61	0.49	0.399
Nb	957	14.04	15.79	17.60	19.20	21.40	23.50	25.20	19.49	3.12	19.24	5.51	28.20	11.50	0.16	19.20	19.10	其他分布	19.10	19.60	12.00
Ni	1032	10.96	13.40	20.30	27.20	35.60	41.99	47.58	28.32	12.29	25.77	6.74	140	4.97	0.43	27.20	22.10	对数正态分布	25.77	11.00	22.00
P	1032	0.23	0.27	0.34	0.43	0.56	0.70	0.78	0.47	0.24	0.43	1.85	4.70	0.12	0.51	0.43	0.45	对数正态分布	0.43	0.24	0.488
Pb	969	16.92	18.98	21.70	24.70	28.30	31.60	34.50	25.06	5.04	24.55	6.37	39.50	12.70	0.20	24.70	23.10	剔除后正态分布	25.06	30.00	21.00

续表 3-2

元素/指标	N	$X_{5\%}$	$X_{10\%}$	$X_{25\%}$	$X_{50\%}$	$X_{75\%}$	$X_{90\%}$	$X_{95\%}$	$\bar{X}$	S	$\bar{X}_g$	S_g	X_{max}	X_{min}	CV	X_{me}	X_{mo}	分布类型	杭州市基准值	浙江省基准值	中国基准值
Rb	984	78.0	84.3	99.7	118	134	153	165	118	25.86	116	15.62	188	51.4	0.22	118	131	剔除后正态分布	118	128	96.0
S	966	58.9	70.4	89.4	112	139	178	196	117	41.00	110	15.89	235	13.60	0.35	112	118	剔除后对数分布	110	114	166
Sb	928	0.36	0.43	0.59	0.79	1.16	1.87	2.25	0.97	0.56	0.84	1.74	2.77	0.23	0.58	0.79	0.71	其他分布	0.71	0.53	0.67
Sc	978	7.40	7.90	8.90	9.70	10.60	11.53	12.20	9.74	1.38	9.64	3.75	13.30	6.30	0.14	9.70	9.70	剔除后正态分布	9.74	9.70	9.00
Se	968	0.08	0.11	0.15	0.20	0.27	0.35	0.41	0.22	0.10	0.20	2.98	0.49	0.03	0.44	0.20	0.19	偏峰分布	0.19	0.21	0.13
Sn	957	2.37	2.65	3.15	3.92	4.76	5.94	6.64	4.09	1.27	3.90	2.31	7.87	0.76	0.31	3.92	2.89	剔除后正态分布	3.90	2.60	3.00
Sr	919	31.18	33.60	39.10	46.70	58.0	80.5	96.0	51.6	18.37	48.86	9.98	109	22.80	0.36	46.70	41.50	剔除后正态分布	48.86	112	197
Th	996	10.19	11.00	12.20	13.80	15.60	17.00	18.02	13.94	2.40	13.73	4.59	20.90	7.37	0.17	13.80	13.80	偏峰分布	13.94	14.50	10.00
Ti	1014	3589	3898	4409	5083	5582	5974	6232	4992	824	4920	135	7286	2663	0.17	5088	5238	偏峰分布	5238	4602	3406
Tl	1032	0.44	0.50	0.60	0.73	0.88	1.07	1.23	0.77	0.26	0.73	1.44	2.29	0.30	0.33	0.73	0.78	对数正态分布	0.73	0.82	0.60
U	959	2.06	2.27	2.63	3.06	3.65	4.36	4.69	3.19	0.79	3.09	1.98	5.56	1.47	0.25	3.06	3.04	剔除后正态分布	3.09	3.14	2.40
V	979	47.09	55.0	68.0	82.1	99.5	118	129	84.7	23.92	81.3	12.71	150	28.70	0.28	82.1	66.0	剔除后正态分布	81.3	110	67.0
W	1032	1.24	1.39	1.68	2.06	2.62	3.39	4.21	2.35	1.46	2.15	1.75	28.30	0.84	0.62	2.06	1.74	对数正态分布	2.15	1.93	1.50
Y	964	21.40	22.60	24.55	26.70	29.50	33.00	34.90	27.24	3.96	26.96	6.71	38.20	16.50	0.15	26.70	26.60	剔除后正态分布	26.96	26.13	23.00
Zn	990	54.2	58.0	67.6	78.6	95.5	108	117	82.0	19.44	79.8	12.51	141	33.00	0.24	78.6	102	偏峰分布	102	77.4	60.0
Zr	965	188	202	234	262	289	326	344	263	45.39	260	25.16	389	162	0.17	262	260	偏峰正态分布	263	287	215
SiO$_2$	1007	65.4	66.9	68.8	71.1	73.2	74.7	75.5	70.9	3.07	70.8	11.66	79.6	62.1	0.04	71.1	70.0	剔除后正态分布	70.0	70.5	67.9
Al$_2$O$_3$	1004	10.71	11.40	12.56	13.40	14.60	15.60	16.20	13.52	1.57	13.43	4.49	17.80	9.72	0.12	13.40	13.80	剔除后对数分布	13.52	14.82	11.90
TFe$_2$O$_3$	1032	3.37	3.76	4.46	5.14	5.83	6.43	6.95	5.16	1.05	5.05	2.59	9.94	2.82	0.20	5.14	5.47	正态分布	5.16	4.70	4.10
MgO	1032	0.54	0.64	0.75	0.97	1.33	1.79	1.98	1.12	0.55	1.02	1.52	6.44	0.32	0.49	0.97	0.72	对数正态分布	1.02	0.67	1.36
CaO	893	0.15	0.17	0.22	0.29	0.40	0.57	0.72	0.34	0.17	0.30	2.25	0.95	0.08	0.51	0.29	0.24	其他分布	0.24	0.22	2.57
Na$_2$O	907	0.12	0.14	0.19	0.27	0.44	0.68	0.86	0.35	0.22	0.29	2.41	1.13	0.07	0.65	0.27	0.21	剔除后正态分布	0.29	0.16	1.81
K$_2$O	1032	1.76	1.87	2.08	2.45	2.85	3.34	3.63	2.52	0.57	2.46	1.77	4.36	0.95	0.23	2.45	1.99	对数正态分布	2.46	2.99	2.36
TC	974	0.31	0.36	0.45	0.54	0.68	0.90	0.98	0.58	0.19	0.55	1.60	1.07	0.19	0.33	0.54	0.47	其他分布	0.47	0.43	0.90
Corg	955	0.25	0.30	0.40	0.49	0.57	0.68	0.74	0.49	0.14	0.47	1.74	0.88	0.13	0.29	0.49	0.52	其他分布	0.52	0.42	0.30
pH	1027	5.00	5.14	5.41	5.92	6.83	7.75	8.27	5.57	5.44	6.20	2.91	8.91	4.59	0.98	5.92	5.69	其他分布	5.69	5.12	8.10

注：原始样本数为1032件。

与浙江省土壤基准值相比，杭州市土壤基准值中 Sr 基准值明显偏低，仅为浙江省基准值的 43.63%；Cr、V 基准值略低于浙江省基准值，为浙江省基准值的 60%～80%；Bi、Co、F、N、Sb、Zn、Corg、Hg 基准值略高于浙江省基准值，与浙江省基准值比值在 1.2～1.4 之间；As、Br、Cu、Mo、Ni、P、Sn、MgO、Na$_2$O 基准值明显高于浙江省基准值，与浙江省基准值比值在 1.4 以上，其中 Ni 基准值最高，为浙江省基准值的 2.34 倍；其他元素/指标基准值则与浙江省基准值基本接近。

与中国土壤基准值相比，杭州市土壤基准值中 TC、CaO、Na$_2$O、Sr、Cl 基准值明显低于中国基准值，为中国基准值的 44% 以下，其中 CaO 基准值为 0.24%，是中国基准值的 9%；而 S、MgO 基准值略低于中国基准值，为中国基准值的 60%～80%；As、Ce、Cu、F、Ga、Ge、Mn、Mo、Rb、Sn、Th、Tl、U、V、Zr、TFe$_2$O$_3$ 基准值略高于中国基准值，为中国基准值的 1.2～1.4 倍；La、Li、Co、Se、N、Ti、Nb、B、W、Zn、Br、Corg、I、Hg 基准值明显高于中国基准值，是中国基准值的 1.4 倍以上，其中 I、Hg 明显相对富集，基准值是中国基准值的 3.0 倍以上，Hg 的背景值为中国背景值的 3.67 倍；其他元素/指标基准值则与浙江省基准值基本接近。

三、宁波市土壤地球化学基准值

宁波市土壤地球化学基准值数据经正态分布检验，结果表明，原始数据中仅 F、Ga、Ge、V、Y、SiO$_2$、Al$_2$O$_3$、TFe$_2$O$_3$、Na$_2$O 符合正态分布，As、Au、Be、Br、Co、Cu、I、Li、Mo、N、Nb、P、Sb、Sc、Se、TC 符合对数正态分布，Ag、Cd、Ce、La、Mn、Rb、Sr、Th、Ti、Tl、U、W、Zn、K$_2$O 剔除异常值后符合正态分布，Bi、Cl、Hg、Pb、S、Sn、CaO、Corg 剔除异常值后符合对数正态分布，其他元素/指标不符合正态分布或对数正态分布（表 3-3）。

宁波市深层土壤总体呈酸性，土壤 pH 基准值为 5.82，极大值为 9.35，极小值为 3.22，与浙江省基准值接近，略低于中国基准值。

在深层土壤各元素/指标中，多数元素/指标变异系数小于 0.40，分布相对均匀；As、Cl、Co、Na$_2$O、B、Se、P、Cu、MgO、N、Cr、TC、Ni、Br、I、S、Au、CaO、pH、Mo 共 20 项元素/指标变异系数大于 0.40，其中 Mo 和 pH 变异系数大于 0.80，空间变异性较大。

与浙江省土壤基准值相比，宁波市土壤基准值中 V 基准值略低于浙江省基准值，为浙江省基准值的 78.2%；Bi、F、I、N、S 基准值略高于浙江省基准值，与浙江省基准值比值在 1.2～1.4 之间；而 Br、Cl、Cu、Mo、P、CaO、Na$_2$O、TC 基准值明显偏高，与浙江省基准值比值均在 1.4 以上，其中最高的 Na$_2$O 基准值为浙江省基准值的 6.25 倍；其他元素/指标基准值则与浙江省基准值基本接近。

与中国土壤基准值相比，宁波市土壤基准值中 Ni、MgO、Na$_2$O、Sr、CaO 基准值明显偏低，均低于中国基准值的 60%，其中 CaO 基准值仅为中国基准值的 14%；Sb、P、TC、As 基准值略低于中国基准值，为中国基准值的 60%～80%；Be、Ce、Ga、La、Li、Mn、Mo、Pb、Sc、Ti、U、V、Zn、Zr、Al$_2$O$_3$、K$_2$O、W 基准值略高于中国基准值，为中国基准值的 1.2～1.4 倍；I、Hg、Br、B、Se、Nb、N、Corg、Cr、Tl、Th、Rb 基准值明显高于中国基准值，是中国基准值的 1.4 倍以上，其中 I、Hg、Br 明显相对富集，基准值是中国基准值的 2.0 倍以上，I 基准值是中国基准值（1.00mg/kg）的 4.82 倍；其他元素/指标基准值则与中国基准值基本接近。

四、温州市土壤地球化学基准值

温州市土壤地球化学基准值数据经正态分布检验，结果表明，原始数据中仅 Ga、Rb、SiO$_2$、K$_2$O 符合正态分布，Ag、As、Au、Be、Bi、Br、Cd、Ce、Co、Cu、F、Ge、Hg、I、La、Mo、N、Nb、Sb、Sc、Se、Th、U、V、Y、Al$_2$O$_3$、Corg 共 27 项符合对数正态分布，Ba、Zn、Zr 剔除异常值后符合正态分布，Cl、Cr、Li、Mn、Ni、Sn、Tl、W、MgO 剔除异常值后符合对数正态分布，其他元素/指标不符合正态分布或对数正态分布（表 3-4）。

温州市深层土壤总体呈酸性，土壤 pH 基准值为 5.20，极大值为 6.83，极小值为 4.49，基本接近于浙江省基准值，略低于中国基准值。

表3－3　宁波市土壤地球化学基准值基准参数统计表

元素/指标	N	$X_{3\%}$	$X_{10\%}$	$X_{25\%}$	$X_{50\%}$	$X_{75\%}$	$X_{90\%}$	$X_{95\%}$	$\overline{X}$	S	$\overline{X}_g$	S_g	X_{max}	X_{min}	CV	X_{me}	X_{mo}	分布类型	宁波市基准值	浙江省基准值	中国基准值
Ag	531	37.50	43.00	55.0	66.0	76.1	89.3	97.7	66.3	17.73	63.8	11.44	115	21.00	0.27	66.0	74.0	剔除后正态分布	66.3	70.0	70.0
As	568	2.87	3.39	4.80	6.73	8.78	10.80	12.23	6.97	2.96	6.35	3.29	19.16	1.63	0.42	6.73	7.20	对数正态分布	6.35	6.83	9.00
Au	568	0.50	0.62	0.90	1.29	1.70	2.40	3.03	1.47	1.02	1.25	1.80	11.97	0.29	0.69	1.29	1.10	对数正态分布	1.25	1.10	1.10
B	568	14.94	18.15	27.00	44.81	69.0	77.8	81.0	47.26	22.65	40.81	9.86	100.0	4.40	0.48	44.81	75.0	其他分布	75.0	73.0	41.00
Ba	545	416	433	477	556	697	827	909	596	160	576	39.19	1071	137	0.27	556	575	其他分布	575	482	522
Be	568	1.82	1.94	2.15	2.41	2.69	3.07	3.20	2.45	0.46	2.41	1.74	6.42	1.11	0.19	2.41	2.07	对数正态分布	2.41	2.31	2.00
Bi	549	0.17	0.20	0.25	0.33	0.43	0.51	0.55	0.34	0.12	0.32	2.10	0.71	0.03	0.36	0.33	0.26	剔除后对数正态分布	0.32	0.24	0.27
Br	568	1.80	2.10	2.70	3.89	5.70	8.13	9.98	4.62	2.75	4.00	2.57	24.72	0.77	0.60	3.89	2.20	剔除后对数正态分布	4.00	1.50	1.80
Cd	531	0.05	0.07	0.09	0.11	0.14	0.16	0.18	0.11	0.04	0.11	3.70	0.22	0.02	0.34	0.11	0.12	其他分布	0.11	0.11	0.11
Ce	540	62.4	66.5	75.2	83.8	92.3	103	109	84.1	13.59	83.0	12.74	120	51.0	0.16	83.8	86.0	剔除后正态分布	84.1	84.1	62.0
Cl	487	39.60	44.27	60.0	77.0	99.0	135	160	84.1	35.76	77.5	13.33	217	32.50	0.43	77.0	77.0	剔除后对数正态分布	77.5	39.00	72.0
Co	568	5.63	6.70	8.97	12.30	15.80	18.39	20.81	12.79	5.69	11.75	4.55	74.8	2.06	0.45	12.30	13.60	剔除后正态分布	11.75	11.90	11.0
Cr	565	15.02	18.95	28.70	49.30	80.6	107	118	57.1	33.27	46.60	11.27	154	1.10	0.58	49.30	76.0	其他分布	76.0	71.0	50.0
Cu	568	8.04	8.97	11.00	17.07	26.49	33.82	38.37	19.71	10.98	17.15	5.86	92.4	2.80	0.56	17.07	29.67	对数正态分布	17.15	11.20	19.00
F	568	291	334	414	510	628	721	768	525	150	502	37.55	1054	158	0.29	510	721	正态分布	525	431	456
Ga	568	15.30	16.19	17.58	19.38	21.10	22.48	23.30	19.37	2.56	19.20	5.46	32.70	12.39	0.13	19.38	21.40	正态分布	19.37	18.92	15.00
Ge	568	1.23	1.29	1.39	1.50	1.60	1.68	1.72	1.49	0.15	1.48	1.29	1.92	1.01	0.10	1.50	1.58	正态分布	1.49	1.50	1.30
Hg	527	0.027	0.030	0.040	0.047	0.060	0.076	0.088	0.051	0.018	0.048	5.910	0.104	0.009	0.351	0.047	0.041	剔除后对数正态分布	0.048	0.048	0.018
I	568	1.82	2.24	3.27	4.91	7.22	9.85	11.65	5.66	3.41	4.82	2.79	26.02	0.94	0.60	4.91	5.10	对数正态分布	4.82	3.86	1.00
La	521	33.60	35.68	38.82	42.00	45.70	49.81	52.0	42.37	5.48	42.01	8.64	57.0	28.90	0.13	42.00	41.00	剔除后正态分布	42.37	41.00	32.00
Li	568	20.28	23.57	28.29	35.41	48.14	60.3	64.8	38.88	13.90	36.48	8.53	92.8	10.83	0.36	35.41	33.80	剔除后正态分布	36.48	37.51	29.00
Mn	553	376	427	543	717	882	1097	1211	735	252	690	44.85	1433	144	0.34	717	538	剔除后正态分布	735	713	562
Mo	568	0.44	0.49	0.63	0.86	1.20	1.84	2.50	1.10	1.13	0.91	1.75	19.10	0.23	1.03	0.86	0.58	对数正态分布	0.91	0.62	0.70
N	568	0.32	0.40	0.49	0.61	0.79	1.02	1.20	0.68	0.30	0.62	1.60	2.44	0.15	0.44	0.61	0.70	对数正态分布	0.62	0.49	0.399
Nb	568	14.83	16.12	18.10	20.09	22.50	24.73	27.33	20.58	4.48	20.19	5.65	71.1	11.27	0.22	20.09	19.60	剔除后正态分布	20.19	19.60	12.00
Ni	561	6.70	8.80	11.75	19.20	35.20	43.90	47.10	23.73	13.89	19.47	6.82	67.7	2.21	0.59	19.20	12.90	其他分布	12.90	11.00	22.00
P	568	0.17	0.21	0.27	0.39	0.53	0.65	0.70	0.41	0.18	0.37	2.00	1.20	0.09	0.43	0.39	0.38	对数正态分布	0.37	0.24	0.488
Pb	518	20.80	22.36	26.00	29.75	33.40	38.09	41.01	29.99	6.04	29.39	7.11	48.00	14.48	0.20	29.75	29.00	剔除后对数正态分布	29.39	30.00	21.00

续表 3-3

元素/指标	N	$X_{5\%}$	$X_{10\%}$	$X_{25\%}$	$X_{50\%}$	$X_{75\%}$	$X_{90\%}$	$X_{95\%}$	$\bar{X}$	S	$\bar{X}_g$	S_g	X_{max}	X_{min}	CV	X_{me}	X_{mo}	分布类型	宁波市基准值	浙江省基准值	中国基准值
Rb	550	105	111	124	137	149	161	169	137	19.22	136	16.96	189	89.7	0.14	137	137	剔除后正态分布	137	128	96.0
S	497	69.3	79.2	100.0	139	205	332	435	176	111	150	18.85	561	37.45	0.63	139	82.0	剔除后对数正态分布	150	114	166
Sb	568	0.33	0.38	0.44	0.52	0.62	0.74	0.83	0.55	0.17	0.52	1.60	1.71	0.20	0.31	0.52	0.51	对数正态分布	0.52	0.53	0.67
Sc	568	6.82	7.69	8.93	11.00	13.50	15.60	16.70	11.32	3.16	10.88	4.17	26.32	3.92	0.28	11.00	11.50	对数正态分布	10.88	9.70	9.00
Se	568	0.09	0.12	0.17	0.24	0.33	0.44	0.50	0.26	0.13	0.23	2.73	0.96	0.04	0.49	0.24	0.14	剔除后对数正态分布	0.23	0.21	0.13
Sn	528	2.07	2.30	2.64	3.17	3.66	4.36	4.69	3.21	0.80	3.11	2.06	5.49	1.14	0.25	3.17	2.60	剔除后对数正态分布	3.11	2.60	3.00
Sr	555	41.21	50.2	71.7	100.0	119	144	152	96.8	34.01	90.0	14.33	190	21.20	0.35	100.0	106	剔除后正态分布	96.8	112	197
Th	536	11.09	11.80	13.60	14.90	16.40	18.20	19.40	15.00	2.34	14.81	4.71	21.46	9.52	0.16	14.90	14.40	剔除后正态分布	15.00	14.50	10.00
Ti	540	3207	3577	4155	4632	5079	5392	5673	4590	737	4528	131	6474	2686	0.16	4632	5207	剔除后正态分布	4590	4602	3406
Tl	531	0.61	0.68	0.78	0.89	1.00	1.13	1.24	0.90	0.18	0.88	1.25	1.38	0.49	0.20	0.89	0.89	剔除后对数正态分布	0.90	0.82	0.60
U	553	2.06	2.22	2.60	3.10	3.45	3.81	3.99	3.05	0.59	2.99	1.91	4.75	1.79	0.19	3.10	3.30	剔除后正态分布	3.05	3.14	2.40
V	568	43.14	49.99	63.0	83.2	106	128	137	86.0	29.85	80.9	13.39	246	25.20	0.35	83.2	92.0	正态分布	86.0	110	67.0
W	531	1.39	1.51	1.70	1.90	2.12	2.37	2.53	1.92	0.34	1.89	1.51	2.91	1.02	0.18	1.90	1.93	剔除后正态分布	1.92	1.93	1.50
Y	568	19.00	20.45	23.24	26.00	28.81	31.00	32.25	25.86	4.14	25.51	6.62	36.50	8.90	0.16	26.00	26.00	正态分布	25.86	26.13	23.00
Zn	549	53.9	58.5	68.4	81.8	95.4	105	113	82.0	18.75	79.7	12.76	137	29.70	0.23	81.8	91.0	剔除后正态分布	82.0	77.4	60.0
Zr	565	192	202	226	279	325	355	372	278	58.7	272	25.33	434	161	0.21	279	275	其他分布	275	287	215
SiO$_2$	568	59.2	61.3	63.9	67.4	70.8	73.2	74.5	67.2	4.86	67.0	11.33	79.3	44.05	0.07	67.4	67.6	正态分布	67.2	70.5	67.9
Al$_2$O$_3$	568	12.67	13.12	14.17	15.51	16.81	18.41	19.67	15.70	2.17	15.56	4.83	23.98	10.22	0.14	15.51	13.09	正态分布	15.70	14.82	11.90
TFe$_2$O$_3$	568	2.85	3.19	3.87	4.66	5.57	6.35	6.82	4.77	1.41	4.59	2.57	17.28	1.70	0.30	4.66	4.44	正态分布	4.77	4.70	4.10
MgO	568	0.41	0.47	0.61	0.88	1.75	2.16	2.35	1.17	0.67	0.99	1.81	2.76	0.24	0.57	0.88	0.79	其他分布	0.79	0.67	1.36
CaO	483	0.10	0.14	0.21	0.40	0.63	0.90	1.16	0.47	0.32	0.36	2.43	1.77	0.04	0.69	0.40	0.35	剔除后正态分布	0.36	0.22	2.57
Na$_2$O	568	0.21	0.38	0.63	1.04	1.31	1.57	1.70	1.00	0.47	0.85	1.88	3.98	0.07	0.47	1.04	1.21	正态分布	1.00	0.16	1.81
K$_2$O	544	2.21	2.37	2.62	2.89	3.14	3.42	3.67	2.89	0.42	2.86	1.85	4.00	1.80	0.14	2.89	2.85	剔除后正态分布	2.89	2.99	2.36
TC	568	0.25	0.32	0.48	0.68	0.92	1.16	1.33	0.75	0.44	0.65	1.76	4.50	0.11	0.59	0.68	0.63	对数正态分布	0.65	0.43	0.90
Corg	528	0.22	0.26	0.34	0.46	0.60	0.76	0.82	0.48	0.19	0.44	1.92	1.06	0.03	0.40	0.46	0.48	剔除后对数正态分布	0.44	0.42	0.30
pH	568	4.63	4.94	5.18	5.81	7.47	8.40	8.59	5.11	4.44	6.27	2.98	9.35	3.22	0.87	5.81	5.82	其他分布	5.82	5.12	8.10

注：原始样本数为 568 件。

表 3-4 温州市土壤地球化学基准值参数统计表

元素/指标	N	$X_{5\%}$	$X_{10\%}$	$X_{25\%}$	$X_{50\%}$	$X_{75\%}$	$X_{90\%}$	$X_{95\%}$	$\overline{X}$	S	$\overline{X}_g$	S_g	X_{max}	X_{min}	CV	X_{me}	X_{mo}	分布类型	温州市基准值	浙江省基准值	中国基准值
Ag	688	45.00	50.00	57.0	70.0	90.0	116	132	80.2	45.83	73.7	12.66	580	33.00	0.57	70.0	64.0	对数正态分布	73.7	70.0	70.0
As	688	2.88	3.27	4.31	5.55	7.51	10.63	13.06	6.60	4.39	5.81	3.11	64.6	1.72	0.67	5.55	4.40	对数正态分布	5.81	6.83	9.00
Au	688	0.44	0.51	0.64	0.90	1.32	2.00	2.89	1.24	1.48	0.98	1.83	22.20	0.29	1.20	0.90	1.20	对数正态分布	0.98	1.10	1.10
B	622	11.80	12.81	15.90	19.70	26.90	42.66	51.0	23.68	11.80	21.34	6.47	60.0	7.00	0.50	19.70	18.00	其他分布	18.00	73.0	41.00
Ba	638	246	303	406	510	608	741	809	515	164	486	37.32	968	108	0.32	510	470	剔除后正态分布	515	482	522
Be	688	1.68	1.80	2.06	2.43	2.87	3.24	3.50	2.51	0.71	2.43	1.79	11.80	1.14	0.28	2.43	2.17	对数正态分布	2.43	2.31	2.00
Bi	688	0.20	0.23	0.30	0.40	0.53	0.66	0.83	0.44	0.23	0.40	1.94	2.78	0.13	0.52	0.40	0.50	对数正态分布	0.40	0.24	0.27
Br	688	1.80	2.20	2.80	3.80	5.20	7.10	8.56	4.40	3.35	3.84	2.57	63.3	0.90	0.76	3.80	3.90	对数正态分布	3.84	1.50	1.80
Cd	688	0.04	0.04	0.06	0.09	0.14	0.18	0.23	0.11	0.08	0.09	4.34	0.92	0.01	0.74	0.09	0.11	对数正态分布	0.09	0.11	0.11
Ce	688	76.0	80.1	88.9	98.8	112	127	143	103	23.00	101	14.44	264	61.4	0.22	98.8	112	对数正态分布	101	84.1	62.0
Cl	592	28.36	30.52	35.08	40.80	51.6	71.4	91.4	46.60	17.70	43.94	9.54	109	21.10	0.38	40.80	38.30	剔除后正态分布	43.94	39.00	72.0
Co	688	4.56	5.34	6.91	9.81	14.60	18.30	19.86	11.06	5.33	9.89	4.25	48.80	2.08	0.48	9.81	10.70	对数正态分布	9.89	11.90	11.0
Cr	598	10.38	11.30	15.62	22.70	34.10	48.13	64.6	26.93	15.89	23.10	6.99	78.5	6.70	0.59	22.70	21.80	对数正态分布	23.10	71.0	50.0
Cu	688	5.30	6.40	8.60	12.20	18.92	26.55	30.35	14.68	9.03	12.62	5.04	108	2.20	0.62	12.20	10.30	对数正态分布	12.62	11.20	19.00
F	688	257	280	336	422	539	690	754	451	152	427	34.12	1266	186	0.34	422	754	对数正态分布	427	431	456
Ga	688	18.00	19.09	20.40	22.00	23.70	25.40	26.56	22.12	2.61	21.97	5.95	32.60	15.20	0.12	22.00	22.40	正态分布	22.12	18.92	15.00
Ge	688	1.39	1.43	1.50	1.60	1.73	1.85	1.94	1.62	0.17	1.61	1.33	2.19	1.17	0.11	1.60	1.50	对数正态分布	1.61	1.50	1.30
Hg	688	0.038	0.043	0.052	0.063	0.079	0.099	0.120	0.070	0.035	0.065	5.006	0.450	0.022	0.495	0.063	0.059	对数正态分布	0.065	0.048	0.018
I	688	3.05	3.60	4.78	6.59	9.00	11.83	13.96	7.33	3.60	6.57	3.27	34.20	0.81	0.49	6.59	10.80	对数正态分布	6.57	3.86	1.00
La	688	38.30	41.00	45.00	51.0	57.8	65.9	70.3	52.2	10.64	51.3	9.70	99.0	29.00	0.20	51.0	47.00	对数正态分布	51.3	41.00	32.00
Li	623	18.57	20.40	23.60	27.90	35.02	44.94	52.2	30.41	9.87	29.01	7.27	60.4	13.10	0.32	27.90	23.90	剔除后正态分布	29.01	37.51	29.00
Mn	669	368	435	600	794	1052	1284	1412	836	318	774	49.59	1720	171	0.38	794	792	对数正态分布	774	713	562
Mo	688	0.51	0.59	0.85	1.22	1.91	2.75	3.59	1.64	2.28	1.29	1.88	52.0	0.34	1.39	1.22	0.87	对数正态分布	1.29	0.62	0.70
N	688	0.30	0.33	0.40	0.50	0.66	0.82	0.91	0.54	0.20	0.51	1.64	1.79	0.15	0.37	0.50	0.36	对数正态分布	0.51	0.49	0.399
Nb	688	17.20	18.00	19.48	22.25	25.82	30.10	32.56	23.18	4.93	22.71	6.01	48.20	14.00	0.21	22.25	19.10	对数正态分布	22.71	19.60	12.00
Ni	624	5.32	6.48	8.90	12.40	18.02	27.61	33.10	14.70	8.20	12.77	5.02	39.40	3.17	0.56	12.40	11.00	剔除后正态分布	12.77	11.00	22.00
P	681	0.12	0.14	0.19	0.27	0.39	0.49	0.54	0.29	0.13	0.26	2.36	0.69	0.08	0.45	0.27	0.19	偏峰分布	0.19	0.24	0.488
Pb	623	26.91	29.20	33.60	37.60	44.05	52.7	58.2	39.34	9.17	38.32	8.34	66.5	17.30	0.23	37.60	38.00	其他分布	38.00	30.00	21.00

续表 3-4

元素/指标	N	$X_{5\%}$	$X_{10\%}$	$X_{25\%}$	$X_{50\%}$	$X_{75\%}$	$X_{90\%}$	$X_{95\%}$	$\bar{X}$	S	$\bar{X}_g$	S_g	X_{max}	X_{min}	CV	X_{me}	X_{mo}	分布类型	温州市基准值	浙江省基准值	中国基准值
Rb	688	90.4	99.3	116	132	149	161	167	131	24.14	129	16.76	216	60.2	0.18	132	144	正态分布	131	128	96.0
S	591	95.6	101	110	127	148	173	201	134	31.86	130	17.15	243	50.00	0.24	127	121	偏峰分布	121	114	166
Sb	688	0.29	0.33	0.40	0.49	0.61	0.79	0.99	0.54	0.22	0.50	1.69	2.74	0.21	0.42	0.49	0.40	对数正态分布	0.50	0.53	0.67
Sc	688	6.30	6.87	8.20	9.90	12.60	15.40	16.30	10.57	3.26	10.09	4.06	22.80	4.70	0.31	9.90	8.20	对数正态分布	10.09	9.70	9.00
Se	688	0.14	0.16	0.21	0.28	0.40	0.50	0.57	0.31	0.14	0.29	2.33	1.38	0.08	0.45	0.28	0.24	对数正态分布	0.29	0.21	0.13
Sn	652	2.50	2.66	3.07	3.48	4.02	4.57	4.82	3.56	0.72	3.49	2.12	5.70	1.80	0.20	3.48	3.40	剔除后对数正态分布	3.49	2.60	3.00
Sr	684	20.13	24.16	32.50	47.00	81.0	106	115	58.0	31.82	49.74	11.05	150	8.20	0.55	47.00	60.2	其他分布	60.2	112	197
Th	688	11.54	12.97	14.80	16.80	19.00	21.30	23.40	17.08	3.76	16.68	5.16	36.20	6.28	0.22	16.80	16.50	对数正态分布	16.68	14.50	10.00
Ti	680	2433	2882	3432	4294	5077	5476	6140	4288	1127	4129	127	7576	1321	0.26	4294	4326	其他分布	4326	4602	3406
Tl	654	0.78	0.83	0.92	1.00	1.14	1.29	1.38	1.03	0.18	1.02	1.19	1.51	0.58	0.17	1.00	0.93	剔除后正态分布	1.02	0.82	0.60
U	688	2.50	2.71	3.14	3.58	4.10	4.77	5.23	3.68	0.84	3.59	2.16	8.00	1.78	0.23	3.58	3.00	对数正态分布	3.59	3.14	2.40
V	688	30.80	36.17	48.98	66.5	97.6	117	124	73.6	32.43	66.7	12.34	236	14.40	0.44	66.5	108	其他分布	66.7	110	67.0
W	648	1.51	1.65	1.83	2.08	2.44	2.92	3.17	2.18	0.49	2.12	1.60	3.57	1.12	0.22	2.08	1.93	剔除后对数正态分布	2.12	1.93	1.50
Y	688	19.73	21.10	23.70	27.10	30.22	33.13	36.60	27.45	6.15	26.91	6.75	113	13.70	0.22	27.10	25.70	剔除后正态分布	26.91	26.13	23.00
Zn	664	58.9	64.1	74.4	88.3	105	117	128	90.2	21.11	87.7	13.55	153	39.10	0.23	88.3	117	剔除后正态分布	90.2	77.4	60.0
Zr	658	188	199	242	287	337	379	409	291	67.4	283	25.86	489	165	0.23	287	299	剔除后正态分布	291	287	215
SiO$_2$	688	58.2	60.0	62.6	65.7	68.9	71.4	72.9	65.6	4.52	65.4	11.13	77.8	50.8	0.07	65.7	64.9	正态分布	65.6	70.5	67.9
Al$_2$O$_3$	688	14.08	14.73	15.79	16.94	18.83	20.43	21.36	17.32	2.23	17.18	5.18	24.70	11.40	0.13	16.94	16.22	对数正态分布	17.18	14.82	11.90
TFe$_2$O$_3$	681	3.02	3.30	3.87	4.71	5.93	6.68	7.22	4.91	1.33	4.73	2.59	9.19	2.46	0.27	4.71	4.51	其他分布	4.51	4.70	4.10
MgO	585	0.32	0.37	0.42	0.52	0.67	0.83	0.98	0.57	0.20	0.54	1.60	1.32	0.24	0.36	0.52	0.55	其他分布	0.54	0.67	1.36
CaO	608	0.11	0.12	0.14	0.19	0.29	0.48	0.58	0.24	0.14	0.21	2.72	0.72	0.06	0.60	0.19	0.14	其他分布	0.14	0.22	2.57
Na$_2$O	682	0.09	0.10	0.14	0.27	0.60	0.98	1.07	0.40	0.33	0.29	2.78	1.27	0.07	0.82	0.27	0.12	其他分布	0.12	0.16	1.81
K$_2$O	688	1.39	1.62	2.09	2.59	3.03	3.26	3.57	2.55	0.66	2.45	1.84	4.53	0.71	0.26	2.59	2.59	正态分布	2.55	2.99	2.36
TC	675	0.19	0.22	0.31	0.43	0.69	0.87	0.99	0.51	0.25	0.45	1.93	1.26	0.11	0.50	0.43	0.82	偏峰分布	0.82	0.43	0.90
Corg	688	0.19	0.22	0.31	0.42	0.60	0.75	0.88	0.47	0.24	0.42	1.93	2.65	0.10	0.51	0.42	0.61	对数正态分布	0.42	0.42	0.30
pH	580	4.77	4.85	4.96	5.16	5.37	5.78	6.02	5.11	5.30	5.24	2.61	6.83	4.49	1.04	5.16	5.20	其他分布	5.20	5.12	8.10

注：原始样本数为 688 件。

在深层土壤各元素/指标中,多数元素/指标变异系数小于 0.40,分布相对均匀;Sb、V、P、Se、Co、Hg、I、B、TC、Corg、Bi、Sr、Ni、Ag、Cr、CaO、Cu、As、Cd、Br、Na_2O、pH、Au、Mo 共 24 项元素/指标变异系数大于 0.40,其中 Na_2O、pH、Au、Mo 变异系数大于 0.80,空间变异性较大。

与浙江省土壤基准值相比,温州市土壤基准值中 B、Cr、Sr 基准值明显偏低,为浙江省基准值的 60% 以下,其中 B 基准值最低,仅为浙江省基准值的 25%;而 Li、P、V、CaO、Na_2O 基准值略低于浙江省基准值,为浙江省基准值的 60%~80%;Ce、La、Pb、Se、Sn、Tl、Hg 基准值略高于浙江省基准值,与浙江省基准值比值在 1.2~1.4 之间;而 Bi、Br、I、Mo、TC 基准值明显偏高,与浙江省基准值比值均在 1.4 以上,其中 Br 基准值最高,为浙江省基准值的 2.56 倍;其他元素/指标基准值则与浙江省基准值基本接近。

与中国土壤基准值相比,温州市土壤基准值中 Ni、Cr、B、MgO、P、Sr、Na_2O、CaO 基准值明显偏低,为中国基准值的 60% 以下,其中 Na_2O、CaO 基准值为中国基准值的 7% 以下;而 Sb、S、Cu、As、Cl 基准值略低于中国基准值,为中国基准值的 60%~80%;Mn、Rb、Zr、N、Ti、Ge、Be 基准值略高于中国基准值,与中国基准值比值在 1.2~1.4 之间;Corg、I、Hg、Se、Br、Nb、Mo、Pb、Tl、Th、Ce、La、Zn、U、Bi、Ga、Al_2O_3、W 基准值明显偏高,与中国基准值比值均在 1.4 以上,其中 I、Hg、Se、Br 基准值为中国基准值的 2.0 倍以上;其他元素/指标基准值则与中国基准值基本接近。

五、绍兴市土壤地球化学基准值

绍兴市土壤地球化学基准值数据经正态分布检验,结果表明,原始数据中仅 Ga、Ge、I、K_2O 符合正态分布,B、Ba、Be、Br、Cd、Cu、F、La、Li、Mn、Mo、N、Ni、P、S、Sc、Se、Tl、V、Y、Zn、Al_2O_3、MgO、CaO、Na_2O、TC、Corg、pH 符合对数正态分布,Ce、Rb、Th、U、W、Zr、SiO_2 剔除异常值后符合正态分布,Ag、As、Au、Bi、Cl、Co、Cr、Hg、Pb、Sb、Sn、Ti、TFe_2O_3 剔除异常值后符合对数正态分布,其他元素/指标不符合正态分布或对数正态分布(表 3-5)。

绍兴市深层土壤总体呈酸性,土壤 pH 基准值为 6.03,极大值为 9.09,极小值为 4.27,与浙江省基准值基本接近,略低于中国基准值。

在深层土壤各元素/指标中,多数元素/指标变异系数小于 0.40,分布相对均匀;As、Au、B、Br、Cd、Cr、Cu、Hg、I、Mo、Ni、P、S、Se、Sr、MgO、CaO、Na_2O、TC、Corg、pH 共 21 项元素/指标变异系数大于 0.40,其中 Mo、Ni、CaO、pH 变异系数大于 0.80,空间变异性较大。

与浙江省土壤基准值相比较,绍兴市土壤基准值中 B 基准值明显低于浙江省基准值,为浙江省基准值的 48.5%;Cr、V 基准值略低于浙江省基准值;Cl、Sn、MgO 基准值略高于浙江省基准值,与浙江省基准值比值在 1.2~1.4 之间;Br、Cu、Mo、Ni、P、CaO、Na_2O 基准值明显高于浙江省基准值,与浙江省基准值比值在 1.4 以上,其中 Na_2O 基准值明显偏高,为浙江省基准值的 5.25 倍;其他元素/指标基准值则与浙江省基准值基本接近。

与中国土壤基准值相比,绍兴市土壤基准值中 Sr、CaO、Na_2O、TC 基准值明显偏低,为中国基准值的 60% 以下,其中 CaO 基准值最低,仅为 0.46%,是中国基准值的 18%;As、Cl、P、S、MgO 基准值略低于中国基准值,为中国基准值的 60%~80%;Ce、Ga、La、Mn、N、Pb、Rb、Ti、Tl、U、V、Zn、Zr、Al_2O_3、W 基准值略高于中国基准值,与中国基准值比值在 1.2~1.4 之间;Br、Hg、I、Mo、Nb、Se、Th、Corg 基准值明显高于中国基准值,是中国基准值的 1.4 倍以上,其中 I 明显相对富集,基准值是中国基准值的 3.80 倍;其他元素/指标基准值则与浙江省基准值基本接近。

六、湖州市土壤地球化学基准值

湖州市土壤地球化学基准值数据经正态分布检验,结果表明,原始数据中 Co、Cr、F、Ga、Ge、La、Li、Ni、Rb、Sr、Tl、V、Zr、SiO_2、Al_2O_3、TFe_2O_3、K_2O 符合正态分布,As、Au、Be、Bi、Cl、Cu、I、Mn、Mo、N、Nb、P、

第三章 土壤地球化学基准值

表 3-5 绍兴市土壤地球化学基准值参数统计表

元素/指标	N	$X_{5\%}$	$X_{10\%}$	$X_{25\%}$	$X_{50\%}$	$X_{75\%}$	$X_{90\%}$	$X_{95\%}$	$\overline{X}$	S	$\overline{X}_g$	S_g	X_{max}	X_{min}	CV	X_{me}	X_{mo}	分布类型		绍兴市基准值	浙江省基准值	中国基准值
Ag	465	37.50	42.70	52.6	66.1	84.0	102	112	69.8	23.36	66.0	11.72	139	24.00	0.33	66.1	67.0	剔除后对数分布	剔除后正态分布	66.0	70.0	70.0
As	454	3.02	3.69	5.00	6.47	8.28	11.01	12.61	6.96	2.85	6.40	3.22	15.55	1.53	0.41	6.47	7.00	剔除后对数分布	剔除后正态分布	6.40	6.83	9.00
Au	454	0.58	0.70	0.98	1.30	1.80	2.35	2.70	1.43	0.64	1.29	1.66	3.41	0.31	0.45	1.30	1.30	剔除后对数分布	对数正态分布	1.29	1.10	1.10
B	496	14.68	17.49	25.14	35.79	52.9	75.0	80.0	40.67	20.54	35.41	9.00	90.0	4.44	0.51	35.79	29.00	对数正态分布	对数正态分布	35.41	73.0	41.00
Ba	496	381	412	468	569	685	814	929	596	182	571	38.38	1814	218	0.31	569	578	对数正态分布	对数正态分布	571	482	522
Be	496	1.75	1.83	2.02	2.22	2.54	2.84	3.32	2.33	0.51	2.28	1.66	5.26	1.37	0.22	2.22	2.44	剔除后正态分布	对数正态分布	2.28	2.31	2.00
Bi	458	0.16	0.18	0.21	0.26	0.32	0.37	0.41	0.27	0.08	0.25	2.27	0.50	0.08	0.29	0.26	0.28	剔除后对数分布	对数正态分布	0.25	0.24	0.27
Br	496	1.29	1.54	1.98	2.57	3.40	4.26	5.16	2.80	1.19	2.57	1.97	8.79	0.34	0.42	2.57	2.35	对数正态分布	对数正态分布	2.57	1.50	1.80
Cd	496	0.07	0.08	0.09	0.12	0.15	0.19	0.24	0.13	0.06	0.12	0.02	0.53	0.04	0.46	0.12	0.14	对数正态分布	对数正态分布	0.12	0.11	0.11
Ce	470	62.3	66.1	73.5	81.0	89.7	97.5	106	81.9	12.33	81.0	12.55	116	50.2	0.15	81.0	73.0	剔除后正态分布	对数正态分布	81.9	84.1	62.0
Cl	468	33.41	37.00	43.00	51.9	63.1	75.8	83.8	54.0	14.84	52.1	9.94	96.0	26.00	0.27	51.9	40.00	剔除后对数分布	对数正态分布	52.1	39.00	72.0
Co	452	6.46	7.52	9.14	11.49	14.31	17.46	20.43	12.09	4.12	11.41	4.30	24.57	2.97	0.34	11.49	13.40	剔除后对数分布	对数正态分布	11.41	11.90	11.0
Cr	479	22.09	26.18	34.28	49.39	68.6	86.4	96.6	53.2	23.55	47.94	10.36	125	7.60	0.44	49.39	80.0	剔除后对数分布	对数正态分布	47.94	71.0	50.0
Cu	496	7.77	9.59	13.23	18.61	26.82	38.59	55.5	22.81	16.04	19.15	6.24	128	4.61	0.70	18.61	23.89	对数正态分布	对数正态分布	19.15	11.20	19.00
F	496	329	362	412	472	549	635	690	488	122	474	35.04	1058	100.0	0.25	472	446	对数正态分布	对数正态分布	474	431	456
Ga	496	14.20	14.99	16.33	18.10	20.10	22.15	23.40	18.39	2.95	18.17	5.28	32.00	10.84	0.16	18.10	17.47	正态分布	对数正态分布	18.39	18.92	15.00
Ge	496	1.20	1.24	1.34	1.47	1.59	1.72	1.83	1.48	0.19	1.47	1.29	2.31	0.83	0.13	1.47	1.47	正态分布	对数正态分布	1.47	1.50	1.30
Hg	455	0.026	0.028	0.034	0.045	0.061	0.080	0.091	0.050	0.021	0.046	6.040	0.115	0.014	0.412	0.045	0.031	剔除后对数分布	对数正态分布	0.046	0.048	0.018
I	496	1.05	1.54	2.46	3.59	4.82	6.20	7.21	3.80	1.91	3.31	2.36	12.17	0.50	0.50	3.59	3.55	正态分布	对数正态分布	3.80	3.86	1.00
La	496	33.10	34.93	38.35	42.40	47.41	53.7	58.1	43.71	8.70	42.96	8.74	108	22.06	0.20	42.40	42.50	对数正态分布	对数正态分布	42.96	41.00	32.00
Li	496	21.24	24.05	28.50	33.12	38.87	46.20	51.0	35.01	12.40	33.48	7.78	150	15.17	0.35	33.12	35.00	对数正态分布	对数正态分布	33.48	37.51	29.00
Mn	496	406	459	548	708	918	1184	1286	758	282	710	44.10	2249	233	0.37	708	770	对数正态分布	对数正态分布	710	713	562
Mo	496	0.42	0.53	0.74	1.02	1.43	2.20	3.01	1.31	1.14	1.07	1.82	10.20	0.26	0.87	1.02	0.62	对数正态分布	对数正态分布	1.07	0.62	0.70
N	496	0.29	0.34	0.40	0.49	0.63	0.77	0.92	0.53	0.21	0.50	1.67	2.30	0.11	0.39	0.49	0.44	对数正态分布	对数正态分布	0.50	0.49	0.399
Nb	450	14.57	15.60	18.16	20.40	22.79	27.25	29.48	20.74	4.37	20.27	5.66	32.55	9.77	0.21	20.40	18.20	其他分布	对数正态分布	18.20	19.60	12.00
Ni	496	7.79	9.97	12.70	19.50	30.29	45.45	62.4	25.37	21.34	20.22	6.69	169	2.48	0.84	19.50	29.90	对数正态分布	对数正态分布	20.22	11.00	22.00
P	496	0.19	0.22	0.28	0.37	0.52	0.69	0.91	0.43	0.24	0.39	2.02	1.58	0.09	0.55	0.37	0.38	对数正态分布	对数正态分布	0.39	0.24	0.488
Pb	458	19.38	21.63	24.80	27.90	31.34	35.77	38.70	28.26	5.57	27.71	6.83	44.39	13.90	0.20	27.90	27.60	剔除后对数分布	对数正态分布	27.71	30.00	21.00

续表 3-5

元素/指标	N	$X_{5\%}$	$X_{10\%}$	$X_{25\%}$	$X_{50\%}$	$X_{75\%}$	$X_{90\%}$	$X_{95\%}$	$\overline{X}$	S	$\overline{X}_g$	S_g	X_{max}	X_{min}	CV	X_{me}	X_{mo}	分布类型	绍兴市基准值	浙江省基准值	中国基准值
Rb	479	83.7	89.8	106	120	135	150	157	120	22.88	118	15.55	182	59.6	0.19	120	118	剔除后正态分布	120	128	96.0
S	496	69.2	75.7	92.3	121	157	207	247	137	78.5	125	17.03	1207	49.00	0.57	121	128	对数正态分布	125	114	166
Sb	457	0.31	0.36	0.44	0.57	0.74	0.88	0.97	0.60	0.21	0.57	1.63	1.26	0.10	0.35	0.57	0.77	剔除后对数正态分布	0.57	0.53	0.67
Sc	496	6.94	7.33	8.55	10.18	11.96	14.10	16.36	10.60	3.17	10.20	3.97	25.26	4.60	0.30	10.18	11.10	对数正态分布	10.20	9.70	9.00
Se	496	0.10	0.13	0.16	0.21	0.28	0.34	0.40	0.23	0.10	0.21	2.68	0.84	0.04	0.42	0.21	0.21	对数正态分布	0.21	0.21	0.13
Sn	446	2.18	2.30	2.64	3.07	3.90	4.80	5.60	3.35	1.02	3.22	2.11	6.66	1.61	0.31	3.07	2.80	剔除后对数正态分布	3.22	2.60	3.00
Sr	473	42.58	45.79	59.9	84.9	119	144	163	91.9	38.36	84.0	13.56	212	25.77	0.42	84.9	112	其他分布	112	112	197
Th	472	10.01	11.10	13.00	14.79	16.46	18.49	19.46	14.75	2.78	14.48	4.69	22.15	7.60	0.19	14.79	14.50	剔除后正态分布	14.75	14.50	10.00
Ti	444	3230	3620	4066	4568	5090	5918	6449	4664	922	4575	130	7502	2265	0.20	4568	4582	剔除后正态分布	4575	4602	3406
Tl	496	0.50	0.56	0.64	0.75	0.89	1.06	1.23	0.79	0.26	0.76	1.41	2.88	0.25	0.33	0.75	0.75	对数正态分布	0.76	0.82	0.60
U	479	1.99	2.23	2.75	3.27	3.62	4.12	4.46	3.20	0.70	3.12	1.97	4.99	1.49	0.22	3.27	3.29	对数正态分布	3.20	3.14	2.40
V	496	43.43	50.6	63.1	81.0	103	123	154	86.4	33.66	80.7	13.27	237	24.35	0.39	81.0	101	对数正态分布	80.7	110	67.0
W	462	1.30	1.43	1.61	1.88	2.08	2.36	2.49	1.88	0.36	1.84	1.49	2.87	0.99	0.19	1.88	1.79	剔除后正态分布	1.88	1.93	1.50
Y	496	18.97	20.10	22.55	25.37	28.53	33.60	38.32	26.25	5.86	25.68	6.60	63.1	15.04	0.22	25.37	26.00	对数正态分布	25.68	26.13	23.00
Zn	496	52.0	56.5	64.4	74.4	86.7	107	121	79.0	22.91	76.2	12.28	210	39.79	0.29	74.4	79.0	对数正态分布	76.2	77.4	60.0
Zr	471	223	237	262	296	327	358	386	298	48.85	294	26.59	438	166	0.16	296	335	剔除后正态分布	298	287	215
SiO₂	484	63.2	64.6	67.8	71.0	73.8	76.5	78.1	70.8	11.68	70.6	11.68	81.5	58.3	0.06	71.0	70.4	剔除后正态分布	70.8	70.5	67.9
Al₂O₃	496	11.47	12.08	13.09	14.21	15.61	17.05	18.18	14.46	1.97	14.33	4.62	21.12	10.24	0.14	14.21	14.76	对数正态分布	14.33	14.82	11.90
TFe₂O₃	462	3.12	3.34	3.84	4.48	5.23	6.40	7.18	4.68	1.19	4.54	2.48	8.03	2.35	0.25	4.48	4.53	剔除后对数正态分布	4.54	4.70	4.10
MgO	496	0.48	0.53	0.65	0.84	1.21	1.59	1.81	0.97	0.43	0.89	1.52	3.00	0.36	0.44	0.84	0.71	对数正态分布	0.89	0.67	1.36
CaO	496	0.16	0.19	0.27	0.42	0.74	1.12	2.10	0.64	0.67	0.46	2.33	3.93	0.10	1.05	0.42	0.18	对数正态分布	0.46	0.22	2.57
Na₂O	496	0.30	0.41	0.58	0.87	1.31	1.66	1.78	0.97	0.49	0.84	1.76	3.25	0.09	0.50	0.87	1.78	对数正态分布	0.84	0.16	1.81
K₂O	496	1.72	1.95	2.28	2.59	3.01	3.37	3.60	2.64	0.58	2.57	1.77	4.87	0.95	0.22	2.59	2.63	正态分布	2.64	2.99	2.36
TC	496	0.22	0.26	0.35	0.48	0.68	0.93	1.15	0.56	0.31	0.49	1.85	2.70	0.10	0.56	0.48	0.56	对数正态分布	0.49	0.43	0.90
Corg	496	0.24	0.26	0.32	0.42	0.56	0.75	0.92	0.48	0.25	0.44	1.87	2.75	0.09	0.53	0.42	0.36	对数正态分布	0.44	0.42	0.30
pH	496	5.00	5.09	5.32	5.81	6.63	7.30	7.71	5.50	5.36	6.03	2.88	9.09	4.27	0.97	5.81	5.11	对数正态分布	6.03	5.12	8.10

注：原始样本数为 496 件。

Sc、Se、U、W、MgO、CaO 符合对数正态分布，Ag、Cd、Ce、Pb、Sb、Sn、Th、Ti、Y、Zn、Corg 剔除异常值后符合正态分布，Hg 剔除异常值后符合对数正态分布，其他元素/指标不符合正态分布或对数正态分布（表 3-6）。

湖州市深层土壤总体呈酸性，土壤 pH 基准值为 5.21，极大值为 8.53，极小值为 4.71，基本接近于浙江省基准值，略低于中国基准值。

在深层土壤各元素/指标中，绝大多数元素/指标变异系数小于 0.40，分布相对均匀；As、Au、Bi、Br、Cl、Cu、I、Mn、Mo、S、Se、MgO、CaO、Na_2O、TC、pH 共 16 项元素/指标变异系数大于 0.40，其中 pH、CaO、Mo、Bi 变异系数大于 0.80，空间变异性较大。

与浙江省土壤基准值相比，湖州市土壤基准值中 S 基准值明显偏低，为浙江省基准值的 44%；I、Sr 基准值略低于浙江省基准值，是浙江省基准值的 60%～80%；As、Au、Co、Sb、Sn 基准值略高于浙江省基准值，是浙江省基准值的 1.2～1.4 倍；Bi、Cl、Cu、P、MgO、Ni、CaO、Na_2O 基准值明显高于浙江省基准值，是浙江省基准值的 1.4 倍以上，其中 Ni、CaO、Na_2O 基准值为浙江省基准值的 2.0 倍以上；其他元素/指标基准值则与浙江省基准值基本接近。

与中国土壤基准值相比，湖州市土壤基准值中 S、Sr、CaO、Na_2O、TC 基准值明显偏低，均不足中国基准值的 60%，其中 Na_2O、CaO 基准值仅分别为中国基准值的 18% 和 21%；MgO、P 基准值略低于中国基准值，是中国基准值的 60%～80%；Au、Bi、Ce、Co、Cr、La、Li、Mn、N、Ni、Pb、Rb、Se、Ti、Tl、U、V、W、Zr、TFe_2O_3 基准值略高于中国基准值，是中国基准值的 1.2～1.4 倍；B、Hg、I、Th、Nb、Corg 基准值明显高于中国基准值，是中国基准值的 1.4 倍以上，其中 I、Hg 明显相对富集，基准值是中国基准值的 2.0 倍以上；其他元素/指标基准值则与中国基准值基本接近。

七、嘉兴市土壤地球化学基准值

嘉兴市土壤地球化学基准值数据经正态分布检验，结果表明，原始数据中 Ag、B、Ba、Be、Bi、Cd、Ce、Co、Cr、Cu、F、Ga、La、Li、Nb、Ni、Pb、Rb、Sb、Sc、Se、Sr、Th、Ti、Tl、U、V、W、Zn、SiO_2、Al_2O_3、TFe_2O_3、Na_2O、K_2O、TC 符合正态分布，As、Au、Hg、I、Mo、N、S、CaO、Corg 符合对数正态分布，Cl、P、Sn、Zr、MgO、pH 剔除异常值后符合正态分布，其他元素/指标不符合正态分布或对数正态分布（表 3-7）。

嘉兴市深层土壤总体呈碱性，土壤 pH 基准值为 8.00，极大值为 8.90，极小值为 7.31，明显高于浙江省基准值，基本接近于中国基准值。

在深层土壤各元素/指标中，绝大多数元素/指标变异系数小于 0.40，分布相对均匀；仅 Hg、I、S、CaO、Corg、pH 共 6 项元素/指标变异系数大于 0.40，其中 S、pH 变异系数大于 0.80，空间变异性较大。

与浙江省土壤基准值相比，嘉兴市土壤基准值中 I、Se 基准值明显低于浙江省基准值，不足浙江省基准值的 60%；Mo、U、Corg 基准值略低于浙江省基准值，是浙江省基准值的 60%～80%；而 Co、Cr、Li、Sc 基准值略高于浙江省基准值，与浙江省基准值比值在 1.2～1.4 之间；Au、Bi、Cl、Cu、F、Ni、P、Sn、MgO、CaO、Na_2O、TC 基准值明显偏高，与浙江省基准值比值均在 1.4 以上，其中 Na_2O 基准值最高，为浙江省基准值的 9.13 倍；其他元素/指标基准值则与浙江省基准值基本接近。

与中国土壤基准值相比，嘉兴市土壤基准值中 CaO 基准值明显偏低，为中国基准值的 58%；而 Sb、S、Mo、Sr 基准值略低于中国基准值，为中国基准值的 60%～80%；Th、Tl、TFe_2O_3、Rb、N、P、Al_2O_3、Be、Ge、La、Ga、Sn、W 基准值略高于中国基准值；其他元素/指标基准值则与中国基准值基本接近；I、Hg、Cr、Ni、B、Li、V、Co、Mn、Zn、Cu、Sc、MgO、Bi、Nb、Au、F、Ti 基准值明显高于中国基准值，是中国基准值的 1.4 倍以上，其中 I、Hg 明显相对富集，基准值是中国基准值的 2.0 倍以上。

八、金华市土壤地球化学基准值

金华市土壤地球化学基准值数据经正态分布检验，结果表明，原始数据中 Ce、Ga、Rb、Al_2O_3、K_2O 符

表 3-6 湖州市土壤地球化学基准值参数统计表

元素/指标	N	$X_{5\%}$	$X_{10\%}$	$X_{25\%}$	$X_{50\%}$	$X_{75\%}$	$X_{90\%}$	$X_{95\%}$	$\bar{X}$	S	$\bar{X}_g$	S_g	X_{max}	X_{min}	CV	X_{me}	X_{mo}	分布类型		湖州市基准值	浙江省基准值	中国基准值
Ag	325	32.00	41.40	53.0	67.0	81.0	97.0	112	68.7	22.38	65.1	11.67	131	27.00	0.33	67.0	32.00	剔除后正态分布		68.7	70.0	70.0
As	360	3.79	4.61	5.99	8.14	11.39	17.22	23.13	10.26	8.02	8.56	3.85	76.1	1.20	0.78	8.14	5.42	对数正态分布		8.56	6.83	9.00
Au	360	0.73	0.88	1.09	1.43	1.86	2.39	2.87	1.60	0.82	1.45	1.63	8.83	0.46	0.51	1.43	1.05	对数正态分布		1.45	1.10	1.10
B	357	25.16	30.66	48.20	65.0	74.0	81.0	85.0	60.4	18.77	56.7	11.05	105	13.10	0.31	65.0	73.0	偏峰分布		73.0	73.0	41.00
Ba	318	339	389	438	476	540	628	694	494	102	484	34.97	797	242	0.21	476	472	偏峰分布		472	482	522
Be	360	1.61	1.75	2.01	2.41	2.70	3.07	3.31	2.44	0.72	2.36	1.72	10.35	1.06	0.29	2.41	2.65	对数正态分布		2.36	2.31	2.00
Bi	360	0.20	0.22	0.26	0.33	0.43	0.54	0.60	0.41	0.70	0.35	2.12	13.20	0.14	1.72	0.33	0.30	对数正态分布		0.35	0.24	0.27
Br	346	1.50	1.50	1.60	2.38	3.27	4.00	4.75	2.61	1.08	2.41	1.84	6.10	0.91	0.42	2.38	1.50	其他分布		1.50	1.50	1.80
Cd	328	0.04	0.05	0.07	0.09	0.11	0.13	0.15	0.09	0.03	0.08	4.31	0.19	0.02	0.36	0.09	0.11	剔除后正态分布		0.09	0.11	0.11
Ce	344	60.2	63.3	72.0	80.0	87.0	96.4	103	80.3	12.66	79.3	12.35	114	48.00	0.16	80.0	80.0	剔除后正态分布		80.3	84.1	62.0
Cl	360	37.00	39.80	46.10	56.0	72.1	94.0	104	63.7	30.80	59.3	11.20	391	31.50	0.48	56.0	64.0	对数正态分布		59.3	39.00	72.0
Co	360	8.50	9.81	12.47	14.60	17.10	19.71	20.51	14.75	3.88	14.22	4.75	33.80	5.40	0.26	14.60	14.40	正态分布		14.75	11.90	11.0
Cr	360	27.19	33.18	49.33	64.2	86.0	101	111	67.2	25.63	62.0	11.74	142	17.50	0.38	64.2	75.0	对数正态分布		67.2	71.0	50.0
Cu	360	10.10	12.00	15.58	20.43	27.08	34.40	40.77	22.60	10.40	20.64	6.08	83.3	5.27	0.46	20.43	22.40	对数正态分布		20.64	11.20	19.00
F	360	228	312	419	507	617	705	786	515	166	486	35.13	1156	126	0.32	507	617	正态分布		515	431	456
Ga	360	10.18	12.70	15.57	17.45	20.10	21.60	22.70	17.41	3.69	16.96	5.10	28.60	5.90	0.21	17.45	16.10	正态分布		17.41	18.92	15.00
Ge	360	1.21	1.26	1.38	1.51	1.61	1.68	1.73	1.50	0.16	1.49	1.28	1.93	1.01	0.11	1.51	1.46	正态分布		1.50	1.50	1.30
Hg	328	0.023	0.026	0.034	0.043	0.053	0.073	0.082	0.046	0.017	0.043	6.489	0.097	0.014	0.374	0.043	0.045	剔除后正态分布		0.043	0.048	0.018
I	360	1.00	1.21	1.80	3.16	4.52	6.25	7.26	3.47	2.12	2.87	2.33	14.10	0.22	0.61	3.16	1.69	对数正态分布		2.87	3.86	1.00
La	360	31.89	33.70	37.48	41.95	45.57	49.80	53.1	41.95	6.79	41.41	8.45	78.5	21.80	0.16	41.95	43.50	正态分布		41.95	41.00	32.00
Li	360	25.70	28.29	32.85	39.75	46.98	53.3	57.1	40.54	10.42	39.27	8.47	110	19.10	0.26	39.75	40.50	正态分布		40.54	37.51	29.00
Mn	360	369	437	567	713	865	1073	1289	747	307	692	44.40	2757	156	0.41	713	808	正态分布		692	713	562
Mo	360	0.34	0.36	0.43	0.60	1.01	1.54	2.32	0.95	1.33	0.70	2.05	15.20	0.26	1.41	0.60	0.39	对数正态分布		0.70	0.62	0.70
N	360	0.31	0.35	0.43	0.52	0.64	0.80	0.92	0.56	0.21	0.53	1.64	1.88	0.24	0.37	0.52	0.66	对数正态分布		0.53	0.49	0.399
Nb	360	11.20	13.29	15.60	18.60	21.20	24.20	25.91	18.74	5.37	18.04	5.21	65.8	5.00	0.29	18.60	17.40	对数正态分布		18.04	19.60	12.00
Ni	360	13.18	15.59	20.18	26.65	35.45	41.81	44.80	28.06	10.71	26.09	7.03	97.5	7.91	0.38	26.65	26.90	正态分布		28.06	11.00	22.00
P	360	0.20	0.23	0.29	0.40	0.54	0.61	0.67	0.42	0.15	0.39	1.93	0.98	0.12	0.37	0.40	0.24	对数正态分布		0.39	0.24	0.488
Pb	350	18.54	19.60	22.02	25.85	28.80	31.62	33.57	25.66	4.74	25.22	6.46	39.40	12.80	0.18	25.85	24.50	剔除后正态分布		25.66	30.00	21.00

续表 3-6

元素/指标	N	$X_{5\%}$	$X_{10\%}$	$X_{25\%}$	$X_{50\%}$	$X_{75\%}$	$X_{90\%}$	$X_{95\%}$	$\overline{X}$	S	$\overline{X}_g$	S_g	X_{max}	X_{min}	CV	X_{me}	X_{mo}	分布类型	湖州市基准值	浙江省基准值	中国基准值
Rb	360	73.1	82.9	98.8	118	142	162	175	121	33.25	117	15.37	314	40.00	0.27	118	118	正态分布	121	128	96.0
S	307	50.00	50.00	85.0	123	168	278	352	145	89.3	123	16.57	481	47.00	0.62	123	50.00	其他分布	50.00	114	166
Sb	332	0.35	0.40	0.51	0.65	0.83	1.00	1.11	0.68	0.23	0.64	1.56	1.41	0.24	0.34	0.65	0.85	剔除后正态分布	0.68	0.53	0.67
Sc	360	7.30	7.90	9.00	10.30	12.00	13.90	15.00	10.60	2.32	10.35	3.95	17.10	4.80	0.22	10.30	10.10	对数正态分布	10.35	9.70	9.00
Se	360	0.09	0.11	0.14	0.18	0.25	0.32	0.40	0.21	0.15	0.18	3.06	1.95	0.02	0.70	0.18	0.21	对数正态分布	0.18	0.21	0.13
Sn	333	2.27	2.51	3.00	3.42	4.01	4.58	4.96	3.51	0.79	3.43	2.12	5.78	1.74	0.22	3.42	3.65	剔除后正态分布	3.51	2.60	3.00
Sr	360	37.95	44.58	56.4	81.2	109	129	139	84.2	32.86	77.5	13.02	213	16.00	0.39	81.2	89.0	正态分布	84.2	112	197
Th	342	10.71	11.80	12.80	14.40	15.88	17.20	18.30	14.40	2.25	14.22	4.65	20.50	8.50	0.16	14.40	14.60	剔除后正态分布	14.40	14.50	10.00
Ti	344	3673	3926	4305	4686	5183	5730	6001	4743	684	4694	129	6451	2864	0.14	4686	4741	剔除后正态分布	4743	4602	3406
Tl	360	0.45	0.50	0.60	0.74	0.87	0.99	1.11	0.75	0.21	0.72	1.43	1.83	0.29	0.28	0.74	0.83	正态分布	0.75	0.82	0.60
U	360	2.00	2.17	2.48	3.07	4.00	5.00	5.51	3.38	1.28	3.18	2.04	10.10	1.56	0.38	3.07	4.00	对数正态分布	3.18	3.14	2.40
V	360	52.9	63.0	74.5	88.0	106	117	126	90.5	25.67	87.2	13.45	255	39.00	0.28	88.0	110	对数正态分布	90.5	110	67.0
W	360	1.27	1.39	1.65	1.94	2.26	2.74	3.29	2.07	0.77	1.96	1.62	7.34	0.92	0.37	1.94	2.09	对数正态分布	1.96	1.93	1.50
Y	344	19.00	22.00	24.68	27.00	30.00	32.80	34.00	27.06	4.22	26.72	6.62	37.60	17.00	0.16	27.00	25.00	剔除后正态分布	27.06	26.13	23.00
Zn	349	41.00	47.82	58.0	70.0	80.8	94.1	102	70.2	17.68	67.9	11.41	117	26.00	0.25	70.0	71.0	剔除后正态分布	70.2	77.4	60.0
Zr	360	205	217	245	285	322	357	377	288	56.9	282	25.79	590	177	0.20	285	292	正态分布	288	287	215
SiO₂	360	61.3	62.9	65.9	69.6	72.4	75.0	77.6	69.4	4.78	69.2	11.54	81.0	56.4	0.07	69.6	68.6	正态分布	69.4	70.5	67.9
Al₂O₃	360	11.00	11.77	12.81	14.07	15.56	16.69	17.38	14.19	2.05	14.04	4.59	23.10	8.49	0.14	14.07	14.41	正态分布	14.19	14.82	11.90
TFe₂O₃	360	3.23	3.61	4.34	5.06	5.73	6.31	6.91	5.04	1.10	4.92	2.54	8.74	2.07	0.22	5.06	5.11	正态分布	5.04	4.70	4.10
MgO	360	0.48	0.57	0.74	0.98	1.50	1.96	2.15	1.15	0.63	1.02	1.63	5.76	0.25	0.54	0.98	0.81	对数正态分布	1.02	0.67	1.36
CaO	360	0.17	0.20	0.27	0.48	0.99	1.92	2.32	0.76	0.67	0.53	2.42	3.05	0.06	0.88	0.48	0.39	对数正态分布	0.53	0.22	2.57
Na₂O	360	0.23	0.31	0.44	0.74	1.26	1.62	1.76	0.86	0.50	0.71	1.95	2.08	0.07	0.58	0.74	0.33	偏峰分布	0.33	0.16	1.81
K₂O	360	1.57	1.67	1.97	2.41	2.81	3.18	3.43	2.41	0.57	2.35	1.69	3.98	1.21	0.24	2.41	2.63	正态分布	2.41	2.99	2.36
TC	360	0.35	0.40	0.44	0.52	0.81	1.11	1.23	0.64	0.28	0.59	1.62	1.47	0.25	0.43	0.52	0.49	其他分布	0.49	0.43	0.90
Corg	334	0.24	0.27	0.35	0.43	0.52	0.62	0.70	0.44	0.14	0.42	1.85	0.83	0.10	0.31	0.43	0.30	剔除后正态分布	0.44	0.42	0.30
pH	360	5.10	5.18	5.46	6.42	7.29	8.08	8.23	5.68	5.52	6.47	3.01	8.53	4.71	0.97	6.42	5.21	其他分布	5.21	5.12	8.10

注：原始样本数为360件。

表 3-7 嘉兴市土壤地球化学基准值参数统计表

元素/指标	N	$X_{5\%}$	$X_{10\%}$	$X_{25\%}$	$X_{50\%}$	$X_{75\%}$	$X_{90\%}$	$X_{95\%}$	$\overline{X}$	S	$\overline{X}_g$	S_g	X_{max}	X_{min}	CV	X_{me}	X_{mo}	分布类型	嘉兴市基准值	浙江省基准值	中国基准值
Ag	232	54.0	57.0	66.0	73.0	80.2	89.0	93.0	73.4	12.67	72.4	11.88	124	48.00	0.17	73.0	76.0	正态分布	73.4	70.0	70.0
As	232	3.64	4.92	6.01	8.09	9.98	12.09	13.36	8.25	2.95	7.72	3.47	17.08	2.63	0.36	8.09	6.69	对数正态分布	7.72	6.83	9.00
Au	232	1.07	1.17	1.34	1.50	1.77	2.17	2.51	1.64	0.61	1.57	1.47	5.61	0.76	0.37	1.50	1.33	对数正态分布	1.57	1.10	1.10
B	232	63.0	64.0	69.0	73.0	78.0	83.0	87.0	73.7	7.06	73.4	12.02	93.0	56.0	0.10	73.0	71.0	正态分布	73.7	73.0	41.00
Ba	232	431	441	457	477	497	517	532	478	31.30	477	35.02	613	411	0.07	477	486	正态分布	478	482	522
Be	232	1.90	1.98	2.21	2.53	2.74	2.89	2.98	2.48	0.34	2.45	1.72	3.27	1.68	0.14	2.53	2.64	正态分布	2.48	2.31	2.00
Bi	232	0.22	0.26	0.32	0.39	0.45	0.52	0.55	0.39	0.10	0.38	1.85	0.62	0.18	0.25	0.39	0.39	正态分布	0.39	0.24	0.27
Br	222	1.50	1.50	1.50	1.90	2.40	3.00	3.29	2.06	0.60	1.98	1.60	3.90	1.20	0.29	1.90	1.50	其他分布	1.50	1.50	1.80
Cd	232	0.08	0.08	0.09	0.11	0.13	0.14	0.15	0.11	0.02	0.11	3.70	0.17	0.07	0.21	0.11	0.11	正态分布	0.11	0.11	0.11
Ce	232	58.5	62.0	68.0	73.0	79.0	85.0	87.4	73.3	9.02	72.7	11.88	97.0	46.00	0.12	73.0	72.0	正态分布	73.3	84.1	62.0
Cl	218	56.9	60.0	67.0	78.0	90.8	104	112	80.0	17.72	78.2	12.36	132	40.00	0.22	78.0	70.0	剔除后正态分布	80.0	39.00	72.0
Co	232	11.70	12.71	14.40	16.60	18.70	21.00	21.94	16.64	3.12	16.34	5.07	24.80	9.30	0.19	16.60	16.50	正态分布	16.64	11.90	11.0
Cr	232	63.0	68.1	81.0	96.5	108	117	120	94.1	17.85	92.3	13.75	132	52.0	0.19	96.5	108	正态分布	94.1	71.0	50.0
Cu	232	15.85	17.47	22.40	28.57	33.45	38.04	40.07	28.09	7.77	26.92	6.90	55.1	9.40	0.28	28.57	27.61	正态分布	28.09	11.20	19.00
F	232	475	508	580	639	724	795	824	648	108	639	41.71	1025	351	0.17	639	608	正态分布	648	431	456
Ga	232	14.00	14.81	16.38	18.50	20.70	22.49	23.54	18.55	2.93	18.31	5.40	25.40	12.00	0.16	18.50	17.60	正态分布	18.55	18.92	15.00
Ge	232	1.22	1.24	1.38	1.51	1.60	1.66	1.68	1.48	0.14	1.47	1.28	1.78	1.18	0.10	1.51	1.61	其他分布	1.61	1.50	1.30
Hg	232	0.030	0.032	0.035	0.040	0.048	0.062	0.077	0.045	0.021	0.043	6.378	0.227	0.022	0.462	0.040	0.033	对数正态分布	0.043	0.048	0.018
I	232	0.98	1.12	1.43	1.98	2.73	4.15	6.04	2.50	1.89	2.10	1.96	15.30	0.50	0.76	1.98	1.32	对数正态分布	2.10	3.86	1.00
La	232	32.00	33.40	35.98	39.60	42.82	45.59	48.38	39.63	5.06	39.31	8.30	53.9	25.70	0.13	39.60	38.30	正态分布	39.63	41.00	32.00
Li	232	33.40	36.41	42.95	50.5	57.5	62.1	63.5	49.77	9.68	48.77	9.55	73.0	26.00	0.19	50.5	49.50	正态分布	49.77	37.51	29.00
Mn	229	489	551	634	778	1007	1264	1353	845	268	805	48.23	1591	434	0.32	778	834	偏峰分布	834	713	562
Mo	232	0.32	0.33	0.37	0.44	0.51	0.61	0.67	0.46	0.11	0.44	1.71	0.86	0.28	0.25	0.44	0.47	对数正态分布	0.44	0.62	0.70
N	232	0.35	0.38	0.44	0.53	0.60	0.73	0.79	0.54	0.16	0.52	1.58	1.73	0.31	0.29	0.53	0.55	对数正态分布	0.52	0.49	0.399
Nb	232	13.01	14.01	15.60	17.13	19.00	20.10	21.10	17.17	2.57	16.97	5.17	24.80	9.10	0.15	17.13	17.10	正态分布	17.17	19.60	12.00
Ni	232	28.00	29.60	34.27	40.50	45.15	48.80	50.1	39.70	7.16	39.02	8.34	55.4	22.20	0.18	40.50	40.20	正态分布	39.70	11.00	22.00
P	219	0.53	0.55	0.59	0.63	0.68	0.70	0.72	0.63	0.06	0.63	1.33	0.79	0.49	0.09	0.63	0.64	剔除后正态分布	0.63	0.24	0.488
Pb	232	17.70	19.21	22.12	25.05	28.30	31.08	32.80	25.18	4.50	24.77	6.45	36.00	15.30	0.18	25.05	24.20	正态分布	25.18	30.00	21.00

续表 3-7

元素/指标	N	$X_{5\%}$	$X_{10\%}$	$X_{25\%}$	$X_{50\%}$	$X_{75\%}$	$X_{90\%}$	$X_{95\%}$	$\bar{X}$	S	$\bar{X}_g$	S_g	X_{max}	X_{min}	CV	X_{me}	X_{mo}	分布类型	嘉兴市基准值	浙江省基准值	中国基准值
Rb	232	97.0	101	115	131	144	156	159	129	20.09	128	16.51	176	81.0	0.16	131	123	正态分布	129	128	96.0
S	232	50.00	51.0	59.0	75.0	140	378	887	224	501	108	17.18	4644	46.00	2.24	75.0	50.00	对数正态分布	108	114	166
Sb	232	0.31	0.34	0.40	0.47	0.54	0.58	0.61	0.47	0.10	0.46	1.64	1.05	0.23	0.22	0.47	0.40	正态分布	0.47	0.53	0.67
Sc	232	9.93	10.51	11.78	13.15	14.53	16.00	16.50	13.21	2.04	13.05	4.44	18.50	8.40	0.15	13.15	13.00	正态分布	13.21	9.70	9.00
Se	232	0.04	0.06	0.09	0.12	0.15	0.18	0.20	0.12	0.05	0.11	3.73	0.29	0.02	0.38	0.12	0.11	正态分布	0.12	0.21	0.13
Sn	215	2.92	3.06	3.32	3.59	3.92	4.27	4.53	3.64	0.48	3.61	2.13	4.98	2.41	0.13	3.59	3.54	剔除后正态分布	3.64	2.60	3.00
Sr	232	98.0	104	112	120	130	144	151	122	16.19	121	16.00	170	78.0	0.13	120	118	正态分布	122	112	197
Th	232	10.77	11.60	12.70	14.00	15.22	16.50	17.00	13.96	1.89	13.82	4.61	18.50	9.10	0.14	14.00	14.70	正态分布	13.96	14.50	10.00
Ti	232	4143	4303	4543	4810	5072	5316	5474	4811	391	4795	132	5886	3698	0.08	4810	4781	正态分布	4811	4602	3406
Tl	232	0.50	0.55	0.63	0.72	0.81	0.89	0.93	0.72	0.13	0.71	1.31	1.01	0.44	0.18	0.72	0.72	正态分布	0.72	0.82	0.60
U	232	1.76	1.91	2.08	2.24	2.43	2.66	2.76	2.26	0.30	2.24	1.61	3.28	1.45	0.13	2.24	2.13	正态分布	2.26	3.14	2.40
V	232	77.5	84.0	94.0	108	118	126	129	106	16.40	105	14.75	144	63.0	0.15	108	118	正态分布	106	110	67.0
W	232	1.32	1.45	1.66	1.84	2.08	2.28	2.45	1.86	0.34	1.83	1.49	2.75	0.99	0.18	1.84	1.84	正态分布	1.86	1.93	1.50
Y	224	22.00	23.00	25.00	27.00	29.00	31.00	32.00	27.03	3.03	26.85	6.68	34.00	20.00	0.11	27.00	26.00	其他分布	26.00	26.13	23.00
Zn	232	65.0	68.0	77.0	91.0	101	107	109	88.9	14.57	87.6	13.28	123	55.0	0.16	91.0	102	正态分布	88.9	77.4	60.0
Zr	226	193	198	211	228	253	276	292	234	30.36	232	23.16	317	185	0.13	228	228	剔除后正态分布	234	287	215
SiO₂	232	59.5	60.4	61.7	63.9	66.4	68.6	69.6	64.1	3.13	64.1	11.00	73.3	57.5	0.05	63.9	65.6	正态分布	64.1	70.5	67.9
Al₂O₃	232	12.01	12.69	13.79	15.07	15.93	16.64	16.90	14.84	1.55	14.76	4.75	18.34	10.31	0.10	15.07	14.57	正态分布	14.84	14.82	11.90
TFe₂O₃	232	4.05	4.25	4.78	5.65	6.26	6.84	6.98	5.58	0.96	5.49	2.72	8.06	3.27	0.17	5.65	5.74	正态分布	5.58	4.70	4.10
MgO	227	1.55	1.68	1.84	2.01	2.15	2.24	2.29	1.99	0.22	1.98	1.51	2.52	1.40	0.11	2.01	2.14	剔除后正态分布	1.99	0.67	1.36
CaO	232	0.81	0.87	1.04	1.48	2.12	2.60	2.83	1.62	0.67	1.49	1.61	4.01	0.72	0.42	1.48	1.67	对数正态分布	1.49	0.22	2.57
Na₂O	232	1.12	1.19	1.31	1.44	1.60	1.76	1.81	1.46	0.21	1.44	1.29	1.99	0.89	0.15	1.44	1.38	正态分布	1.46	0.16	1.81
K₂O	232	2.25	2.30	2.49	2.74	2.91	3.06	3.13	2.71	0.28	2.69	1.79	3.30	1.84	0.10	2.74	2.89	正态分布	2.71	2.99	2.36
TC	232	0.42	0.49	0.57	0.73	0.90	1.05	1.15	0.76	0.25	0.72	1.44	2.27	0.24	0.33	0.73	0.85	正态分布	0.76	0.43	0.90
Corg	232	0.18	0.21	0.25	0.31	0.41	0.52	0.65	0.36	0.19	0.32	2.15	2.10	0.12	0.55	0.31	0.25	对数正态分布	0.32	0.42	0.30
pH	224	7.49	7.65	7.92	8.21	8.39	8.53	8.59	8.00	8.02	8.14	3.36	8.90	7.31	1.00	8.21	7.92	剔除后正态分布	8.00	5.12	8.10

注：原始样本数为 232 件。

合正态分布，As、B、Br、Cl、Co、Cr、Cu、Ge、Hg、I、Mn、N、Ni、P、Sc、Se、Sn、Sr、Tl、V、Y、Zn、TFe_2O_3、MgO、CaO、Na_2O、TC、Corg、pH 共 29 项元素/指标符合对数正态分布，Cd、La、Nb、Pb、Ti、W、Zr、SiO_2 剔除异常值后符合正态分布，Ag、Au、Be、Li、Mo、Sb、Th、U 剔除异常值后符合对数正态分布，其他元素/指标不符合正态分布或对数正态分布（表 3-8）。

金华市深层土壤总体呈酸性，土壤 pH 基准值为 5.68，极大值为 7.95，极小值为 4.54，接近于浙江省基准值，略低于中国基准值。

在深层土壤各元素/指标中，多数元素/指标变异系数小于 0.40，分布相对均匀；Cl、Mn、Corg、Se、Au、B、Co、Na_2O、P、I、Br、Cr、Cu、Hg、Sr、As、Ni、CaO、pH、Sn 共 20 项元素/指标变异系数大于 0.40，其中 CaO、pH、Sn 变异系数大于 0.80，空间变异性较大。

与浙江省土壤基准值相比，金华市土壤基准值中 B、Cr、Sr、V 基准值明显偏低，为浙江省基准值的 60% 以下，其中 B 基准值最低，仅为浙江省基准值的 39%；而 Co、I、S 基准值略低于浙江省基准值，为浙江省基准值的 60%～80%；Ba、Cu、Sn 基准值略高于浙江省基准值，与浙江省基准值比值在 1.2～1.4 之间；Br、Mo、CaO、Na_2O 基准值明显高于浙江省基准值，为浙江省基准值的 1.4 倍以上，Na_2O 基准值最高，为浙江省背景值的 3.31 倍；其他元素/指标基准值则与浙江省基准值基本接近。

与中国土壤基准值相比，金华市土壤基准值中 CaO、Na_2O、Sr、MgO、TC、Ni、S、P 基准值明显偏低，为中国基准值的 60% 以下，其中 CaO 基准值为 0.32%，是中国基准值的 12%；而 Cl、Cr、B、Cu、Sb 基准值略低于中国基准值，为中国基准值的 60%～80%；N、Ti、W、Li、Br、La、Pb、Corg、Ce、Se 基准值略高于中国基准值，与中国基准值比值在 1.2～1.4 之间；Mo、Rb、U、Tl、Zr、Th、Nb、Hg、I 基准值明显高于中国基准值，为中国基准值的 1.4 倍以上，其中 Hg、I 明显相对富集，基准值是中国基准值的 2.0 倍以上，I 基准值为 2.82mg/kg，是中国基准值的 2.82 倍；其他元素/指标基准值则与中国基准值基本接近。

九、衢州市土壤地球化学基准值

衢州市土壤地球化学基准值数据经正态分布检验，结果表明，原始数据中仅 B、Cr、Ga、Ge、I、Rb、Sc、Zr、SiO_2、Al_2O_3、TFe_2O_3、MgO、K_2O 符合正态分布，As、Ba、Be、Bi、Br、Ce、Co、Cu、F、Hg、La、Li、N、Nb、Ni、P、Pb、Sb、Se、Sn、Sr、Th、Tl、V、Y、Zn、Na_2O、TC、Corg、pH 符合对数正态分布，Au、Cd、Cl、S、Ti、U、W、CaO 剔除异常值后符合正态分布，Ag、Mn、Mo 剔除异常值后符合对数正态分布（表 3-9）。

衢州市深层土壤总体呈酸性，土壤 pH 基准值为 5.30，极大值为 8.16，极小值为 4.43，基本接近于浙江省基准值，略低于中国基准值。

在深层土壤各元素/指标中，约一半变异系数小于 0.40，分布相对均匀；Ba、pH、As、Bi、Na_2O、Sb、Hg、Sr、Ni、P、Sn、Co、Cu、Br、I、Se、V、Tl、Zn、F、CaO、B、Mo、Cr、Mn、Pb 共 26 项元素/指标变异系数不小于 0.40，其中 Ba、pH、As、Bi、Na_2O 变异系数大于 0.80，空间变异性较大。

与浙江省土壤基准值相比，衢州市土壤基准值中 Sr 基准值明显偏低，为浙江省基准值的 39.76%；而 Ag、B、Ba、Mn、V、K_2O 基准值略低于浙江省基准值，为浙江省基准值的 60%～80%；Au、F、S、Sc、Se、Sn、MgO、Hg 基准值略高于浙江省基准值，与浙江省基准值比值在 1.2～1.4 之间；而 As、Bi、Br、Cu、Mo、Ni、Sb、Na_2O 基准值明显偏高，与浙江省基准值比值均在 1.4 以上，其中 Mo 基准值最高，为浙江省基准值的 2.12 倍；其他元素/指标基准值则与浙江省基准值基本接近。

与中国土壤基准值相比，衢州市土壤基准值中 CaO、Na_2O、Sr、Cl、TC、P 基准值明显偏低，其中 CaO 基准值为 0.21%，中国基准值为 2.57%，CaO 基准值是中国基准值的 8.17%；而 MgO、Ba、Ag 基准值略低于中国基准值，为中国基准值的 60%～80%；F、Y、Cu、Ga、Zn、W、Corg、Rb、Al_2O_3、Sb、Ge、Br、Sc、Bi、V、TFe_2O_3、N、Ti、Cr、La、Ce、Li、Tl、Au、Zr 基准值略高于中国基准值，与中国基准值比值在 1.2～1.4 之间；Pb、U、Th、Nb、Mo、Se、Hg、I 基准值明显高于中国基准值，是中国基准值的 1.4 倍以上，I 基准值为

第三章 土壤地球化学基准值

表 3-8 金华市土壤地球化学基准值参数统计表

元素/指标	N	$X_{5\%}$	$X_{10\%}$	$X_{25\%}$	$X_{50\%}$	$X_{75\%}$	$X_{90\%}$	$X_{95\%}$	$\overline{X}$	S	$\overline{X}_g$	S_g	X_{max}	X_{min}	CV	X_{me}	X_{mo}	分布类型	金华市基准值	浙江省基准值	中国基准值
Ag	647	34.00	38.00	47.00	60.0	73.5	89.0	100.0	61.9	20.19	58.7	10.57	120	20.00	0.33	60.0	110	剔除后对数分布	58.7	70.0	70.0
As	690	3.49	4.16	5.24	7.10	9.65	13.50	16.00	8.47	6.42	7.32	3.65	89.5	2.16	0.76	7.10	7.60	对数正态分布	7.32	6.83	9.00
Au	653	0.46	0.54	0.69	0.90	1.30	1.70	2.00	1.03	0.46	0.93	1.55	2.41	0.27	0.45	0.90	0.90	剔除后对数分布	0.93	1.10	1.10
B	690	15.00	16.40	21.02	29.00	38.00	54.0	61.5	31.78	14.67	28.82	7.74	101	6.00	0.46	29.00	29.00	对数正态分布	28.82	73.0	41.00
Ba	676	325	377	466	598	779	945	1033	633	220	595	39.16	1289	180	0.35	598	606	偏峰分布	606	482	522
Be	663	1.71	1.80	1.96	2.20	2.47	2.75	2.95	2.24	0.37	2.21	1.60	3.29	1.27	0.17	2.20	2.22	剔除后对数分布	2.21	2.31	2.00
Bi	653	0.16	0.17	0.20	0.23	0.27	0.34	0.37	0.24	0.06	0.24	2.36	0.42	0.10	0.26	0.23	0.22	其他分布	0.22	0.24	0.27
Br	690	1.00	1.26	1.73	2.23	3.22	4.60	5.82	2.69	1.66	2.35	1.94	15.03	0.73	0.62	2.23	1.00	对数正态分布	2.35	1.50	1.80
Cd	659	0.07	0.08	0.10	0.12	0.15	0.17	0.18	0.12	0.03	0.12	3.50	0.22	0.03	0.27	0.12	0.12	剔除后正态分布	0.12	0.11	0.11
Ce	690	64.0	68.4	74.5	83.4	94.4	104	112	85.2	14.98	83.9	12.72	162	49.75	0.18	83.4	107	正态分布	85.2	84.1	62.0
Cl	690	26.50	29.79	36.43	45.00	54.9	65.8	75.0	47.53	19.30	44.96	9.22	339	20.10	0.41	45.00	41.00	对数正态分布	44.96	39.00	72.0
Co	690	4.79	5.40	6.65	8.51	11.09	15.41	18.40	9.66	4.75	8.82	3.75	45.15	2.90	0.49	8.51	5.80	对数正态分布	8.82	11.90	11.0
Cr	690	11.80	14.40	21.14	33.25	47.09	62.8	73.5	37.32	23.29	31.63	8.44	252	5.10	0.62	33.25	21.10	对数正态分布	31.63	71.0	50.0
Cu	690	6.95	8.00	10.15	13.43	17.40	22.97	29.82	15.42	10.18	13.74	4.99	164	4.30	0.66	13.43	11.20	对数正态分布	13.74	11.20	19.00
F	649	331	366	422	491	575	663	717	503	116	490	35.41	867	257	0.23	491	498	偏峰分布	498	431	456
Ga	690	13.65	14.20	15.81	17.40	19.20	21.00	22.50	17.59	2.70	17.39	5.14	27.37	11.27	0.15	17.40	17.00	正态分布	17.59	18.92	15.00
Ge	690	1.26	1.31	1.42	1.54	1.69	1.86	1.97	1.56	0.21	1.55	1.33	2.51	1.05	0.14	1.54	1.53	对数正态分布	1.55	1.50	1.30
Hg	690	0.026	0.029	0.036	0.046	0.059	0.077	0.089	0.052	0.036	0.047	6.217	0.690	0.018	0.692	0.046	0.048	对数正态分布	0.047	0.048	0.018
I	690	1.18	1.42	1.95	2.88	4.03	5.48	6.49	3.24	1.76	2.82	2.15	12.40	0.34	0.54	2.88	3.77	对数正态分布	2.82	3.86	1.00
La	667	32.94	34.70	38.36	42.16	46.20	49.30	51.9	42.24	5.72	41.85	8.64	58.6	26.70	0.14	42.16	42.80	剔除后对数分布	42.24	41.00	32.00
Li	658	27.10	29.20	33.10	37.50	42.80	48.93	53.2	38.36	7.60	37.63	8.30	60.1	22.10	0.20	37.50	34.50	对数正态分布	37.63	37.51	29.00
Mn	690	335	394	506	652	869	1061	1228	704	286	651	40.98	2493	189	0.41	652	699	对数正态分布	651	713	562
Mo	650	0.60	0.67	0.78	0.98	1.27	1.56	1.80	1.06	0.36	0.99	1.43	2.07	0.16	0.34	0.98	0.95	剔除后正态分布	0.99	0.62	0.70
N	690	0.31	0.34	0.39	0.47	0.57	0.70	0.83	0.50	0.17	0.48	1.70	1.89	0.14	0.34	0.47	0.43	对数正态分布	0.48	0.49	0.399
Nb	656	16.99	17.77	19.60	21.51	24.01	26.00	27.61	21.80	3.32	21.55	5.87	31.60	13.20	0.15	21.51	21.00	剔除后对数分布	21.80	19.60	12.00
Ni	690	5.33	6.07	8.10	11.40	16.10	21.81	29.43	13.92	10.76	11.75	4.70	137	2.98	0.77	11.40	10.50	对数正态分布	11.75	11.00	22.00
P	690	0.13	0.15	0.20	0.27	0.39	0.49	0.59	0.31	0.16	0.27	2.55	1.47	0.07	0.53	0.27	0.22	对数正态分布	0.27	0.24	0.488
Pb	646	21.95	23.30	25.60	28.12	31.16	34.31	36.62	28.55	4.35	28.22	6.87	40.85	16.90	0.15	28.12	27.00	剔除后正态分布	28.55	30.00	21.00

续表 3-8

元素/指标	N	$X_{5\%}$	$X_{10\%}$	$X_{25\%}$	$X_{50\%}$	$X_{75\%}$	$X_{90\%}$	$X_{95\%}$	$\bar{X}$	S	$\bar{X}_g$	S_g	X_{max}	X_{min}	CV	X_{me}	X_{mo}	分布类型	金华市基准值	浙江省基准值	中国基准值
Rb	690	88.5	97.0	114	133	156	172	187	136	33.02	132	16.48	378	62.2	0.24	133	157	正态分布	136	128	96.0
S	657	56.0	62.0	76.0	93.0	124	154	170	102	35.68	95.9	13.88	205	8.10	0.35	93.0	89.0	偏峰分布	89.0	114	166
Sb	646	0.33	0.37	0.43	0.52	0.64	0.80	0.91	0.55	0.17	0.53	1.56	1.06	0.19	0.31	0.52	0.52	剔除后对数分布	0.53	0.53	0.67
Sc	690	6.40	6.80	7.50	8.60	10.00	12.01	13.40	9.08	2.34	8.83	3.61	23.20	5.20	0.26	8.60	7.70	对数正态分布	8.83	9.70	9.00
Se	690	0.09	0.11	0.14	0.18	0.23	0.30	0.35	0.19	0.08	0.18	2.91	0.61	0.06	0.43	0.18	0.17	对数正态分布	0.18	0.21	0.13
Sn	690	2.00	2.17	2.52	3.09	3.99	5.48	6.55	3.69	4.13	3.29	2.19	102	1.36	1.12	3.09	3.00	对数正态分布	3.29	2.60	3.00
Sr	690	34.52	39.30	49.70	62.2	83.8	123	151	74.7	51.6	66.4	11.59	967	22.50	0.69	62.2	63.0	剔除后正态分布	66.4	112	197
Th	667	11.64	12.78	14.59	16.50	18.71	21.25	22.87	16.77	3.32	16.43	5.07	25.90	7.92	0.20	16.50	16.30	对数正态分布	16.43	14.50	10.00
Ti	650	3015	3271	3712	4188	4753	5321	5783	4256	819	4177	123	6655	1979	0.19	4188	4200	剔除后正态分布	4256	4602	3406
Tl	690	0.57	0.62	0.73	0.86	1.04	1.19	1.33	0.90	0.26	0.87	1.34	2.83	0.33	0.29	0.86	1.10	剔除后正态分布	0.87	0.82	0.60
U	656	2.60	2.81	3.08	3.40	3.75	4.25	4.37	3.45	0.53	3.41	2.07	4.89	2.20	0.15	3.40	3.33	对数正态分布	3.41	3.14	2.40
V	690	32.97	39.60	50.2	62.4	77.5	100.0	120	67.1	27.08	62.6	11.29	235	19.90	0.40	62.4	56.5	对数正态分布	62.6	110	67.0
W	642	1.44	1.60	1.75	1.99	2.26	2.53	2.73	2.02	0.39	1.98	1.55	3.13	1.01	0.19	1.99	1.84	剔除后对数正态分布	1.98	1.93	1.50
Y	690	19.60	20.69	22.80	25.40	28.58	32.47	36.58	26.34	5.52	25.83	6.66	59.5	15.50	0.21	25.40	25.00	对数正态分布	25.83	26.13	23.00
Zn	690	46.49	49.69	56.4	64.8	76.2	91.4	106	69.6	23.22	66.9	11.13	300	35.90	0.33	64.8	61.1	剔除后正态分布	66.9	77.4	60.0
Zr	672	239	261	287	318	349	381	402	319	46.92	316	27.84	444	193	0.15	318	290	剔除后正态分布	319	287	215
SiO₂	669	65.5	67.3	69.4	71.9	74.6	76.6	77.6	71.9	3.72	71.8	11.86	81.2	61.8	0.05	71.9	71.9	剔除后正态分布	71.9	70.5	67.9
Al₂O₃	690	11.38	11.90	12.91	14.06	15.30	16.54	17.40	14.21	1.91	14.09	4.56	22.14	9.74	0.13	14.06	15.00	正态分布	14.21	14.82	11.90
TFe₂O₃	690	3.00	3.23	3.67	4.19	4.97	5.98	6.81	4.47	1.29	4.32	2.41	13.87	2.36	0.29	4.19	4.09	对数正态分布	4.32	4.70	4.10
MgO	690	0.43	0.46	0.54	0.66	0.85	1.07	1.26	0.72	0.27	0.68	1.49	1.93	0.27	0.37	0.66	0.54	对数正态分布	0.68	0.67	1.36
CaO	690	0.14	0.17	0.23	0.31	0.42	0.55	0.77	0.37	0.35	0.32	2.30	7.73	0.08	0.96	0.31	0.22	对数正态分布	0.32	0.22	2.57
Na₂O	690	0.17	0.25	0.38	0.57	0.79	1.03	1.16	0.61	0.31	0.53	1.96	1.95	0.06	0.50	0.57	0.64	对数正态分布	0.53	0.16	1.81
K₂O	690	1.73	1.95	2.37	2.85	3.25	3.62	3.81	2.81	0.63	2.74	1.84	5.11	1.28	0.22	2.85	3.07	正态分布	2.81	2.99	2.36
TC	690	0.31	0.33	0.38	0.46	0.58	0.72	0.82	0.50	0.19	0.48	1.72	2.26	0.14	0.37	0.46	0.42	对数正态分布	0.48	0.43	0.90
Corg	690	0.25	0.27	0.32	0.39	0.51	0.66	0.79	0.44	0.18	0.41	1.92	2.09	0.19	0.42	0.39	0.35	对数正态分布	0.41	0.42	0.30
pH	690	4.88	4.95	5.18	5.50	6.05	6.72	7.07	5.35	5.34	5.68	2.75	7.95	4.54	1.00	5.50	5.12	对数正态分布	5.68	5.12	8.10

注：原始样本数为 690 件。

表 3-9 衢州市土壤地球化学基准值参数统计表

元素/指标	N	$X_{5\%}$	$X_{10\%}$	$X_{25\%}$	$X_{50\%}$	$X_{75\%}$	$X_{90\%}$	$X_{95\%}$	$\overline{X}$	S	$\overline{X}_g$	S_g	X_{max}	X_{min}	CV	X_{me}	X_{mo}	分布类型	衢州市基准值	浙江省基准值	中国基准值
Ag	211	34.00	38.00	45.00	54.0	67.0	81.0	93.0	57.4	17.69	54.9	10.37	110	21.00	0.31	54.0	54.0	剔除后对数分布	54.9	70.0	70.0
As	228	3.97	5.07	6.88	9.40	13.80	21.80	32.67	12.42	10.71	9.99	4.40	94.3	2.70	0.86	9.40	10.30	对数正态分布	9.99	6.83	9.00
Au	203	0.89	0.90	1.10	1.50	1.80	2.20	2.50	1.52	0.49	1.44	1.48	2.90	0.60	0.32	1.50	1.50	剔除后正态分布	1.52	1.10	1.10
B	228	16.00	21.70	31.00	45.50	63.0	76.0	82.0	47.17	20.47	42.27	9.37	91.0	8.00	0.43	45.50	32.00	正态分布	47.17	73.0	41.00
Ba	228	226	245	290	359	461	555	634	438	837	370	31.00	12 872	168	1.91	359	323	对数正态分布	370	482	522
Be	228	1.49	1.63	1.94	2.21	2.54	2.97	3.31	2.28	0.59	2.21	1.67	4.94	1.01	0.26	2.21	2.26	对数正态分布	2.21	2.31	2.00
Bi	228	0.19	0.21	0.26	0.33	0.43	0.52	0.68	0.39	0.33	0.35	2.09	3.52	0.16	0.84	0.33	0.33	对数正态分布	0.35	0.24	0.27
Br	228	1.00	1.20	1.68	2.33	3.17	4.17	4.94	2.59	1.33	2.32	1.93	9.99	1.00	0.51	2.33	1.00	对数正态分布	2.32	1.50	1.80
Cd	212	0.08	0.09	0.11	0.13	0.16	0.17	0.19	0.13	0.03	0.13	3.41	0.24	0.06	0.26	0.13	0.13	剔除后正态分布	0.13	0.11	0.11
Ce	228	59.1	62.3	70.2	81.6	95.6	117	134	85.7	22.75	83.0	12.75	173	40.87	0.27	81.6	84.3	对数正态分布	83.0	84.1	62.0
Cl	213	20.00	21.20	27.00	34.00	39.00	46.00	49.00	33.74	8.89	32.58	7.81	60.0	20.00	0.26	34.00	20.00	剔除后正态分布	33.74	39.00	72.0
Co	228	4.60	5.66	7.76	10.20	15.80	20.02	23.63	12.15	6.64	10.66	4.16	47.40	3.00	0.55	10.20	10.00	对数正态分布	10.66	11.90	11.0
Cr	228	30.06	33.70	47.04	62.9	81.2	101	119	66.8	28.04	61.1	10.98	186	14.20	0.42	62.9	70.6	正态分布	66.8	71.0	50.0
Cu	228	11.28	12.67	16.68	22.36	32.40	44.13	49.94	26.29	14.03	23.37	6.39	101	9.06	0.53	22.36	14.01	对数正态分布	23.37	11.20	19.0
F	228	291	347	418	528	710	923	1136	599	268	550	39.17	1605	229	0.45	528	423	对数正态分布	550	431	456
Ga	228	12.32	13.88	16.09	18.64	21.45	22.96	24.07	18.66	3.62	18.28	5.31	28.11	9.20	0.19	18.64	21.07	正态分布	18.66	18.92	15.00
Ge	228	1.30	1.37	1.50	1.66	1.80	1.92	2.07	1.67	0.26	1.65	1.38	3.18	1.06	0.16	1.66	1.66	正态分布	1.67	1.50	1.30
Hg	228	0.024	0.032	0.042	0.054	0.079	0.129	0.177	0.071	0.052	0.059	5.752	0.495	0.017	0.742	0.054	0.053	对数正态分布	0.059	0.048	0.018
I	228	1.55	1.96	2.78	3.67	4.91	6.33	7.19	3.98	1.85	3.58	2.33	15.65	0.56	0.47	3.67	3.44	正态分布	3.98	3.86	1.00
La	228	30.64	32.60	36.70	42.72	48.45	58.8	64.2	44.01	10.97	42.78	8.69	85.6	23.63	0.25	42.72	33.13	对数正态分布	42.78	41.00	32.00
Li	228	25.33	28.95	33.95	39.50	46.08	53.5	58.7	40.92	11.76	39.50	8.49	129	17.15	0.29	39.50	43.60	对数正态分布	39.50	37.51	29.00
Mn	217	255	305	363	451	655	844	958	520	217	479	34.85	1129	148	0.42	451	451	剔除后正态分布	479	713	562
Mo	202	0.70	0.82	1.01	1.26	1.69	2.31	2.71	1.43	0.61	1.32	1.54	3.41	0.47	0.43	1.26	0.94	对数正态分布	1.32	0.62	0.70
N	228	0.34	0.38	0.43	0.52	0.64	0.79	0.86	0.55	0.16	0.53	1.61	1.11	0.28	0.30	0.52	0.40	对数正态分布	0.53	0.49	0.399
Nb	228	14.09	15.60	18.09	20.53	24.27	28.31	33.00	21.71	5.76	21.04	5.82	49.49	10.98	0.27	20.53	19.80	对数正态分布	21.04	19.60	12.00
Ni	228	9.54	11.17	14.57	21.20	33.42	46.28	57.5	25.85	15.97	22.13	6.33	107	7.20	0.62	21.20	21.20	对数正态分布	22.13	11.00	22.00
P	228	0.12	0.15	0.20	0.28	0.40	0.53	0.66	0.32	0.19	0.28	2.55	1.28	0.05	0.58	0.28	0.30	对数正态分布	0.28	0.24	0.488
Pb	228	21.20	22.20	25.07	28.69	33.33	41.01	48.57	30.99	12.26	29.62	7.21	154	17.35	0.40	28.69	28.32	对数正态分布	29.62	30.00	21.00

续表 3-9

元素/指标	N	$X_{5\%}$	$X_{10\%}$	$X_{25\%}$	$X_{50\%}$	$X_{75\%}$	$X_{90\%}$	$X_{95\%}$	$\bar{X}$	S	$\bar{X}_g$	S_g	X_{max}	X_{min}	CV	X_{me}	X_{mo}	分布类型	衢州市基准值	浙江省基准值	中国基准值
Rb	228	67.3	75.5	96.9	118	144	169	190	122	40.22	116	15.77	355	40.60	0.33	118	123	正态分布	122	128	96.0
S	223	81.1	89.6	110	142	173	213	232	146	46.21	139	17.52	271	58.0	0.32	142	136	剔除后正态分布	146	114	166
Sb	228	0.42	0.47	0.58	0.74	1.12	1.93	2.92	1.04	0.81	0.86	1.77	5.07	0.34	0.78	0.74	0.61	对数正态分布	0.86	0.53	0.67
Sc	228	6.61	7.27	9.30	11.22	13.50	16.11	18.70	11.66	3.59	11.14	4.03	24.80	4.71	0.31	11.22	11.60	正态分布	11.66	9.70	9.00
Se	228	0.16	0.18	0.22	0.29	0.36	0.43	0.50	0.31	0.14	0.29	2.28	1.59	0.08	0.47	0.29	0.24	对数正态分布	0.29	0.21	0.13
Sn	228	2.10	2.30	2.70	3.20	4.12	5.73	7.52	3.78	2.13	3.44	2.29	23.30	1.30	0.56	3.20	2.70	对数正态分布	3.44	2.60	3.00
Sr	228	23.64	28.49	33.22	42.07	53.9	77.3	97.4	50.2	32.93	44.53	9.28	283	20.00	0.66	42.07	39.59	对数正态分布	44.53	112	197
Th	228	10.31	11.73	13.74	16.40	19.58	24.04	27.21	17.49	6.06	16.66	5.17	56.3	7.50	0.35	16.40	17.08	剔除后正态分布	16.66	14.50	10.00
Ti	218	2960	3213	3812	4467	5205	6043	6561	4536	1063	4410	125	7452	1922	0.23	4467	4196	正态分布	4536	4602	3406
Tl	228	0.45	0.52	0.66	0.78	0.97	1.40	1.72	0.89	0.41	0.82	1.50	2.82	0.37	0.46	0.78	0.79	对数正态分布	0.82	0.82	0.60
U	209	2.29	2.71	3.12	3.64	4.16	4.89	5.21	3.70	0.85	3.60	2.16	6.04	1.56	0.23	3.64	3.12	对数正态分布	3.70	3.14	2.40
V	228	39.87	48.69	66.4	88.8	120	156	171	96.5	45.58	87.5	13.34	424	28.78	0.47	88.8	98.0	对数正态分布	87.5	110	67.0
W	218	1.20	1.36	1.72	1.99	2.31	2.62	2.81	2.01	0.47	1.95	1.58	3.23	0.90	0.23	1.99	1.99	剔除后正态分布	2.01	1.93	1.50
Y	228	17.69	20.30	22.96	27.29	32.73	41.98	45.47	29.36	11.35	27.91	6.86	122	13.16	0.39	27.29	22.97	对数正态分布	27.91	26.13	23.00
Zn	228	43.55	52.1	61.4	72.2	90.0	112	143	80.9	37.50	75.2	12.20	350	25.90	0.46	72.2	69.6	对数正态分布	75.2	77.4	60.0
Zr	228	208	220	249	285	336	394	426	298	70.7	290	26.41	679	161	0.24	285	285	正态分布	298	287	215
SiO₂	228	57.7	61.6	67.1	70.9	73.9	76.5	78.3	69.8	6.00	69.6	11.66	81.6	50.5	0.09	70.9	69.0	正态分布	69.8	70.5	67.9
Al₂O₃	228	11.60	12.38	13.58	14.77	16.57	18.41	19.91	15.14	2.43	14.95	4.72	22.95	9.65	0.16	14.77	14.87	正态分布	15.14	14.82	11.90
TFe₂O₃	228	3.05	3.36	4.24	5.25	6.29	7.29	8.40	5.39	1.66	5.15	2.63	11.69	2.04	0.31	5.25	6.05	正态分布	5.39	4.70	4.10
MgO	228	0.42	0.49	0.58	0.78	1.01	1.19	1.40	0.83	0.32	0.77	1.49	2.23	0.37	0.38	0.78	0.78	剔除后正态分布	0.83	0.67	1.36
CaO	209	0.09	0.10	0.13	0.20	0.27	0.33	0.37	0.21	0.09	0.19	2.83	0.53	0.06	0.44	0.20	0.12	对数正态分布	0.21	0.22	2.57
Na₂O	228	0.07	0.08	0.12	0.22	0.44	0.72	0.87	0.32	0.26	0.23	3.13	1.72	0.05	0.83	0.22	0.07	对数正态分布	0.23	0.16	1.81
K₂O	228	1.40	1.53	1.94	2.31	2.74	3.17	3.37	2.34	0.63	2.26	1.73	4.96	0.68	0.27	2.31	2.39	正态分布	2.34	2.99	2.36
TC	228	0.29	0.34	0.40	0.47	0.57	0.69	0.79	0.50	0.16	0.48	1.70	1.18	0.23	0.32	0.47	0.51	对数正态分布	0.48	0.43	0.90
Corg	228	0.24	0.26	0.31	0.37	0.45	0.57	0.63	0.40	0.14	0.38	1.93	1.06	0.19	0.35	0.37	0.33	对数正态分布	0.38	0.42	0.30
pH	228	4.67	4.74	4.93	5.12	5.43	6.06	6.63	5.07	5.18	5.30	2.63	8.16	4.43	1.02	5.12	5.10	对数正态分布	5.30	5.12	8.10

注:原始样本数为228件。

3.98mg/kg,是中国基准值的 3.98 倍;其他元素/指标基准值则与中国基准值基本接近。

十、台州市土壤地球化学基准值

台州市土壤地球化学基准值数据经正态分布检验,结果表明,原始数据中 Be、Ga、Mn、Y、Zr 符合正态分布,Ag、As、Au、Ba、Br、Cd、Co、Ge、I、Li、N、P、S、Sb、Sc、Se、Tl、U、Zn、Al_2O_3、TFe_2O_3、CaO、TC、Corg 符合对数正态分布,Ce、Hg、La、Rb、Sn、Th、Ti、W 剔除异常值后符合正态分布,B、Cl、Mo、Nb、Ni、Pb 剔除异常值后符合对数正态分布,其余元素/指标不符合正态分布或对数正态分布(表 3-10)。

台州市深层土壤总体呈酸性,土壤 pH 基准值为 5.14,极大值为 8.49,极小值为 4.65,接近于浙江省基准值,略低于中国基准值。

在深层土壤各元素/指标中,多半元素/指标变异系数小于 0.40,分布相对均匀;N、Cl、Bi、B、Co、Cu、Se、Sr、MgO、Na_2O、TC、Corg、I、P、Cd、Ag、Cr、Ni、Au、As、Br、S、pH、CaO 共 24 项元素/指标变异系数大于 0.40,其中 pH、CaO 变异系数大于 0.80,空间变异性较大。

与浙江省土壤基准值相比,台州市土壤基准值中 Cr、B 基准值明显偏低,不足浙江省基准值的 60%,Cr 基准值仅为浙江省基准值的 25%;而 Co、Sr、MgO 基准值略低于浙江省基准值,为浙江省基准值的 60%~80%;Ba、I、Mn、Mo、P、TC 基准值略高于浙江省基准值,与浙江省基准值比值在 1.2~1.4 之间;而 Bi、Br、Cl、F、CaO、Na_2O 基准值明显偏高,与浙江省基准值比值均在 1.4 以上,其中 Na_2O 基准值最高,为浙江省基准值的 6.44 倍;其他元素/指标基准值则与浙江省基准值基本接近。

与中国土壤基准值相比,台州市土壤基准值中 CaO、MgO、Cr、Sr、Na_2O、Ni、TC 基准值明显低于中国基准值,在中国基准值的 60% 以下,CaO 基准值仅为中国基准值的 14%;而 Cu、P、B、S、As 基准值略低于中国基准值,为中国基准值的 60%~80%;Ba、Be、Ce、Ga、La、Li、N、Sc、Ti、U、Zn、Zr、Al_2O_3、K_2O、W 基准值略高于中国基准值,为中国基准值的 1.2~1.4 倍;Rb、Th、Pb、V、Mn、Tl、Bi、Se、Nb、F、Br、Hg、I、Corg 基准值明显高于中国基准值,是中国基准值的 1.4 倍以上,其中 I 明显相对富集,基准值是中国基准值的 5.04 倍;其他元素/指标基准值则与中国基准值基本接近。

十一、舟山市土壤地球化学基准值

舟山市土壤地球化学基准值数据经正态分布检验,结果表明,原始数据中 As、B、Bi、Cd、Ce、Co、Cr、Cu、Ga、Ge、I、La、Li、Mn、N、Ni、P、Rb、Sb、Sc、Sn、Sr、Th、Tl、U、V、Y、Zn、Zr、SiO_2、Al_2O_3、TFe_2O_3、MgO、CaO、Na_2O、K_2O、TC、Corg 符合正态分布,Au、Be、Br、Cl、Hg、Mo、Nb、Pb、Se、W 符合对数正态分布,Ag、F 剔除异常值后符合正态分布,其他元素/指标不符合正态分布或对数正态分布(表 3-11)。

舟山市深层土壤总体呈碱性,土壤 pH 基准值为 8.44,极大值为 8.72,极小值为 5.15,明显高于浙江省基准值,接近于中国基准值。

在深层土壤各元素/指标中,绝大多数元素/指标变异系数小于 0.40,分布相对均匀;Au、Br、Cl、I、Mo、Ni、S、Se、MgO、CaO、TC、pH 共 12 项元素/指标变异系数大于 0.40,其中 Au、Cl、Mo、pH 变异系数大于 0.80,空间变异性较大。

与浙江省土壤基准值相比,舟山市土壤基准值中 As、Co、F、Mn、Sc、Sn 基准值略高于浙江省基准值,均为浙江省基准值的 1.2~1.4 倍;Au、Bi、Br、Cl、Cu、I、Mo、Ni、P、S、MgO、CaO、Na_2O、TC 基准值明显高于浙江省基准值,为浙江省基准值的 1.4 倍以上,其中 Br、Cl、Ni、S、MgO、CaO、Na_2O 基准值为浙江省基准值的 2.0 倍以上,Na_2O 基准值为浙江省基准值的 7.56 倍;其他元素/指标基准值与浙江省基准值基本接近。

与中国土壤基准值相比,舟山市土壤基准值中 Sr、CaO 基准值明显低于中国基准值,均低于中国基准值的 60%;TC、Na_2O 基准值略低于中国基准值,为中国基准值的 60%~80%;Tl、Ni、Sc、Ti、Ga、V、Co、Corg、Zr、Al_2O_3、Be、Cr、U、F、K_2O、TFe_2O_3、Sn、Y、W 基准值略高于中国基准值,为中国基准值的 1.2~

表 3 - 10 台州市土壤地球化学基准值参数统计表

元素/指标	N	$X_{5\%}$	$X_{10\%}$	$X_{25\%}$	$X_{50\%}$	$X_{75\%}$	$X_{90\%}$	$X_{95\%}$	$\overline{X}$	S	$\overline{X}_g$	S_g	X_{max}	X_{min}	CV	X_{me}	X_{mo}	分布类型	台州市基准值	浙江省基准值	中国基准值
Ag	567	44.50	48.80	59.0	73.0	87.0	106	123	79.3	43.16	73.5	12.61	628	37.00	0.54	73.0	75.0	对数正态分布	73.5	70.0	70.00
As	567	3.62	3.99	4.98	6.37	8.61	11.32	12.90	7.35	4.63	6.61	3.27	67.4	1.70	0.63	6.37	6.40	对数正态分布	6.61	6.83	9.00
Au	567	0.55	0.61	0.80	1.12	1.50	1.90	2.67	1.29	0.86	1.13	1.65	12.60	0.31	0.67	1.12	1.40	对数正态分布	1.13	1.10	1.10
B	544	14.67	16.70	21.63	27.35	37.00	55.7	62.0	31.24	13.87	28.51	7.55	66.0	7.00	0.44	27.35	26.00	剔除后对数分布	28.51	73.0	41.00
Ba	567	415	456	506	616	782	910	995	656	197	629	41.50	1668	260	0.30	616	593	剔除后对数正态分布	629	482	522
Be	567	1.79	1.89	2.10	2.38	2.71	2.96	3.05	2.42	0.45	2.38	1.72	6.09	1.42	0.19	2.38	2.72	正态分布	2.42	2.31	2.00
Bi	551	0.16	0.18	0.21	0.27	0.40	0.51	0.54	0.31	0.13	0.29	2.21	0.73	0.07	0.42	0.27	0.45	其他分布	0.45	0.24	0.27
Br	567	1.90	2.10	2.60	3.60	5.41	7.40	9.15	4.42	3.08	3.80	2.51	30.58	0.60	0.70	3.60	2.20	对数正态分布	3.80	1.50	1.80
Cd	567	0.04	0.05	0.07	0.11	0.15	0.19	0.23	0.12	0.07	0.10	3.94	0.68	0.02	0.57	0.11	0.06	对数正态分布	0.10	0.11	0.11
Ce	535	66.5	71.2	76.8	84.4	92.4	102	108	85.2	12.24	84.3	2.97	119	55.9	0.14	84.4	82.5	剔除后正态分布	85.2	84.1	62.0
Cl	493	35.52	39.62	48.35	62.1	82.5	111	131	69.0	28.50	63.9	11.85	172	25.30	0.41	62.1	80.1	剔除后对数分布	63.9	39.00	72.0
Co	567	4.90	5.53	6.80	8.70	12.96	17.80	19.07	10.39	4.85	9.41	4.07	34.36	2.80	0.47	8.70	11.90	剔除后对数正态分布	9.41	11.90	11.0
Cr	547	17.10	18.54	23.58	31.41	52.3	88.3	98.4	41.37	25.19	35.21	8.87	105	5.47	0.61	31.41	17.61	其他分布	17.61	71.0	50.00
Cu	548	8.23	9.40	11.23	13.30	20.09	28.82	31.16	16.25	7.28	14.86	5.17	35.97	5.10	0.45	13.30	11.90	其他分布	11.90	11.20	19.00
F	563	335	362	410	481	600	730	802	515	141	497	36.78	869	232	0.27	481	825	偏峰分布	825	431	456
Ga	567	14.54	15.52	17.20	19.20	21.09	23.00	24.61	19.33	3.21	19.07	5.57	38.18	11.46	0.17	19.20	18.70	正态分布	19.33	18.92	15.00
Ge	567	1.32	1.35	1.43	1.52	1.65	1.81	1.87	1.56	0.19	1.55	1.31	3.08	1.12	0.12	1.52	1.40	对数正态分布	1.55	1.50	1.30
Hg	536	0.026	0.032	0.039	0.048	0.059	0.069	0.076	0.049	0.015	0.047	6.060	0.092	0.011	0.297	0.048	0.046	剔除后对数分布	0.048	0.048	0.018
I	567	2.16	2.70	3.62	5.00	7.33	9.38	10.72	5.66	2.81	5.04	2.80	22.60	1.16	0.50	5.00	4.88	对数正态分布	5.04	3.86	1.00
La	542	28.86	32.05	36.80	41.00	45.01	50.3	52.4	41.06	6.78	40.49	8.61	58.6	23.75	0.17	41.00	41.00	剔除后正态分布	41.06	41.00	32.00
Li	567	21.56	23.67	27.95	35.08	46.64	61.2	65.2	38.44	13.45	36.24	8.34	74.0	12.67	0.35	35.08	55.5	对数正态分布	36.24	37.51	29.00
Mn	567	444	531	685	884	1084	1301	1471	905	308	853	50.5	2420	248	0.34	884	982	正态分布	905	713	562
Mo	521	0.46	0.54	0.64	0.80	1.00	1.38	1.60	0.87	0.33	0.82	1.45	1.87	0.35	0.38	0.80	0.72	对数正态分布	0.82	0.62	0.70
N	567	0.27	0.31	0.40	0.53	0.70	0.85	0.95	0.56	0.23	0.52	1.68	2.17	0.19	0.41	0.53	0.64	对数正态分布	0.52	0.49	0.399
Nb	552	17.00	17.60	18.85	21.30	24.01	27.27	28.85	21.81	3.74	21.50	5.82	32.10	12.40	0.17	21.30	18.30	剔除后对数正态分布	21.50	19.60	12.00
Ni	514	6.20	6.93	8.50	11.57	16.73	30.32	37.02	14.74	9.10	12.67	4.95	41.94	4.45	0.62	11.57	15.20	剔除后对数正态分布	12.67	11.00	22.00
P	567	0.14	0.16	0.23	0.31	0.46	0.59	0.64	0.36	0.19	0.32	2.21	1.56	0.09	0.52	0.31	0.21	对数正态分布	0.32	0.24	0.488
Pb	522	23.62	24.93	28.00	31.00	35.00	40.00	43.42	31.87	5.85	31.35	7.43	48.76	18.00	0.18	31.00	31.00	剔除后对数分布	31.35	30.00	21.00

续表 3-10

元素/指标	N	$X_{5\%}$	$X_{10\%}$	$X_{25\%}$	$X_{50\%}$	$X_{75\%}$	$X_{90\%}$	$X_{95\%}$	$\overline{X}$	S	$\overline{X}_g$	S_g	X_{max}	X_{min}	CV	X_{me}	X_{mo}	分布类型	台州市基准值	浙江省基准值	中国基准值
Rb	546	105	113	125	136	149	158	162	136	17.53	135	17.14	187	86.9	0.13	136	136	剔除后正态分布	136	128	96.0
S	567	56.3	64.9	82.0	116	162	217	314	138	96.8	119	16.49	1077	29.82	0.70	116	68.5	对数正态分布	119	114	166
Sb	567	0.38	0.42	0.47	0.54	0.64	0.77	0.90	0.58	0.20	0.56	1.54	2.98	0.24	0.34	0.54	0.53	对数正态分布	0.56	0.53	0.67
Sc	567	7.83	8.62	9.60	10.87	12.76	15.54	16.47	11.41	2.65	11.11	4.10	23.40	5.60	0.23	10.87	14.80	对数正态分布	11.11	9.70	9.00
Se	567	0.11	0.13	0.16	0.21	0.31	0.42	0.47	0.25	0.12	0.22	2.74	0.89	0.07	0.49	0.21	0.16	对数正态分布	0.22	0.21	0.13
Sn	539	2.23	2.40	2.71	3.10	3.48	3.86	4.06	3.10	0.57	3.05	1.94	4.64	1.70	0.18	3.10	3.30	剔除后正态分布	3.10	2.60	3.00
Sr	556	34.85	40.13	53.1	82.8	111	132	141	84.9	36.12	77.1	1.94	201	22.13	0.43	82.8	78.8	其他分布	78.8	112	197
Th	530	10.33	11.32	12.89	14.40	15.70	17.04	18.08	14.31	2.31	14.12	13.49	20.19	8.18	0.16	14.40	15.20	剔除后正态分布	14.31	14.50	10.00
Ti	549	3222	3452	3887	4505	5150	5573	6008	4538	884	4452	129	7132	2102	0.19	4505	4298	剔除后正态分布	4538	4602	3406
Tl	567	0.70	0.77	0.84	0.95	1.09	1.29	1.46	1.00	0.26	0.97	1.25	2.97	0.42	0.26	0.95	0.85	对数正态分布	0.97	0.82	0.60
U	567	2.30	2.47	2.70	3.06	3.42	3.90	4.27	3.14	0.64	3.08	1.97	6.90	1.42	0.20	3.06	3.00	对数正态分布	3.08	3.14	2.40
V	561	41.13	44.34	50.9	64.2	89.4	119	124	72.4	26.85	67.8	12.09	148	23.72	0.37	64.2	104	其他分布	104	110	67.0
W	543	1.40	1.49	1.65	1.87	2.05	2.25	2.39	1.87	0.30	1.84	1.48	2.69	1.03	0.16	1.87	1.84	剔除后正态分布	1.87	1.93	1.50
Y	567	19.87	21.36	23.20	26.01	29.13	30.90	32.44	26.22	4.04	25.91	6.61	43.50	17.10	0.15	26.01	25.30	正态分布	26.22	26.13	23.00
Zn	567	57.1	61.2	70.3	83.4	97.4	111	123	86.0	23.07	83.3	13.02	214	40.29	0.27	83.4	86.2	对数正态分布	83.3	77.4	60.0
Zr	567	186	193	244	295	335	375	407	293	70.9	285	25.77	629	172	0.24	295	299	正态分布	293	287	215
SiO₂	566	58.8	60.7	65.2	69.4	72.7	75.1	76.2	68.6	5.35	68.4	11.44	78.6	55.1	0.08	69.4	69.3	偏峰分布	69.3	70.5	67.9
Al₂O₃	567	12.59	13.35	14.48	15.77	16.89	18.55	19.44	15.83	2.10	15.69	4.88	24.22	10.64	0.13	15.77	14.79	对数正态分布	15.69	14.82	11.90
TFe₂O₃	567	2.84	3.04	3.44	4.28	5.52	6.53	7.00	4.59	1.46	4.38	2.49	11.40	1.78	0.32	4.28	4.11	对数正态分布	4.38	4.70	4.10
MgO	498	0.40	0.45	0.54	0.65	0.90	1.27	1.49	0.76	0.33	0.70	1.54	1.87	0.27	0.43	0.65	0.45	其他分布	0.45	0.67	1.36
CaO	567	0.09	0.11	0.18	0.31	0.60	1.25	2.18	0.56	0.69	0.35	2.82	5.52	0.04	1.23	0.31	0.49	对数正态分布	0.35	0.22	2.57
Na₂O	564	0.20	0.27	0.40	0.71	1.03	1.19	1.30	0.73	0.36	0.63	1.87	1.75	0.10	0.49	0.71	1.03	其他分布	1.03	0.16	1.81
K₂O	554	2.14	2.29	2.59	2.93	3.15	3.36	3.52	2.87	0.42	2.84	1.89	3.96	1.76	0.15	2.93	2.99	偏峰分布	2.99	2.99	2.36
TC	567	0.24	0.28	0.39	0.55	0.77	1.03	1.18	0.61	0.29	0.54	1.77	1.81	0.15	0.48	0.55	0.71	对数正态分布	0.54	0.43	0.90
Corg	567	0.19	0.22	0.32	0.44	0.56	0.71	0.84	0.46	0.21	0.42	1.92	1.63	0.10	0.46	0.44	0.50	对数正态分布	0.42	0.42	0.30
pH	548	4.88	4.98	5.15	5.51	6.31	7.90	8.23	5.36	5.35	5.93	2.87	8.49	4.65	1.00	5.51	5.14	其他分布	5.14	5.12	8.10

注：原始样本数为 567 件。

表 3-11 舟山市土壤地球化学基准值参数统计表

元素/指标	N	$X_{5\%}$	$X_{10\%}$	$X_{25\%}$	$X_{50\%}$	$X_{75\%}$	$X_{90\%}$	$X_{95\%}$	$\bar{X}$	S	$\bar{X}_g$	S_g	X_{max}	X_{min}	CV	X_{me}	X_{mo}	分布类型	舟山市基准值	浙江省基准值	中国基准值
Ag	85	53.7	56.7	59.9	66.0	73.6	84.6	87.7	67.8	10.84	67.0	11.38	98.1	41.57	0.16	66.0	68.0	剔除后正态分布	67.8	70.0	70.0
As	91	4.40	5.23	7.32	8.90	10.66	11.86	12.22	8.78	2.39	8.41	3.52	13.90	3.37	0.27	8.90	8.14	正态分布	8.78	6.83	9.00
Au	91	0.71	0.75	0.97	1.32	2.20	3.77	6.42	2.22	2.80	1.57	2.16	18.11	0.35	1.26	1.32	1.68	对数正态分布	1.57	1.10	1.10
B	91	29.51	37.00	48.48	60.5	76.3	81.4	83.0	60.4	18.11	56.9	10.58	86.7	11.73	0.30	60.5	60.5	正态分布	60.4	73.0	41.00
Ba	90	437	449	467	515	626	730	799	555	115	545	38.01	872	391	0.21	515	473	偏峰分布	473	482	522
Be	91	2.07	2.17	2.32	2.56	2.68	2.82	2.96	2.55	0.49	2.51	1.73	6.36	1.85	0.19	2.56	2.57	对数正态分布	2.51	2.31	2.00
Bi	91	0.24	0.26	0.31	0.38	0.42	0.49	0.59	0.38	0.10	0.37	1.89	0.77	0.20	0.27	0.38	0.38	正态分布	0.38	0.24	0.27
Br	91	2.08	2.50	3.17	4.41	5.95	8.20	10.20	5.28	3.55	4.54	2.76	21.30	1.50	0.67	4.41	4.31	对数正态分布	4.54	1.50	1.80
Cd	91	0.07	0.08	0.09	0.10	0.13	0.14	0.16	0.11	0.03	0.10	3.84	0.20	0.05	0.28	0.10	0.11	正态分布	0.11	0.11	0.11
Ce	91	76.5	78.0	81.0	87.8	92.0	97.0	100.0	87.7	10.08	87.2	13.20	123	46.47	0.11	87.8	87.8	正态分布	87.7	84.1	62.0
Cl	91	52.1	56.0	83.7	180	397	1111	1378	419	665	206	26.06	3673	49.90	1.59	180	51.3	对数正态分布	206	39.00	72.0
Co	91	7.57	9.61	11.90	14.62	16.64	18.41	20.15	14.42	4.20	13.74	4.66	28.77	4.49	0.29	14.62	14.36	正态分布	14.42	11.90	11.0
Cr	91	28.00	33.60	46.20	64.8	81.2	85.6	87.3	61.7	21.17	57.3	10.55	107	11.20	0.34	64.8	50.4	正态分布	61.7	71.0	50.0
Cu	91	12.79	13.44	16.53	22.25	26.03	29.99	31.42	21.77	6.42	20.78	5.86	38.95	9.27	0.30	22.25	22.08	正态分布	21.77	11.20	19.00
F	90	286	351	437	589	683	738	754	559	151	536	37.88	826	230	0.27	589	554	剔除后正态分布	559	431	456
Ga	91	17.00	17.50	18.80	19.90	20.95	21.90	23.35	19.80	1.92	19.71	5.55	25.40	14.00	0.10	19.90	20.20	正态分布	19.80	18.92	15.00
Ge	91	1.33	1.35	1.42	1.51	1.58	1.64	1.68	1.51	0.15	1.50	1.28	2.44	1.12	0.10	1.51	1.51	正态分布	1.51	1.50	1.30
Hg	91	0.024	0.027	0.033	0.039	0.047	0.058	0.072	0.042	0.017	0.040	6.721	0.113	0.008	0.394	0.039	0.047	对数正态分布	0.040	0.048	0.018
I	91	3.15	3.74	5.00	7.54	9.56	11.31	14.08	7.67	3.69	6.90	3.32	25.01	2.46	0.48	7.54	8.13	对数正态分布	7.67	3.86	1.00
La	91	40.32	41.25	42.39	45.07	48.07	52.2	56.9	46.01	5.75	45.67	9.10	65.8	26.69	0.12	45.07	46.02	正态分布	46.01	41.00	32.00
Li	91	21.13	26.00	31.88	41.53	57.1	60.4	62.9	43.64	13.90	41.24	8.70	68.2	18.35	0.32	41.53	39.57	正态分布	43.64	37.51	29.00
Mn	91	532	599	724	862	978	1134	1336	874	267	835	48.37	2106	205	0.31	862	878	正态分布	874	713	562
Mo	91	0.62	0.63	0.76	0.90	1.15	1.59	1.92	1.43	3.89	0.99	1.70	37.78	0.51	2.72	0.90	1.43	对数正态分布	0.99	0.62	0.70
N	91	0.39	0.42	0.48	0.54	0.62	0.72	0.82	0.56	0.13	0.55	1.52	0.89	0.31	0.22	0.54	0.56	正态分布	0.56	0.49	0.399
Nb	91	17.53	17.77	18.56	19.46	21.57	23.88	25.90	20.31	2.68	20.14	5.67	29.14	13.91	0.13	19.46	20.12	对数正态分布	20.14	19.60	12.00
Ni	91	11.58	15.48	20.50	29.65	38.88	43.52	45.94	30.01	12.66	27.42	7.00	94.2	7.27	0.42	29.65	29.65	对数正态分布	30.01	11.00	22.00
P	91	0.25	0.29	0.33	0.46	0.59	0.62	0.64	0.47	0.15	0.44	1.80	0.99	0.21	0.32	0.46	0.28	正态分布	0.47	0.24	0.488
Pb	91	24.38	24.99	26.75	29.32	32.54	38.06	45.32	30.80	6.51	30.22	7.15	54.8	18.99	0.21	29.32	30.80	对数正态分布	30.22	30.00	21.00

续表 3-11

元素/指标	N	$X_{5\%}$	$X_{10\%}$	$X_{25\%}$	$X_{50\%}$	$X_{75\%}$	$X_{90\%}$	$X_{95\%}$	$\overline{X}$	S	$\overline{X}_g$	S_g	X_{max}	X_{min}	CV	X_{me}	X_{mo}	分布类型	舟山市基准值	浙江省基准值	中国基准值
Rb	91	114	123	130	138	145	154	161	137	13.47	137	17.02	168	96.1	0.10	138	139	正态分布	137	128	96.0
S	87	105	114	131	181	319	442	524	237	142	204	22.09	655	89.0	0.60	181	242	其他分布	242	114	166
Sb	91	0.40	0.45	0.51	0.60	0.68	0.74	0.79	0.60	0.13	0.58	1.47	1.04	0.31	0.22	0.60	0.62	正态分布	0.60	0.53	0.67
Sc	91	7.79	8.23	9.74	12.20	14.34	15.70	16.58	12.06	2.99	11.66	4.19	19.49	4.56	0.25	12.20	12.01	对数正态分布	12.06	9.70	9.00
Se	91	0.11	0.13	0.15	0.19	0.31	0.40	0.45	0.24	0.16	0.21	2.80	1.36	0.09	0.66	0.19	0.22	正态分布	0.21	0.21	0.13
Sn	91	2.79	3.04	3.33	3.61	3.92	4.18	4.38	3.62	0.53	3.58	2.12	5.86	2.24	0.15	3.61	3.62	正态分布	3.62	2.60	3.00
Sr	91	68.9	75.1	90.1	114	132	147	152	114	29.73	109	15.00	200	40.10	0.26	114	106	正态分布	114	112	197
Th	91	13.00	13.61	14.33	15.31	16.91	18.45	19.21	15.66	2.12	15.52	4.94	22.34	9.69	0.14	15.31	15.60	偏峰分布	15.66	14.50	10.00
Ti	88	3480	3557	4085	4762	4999	5112	5226	4548	615	4505	126	5884	2999	0.14	4762	4560	正态分布	4560	4602	3406
Tl	91	0.69	0.71	0.74	0.80	0.88	0.99	1.12	0.83	0.13	0.82	1.20	1.25	0.62	0.15	0.80	0.83	正态分布	0.83	0.82	0.60
U	91	2.28	2.39	2.55	2.86	3.34	3.64	3.79	2.96	0.55	2.91	1.92	5.28	2.13	0.19	2.86	2.96	正态分布	2.96	3.14	2.40
V	91	49.25	59.2	72.3	93.4	107	115	118	88.4	23.28	85.1	13.02	142	38.20	0.26	93.4	79.8	对数正态分布	88.4	110	67.0
W	91	1.41	1.56	1.74	1.84	1.97	2.20	2.36	1.88	0.33	1.86	1.48	3.25	1.18	0.18	1.84	1.87	正态分布	1.88	1.93	1.50
Y	91	21.00	22.34	25.94	28.21	30.18	31.30	32.05	27.70	3.54	27.45	6.80	35.71	14.05	0.13	28.21	27.71	正态分布	27.70	26.13	23.00
Zn	91	61.8	63.7	74.1	90.0	101	110	117	88.4	18.56	86.3	12.89	145	40.18	0.21	90.0	87.6	正态分布	88.4	77.4	60.0
Zr	91	198	212	229	260	318	358	373	276	59.2	270	25.28	482	181	0.21	260	281	正态分布	276	287	215
SiO₂	91	59.4	59.8	62.8	65.9	69.8	72.5	74.3	66.3	4.77	66.1	11.24	80.1	57.2	0.07	65.9	66.2	正态分布	66.3	70.5	67.9
Al₂O₃	91	12.60	13.47	14.35	15.02	15.80	16.46	17.13	15.04	1.34	14.98	4.73	19.53	11.58	0.09	15.02	15.04	正态分布	15.04	14.82	11.90
TFe₂O₃	91	3.27	3.57	4.17	4.99	5.79	6.08	6.32	4.97	1.09	4.84	2.53	8.59	2.18	0.22	4.99	4.62	正态分布	4.97	4.70	4.10
MgO	91	0.44	0.58	0.84	1.60	2.45	2.59	2.67	1.62	0.85	1.38	1.87	4.88	0.41	0.53	1.60	2.14	正态分布	1.62	0.67	1.36
CaO	91	0.24	0.34	0.50	1.35	2.15	3.06	3.44	1.45	1.04	1.06	2.34	3.91	0.20	0.71	1.35	0.23	正态分布	1.45	0.22	2.57
Na₂O	91	0.72	0.80	1.00	1.25	1.36	1.53	1.63	1.21	0.32	1.17	1.34	2.69	0.43	0.26	1.25	1.20	正态分布	1.21	0.16	1.81
K₂O	91	2.37	2.49	2.76	2.86	3.01	3.26	3.37	2.89	0.32	2.88	1.86	4.16	2.19	0.11	2.86	2.86	正态分布	2.89	2.99	2.36
TC	91	0.25	0.29	0.36	0.55	0.79	1.11	1.20	0.62	0.31	0.55	1.85	1.45	0.21	0.49	0.55	0.24	正态分布	0.62	0.43	0.90
Corg	91	0.24	0.27	0.31	0.36	0.47	0.60	0.64	0.39	0.12	0.38	1.91	0.73	0.17	0.31	0.36	0.40	正态分布	0.39	0.42	0.30
pH	91	5.38	5.56	6.14	8.10	8.39	8.50	8.62	6.11	5.81	7.44	3.19	8.72	5.15	0.95	8.10	8.44	其他分布	8.44	5.12	8.10

注：原始样本数为 91 件。

1.4倍；I、Cl、Br、Hg、Nb、Se、Th、Mn、Li、Zn、B、S、Pb、La、Au、Rb、Ce、Mo、Bi、N基准值明显高于中国基准值，均为中国基准值的1.4倍以上，其中Br、Cl、Hg、I基准值为中国基准值的2.0倍以上，I基准值为中国基准值的7.67倍；其他元素/指标基准值与中国基准值基本接近。

第二节　主要土壤母质类型地球化学基准值

一、松散岩类沉积物土壤母质地球化学基准值

浙江省松散岩类沉积物区土壤母质地球化学基准值数据经正态分布检验，结果表明，原始数据中仅Be、Co、Tl符合正态分布，As、Ce、I、La、N、U符合对数正态分布，Pb、Th、Ti、Na_2O剔除异常值后符合正态分布，Ag、Cd、Cl、Hg、Mn、S、Sb、Corg剔除异常值后符合对数正态分布，其他元素/指标不符合正态分布或对数正态分布(表3-12)。

浙江省松散岩类沉积物区深层土壤总体呈碱性，土壤pH基准值为7.92，极大值为9.35，极小值为4.29，明显高于浙江省基准值。

在深层土壤各元素/指标中，绝大多数元素/指标变异系数小于0.40，分布相对均匀；仅pH、CaO、S、I、As、Se、Br、Cl、Mo、N共10项元素/指标变异系数大于0.40，其中pH变异系数大于0.80，空间变异性较大。

与浙江省土壤基准值相比，松散岩类沉积物区土壤基准值中Se、Bi、I、Zr、Mo基准值略低于浙江省基准值，为浙江省基准值的60%~80%；Sn、Sc、F、Au、Co基准值略高于浙江省基准值，与浙江省基准值比值在1.2~1.4之间；Na_2O、Ni、CaO、MgO、P、Cl、Cu、TC基准值明显高于浙江省基准值，与浙江省基准值比值在1.4以上，其中Na_2O、Ni、CaO、MgO、P明显相对富集，基准值在浙江省基准值的2.0倍以上，Na_2O基准值为1.22%，是浙江省基准值的7.63倍；其他元素/指标基准值则与浙江省基准值基本接近。

二、古土壤风化物土壤母质地球化学基准值

浙江省古土壤风化物区土壤母质地球化学基准值数据经正态分布检验，结果表明，原始数据中B、Ba、Be、Br、Cd、Ce、Cr、Cu、F、Ga、I、La、Li、Mn、Mo、N、Nb、Ni、P、Pb、Rb、S、Sc、Th、Ti、Tl、U、V、Y、Zn、Zr、SiO_2、Al_2O_3、TFe_2O_3、Na_2O、K_2O、TC、Corg、pH符合正态分布，Ag、As、Au、Bi、Cl、Co、Ge、Hg、Sb、Se、Sn、Sr、W、MgO、CaO符合对数正态分布(表3-13)。

浙江省古土壤风化物区深层土壤总体呈酸性，土壤pH基准值为5.40，极大值为8.11，极小值为4.69，与浙江省基准值接近。

在深层土壤各元素/指标中，绝大多数元素/指标变异系数小于0.40，分布相对均匀；pH、Sn、Na_2O、CaO、Sb、As、Hg、Au、S、Ag、Sr、I、Mo、Se、Cd、P共16项元素/指标变异系数大于0.40，其中pH、Sn变异系数大于0.80，空间变异性较大。

与浙江省土壤基准值相比，古土壤风化物区土壤基准值中Sr基准值明显低于浙江省基准值，仅为浙江省基准值的50%；Ag、Cr、Zn、B、K_2O、V基准值略低于浙江省基准值，为浙江省基准值的60%~80%；Au、As、Bi、CaO、Sn基准值略高于浙江省基准值，与浙江省基准值比值在1.2~1.4之间；Na_2O、Mo、Ni、Cu、Sb、Br基准值明显高于浙江省基准值，与浙江省基准值比值在1.4以上，其中Na_2O明显相对富集，基准值为浙江省基准值的3.31倍；其他元素/指标基准值则与浙江省基准值基本接近。

第三章 土壤地球化学基准值

表3-12 松散岩类沉积物土壤母质地球化学基准值参数统计表

元素/指标	N	$X_{5\%}$	$X_{10\%}$	$X_{25\%}$	$X_{50\%}$	$X_{75\%}$	$X_{90\%}$	$X_{95\%}$	$\overline{X}$	S	$\overline{X}_g$	S_g	X_{max}	X_{min}	CV	X_{me}	X_{mo}	分布类型	松散岩类沉积物基准值	浙江省基准值
Ag	1109	45.88	52.0	63.0	73.0	84.0	97.5	108	74.1	17.27	72.0	11.92	121	32.00	0.23	73.0	73.0	剔除后对数分布	72.0	70.0
As	1186	3.61	4.13	5.43	7.13	9.67	12.00	13.60	7.85	3.83	7.17	3.32	65.1	1.20	0.49	7.13	5.60	对数正态分布	7.17	6.83
Au	1092	0.87	1.00	1.20	1.48	1.80	2.21	2.40	1.54	0.47	1.47	1.47	2.92	0.47	0.30	1.48	1.40	其他分布	1.40	1.10
B	1182	24.00	30.00	50.00	68.0	75.0	80.0	84.0	61.8	18.53	58.0	11.09	97.5	14.90	0.30	68.0	72.0	其他分布	72.0	73.0
Ba	1073	402	419	450	482	526	581	615	491	64.1	487	35.58	677	318	0.13	482	472	偏峰分布	472	482
Be	1186	1.72	1.85	2.13	2.48	2.79	3.06	3.22	2.48	0.48	2.43	1.72	6.42	1.06	0.19	2.48	2.64	正态分布	2.48	2.31
Bi	1178	0.18	0.21	0.28	0.37	0.46	0.53	0.56	0.37	0.12	0.35	2.02	0.70	0.05	0.32	0.37	0.17	其他分布	0.17	0.24
Br	1107	1.42	1.50	1.65	2.30	3.20	4.30	5.10	2.60	1.15	2.38	1.90	6.16	0.60	0.44	2.30	1.50	其他分布	1.50	1.50
Cd	1137	0.07	0.08	0.10	0.11	0.14	0.16	0.17	0.12	0.03	0.11	3.62	0.20	0.04	0.25	0.11	0.11	剔除后对数分布	0.11	0.11
Ce	1036	60.0	63.0	70.0	78.0	85.6	93.2	98.8	78.5	12.78	77.5	12.33	160	38.97	0.16	78.0	72.0	对数正态分布	77.5	84.1
Cl	1186	35.00	41.00	55.00	75.0	95.0	123	144	79.2	33.03	72.7	12.47	192	20.00	0.42	75.0	87.0	其他分布	72.7	39.00
Co	1186	6.72	8.31	11.20	14.50	17.50	19.65	20.90	14.32	4.52	13.53	4.73	48.42	2.90	0.32	14.50	17.60	正态分布	14.32	11.90
Cr	1186	29.52	38.52	56.1	78.0	98.0	111	118	76.8	27.22	70.8	12.28	154	8.40	0.35	78.0	76.0	其他分布	76.0	71.0
Cu	1171	10.92	12.25	16.70	23.32	29.83	35.10	38.09	23.61	8.53	21.94	6.21	48.50	5.27	0.36	23.32	18.10	其他分布	18.10	11.20
F	1181	359	405	476	581	688	762	804	579	140	561	39.03	912	165	0.24	581	557	偏峰分布	557	431
Ga	1182	12.50	13.84	15.91	18.20	20.60	22.10	22.95	18.13	3.16	17.84	5.30	26.95	9.60	0.17	18.20	20.70	偏峰分布	20.70	18.92
Ge	1177	1.23	1.27	1.39	1.50	1.59	1.67	1.71	1.49	0.14	1.48	1.28	1.86	1.13	0.10	1.50	1.53	偏峰分布	1.53	1.50
Hg	1068	0.028	0.032	0.039	0.047	0.059	0.076	0.085	0.051	0.017	0.048	5.972	0.106	0.018	0.340	0.047	0.048	剔除后对数正态分布	0.048	0.048
I	1186	0.97	1.21	1.71	2.69	4.50	6.55	7.73	3.38	2.32	2.73	2.36	18.09	0.22	0.69	2.69	1.32	对数分布	2.73	3.86
La	1186	32.70	34.42	37.55	41.00	44.88	48.79	51.3	41.54	6.18	41.10	8.58	81.6	23.51	0.15	41.00	41.00	对数正态分布	41.10	41.00
Li	1186	25.80	29.15	36.17	45.40	56.0	63.7	66.5	45.96	12.60	44.13	9.03	74.3	15.17	0.27	45.40	40.50	其他分布	40.50	37.51
Mn	1164	386	425	528	714	950	1241	1349	766	303	709	44.94	1633	156	0.40	714	645	剔除后对数分布	709	713
Mo	1122	0.33	0.35	0.41	0.54	0.75	1.00	1.15	0.61	0.25	0.56	1.69	1.36	0.23	0.41	0.54	0.38	其他分布	0.38	0.62
N	1186	0.34	0.38	0.46	0.57	0.73	0.93	1.06	0.62	0.25	0.58	1.61	2.44	0.19	0.41	0.57	0.55	对数正态分布	0.58	0.49
Nb	1127	12.91	14.07	16.29	18.10	19.70	21.86	23.30	17.99	2.93	17.75	5.26	25.40	10.70	0.16	18.10	17.40	其他分布	17.40	19.60
Ni	1182	10.60	13.91	23.00	33.35	41.38	45.90	48.00	31.87	11.71	29.05	7.53	64.3	4.23	0.37	33.35	40.20	其他分布	40.20	11.00
P	1176	0.20	0.24	0.36	0.52	0.62	0.69	0.73	0.50	0.17	0.46	1.81	0.99	0.08	0.35	0.52	0.64	其他分布	0.64	0.24
Pb	1154	17.30	19.40	23.10	27.40	32.00	36.00	39.00	27.72	6.47	26.95	6.70	46.10	12.70	0.23	27.40	33.00	剔除后正态分布	27.72	30.00

续表 3-12

元素/指标	N	$X_{5\%}$	$X_{10\%}$	$X_{25\%}$	$X_{50\%}$	$X_{75\%}$	$X_{90\%}$	$X_{95\%}$	$\bar{X}$	S	$\bar{X}_g$	S_g	X_{max}	X_{min}	CV	X_{me}	X_{mo}	分布类型	松散岩类沉积物基准值	浙江省基准值
Rb	1184	79.8	91.8	109	128	146	159	164	126	25.37	124	16.11	196	56.0	0.20	128	125	偏峰分布	125	128
S	1051	50.1	57.0	76.0	113	195	328	412	155	114	125	17.17	557	41.00	0.74	113	50.00	剔除后对数分布	125	114
Sb	1122	0.32	0.36	0.42	0.50	0.60	0.73	0.79	0.52	0.14	0.50	1.64	0.94	0.15	0.27	0.50	0.40	剔除后对数分布	0.50	0.53
Sc	1185	7.74	8.59	10.07	12.20	14.40	16.00	16.70	12.21	2.82	11.87	4.26	20.60	4.60	0.23	12.20	13.00	其他分布	13.00	9.70
Se	1145	0.06	0.08	0.12	0.15	0.21	0.27	0.32	0.17	0.07	0.15	3.44	0.37	0.02	0.45	0.15	0.16	偏峰分布	0.16	0.21
Sn	1070	2.30	2.60	3.10	3.51	3.99	4.60	4.96	3.56	0.76	3.48	2.13	5.80	1.60	0.21	3.51	3.50	其他分布	3.50	2.60
Sr	1159	51.0	63.2	92.7	111	128	146	157	108	29.95	104	15.10	175	35.60	0.28	111	112	其他分布	112	112
Th	1157	10.49	11.21	12.70	14.40	15.80	17.20	18.20	14.29	2.32	14.10	4.62	20.51	8.20	0.16	14.40	14.50	剔除后正态分布	14.29	14.50
Ti	1155	3698	3954	4304	4690	5096	5354	5522	4677	566	4641	131	6275	3077	0.12	4690	4535	剔除后正态分布	4677	4602
Tl	1186	0.46	0.52	0.63	0.76	0.88	0.98	1.07	0.76	0.18	0.74	1.37	1.55	0.29	0.24	0.76	0.81	正态分布	0.76	0.82
U	1186	1.88	1.99	2.23	2.60	3.12	3.75	4.06	2.76	0.74	2.68	1.83	8.89	1.45	0.27	2.60	3.00	对数正态分布	2.68	3.14
V	1184	50.4	63.1	77.7	98.0	114	124	130	95.2	24.27	91.7	13.86	167	24.40	0.25	98.0	107	其他分布	107	110
W	1139	1.28	1.41	1.65	1.85	2.04	2.23	2.34	1.84	0.31	1.81	1.46	2.67	1.03	0.17	1.85	1.84	偏峰分布	1.84	1.93
Y	1175	21.01	22.39	24.62	27.22	29.76	31.51	33.00	27.15	3.62	26.90	6.70	37.00	17.00	0.13	27.22	26.00	其他分布	26.00	26.13
Zn	1183	51.0	55.5	68.0	83.0	99.0	108	112	82.7	19.62	80.3	12.74	142	26.00	0.24	83.0	78.0	其他分布	78.0	77.4
Zr	1171	186	192	212	249	293	334	359	257	54.4	252	24.51	419	171	0.21	249	186	偏峰分布	186	287
SiO₂	1185	59.4	60.5	62.6	66.2	70.0	73.5	75.5	66.6	4.97	66.4	11.27	80.5	53.3	0.07	66.2	65.6	其他分布	65.6	70.5
Al₂O₃	1181	10.85	11.84	13.09	14.69	15.88	16.71	17.15	14.46	1.90	14.33	4.66	19.97	9.65	0.13	14.69	15.43	偏峰分布	15.43	14.82
TFe₂O₃	1184	3.25	3.47	4.20	5.12	6.02	6.64	6.92	5.12	1.17	4.98	2.60	8.74	2.07	0.23	5.12	4.61	剔除后正态分布	4.61	4.70
MgO	1186	0.50	0.61	1.04	1.70	2.02	2.24	2.36	1.55	0.60	1.40	1.72	2.75	0.25	0.39	1.70	1.84	其他分布	1.84	0.67
CaO	1165	0.25	0.32	0.56	0.93	1.83	2.81	3.41	1.28	0.97	0.95	2.24	3.97	0.07	0.76	0.93	1.52	其他分布	0.71	0.22
Na₂O	1183	0.38	0.59	0.96	1.25	1.54	1.77	1.85	1.22	0.43	1.10	1.68	2.18	0.09	0.36	1.25	1.25	偏峰分布	1.22	0.16
K₂O	1182	1.89	2.01	2.31	2.67	3.00	3.18	3.27	2.64	0.45	2.59	1.78	4.00	1.26	0.17	2.67	2.89	其他分布	2.89	2.99
TC	1164	0.34	0.40	0.52	0.75	0.98	1.17	1.24	0.77	0.30	0.71	1.59	1.69	0.16	0.39	0.75	0.68	剔除后正态分布	0.68	0.43
Corg	897	0.22	0.25	0.32	0.45	0.58	0.70	0.80	0.46	0.18	0.43	1.90	1.02	0.06	0.38	0.45	0.28	其他分布	0.43	0.42
pH	1180	5.22	5.63	6.67	7.66	8.26	8.50	8.60	5.98	5.42	7.36	3.21	9.35	4.29	0.91	7.66	7.92	其他分布	7.92	5.12

注：Corg 原始样本数为 956 件，其他元素、指标为 1186 件。

第三章 土壤地球化学基准值

表3-13 古土壤风化物土壤母质地球化学基准值参数统计表

元素/指标	N	$X_{5\%}$	$X_{10\%}$	$X_{25\%}$	$X_{50\%}$	$X_{75\%}$	$X_{90\%}$	$X_{95\%}$	$\bar{X}$	S	$\bar{X}_g$	S_g	X_{max}	X_{min}	CV	X_{me}	X_{mo}	分布类型	古土壤风化物基准值	浙江省基准值
Ag	80	27.95	32.00	45.00	54.0	68.5	83.2	105	60.1	28.90	54.9	10.23	175	20.00	0.48	54.0	47.00	对数正态分布	54.9	70.0
As	80	5.20	5.89	7.20	9.10	11.80	14.87	21.01	10.43	6.07	9.41	3.88	48.89	3.38	0.58	9.10	9.10	对数正态分布	9.41	6.83
Au	80	0.88	0.90	1.10	1.50	2.02	2.60	2.89	1.68	0.82	1.53	1.63	5.74	0.62	0.49	1.50	1.10	对数正态分布	1.53	1.10
B	80	29.18	30.95	40.00	52.0	63.2	70.3	77.0	52.6	15.70	50.2	9.83	99.0	23.00	0.30	52.0	61.0	正态分布	52.6	73.0
Ba	80	256	275	346	449	552	741	851	487	194	452	34.48	1121	203	0.40	449	498	正态分布	487	482
Be	80	1.59	1.65	1.83	2.00	2.29	2.54	2.62	2.05	0.35	2.02	1.54	2.85	1.03	0.17	2.00	1.86	正态分布	2.05	2.31
Bi	80	0.22	0.23	0.26	0.29	0.41	0.50	0.53	0.34	0.12	0.32	2.07	0.74	0.18	0.34	0.29	0.29	对数正态分布	0.32	0.24
Br	80	1.00	1.23	1.55	1.99	2.60	3.10	3.21	2.11	0.74	1.98	1.70	4.50	1.00	0.35	1.99	1.00	正态分布	2.11	1.50
Cd	80	0.05	0.06	0.08	0.10	0.13	0.14	0.15	0.11	0.04	0.10	4.07	0.29	0.03	0.41	0.10	0.07	正态分布	0.11	0.11
Ce	80	60.6	64.2	69.6	77.6	84.1	95.0	101	78.5	12.70	77.5	12.28	112	56.7	0.16	77.6	79.0	正态分布	78.5	84.1
Cl	80	26.95	30.90	36.60	44.50	56.6	71.3	78.0	48.58	18.80	45.68	9.23	141	24.00	0.39	44.50	45.00	对数正态分布	45.68	39.00
Co	80	6.49	6.80	8.22	9.79	11.66	14.63	17.85	10.60	4.15	10.01	3.97	33.80	4.72	0.39	9.79	9.90	对数正态分布	10.01	11.90
Cr	80	26.36	31.69	42.71	55.8	68.1	82.3	86.6	56.5	20.16	53.1	10.10	135	25.34	0.36	55.8	73.0	正态分布	56.5	71.0
Cu	80	10.96	12.69	14.84	16.60	20.44	23.61	25.97	17.47	4.38	16.94	5.14	27.73	9.85	0.25	16.60	17.30	正态分布	17.47	11.20
F	80	305	328	384	431	481	566	619	440	101	429	33.20	779	194	0.23	431	431	正态分布	440	431
Ga	80	13.61	14.17	15.04	16.40	17.59	19.21	19.64	16.43	2.43	16.25	4.98	26.18	8.00	0.15	16.40	15.70	正态分布	16.43	18.92
Ge	80	1.22	1.28	1.41	1.53	1.60	1.71	1.91	1.53	0.25	1.52	1.31	3.18	1.16	0.17	1.53	1.60	对数正态分布	1.52	1.50
Hg	80	0.023	0.025	0.032	0.045	0.059	0.081	0.105	0.051	0.029	0.045	6.273	0.194	0.016	0.573	0.045	0.042	对数正态分布	0.045	0.048
I	80	1.32	1.48	2.32	3.36	4.17	5.27	6.67	3.45	1.62	3.05	2.29	8.56	0.51	0.47	3.36	3.45	正态分布	3.45	3.86
La	80	31.60	32.69	36.98	40.60	44.65	47.86	51.3	41.17	6.74	40.66	8.49	66.3	28.52	0.16	40.60	41.00	正态分布	41.17	41.00
Li	80	28.28	29.08	34.04	38.16	42.29	47.48	49.94	38.79	7.37	38.12	8.14	66.2	23.70	0.19	38.16	38.12	正态分布	38.79	37.51
Mn	80	280	346	428	551	709	837	890	586	234	545	38.73	1617	226	0.40	551	634	正态分布	586	713
Mo	80	0.44	0.52	0.79	0.98	1.25	1.49	1.80	1.05	0.47	0.96	1.53	3.34	0.38	0.45	0.98	0.90	正态分布	1.05	0.62
N	80	0.28	0.34	0.39	0.43	0.54	0.60	0.63	0.46	0.12	0.44	1.68	0.89	0.23	0.25	0.43	0.43	正态分布	0.46	0.49
Nb	80	14.17	16.29	18.18	20.74	23.01	24.21	24.65	20.38	3.76	19.98	5.67	31.43	8.50	0.18	20.74	20.61	正态分布	20.38	19.60
Ni	80	10.25	10.66	12.85	16.15	20.73	27.12	32.51	17.76	6.75	16.63	5.22	37.30	7.73	0.38	16.15	13.00	正态分布	17.76	11.00
P	80	0.13	0.14	0.19	0.24	0.31	0.37	0.45	0.26	0.11	0.24	2.44	0.74	0.11	0.41	0.24	0.31	正态分布	0.26	0.24
Pb	80	23.59	24.00	25.88	27.59	31.35	35.90	41.38	29.43	5.79	28.94	6.87	51.5	20.92	0.20	27.59	31.00	正态分布	29.43	30.00

续表 3-13

元素/指标	N	$X_{5\%}$	$X_{10\%}$	$X_{25\%}$	$X_{50\%}$	$X_{75\%}$	$X_{90\%}$	$X_{95\%}$	$\bar{X}$	S	$\bar{X}_g$	S_g	X_{max}	X_{min}	CV	X_{me}	X_{mo}	分布类型	古土壤风化物基准值	浙江省基准值
Rb	80	85.0	87.7	96.6	111	123	135	145	111	21.32	109	14.82	188	45.30	0.19	111	111	正态分布	111	128
S	80	50.1	57.8	70.5	106	167	202	212	120	57.8	107	15.46	278	43.93	0.48	106	115	正态分布	120	114
Sb	80	0.46	0.52	0.57	0.72	0.92	1.15	1.41	0.83	0.51	0.75	1.56	3.38	0.38	0.61	0.72	0.52	对数正态分布	0.75	0.53
Sc	80	7.35	7.88	8.80	9.61	10.61	11.50	12.18	9.67	1.46	9.56	3.67	13.90	5.90	0.15	9.61	8.90	正态分布	9.67	9.70
Se	80	0.13	0.15	0.17	0.24	0.30	0.42	0.51	0.26	0.11	0.24	2.53	0.56	0.09	0.43	0.24	0.24	对数正态分布	0.24	0.21
Sn	80	2.39	2.47	2.80	3.17	4.20	5.02	5.81	3.90	3.85	3.42	2.27	36.42	0.76	0.99	3.17	3.30	对数正态分布	3.42	2.60
Sr	80	31.48	32.09	40.75	54.7	75.9	110	120	62.4	30.18	56.5	10.61	161	29.00	0.48	54.7	56.2	正态分布	56.5	112
Th	80	12.69	12.98	14.18	15.25	17.02	18.27	19.42	15.60	2.27	15.44	4.83	22.80	9.19	0.15	15.25	15.31	正态分布	15.60	14.50
Ti	80	3393	3762	4090	4483	4869	5309	5802	4482	680	4429	126	5977	2540	0.15	4483	4644	正态分布	4482	4602
Tl	80	0.54	0.58	0.67	0.76	0.83	0.91	0.99	0.75	0.14	0.74	1.31	1.10	0.39	0.19	0.76	0.75	正态分布	0.75	0.82
U	80	2.62	2.73	3.11	3.36	3.71	3.98	4.27	3.39	0.49	3.36	2.03	4.58	1.99	0.14	3.36	3.33	正态分布	3.39	3.14
V	80	51.0	54.4	64.3	74.9	88.0	102	107	77.1	17.40	75.2	12.17	121	49.01	0.23	74.9	73.2	正态分布	77.1	110
W	80	1.47	1.60	1.78	2.07	2.31	2.42	2.49	2.08	0.52	2.03	1.57	5.53	1.12	0.25	2.07	2.30	对数正态分布	2.03	1.93
Y	80	17.24	18.57	21.46	24.63	27.82	30.40	34.04	24.77	5.17	24.26	6.35	40.61	14.45	0.21	24.63	26.00	正态分布	24.77	26.13
Zn	80	42.14	46.19	52.7	58.0	63.3	75.9	78.2	58.9	11.29	57.9	10.28	98.2	33.00	0.19	58.0	59.5	正态分布	58.9	77.4
Zr	80	270	283	308	335	355	381	395	334	42.04	331	28.36	461	216	0.13	335	341	正态分布	334	287
SiO$_2$	80	67.8	69.6	71.3	73.9	75.8	77.3	78.3	73.6	3.28	73.5	11.89	80.9	63.9	0.04	73.9	73.6	正态分布	73.6	70.5
Al$_2$O$_3$	80	11.16	11.75	12.62	13.44	14.36	15.48	15.69	13.48	1.40	13.41	4.44	16.83	10.39	0.10	13.44	13.71	正态分布	13.48	14.82
TFe$_2$O$_3$	80	3.28	3.43	4.04	4.59	5.31	5.89	6.26	4.69	0.97	4.60	2.48	8.09	2.95	0.21	4.59	4.29	正态分布	4.69	4.70
MgO	80	0.43	0.46	0.51	0.60	0.71	0.90	1.01	0.65	0.21	0.63	1.48	1.46	0.32	0.32	0.60	0.66	正态分布	0.63	0.67
CaO	80	0.10	0.15	0.21	0.29	0.39	0.63	0.71	0.35	0.22	0.29	2.45	1.33	0.09	0.64	0.29	0.22	对数正态分布	0.29	0.22
Na$_2$O	80	0.09	0.13	0.28	0.49	0.70	0.94	1.23	0.53	0.34	0.42	2.44	1.55	0.08	0.64	0.49	0.09	对数正态分布	0.53	0.16
K$_2$O	80	1.35	1.47	1.77	2.08	2.49	2.88	3.02	2.13	0.54	2.07	1.62	3.54	1.20	0.25	2.08	1.47	正态分布	2.13	2.99
TC	80	0.27	0.34	0.39	0.45	0.52	0.61	0.66	0.46	0.12	0.44	1.67	0.78	0.20	0.26	0.45	0.43	正态分布	0.46	0.43
Corg	80	0.21	0.25	0.29	0.34	0.39	0.47	0.51	0.35	0.09	0.34	1.93	0.61	0.15	0.26	0.34	0.39	正态分布	0.35	0.42
pH	80	4.87	4.95	5.21	5.68	6.43	6.97	7.50	5.40	5.33	5.87	2.79	8.11	4.69	0.99	5.68	5.91	正态分布	5.40	5.12

注：原始样本数为 80 件。

三、碎屑岩类风化物土壤母质地球化学基准值

浙江省碎屑岩类风化物区土壤地球化学基准值数据经正态分布检验，结果表明，原始数据中仅 Ga、TFe_2O_3、K_2O 符合正态分布，Au、Br、Cu、F、I、Li、Mn、N、Ni、P、Rb、Tl、W、Zr、Al_2O_3、MgO 符合对数正态分布，Ge、La、Sc、Th、V、Y、Zn、SiO_2 剔除异常值后符合正态分布，Ag、As、Be、Bi、Cd、Cl、Hg、Mo、Nb、Pb、S、Se、Sn、Sr、U、CaO、Na_2O、TC、Corg 剔除异常值后符合对数正态分布，其他元素/指标不符合正态分布或对数正态分布（表 3-14）。

浙江省碎屑岩类风化物区深层土壤总体呈酸性，土壤 pH 基准值为 5.56，极大值为 7.73，极小值为 4.43，与浙江省基准值接近。

在深层土壤各元素/指标中，绝大多数元素/指标变异系数小于 0.40，分布相对均匀；pH、Au、As、Na_2O、W、Cd、Mo、Sb、MgO、Br、Cu、I、Ni 共 13 项元素/指标变异系数大于 0.40，其中 pH 变异系数大于 0.80，空间变异性较大。

与浙江省土壤基准值相比，碎屑岩类风化物区土壤基准值中 Sr 基准值明显低于浙江省基准值，仅为浙江省基准值的 40%；K_2O 基准值略低于浙江省基准值，为浙江省基准值的 79%；MgO、Co、Bi、Au、N、F、Sb、Sn、Hg 基准值略高于浙江省基准值，与浙江省基准值比值在 1.2～1.4 之间；Ni、Cu、Br、P、Na_2O、As、Mo 基准值明显高于浙江省基准值，与浙江省基准值比值在 1.4 以上，其中 Ni、Cu、Br 明显相对富集，基准值在浙江省基准值的 2.0 倍以上；其他元素/指标基准值则与浙江省基准值基本接近。

四、碳酸盐岩类风化物土壤母质地球化学基准值

浙江省碳酸盐岩类风化物区土壤地球化学基准值数据经正态分布检验，结果表明，原始数据中 B、Be、Br、Co、Cr、F、Ga、Ge、I、La、N、P、Rb、Th、Ti、Tl、SiO_2、Al_2O_3、TFe_2O_3、K_2O、Corg、pH 共 22 项元素/指标符合正态分布，As、Au、Cd、Ce、Cl、Cu、Hg、Li、Mn、Mo、Nb、Ni、Pb、S、Sb、Sc、Se、Sn、Sr、U、V、W、Y、MgO、CaO、Na_2O、TC 符合对数正态分布，Bi、Zn、Zr 剔除异常值后符合正态分布，Ag 剔除异常值后符合对数正态分布，其他元素/指标不符合正态分布或对数正态分布（表 3-15）。

浙江省碳酸盐岩类风化物区深层土壤总体呈酸性，土壤 pH 基准值为 5.91，极大值为 8.41，极小值为 4.59，与浙江省基准值接近。

在深层土壤各元素/指标中，大多数元素/指标变异系数小于 0.40，分布相对均匀；Mo、Hg、Sb、Au、S、pH、Se、Cd、As、CaO、Ce、Na_2O、Ba、Ag、Pb、V、MgO、U、Cu、Cl、Mn、W 共 22 项元素/指标变异系数大于 0.40，其中 Mo、Hg、Sb、Au、S、pH、Se、Cd 变异系数大于 0.80，空间变异性较大。

与浙江省土壤基准值相比，碳酸盐岩类风化物区土壤基准值中 Sr 基准值明显低于浙江省基准值，仅为浙江省基准值的 45%；Co、Corg、Zn、W、Li、S、TFe_2O_3 基准值略高于浙江省基准值，与浙江省基准值比值在 1.2～1.4 之间；Ag、As、Au、Ba、Bi、Br、Cd、Ce、Cu、F、Hg、Mo、N、Ni、P、Sb、Se、Sn、U、MgO、CaO、Na_2O、TC 基准值明显高于浙江省基准值，与浙江省基准值比值在 1.4 以上，其中 As、Ba、Br、Cd、Cu、F、Hg、Mo、Ni、P、Sb、CaO 明显相对富集，基准值在浙江省基准值的 2.0 倍以上，Sb、Mo 基准值分别为 2.40mg/kg 和 2.80mg/kg，分别为浙江省基准值的 4.53 倍和 4.52 倍；其他元素/指标基准值则与浙江省基准值基本接近。

五、紫色碎屑岩类风化物土壤母质地球化学基准值

浙江省紫色碎屑岩类风化物区土壤地球化学基准值数据经正态分布检验，结果表明，原始数据中仅 Ge、Rb、Th、Tl、Zr、K_2O 符合正态分布，Ag、As、Au、B、Ba、Be、Br、Cd、Ce、Cl、Co、Cr、Cu、Ga、Hg、I、La、Li、N、Nb、Ni、P、S、Sb、Sc、Se、Sr、U、V、Y、Zn、Al_2O_3、TFe_2O_3、MgO、CaO、TC、Corg、pH 符合对数正态分布，Mo、Pb、Ti、W、SiO_2 剔除异常值后符合正态分布，Bi、Sn 剔除异常值后符合对数正态分布，其他元素/指标

表 3-14 碎屑岩类风化物土壤母质地球化学基准值参数统计表

元素/指标	N	$X_{5\%}$	$X_{10\%}$	$X_{25\%}$	$X_{50\%}$	$X_{75\%}$	$X_{90\%}$	$X_{95\%}$	$\overline{X}$	S	$\overline{X}_g$	S_g	X_{max}	X_{min}	CV	X_{me}	X_{mo}	分布类型	碎屑岩类风化物基准值	浙江省基准值
Ag	701	37.00	43.00	54.0	69.0	92.0	120	140	76.0	30.32	70.4	12.29	160	25.00	0.40	69.0	57.0	剔除后对数分布	70.4	70.0
As	690	4.60	5.29	7.09	9.38	14.24	21.51	26.76	11.56	6.58	10.03	4.19	32.70	1.90	0.57	9.38	11.00	剔除后对数分布	10.03	6.83
Au	766	0.63	0.73	0.96	1.30	1.87	2.60	3.31	1.59	1.18	1.36	1.75	11.80	0.29	0.74	1.30	1.05	对数正态分布	1.36	1.10
B	754	20.80	26.93	46.93	60.0	70.9	80.0	86.1	57.6	19.29	53.4	10.62	107	12.60	0.33	60.0	59.0	偏峰分布	59.0	73.0
Ba	680	322	356	409	461	542	659	709	484	119	470	35.46	868	203	0.25	461	433	其他分布	433	482
Be	743	1.59	1.66	1.87	2.14	2.46	2.79	2.96	2.18	0.43	2.14	1.61	3.39	1.06	0.20	2.14	1.94	剔除后对数分布	2.14	2.31
Bi	702	0.19	0.21	0.25	0.31	0.38	0.47	0.53	0.33	0.10	0.31	2.11	0.64	0.13	0.32	0.31	0.29	剔除后对数分布	0.31	0.24
Br	766	1.50	1.73	2.30	3.10	4.15	5.63	7.14	3.47	1.73	3.12	2.25	13.50	0.90	0.50	3.10	3.20	对数正态分布	3.12	1.50
Cd	691	0.04	0.05	0.08	0.11	0.15	0.21	0.26	0.12	0.06	0.11	3.98	0.33	0.02	0.52	0.11	0.11	剔除后对数分布	0.11	0.11
Ce	701	67.0	71.4	77.4	82.1	91.0	102	109	84.5	12.04	83.7	12.96	118	55.1	0.14	82.1	80.0	其他分布	80.0	84.1
Cl	708	25.20	28.00	32.70	37.90	45.05	54.0	60.2	39.57	10.15	38.35	8.24	69.8	20.00	0.26	37.90	32.00	剔除后对数分布	38.35	39.00
Co	756	8.16	9.28	11.90	15.30	17.50	19.65	20.90	14.77	3.97	14.16	4.86	25.10	4.41	0.27	15.30	15.70	偏峰分布	15.70	11.90
Cr	747	25.31	33.55	48.94	62.2	71.7	81.9	89.6	60.1	18.40	56.7	10.70	107	13.50	0.31	62.2	63.0	偏峰分布	63.0	71.0
Cu	766	11.41	13.64	18.40	23.70	31.18	40.70	46.67	26.10	12.77	23.66	6.66	120	4.48	0.49	23.70	24.60	对数正态分布	23.66	11.20
F	766	310	360	420	515	640	828	973	558	207	525	37.84	1605	126	0.37	515	523	对数正态分布	525	431
Ga	766	13.03	14.30	15.82	17.60	19.70	21.52	22.56	17.77	3.04	17.49	5.27	32.20	5.90	0.17	17.60	15.60	正态分布	17.77	18.92
Ge	750	1.29	1.36	1.46	1.58	1.68	1.79	1.86	1.58	0.17	1.57	1.32	2.03	1.12	0.11	1.58	1.57	剔除后正态分布	1.58	1.50
Hg	712	0.032	0.036	0.048	0.063	0.083	0.109	0.120	0.067	0.026	0.062	5.081	0.142	0.019	0.388	0.063	0.110	剔除后对数分布	0.062	0.048
I	766	1.81	2.20	3.05	3.93	5.16	6.94	7.99	4.31	1.95	3.90	2.47	15.65	0.60	0.45	3.93	4.38	对数分布	3.90	3.86
La	736	33.50	36.00	40.60	44.00	47.20	50.1	52.3	43.68	5.23	43.36	8.89	56.9	30.83	0.12	44.00	45.50	剔除后对数分布	43.68	41.00
Li	766	26.42	29.80	34.80	40.64	47.70	56.3	62.3	42.32	12.08	40.83	8.75	129	16.41	0.29	40.64	39.50	对数正态分布	40.83	37.51
Mn	766	402	467	621	799	996	1198	1339	831	310	778	48.56	3678	214	0.37	799	901	对数正态分布	778	713
Mo	682	0.45	0.52	0.64	0.85	1.23	1.74	2.12	1.01	0.51	0.90	1.60	2.72	0.28	0.51	0.85	0.67	剔除后对数分布	0.90	0.62
N	766	0.36	0.40	0.49	0.60	0.75	0.88	0.98	0.63	0.21	0.60	1.52	2.62	0.19	0.34	0.60	0.61	对数正态分布	0.60	0.49
Nb	710	15.67	16.69	18.00	19.30	20.98	22.60	23.66	19.45	2.30	19.32	5.54	25.82	13.40	0.12	19.30	19.10	剔除后正态分布	19.32	19.60
Ni	766	10.40	13.65	20.90	28.00	35.07	41.45	46.47	28.39	11.97	25.85	7.13	113	4.29	0.42	28.00	20.90	对数正态分布	25.85	11.00
P	766	0.21	0.24	0.31	0.41	0.50	0.60	0.70	0.42	0.17	0.39	1.89	2.25	0.12	0.40	0.41	0.41	对数正态分布	0.39	0.24
Pb	707	18.30	19.76	21.80	25.00	28.40	32.78	35.20	25.56	5.14	25.07	6.43	41.80	13.70	0.20	25.00	23.10	剔除后对数分布	25.07	30.00

续表 3-14

元素/指标	N	$X_{5\%}$	$X_{10\%}$	$X_{25\%}$	$X_{50\%}$	$X_{75\%}$	$X_{90\%}$	$X_{95\%}$	$\bar{X}$	S	$\bar{X}_g$	S_g	X_{max}	X_{min}	CV	X_{me}	X_{mo}	分布类型	碎屑岩类风化物基准值	浙江省基准值
Rb	766	80.0	87.0	97.9	114	132	147	158	117	28.55	114	15.51	371	40.00	0.24	114	122	对数正态分布	114	128
S	717	58.7	68.1	90.0	113	136	170	186	115	38.00	109	15.19	224	13.60	0.33	113	118	剔除后对数分布	109	114
Sb	695	0.43	0.50	0.63	0.81	1.15	1.76	2.06	0.97	0.49	0.86	1.60	2.53	0.22	0.51	0.81	0.64	其他分布	0.64	0.53
Sc	722	7.61	8.14	9.10	9.90	10.80	11.80	12.50	10.01	1.41	9.91	3.79	13.70	6.70	0.14	9.90	9.50	剔除后正态分布	10.01	9.70
Se	725	0.13	0.14	0.17	0.23	0.29	0.39	0.44	0.25	0.09	0.23	2.58	0.52	0.07	0.39	0.23	0.21	剔除后对数分布	0.23	0.21
Sn	712	2.34	2.58	2.96	3.55	4.40	5.32	6.02	3.78	1.11	3.63	2.27	7.08	1.34	0.29	3.55	2.70	剔除后对数分布	3.63	2.60
Sr	708	28.60	31.80	38.00	45.00	53.0	64.7	72.0	46.58	12.85	44.86	9.12	84.4	16.00	0.28	45.00	48.50	剔除后对数分布	44.86	112
Th	737	10.60	11.10	12.20	13.60	15.10	16.60	17.60	13.75	2.13	13.59	4.53	19.90	7.79	0.15	13.60	13.60	剔除后正态分布	13.75	14.50
Ti	749	3805	4177	4690	5292	5756	6059	6299	5201	775	5139	140	7403	3023	0.15	5292	5395	其他分布	5395	4602
Tl	766	0.47	0.51	0.59	0.72	0.88	1.10	1.24	0.77	0.26	0.73	1.43	2.40	0.30	0.34	0.72	0.64	对数正态分布	0.73	0.82
U	716	2.29	2.43	2.67	3.03	3.45	4.04	4.36	3.12	0.62	3.06	1.95	4.98	1.47	0.20	3.03	3.10	剔除后对数分布	3.06	3.14
V	727	54.0	60.4	74.7	87.1	101	116	126	88.1	21.30	85.5	13.24	147	33.88	0.24	87.1	110	剔除后正态分布	88.1	110
W	766	1.28	1.41	1.66	2.01	2.49	3.19	3.95	2.25	1.19	2.09	1.75	18.70	0.88	0.53	2.01	1.99	剔除后对数分布	2.09	1.93
Y	727	20.67	21.67	23.85	26.10	28.45	31.30	32.70	26.25	3.64	25.99	6.61	36.11	17.00	0.14	26.10	25.40	剔除后正态分布	26.25	26.13
Zn	735	52.6	57.5	66.0	78.1	91.8	104	114	79.9	18.70	77.7	12.60	134	28.00	0.23	78.1	102	剔除后正态分布	79.9	77.4
Zr	766	197	214	239	264	292	327	355	270	49.49	265	24.96	600	169	0.18	264	260	对数正态分布	265	287
SiO$_2$	743	65.5	66.9	69.3	71.6	73.6	75.2	76.2	71.4	3.25	71.3	11.75	80.4	62.6	0.05	71.6	70.0	剔除后正态分布	71.4	70.5
Al$_2$O$_3$	766	11.30	11.90	12.68	13.60	14.80	16.28	17.38	13.89	1.91	13.77	4.54	23.98	8.49	0.14	13.60	13.80	对数正态分布	13.77	14.82
TFe$_2$O$_3$	766	3.73	4.08	4.75	5.32	5.99	6.63	7.02	5.37	1.03	5.27	2.68	10.52	2.37	0.19	5.32	5.11	正态分布	5.37	4.70
MgO	766	0.52	0.61	0.71	0.91	1.14	1.45	1.72	0.99	0.51	0.92	1.47	6.44	0.26	0.51	0.91	0.76	对数正态分布	0.92	0.67
CaO	701	0.13	0.15	0.19	0.25	0.32	0.42	0.48	0.27	0.10	0.25	2.41	0.59	0.05	0.39	0.25	0.22	剔除后对数分布	0.25	0.22
Na$_2$O	706	0.10	0.12	0.17	0.24	0.34	0.50	0.59	0.27	0.15	0.24	2.67	0.70	0.06	0.53	0.24	0.14	剔除后对数分布	0.24	0.16
K$_2$O	766	1.61	1.76	1.99	2.32	2.66	2.98	3.17	2.35	0.49	2.30	1.69	4.31	1.21	0.21	2.32	1.99	正态分布	2.35	2.99
TC	702	0.30	0.35	0.43	0.50	0.59	0.69	0.76	0.51	0.13	0.49	1.62	0.88	0.17	0.26	0.50	0.47	剔除后对数分布	0.49	0.43
Corg	724	0.28	0.31	0.39	0.47	0.56	0.67	0.73	0.48	0.14	0.46	1.69	0.86	0.13	0.29	0.47	0.51	剔除后对数分布	0.46	0.42
pH	746	4.90	5.02	5.23	5.56	6.17	6.79	7.08	5.40	5.36	5.75	2.77	7.73	4.43	0.99	5.56	5.56	其他分布	5.56	5.12

注：原始样本数为766件。

表 3-15 碳酸盐岩类风化物土壤母质地球化学基准值参数统计表

元素/指标	N	$X_{5\%}$	$X_{10\%}$	$X_{25\%}$	$X_{50\%}$	$X_{75\%}$	$X_{90\%}$	$X_{95\%}$	$\overline{X}$	S	$\overline{X}_g$	S_g	X_{max}	X_{min}	CV	X_{me}	X_{mo}	分布类型	碳酸盐岩类风化物基准值	浙江省基准值
Ag	127	55.0	60.6	83.0	130	195	270	320	145	83.5	124	17.11	390	32.00	0.58	130	140	剔除后对数分布	124	70.0
As	136	8.41	10.99	16.98	25.45	36.32	60.8	81.1	31.43	24.01	25.02	7.28	131	5.50	0.76	25.45	31.30	对数正态分布	25.02	6.83
Au	136	0.99	1.15	1.44	1.92	2.66	4.33	6.54	2.75	2.83	2.17	2.10	23.10	0.74	1.03	1.92	1.90	对数正态分布	2.17	1.10
B	136	42.38	48.05	58.3	69.2	82.4	97.6	104	70.5	19.29	67.8	11.50	144	19.70	0.27	69.2	63.0	正态分布	70.5	73.0
Ba	129	384	423	645	970	1569	2266	2535	1155	690	970	57.0	3158	238	0.60	970	1104	偏峰分布	1104	482
Be	136	1.82	2.02	2.26	2.52	2.74	3.19	3.47	2.56	0.49	2.52	1.77	4.44	1.61	0.19	2.52	2.61	正态分布	2.56	2.31
Bi	123	0.27	0.29	0.35	0.41	0.48	0.52	0.59	0.42	0.09	0.40	1.78	0.68	0.20	0.23	0.41	0.37	剔除后正态分布	0.42	0.24
Br	136	1.94	2.12	2.68	3.50	4.30	5.18	5.78	3.59	1.20	3.39	2.20	7.22	1.50	0.33	3.50	4.00	正态分布	3.59	1.50
Cd	136	0.11	0.13	0.19	0.30	0.49	0.84	1.03	0.40	0.34	0.31	2.62	2.17	0.08	0.83	0.30	0.20	对数正态分布	0.31	0.11
Ce	136	76.4	81.6	92.2	120	174	262	295	149	98.5	131	17.58	945	62.1	0.66	120	122	对数正态分布	131	84.1
Cl	136	24.52	27.10	32.60	37.30	41.98	48.55	59.3	39.59	17.30	37.59	8.22	194	19.90	0.44	37.30	40.90	正态分布	37.59	39.00
Co	136	10.35	11.90	14.38	16.20	18.00	19.45	20.88	16.21	3.68	15.80	5.02	31.20	6.30	0.23	16.20	15.40	正态分布	16.21	11.90
Cr	136	42.77	52.8	63.9	74.2	82.7	92.5	100.0	73.3	18.37	70.7	11.76	139	14.20	0.25	74.2	76.4	正态分布	73.3	71.0
Cu	136	18.33	21.50	29.17	37.90	46.30	56.9	68.3	39.98	17.99	36.89	8.26	160	14.00	0.45	37.90	39.50	对数正态分布	36.89	11.20
F	136	430	510	674	882	1049	1253	1393	882	302	828	49.34	2119	241	0.34	882	894	正态分布	882	431
Ga	136	15.86	16.50	17.80	18.76	20.16	21.70	22.85	18.98	2.27	18.85	5.47	28.10	13.10	0.12	18.76	18.30	正态分布	18.98	18.92
Ge	136	1.29	1.40	1.51	1.62	1.73	1.84	1.93	1.62	0.18	1.60	1.34	2.02	1.04	0.11	1.62	1.65	正态分布	1.62	1.50
Hg	136	0.045	0.052	0.068	0.093	0.130	0.184	0.256	0.119	0.124	0.097	4.283	1.340	0.023	1.043	0.093	0.130	对数正态分布	0.097	0.048
I	136	2.16	2.52	3.22	3.96	4.98	6.34	6.89	4.24	1.52	3.98	2.41	10.50	1.13	0.36	3.96	3.88	正态分布	4.24	3.86
La	136	37.33	40.13	42.38	45.20	47.62	49.75	51.5	45.31	5.12	45.04	9.02	78.5	32.62	0.11	45.20	46.20	正态分布	45.31	41.00
Li	136	35.05	37.50	41.30	45.25	51.9	60.1	65.1	47.46	9.55	46.58	9.27	87.1	30.00	0.20	45.25	55.0	对数正态分布	46.58	37.51
Mn	136	390	486	600	746	922	1190	1389	808	338	752	46.66	2757	276	0.42	746	784	对数正态分布	752	713
Mo	136	0.78	0.99	1.46	2.67	5.60	9.14	12.35	4.25	4.69	2.80	2.81	32.10	0.49	1.10	2.67	1.15	对数正态分布	2.80	0.62
N	136	0.49	0.50	0.61	0.76	0.88	1.03	1.23	0.77	0.22	0.74	1.38	1.48	0.36	0.29	0.76	0.78	正态分布	0.77	0.49
Nb	136	16.27	16.70	17.58	19.00	20.40	23.20	24.95	19.60	3.43	19.36	5.55	41.00	14.08	0.17	19.00	19.60	对数正态分布	19.36	19.60
Ni	136	21.45	22.95	33.27	38.45	42.93	52.9	57.8	38.90	12.07	37.09	8.22	97.5	11.40	0.31	38.45	39.00	对数正态分布	37.09	11.00
P	136	0.30	0.34	0.42	0.54	0.69	0.80	0.88	0.56	0.19	0.53	1.63	1.33	0.20	0.34	0.54	0.57	对数正态分布	0.56	0.24
Pb	136	21.32	21.90	25.05	28.74	32.78	42.65	59.1	33.05	18.63	30.54	7.32	171	16.10	0.56	28.74	30.50	对数正态分布	30.54	30.00

续表 3-15

元素/指标	N	$X_{5\%}$	$X_{10\%}$	$X_{25\%}$	$X_{50\%}$	$X_{75\%}$	$X_{90\%}$	$X_{95\%}$	$\bar{X}$	S	$\bar{X}_g$	S_g	X_{max}	X_{min}	CV	X_{me}	X_{mo}	分布类型	碳酸盐岩类风化物基准值	浙江省基准值
Rb	136	94.1	99.0	111	121	132	144	152	123	21.12	121	16.13	234	73.1	0.17	121	120	正态分布	123	128
S	136	79.3	93.2	111	134	168	222	255	161	157	141	17.60	1806	49.50	0.97	134	134	对数正态分布	141	114
Sb	136	0.83	0.95	1.52	2.31	3.66	5.24	7.29	3.12	3.23	2.40	2.31	29.30	0.70	1.04	2.31	1.35	对数正态分布	2.40	0.53
Sc	136	8.30	8.77	9.70	10.50	11.43	13.10	14.15	10.75	1.84	10.60	3.91	17.00	7.20	0.17	10.50	9.70	对数正态分布	10.60	9.70
Se	136	0.17	0.19	0.25	0.34	0.44	0.70	0.91	0.43	0.41	0.35	2.33	3.61	0.13	0.94	0.34	0.20	对数正态分布	0.35	0.21
Sn	136	2.70	2.95	3.56	4.18	5.04	6.27	6.96	4.57	1.83	4.31	2.50	14.30	2.10	0.40	4.18	3.98	对数正态分布	4.31	2.60
Sr	136	33.40	36.25	40.80	47.60	56.9	76.8	92.3	53.0	19.35	50.4	9.68	146	28.80	0.37	47.60	54.2	正态分布	50.4	112
Th	136	11.88	12.70	14.10	15.20	16.12	17.24	18.68	15.26	1.94	15.14	4.81	22.10	11.06	0.13	15.20	15.00	正态分布	15.26	14.50
Ti	136	4229	4578	4991	5304	5661	6041	6376	5328	726	5281	140	9281	3487	0.14	5304	5391	正态分布	5328	4602
Tl	136	0.63	0.71	0.78	0.90	1.08	1.32	1.39	0.94	0.23	0.92	1.28	1.83	0.46	0.25	0.90	0.81	对数正态分布	0.94	0.82
U	136	2.89	3.16	3.51	4.17	5.19	6.72	8.84	4.77	2.19	4.45	2.48	19.30	2.34	0.46	4.17	4.60	对数正态分布	4.45	3.14
V	136	77.4	87.0	106	127	154	196	228	141	68.8	130	16.67	522	45.30	0.49	127	133	对数正态分布	130	110
W	136	1.46	1.71	1.95	2.34	3.01	3.70	4.75	2.64	1.08	2.47	1.85	7.54	1.21	0.41	2.34	2.53	对数正态分布	2.47	1.93
Y	136	22.73	23.70	25.98	27.85	31.90	34.85	38.35	29.58	8.17	28.91	7.03	105	19.10	0.28	27.85	28.00	剔除后正态分布	28.91	26.13
Zn	121	66.9	74.3	91.9	102	113	124	130	102	20.18	99.7	14.36	156	54.9	0.20	102	101	剔除后正态分布	102	77.4
Zr	130	174	181	195	218	256	297	325	231	46.61	226	22.65	361	166	0.20	218	213	正态分布	231	287
SiO_2	136	64.6	66.2	68.7	70.9	73.1	74.5	75.2	70.6	3.46	70.5	11.60	78.1	54.6	0.05	70.9	70.9	正态分布	70.6	70.5
Al_2O_3	136	11.60	11.82	12.60	13.34	14.19	15.21	15.62	13.51	1.54	13.43	4.48	23.26	10.20	0.11	13.34	13.00	正态分布	13.51	14.82
TFe_2O_3	136	4.32	4.75	5.23	5.61	6.05	6.73	7.55	5.70	0.88	5.63	2.73	8.33	3.35	0.15	5.61	5.52	正态分布	5.70	4.70
MgO	136	0.65	0.72	0.96	1.31	1.92	2.31	2.76	1.48	0.70	1.34	1.64	4.39	0.49	0.47	1.31	1.30	对数正态分布	1.34	0.67
CaO	136	0.22	0.26	0.34	0.46	0.65	1.10	1.79	0.60	0.46	0.50	1.96	2.45	0.12	0.76	0.46	0.55	对数正态分布	0.50	0.22
Na_2O	136	0.11	0.13	0.16	0.23	0.31	0.43	0.60	0.27	0.17	0.23	2.65	1.07	0.08	0.62	0.23	0.22	对数正态分布	0.23	0.16
K_2O	136	1.71	1.94	2.14	2.41	2.73	3.12	3.34	2.46	0.47	2.42	1.75	3.82	1.37	0.19	2.41	2.44	对数正态分布	2.46	2.99
TC	136	0.41	0.44	0.51	0.57	0.75	0.88	0.94	0.63	0.18	0.61	1.47	1.26	0.31	0.28	0.57	0.53	对数正态分布	0.61	0.43
Corg	136	0.36	0.40	0.48	0.53	0.63	0.75	0.84	0.56	0.15	0.55	1.51	1.07	0.30	0.26	0.53	0.52	正态分布	0.56	0.42
pH	136	5.27	5.48	5.91	6.70	7.17	7.86	8.10	5.91	5.54	6.64	3.03	8.41	4.59	0.94	6.70	6.76	正态分布	5.91	5.12

注：原始样本数为 136 件。

不符合正态分布或对数正态分布(表 3-16)。

浙江省紫色碎屑岩类风化物区深层土壤总体呈酸性,土壤 pH 基准值为 5.81,极大值为 8.26,极小值为 4.16,与浙江省基准值接近。

在深层土壤各元素/指标中,大多数元素/指标变异系数小于 0.40,分布相对均匀;Cl、Hg、CaO、pH、Ni、Sr、Na_2O、Au、I、Sb、As、P、B、Br、Cd、Co、Cr、Cu、S、Se 共 20 项元素/指标变异系数大于 0.40,其中 Cl、Hg、CaO、pH 变异系数大于 0.80,空间变异性较大。

与浙江省土壤基准值相比,紫色碎屑岩类风化物区土壤 Cr、Sr、B 基准值明显低于浙江省基准值,低于浙江省基准值的 60%;Na_2O、Mn、I、V 基准值略低于浙江省基准值,为浙江省基准值的 60%～80%;Ni、Br、Sb 基准值略高于浙江省基准值,与浙江省基准值比值在 1.2～1.4 之间;Mo、CaO、Cu 基准值明显高于浙江省基准值,与浙江省基准值比值在 1.4 以上;其他元素/指标基准值则与浙江省基准值基本接近。

六、中酸性火成岩类风化物土壤母质地球化学基准值

浙江省中酸性火成岩类风化物区土壤地球化学基准值数据经正态分布检验,结果表明,原始数据中仅 Br、Co、Cr、Ga、I、Li、N、P、Sc、Se、Sr、V、Al_2O_3、TFe_2O_3、TC 符合对数正态分布,Rb、Ti、Zr、K_2O 剔除异常值后符合正态分布,As、B、Be、Ce、Cl、Cu、F、Ge、Hg、La、Mn、Ni、S、Sb、Sn、Tl、U、Y、Zn、MgO、CaO、Corg 剔除异常值后符合对数正态分布,其他元素/指标不符合正态分布或对数正态分布(表 3-17)。

浙江省中酸性火成岩类风化物区深层土壤总体呈酸性,土壤 pH 基准值为 5.12,极大值为 6.80,极小值为 4.27,与浙江省基准值相等。

在深层土壤各元素/指标中,大多数元素/指标变异系数小于 0.40,分布相对均匀;pH、Br、Sr、Cr、Na_2O、I、CaO、Se、P、TC、Co、Ni、B、Cd、Mo、Au、Cu、V 共 18 项元素/指标变异系数大于 0.40,其中 pH 变异系数大于 0.80,空间变异性较大。

与浙江省土壤基准值相比,中酸性火成岩类风化物区土壤基准值中 Sr、V、Cr、B 基准值明显低于浙江省基准值,不足浙江省基准值的 60%;Co、Ag 基准值略低于浙江省基准值,为浙江省基准值的 60%～80%;Cl、I、P、Sn、Ba 基准值略高于浙江省基准值,与浙江省基准值比值在 1.2～1.4 之间;Na_2O、Br、Mo 基准值明显高于浙江省基准值,与浙江省基准值比值在 1.4 以上,其中 Na_2O、Br 明显相对富集,基准值在浙江省基准值的 2.0 倍以上,Na_2O 基准值为浙江省基准值的 2.56 倍;其他元素/指标基准值则与浙江省基准值基本接近。

七、中基性火成岩类风化物土壤母质地球化学基准值

浙江省中基性火成岩类风化物区土壤地球化学基准值数据经正态分布检验,结果表明,原始数据中 Ag、As、Au、B、Ba、Bi、Br、Ce、Cl、Co、Cr、Cu、Ga、Ge、Hg、I、La、Mn、Mo、N、Nb、Ni、P、Pb、Rb、S、Sc、Se、Sn、Sr、Th、Ti、Tl、U、V、W、Zn、Zr、SiO_2、Al_2O_3、TFe_2O_3、Na_2O、K_2O、TC、Corg、pH 符合正态分布,Be、Cd、Li、Sb、Y、MgO、CaO 符合对数正态分布,F 剔除异常值后符合正态分布(表 3-18)。

浙江省中基性火成岩类风化物区深层土壤总体呈酸性,土壤 pH 基准值为 5.33,极大值为 6.92,极小值为 4.78,与浙江省基准值接近。

在深层土壤各元素/指标中,大多数元素/指标变异系数小于 0.40,分布相对均匀;CaO、pH、Sb、Ni、Na_2O、Sr、Cd、Li、Cr、Cu、P、As、B、MgO、I、Co、Ag、Nb、Au、Hg 共 20 项元素/指标变异系数大于 0.40,其中 CaO、pH 变异系数大于 0.80,空间变异性较大。

与浙江省土壤基准值相比,中基性火成岩类风化物区土壤基准值中 B 基准值明显低于浙江省基准值,仅为浙江省基准值的 43%;K_2O 基准值略低于浙江省基准值,为浙江省基准值的 68%;MgO、Cd、Mn、Cl、Corg、Se、Zn、Sn、V、N、I、As、Sb 基准值略高于浙江省基准值,与浙江省基准值比值在 1.2～1.4 之间;Ni、

第三章 土壤地球化学基准值

表 3-16 紫色碎屑岩类风化物土壤母质地球化学基准值参数统计表

元素/指标	N	$X_{5\%}$	$X_{10\%}$	$X_{25\%}$	$X_{50\%}$	$X_{75\%}$	$X_{90\%}$	$X_{95\%}$	$\bar{X}$	S	$\bar{X}_g$	S_g	X_{max}	X_{min}	CV	X_{me}	X_{mo}	分布类型	紫色碎屑岩类风化物基准值	浙江省基准值
Ag	356	35.00	41.00	49.00	59.0	72.0	84.0	97.5	61.5	19.37	58.6	10.86	170	21.00	0.32	59.0	54.0	对数正态分布	58.6	70.0
As	356	3.10	3.73	5.30	7.11	9.42	12.50	15.77	7.97	4.56	7.05	3.38	42.70	1.79	0.57	7.11	8.70	对数正态分布	7.05	6.83
Au	356	0.50	0.60	0.77	1.10	1.50	1.84	2.30	1.21	0.71	1.07	1.62	6.20	0.30	0.59	1.10	1.00	对数正态分布	1.07	1.10
B	356	16.00	17.95	25.00	35.00	51.0	65.7	73.2	39.94	20.77	35.60	8.12	236	8.72	0.52	35.00	34.00	对数正态分布	35.60	73.0
Ba	356	264	293	375	482	613	723	815	509	184	478	36.51	1302	169	0.36	482	483	对数正态分布	478	482
Be	341	1.51	1.66	1.85	2.05	2.32	2.58	2.77	2.12	0.53	2.07	1.62	7.81	1.01	0.25	2.05	2.03	对数正态分布	2.07	2.31
Bi	356	0.18	0.19	0.22	0.26	0.31	0.37	0.39		0.07	0.26	2.25	0.46	0.14	0.25	0.26	0.24	剔除后对数正态分布	0.26	0.24
Br	356	1.00	1.08	1.50	2.04	2.51	3.49	4.18	2.22	1.15	2.00	1.82	10.18	0.68	0.52	2.04	1.00	对数正态分布	2.00	1.50
Cd	356	0.05	0.06	0.08	0.12	0.14	0.17	0.20	0.12	0.06	0.11	3.86	0.70	0.03	0.50	0.12	0.12	对数正态分布	0.11	0.11
Ce	356	57.0	62.9	70.1	76.5	86.0	96.8	113	79.1	16.14	77.5	12.48	144	32.98	0.20	76.5	83.4	对数正态分布	77.5	84.1
Cl	356	24.45	26.00	31.00	39.00	51.0	62.2	69.8	50.2	110	40.50	8.78	1599	19.00	2.20	39.00	37.00	偏峰分布	40.50	39.00
Co	356	5.12	5.87	7.69	9.97	12.49	17.61	20.42	11.07	5.57	10.06	4.08	50.9	3.02	0.50	9.97	11.50	对数正态分布	10.06	11.90
Cr	356	16.40	21.11	31.22	43.70	56.2	73.8	80.3	46.29	22.07	41.12	8.74	172	1.10	0.48	43.70	44.00	对数正态分布	41.12	71.0
Cu	356	8.67	10.09	12.89	15.90	20.12	24.79	31.35	17.59	8.32	16.18	5.16	90.5	4.30	0.47	15.90	15.90	对数正态分布	16.18	11.20
F	347	298	332	396	466	570	685	728	486	129	469	35.46	816	195	0.27	466	498	偏峰分布	498	431
Ga	356	12.49	13.77	15.19	16.80	18.90	21.50	22.79	17.14	5.17	16.86	5.17	28.30	9.20	0.18	16.80	19.70	对数正态分布	16.86	18.92
Ge	356	1.30	1.34	1.44	1.57	1.71	1.86	1.93	1.59	0.22	1.58	1.34	3.08	1.05	0.14	1.57	1.61	正态分布	1.59	1.50
Hg	356	0.021	0.026	0.034	0.043	0.056	0.077	0.092	0.055	0.111	0.045	6.320	2.060	0.014	2.003	0.043	0.037	对数正态分布	0.045	0.048
I	356	1.16	1.40	1.95	2.86	3.94	5.59	6.49	3.23	1.88	2.79	2.20	14.62	0.57	0.58	2.86	2.54	对数正态分布	2.79	3.86
La	356	29.76	33.19	37.00	41.10	46.68	52.5	56.0	42.38	9.25	41.45	8.75	95.9	15.23	0.22	41.10	40.50	对数正态分布	41.45	41.00
Li	356	24.05	26.30	31.24	37.20	43.81	50.6	54.8	38.38	12.81	36.85	8.09	184	10.83	0.33	37.20	38.50	对数正态分布	36.85	37.51
Mn	349	266	321	406	543	727	926	1018	581	226	537	39.41	1202	148	0.39	543	525	对数正态分布	525	713
Mo	333	0.49	0.54	0.67	0.87	1.09	1.33	1.50	0.91	0.32	0.86	1.44	1.89	0.32	0.35	0.87	0.64	剔除后正态分布	0.91	0.62
N	356	0.30	0.33	0.37	0.44	0.54	0.64	0.69	0.47	0.13	0.45	1.70	0.95	0.15	0.28	0.44	0.40	对数正态分布	0.45	0.49
Nb	356	14.97	16.35	18.54	20.48	22.85	26.80	28.95	21.17	4.67	20.71	5.85	49.00	11.27	0.22	20.48	19.10	对数正态分布	20.71	19.60
Ni	356	7.15	8.45	11.00	14.80	19.92	27.70	35.23	17.65	12.24	15.17	5.12	106	2.88	0.69	14.80	14.90	对数正态分布	15.17	11.00
P	356	0.11	0.13	0.19	0.24	0.34	0.45	0.59	0.28	0.16	0.25	2.57	1.22	0.05	0.57	0.24	0.22	对数正态分布	0.25	0.24
Pb	325	20.26	21.32	23.65	26.12	28.67	31.23	33.33	26.25	3.88	25.97	6.62	37.14	17.20	0.15	26.12	24.40	剔除后正态分布	26.25	30.00

续表 3-16

元素/指标	N	$X_{5\%}$	$X_{10\%}$	$X_{25\%}$	$X_{50\%}$	$X_{75\%}$	$X_{90\%}$	$X_{95\%}$	$\overline{X}$	S	$\overline{X}_g$	S_g	X_{max}	X_{min}	CV	X_{me}	X_{mo}	分布类型	紫色碎屑岩类风化物基准值	浙江省基准值
Rb	356	73.1	84.3	99.5	118	130	144	151	115	23.73	113	15.62	183	40.60	0.21	118	126	正态分布	115	128
S	356	54.8	61.4	79.0	98.0	128	169	209	110	50.1	101	14.51	358	38.80	0.45	98.0	79.0	对数正态分布	101	114
Sb	356	0.36	0.41	0.51	0.63	0.83	1.12	1.33	0.73	0.42	0.66	1.61	5.07	0.26	0.58	0.63	0.61	对数正态分布	0.66	0.53
Sc	356	6.56	7.05	7.90	9.12	10.60	12.40	14.05	9.64	2.80	9.31	3.65	25.20	4.71	0.29	9.12	8.40	对数正态分布	9.31	9.70
Se	356	0.09	0.11	0.14	0.19	0.25	0.31	0.35	0.20	0.09	0.19	2.94	0.83	0.06	0.44	0.19	0.21	对数正态分布	0.19	0.21
Sn	332	1.90	2.20	2.50	2.90	3.50	4.02	4.42	3.02	0.75	2.92	1.97	5.10	1.14	0.25	2.90	2.70	剔除后正态分布	2.92	2.60
Sr	356	28.68	32.45	42.75	57.9	80.8	112	140	69.2	47.83	60.0	11.20	560	20.40	0.69	57.9	59.9	正态分布	60.0	112
Th	328	9.82	11.15	13.10	14.97	16.67	18.33	19.95	14.95	3.10	14.62	4.78	29.60	6.28	0.21	14.97	14.90	剔除后正态分布	14.95	14.50
Ti	356	3171	3445	3826	4302	4859	5296	5836	4360	803	4285	125	6625	2178	0.18	4302	4444	正态分布	4360	4602
Tl	356	0.50	0.55	0.66	0.76	0.88	0.99	1.08	0.78	0.19	0.76	1.33	1.67	0.37	0.24	0.76	0.75	对数正态分布	0.78	0.82
U	356	2.29	2.50	2.87	3.23	3.64	3.96	4.33	3.27	0.72	3.20	2.03	8.75	1.56	0.22	3.23	3.12	对数正态分布	3.20	3.14
V	356	42.75	48.15	57.5	70.7	87.0	103	125	75.4	27.98	71.2	11.85	219	27.10	0.37	70.7	71.0	对数正态分布	71.2	110
W	336	1.41	1.52	1.70	1.93	2.17	2.49	2.71	1.96	0.38	1.93	1.55	3.04	1.01	0.20	1.93	1.98	剔除后正态分布	1.93	1.93
Y	356	18.55	20.22	22.60	25.40	28.46	32.22	36.80	26.36	7.54	25.63	6.58	113	13.16	0.29	25.40	26.60	对数正态分布	25.63	26.13
Zn	356	42.33	45.85	54.5	62.4	74.1	87.9	98.6	65.8	19.21	63.4	11.20	166	25.90	0.29	62.4	61.5	对数正态分布	63.4	77.4
Zr	356	229	242	274	307	340	365	389	308	50.6	304	26.97	501	161	0.16	307	310	正态分布	308	287
SiO$_2$	343	64.4	66.0	69.5	72.0	74.8	77.0	78.2	71.9	4.06	71.8	11.79	81.2	61.3	0.06	72.0	71.9	剔除后正态分布	71.9	70.5
Al$_2$O$_3$	356	11.30	11.69	12.65	13.96	15.59	17.14	18.45	14.28	2.23	14.11	4.62	22.95	9.74	0.16	13.96	14.00	对数正态分布	14.11	14.82
TFe$_2$O$_3$	356	3.14	3.36	3.94	4.48	5.27	6.42	7.45	4.81	1.54	4.62	2.51	16.15	2.04	0.32	4.48	5.74	对数正态分布	4.62	4.70
MgO	356	0.45	0.50	0.62	0.77	0.98	1.17	1.35	0.82	0.30	0.78	1.45	2.26	0.29	0.36	0.77	0.70	对数正态分布	0.78	0.67
CaO	356	0.12	0.14	0.21	0.31	0.45	0.73	1.07	0.43	0.57	0.32	2.53	7.73	0.06	1.32	0.31	0.32	对数正态分布	0.32	0.22
Na$_2$O	354	0.10	0.13	0.27	0.48	0.76	1.06	1.15	0.54	0.33	0.43	2.44	1.36	0.05	0.61	0.48	0.12	偏峰分布	0.12	0.16
K$_2$O	356	1.44	1.68	2.09	2.45	2.75	3.09	3.31	2.42	0.57	2.35	1.76	5.10	0.68	0.23	2.45	2.53	正态分布	2.42	2.99
TC	356	0.24	0.27	0.32	0.40	0.51	0.63	0.77	0.44	0.16	0.41	1.88	1.17	0.11	0.38	0.40	0.40	对数正态分布	0.41	0.43
Corg	356	0.21	0.24	0.28	0.34	0.42	0.54	0.62	0.36	0.13	0.34	2.01	0.93	0.03	0.35	0.34	0.28	对数正态分布	0.34	0.42
pH	356	4.80	4.89	5.14	5.56	6.35	7.09	7.50	5.30	5.16	5.81	2.79	8.26	4.16	0.97	5.56	5.20	对数正态分布	5.81	5.12

注：原始样本数为 356 件。

第三章 土壤地球化学基准值

表 3-17 中酸性火成岩类风化土壤母质地球化学基准值参数统计表

元素/指标	N	$X_{5\%}$	$X_{10\%}$	$X_{25\%}$	$X_{50\%}$	$X_{75\%}$	$X_{90\%}$	$X_{95\%}$	$\bar{X}$	S	$\bar{X}_g$	S_g	X_{max}	X_{min}	CV	X_{me}	X_{mo}	分布类型		中酸性火成岩类风化物基准值	浙江省基准值
Ag	2067	36.00	42.00	51.3	64.0	79.5	98.0	110	67.1	21.54	63.7	11.26	130	21.00	0.32	64.0	55.0	偏峰分布		55.0	70.0
As	2056	3.04	3.51	4.60	5.99	7.96	10.14	11.60	6.48	2.60	5.99	3.03	14.30	1.63	0.40	5.99	8.20	偏峰后对数分布	剔除后对数分布	5.99	6.83
Au	2044	0.47	0.54	0.68	0.92	1.27	1.63	1.90	1.01	0.43	0.93	1.53	2.35	0.29	0.43	0.92	1.10	偏峰分布		1.10	1.10
B	2089	12.40	14.63	18.80	25.79	35.70	48.42	55.0	28.46	12.89	25.70	6.84	66.2	4.40	0.45	25.79	27.00	偏峰后对数分布	剔除后对数分布	25.70	73.0
Ba	2130	307	370	474	602	762	921	1022	625	213	587	39.75	1232	78.0	0.34	602	593	偏峰分布		593	482
Be	2074	1.77	1.87	2.08	2.34	2.64	2.94	3.15	2.38	0.42	2.34	1.69	3.61	1.30	0.18	2.34	2.28	偏峰后对数分布	剔除后对数分布	2.34	2.31
Bi	2020	0.16	0.18	0.21	0.27	0.36	0.47	0.52	0.30	0.11	0.28	2.26	0.64	0.04	0.37	0.27	0.25	其他分布	对数正态分布	0.25	0.24
Br	2189	1.67	1.91	2.43	3.43	4.90	6.90	8.60	4.09	2.82	3.54	2.42	63.3	0.69	0.69	3.43	2.30	偏峰后对数分布	剔除后对数分布	3.54	1.50
Cd	2100	0.04	0.05	0.07	0.10	0.14	0.17	0.20	0.11	0.05	0.10	4.14	0.25	0.01	0.44	0.10	0.12	其他分布	对数正态分布	0.12	0.11
Ce	2097	68.6	73.0	80.4	89.8	101	113	120	91.2	15.29	90.0	13.56	134	50.2	0.17	89.8	103	偏峰后对数分布	剔除后对数分布	90.0	84.1
Cl	2013	29.66	32.90	39.31	48.63	63.0	80.1	91.3	52.9	18.36	50.00	9.62	112	19.60	0.35	48.63	39.00	偏峰后对数分布	剔除后对数分布	50.00	39.00
Co	2189	4.79	5.52	6.94	9.20	12.45	16.29	18.83	10.32	4.91	9.39	3.93	48.87	2.06	0.48	9.20	10.10	偏峰后对数分布	剔除后对数分布	9.39	11.90
Cr	2187	11.70	14.10	20.30	29.90	43.40	63.2	77.8	34.98	21.25	29.80	7.59	206	3.50	0.61	29.90	22.10	偏峰后对数分布	剔除后对数分布	29.80	71.0
Cu	2069	6.46	7.50	9.50	12.30	16.71	21.90	25.00	13.56	5.55	12.50	4.50	29.91	2.20	0.41	12.30	11.20	偏峰后对数分布	剔除后对数分布	12.50	11.20
F	2124	287	320	385	465	565	660	714	478	129	460	34.64	851	158	0.27	465	422	偏峰后对数分布	剔除后对数分布	460	431
Ga	2189	15.49	16.33	17.90	19.70	21.97	24.10	25.40	20.04	3.07	19.80	5.68	38.18	10.60	0.15	19.70	20.00	对数正态分布	剔除后对数分布	19.80	18.92
Ge	2136	1.28	1.33	1.43	1.53	1.66	1.79	1.87	1.55	0.18	1.54	1.32	2.02	1.08	0.11	1.53	1.47	对数正态分布	剔除后对数分布	1.54	1.50
Hg	2085	0.028	0.032	0.040	0.051	0.065	0.080	0.089	0.054	0.019	0.050	5.726	0.109	0.008	0.346	0.051	0.044	对数正态分布	剔除后对数分布	0.050	0.048
I	2189	1.86	2.35	3.48	4.97	7.18	10.00	11.66	5.69	3.24	4.90	2.92	34.20	0.21	0.57	4.97	4.20	偏峰分布	剔除后对数分布	4.90	3.86
La	2093	32.60	35.25	40.00	44.50	49.80	56.0	59.7	45.02	7.93	44.32	9.09	67.1	23.75	0.18	44.50	45.00	对数正态分布	剔除后对数分布	44.32	41.00
Li	2189	20.40	22.73	26.90	32.25	39.82	49.22	55.8	34.77	12.44	33.01	7.69	150	12.67	0.36	32.25	30.00	偏峰后对数分布	剔除后对数分布	33.01	37.51
Mn	2139	383	451	585	753	949	1155	1280	779	266	732	45.63	1529	144	0.34	753	721	偏峰后对数分布	剔除后对数分布	732	713
Mo	2027	0.57	0.65	0.82	1.08	1.46	1.97	2.29	1.20	0.52	1.10	1.54	2.77	0.16	0.43	1.08	0.91	其他分布	对数正态分布	0.91	0.62
N	2189	0.29	0.33	0.41	0.50	0.64	0.82	0.93	0.55	0.21	0.51	1.70	2.17	0.11	0.39	0.50	0.59	偏峰后对数分布	剔除后对数分布	0.51	0.49
Nb	2079	17.10	18.23	20.02	22.26	25.00	28.30	30.50	22.73	3.90	22.41	6.08	33.80	12.40	0.17	22.26	22.50	对数正态分布	剔除后对数分布	22.41	19.60
Ni	2039	5.51	6.50	8.73	12.00	16.73	22.52	25.56	13.32	6.13	12.00	4.54	32.31	2.21	0.46	12.00	12.20	偏峰分布	剔除后对数分布	12.00	11.00
P	2189	0.14	0.16	0.22	0.30	0.40	0.53	0.62	0.33	0.16	0.30	2.32	1.56	0.07	0.49	0.30	0.23	偏峰后对数分布	剔除后对数分布	0.30	0.24
Pb	2004	22.50	24.10	27.00	30.60	35.99	42.00	46.10	31.95	7.08	31.21	7.39	53.9	14.60	0.22	30.60	30.00	其他分布	对数正态分布	30.00	30.00

续表 3-17

元素/指标	N	$X_{5\%}$	$X_{10\%}$	$X_{25\%}$	$X_{50\%}$	$X_{75\%}$	$X_{90\%}$	$X_{95\%}$	$\overline{X}$	S	$\overline{X}_g$	S_g	X_{max}	X_{min}	CV	X_{me}	X_{mo}	分布类型	中酸性火成岩类风化物基准值	浙江省基准值
Rb	2085	100.0	108	123	136	152	167	177	137	22.86	135	17.05	200	76.6	0.17	136	152	剔除后正态分布	137	128
S	2041	68.0	76.4	97.8	122	151	184	206	126	41.06	120	16.21	248	29.82	0.32	122	121	剔除后对数分布	120	114
Sb	2066	0.31	0.36	0.43	0.52	0.64	0.78	0.87	0.55	0.16	0.52	1.62	1.03	0.10	0.30	0.52	0.53	对数正态分布	0.52	0.53
Sc	2189	6.40	6.96	8.00	9.40	11.20	13.18	14.60	9.82	2.58	9.51	3.71	22.80	3.92	0.26	9.40	8.30	对数正态分布	9.51	9.70
Se	2189	0.11	0.13	0.18	0.24	0.33	0.45	0.51	0.27	0.13	0.24	2.57	1.59	0.04	0.50	0.24	0.22	对数正态分布	0.24	0.21
Sn	2042	2.13	2.35	2.70	3.20	3.83	4.54	5.08	3.33	0.87	3.22	2.08	5.95	1.20	0.26	3.20	3.10	剔除后正态分布	3.22	2.60
Sr	2189	27.74	33.19	44.94	65.2	95.4	129	153	76.0	49.56	65.4	11.56	967	8.20	0.65	65.2	102	其他分布	65.4	112
Th	2102	11.01	12.28	14.09	16.00	18.33	20.87	22.70	16.29	3.39	15.94	5.07	25.51	7.24	0.21	16.00	15.60	剔除后正态分布	15.60	14.50
Ti	2089	2811	3131	3641	4266	4901	5463	5952	4293	935	4188	123	6949	1742	0.22	4266	4446	剔除后对数分布	4293	4602
Tl	2094	0.64	0.71	0.82	0.95	1.09	1.25	1.37	0.97	0.21	0.94	1.26	1.55	0.40	0.22	0.95	0.88	剔除后对数分布	0.94	0.82
U	2084	2.53	2.71	3.05	3.43	3.89	4.44	4.78	3.51	0.66	3.45	2.11	5.35	1.71	0.19	3.43	3.20	剔除后正态分布	3.45	3.14
V	2189	34.50	40.00	49.80	63.1	81.3	104	118	68.6	28.32	63.7	11.28	424	14.40	0.41	63.1	65.0	对数正态分布	63.7	110
W	2057	1.41	1.53	1.74	1.99	2.33	2.75	3.06	2.07	0.48	2.02	1.60	3.47	0.78	0.23	1.99	2.20	其他分布	2.20	1.93
Y	2087	19.20	20.60	23.00	25.84	29.10	32.48	34.83	26.29	4.62	25.89	6.62	39.60	13.70	0.18	25.84	25.00	剔除后对数分布	25.89	26.13
Zn	2084	54.2	58.4	66.6	76.8	89.9	105	113	79.1	17.70	77.2	12.45	130	31.00	0.22	76.8	107	剔除后对数分布	77.2	77.4
Zr	2088	217	236	268	305	343	381	409	307	56.7	302	27.16	468	166	0.18	305	288	剔除后正态分布	307	287
SiO_2	2162	61.2	63.0	66.2	69.4	72.3	74.6	76.1	69.1	4.51	69.0	11.52	81.5	56.6	0.07	69.4	70.5	偏峰分布	70.5	70.5
Al_2O_3	2189	12.56	13.09	14.21	15.55	17.32	19.13	20.24	15.87	2.37	15.69	4.93	24.70	10.09	0.15	15.55	15.00	对数正态分布	15.69	14.82
TFe_2O_3	2189	2.87	3.13	3.60	4.30	5.17	6.17	7.08	4.53	1.36	4.36	2.46	15.20	1.70	0.30	4.30	4.43	剔除后正态分布	4.36	4.70
MgO	2046	0.38	0.42	0.50	0.62	0.79	0.99	1.12	0.67	0.22	0.63	1.53	1.35	0.24	0.34	0.62	0.55	剔除后对数分布	0.63	0.67
CaO	2018	0.11	0.13	0.17	0.25	0.36	0.51	0.60	0.29	0.15	0.25	2.60	0.78	0.04	0.53	0.25	0.16	剔除后对数分布	0.25	0.22
Na_2O	2153	0.13	0.17	0.31	0.55	0.84	1.12	1.30	0.60	0.36	0.49	2.29	1.67	0.07	0.60	0.55	0.41	其他分布	0.41	0.16
K_2O	2143	1.88	2.16	2.52	2.90	3.23	3.60	3.81	2.88	0.56	2.82	1.88	4.34	1.39	0.19	2.90	2.99	剔除后正态分布	2.88	2.99
TC	2189	0.23	0.28	0.37	0.48	0.66	0.86	1.02	0.54	0.27	0.49	1.86	3.30	0.10	0.49	0.48	0.43	对数正态分布	0.49	0.43
Corg	2081	0.21	0.25	0.33	0.42	0.54	0.68	0.77	0.45	0.17	0.41	1.91	0.92	0.05	0.37	0.42	0.54	剔除后正态分布	0.41	0.42
pH	2023	4.82	4.91	5.08	5.30	5.63	6.05	6.30	5.22	5.28	5.39	2.65	6.80	4.27	1.01	5.30	5.12	其他分布	5.12	5.12

注:Cr 原始样本数为 2187 件,Corg 为 2188 件,其他元素/指标为 2189 件。

表3-18 中基性火成岩类风化物土壤母质地球化学基准值参数统计表

元素/指标	N	$X_{5\%}$	$X_{10\%}$	$X_{25\%}$	$X_{50\%}$	$X_{75\%}$	$X_{90\%}$	$X_{95\%}$	$\overline{X}$	S	$\overline{X}_g$	S_g	X_{max}	X_{min}	CV	X_{me}	X_{mo}	分布类型	中基性火成岩类风化物基准值	浙江省基准值
Ag	43	36.30	41.40	49.00	65.0	80.1	100.0	144	69.8	31.85	64.0	11.32	175	24.00	0.46	65.0	65.0	正态分布	69.8	70.0
As	43	3.26	4.34	5.40	7.20	9.93	14.13	16.40	8.25	4.16	7.35	3.46	20.40	2.80	0.50	7.20	8.30	正态分布	8.25	6.83
Au	43	0.55	0.80	1.15	1.47	1.94	2.26	2.59	1.54	0.66	1.41	1.63	4.00	0.47	0.43	1.47	1.60	正态分布	1.54	1.10
B	43	14.18	16.00	23.50	30.09	36.00	41.00	54.1	31.56	15.41	28.70	6.97	100.0	8.00	0.49	30.09	29.00	正态分布	31.56	73.0
Ba	43	359	390	456	532	670	804	825	565	161	541	38.37	994	208	0.29	532	572	正态分布	565	482
Be	43	1.85	1.89	2.14	2.36	2.79	3.29	3.56	2.58	0.94	2.48	1.81	7.73	1.77	0.36	2.36	2.30	对数正态分布	2.48	2.31
Bi	43	0.18	0.18	0.20	0.25	0.33	0.37	0.42	0.27	0.08	0.26	2.33	0.45	0.12	0.30	0.25	0.30	正态分布	0.27	0.24
Br	43	1.76	1.87	2.45	3.41	4.21	4.94	5.26	3.47	1.29	3.24	2.18	7.50	1.34	0.37	3.41	2.35	正态分布	3.47	1.50
Cd	43	0.08	0.09	0.11	0.15	0.18	0.22	0.33	0.16	0.10	0.15	3.20	0.65	0.06	0.59	0.15	0.18	对数正态分布	0.15	0.11
Ce	43	67.0	70.5	75.5	87.1	94.0	102	106	86.8	14.82	85.7	12.87	143	62.6	0.17	87.1	86.7	正态分布	86.8	84.1
Cl	43	36.16	39.68	46.50	52.0	61.0	65.3	71.9	52.7	12.35	51.3	9.80	85.7	23.00	0.23	52.0	52.0	正态分布	52.7	39.00
Co	43	11.94	15.08	16.85	24.59	38.21	47.24	51.1	28.01	13.10	25.16	6.92	57.0	10.00	0.47	24.59	28.20	正态分布	28.01	11.90
Cr	43	48.66	52.1	59.7	100.0	146	177	194	111	60.8	97.3	14.46	330	35.80	0.55	100.0	110	正态分布	111	71.0
Cu	43	16.24	18.46	23.80	35.80	51.6	75.7	81.3	40.29	20.78	35.53	8.43	93.5	13.71	0.52	35.80	40.80	正态分布	40.29	11.20
F	41	317	349	388	420	446	533	566	426	72.1	420	31.89	598	275	0.17	420	388	剔除后正正态分布	426	431
Ga	43	16.86	17.52	19.27	21.20	23.75	27.30	30.20	21.86	4.18	21.49	5.84	32.70	14.20	0.19	21.20	21.20	正态分布	21.86	18.92
Ge	43	1.27	1.31	1.40	1.56	1.69	1.86	1.94	1.57	0.23	1.55	1.32	2.23	1.14	0.15	1.56	1.58	正态分布	1.57	1.50
Hg	43	0.030	0.031	0.038	0.050	0.066	0.091	0.113	0.056	0.024	0.052	5.778	0.124	0.023	0.435	0.050	0.056	正态分布	0.056	0.048
I	43	2.13	2.26	3.12	3.98	5.98	7.66	8.41	4.68	2.26	4.20	2.50	12.74	1.20	0.48	3.98	4.65	正态分布	4.68	3.86
La	43	34.50	34.77	40.43	44.41	53.0	58.3	64.5	47.27	10.82	46.23	9.17	90.6	33.50	0.23	44.41	47.30	正态分布	47.27	41.00
Li	43	21.34	22.45	27.67	32.70	37.17	41.42	43.57	34.90	20.54	32.36	7.46	159	16.00	0.59	32.70	32.80	对数正态分布	32.36	37.51
Mn	43	502	636	774	937	1168	1314	1354	967	278	924	52.0	1608	388	0.29	937	968	正态分布	967	713
Mo	43	0.79	0.85	1.04	1.49	1.95	2.16	2.31	1.52	0.55	1.43	1.51	2.97	0.75	0.36	1.49	1.31	正态分布	1.52	0.62
N	43	0.38	0.40	0.48	0.59	0.72	0.83	0.86	0.60	0.15	0.58	1.50	0.91	0.36	0.26	0.59	0.60	正态分布	0.60	0.49
Nb	43	18.57	19.48	25.71	29.80	50.00	61.4	66.2	37.05	17.03	33.77	8.09	87.6	18.34	0.46	29.80	37.53	正态分布	37.05	19.60
Ni	43	16.68	21.32	29.80	60.3	96.8	139	147	69.1	45.06	54.8	11.29	169	12.90	0.65	60.3	70.4	正态分布	69.1	11.00
P	43	0.31	0.39	0.44	0.62	1.13	1.46	1.58	0.77	0.40	0.68	1.74	1.58	0.24	0.52	0.62	1.46	正态分布	0.77	0.24
Pb	43	18.16	20.76	22.65	26.89	29.95	33.86	37.10	27.53	8.90	26.47	6.54	71.0	13.90	0.32	26.89	26.50	正态分布	27.53	30.00

续表 3-18

元素/指标	N	$X_{5\%}$	$X_{10\%}$	$X_{25\%}$	$X_{50\%}$	$X_{75\%}$	$X_{90\%}$	$X_{95\%}$	$\bar{X}$	S	$\bar{X}_g$	S_g	X_{max}	X_{min}	CV	X_{me}	X_{mo}	分布类型	中基性火成岩类风化物基准值	浙江省基准值
Rb	43	64.1	69.4	88.3	104	122	132	139	103	24.51	99.6	14.19	153	51.5	0.24	104	88.5	正态分布	103	128
S	43	101	105	127	173	213	259	272	178	68.6	167	18.78	412	87.4	0.39	173	221	正态分布	178	114
Sb	43	0.36	0.42	0.47	0.63	0.77	1.03	1.15	0.73	0.54	0.64	1.64	3.80	0.34	0.74	0.63	0.66	对数正态分布	0.64	0.53
Sc	43	9.64	10.21	11.19	14.21	17.20	20.14	23.91	14.90	4.36	14.32	4.68	26.32	8.62	0.29	14.21	16.60	正态分布	14.90	9.70
Se	43	0.14	0.15	0.21	0.25	0.32	0.39	0.42	0.27	0.09	0.26	2.39	0.50	0.12	0.33	0.25	0.14	正态分布	0.27	0.21
Sn	43	2.11	2.24	2.69	3.00	3.57	4.50	4.96	3.27	1.11	3.12	2.07	7.30	1.60	0.34	3.00	3.27	正态分布	3.27	2.60
Sr	43	48.64	54.9	63.4	82.8	118	149	248	102	59.8	89.0	14.78	312	21.90	0.59	82.8	86.5	正态分布	102	112
Th	43	9.25	10.37	12.85	14.84	16.30	17.64	19.76	14.65	3.04	14.31	4.62	20.93	7.60	0.21	14.84	15.93	正态分布	14.65	14.50
Ti	43	5443	5856	7129	8671	13 521	16 636	17 464	10 148	4105	9417	197	18 744	5298	0.40	8671	10 305	正态分布	10 148	4602
Tl	43	0.41	0.47	0.58	0.73	0.86	1.04	1.23	0.74	0.24	0.70	1.49	1.27	0.28	0.32	0.73	0.79	正态分布	0.74	0.82
U	43	2.23	2.36	2.95	3.24	3.54	3.94	4.28	3.23	0.68	3.16	1.97	5.03	1.49	0.21	3.24	3.29	正态分布	3.23	3.14
V	43	81.7	82.8	106	134	166	201	216	137	43.46	130	16.54	246	67.8	0.32	134	137	正态分布	137	110
W	43	1.33	1.44	1.70	1.90	2.33	2.49	2.63	1.99	0.57	1.91	1.61	4.00	0.59	0.29	1.90	1.88	正态分布	1.99	1.93
Y	43	21.19	22.67	24.02	26.41	32.74	38.35	40.17	28.87	6.75	28.17	6.98	48.80	20.30	0.23	26.41	29.83	对数正态分布	28.17	26.13
Zn	43	66.0	70.6	78.2	91.1	114	133	140	97.6	27.56	94.3	13.70	189	58.7	0.28	91.1	79.2	正态分布	97.6	77.4
Zr	43	251	273	293	319	342	373	397	321	46.40	318	27.39	444	214	0.14	319	336	正态分布	321	287
SiO_2	43	51.0	51.5	58.4	63.6	65.4	67.5	71.8	61.9	6.57	61.5	10.70	75.5	48.29	0.11	63.6	61.9	正态分布	61.9	70.5
Al_2O_3	43	13.03	13.66	14.50	16.29	17.79	19.76	20.00	16.26	2.38	16.09	4.87	20.79	11.36	0.15	16.29	14.93	正态分布	16.26	14.82
TFe_2O_3	43	5.18	5.31	6.64	7.75	11.70	13.85	16.06	9.09	3.48	8.50	3.61	17.28	3.88	0.38	7.75	9.22	正态分布	9.09	4.70
MgO	43	0.55	0.61	0.71	0.85	1.09	1.45	1.91	1.01	0.49	0.93	1.47	3.00	0.51	0.49	0.85	0.96	对数正态分布	0.93	0.67
CaO	43	0.12	0.15	0.23	0.33	0.65	1.13	1.97	0.58	0.66	0.39	2.56	3.46	0.10	1.14	0.33	0.26	对数正态分布	0.39	0.22
Na_2O	43	0.09	0.14	0.32	0.62	0.92	1.22	1.29	0.65	0.39	0.50	2.43	1.51	0.07	0.60	0.62	0.43	正态分布	0.65	0.16
K_2O	43	1.02	1.12	1.60	2.12	2.54	2.76	2.84	2.04	0.62	1.94	1.67	3.28	0.95	0.30	2.12	1.28	正态分布	2.04	2.99
TC	43	0.29	0.39	0.50	0.63	0.78	0.84	0.86	0.63	0.18	0.59	1.57	0.95	0.22	0.29	0.63	0.60	正态分布	0.63	0.43
Corg	43	0.33	0.35	0.45	0.53	0.67	0.80	0.81	0.56	0.16	0.53	1.58	0.89	0.26	0.29	0.53	0.59	正态分布	0.56	0.42
pH	43	4.87	4.93	5.14	5.55	6.02	6.24	6.36	5.33	5.34	5.59	2.72	6.92	4.78	1.00	5.55	5.55	正态分布	5.33	5.12

注：原始样本数为 43 件。

Na_2O、Cu、P、Mo、Co、Br、Ti、TFe_2O_3、Nb、CaO、Cr、S、Sc、TC、Au 基准值明显高于浙江省基准值,与浙江省基准值比值在 1.4 以上,其中 Ni、Na_2O、Cu、P、Mo、Co、Br、Ti 明显相对富集,基准值在浙江省基准值的 2.0 倍以上,Ni 基准值最高,是浙江省基准值的 6.28 倍;其他元素/指标基准值则与浙江省基准值基本接近。

八、变质岩类风化物土壤母质地球化学基准值

浙江省变质岩类风化物区土壤母质地球化学基准值数据经正态分布检验,结果表明,原始数据中 Ag、B、Ba、Be、Ce、Co、Cr、F、Ga、Ge、I、La、Li、Mn、Nb、P、Rb、Sc、Se、Th、Ti、Tl、U、V、Y、Zr、SiO_2、Al_2O_3、TFe_2O_3、MgO、Na_2O、K_2O、TC、pH 符合正态分布,As、Au、Bi、Br、Cd、Cl、Cu、Hg、Mo、N、Ni、Pb、Sb、Sn、W、CaO、Corg 符合对数正态分布,S、Sr、Zn 剔除异常值后符合正态分布(表 3-19)。

浙江省变质岩类风化物区深层土壤总体呈酸性,土壤 pH 基准值为 5.39,极大值为 6.96,极小值为 4.68,与浙江省基准值接近。

在深层土壤各元素/指标中,少部分元素/指标变异系数小于 0.40,分布相对均匀;Bi、Au、pH、CaO、Na_2O、Mo、As、Br、Cd、Cu、Hg、Pb、TC、Cl、W、Corg、Tl、Sn、Ni、Sb、Ag、Cr、I、Sr、P、B、N、Se、Th、S 共 30 项元素/指标变异系数大于 0.40,其中 Bi、Au、pH、CaO 变异系数大于 0.80,空间变异性较大。

与浙江省土壤基准值相比,变质岩类风化物区土壤基准值中 B 基准值明显低于浙江省基准值,仅为浙江省基准值的 41%;Sr 基准值略低于浙江省基准值,为浙江省基准值的 68%;Ag、Se、TFe_2O_3、Cd、Mn、Bi、Ti、Zn、TC、S、Tl 基准值略高于浙江省基准值,与浙江省基准值比值在 1.2~1.4 之间;Na_2O、Cu、Ni、P、Mo、CaO、Br、MgO、Co、Au、Cl、Sn、Sc 基准值明显高于浙江省基准值,与浙江省基准值比值在 1.4 以上,其中 Na_2O、Cu、Ni 明显相对富集,基准值为浙江省基准值的 2.0 倍以上,Na_2O 的基准值为 0.68%,是浙江省基准值的 4.25 倍;其他元素/指标基准值则与浙江省基准值基本接近。

第三节 主要土壤类型地球化学基准值

一、黄壤土壤地球化学基准值

浙江省黄壤区土壤地球化学基准值数据经正态分布检验,结果表明,原始数据中 Ga、Ge、I、La、Th、SiO_2、Al_2O_3、K_2O 符合正态分布,Ag、As、Au、B、Be、Br、Co、Cr、Cu、Hg、Li、N、Nb、Ni、P、Rb、S、Sc、Se、Sn、Sr、Ti、Tl、V、Zn、TFe_2O_3、MgO、Na_2O、TC、Corg 符合对数正态分布,Cd、Ce、Cl、F、Mn、U、Y、Zr、pH 剔除异常值后符合正态分布,Ba、Bi、Mo、Pb、Sb、W、CaO 剔除异常值后符合对数正态分布(表 3-20)。

浙江省黄壤区深层土壤总体呈酸性,土壤 pH 基准值为 5.18,极大值为 6.05,极小值为 4.58,与浙江省基准值接近。

在深层土壤各元素/指标中,约一半元素/指标变异系数小于 0.40,分布相对均匀;Sn、As、pH、Ag、Au、Na_2O、Ni、Cu、Cr、MgO、Se、Sr、Br、B、Co、V、Corg、Hg、TC、I、P、Mo、Zn、N、S、Cd 共 26 项元素/指标变异系数大于 0.40,其中 Sn、As、pH、Ag 变异系数大于 0.80,空间变异性较大。

与浙江省土壤基准值相比,黄壤区土壤基准值中 V、Sr、Cr、B 基准值明显低于浙江省基准值,不足浙江省基准值的 60%;Ni、TC、P、Se、Bi、Corg、Cu、Tl、Cl、N、S、Hg 基准值略高于浙江省基准值,与浙江省基准值比值在 1.2~1.4 之间;Br、Na_2O、Mo、I、Sn 基准值明显高于浙江省基准值,与浙江省基准值比值在 1.4 以上,其中 Br、Na_2O 明显相对富集,基准值在浙江省基准值的 2.0 倍以上,Br 的基准值为 4.77mg/kg,是浙江省基准值的 3.18 倍;其他元素/指标基准值则与浙江省基准值基本接近。

表3-19 变质岩类风化物土壤母质地球化学基准值参数统计表

元素/指标	N	$X_{5\%}$	$X_{10\%}$	$X_{25\%}$	$X_{50\%}$	$X_{75\%}$	$X_{90\%}$	$X_{95\%}$	$\bar{X}$	S	$\bar{X}_g$	S_g	X_{max}	X_{min}	CV	X_{me}	X_{mo}	分布类型	变质岩类风化物基准值	浙江省基准值
Ag	64	48.21	51.8	62.6	84.4	121	162	184	96.8	50.5	87.1	13.45	332	40.00	0.52	84.4	85.0	正态分布	96.8	70.0
As	64	3.52	4.02	5.81	7.67	10.25	14.20	18.56	9.32	6.80	7.93	3.59	44.50	2.86	0.73	7.67	9.80	对数正态分布	7.93	6.83
Au	64	0.70	0.82	1.27	1.67	2.20	3.28	4.17	2.11	2.23	1.67	2.00	17.18	0.27	1.06	1.67	1.40	对数正态分布	1.67	1.10
B	64	14.11	15.00	20.53	27.56	37.23	47.83	53.9	30.07	13.19	27.27	7.27	69.0	6.00	0.44	27.56	32.00	正态分布	30.07	73.0
Ba	64	342	413	465	553	649	770	854	571	151	551	39.06	952	260	0.26	553	527	正态分布	571	482
Be	64	1.49	1.70	2.01	2.41	2.72	3.02	3.17	2.36	0.52	2.30	1.67	3.52	1.23	0.22	2.41	2.40	正态分布	2.36	2.31
Bi	64	0.15	0.17	0.22	0.28	0.38	0.52	0.83	0.38	0.44	0.30	2.59	3.34	0.08	1.13	0.28	0.18	对数正态分布	0.30	0.24
Br	64	1.21	1.59	1.96	2.55	3.55	5.81	6.40	3.14	2.03	2.66	2.16	11.70	0.34	0.65	2.55	2.25	对数正态分布	2.66	1.50
Cd	64	0.07	0.07	0.10	0.13	0.19	0.29	0.35	0.16	0.10	0.14	3.67	0.56	0.04	0.65	0.13	0.21	对数正态分布	0.14	0.11
Ce	64	56.8	64.1	77.4	92.0	106	127	144	93.8	25.51	90.4	13.15	162	42.99	0.27	92.0	98.0	正态分布	93.8	84.1
Cl	64	33.00	41.30	46.47	54.3	69.3	87.1	140	64.7	36.68	58.5	10.66	251	20.00	0.57	54.3	54.0	正态分布	58.5	39.00
Co	64	8.73	9.62	13.02	16.87	22.68	28.96	31.77	18.35	7.27	17.00	5.33	40.10	7.50	0.40	16.87	9.60	正态分布	18.35	11.90
Cr	64	36.08	40.78	49.61	70.8	105	136	157	81.5	42.78	72.3	11.62	252	23.80	0.52	70.8	80.4	正态分布	81.5	71.0
Cu	64	16.46	17.50	24.05	31.10	47.58	77.4	88.1	39.85	25.28	34.15	7.98	128	12.64	0.63	31.10	28.60	对数正态分布	34.15	11.20
F	64	324	343	403	496	570	686	875	515	159	494	34.51	1034	242	0.31	496	507	正态分布	515	431
Ga	64	16.54	16.68	18.07	19.73	22.32	23.76	25.29	20.28	2.84	20.09	5.53	28.11	15.18	0.14	19.73	19.24	正态分布	20.28	18.92
Ge	64	1.21	1.25	1.32	1.42	1.58	1.70	1.87	1.46	0.20	1.45	1.27	2.09	1.15	0.14	1.42	1.60	正态分布	1.46	1.50
Hg	64	0.024	0.026	0.033	0.044	0.064	0.092	0.107	0.055	0.035	0.048	6.469	0.191	0.019	0.630	0.044	0.032	对数正态分布	0.048	0.048
I	64	1.46	1.86	2.71	4.14	5.47	6.16	6.58	4.15	1.93	3.68	2.40	11.97	0.91	0.47	4.14	4.54	正态分布	4.15	3.86
La	64	28.83	32.69	40.05	47.02	53.6	64.2	71.9	47.78	13.14	46.08	9.05	86.9	22.90	0.28	47.02	47.86	正态分布	47.78	41.00
Li	64	23.22	25.67	29.08	34.30	38.93	46.09	49.29	35.18	8.78	34.18	7.51	63.6	19.43	0.25	34.30	35.29	正态分布	35.18	37.51
Mn	64	427	483	661	858	1070	1344	1531	899	363	835	48.46	2317	342	0.40	858	906	正态分布	899	713
Mo	64	0.52	0.65	0.85	1.06	1.77	2.80	3.76	1.49	1.12	1.22	1.81	6.71	0.39	0.75	1.06	0.76	对数正态分布	1.22	0.62
N	64	0.33	0.35	0.41	0.47	0.62	0.70	0.99	0.53	0.23	0.50	1.72	1.77	0.25	0.44	0.47	0.52	对数正态分布	0.50	0.49
Nb	64	11.93	15.69	17.58	20.20	23.15	25.11	25.86	20.25	4.90	19.66	5.52	36.94	8.50	0.24	20.20	20.20	正态分布	20.25	19.60
Ni	64	14.34	15.03	19.03	26.00	45.93	59.5	68.5	33.08	18.06	28.75	7.04	82.0	10.10	0.55	26.00	34.90	对数正态分布	28.75	11.00
P	64	0.28	0.29	0.33	0.43	0.53	0.76	0.90	0.48	0.22	0.45	1.82	1.47	0.24	0.46	0.43	0.48	正态分布	0.48	0.24
Pb	64	16.04	21.34	27.49	33.70	43.33	59.7	76.8	39.40	23.77	34.80	7.74	154	12.66	0.60	33.70	40.51	对数正态分布	34.80	30.00

续表 3-19

元素/指标	N	$X_{5\%}$	$X_{10\%}$	$X_{25\%}$	$X_{50\%}$	$X_{75\%}$	$X_{90\%}$	$X_{95\%}$	$\bar{X}$	S	$\bar{X}_g$	S_g	X_{max}	X_{min}	CV	X_{me}	X_{mo}	分布类型	变质岩类风化物基准值	浙江省基准值
Rb	64	63.0	70.9	94.5	127	149	164	179	123	36.06	117	15.20	199	38.51	0.29	127	120	正态分布	123	128
S	60	81.9	87.5	92.9	123	165	240	257	139	57.6	129	15.87	292	63.1	0.42	123	94.0	剔除后正态分布	139	114
Sb	64	0.30	0.35	0.47	0.57	0.76	1.03	1.53	0.67	0.36	0.60	1.72	2.04	0.21	0.54	0.57	0.58	对数正态分布	0.60	0.53
Sc	64	8.86	9.52	10.55	13.08	16.30	19.81	22.94	13.81	4.18	13.26	4.44	25.26	8.17	0.30	13.08	12.70	正态分布	13.81	9.70
Se	64	0.14	0.16	0.19	0.26	0.35	0.43	0.50	0.28	0.12	0.26	2.49	0.66	0.12	0.42	0.26	0.33	对数正态分布	0.28	0.21
Sn	64	2.10	2.23	2.86	3.67	4.75	7.07	9.00	4.28	2.40	3.83	2.37	16.13	1.50	0.56	3.67	4.40	对数正态分布	3.83	2.60
Sr	56	30.03	34.10	49.10	69.3	95.8	128	134	75.7	35.92	67.4	12.76	175	20.00	0.47	69.3	75.5	剔除后正态分布	75.7	112
Th	64	6.70	7.87	12.75	15.98	19.54	24.64	29.36	16.66	6.97	15.19	4.79	39.05	4.17	0.42	15.98	16.65	正态分布	16.66	14.50
Ti	64	4089	4254	4957	5415	6474	7721	8211	5729	1232	5606	144	8537	3872	0.22	5415	5693	正态分布	5729	4602
Tl	64	0.35	0.39	0.60	0.88	1.22	1.74	2.02	0.99	0.56	0.86	1.77	2.82	0.25	0.56	0.88	0.98	正态分布	0.99	0.82
U	64	1.64	1.82	2.52	3.29	3.98	4.49	4.71	3.22	1.00	3.05	2.00	5.21	1.07	0.31	3.29	4.06	正态分布	3.22	3.14
V	64	66.3	70.0	81.9	104	132	163	193	112	38.69	106	14.68	212	47.35	0.35	104	101	正态分布	112	110
W	64	1.26	1.28	1.53	2.01	2.37	3.01	5.10	2.23	1.27	2.02	1.74	8.95	0.65	0.57	2.01	2.10	对数正态分布	2.02	1.93
Y	64	20.07	21.46	22.92	26.28	29.39	36.53	41.38	27.46	6.43	26.80	6.63	44.90	16.33	0.23	26.28	27.47	正态分布	27.46	26.13
Zn	60	56.9	60.3	71.9	93.1	112	133	157	95.9	30.47	91.4	13.25	173	51.9	0.32	93.1	60.3	剔除后正态分布	95.9	77.4
Zr	64	192	229	245	279	321	346	418	285	62.3	278	25.57	461	140	0.22	279	282	正态分布	285	287
SiO_2	64	54.0	56.8	62.1	66.3	69.3	73.7	74.4	65.7	6.21	65.4	11.23	78.7	50.5	0.09	66.3	65.8	正态分布	65.7	70.5
Al_2O_3	64	13.05	13.35	14.56	15.83	17.55	19.08	20.48	16.14	2.21	16.00	4.85	21.51	12.36	0.14	15.83	16.19	正态分布	16.14	14.82
TFe_2O_3	64	4.02	4.39	4.84	5.89	7.65	8.30	9.89	6.25	1.78	6.01	2.85	10.80	2.82	0.28	5.89	6.24	正态分布	6.25	4.70
MgO	64	0.59	0.63	0.76	0.96	1.38	1.66	1.76	1.08	0.42	1.01	1.45	2.20	0.49	0.38	0.96	1.09	正态分布	1.08	0.67
CaO	64	0.10	0.13	0.27	0.41	0.61	1.03	1.85	0.56	0.54	0.40	2.47	2.85	0.07	0.97	0.41	0.61	对数正态分布	0.56	0.22
Na_2O	64	0.10	0.14	0.22	0.64	1.00	1.20	1.57	0.68	0.50	0.48	2.54	2.38	0.07	0.75	0.64	0.37	正态分布	0.68	0.16
K_2O	64	1.54	1.82	2.02	2.43	2.95	3.26	3.42	2.49	0.59	2.42	1.76	3.90	1.20	0.24	2.43	1.98	正态分布	2.49	2.99
TC	64	0.26	0.27	0.35	0.46	0.62	0.74	1.11	0.53	0.31	0.48	1.90	2.09	0.21	0.57	0.46	0.61	正态分布	0.53	0.43
Corg	64	0.26	0.28	0.35	0.43	0.57	0.70	1.01	0.50	0.28	0.45	1.88	2.01	0.20	0.57	0.43	0.57	对数正态分布	0.50	0.42
pH	64	4.87	5.01	5.12	5.76	6.18	6.48	6.74	5.39	5.32	5.72	2.78	6.96	4.68	0.99	5.76	5.77	正态分布	5.39	5.12

注：原始始样本数为64件。

表3-20 黄壤地球化学基准值参数统计表

元素/指标	N	$X_{5\%}$	$X_{10\%}$	$X_{25\%}$	$X_{50\%}$	$X_{75\%}$	$X_{90\%}$	$X_{95\%}$	$\overline{X}$	S	$\overline{X}_g$	S_g	X_{max}	X_{min}	CV	X_{me}	X_{mo}	分布类型	黄壤基准值	浙江省基准值
Ag	328	36.18	42.50	53.0	67.0	89.3	130	164	84.0	87.4	71.1	12.48	1330	25.00	1.04	67.0	100.0	对数正态分布	71.1	70.0
As	328	3.26	3.87	4.90	6.77	10.12	17.28	30.19	10.34	12.76	7.62	3.99	121	1.68	1.23	6.77	10.50	对数正态分布	7.62	6.83
Au	328	0.45	0.54	0.68	0.87	1.16	1.72	2.36	1.06	0.81	0.92	1.65	9.41	0.27	0.76	0.87	0.81	对数正态分布	0.92	1.10
B	328	13.13	15.20	19.41	27.80	38.93	59.3	72.3	32.30	17.73	28.23	7.47	91.0	6.00	0.55	27.80	31.00	对数正态分布	28.23	73.0
Ba	315	304	341	444	547	708	898	1000	590	210	554	38.19	1170	137	0.36	547	470	剔除后对数分布	554	482
Be	328	1.72	1.84	2.03	2.33	2.67	3.21	3.91	2.49	0.82	2.40	1.78	9.98	1.11	0.33	2.33	2.52	正态正态分布	2.40	2.31
Bi	298	0.18	0.20	0.23	0.28	0.38	0.49	0.58	0.32	0.12	0.30	2.15	0.70	0.10	0.39	0.28	0.25	剔除后对数分布	0.30	0.24
Br	328	2.01	2.40	3.30	4.70	6.83	9.57	11.36	5.49	3.18	4.77	2.80	26.85	1.40	0.58	4.70	4.70	剔除后正态分布	4.77	1.50
Cd	293	0.04	0.05	0.07	0.10	0.13	0.16	0.19	0.11	0.04	0.10	4.14	0.24	0.01	0.41	0.10	0.12	剔除后正态分布	0.11	0.11
Ce	307	73.0	78.0	86.0	94.7	104	113	118	94.9	13.78	93.9	13.81	132	58.2	0.15	94.7	104	剔除后正态分布	94.9	84.1
Cl	311	28.25	30.40	35.85	45.00	55.7	68.0	76.1	47.04	14.43	44.96	8.95	90.0	21.10	0.31	45.00	40.80	对数正态分布	47.04	39.00
Co	328	4.69	5.65	7.02	9.16	13.43	19.00	22.16	11.00	5.86	9.76	4.12	40.10	2.06	0.53	9.16	10.80	对数正态分布	9.76	11.90
Cr	328	12.37	15.81	21.80	31.60	45.53	68.4	78.7	37.55	25.32	31.77	8.02	252	7.30	0.67	31.60	29.90	对数正态分布	31.77	71.0
Cu	328	6.54	7.60	9.50	12.95	18.33	29.63	40.01	16.32	11.56	13.82	5.06	89.0	4.00	0.71	12.95	9.40	对数正态分布	13.82	11.20
F	314	302	330	391	469	560	643	684	479	121	464	34.74	829	250	0.25	469	490	剔除后正态分布	479	431
Ga	328	15.84	17.00	18.50	20.31	22.39	24.00	25.09	20.37	3.15	20.12	5.71	38.18	10.80	0.15	20.31	20.40	正态分布	20.37	18.92
Ge	328	1.30	1.35	1.45	1.55	1.69	1.82	1.90	1.57	0.18	1.56	1.33	2.11	1.09	0.12	1.55	1.58	正态分布	1.57	1.50
Hg	328	0.034	0.042	0.053	0.065	0.083	0.101	0.120	0.071	0.036	0.065	4.989	0.530	0.022	0.511	0.065	0.110	对数正态分布	0.065	0.048
I	328	1.98	2.99	4.12	5.93	8.11	10.10	11.45	6.31	3.03	5.56	3.04	20.60	0.51	0.48	5.93	4.34	正态分布	6.31	3.86
La	328	30.93	34.58	40.20	44.83	49.15	56.0	59.3	45.02	8.52	44.20	9.13	76.9	16.86	0.19	44.83	41.50	正态正态分布	45.02	41.00
Li	328	21.51	23.70	28.19	34.00	40.12	48.29	53.4	35.67	12.10	34.08	7.90	127	15.60	0.34	34.00	29.50	对数正态分布	34.08	37.51
Mn	319	398	466	618	781	971	1165	1275	803	266	757	46.58	1538	157	0.33	781	744	剔除后正态分布	803	713
Mo	301	0.44	0.57	0.79	1.07	1.51	1.93	2.16	1.18	0.55	1.06	1.63	2.86	0.16	0.46	1.07	1.14	剔除后对数分布	1.06	0.62
N	328	0.31	0.35	0.45	0.57	0.78	0.98	1.20	0.64	0.28	0.59	1.65	1.89	0.20	0.43	0.57	0.36	对数正态分布	0.59	0.49
Nb	328	17.14	18.97	20.60	23.00	26.48	30.50	33.06	23.95	5.10	23.42	6.20	48.20	8.30	0.21	23.00	21.90	对数正态分布	23.42	19.60
Ni	328	6.17	7.49	10.47	14.75	21.11	33.66	40.43	18.30	13.33	15.19	5.47	113	2.76	0.73	14.75	18.00	对数正态分布	15.19	11.00
P	328	0.14	0.17	0.23	0.31	0.44	0.57	0.66	0.35	0.17	0.31	2.26	1.18	0.10	0.48	0.31	0.40	对数正态分布	0.31	0.24
Pb	289	20.26	23.06	26.26	30.40	34.90	42.15	47.84	31.64	8.22	30.62	7.30	56.9	11.00	0.26	30.40	29.80	剔除后对数分布	30.62	30.00

续表 3-20

元素/指标	N	$X_{5\%}$	$X_{10\%}$	$X_{25\%}$	$X_{50\%}$	$X_{75\%}$	$X_{90\%}$	$X_{95\%}$	$\overline{X}$	S	$\overline{X}_g$	S_g	X_{max}	X_{min}	CV	X_{me}	X_{mo}	分布类型	黄壤基准值	浙江省基准值
Rb	328	92.0	102	120	137	158	183	203	141	34.26	137	17.20	293	67.3	0.24	137	157	对数正态分布	137	128
S	328	83.0	91.7	112	136	163	210	248	146	62.3	137	17.42	837	13.60	0.43	136	146	对数正态分布	137	114
Sb	297	0.32	0.37	0.43	0.55	0.69	0.87	1.01	0.58	0.20	0.55	1.61	1.18	0.20	0.35	0.55	0.53	剔除后对数正态分布	0.55	0.53
Sc	328	6.60	7.00	8.00	9.46	11.07	12.79	13.86	9.77	2.61	9.47	3.69	24.91	3.98	0.27	9.46	8.60	对数正态分布	9.47	9.70
Se	328	0.12	0.14	0.19	0.28	0.37	0.48	0.54	0.31	0.19	0.27	2.52	2.19	0.04	0.63	0.28	0.22	对数正态分布	0.27	0.21
Sn	328	2.34	2.56	2.99	3.62	4.70	6.00	7.15	4.41	5.78	3.85	2.45	102	1.36	1.31	3.62	4.31	对数正态分布	3.85	2.60
Sr	328	23.79	30.67	40.08	51.1	66.7	91.1	131	59.3	35.38	52.5	10.08	347	14.20	0.60	51.1	58.5	对数正态分布	52.5	112
Th	328	11.34	11.96	13.70	16.57	19.40	22.50	24.63	16.95	4.66	16.37	5.12	44.04	7.24	0.27	16.57	16.50	正态分布	16.95	14.50
Ti	328	2906	3108	3700	4280	5106	6282	7113	4528	1345	4343	126	10191	1652	0.30	4280	4144	对数正态分布	4343	4602
Tl	328	0.61	0.69	0.81	1.00	1.17	1.43	1.64	1.04	0.35	0.99	1.36	2.97	0.39	0.34	1.00	0.97	正态分布	0.99	0.82
U	310	2.54	2.77	3.18	3.55	4.01	4.46	4.63	3.59	0.65	3.53	2.12	5.52	1.89	0.18	3.55	3.61	剔除后正态分布	3.59	3.14
V	328	34.95	41.17	51.6	64.7	83.1	108	131	72.2	37.40	65.9	11.61	397	20.90	0.52	64.7	66.0	对数正态分布	65.9	110
W	309	1.42	1.55	1.81	2.10	2.52	3.02	3.27	2.20	0.58	2.12	1.69	3.84	0.66	0.26	2.10	2.12	对数正态分布	2.12	1.93
Y	307	20.33	21.50	23.30	25.70	28.60	31.50	34.27	26.18	4.07	25.87	6.61	37.80	16.20	0.16	25.70	25.00	剔除后正态分布	26.18	26.13
Zn	328	58.3	64.3	71.5	83.0	99.6	123	166	92.7	41.84	87.3	13.49	538	43.40	0.45	83.0	102	对数正态分布	87.3	77.4
Zr	317	216	233	262	297	340	377	400	302	56.8	297	26.70	459	159	0.19	297	290	剔除后正态分布	302	287
SiO$_2$	328	61.7	63.5	65.8	69.0	71.2	72.7	73.9	68.5	4.01	68.3	11.45	79.6	53.7	0.06	69.0	70.6	正态分布	68.5	70.5
Al$_2$O$_3$	328	12.68	13.41	14.52	15.83	17.28	19.26	20.07	16.01	2.28	15.85	4.92	23.26	10.24	0.14	15.83	14.30	正态分布	16.01	14.82
TFe$_2$O$_3$	328	3.08	3.30	3.73	4.41	5.27	6.37	7.35	4.70	1.40	4.52	2.51	10.80	1.70	0.30	4.41	4.54	对数正态分布	4.52	4.70
MgO	328	0.39	0.43	0.53	0.69	0.93	1.29	1.73	0.83	0.55	0.73	1.62	6.15	0.31	0.66	0.69	0.67	对数正态分布	0.73	0.67
CaO	304	0.11	0.12	0.17	0.22	0.29	0.34	0.40	0.23	0.09	0.21	2.62	0.50	0.07	0.39	0.22	0.22	剔除后正态分布	0.21	0.22
Na$_2$O	328	0.12	0.14	0.22	0.35	0.55	0.76	0.94	0.43	0.32	0.35	2.50	1.94	0.08	0.74	0.35	0.15	对数正态分布	0.35	0.16
K$_2$O	328	1.80	1.92	2.28	2.71	3.11	3.49	3.69	2.70	0.61	2.63	1.83	4.32	1.09	0.22	2.71	3.07	正态分布	2.70	2.99
TC	328	0.24	0.32	0.43	0.57	0.78	1.05	1.25	0.64	0.33	0.57	1.78	2.28	0.14	0.51	0.57	0.41	对数正态分布	0.57	0.43
Corg	328	0.21	0.27	0.38	0.53	0.71	0.95	1.18	0.59	0.31	0.52	1.87	2.09	0.10	0.52	0.53	0.54	对数正态分布	0.52	0.42
pH	310	4.86	4.96	5.06	5.23	5.43	5.61	5.79	5.18	5.40	5.26	2.61	6.05	4.58	1.04	5.23	5.20	剔除后正态分布	5.18	5.12

注：原始样本数为 328 件。

二、红壤土壤地球化学基准值

浙江省红壤区土壤地球化学基准值数据经正态分布检验，结果表明，原始数据中仅 K_2O 符合正态分布，Br、Ga、Ge、Li、N、P、Al_2O_3、MgO 符合对数正态分布，Rb、Ti 剔除异常值后符合正态分布，Ag、As、Au、Ba、Be、Ce、Cl、Hg、I、Mn、Mo、Pb、S、Sc、Sn、Tl、V、W、Y、Zn、Zr、TFe_2O_3、CaO、TC、Corg 剔除异常值后符合对数正态分布，其他元素/指标不符合正态分布或对数正态分布（表 3-21）。

浙江省红壤区深层土壤总体呈酸性，土壤 pH 基准值为 5.12，极大值为 7.39，极小值为 4.27，与浙江省基准值相等。

在深层土壤各元素/指标中，大部分元素/指标变异系数小于 0.40，分布相对均匀；pH、Na_2O、Br、Ni、B、Cr、CaO、MgO、P、Cu、Sr、I、Mo、Cd、As、Au、Se 共 17 项元素/指标变异系数大于 0.40，其中 pH 变异系数大于 0.80，空间变异性较大。

与浙江省土壤基准值相比，红壤区土壤基准值中 Sr、B 基准值明显低于浙江省基准值，不足浙江省基准值的 60%；V 基准值略低于浙江省基准值，为浙江省基准值的 64%；P、Na_2O、Sn、Co、CaO、Cl 基准值略高于浙江省基准值，与浙江省基准值比值在 1.2~1.4 之间；Br、Cu、Mo 基准值明显高于浙江省基准值，与浙江省基准值比值在 1.4 以上，其中 Br 明显相对富集，基准值为浙江省基准值的 2.15 倍；其他元素/指标基准值则与浙江省基准值基本接近。

三、粗骨土土壤地球化学基准值

浙江省粗骨土区土壤地球化学基准值数据经正态分布检验，结果表明，原始数据中仅 Ga、Ge、Y、SiO_2、Al_2O_3、K_2O 符合正态分布，As、Au、B、Bi、Br、Cd、Co、Cr、Cu、Hg、I、Li、Mo、N、Ni、P、Sc、Se、Th、Tl、V、Zn、TFe_2O_3、MgO、CaO、Na_2O、TC、Corg 符合对数正态分布，Ag、Be、Ce、La、Mn、Nb、Rb、Sn、Ti、U、W、Zr 剔除异常值后符合正态分布，Cl、F、Sb、Sr、pH 剔除异常值后符合对数正态分布，其他元素/指标不符合正态分布或对数正态分布（表 3-22）。

浙江省粗骨土区深层土壤总体呈酸性，土壤 pH 基准值为 5.38，极大值为 6.78，极小值为 4.16，与浙江省基准值接近。

在深层土壤各元素/指标中，大部分元素/指标变异系数小于 0.40，分布相对均匀；Mo、CaO、Au、pH、As、Hg、Bi、Cu、Ni、Na_2O、MgO、Cr、Br、B、I、P、Cd、Co、Sr、Se、TC、Corg、V 共 23 项元素/指标变异系数大于 0.40，其中 Mo、CaO、Au、pH、As 变异系数大于 0.80，空间变异性较大。

与浙江省土壤基准值相比，粗骨土区土壤基准值中 V、Sr、Cr、B 基准值明显低于浙江省基准值，不足浙江省基准值的 60%；S 基准值略低于浙江省基准值，为浙江省基准值的 78%；CaO、Ni、P、Cu、Sn、Cl、Bi 基准值略高于浙江省基准值，与浙江省基准值比值在 1.2~1.4 之间；Na_2O、Br、Mo 基准值明显高于浙江省基准值，与浙江省基准值比值在 1.4 以上，其中 Na_2O、Br 明显相对富集，基准值为浙江省基准值的 2.0 倍以上，Na_2O 基准值为 0.49%，是浙江省基准值的 3.06 倍；其他元素/指标基准值则与浙江省基准值基本接近。

四、石灰岩土土壤地球化学基准值

浙江省石灰岩土区土壤地球化学基准值数据经正态分布检验，结果表明，原始数据中 B、Be、Br、Co、Cr、Cu、F、Ga、Ge、I、La、Li、Mn、N、Nb、Ni、P、Rb、Sc、Sr、Th、Ti、Tl、Y、Zr、SiO_2、Al_2O_3、TFe_2O_3、MgO、K_2O、Corg、pH 共 32 项元素/指标符合正态分布，As、Au、Bi、Cd、Ce、Hg、Mo、Pb、S、Sb、Se、Sn、U、V、W、Zn、CaO、Na_2O、TC 符合对数正态分布，Cl 剔除异常值后符合正态分布，其他元素/指标不符合正态分布或对数正态分布（表 3-23）。

第三章 土壤地球化学基准值

表3-21 红壤土壤地球化学基准值参数统计表

元素/指标	N	$X_{5\%}$	$X_{10\%}$	$X_{25\%}$	$X_{50\%}$	$X_{75\%}$	$X_{90\%}$	$X_{95\%}$	$\overline{X}$	S	$\overline{X}_g$	S_g	X_{max}	X_{min}	CV	X_{me}	X_{mo}	分布类型	红壤基准值	浙江省基准值
Ag	1994	36.00	42.00	52.0	66.0	84.0	106	120	70.3	24.74	66.2	11.65	144	24.00	0.35	66.0	32.00	剔除后对数分布	66.2	70.0
As	1939	3.25	3.80	4.98	6.76	9.00	12.28	14.30	7.39	3.28	6.71	3.30	18.20	1.70	0.44	6.76	5.70	剔除后对数分布	6.71	6.83
Au	2003	0.51	0.58	0.79	1.10	1.50	1.94	2.21	1.18	0.52	1.07	1.57	2.80	0.29	0.44	1.10	1.10	剔除后对数分布	1.07	1.10
B	2139	13.40	16.28	22.10	33.13	55.1	71.0	77.2	39.42	21.11	33.88	8.47	105	4.44	0.54	33.13	25.00	其他分布	25.00	73.0
Ba	2046	304	361	444	551	696	856	958	582	194	550	38.38	1145	78.0	0.33	551	409	剔除后对数分布	550	482
Be	2050	1.69	1.80	2.02	2.28	2.62	2.94	3.12	2.33	0.44	2.29	1.67	3.63	1.14	0.19	2.28	2.18	剔除后对数分布	2.29	2.31
Bi	1991	0.16	0.18	0.22	0.29	0.38	0.48	0.53	0.31	0.11	0.29	2.21	0.68	0.03	0.37	0.29	0.27	其他分布	0.27	0.24
Br	2151	1.53	1.81	2.30	3.14	4.30	5.90	7.25	3.65	2.43	3.22	2.28	63.3	0.60	0.67	3.14	2.20	对数正态分布	3.22	1.50
Cd	2012	0.04	0.05	0.07	0.11	0.15	0.19	0.22	0.11	0.05	0.10	4.08	0.28	0.01	0.46	0.11	0.10	偏峰分布	0.10	0.11
Ce	2031	66.6	71.5	78.5	86.6	97.2	110	117	88.5	14.82	87.3	13.32	130	50.2	0.17	86.6	101	剔除后对数分布	87.3	84.1
Cl	1987	28.10	31.56	37.00	45.50	58.7	74.5	82.8	49.43	16.83	46.81	9.27	103	19.60	0.34	45.50	39.00	剔除后对数分布	46.81	39.00
Co	2103	5.16	6.04	8.00	11.12	15.30	18.20	20.09	11.77	4.75	10.80	4.31	26.70	2.80	0.40	11.12	15.10	其他分布	15.10	11.90
Cr	2110	12.95	17.15	24.90	39.13	62.1	77.3	89.4	44.40	24.01	37.73	8.97	121	1.10	0.54	39.13	71.0	其他分布	71.0	71.0
Cu	2052	7.31	8.64	11.22	15.70	23.10	30.84	35.60	17.96	8.76	15.97	5.41	44.20	2.20	0.49	15.70	21.90	其他分布	21.90	11.20
F	2058	296	329	398	475	575	685	738	491	134	473	35.37	888	140	0.27	475	423	偏峰分布	423	431
Ga	2151	14.61	15.60	17.20	19.18	21.40	23.60	25.20	19.41	3.24	19.14	5.55	33.76	6.70	0.17	19.18	17.90	对数正态分布	19.14	18.92
Ge	2151	1.26	1.33	1.43	1.56	1.68	1.83	1.92	1.57	0.21	1.56	1.33	3.18	0.83	0.13	1.56	1.47	对数正态分布	1.56	1.50
Hg	2010	0.027	0.032	0.040	0.052	0.068	0.085	0.096	0.055	0.021	0.052	5.627	0.118	0.008	0.372	0.052	0.057	剔除后对数分布	0.052	0.048
I	2047	1.79	2.23	3.16	4.26	5.90	7.70	8.91	4.67	2.13	4.18	2.59	10.90	0.21	0.46	4.26	6.70	对数正态分布	4.18	3.86
La	2023	33.00	35.41	40.20	44.17	48.30	53.4	56.1	44.33	6.72	43.82	8.98	62.4	27.00	0.15	44.17	45.00	其他分布	45.00	41.00
Li	2151	21.08	23.70	28.30	35.08	43.80	52.3	59.6	37.27	13.23	35.31	8.08	159	10.83	0.36	35.08	39.50	对数正态分布	35.31	37.51
Mn	2106	387	448	592	769	965	1171	1284	791	271	742	46.44	1539	117	0.34	769	593	对数正态分布	742	713
Mo	1954	0.52	0.59	0.76	1.01	1.41	1.93	2.26	1.15	0.53	1.04	1.56	2.82	0.28	0.46	1.01	0.72	对数正态分布	1.04	0.62
N	2151	0.30	0.35	0.42	0.52	0.67	0.84	0.94	0.57	0.21	0.53	1.65	2.62	0.14	0.38	0.52	0.49	对数正态分布	0.53	0.49
Nb	2013	16.30	17.34	18.90	20.90	23.47	26.63	28.60	21.41	3.65	21.10	5.84	31.90	11.45	0.17	20.90	20.40	偏峰分布	20.40	19.60
Ni	2090	6.14	7.43	10.40	15.90	26.70	36.22	40.91	19.27	11.16	16.24	5.76	54.4	2.21	0.58	15.90	11.00	其他分布	11.00	11.00
P	2151	0.15	0.18	0.25	0.34	0.45	0.59	0.69	0.37	0.18	0.33	2.18	1.58	0.07	0.50	0.34	0.45	对数正态分布	0.33	0.24
Pb	1991	20.30	21.80	25.00	28.90	34.19	40.25	45.00	30.09	7.24	29.26	7.06	51.7	12.66	0.24	28.90	30.00	剔除后对数分布	29.26	30.00

续表 3-21

元素/指标	N	$X_{5\%}$	$X_{10\%}$	$X_{25\%}$	$X_{50\%}$	$X_{75\%}$	$X_{90\%}$	$X_{95\%}$	$\bar{X}$	S	$\bar{X}_g$	S_g	X_{max}	X_{min}	CV	X_{me}	X_{mo}	分布类型	红壤基准值	浙江省基准值
Rb	2073	87.1	95.8	112	129	146	160	170	129	25.16	126	16.32	200	60.2	0.20	129	128	剔除后正态分布	129	128
S	2012	62.7	72.2	92.5	118	149	184	206	124	42.75	116	15.88	252	8.10	0.35	118	92.5	剔除后对数分布	116	114
Sb	1925	0.33	0.38	0.46	0.57	0.74	0.93	1.06	0.62	0.22	0.58	1.59	1.35	0.10	0.36	0.57	0.49	其他分布	0.49	0.53
Sc	2051	6.70	7.30	8.50	9.80	11.10	12.70	13.70	9.90	2.06	9.69	3.75	15.65	4.70	0.21	9.80	9.90	剔除后对数分布	9.69	9.70
Se	2061	0.12	0.13	0.17	0.23	0.31	0.41	0.46	0.25	0.10	0.23	2.58	0.55	0.04	0.42	0.23	0.21	其他对数分布	0.21	0.21
Sn	2001	2.20	2.40	2.79	3.31	4.02	4.90	5.46	3.48	0.98	3.35	2.15	6.40	1.14	0.28	3.31	2.60	剔除后对数分布	3.35	2.60
Sr	2068	28.93	33.09	42.03	57.7	84.9	111	128	65.7	30.88	59.0	10.78	159	8.20	0.47	57.7	53.7	其他分布	53.7	112
Th	2036	10.78	11.70	13.29	15.10	17.00	19.50	20.80	15.28	3.01	14.98	4.83	23.60	7.26	0.20	15.10	13.80	偏峰分布	13.80	14.50
Ti	2076	2997	3365	3966	4665	5369	5948	6319	4666	1017	4549	131	7632	1854	0.22	4665	4941	剔除后正态分布	4666	4602
Tl	2067	0.53	0.59	0.72	0.88	1.03	1.21	1.32	0.89	0.23	0.86	1.34	1.54	0.25	0.26	0.88	0.83	剔除后对数分布	0.86	0.82
U	2024	2.35	2.57	2.90	3.30	3.78	4.35	4.70	3.37	0.69	3.30	2.05	5.34	1.47	0.21	3.30	3.50	偏峰分布	3.50	3.14
V	2077	37.67	43.43	55.1	73.0	93.3	111	122	75.5	26.28	70.9	12.12	154	14.40	0.35	73.0	110	剔除后对数分布	70.9	110
W	2013	1.36	1.48	1.71	1.98	2.32	2.75	3.00	2.05	0.49	1.99	1.60	3.45	0.79	0.24	1.98	1.74	剔除后对数分布	1.99	1.93
Y	2050	19.14	20.90	23.30	26.10	29.19	32.51	34.80	26.42	4.57	26.02	6.65	39.40	14.00	0.17	26.10	26.00	剔除后对数分布	26.02	26.13
Zn	2055	53.0	57.8	66.1	77.9	91.7	107	115	80.1	18.98	77.9	12.57	134	26.00	0.24	77.9	107	剔除后对数分布	77.9	77.4
Zr	2066	204	222	253	289	329	364	393	293	55.4	287	26.22	458	140	0.19	289	289	剔除后对数分布	287	287
SiO₂	2110	61.6	63.5	66.8	70.1	72.9	74.9	76.3	69.6	4.44	69.5	11.58	81.5	57.0	0.06	70.1	73.0	偏峰正态分布	73.0	70.5
Al₂O₃	2151	12.00	12.56	13.50	14.95	16.72	18.75	19.91	15.30	2.43	15.12	4.80	23.98	9.49	0.16	14.95	13.80	对数分布	15.12	14.82
TFe₂O₃	2096	2.98	3.28	3.90	4.75	5.63	6.37	6.96	4.80	1.21	4.65	2.55	8.44	1.76	0.25	4.75	5.11	剔除后对数分布	4.65	4.70
MgO	2151	0.40	0.45	0.55	0.73	0.99	1.35	1.64	0.84	0.44	0.76	2.52	6.44	0.24	0.52	0.73	0.50	对数正态分布	0.76	0.67
CaO	2000	0.11	0.13	0.18	0.26	0.39	0.55	0.65	0.30	0.16	0.27	2.53	0.81	0.04	0.53	0.26	0.20	剔除后对数分布	0.27	0.22
Na₂O	2112	0.11	0.15	0.24	0.46	0.78	1.08	1.27	0.54	0.36	0.42	1.83	1.61	0.05	0.67	0.46	0.21	剔除后对数分布	0.21	0.16
K₂O	2151	1.62	1.86	2.26	2.69	3.09	3.50	3.75	2.68	0.64	2.60	1.76	5.32	0.68	0.24	2.69	2.70	正态分布	2.68	2.99
TC	2053	0.24	0.29	0.38	0.48	0.61	0.76	0.85	0.51	0.18	0.47	1.84	0.99	0.10	0.35	0.48	0.48	剔除后对数分布	0.47	0.43
Corg	2048	0.23	0.27	0.34	0.43	0.54	0.66	0.74	0.45	0.15	0.42	1.84	0.88	0.03	0.34	0.43	0.42	剔除后对数分布	0.42	0.42
pH	2043	4.83	4.93	5.12	5.42	5.92	6.56	6.87	5.29	5.29	5.58	2.72	7.39	4.27	1.00	5.42	5.12	其他分布	5.12	5.12

注：Corg、Cr 原始样本数分别为 2148 件、2149 件，其他元素/指标为 2151 件。

第三章 土壤地球化学基准值

表 3-22 粗骨土土壤地球化学基准值参数统计表

元素/指标	N	$X_{5\%}$	$X_{10\%}$	$X_{25\%}$	$X_{50\%}$	$X_{75\%}$	$X_{90\%}$	$X_{95\%}$	$\bar{X}$	S	$\bar{X}_g$	S_g	X_{max}	X_{min}	CV	X_{me}	X_{mo}	分布类型	粗骨土基准值	浙江省基准值
Ag	450	36.00	41.00	50.00	62.6	76.2	91.1	99.6	64.5	19.43	61.6	11.10	120	25.00	0.30	62.6	59.0	剔除后正态分布	64.5	70.0
As	478	2.97	3.48	4.80	6.79	9.20	12.93	17.33	8.11	6.80	6.81	3.34	94.3	1.53	0.84	6.79	4.90	对数正态分布	6.81	6.83
Au	478	0.48	0.55	0.73	1.00	1.43	2.20	2.76	1.29	1.45	1.05	1.75	22.20	0.29	1.13	1.00	1.00	对数正态分布	1.05	1.10
B	478	14.18	15.97	20.05	29.23	46.00	67.0	77.7	35.49	20.16	30.68	7.38	144	6.00	0.57	29.23	33.00	对数正态分布	30.68	73.0
Ba	462	279	342	444	564	763	912	1019	608	227	566	40.42	1301	143	0.37	564	498	偏峰分布	498	482
Be	455	1.66	1.83	2.07	2.34	2.60	2.86	3.04	2.34	0.41	2.31	1.68	3.49	1.24	0.17	2.34	2.50	剔除后正态分布	2.34	2.31
Bi	478	0.17	0.18	0.22	0.28	0.37	0.47	0.55	0.33	0.23	0.29	2.31	3.56	0.07	0.71	0.28	0.22	对数正态分布	0.29	0.24
Br	478	1.37	1.70	2.29	3.30	4.81	6.73	8.36	3.87	2.38	3.31	2.43	21.30	0.34	0.62	3.30	3.60	对数正态分布	3.31	1.50
Cd	478	0.05	0.06	0.08	0.11	0.14	0.18	0.22	0.12	0.06	0.11	3.92	0.63	0.03	0.52	0.11	0.11	对数正态分布	0.11	0.11
Ce	455	63.6	68.2	76.6	87.8	97.8	110	117	88.0	16.22	86.5	13.35	131	44.39	0.18	87.8	101	剔除后正态分布	88.0	84.1
Cl	433	26.18	30.00	37.00	45.90	62.0	77.3	90.3	50.7	19.01	47.36	9.50	111	19.00	0.38	45.90	39.00	剔除后正态分布	47.36	39.00
Co	478	4.88	5.54	6.78	9.29	12.70	16.83	18.81	10.55	5.25	9.53	3.90	48.80	3.20	0.50	9.29	12.20	对数正态分布	9.53	11.90
Cr	478	12.30	14.87	22.21	33.10	52.6	77.9	87.3	40.02	25.34	33.40	7.83	254	3.50	0.63	33.10	11.70	对数正态分布	33.40	71.0
Cu	478	6.50	7.47	9.60	13.37	19.78	27.85	32.50	16.08	11.19	13.93	4.79	164	4.40	0.70	13.37	9.20	对数正态分布	13.93	11.20
F	460	281	312	380	465	575	678	750	484	142	463	34.88	881	158	0.29	465	465	剔除后对数分布	463	431
Ga	478	13.87	15.14	17.21	19.20	21.00	22.70	24.06	19.01	3.11	18.74	5.53	32.00	9.20	0.16	19.20	19.60	正态分布	19.01	18.92
Ge	478	1.28	1.34	1.42	1.54	1.66	1.80	1.87	1.55	0.19	1.54	1.32	2.22	1.01	0.12	1.54	1.48	正态分布	1.55	1.50
Hg	478	0.027	0.031	0.040	0.052	0.069	0.087	0.110	0.060	0.044	0.053	5.740	0.620	0.017	0.721	0.052	0.048	对数正态分布	0.053	0.048
I	478	1.76	2.18	3.12	4.59	6.58	9.34	10.61	5.23	2.97	4.51	2.79	25.01	1.06	0.57	4.59	3.66	对数正态分布	4.51	3.86
La	455	30.56	34.24	39.00	43.24	48.00	53.9	58.7	43.71	7.80	43.00	8.94	64.5	24.97	0.18	43.24	45.00	剔除后正态分布	43.71	41.00
Li	478	21.80	23.77	28.00	33.71	41.50	49.93	57.3	35.81	11.52	34.24	7.76	128	14.10	0.32	33.71	33.10	剔除后正态分布	34.24	37.51
Mn	465	331	396	534	712	913	1123	1235	737	277	682	44.76	1496	153	0.38	712	826	剔除后对数分布	737	713
Mo	478	0.56	0.64	0.79	1.06	1.52	2.25	3.20	1.46	2.09	1.16	1.77	37.78	0.37	1.44	1.06	0.92	对数正态分布	1.16	0.62
N	478	0.31	0.35	0.41	0.52	0.66	0.81	0.89	0.55	0.19	0.52	1.68	1.56	0.11	0.35	0.52	0.37	对数正态分布	0.52	0.49
Nb	459	16.06	17.60	19.87	22.25	25.07	28.62	30.61	22.58	4.24	22.18	6.11	33.70	11.62	0.19	22.25	20.10	剔除后正态分布	22.58	19.60
Ni	478	6.19	7.27	9.53	13.58	21.55	33.50	40.32	17.19	11.86	14.42	5.00	142	2.41	0.69	13.58	16.10	对数正态分布	14.42	11.00
P	478	0.13	0.16	0.21	0.31	0.43	0.54	0.62	0.34	0.18	0.30	2.38	1.55	0.05	0.54	0.31	0.29	对数正态分布	0.30	0.24
Pb	442	21.02	22.87	26.09	29.70	33.95	40.30	43.99	30.53	6.58	29.84	7.27	48.80	13.00	0.22	29.70	31.00	偏峰分布	31.00	30.00

续表 3-22

元素/指标	N	$X_{5\%}$	$X_{10\%}$	$X_{25\%}$	$X_{50\%}$	$X_{75\%}$	$X_{90\%}$	$X_{95\%}$	$\bar{X}$	S	$\bar{X}_g$	S_g	X_{max}	X_{min}	CV	X_{me}	X_{mo}	分布类型	粗骨土基准值	浙江省基准值
Rb	455	92.1	104	121	137	149	162	172	135	22.66	133	17.02	192	75.5	0.17	137	145	剔除后正态分布	135	128
S	437	66.0	77.0	98.0	117	140	181	197	122	38.70	116	15.61	237	46.00	0.32	117	89.0	偏峰分布	89.0	114
Sb	451	0.31	0.36	0.43	0.54	0.68	0.80	0.89	0.56	0.18	0.53	1.64	1.12	0.15	0.31	0.54	0.43	对数正态分布	0.53	0.53
Sc	478	6.20	6.70	7.74	9.30	11.00	13.33	14.51	9.66	2.68	9.32	3.66	23.10	3.92	0.28	9.30	9.30	对数正态分布	9.32	9.70
Se	478	0.12	0.14	0.17	0.23	0.30	0.40	0.46	0.25	0.12	0.23	2.61	1.36	0.08	0.47	0.23	0.22	对数正态分布	0.23	0.21
Sn	443	2.10	2.30	2.70	3.13	3.59	4.10	4.40	3.17	0.69	3.09	1.99	5.20	1.20	0.22	3.13	3.10	剔除后正态分布	3.17	2.60
Sr	464	28.00	32.50	42.96	60.0	88.0	118	133	68.9	33.34	61.3	11.27	168	14.10	0.48	60.0	47.80	剔除后对数分布	61.3	112
Th	478	10.78	12.13	13.98	16.00	18.09	20.99	22.93	16.36	3.92	15.91	5.11	37.60	4.79	0.24	16.00	13.50	剔除后正态分布	15.91	14.50
Ti	458	2863	3191	3624	4267	4972	5560	6040	4328	948	4223	123	7027	1966	0.22	4267	4481	剔除后正态分布	4328	4602
Tl	478	0.55	0.66	0.78	0.93	1.08	1.25	1.42	0.94	0.25	0.91	1.32	1.96	0.37	0.27	0.93	0.95	剔除后正态分布	0.91	0.82
U	446	2.39	2.66	3.00	3.38	3.77	4.29	4.63	3.42	0.63	3.37	2.08	5.03	1.87	0.18	3.38	3.10	剔除后正态分布	3.42	3.14
V	478	35.89	40.10	49.55	63.6	85.2	110	127	70.8	30.37	65.3	11.21	206	19.90	0.43	63.6	53.5	对数分布	65.3	110
W	453	1.45	1.55	1.75	2.00	2.28	2.69	2.92	2.05	0.45	2.00	1.60	3.24	0.99	0.22	2.00	1.99	剔除后正态分布	2.05	1.93
Y	478	18.97	20.19	23.02	25.80	28.92	32.38	34.11	26.29	5.25	25.79	6.62	52.3	13.00	0.20	25.80	26.00	正态分布	26.29	26.13
Zn	478	47.95	54.4	63.1	75.8	89.2	110	122	79.2	25.06	75.9	12.43	254	25.90	0.32	75.8	65.0	剔除后对数分布	75.9	77.4
Zr	465	212	229	269	312	348	392	418	310	60.4	305	27.40	472	167	0.19	312	324	剔除后正态分布	310	287
SiO_2	478	61.8	64.1	67.4	70.4	73.2	76.0	77.1	70.1	4.75	70.0	11.60	82.9	51.9	0.07	70.4	69.2	正态分布	70.1	70.5
Al_2O_3	478	11.88	12.53	13.62	14.89	16.28	17.95	18.81	15.08	2.17	14.92	4.80	24.22	10.11	0.14	14.89	14.60	正态分布	15.08	14.82
TFe_2O_3	478	2.84	3.08	3.57	4.24	5.21	6.15	6.94	4.50	1.42	4.31	2.41	15.52	2.04	0.31	4.24	3.87	对数正态分布	4.31	4.70
MgO	478	0.38	0.42	0.53	0.65	0.86	1.27	1.68	0.79	0.51	0.70	1.65	5.76	0.24	0.64	0.65	0.63	对数正态分布	0.70	0.67
CaO	478	0.11	0.13	0.18	0.26	0.40	0.71	1.38	0.41	0.47	0.29	2.77	3.36	0.08	1.17	0.26	0.21	对数正态分布	0.29	0.22
Na_2O	478	0.12	0.16	0.29	0.57	0.90	1.23	1.36	0.64	0.44	0.49	2.39	3.25	0.06	0.68	0.57	0.13	正态分布	0.49	0.16
K_2O	478	1.72	1.97	2.42	2.86	3.22	3.57	3.81	2.82	0.61	2.75	1.89	4.57	1.18	0.22	2.86	3.13	对数正态分布	2.82	2.99
TC	478	0.24	0.29	0.38	0.49	0.65	0.87	1.01	0.54	0.25	0.49	1.86	1.98	0.12	0.47	0.49	0.51	对数正态分布	0.49	0.43
Corg	478	0.22	0.26	0.33	0.43	0.55	0.71	0.83	0.46	0.21	0.43	1.90	1.83	0.11	0.46	0.43	0.41	对数正态分布	0.43	0.42
pH	434	4.82	4.90	5.08	5.30	5.61	6.04	6.29	5.19	5.17	5.38	2.65	6.78	4.16	1.00	5.30	5.17	剔除后对数分布	5.38	5.12

注：原始样本数为 478 件。

表 3-23 石灰岩土土壤地球化学基准值参数统计表

元素/指标	N	$X_{5\%}$	$X_{10\%}$	$X_{25\%}$	$X_{50\%}$	$X_{75\%}$	$X_{90\%}$	$X_{95\%}$	$\bar{X}$	S	$\bar{X}_g$	S_g	X_{max}	X_{min}	CV	X_{mc}	X_{mo}	分布类型	石灰岩土基准值	浙江省基准值
Ag	109	51.0	56.0	70.0	100.0	140	200	260	118	60.5	105	15.53	290	42.00	0.51	100.0	140	偏峰分布	140	70.0
As	119	6.12	7.29	11.25	21.80	31.75	59.7	78.4	27.70	24.21	20.34	6.94	121	2.96	0.87	21.80	24.70	对数正态分布	20.34	6.83
Au	119	0.83	0.93	1.26	1.64	2.42	3.52	5.19	2.14	1.68	1.77	1.96	10.81	0.58	0.79	1.64	1.84	对数正态分布	1.77	1.10
B	119	41.99	45.70	55.9	67.2	82.2	98.7	105	69.6	20.04	66.7	11.51	127	23.77	0.29	67.2	56.0	正态分布	69.6	73.0
Ba	112	306	368	468	864	1214	1902	2255	958	604	795	50.9	2537	269	0.63	864	939	偏峰分布	939	482
Be	119	1.62	1.72	2.08	2.44	2.74	3.02	3.26	2.44	0.61	2.38	1.77	5.71	1.26	0.25	2.44	2.34	正态分布	2.44	2.31
Bi	119	0.22	0.26	0.32	0.40	0.48	0.64	0.86	0.44	0.20	0.40	1.90	1.50	0.17	0.46	0.40	0.40	对数正态分布	0.40	0.24
Br	119	1.60	1.80	2.40	3.30	4.20	5.12	5.73	3.39	1.29	3.15	2.16	8.10	1.10	0.38	3.30	3.70	正态分布	3.39	1.50
Cd	119	0.08	0.10	0.15	0.27	0.44	0.76	0.87	0.36	0.32	0.27	2.90	2.17	0.06	0.90	0.27	0.13	对数正态分布	0.27	0.11
Ce	119	70.8	73.5	82.3	110	151	236	272	135	73.4	120	16.57	448	56.0	0.54	110	111	对数正态分布	120	84.1
Cl	110	24.43	27.85	31.00	35.75	40.25	44.97	51.0	36.12	7.39	35.36	7.79	54.0	19.90	0.20	35.75	36.50	剔除后正态分布	36.12	39.00
Co	119	9.33	10.16	13.15	15.70	17.90	20.24	21.13	15.68	4.07	15.14	4.95	34.10	5.40	0.26	15.70	17.00	正态分布	15.68	11.90
Cr	119	36.96	43.96	61.5	70.4	78.3	87.3	91.5	68.7	17.88	65.8	11.43	139	15.50	0.26	70.4	66.7	正态分布	68.7	71.0
Cu	119	15.37	17.72	21.60	35.00	43.75	53.2	62.2	35.61	15.98	32.20	7.93	92.2	9.69	0.45	35.00	42.00	正态分布	35.61	11.20
F	119	339	396	605	801	976	1156	1298	798	297	734	48.01	1801	156	0.37	801	894	正态分布	798	431
Ga	119	13.06	13.98	16.85	18.40	19.85	20.82	21.64	18.00	2.84	17.73	5.41	23.50	7.50	0.16	18.40	17.70	正态分布	18.00	18.92
Ge	119	1.27	1.33	1.48	1.59	1.71	1.85	1.95	1.59	0.19	1.58	1.34	2.07	1.15	0.12	1.59	1.56	正态分布	1.59	1.50
Hg	119	0.045	0.049	0.066	0.093	0.130	0.186	0.301	0.118	0.105	0.096	4.260	0.760	0.023	0.889	0.093	0.130	对数正态分布	0.096	0.048
I	119	1.89	2.22	3.10	3.79	4.59	6.06	6.76	3.89	1.38	3.65	2.30	7.91	1.20	0.36	3.79	3.25	正态分布	3.89	3.86
La	119	35.35	39.06	42.05	45.10	47.20	49.36	51.0	44.43	4.68	44.17	8.96	55.4	29.40	0.11	45.10	48.00	正态分布	44.43	41.00
Li	119	30.39	33.78	39.90	46.20	54.8	65.6	75.3	48.39	13.47	46.66	9.43	89.2	22.90	0.28	46.20	49.20	正态分布	48.39	37.51
Mn	119	385	460	576	714	919	1151	1241	770	282	721	46.56	1790	233	0.37	714	819	正态分布	770	713
Mo	119	0.57	0.74	1.06	1.78	3.71	7.20	9.96	3.13	3.69	2.03	2.65	25.00	0.36	1.18	1.78	1.31	对数正态分布	2.03	0.62
N	119	0.42	0.46	0.56	0.72	0.87	1.02	1.18	0.74	0.23	0.70	1.44	1.48	0.30	0.31	0.72	0.72	正态分布	0.74	0.49
Nb	119	15.57	16.48	17.50	18.92	20.80	22.30	23.44	19.12	3.16	18.82	5.53	34.40	6.00	0.17	18.92	17.30	正态分布	19.12	19.60
Ni	119	15.10	19.64	27.70	36.60	42.35	48.00	53.3	35.40	11.34	33.22	7.94	68.4	8.41	0.32	36.60	18.00	正态分布	35.40	11.00
P	119	0.22	0.27	0.36	0.48	0.66	0.80	0.85	0.52	0.26	0.47	1.81	2.25	0.16	0.50	0.48	0.57	正态分布	0.52	0.24
Pb	119	19.39	21.02	23.85	26.70	30.20	34.46	42.92	28.98	12.66	27.51	6.94	108	14.80	0.44	26.70	29.30	对数正态分布	27.51	30.00

续表 3-23

元素/指标	N	$X_{5\%}$	$X_{10\%}$	$X_{25\%}$	$X_{50\%}$	$X_{75\%}$	$X_{90\%}$	$X_{95\%}$	$\bar{X}$	S	$\bar{X}_g$	S_g	X_{max}	X_{min}	CV	X_{me}	X_{mo}	分布类型	石灰岩土基准值	浙江省基准值
Rb	119	78.0	89.7	106	123	134	144	156	120	23.98	118	16.07	185	46.70	0.20	123	133	正态分布	120	128
S	119	63.0	71.9	95.5	119	146	196	252	132	58.9	120	16.51	357	21.90	0.45	119	134	对数正态分布	120	114
Sb	119	0.66	0.74	1.17	1.87	3.43	5.20	6.33	2.46	1.80	1.93	2.23	8.72	0.47	0.73	1.87	1.24	对数正态分布	1.93	0.53
Sc	119	7.78	8.06	9.10	9.90	11.00	11.92	12.22	10.03	1.55	9.91	3.84	16.17	5.70	0.15	9.90	9.80	正态分布	10.03	9.70
Se	119	0.12	0.14	0.21	0.29	0.40	0.54	0.81	0.38	0.40	0.30	2.54	3.61	0.11	1.08	0.29	0.27	对数正态分布	0.30	0.21
Sn	119	2.54	2.86	3.51	4.18	4.99	5.71	6.64	4.36	1.55	4.15	2.43	14.30	2.11	0.36	4.18	3.56	对数正态分布	4.15	2.60
Sr	119	32.67	35.44	39.60	47.00	53.5	63.4	77.5	48.56	13.02	47.06	9.35	100.0	28.40	0.27	47.00	52.0	正态分布	48.56	112
Th	119	10.99	11.60	13.60	14.90	16.10	16.74	17.70	14.67	2.08	14.52	4.75	19.37	9.10	0.14	14.90	16.10	正态分布	14.67	14.50
Ti	119	3976	4318	4854	5246	5657	6021	6292	5218	838	5144	139	9281	2321	0.16	5246	5238	正态分布	5218	4602
Tl	119	0.49	0.59	0.73	0.83	1.02	1.11	1.22	0.86	0.22	0.83	1.32	1.48	0.40	0.25	0.83	0.81	正态分布	0.86	0.82
U	119	2.50	2.76	3.17	3.75	4.47	5.81	8.15	4.29	2.23	3.97	2.37	19.30	2.19	0.52	3.75	3.44	对数正态分布	3.97	3.14
V	119	62.2	66.6	91.1	118	142	185	227	128	67.2	116	16.01	522	45.30	0.53	118	128	正态分布	116	110
W	119	1.30	1.46	1.80	2.28	2.90	4.06	5.62	2.59	1.28	2.36	1.88	7.70	0.99	0.50	2.28	2.17	对数正态分布	2.36	1.93
Y	119	21.00	21.58	25.45	27.80	31.20	33.82	35.65	28.18	4.89	27.77	6.91	50.3	17.00	0.17	27.80	21.50	正态分布	28.18	26.13
Zn	119	52.8	62.1	76.6	97.4	116	153	224	105	47.48	96.8	14.76	314	37.00	0.45	97.4	105	对数正态分布	96.8	77.4
Zr	119	174	182	202	233	260	295	314	237	46.66	233	22.96	455	162	0.20	233	235	正态分布	237	287
SiO$_2$	119	66.0	67.3	69.0	71.2	74.5	75.7	77.0	71.6	3.56	71.5	11.63	81.0	63.0	0.05	71.2	71.3	正态分布	71.6	70.5
Al$_2$O$_3$	119	11.10	11.40	12.11	13.20	14.17	15.45	15.74	13.26	1.46	13.18	4.48	17.32	9.42	0.11	13.20	12.80	正态分布	13.26	14.82
TFe$_2$O$_3$	119	4.00	4.19	4.89	5.47	6.01	6.58	6.81	5.44	0.95	5.35	2.73	8.07	2.27	0.17	5.47	5.52	正态分布	5.44	4.70
MgO	119	0.54	0.67	0.84	1.26	1.69	2.16	2.50	1.33	0.62	1.20	1.65	3.37	0.33	0.47	1.26	1.30	正态分布	1.33	0.67
CaO	119	0.18	0.22	0.29	0.41	0.55	0.90	1.17	0.51	0.38	0.43	2.04	2.44	0.12	0.75	0.41	0.47	对数正态分布	0.43	0.22
Na$_2$O	119	0.11	0.13	0.16	0.22	0.29	0.40	0.47	0.25	0.14	0.22	2.67	1.07	0.07	0.56	0.22	0.22	对数正态分布	0.22	0.16
K$_2$O	119	1.56	1.71	2.06	2.39	2.69	3.03	3.34	2.40	0.51	2.35	1.75	3.95	1.28	0.21	2.39	2.38	正态分布	2.40	2.99
TC	119	0.37	0.41	0.47	0.56	0.70	0.88	0.93	0.60	0.18	0.58	1.53	1.26	0.25	0.31	0.56	0.56	正态分布	0.58	0.43
Corg	119	0.34	0.37	0.45	0.52	0.64	0.76	0.87	0.55	0.16	0.53	1.56	1.01	0.25	0.28	0.52	0.52	对数正态分布	0.55	0.42
pH	119	5.29	5.43	5.83	6.58	7.12	7.72	8.17	5.90	5.55	6.57	2.99	8.41	4.59	0.94	6.58	7.21	正态分布	5.90	5.12

注:原始样本数为119件。

浙江省石灰岩土区深层土壤总体呈酸性,土壤pH基准值为5.90,极大值为8.41,极小值为4.59,与浙江省基准值接近。

在深层土壤各元素/指标中,大部分元素/指标变异系数小于0.40,分布相对均匀;Mo、Se、pH、Cd、Hg、As、Au、CaO、Sb、Ba、Na_2O、Ce、V、U、Ag、P、W、MgO、Bi、Cu、S、Zn、Pb共23项元素/指标变异系数大于0.40,其中Mo、Se、pH、Cd、Hg、As变异系数大于0.80,空间变异性较大。

与浙江省土壤基准值相比,石灰岩土区土壤基准值中Sr基准值明显低于浙江省基准值,为浙江省基准值的43%;Na_2O、TC、Co、Corg、Li、U、Zn、W基准值略高于浙江省基准值,与浙江省基准值比值在1.2~1.4之间;Sb、Mo、Ni、Cu、As、Cd、Br、P、Hg、Ag、MgO、CaO、Ba、F、Bi、Au、Sn、N、Se、Ce基准值明显高于浙江省基准值,与浙江省基准值比值在1.4以上,其中Sb、Mo、Ni、Cu、As、Cd、Br、P明显相对富集,基准值为浙江省基准值的2.0倍以上,Sb基准值为1.93mg/kg,是浙江省基准值的3.64倍;其他元素/指标基准值则与浙江省基准值基本接近。

五、紫色土土壤地球化学基准值

浙江省紫色土区土壤地球化学基准值数据经正态分布检验,结果表明,原始数据中Cr、Ga、Ge、La、Mn、Rb、S、Se、Th、U、V、Zn、Zr、SiO_2、Al_2O_3、K_2O共16项元素/指标符合正态分布,Ag、As、Au、Ba、Be、Br、Cd、Ce、Cl、Co、Cu、F、Hg、I、Li、Mo、N、Nb、Ni、P、Pb、Sb、Sc、Sn、Sr、Tl、Y、TFe_2O_3、MgO、CaO、Na_2O、TC、Corg、pH符合对数正态分布,Ti、W剔除异常值后符合正态分布,B、Bi剔除异常值后符合对数正态分布(表3-24)。

浙江省紫色土区深层土壤总体呈酸性,土壤pH基准值为5.89,极大值为8.11,极小值为4.54,与浙江省基准值接近。

在深层土壤各元素/指标中,大部分元素/指标变异系数小于0.40,分布相对均匀;F、CaO、Hg、pH、As、Mo、Au、Ni、Na_2O、Sb、I、P、Sn、Sr、Cd、Br、Cr、Co、Ag、Se、B、Cu共22项元素/指标变异系数大于0.40,其中F、CaO、Hg、pH变异系数大于0.80,空间变异性较大。

与浙江省土壤基准值相比,紫色土区土壤基准值中Sr、B基准值明显低于浙江省基准值,不足浙江省基准值的60%;I、V、Cr略低于浙江省基准值,为浙江省基准值的60%~80%;Cu、Mo、Br、Ni、Sb、Sn基准值略高于浙江省基准值,与浙江省基准值比值在1.2~1.4之间;Na_2O、CaO基准值明显高于浙江省基准值,与浙江省基准值比值在1.4以上,其中Na_2O明显相对富集,基准值是浙江省基准值的2.88倍;其他元素/指标基准值则与浙江省基准值基本接近。

六、水稻土土壤地球化学基准值

浙江省水稻土区土壤地球化学基准值数据经正态分布检验,结果表明,原始数据中仅Be、Co、Ga、Rb、Al_2O_3、TFe_2O_3符合正态分布,As、Cu、F、I、Li、Mo、N、Tl、U、TC符合对数正态分布,Cd、Ce、Th、W剔除异常值后符合正态分布,Au、Cl、Hg、La、Mn、Nb、Pb、S、Sb、Sn、Corg剔除异常值后符合对数正态分布,其他元素/指标不符合正态分布或对数正态分布(表3-25)。

浙江省水稻土区深层土壤总体呈碱性,土壤pH基准值为7.92,极大值为9.09,极小值为3.22,明显高于浙江省基准值。

在深层土壤各元素/指标中,绝大部分元素/指标变异系数小于0.40,分布相对均匀;Mo、pH、CaO、I、As、S、TC、Na_2O、MgO、Ni、Cu、Cl、Cr、Se、Br、P、N共17项元素/指标变异系数大于0.40,其中Mo、pH变异系数大于0.80,空间变异性较大。

与浙江省土壤基准值相比,水稻土区土壤基准值中Se、I基准值略低于浙江省基准值,为浙江省基准值的60%~80%;Cr、Sc、Sn、F、Au、Bi基准值略高于浙江省基准值,与浙江省基准值比值在1.2~1.4之间;Na_2O、Ni、MgO、P、Cu、CaO、Cl、TC基准值明显高于浙江省基准值,与浙江省基准值比值在1.4以上,其中

表 3-24 紫色土地球化学基准值参数统计表

元素/指标	N	$X_{5\%}$	$X_{10\%}$	$X_{25\%}$	$X_{50\%}$	$X_{75\%}$	$X_{90\%}$	$X_{95\%}$	$\overline{X}$	S	$\overline{X}_g$	S_g	X_{max}	X_{min}	CV	X_{me}	X_{mo}	分布类型	紫色土基准值	浙江省基准值
Ag	223	34.12	42.00	50.00	59.0	71.0	91.0	110	64.4	28.83	60.1	11.09	300	21.00	0.45	59.0	54.0	对数正态分布	60.1	70.0
As	223	3.36	4.11	5.21	7.00	9.23	12.70	17.24	8.32	5.93	7.20	3.48	54.0	1.79	0.71	7.00	7.60	对数正态分布	7.20	6.83
Au	223	0.49	0.60	0.77	1.00	1.40	1.82	2.54	1.23	0.85	1.06	1.67	6.20	0.35	0.69	1.00	0.90	对数正态分布	1.06	1.10
B	219	16.59	19.00	25.90	36.00	51.0	61.0	68.0	38.93	16.53	35.41	8.15	85.0	8.00	0.42	36.00	34.00	剔除后对数分布	35.41	73.0
Ba	223	285	321	406	503	646	748	873	539	192	508	37.15	1314	150	0.36	503	483	对数正态分布	508	482
Be	223	1.63	1.69	1.86	2.05	2.34	2.60	2.75	2.15	0.55	2.11	1.61	7.81	1.31	0.26	2.05	2.03	对数正态分布	2.11	2.31
Bi	210	0.18	0.19	0.22	0.25	0.29	0.35	0.38	0.26	0.06	0.25	2.27	0.43	0.11	0.24	0.25	0.24	剔除后对数分布	0.25	0.24
Br	223	1.00	1.07	1.50	2.05	2.52	3.44	3.91	2.16	1.03	1.97	1.80	8.70	0.73	0.47	2.05	1.00	对数正态分布	1.97	1.50
Cd	223	0.05	0.06	0.09	0.12	0.14	0.17	0.23	0.12	0.06	0.11	3.82	0.54	0.03	0.49	0.12	0.12	对数正态分布	0.11	0.11
Ce	223	62.5	65.4	71.8	78.7	87.0	97.6	111	80.9	15.82	79.6	12.53	176	52.1	0.20	78.7	80.0	对数正态分布	79.6	84.1
Cl	223	23.52	25.84	31.00	39.00	49.00	60.9	75.9	41.94	16.10	39.39	8.42	126	20.00	0.38	39.00	41.00	对数正态分布	39.39	39.00
Co	223	5.20	5.98	7.51	9.72	12.70	16.34	18.28	10.63	4.87	9.78	3.99	53.1	2.08	0.46	9.72	11.60	对数正态分布	9.78	11.90
Cr	223	14.71	18.69	29.23	43.00	54.7	68.1	74.0	43.73	19.93	39.00	8.61	144	7.00	0.46	43.00	27.60	正态分布	43.73	71.0
Cu	223	7.71	9.32	12.47	15.40	20.15	24.66	30.50	16.81	6.95	15.56	5.12	60.2	4.80	0.41	15.40	15.10	对数正态分布	15.56	11.20
F	223	311	333	391	470	583	762	815	691	2811	489	36.75	42417	195	4.07	470	431	对数正态分布	489	431
Ga	223	12.81	13.80	15.20	16.60	18.77	21.01	22.44	17.01	2.90	16.77	5.14	25.00	10.20	0.17	16.60	15.20	正态分布	17.01	18.92
Ge	223	1.31	1.37	1.45	1.58	1.71	1.83	1.88	1.59	0.18	1.58	1.33	2.15	1.05	0.11	1.58	1.63	对数正态分布	1.59	1.50
Hg	223	0.023	0.026	0.035	0.044	0.058	0.086	0.113	0.056	0.065	0.047	6.070	0.890	0.017	1.168	0.044	0.038	对数正态分布	0.047	0.048
I	223	0.99	1.30	1.73	2.61	3.64	5.22	6.24	2.95	1.68	2.54	2.16	10.24	0.48	0.57	2.61	2.84	对数正态分布	2.54	3.86
La	223	32.61	34.08	36.94	41.76	46.44	51.6	57.4	42.63	8.15	41.94	8.65	85.6	27.48	0.19	41.76	43.40	正态分布	42.63	41.00
Li	223	26.22	28.90	33.10	38.00	43.11	50.4	56.2	39.89	14.54	38.31	8.27	184	18.80	0.36	38.00	39.98	对数正态分布	38.31	37.51
Mn	223	297	354	452	580	734	941	1049	619	238	576	40.43	1610	171	0.38	580	558	正态分布	619	713
Mo	223	0.45	0.51	0.66	0.84	1.09	1.44	1.97	0.98	0.70	0.86	1.60	8.42	0.20	0.71	0.84	0.82	对数正态分布	0.86	0.62
N	223	0.29	0.32	0.38	0.44	0.55	0.64	0.72	0.47	0.13	0.45	1.68	0.95	0.21	0.28	0.44	0.43	对数正态分布	0.45	0.49
Nb	223	16.02	17.22	18.65	20.29	22.78	25.48	27.10	21.08	4.00	20.74	5.83	44.49	10.50	0.19	20.29	24.10	对数正态分布	20.74	19.60
Ni	223	6.38	7.77	10.15	14.10	20.40	27.98	33.24	16.76	11.17	14.42	5.11	102	3.36	0.67	14.10	14.80	对数正态分布	14.42	11.00
P	223	0.12	0.13	0.19	0.24	0.33	0.46	0.52	0.28	0.15	0.25	2.50	1.08	0.08	0.53	0.24	0.22	对数正态分布	0.25	0.24
Pb	223	20.54	21.62	24.30	26.70	30.11	34.52	39.44	28.14	8.08	27.34	6.79	102	14.80	0.29	26.70	29.40	对数正态分布	27.34	30.00

第三章 土壤地球化学基准值

续表 3-24

元素/指标	N	$X_{5\%}$	$X_{10\%}$	$X_{25\%}$	$X_{50\%}$	$X_{75\%}$	$X_{90\%}$	$X_{95\%}$	$\overline{X}$	S	$\overline{X}_g$	S_g	X_{max}	X_{min}	CV	X_{me}	X_{mo}	分布类型	紫色土基准值	浙江省基准值
Rb	223	82.9	89.8	102	121	134	149	169	120	24.84	118	15.77	199	56.4	0.21	121	135	正态分布	120	128
S	223	50.00	58.0	73.4	91.7	116	142	162	97.7	36.47	91.7	13.90	291	36.10	0.37	91.7	77.0	正态分布	97.7	114
Sb	223	0.39	0.44	0.50	0.61	0.80	1.12	1.49	0.74	0.43	0.67	1.61	3.98	0.27	0.58	0.61	0.78	对数正态分布	0.67	0.53
Sc	223	6.60	7.08	7.90	9.00	10.09	11.69	12.68	9.21	1.98	9.01	3.57	18.97	5.30	0.22	9.00	9.70	对数正态分布	9.01	9.70
Se	223	0.08	0.10	0.13	0.18	0.24	0.30	0.33	0.19	0.08	0.17	3.02	0.46	0.06	0.42	0.18	0.14	正态分布	0.19	0.21
Sn	223	2.00	2.20	2.57	3.00	3.65	4.78	5.98	3.41	1.80	3.15	2.15	18.59	1.42	0.53	3.00	3.00	对数正态分布	3.15	2.60
Sr	223	28.73	32.92	45.75	59.7	81.9	118	139	68.9	36.02	61.5	11.15	264	17.10	0.52	59.7	46.00	对数正态分布	61.5	112
Th	223	10.12	11.66	13.22	15.00	16.90	18.94	20.88	15.19	3.20	14.86	4.78	27.59	6.28	0.21	15.00	12.80	正态分布	15.19	14.50
Ti	214	3118	3337	3785	4308	4928	5336	5550	4356	816	4276	124	6599	2178	0.19	4308	4444	剔除后正态分布	4356	4602
Tl	223	0.52	0.56	0.66	0.76	0.87	1.00	1.13	0.78	0.19	0.76	1.33	1.48	0.35	0.24	0.76	0.77	对数正态分布	0.76	0.82
U	223	2.43	2.56	2.86	3.20	3.64	4.14	4.48	3.28	0.64	3.22	2.01	5.80	1.94	0.19	3.20	3.44	正态分布	3.28	3.14
V	223	41.36	47.31	56.3	69.0	82.2	97.6	104	71.3	21.23	68.3	11.61	182	26.10	0.30	69.0	71.0	对数正态分布	71.3	110
W	204	1.45	1.55	1.72	1.93	2.13	2.35	2.59	1.95	0.33	1.92	1.51	2.86	1.12	0.17	1.93	1.84	剔除后正态分布	1.95	1.93
Y	223	19.71	20.94	23.20	25.42	28.65	31.82	35.80	26.39	5.20	25.94	6.58	55.1	16.05	0.20	25.42	25.10	对数正态分布	25.94	26.13
Zn	223	42.71	47.62	55.5	62.4	73.5	85.0	94.3	64.9	16.73	63.0	11.15	180	31.00	0.26	62.4	58.9	正态分布	64.9	77.4
Zr	223	228	243	269	302	339	373	400	307	51.5	302	26.84	484	199	0.17	302	266	正态分布	307	287
SiO₂	223	64.6	66.6	69.6	72.7	75.0	77.0	77.7	72.0	4.13	71.9	11.79	80.4	58.3	0.06	72.7	71.9	正态分布	72.0	70.5
Al₂O₃	223	11.22	11.66	12.60	13.60	15.00	16.96	17.93	13.99	2.12	13.84	4.56	22.54	9.87	0.15	13.60	14.00	正态分布	13.99	14.82
TFe₂O₃	223	3.20	3.37	3.88	4.42	5.12	5.95	6.28	4.57	1.09	4.46	2.44	11.73	2.48	0.24	4.42	4.64	对数正态分布	4.46	4.70
MgO	223	0.45	0.50	0.60	0.73	0.96	1.18	1.35	0.81	0.30	0.77	1.46	2.23	0.28	0.37	0.73	0.90	对数正态分布	0.77	0.67
CaO	223	0.12	0.15	0.23	0.31	0.45	0.72	1.02	0.46	0.69	0.33	2.50	7.73	0.08	1.50	0.31	0.29	对数正态分布	0.33	0.22
Na₂O	223	0.12	0.18	0.29	0.49	0.77	1.00	1.13	0.56	0.33	0.46	2.29	1.55	0.06	0.59	0.49	0.43	对数正态分布	0.46	0.16
K₂O	223	1.62	1.83	2.17	2.54	2.89	3.25	3.46	2.53	0.56	2.47	1.77	4.24	1.07	0.22	2.54	2.53	正态分布	2.53	2.99
TC	223	0.24	0.27	0.33	0.40	0.49	0.62	0.73	0.44	0.18	0.41	1.86	1.56	0.15	0.40	0.40	0.40	对数正态分布	0.41	0.43
Corg	223	0.20	0.23	0.27	0.35	0.42	0.55	0.67	0.37	0.14	0.35	1.98	1.11	0.15	0.37	0.35	0.32	对数正态分布	0.35	0.42
pH	223	4.83	4.95	5.22	5.78	6.42	7.10	7.52	5.38	5.26	5.89	2.80	8.11	4.54	0.98	5.78	6.05	对数正态分布	5.89	5.12

注：原始样本数为223件。

表3-25 水稻土土壤地球化学基准值参数统计表

元素/指标	N	$X_{5\%}$	$X_{10\%}$	$X_{25\%}$	$X_{50\%}$	$X_{75\%}$	$X_{90\%}$	$X_{95\%}$	$\overline{X}$	S	$\overline{X}_g$	S_g	x_{max}	x_{min}	CV	X_{me}	X_{mo}	分布类型	水稻土基准值	浙江省基准值
Ag	1221	43.00	49.00	60.0	71.0	82.0	96.0	107	72.0	18.07	69.6	11.79	121	25.00	0.25	71.0	70.0	偏峰分布	70.0	70.0
As	1314	3.58	4.18	5.50	7.30	9.83	12.90	15.24	8.36	5.30	7.41	3.48	71.6	1.20	0.63	7.30	6.40	对数后正态分布	7.41	6.83
Au	1222	0.65	0.80	1.10	1.43	1.80	2.20	2.41	1.47	0.53	1.37	1.54	3.06	0.32	0.36	1.43	1.40	剔除后对数分布	1.37	1.10
B	1313	16.46	21.74	37.00	62.1	73.0	79.0	83.0	55.4	21.76	49.49	10.33	103	4.40	0.39	62.1	71.0	其他分布	71.0	73.0
Ba	1195	353	404	454	492	550	641	691	505	92.6	497	36.25	756	277	0.18	492	472	其他分布	472	482
Be	1314	1.72	1.86	2.08	2.43	2.73	3.04	3.20	2.43	0.46	2.39	1.72	4.96	1.01	0.19	2.43	2.32	正态分布	2.43	2.31
Bi	1293	0.19	0.21	0.27	0.35	0.45	0.52	0.56	0.36	0.12	0.34	2.03	0.72	0.04	0.33	0.35	0.29	其他分布	0.29	0.24
Br	1219	1.31	1.50	1.64	2.25	3.04	4.00	4.60	2.48	1.02	2.29	1.86	5.60	0.68	0.41	2.25	1.50	其他分布	1.50	1.50
Cd	1250	0.06	0.07	0.09	0.11	0.13	0.16	0.17	0.11	0.03	0.11	3.79	0.21	0.02	0.30	0.11	0.11	剔除后正态分布	0.11	0.11
Ce	1254	61.0	65.1	72.0	79.5	87.0	95.0	101	79.9	11.67	79.1	12.52	114	47.92	0.15	79.5	72.0	剔除后对数分布	79.9	84.1
Cl	1195	30.49	34.54	43.76	62.0	84.5	105	124	67.1	29.33	61.1	11.29	164	20.00	0.44	62.0	67.0	剔除后对数分布	61.1	39.00
Co	1314	6.17	7.70	10.30	13.91	17.30	19.67	21.10	13.89	4.84	12.97	4.71	37.90	2.56	0.35	13.91	14.90	正态分布	13.89	11.90
Cr	1313	19.65	27.62	46.10	70.0	95.2	108	117	69.5	30.38	61.1	11.63	154	6.20	0.44	70.0	97.0	对数后正态分布	97.0	71.0
Cu	1314	9.60	11.46	15.70	21.80	29.20	35.39	39.48	23.16	10.62	20.99	6.19	128	3.90	0.46	21.80	20.00	对数后正态分布	20.99	11.20
F	1314	326	370	445	555	669	762	825	562	163	539	38.39	1620	100.0	0.29	555	721	对数后对数分布	539	431
Ga	1314	13.70	14.60	16.27	18.30	20.60	22.40	23.60	18.44	3.11	18.17	5.39	33.70	8.00	0.17	18.30	17.20	正态分布	18.44	18.92
Ge	1287	1.23	1.29	1.41	1.52	1.61	1.69	1.75	1.51	0.15	1.50	1.29	1.90	1.13	0.10	1.52	1.58	其他分布	1.58	1.50
Hg	1198	0.027	0.031	0.038	0.048	0.059	0.078	0.089	0.051	0.018	0.048	5.930	0.109	0.014	0.355	0.048	0.048	剔除后对数分布	0.048	0.048
I	1314	1.04	1.30	1.85	2.88	4.55	6.82	8.53	3.59	2.49	2.92	2.42	18.09	0.22	0.69	2.88	1.76	对数后正态分布	2.92	3.86
La	1259	32.89	34.69	38.00	41.80	45.95	49.80	52.1	42.01	5.80	41.61	8.67	58.6	26.20	0.14	41.80	41.00	剔除后正态分布	41.61	41.00
Li	1314	25.00	28.30	34.88	43.03	53.2	62.5	65.8	44.11	12.48	42.29	8.89	76.6	15.10	0.28	43.03	40.50	对数后正态分布	42.29	37.51
Mn	1289	356	412	533	701	943	1198	1341	759	300	701	45.39	1619	148	0.40	701	634	对数后对数分布	701	713
Mo	1314	0.35	0.38	0.46	0.67	1.05	1.52	2.13	0.93	1.21	0.73	1.88	23.38	0.23	1.30	0.67	0.43	对数后正态分布	0.73	0.62
N	1314	0.33	0.36	0.44	0.55	0.70	0.89	0.99	0.60	0.25	0.56	1.64	2.44	0.15	0.41	0.55	0.49	对数后正态分布	0.56	0.49
Nb	1258	14.20	15.20	17.00	18.70	20.70	22.95	24.20	18.93	2.92	18.70	5.44	26.64	11.20	0.15	18.70	18.00	剔除后对数分布	18.70	19.60
Ni	1310	7.83	10.40	16.92	29.50	40.20	45.59	48.00	28.56	13.22	24.78	7.16	69.3	2.98	0.46	29.50	40.20	其他分布	40.20	11.00
P	1304	0.17	0.21	0.29	0.44	0.58	0.67	0.71	0.44	0.18	0.40	1.98	1.00	0.07	0.41	0.44	0.64	其他分布	0.64	0.24
Pb	1260	19.21	21.00	24.10	27.81	32.00	36.95	40.00	28.36	6.10	27.70	6.84	46.10	12.80	0.22	27.81	30.00	剔除后对数分布	27.70	30.00

续表 3-25

元素/指标	N	$X_{5\%}$	$X_{10\%}$	$X_{25\%}$	$X_{50\%}$	$X_{75\%}$	$X_{90\%}$	$X_{95\%}$	$\bar{X}$	S	$\bar{X}_g$	S_g	X_{max}	X_{min}	CV	X_{me}	X_{mo}	分布类型	水稻土基准值	浙江省基准值
Rb	1314	86.8	95.0	108	127	145	159	165	127	24.75	124	16.26	247	56.0	0.20	127	132	正态分布	127	128
S	1151	51.0	58.0	76.0	110	160	242	302	131	75.1	114	16.06	390	29.82	0.57	110	50.00	剔除后对数分布	114	114
Sb	1228	0.33	0.37	0.43	0.52	0.65	0.80	0.90	0.56	0.17	0.53	1.62	1.08	0.16	0.31	0.52	0.52	剔除后对数分布	0.53	0.53
Sc	1312	7.30	8.10	9.50	11.40	14.00	15.90	16.70	11.75	2.91	11.38	4.18	20.60	5.30	0.25	11.40	13.00	其他分布	13.00	9.70
Se	1266	0.08	0.10	0.13	0.17	0.24	0.32	0.35	0.19	0.08	0.17	3.10	0.42	0.02	0.43	0.17	0.16	其他分布	0.16	0.21
Sn	1193	2.33	2.52	3.00	3.50	4.00	4.61	5.00	3.54	0.79	3.45	2.14	5.92	1.40	0.22	3.50	3.30	剔除后对数分布	3.45	2.60
Sr	1303	35.85	42.56	63.8	101	118	133	143	93.1	34.60	85.4	13.70	200	15.70	0.37	101	112	其他分布	112	112
Th	1274	10.98	11.70	13.12	14.60	16.23	17.60	18.54	14.70	2.31	14.52	4.71	21.14	8.46	0.16	14.60	13.70	剔除后正态分布	14.70	14.50
Ti	1248	3558	3861	4330	4738	5129	5387	5584	4688	606	4647	132	6327	3050	0.13	4738	4689	偏峰分布	4689	4602
Tl	1314	0.51	0.56	0.66	0.78	0.91	1.04	1.14	0.80	0.20	0.77	1.33	2.36	0.33	0.25	0.78	0.83	对数正态分布	0.77	0.82
U	1314	1.98	2.13	2.40	2.83	3.40	3.96	4.38	2.97	0.83	2.87	1.91	13.95	1.45	0.28	2.83	3.00	对数正态分布	2.87	3.14
V	1304	46.30	55.4	73.0	93.0	112	124	130	91.8	26.08	87.6	13.63	167	21.40	0.28	93.0	107	其他分布	107	110
W	1258	1.35	1.48	1.68	1.88	2.11	2.32	2.48	1.90	0.33	1.87	1.49	2.82	0.99	0.17	1.88	1.90	剔除后正态分布	1.90	1.93
Y	1285	20.80	22.18	24.20	27.00	29.60	31.82	33.00	27.01	3.78	26.74	6.71	38.09	17.20	0.14	27.00	26.00	其他分布	26.00	26.13
Zn	1302	50.4	55.1	65.6	79.0	96.4	107	113	80.9	20.08	78.4	12.68	142	29.10	0.25	79.0	78.0	其他分布	78.0	77.4
Zr	1300	188	196	222	263	308	347	370	268	57.3	262	24.95	433	148	0.21	263	268	其他分布	268	287
SiO$_2$	1313	59.4	60.6	63.1	67.7	71.7	74.7	76.1	67.6	5.36	67.4	11.35	81.6	52.8	0.08	67.7	68.7	其他分布	68.7	70.5
Al$_2$O$_3$	1314	11.63	12.25	13.21	14.79	16.07	17.18	17.98	14.79	2.07	14.65	4.74	24.70	9.65	0.14	14.79	15.56	正态分布	14.79	14.82
TFe$_2$O$_3$	1314	3.25	3.57	4.28	5.09	6.00	6.70	7.07	5.17	1.27	5.01	2.64	17.28	2.07	0.25	5.09	4.61	正态分布	5.17	4.70
MgO	1314	0.46	0.53	0.72	1.26	1.87	2.15	2.26	1.31	0.62	1.15	1.73	3.44	0.25	0.48	1.26	1.98	其他分布	1.98	0.67
CaO	1242	0.16	0.21	0.33	0.63	1.05	1.78	2.07	0.79	0.58	0.60	2.29	2.48	0.06	0.74	0.63	0.35	其他分布	0.35	0.22
Na$_2$O	1313	0.16	0.25	0.58	1.04	1.38	1.64	1.74	0.98	0.50	0.80	2.11	2.12	0.07	0.51	1.04	1.16	其他分布	1.16	0.16
K$_2$O	1308	1.74	1.94	2.28	2.67	2.99	3.21	3.33	2.63	0.50	2.58	1.79	4.05	1.26	0.19	2.67	2.99	偏峰分布	2.99	2.99
TC	1314	0.29	0.34	0.44	0.61	0.87	1.11	1.24	0.69	0.37	0.61	1.73	4.50	0.15	0.54	0.61	0.51	对数正态分布	0.61	0.43
Corg	1032	0.21	0.25	0.33	0.43	0.56	0.68	0.76	0.45	0.17	0.42	1.87	0.97	0.06	0.37	0.43	0.48	剔除后对数分布	0.42	0.42
pH	1314	4.96	5.16	5.70	6.90	7.95	8.33	8.47	5.50	4.64	6.82	3.08	9.09	3.22	0.84	6.90	7.92	其他分布	7.92	5.12

注：Corg原始样本数为1093件；其他元素/指标为1314件。

Na_2O、Ni、MgO、P 明显相对富集,基准值在浙江省基准值的 2.0 倍以上,Na_2O 基准值为 1.16%,是浙江省基准值的 7.25 倍;其他元素/指标基准值则与浙江省基准值基本接近。

七、潮土土壤地球化学基准值

浙江省潮土区土壤地球化学基准值数据经正态分布检验,结果表明,原始数据中 As、Au、Be、Cd、Ce、Co、Cr、Cu、F、Ga、Ge、I、La、Li、Mn、N、Nb、Ni、P、Rb、Sc、Sr、Th、Ti、Tl、U、V、W、Y、Zn、SiO_2、Al_2O_3、TFe_2O_3、Na_2O、K_2O、TC 共 36 项元素/指标符合正态分布,Ag、Bi、Br、Hg、Mo、Pb、S、Sb、Se、Sn、Corg 符合对数正态分布,B、Ba、Cl、Zr 剔除异常值后符合正态分布,其他元素/指标不符合正态分布或对数正态分布(表 3-26)。

浙江省潮土区深层土壤总体呈碱性,土壤 pH 基准值为 8.49,极大值为 9.20,极小值为 5.55,明显高于浙江省基准值。

在深层土壤各元素/指标中,绝大多数元素/指标变异系数小于 0.40,分布相对均匀;S、pH、Br、Bi、Se、CaO、I、Hg、As、Mo、Corg、Sb、Cl 共 13 项元素/指标变异系数大于 0.40,其中 S、pH、Br 变异系数大于 0.80,空间变异性较大。

与浙江省土壤基准值相比,潮土区土壤基准值中 Se、U 基准值略低于浙江省基准值,为浙江省基准值的 60%~80%;S、Sn、Bi、F、N 基准值略高于浙江省基准值,与浙江省基准值比值在 1.2~1.4 之间;CaO、Na_2O、MgO、Ni、P、Cl、Br、TC、Cu、Au 基准值明显高于浙江省基准值,与浙江省基准值比值在 1.4 以上,其中 CaO、Na_2O、MgO、Ni、P、Cl、Br、TC、Cu 明显相对富集,基准值为浙江省基准值的 2.0 倍以上,CaO、Na_2O 基准值分别为 2.41% 和 1.32%,分别为浙江省基准值的 10.95 倍和 8.25 倍;其他元素/指标基准值则与浙江省基准值基本接近。

八、滨海盐土土壤地球化学基准值

浙江省滨海盐土区土壤地球化学基准值数据经正态分布检验,结果表明,原始数据中 Cd、Ce、Co、Cu、F、Ge、Hg、I、La、N、Nb、Pb、Sb、Se、Sn、Th、Ti、Tl、U、W、Y、Zn、Zr、TC、Corg 共 25 项元素/指标符合正态分布,Ag、Au、Bi、Br、Cl、Ga、Li、Mo、Ni、Sc、V、TFe_2O_3 符合对数正态分布,B、Ba、P、Sr、MgO、pH 剔除异常值后符合正态分布,其他元素/指标不符合正态分布或对数正态分布(表 3-27)。

浙江省滨海盐土区深层土壤总体呈碱性,土壤 pH 基准值为 8.44,极大值为 9.02,极小值为 7.96,明显高于浙江省基准值。

在深层土壤各元素/指标中,绝大多数元素/指标变异系数小于 0.40,分布相对均匀;Cl、pH、Br、S、Mo、I、Se、Ag、Cu、Bi、As 共 11 项元素/指标变异系数大于 0.40,其中 Cl、pH、Br 变异系数大于 0.80,空间变异性较大。

与浙江省土壤基准值相比,滨海盐土区土壤基准值中 Se、As 基准值明显低于浙江省基准值,不足浙江省基准值的 60%;U、V、S、Al_2O_3、Mn、Cr、Be、Rb、K_2O 基准值略低于浙江省基准值,为浙江省基准值的 60%~80%;F、Sr、Au、N、Bi 基准值略高于浙江省基准值,与浙江省基准值比值在 1.2~1.4 之间;CaO、Na_2O、Cl、MgO、Br、P、Ni、TC、Cu 基准值明显高于浙江省基准值,与浙江省基准值比值在 1.4 以上,其中 CaO、Na_2O、Cl、MgO、Br、P、Ni、TC 明显相对富集,基准值为浙江省基准值的 2.0 倍以上,CaO、Na_2O 基准值分别为 3.92% 和 1.83%,分别为浙江省基准值的 17.82 倍和 11.44 倍;其他元素/指标基准值则与浙江省基准值基本接近。

九、基性岩土土壤地球化学基准值

浙江省基性岩土区土壤土地球化学基准值数据仅 16 件,无法进行正态分布检验,按照中位数取背景值,具体参数统计结果如下(表 3-28)。

表 3-26 潮土土壤地球化学基准值参数统计表

元素/指标	N	$X_{5\%}$	$X_{10\%}$	$X_{25\%}$	$X_{50\%}$	$X_{75\%}$	$X_{90\%}$	$X_{95\%}$	$\overline{X}$	S	$\overline{X}_g$	S_g	X_{max}	X_{min}	CV	X_{mc}	X_{mo}	分布类型	潮土基准值	浙江省基准值
Ag	121	46.00	51.0	58.0	69.0	81.0	110	125	74.4	24.08	71.0	11.64	173	33.00	0.32	69.0	58.0	对数正态分布	71.0	70.0
As	121	3.38	3.99	5.57	7.17	9.90	12.14	14.67	8.14	4.08	7.33	3.30	25.06	2.64	0.50	7.17	8.40	正态分布	8.14	6.83
Au	121	0.94	1.03	1.24	1.54	1.90	2.39	2.81	1.66	0.64	1.56	1.56	4.80	0.53	0.38	1.54	1.50	正态分布	1.66	1.10
B	108	43.94	55.0	63.0	70.0	75.0	80.0	81.6	68.1	10.29	67.2	11.55	86.0	39.00	0.15	70.0	71.0	剔除后正态分布	68.1	73.0
Ba	106	396	404	424	449	480	516	535	453	46.27	451	33.53	579	339	0.10	449	426	剔除后正态分布	453	482
Be	121	1.65	1.73	2.00	2.24	2.61	2.89	3.02	2.27	0.44	2.23	1.63	3.34	1.22	0.19	2.24	2.03	正态分布	2.27	2.31
Bi	121	0.17	0.19	0.25	0.31	0.44	0.51	0.54	0.36	0.25	0.32	2.22	2.73	0.16	0.69	0.31	0.17	对数正态分布	0.32	0.24
Br	121	1.50	1.60	2.20	3.37	4.60	5.90	6.60	3.82	3.08	3.27	2.35	30.58	1.50	0.81	3.37	1.50	对数正态分布	3.27	1.50
Cd	121	0.07	0.08	0.10	0.12	0.14	0.17	0.19	0.12	0.04	0.12	3.60	0.29	0.05	0.32	0.12	0.12	正态分布	0.12	0.11
Ce	121	58.0	61.0	65.3	74.0	80.8	86.0	92.0	74.0	11.44	73.1	11.77	115	43.00	0.15	74.0	73.0	正态分布	74.0	84.1
Cl	105	43.60	52.0	66.0	86.0	113	139	172	92.6	38.59	85.3	13.82	215	20.00	0.42	86.0	75.0	剔除后正态分布	92.6	39.00
Co	121	7.80	8.58	10.72	13.70	16.30	18.30	19.56	13.53	3.74	12.97	4.51	24.20	5.00	0.28	13.70	13.90	正态分布	13.53	11.90
Cr	121	31.39	45.00	55.0	73.0	85.7	100.0	112	71.8	22.94	67.5	11.83	130	17.61	0.32	73.0	76.0	正态分布	71.8	71.0
Cu	121	10.60	11.43	16.02	22.50	28.05	33.64	36.56	22.50	8.47	20.82	5.97	44.20	6.19	0.38	22.50	20.30	正态分布	22.50	11.20
F	121	370	398	458	553	657	703	753	554	133	535	37.86	833	126	0.24	553	527	正态分布	554	431
Ga	121	11.10	12.37	14.40	16.80	19.70	21.76	22.30	16.94	3.63	16.50	5.02	24.28	5.90	0.21	16.80	19.40	正态分布	16.94	18.92
Ge	121	1.20	1.24	1.36	1.47	1.55	1.63	1.65	1.45	0.15	1.45	1.26	1.85	1.13	0.10	1.47	1.53	正态分布	1.45	1.50
Hg	121	0.034	0.040	0.044	0.051	0.067	0.089	0.107	0.060	0.033	0.055	5.533	0.264	0.021	0.542	0.051	0.044	对数正态分布	0.055	0.048
I	121	0.99	1.47	2.36	4.02	5.53	7.23	8.60	4.20	2.41	3.49	2.62	12.20	0.60	0.57	4.02	7.22	正态分布	4.20	3.86
La	121	31.80	33.07	36.80	39.50	43.04	46.40	47.40	39.77	5.23	39.41	8.30	56.1	21.80	0.13	39.50	41.00	正态分布	39.77	41.00
Li	121	25.30	27.10	32.25	40.80	50.8	58.6	63.7	42.24	12.03	40.53	8.48	70.8	19.10	0.28	40.80	28.00	正态分布	42.24	37.51
Mn	121	408	455	559	738	881	1073	1244	758	247	720	43.91	1546	370	0.33	738	750	正态分布	758	713
Mo	121	0.33	0.34	0.41	0.52	0.70	0.89	1.24	0.60	0.30	0.55	1.75	2.00	0.26	0.49	0.52	0.44	对数正态分布	0.55	0.62
N	121	0.34	0.40	0.46	0.57	0.70	0.83	0.95	0.60	0.20	0.57	1.56	1.37	0.28	0.33	0.57	0.49	正态分布	0.60	0.49
Nb	121	11.28	12.30	13.73	16.13	18.50	21.30	23.50	16.31	3.83	15.85	4.88	28.16	5.00	0.23	16.13	18.90	正态分布	16.31	19.60
Ni	121	12.19	17.90	23.30	32.50	36.21	43.86	45.08	30.69	9.89	28.67	7.37	49.50	7.23	0.32	32.50	33.60	正态分布	30.69	11.00
P	121	0.32	0.37	0.49	0.60	0.67	0.75	0.82	0.59	0.16	0.56	1.50	1.25	0.20	0.26	0.60	0.67	正态分布	0.59	0.24
Pb	121	16.96	18.42	20.63	24.50	29.00	34.20	35.86	26.05	10.44	24.83	6.28	113	13.90	0.40	24.50	27.00	对数正态分布	24.83	30.00

续表 3 – 26

元素/指标	N	$X_{5\%}$	$X_{10\%}$	$X_{25\%}$	$X_{50\%}$	$X_{75\%}$	$X_{90\%}$	$X_{95\%}$	$\bar{X}$	S	$\bar{X}_g$	S_g	X_{max}	X_{min}	CV	X_{me}	X_{mo}	分布类型	潮土基准值	浙江省基准值
Rb	121	72.2	78.4	96.6	114	135	152	156	116	27.14	112	14.97	178	40.00	0.23	114	113	正态分布	116	128
S	121	68.5	75.7	91.0	122	226	528	736	217	226	155	19.83	1220	47.00	1.04	122	111	对数正态分布	155	114
Sb	121	0.31	0.36	0.42	0.52	0.68	0.83	0.96	0.58	0.25	0.54	1.72	1.75	0.25	0.43	0.52	0.42	对数正态分布	0.54	0.53
Sc	121	7.75	8.60	9.54	11.56	13.30	14.70	15.50	11.53	2.49	11.25	4.10	17.40	4.80	0.22	11.56	14.50	正态分布	11.53	9.70
Se	121	0.04	0.06	0.08	0.13	0.18	0.28	0.32	0.15	0.10	0.13	4.09	0.56	0.03	0.67	0.13	0.07	对数正态分布	0.13	0.21
Sn	121	2.48	2.64	3.02	3.40	3.92	4.76	5.79	3.67	1.44	3.50	2.21	14.96	1.75	0.39	3.40	3.70	对数正态分布	3.50	2.60
Sr	121	37.00	55.0	104	129	146	155	163	119	36.04	111	16.42	168	16.00	0.30	129	121	正态分布	119	112
Th	121	9.66	10.20	11.33	13.00	14.90	16.00	16.90	13.10	2.40	12.88	4.33	20.84	6.90	0.18	13.00	14.00	正态分布	13.10	14.50
Ti	121	3541	3823	4095	4405	4885	5182	5416	4435	672	4373	126	6152	1475	0.15	4405	4430	正态分布	4435	4602
Tl	121	0.42	0.44	0.56	0.65	0.82	0.91	0.96	0.68	0.18	0.66	1.47	1.20	0.30	0.27	0.65	0.59	正态分布	0.68	0.82
U	121	1.77	1.83	2.02	2.31	2.81	3.30	3.53	2.48	0.60	2.42	1.69	5.00	1.56	0.24	2.31	2.70	正态分布	2.48	3.14
V	121	52.0	64.0	72.4	90.0	101	118	124	89.1	21.14	86.4	13.27	138	39.00	0.24	90.0	85.0	正态分布	89.1	110
W	121	1.05	1.27	1.46	1.73	1.90	2.11	2.33	1.71	0.39	1.67	1.42	3.20	0.92	0.23	1.73	1.85	正态分布	1.71	1.93
Y	121	19.00	20.65	22.65	25.00	28.19	30.07	31.00	25.26	4.02	24.93	6.36	37.00	12.00	0.16	25.00	26.00	正态分布	25.26	26.13
Zn	121	53.0	57.0	70.0	79.0	91.0	103	108	79.7	17.46	77.7	12.27	135	34.00	0.22	79.0	79.0	正态分布	79.7	77.4
Zr	117	190	196	217	243	288	324	353	254	50.6	250	24.18	402	176	0.20	243	248	剔除后正态分布	254	287
SiO₂	121	59.2	61.1	63.3	66.0	70.0	73.9	75.4	66.8	4.90	66.6	11.22	80.7	55.0	0.07	66.0	63.3	正态分布	66.8	70.5
Al₂O₃	121	10.49	10.71	12.16	13.61	15.11	16.44	16.77	13.61	2.01	13.46	4.44	18.52	8.49	0.15	13.61	10.49	正态分布	13.61	14.82
TFe₂O₃	121	3.20	3.26	3.95	4.73	5.61	6.33	6.78	4.80	1.13	4.67	2.48	7.80	3.10	0.23	4.73	4.70	正态分布	4.80	4.70
MgO	115	0.58	0.74	1.56	1.96	2.17	2.28	2.41	1.79	0.55	1.67	1.71	2.75	0.53	0.31	1.96	2.14	偏峰分布	2.14	0.67
CaO	121	0.16	0.33	0.86	2.33	3.23	3.69	3.86	2.05	1.31	1.44	2.91	4.24	0.06	0.64	2.33	2.41	其他分布	2.41	0.22
Na₂O	121	0.30	0.51	1.09	1.46	1.66	1.87	1.92	1.32	0.49	1.15	1.94	1.99	0.07	0.37	1.46	1.58	正态分布	1.32	0.16
K₂O	121	1.89	1.98	2.14	2.45	2.81	3.12	3.22	2.49	0.44	2.45	1.70	3.50	1.25	0.18	2.45	1.98	正态分布	2.49	2.99
TC	121	0.34	0.43	0.67	0.96	1.09	1.21	1.28	0.89	0.31	0.83	1.51	1.84	0.27	0.34	0.96	0.89	正态分布	0.89	0.43
Corg	118	0.23	0.25	0.30	0.39	0.53	0.68	0.87	0.44	0.22	0.40	2.01	1.60	0.12	0.49	0.39	0.54	对数正态分布	0.40	0.42
pH	111	5.84	6.25	7.64	8.34	8.50	8.63	8.80	6.74	6.30	7.93	3.36	9.20	5.55	0.93	8.34	8.49	其他分布	8.49	5.12

注：Corg 原始样本数为 118 件，其他元素/指标为 121 件。

第三章 土壤地球化学基准值

表3-27 滨海盐土土壤地球化学基准值参数统计表

元素/指标	N	$X_{5\%}$	$X_{10\%}$	$X_{25\%}$	$X_{50\%}$	$X_{75\%}$	$X_{90\%}$	$X_{95\%}$	$\bar{X}$	S	$\bar{X}_g$	S_g	X_{max}	X_{min}	CV	X_{me}	X_{mo}	分布类型	滨海盐土基准值	浙江省基准值
Ag	65	43.00	44.40	52.0	66.5	77.0	88.6	103	71.6	39.64	66.3	10.93	317	42.00	0.55	66.5	68.0	对数正态分布	66.3	70.0
As	65	3.78	3.87	4.70	6.91	11.10	12.18	13.06	7.93	3.68	7.12	3.12	18.40	3.38	0.46	6.91	3.78	偏峰分布	3.78	6.83
Au	65	0.81	0.93	1.09	1.35	1.58	2.26	2.60	1.45	0.57	1.36	1.46	3.80	0.63	0.40	1.35	1.50	对数正态分布	1.36	1.10
B	55	62.0	63.0	65.5	71.0	75.5	79.6	82.0	71.1	7.26	70.7	11.56	86.7	50.00	0.10	71.0	70.0	剔除后正态分布	71.1	73.0
Ba	59	397	402	409	433	476	503	542	444	43.59	442	32.69	544	368	0.10	433	432	剔除后正态分布	444	482
Be	65	1.58	1.63	1.69	2.14	2.60	2.79	2.96	2.17	0.50	2.11	1.56	3.19	1.57	0.23	2.14	1.65	其他分布	1.65	2.31
Bi	65	0.15	0.16	0.18	0.28	0.46	0.53	0.58	0.33	0.16	0.29	2.59	0.81	0.13	0.50	0.28	0.19	对数正态分布	0.29	0.24
Br	65	1.52	1.82	2.20	4.00	7.22	11.84	15.92	5.50	4.48	4.21	2.74	19.84	1.50	0.82	4.00	2.20	对数正态分布	4.21	1.50
Cd	65	0.08	0.08	0.10	0.11	0.13	0.16	0.18	0.12	0.03	0.11	3.73	0.20	0.06	0.28	0.11	0.10	正态分布	0.12	0.11
Ce	65	57.9	59.4	63.5	76.1	79.3	83.9	86.2	72.6	10.26	71.8	11.50	96.8	48.18	0.14	76.1	76.8	正态分布	72.6	84.1
Cl	65	68.6	74.8	91.0	222	895	1924	2904	682	950	299	27.98	4261	42.60	1.39	222	681	对数正态分布	299	39.00
Co	65	8.43	9.23	9.85	12.00	17.25	18.88	19.46	13.38	4.06	12.80	4.24	22.90	6.70	0.30	12.00	11.10	正态分布	13.38	11.90
Cr	65	41.74	46.00	51.0	57.1	86.7	97.3	99.9	66.7	22.45	62.9	10.54	133	20.90	0.34	57.1	51.0	偏峰分布	51.0	71.0
Cu	65	10.41	10.83	12.07	19.37	29.96	34.96	37.13	21.80	10.81	19.43	5.45	65.5	8.59	0.50	19.37	21.86	正态分布	21.80	11.20
F	65	373	405	443	509	702	780	829	560	155	540	35.76	903	320	0.28	509	465	正态分布	560	431
Ga	65	11.51	11.95	12.47	16.17	20.60	22.18	22.60	16.58	4.32	16.03	4.79	26.50	10.10	0.26	16.17	19.80	对数正态分布	16.03	18.92
Ge	65	1.20	1.23	1.33	1.43	1.52	1.60	1.63	1.42	0.14	1.42	1.24	1.91	1.18	0.10	1.43	1.41	正态分布	1.42	1.50
Hg	65	0.028	0.031	0.036	0.043	0.054	0.062	0.068	0.045	0.013	0.043	6.460	0.083	0.022	0.291	0.043	0.042	其他分布	0.045	0.048
I	65	0.88	1.48	2.14	3.36	4.62	6.12	7.21	3.72	2.45	3.08	2.36	14.00	0.43	0.66	3.36	3.57	对数正态分布	3.72	3.86
La	65	32.07	33.71	35.19	40.24	42.00	43.91	45.67	39.55	5.40	39.20	8.18	61.5	26.81	0.14	40.24	41.00	正态分布	39.55	41.00
Li	65	25.30	25.54	27.30	33.20	57.7	64.3	66.5	41.23	16.23	38.32	7.81	75.6	23.60	0.39	33.20	29.10	对数正态分布	38.32	37.51
Mn	65	416	425	467	645	900	1025	1101	695	251	652	39.45	1289	406	0.36	645	525	正态分布	525	713
Mo	65	0.31	0.32	0.37	0.52	0.78	1.08	1.30	0.66	0.47	0.56	1.96	2.69	0.28	0.71	0.52	0.39	对数正态分布	0.56	0.62
N	65	0.38	0.39	0.43	0.57	0.71	0.90	0.96	0.60	0.20	0.57	1.62	1.16	0.32	0.33	0.57	0.38	正态分布	0.60	0.49
Nb	65	10.81	11.69	13.18	16.80	18.42	21.30	22.80	16.12	3.64	15.71	4.79	25.07	9.77	0.23	16.80	17.30	正态分布	16.12	19.60
Ni	65	16.54	19.66	22.20	26.10	40.29	44.88	47.13	29.87	10.71	27.98	6.67	54.3	11.00	0.36	26.10	26.40	对数正态分布	27.98	11.00
P	57	0.52	0.53	0.57	0.62	0.66	0.70	0.72	0.62	0.07	0.61	1.33	0.75	0.44	0.11	0.62	0.63	剔除后正态分布	0.62	0.24
Pb	65	15.21	16.02	17.48	23.70	30.00	33.00	40.80	24.99	9.55	23.51	5.99	69.1	12.70	0.38	23.70	30.00	正态分布	24.99	30.00

续表 3-27

元素/指标	N	$X_{5\%}$	$X_{10\%}$	$X_{25\%}$	$X_{50\%}$	$X_{75\%}$	$X_{90\%}$	$X_{95\%}$	$\bar{X}$	S	$\bar{X}_g$	S_g	X_{max}	X_{min}	CV	X_{me}	X_{mo}	分布类型	滨海盐土基准值	浙江省基准值
Rb	65	73.9	75.5	81.5	98.8	144	151	158	112	32.11	107	14.04	168	72.0	0.29	98.8	87.4	其他分布	87.4	128
S	61	76.0	87.0	102	187	359	620	647	255	196	196	20.06	759	55.0	0.77	187	87.0	其他分布	87.0	114
Sb	65	0.31	0.34	0.38	0.47	0.70	0.81	0.85	0.54	0.20	0.51	1.77	1.17	0.29	0.36	0.47	0.64	正态分布	0.54	0.53
Sc	65	8.04	8.28	8.92	10.38	14.91	16.02	16.38	11.65	3.21	11.23	3.93	18.90	6.80	0.28	10.38	9.20	对数正态分布	11.23	9.70
Se	65	0.04	0.05	0.06	0.12	0.16	0.19	0.25	0.12	0.08	0.10	4.55	0.48	0.03	0.63	0.12	0.14	正态分布	0.12	0.21
Sn	65	2.11	2.19	2.40	3.02	3.40	3.69	3.79	2.99	0.76	2.91	1.89	7.00	1.86	0.25	3.02	3.20	正态分布	2.99	2.60
Sr	63	98.1	103	125	154	162	172	174	144	26.10	142	17.84	202	80.8	0.18	154	155	剔除后正态分布	144	112
Th	65	8.91	9.45	10.23	12.09	14.66	15.54	16.78	12.48	2.69	12.21	4.15	19.70	8.07	0.22	12.09	10.70	正态分布	12.48	14.50
Ti	65	3784	3816	4009	4289	5133	5303	5641	4524	686	4473	123	6407	2803	0.15	4289	4547	正态分布	4524	4602
Tl	65	0.39	0.40	0.48	0.61	0.85	1.00	1.20	0.68	0.25	0.64	1.61	1.52	0.37	0.37	0.61	0.48	正态分布	0.68	0.82
U	65	1.79	1.82	1.97	2.30	2.90	3.26	3.64	2.46	0.60	2.39	1.69	4.22	1.48	0.25	2.30	3.00	正态分布	2.46	3.14
V	65	64.2	65.4	69.0	77.7	110	124	127	88.7	24.55	85.5	12.47	152	46.02	0.28	77.7	71.0	对数正态分布	85.5	110
W	65	1.06	1.13	1.26	1.70	1.94	2.11	2.27	1.64	0.40	1.59	1.41	2.62	0.81	0.25	1.70	2.04	正态分布	1.64	1.93
Y	65	19.96	20.99	21.85	25.26	28.61	29.30	29.79	25.24	3.61	24.98	6.24	33.00	18.11	0.14	25.26	27.00	正态分布	25.24	26.13
Zn	65	51.2	53.0	57.0	71.0	99.8	108	112	78.3	23.24	75.0	11.51	137	50.00	0.30	71.0	60.0	正态分布	78.3	77.4
Zr	65	181	184	208	258	303	348	370	265	68.2	256	25.49	478	171	0.26	258	263	正态分布	265	287
SiO₂	65	57.2	58.5	60.2	67.0	68.3	69.4	71.6	64.9	4.93	64.7	11.15	75.8	52.1	0.08	67.0	67.3	偏峰分布	67.3	70.5
Al₂O₃	64	10.26	10.42	10.77	12.74	15.43	16.40	16.71	13.13	2.45	12.91	4.24	17.44	10.09	0.19	12.74	11.02	其他分布	11.02	14.82
TFe₂O₃	65	3.26	3.31	3.47	4.14	6.03	6.60	6.84	4.70	1.36	4.52	2.36	7.60	3.04	0.29	4.14	3.58	对数正态分布	4.52	4.70
MgO	61	1.24	1.71	1.81	1.99	2.50	2.66	2.69	2.05	0.44	2.00	1.56	2.75	0.81	0.21	1.99	1.90	剔除后正态分布	2.05	0.67
CaO	65	0.36	1.07	2.25	3.55	3.85	3.96	4.01	2.95	1.19	2.50	2.50	4.08	0.23	0.40	3.55	3.92	其他分布	3.92	0.22
Na₂O	64	0.91	1.08	1.21	1.72	1.87	1.95	1.99	1.56	0.38	1.51	1.49	2.17	0.63	0.24	1.72	1.83	偏峰分布	1.83	0.16
K₂O	65	1.94	1.98	2.04	2.30	3.03	3.25	3.40	2.54	0.57	2.48	1.70	3.76	1.18	0.22	2.30	2.04	其他分布	2.04	2.99
TC	65	0.50	0.64	0.94	1.06	1.17	1.37	1.45	1.06	0.32	1.01	1.37	2.50	0.42	0.30	1.06	1.07	正态分布	1.06	0.43
Corg	62	0.20	0.24	0.29	0.41	0.50	0.60	0.71	0.42	0.16	0.39	2.05	0.86	0.15	0.38	0.41	0.41	正态分布	0.42	0.42
pH	56	8.08	8.17	8.40	8.48	8.61	8.88	8.99	8.44	8.66	8.51	3.44	9.02	7.96	1.03	8.48	8.42	剔除后正态分布	8.44	5.12

注：Corg 原始样本数为 62 件，其他元素/指标为 65 件。

第三章 土壤地球化学基准值

表3-28 基性岩土土壤地球化学基准值参数统计表

元素/指标	N	$X_{5\%}$	$X_{10\%}$	$X_{25\%}$	$X_{50\%}$	$X_{75\%}$	$X_{90\%}$	$X_{95\%}$	$\bar{X}$	S	$\bar{X}_g$	S_g	X_{max}	X_{min}	CV	X_{me}	X_{mo}	基性岩土基准值	浙江省基准值
Ag	16	31.00	35.00	41.50	63.5	78.2	89.0	96.0	63.0	24.00	58.5	11.14	111	28.00	0.38	63.5	60.0	63.5	70.0
As	16	3.07	3.51	4.50	6.38	7.80	11.60	17.00	7.44	5.42	6.28	3.24	24.80	2.40	0.73	6.38	7.80	6.38	6.83
Au	16	0.69	0.70	0.88	1.09	1.30	1.54	1.88	1.17	0.50	1.09	1.42	2.70	0.67	0.42	1.09	1.30	1.09	1.10
B	16	10.83	12.00	15.00	18.52	31.00	46.00	52.2	24.27	14.38	20.87	6.15	55.8	7.32	0.59	18.52	16.00	18.52	73.0
Ba	16	476	490	508	638	777	846	907	654	156	637	38.86	968	455	0.24	638	650	638	482
Be	16	1.86	1.93	2.05	2.21	2.45	2.82	3.15	2.31	0.42	2.28	1.63	3.38	1.80	0.18	2.21	2.29	2.21	2.31
Bi	16	0.15	0.17	0.20	0.24	0.26	0.33	0.46	0.26	0.14	0.24	2.48	0.75	0.14	0.53	0.24	0.26	0.24	0.24
Br	16	1.34	1.51	2.04	2.56	3.28	4.36	4.69	2.77	1.09	2.55	1.92	4.78	1.00	0.40	2.56	2.63	2.56	1.50
Cd	16	0.04	0.05	0.12	0.15	0.17	0.18	0.24	0.15	0.09	0.13	3.38	0.43	0.04	0.60	0.15	0.15	0.15	0.11
Ce	16	66.8	70.4	74.6	81.5	94.6	101	118	87.7	22.15	85.6	12.19	158	61.9	0.25	81.5	92.0	81.5	84.1
Cl	16	27.25	32.55	38.50	50.5	59.1	67.5	74.7	49.08	15.90	46.59	9.09	82.6	22.00	0.32	50.5	50.00	50.5	39.00
Co	16	9.59	10.29	11.20	17.90	23.77	27.20	29.95	18.46	7.96	16.86	5.62	35.82	7.78	0.43	17.90	18.20	17.90	11.90
Cr	16	16.95	26.95	36.10	47.78	81.5	107	121	60.6	35.39	50.7	11.16	135	12.00	0.58	47.78	65.3	47.78	71.0
Cu	16	10.40	12.65	16.43	23.25	37.73	43.50	48.23	26.77	13.90	23.47	6.87	55.8	9.20	0.52	23.25	17.30	23.25	11.20
F	16	345	376	436	524	657	944	1533	687	568	582	36.74	2682	333	0.83	524	438	524	431
Ga	16	16.18	16.25	18.32	22.30	23.38	24.60	25.90	21.08	3.66	20.78	5.50	28.30	16.10	0.17	22.30	22.15	22.30	18.92
Ge	16	1.35	1.39	1.45	1.53	1.56	1.62	1.64	1.51	0.10	1.50	1.26	1.66	1.29	0.07	1.53	1.51	1.53	1.50
Hg	16	0.025	0.030	0.031	0.036	0.046	0.059	0.067	0.041	0.016	0.038	6.798	0.083	0.014	0.402	0.036	0.031	0.036	0.048
I	16	0.92	1.34	1.94	3.17	4.62	7.41	8.79	3.66	2.52	2.82	2.61	8.90	0.34	0.69	3.17	3.64	3.17	3.86
La	16	38.08	39.20	41.92	46.60	50.4	53.5	63.3	48.35	12.07	47.29	8.77	89.3	37.10	0.25	46.60	48.33	46.60	41.00
Li	16	22.83	25.24	27.33	31.70	36.58	42.40	47.90	32.75	8.01	31.86	7.25	50.3	19.02	0.24	31.70	32.80	31.70	37.51
Mn	16	371	384	518	824	979	1096	1180	779	281	724	46.02	1214	341	0.36	824	775	824	713
Mo	16	0.61	0.66	0.84	1.04	1.33	1.59	1.66	1.08	0.36	1.02	1.41	1.67	0.52	0.33	1.04	1.09	1.04	0.62
N	16	0.30	0.33	0.38	0.48	0.66	0.78	0.83	0.52	0.20	0.48	1.71	0.92	0.20	0.38	0.48	0.52	0.48	0.49
Nb	16	16.75	17.20	19.20	21.47	32.59	42.21	43.98	26.42	9.96	24.84	6.70	44.20	16.00	0.38	21.47	20.10	21.47	19.60
Ni	16	10.30	12.30	15.45	27.15	46.20	64.0	71.1	32.73	21.96	25.73	7.94	79.5	4.30	0.67	27.15	12.30	27.15	11.00
P	16	0.23	0.26	0.32	0.37	0.61	0.74	0.88	0.47	0.23	0.42	1.83	1.05	0.22	0.49	0.37	0.45	0.37	0.24
Pb	16	22.21	23.51	25.90	27.35	29.88	53.5	72.2	35.27	22.31	31.65	7.40	111	21.60	0.63	27.35	30.40	27.35	30.00

续表 3-28

元素/指标	N	$X_{5\%}$	$X_{10\%}$	$X_{25\%}$	$X_{50\%}$	$X_{75\%}$	$X_{90\%}$	$X_{95\%}$	$\bar{X}$	S	$\bar{X}_g$	S_g	X_{max}	X_{min}	CV	X_{me}	X_{mo}	基性岩土基准值	浙江省基准值
Rb	16	79.6	83.8	97.9	121	139	159	172	120	30.93	117	14.47	176	75.0	0.26	121	116	121	128
S	16	75.8	77.3	86.8	128	184	262	287	149	80.1	132	16.47	332	72.0	0.54	128	150	128	114
Sb	16	0.34	0.36	0.42	0.54	0.71	0.93	1.20	0.62	0.31	0.56	1.70	1.55	0.30	0.51	0.54	0.42	0.54	0.53
Sc	16	8.89	9.16	10.03	11.78	13.63	15.09	15.96	12.09	2.45	11.86	4.14	16.80	8.53	0.20	11.78	11.89	11.78	9.70
Se	16	0.11	0.12	0.14	0.17	0.25	0.30	0.31	0.19	0.07	0.18	2.86	0.31	0.09	0.37	0.17	0.20	0.17	0.21
Sn	16	1.44	1.60	2.06	2.48	2.92	3.35	3.65	2.52	0.80	2.40	1.85	4.40	1.25	0.32	2.48	3.30	2.48	2.60
Sr	16	50.7	60.8	76.0	100.0	139	191	248	117	63.5	103	15.90	275	40.40	0.54	100.0	114	100.0	112
Th	16	9.97	11.14	13.70	14.21	16.47	22.05	24.61	15.83	5.02	15.20	4.61	29.38	9.59	0.32	14.21	14.16	14.21	14.50
Ti	16	3578	3916	4713	6150	9458	10432	11796	7101	3216	6478	161	14783	3214	0.45	6150	6700	6150	4602
Tl	16	0.56	0.60	0.64	0.86	0.95	1.10	1.15	0.84	0.22	0.81	1.34	1.25	0.50	0.26	0.86	0.83	0.86	0.82
U	16	2.37	2.42	2.85	3.24	4.03	4.54	4.91	3.42	0.89	3.32	1.98	5.35	2.29	0.26	3.24	3.29	3.24	3.14
V	16	66.6	71.1	81.0	96.1	139	142	150	106	33.83	101	14.52	174	61.7	0.32	96.1	102	96.1	110
W	16	1.37	1.51	1.70	1.89	2.11	2.77	3.30	2.03	0.62	1.96	1.53	3.69	1.27	0.30	1.89	1.70	1.89	1.93
Y	16	20.05	21.12	22.39	24.93	28.64	30.90	32.92	25.76	4.65	25.38	6.38	36.30	17.72	0.18	24.93	26.40	24.93	26.13
Zn	16	66.8	67.2	68.9	78.3	93.4	97.3	128	87.8	34.66	83.8	12.81	210	66.3	0.39	78.3	88.8	78.3	77.4
Zr	16	222	226	251	267	275	326	351	273	45.29	270	24.66	401	221	0.17	267	274	267	287
SiO$_2$	16	58.5	60.5	62.1	63.9	67.3	71.4	71.8	64.7	4.51	64.6	10.70	72.5	56.1	0.07	63.9	64.5	63.9	70.5
Al$_2$O$_3$	16	12.90	13.41	13.84	16.09	18.69	20.65	21.35	16.61	3.07	16.35	4.77	22.87	12.10	0.19	16.09	16.81	16.09	14.82
TFe$_2$O$_3$	16	4.33	4.56	4.96	6.37	7.70	8.80	10.22	6.62	2.18	6.33	3.08	12.34	4.16	0.33	6.37	6.83	6.37	4.70
MgO	16	0.61	0.70	0.80	1.04	1.42	1.83	2.00	1.16	0.50	1.06	1.54	2.23	0.41	0.43	1.04	1.14	1.04	0.67
CaO	16	0.06	0.13	0.28	0.50	0.65	1.52	1.77	0.66	0.62	0.43	2.82	2.32	0.06	0.94	0.50	0.52	0.50	0.22
Na$_2$O	16	0.15	0.23	0.41	0.69	1.08	1.28	1.45	0.76	0.47	0.60	2.18	1.82	0.10	0.62	0.69	0.41	0.69	0.16
K$_2$O	16	1.83	1.99	2.12	2.47	3.14	3.37	3.48	2.60	0.63	2.53	1.74	3.63	1.56	0.24	2.47	2.60	2.47	2.99
TC	16	0.19	0.26	0.39	0.54	0.71	0.88	0.90	0.54	0.24	0.48	1.92	0.94	0.12	0.45	0.54	0.62	0.54	0.43
Corg	16	0.21	0.23	0.33	0.40	0.55	0.69	0.78	0.45	0.18	0.41	1.88	0.78	0.16	0.41	0.40	0.33	0.40	0.42
pH	16	4.33	4.62	5.40	5.68	6.12	6.65	7.16	5.09	4.80	5.75	2.79	7.62	4.30	0.94	5.68	6.29	5.68	5.12

注：原始样本数为16件。

浙江省基性岩土区深层土壤总体呈酸性，土壤 pH 基准值为 5.68，极大值为 7.62，极小值为 4.30，略高于浙江省基准值。

在深层土壤各元素/指标中，约一半元素/指标变异系数小于 0.40，分布相对均匀；CaO、pH、F、As、I、Ni、Pb、Na$_2$O、Cd、B、Cr、S、Sr、Bi、Cu、Sb、P、Ti、TC、Co、MgO、Au、Corg、Hg 共 24 项元素/指标变异系数大于 0.40，其中 CaO、pH、F 变异系数大于 0.80，空间变异性较大。

与浙江省土壤基准值相比，基性岩土区土壤基准值中 B 基准值明显低于浙江省基准值，仅为浙江省基准值的 25%；Hg、Cr 基准值略低于浙江省基准值，为浙江省基准值的 60%～80%；Cd、TFe$_2$O$_3$、Ti、Ba、Cl、TC、F、Sc 基准值略高于浙江省基准值，与浙江省基准值比值在 1.2～1.4 之间；Na$_2$O、Ni、CaO、Cu、Br、Mo、MgO、P、Co 基准值明显高于浙江省基准值，与浙江省基准值比值在 1.4 以上，其中 Na$_2$O、CaO 明显相对富集，基准值在浙江省基准值的 2.0 倍以上；其他元素/指标基准值则与浙江省基准值基本接近。

第四节　主要土地利用类型地球化学基准值

一、水田土壤地球化学基准值

浙江省水田区土壤地球化学基准值数据经正态分布检验，结果表明，原始数据中 Be、Co、Cr、Ga、Ge、Rb、V、Y、Zr、SiO$_2$、TFe$_2$O$_3$、K$_2$O 共 12 项元素/指标符合正态分布，As、Ce、Cu、Hg、I、La、Li、Mo、N、Sb、Sc、Se、Th、Tl、U、Al$_2$O$_3$、CaO、TC、Corg 符合对数正态分布，Ag、Cd、Nb、Pb、Ti、W、Zn 剔除异常值后符合正态分布，Au、Br、Cl、Mn、S、Sn 剔除异常值后符合对数正态分布，其他元素/指标不符合正态分布或对数正态分布（表 3-29）。

浙江省水田区深层土壤总体呈强碱性，土壤 pH 基准值为 8.50，极大值为 9.01，极小值为 3.62，明显高于浙江省基准值。

在深层土壤各元素/指标中，约一半元素/指标变异系数小于 0.40，分布相对均匀；Mo、CaO、Hg、pH、I、Corg、Se、As、Sb、S、Na$_2$O、TC、MgO、Ni、Cr、Ce、Cu、Cl、Br、P、B、Sr、Co、Mn 共 24 项元素/指标变异系数大于 0.40，其中 Mo、CaO、Hg、pH 变异系数大于 0.80，空间变异性较大。

与浙江省土壤基准值相比，水田区土壤基准值中 I、Na$_2$O 基准值略低于浙江省基准值，为浙江省基准值的 60%～80%；Sn、Bi、TC 基准值略高于浙江省基准值，与浙江省基准值比值在 1.2～1.4 之间；CaO、MgO、P、Ni、Cu、Br、F、Cl 基准值明显高于浙江省基准值，与浙江省基准值比值在 1.4 以上，其中 CaO、MgO、P、Ni 明显相对富集，基准值是浙江省基准值的 2.0 倍以上，CaO 基准值为 0.62%，是浙江省基准值的 2.82 倍；其他元素/指标基准值则与浙江省基准值基本接近。

二、旱地土壤地球化学基准值

浙江省旱地区土壤地球化学基准值数据经正态分布检验，结果表明，原始数据中 Be、Ce、Co、Cr、F、Ga、Ge、I、La、Li、Mn、N、Nb、Ni、P、Rb、Sc、Sr、Th、Tl、U、V、Y、Zn、Zr、SiO$_2$、Al$_2$O$_3$、Na$_2$O、K$_2$O、Corg 共 30 项元素/指标符合正态分布，Ag、As、Au、Bi、Br、Cd、Cl、Cu、Hg、Mo、Pb、S、Sb、Se、Sn、W、TFe$_2$O$_3$、CaO、TC 符合对数正态分布，Ba、Ti 剔除异常值后符合正态分布，其他元素/指标不符合正态分布或对数正态分布（表 3-30）。

浙江省旱地区深层土壤总体呈酸性，土壤 pH 基准值为 5.22，极大值为 9.35，极小值为 4.55，与浙江省基准值基本接近。

表 3-29 水田土壤地球化学基准值参数统计表

元素/指标	N	$X_{5\%}$	$X_{10\%}$	$X_{25\%}$	$X_{50\%}$	$X_{75\%}$	$X_{90\%}$	$X_{95\%}$	$\bar{X}$	S	$\bar{X}_g$	S_g	X_{max}	X_{min}	CV	X_{me}	X_{mo}	分布类型	水田基准值	浙江省基准值
Ag	573	42.00	45.00	56.0	68.0	80.0	93.0	106	69.0	18.77	66.4	11.52	123	25.00	0.27	68.0	70.0	剔除后正态分布	69.0	70.0
As	609	3.31	3.98	5.39	7.30	9.70	12.94	15.46	8.29	5.05	7.32	3.46	64.6	1.85	0.61	7.30	7.10	对数正态分布	7.32	6.83
Au	572	0.60	0.79	1.04	1.40	1.70	2.13	2.40	1.40	0.52	1.30	1.54	2.84	0.31	0.37	1.40	1.40	剔除后对数分布	1.30	1.10
B	608	16.50	21.00	33.00	57.0	72.0	79.0	82.0	53.0	22.12	47.09	9.93	101	7.30	0.42	57.0	72.0	其他分布	72.0	73.0
Ba	557	328	381	445	483	549	661	711	500	105	489	36.19	780	251	0.21	483	472	其他分布	472	482
Be	609	1.65	1.75	2.01	2.36	2.71	2.99	3.18	2.38	0.48	2.33	1.70	4.47	1.03	0.20	2.36	2.64	正态分布	2.38	2.31
Bi	598	0.18	0.20	0.25	0.35	0.44	0.51	0.55	0.35	0.12	0.33	2.07	0.72	0.12	0.34	0.35	0.29	其他分布	0.29	0.24
Br	572	1.20	1.48	1.70	2.29	3.04	4.30	4.80	2.53	1.09	2.32	1.90	5.70	0.34	0.43	2.29	1.50	剔除后对数分布	2.32	1.50
Cd	581	0.06	0.07	0.09	0.11	0.14	0.16	0.17	0.11	0.04	0.11	3.88	0.22	0.02	0.32	0.11	0.11	剔除后正态分布	0.11	0.11
Ce	609	60.6	64.1	71.0	79.3	88.7	101	112	82.6	38.22	80.1	12.68	945	44.74	0.46	79.3	72.0	对数正态分布	80.1	84.1
Cl	544	29.52	34.00	41.00	58.00	78.0	97.7	122	62.8	27.37	57.4	10.98	151	19.50	0.44	58.0	55.0	剔除后对数分布	57.4	39.00
Co	609	5.80	7.28	9.31	13.10	17.00	19.42	21.26	13.51	5.55	12.45	4.60	57.0	3.20	0.41	13.10	17.60	正态分布	13.51	11.90
Cr	609	17.18	26.26	42.30	64.0	93.5	107	117	66.8	31.99	57.8	11.16	206	7.90	0.48	64.0	108	正态分布	66.8	71.0
Cu	609	9.07	10.74	14.70	21.30	29.05	35.13	38.09	22.40	10.42	20.13	6.00	92.4	4.10	0.46	21.30	12.50	对数正态分布	20.13	11.20
F	605	315	351	425	528	665	754	808	544	152	522	37.52	1003	191	0.28	528	639	其他分布	639	431
Ga	609	12.48	14.09	15.91	18.30	20.70	22.40	23.60	18.31	3.38	17.99	5.36	29.40	9.20	0.18	18.30	19.60	正态分布	18.31	18.92
Ge	609	1.23	1.29	1.41	1.52	1.63	1.74	1.86	1.53	0.19	1.52	1.30	2.51	1.04	0.12	1.52	1.56	正态分布	1.53	1.50
Hg	609	0.027	0.030	0.037	0.048	0.064	0.085	0.115	0.059	0.054	0.050	5.953	0.749	0.017	0.911	0.048	0.048	对数正态分布	0.050	0.048
I	609	1.00	1.29	1.90	2.86	4.70	7.01	8.53	3.63	2.45	2.95	2.43	14.50	0.42	0.67	2.86	2.35	对数正态分布	2.95	3.86
La	609	32.42	34.31	37.54	41.90	46.70	52.2	57.2	42.77	7.94	42.09	8.75	86.9	23.75	0.19	41.90	41.00	对数正态分布	42.09	41.00
Li	609	23.84	27.30	33.30	40.67	52.5	60.9	64.9	43.11	14.62	40.95	8.72	184	16.00	0.34	40.67	46.60	对数正态分布	40.95	37.51
Mn	597	349	405	497	692	927	1200	1337	745	306	684	44.98	1591	153	0.41	692	512	剔除后对数分布	684	713
Mo	609	0.33	0.38	0.47	0.70	1.04	1.51	1.97	0.90	0.85	0.74	1.85	11.70	0.26	0.94	0.70	0.38	对数正态分布	0.74	0.62
N	609	0.33	0.37	0.43	0.53	0.68	0.86	0.95	0.58	0.23	0.55	1.63	2.30	0.23	0.40	0.53	0.40	对数正态分布	0.55	0.49
Nb	576	14.01	15.23	17.40	19.20	21.42	23.58	24.89	19.33	3.25	19.05	5.49	27.76	11.20	0.17	19.20	17.40	剔除后正态分布	19.33	19.60
Ni	601	7.72	9.60	15.50	26.10	39.00	44.50	47.60	26.94	13.27	23.16	6.86	68.5	3.96	0.49	26.10	24.10	其他分布	24.10	11.00
P	604	0.15	0.19	0.27	0.43	0.59	0.67	0.70	0.43	0.18	0.39	2.06	0.98	0.05	0.43	0.43	0.61	其他分布	0.61	0.24
Pb	579	17.77	20.30	23.61	27.80	32.34	37.05	40.53	28.24	6.64	27.45	6.83	46.20	12.70	0.23	27.80	33.00	剔除后正态分布	28.24	30.00

续表 3-29

元素/指标	N	$X_{5\%}$	$X_{10\%}$	$X_{25\%}$	$X_{50\%}$	$X_{75\%}$	$X_{90\%}$	$X_{95\%}$	$\bar{X}$	S	$\bar{X}_g$	S_g	X_{max}	X_{min}	CV	X_{me}	X_{mo}	分布类型	水田基准值	浙江省基准值
Rb	609	79.6	89.5	106	127	142	155	161	124	25.64	122	16.14	207	51.5	0.21	127	110	正态分布	124	128
S	535	51.7	59.4	76.0	108	156	229	288	128	71.7	112	15.66	370	34.90	0.56	108	50.00	剔除后对数正态分布	112	114
Sb	609	0.33	0.37	0.44	0.54	0.69	0.88	1.17	0.62	0.38	0.56	1.69	4.69	0.23	0.61	0.54	0.49	对数正态分布	0.56	0.53
Sc	609	7.11	7.90	9.20	11.20	13.80	15.60	16.90	11.57	3.03	11.18	4.12	22.09	4.71	0.26	11.20	14.10	对数正态分布	11.18	9.70
Se	609	0.08	0.10	0.13	0.18	0.25	0.35	0.41	0.21	0.13	0.18	3.17	1.95	0.02	0.62	0.18	0.14	对数正态分布	0.18	0.21
Sn	566	2.19	2.40	2.90	3.40	3.90	4.55	5.00	3.43	0.82	3.33	2.10	5.80	1.30	0.24	3.40	3.40	剔除后正态分布	3.33	2.60
Sr	603	32.22	38.80	58.0	96.1	120	136	153	91.1	37.95	81.8	13.65	204	13.60	0.42	96.1	112	其他分布	112	112
Th	609	10.23	11.32	13.10	14.68	16.50	18.51	20.29	14.85	2.96	14.56	4.74	27.40	7.45	0.20	14.68	14.50	对数正态分布	14.56	14.50
Ti	571	3507	3793	4233	4696	5087	5382	5585	4650	638	4604	130	6454	2857	0.14	4696	4829	剔除后对数正态分布	4650	4602
Tl	609	0.47	0.55	0.65	0.78	0.91	1.06	1.17	0.80	0.22	0.77	1.37	2.36	0.28	0.28	0.78	0.87	对数正态分布	0.77	0.82
U	609	1.90	2.05	2.39	2.90	3.41	3.98	4.48	3.00	0.87	2.89	1.93	10.10	1.48	0.29	2.90	3.00	对数正态分布	2.89	3.14
V	609	44.78	54.1	69.0	90.7	111	123	132	90.6	28.72	85.7	13.36	205	20.90	0.32	90.7	110	正态分布	90.6	110
W	582	1.32	1.49	1.70	1.93	2.12	2.34	2.50	1.92	0.35	1.89	1.51	2.83	1.01	0.18	1.93	2.00	剔除后正态分布	1.92	1.93
Y	609	19.73	21.42	24.00	27.00	29.55	32.04	34.00	26.84	4.48	26.47	6.67	45.60	15.13	0.17	27.00	26.00	正态分布	26.84	26.13
Zn	601	49.52	54.3	62.7	77.1	95.0	106	111	79.1	20.13	76.5	12.48	142	25.90	0.25	77.1	98.0	剔除后正态分布	79.1	77.4
Zr	609	190	199	228	274	317	356	389	277	62.2	271	25.29	523	172	0.22	274	273	正态分布	277	287
SiO$_2$	609	59.6	60.9	63.3	67.9	71.8	75.1	76.4	67.7	5.55	67.5	11.36	81.2	44.05	0.08	67.9	67.9	正态分布	67.7	70.5
Al$_2$O$_3$	609	11.21	11.92	13.16	14.87	16.06	17.20	18.85	14.73	2.26	14.56	4.72	22.63	9.74	0.15	14.87	14.60	正态分布	14.56	14.82
TFe$_2$O$_3$	609	3.24	3.47	4.14	5.02	6.02	6.68	7.09	5.14	1.40	4.97	2.62	13.75	2.04	0.27	5.02	4.86	正态分布	5.14	4.70
MgO	609	0.45	0.52	0.67	1.13	1.88	2.15	2.26	1.27	0.64	1.10	1.76	3.00	0.28	0.50	1.13	1.84	其他分布	1.84	0.67
CaO	609	0.13	0.18	0.30	0.61	1.29	2.22	2.84	0.94	0.89	0.62	2.63	4.04	0.06	0.94	0.61	0.29	对数正态分布	0.62	0.22
Na$_2$O	609	0.11	0.17	0.48	1.01	1.35	1.66	1.80	0.95	0.53	0.73	2.37	2.06	0.06	0.56	1.01	0.11	其他分布	0.11	0.16
K$_2$O	609	1.68	1.86	2.20	2.62	2.94	3.17	3.31	2.56	0.53	2.51	1.79	4.08	0.91	0.20	2.62	2.89	正态分布	2.56	2.99
TC	609	0.28	0.33	0.43	0.59	0.86	1.10	1.25	0.67	0.35	0.60	1.75	3.18	0.11	0.52	0.59	0.51	对数正态分布	0.60	0.43
Corg	518	0.21	0.25	0.32	0.41	0.55	0.72	0.96	0.48	0.30	0.43	1.96	3.15	0.10	0.63	0.41	0.41	对数正态分布	0.43	0.42
pH	609	4.87	5.06	5.53	6.73	8.03	8.40	8.52	5.53	4.97	6.76	3.07	9.01	3.62	0.90	6.73	8.50	其他分布	8.50	5.12

注：Corg 原始样本数为 518 件，其他元素/指标为 609 件。

表 3-30 旱地土壤地球化学基准值参数统计表

元素/指标	N	$X_{5\%}$	$X_{10\%}$	$X_{25\%}$	$X_{50\%}$	$X_{75\%}$	$X_{90\%}$	$X_{95\%}$	$\bar{X}$	S	$\bar{X}_g$	S_g	X_{max}	X_{min}	CV	X_{mc}	X_{mo}	分布类型	旱地基准值	浙江省基准值
Ag	138	42.70	47.00	57.6	69.0	84.0	110	155	76.9	36.66	70.8	12.09	246	26.00	0.48	69.0	67.0	对数正态分布	70.8	70.0
As	138	3.24	3.97	5.14	7.25	9.55	11.51	13.61	7.94	4.40	7.13	3.37	41.30	2.63	0.55	7.25	6.77	对数正态分布	7.13	6.83
Au	138	0.54	0.61	0.91	1.29	1.85	2.49	3.00	1.47	0.84	1.28	1.73	5.91	0.32	0.57	1.29	1.20	对数正态分布	1.28	1.10
B	138	15.34	21.00	26.00	44.90	68.0	76.0	80.0	47.06	22.45	41.19	9.21	97.5	9.00	0.48	44.90	32.00	其他分布	32.00	73.0
Ba	132	348	390	431	508	598	736	796	528	137	510	36.33	900	211	0.26	508	420	剔除后正态分布	528	482
Be	138	1.64	1.73	1.95	2.24	2.60	2.82	3.08	2.29	0.52	2.23	1.67	5.66	1.14	0.23	2.24	2.30	正态分布	2.29	2.31
Bi	138	0.18	0.19	0.24	0.31	0.40	0.52	0.68	0.34	0.15	0.32	2.16	0.88	0.13	0.43	0.31	0.25	对数正态分布	0.32	0.24
Br	138	1.26	1.50	2.01	2.90	3.98	5.56	7.11	3.35	2.21	2.89	2.20	18.81	0.69	0.66	2.90	3.10	对数正态分布	2.89	1.50
Cd	138	0.07	0.07	0.10	0.11	0.14	0.17	0.20	0.13	0.06	0.11	3.73	0.46	0.01	0.48	0.11	0.12	对数正态分布	0.11	0.11
Ce	138	59.6	62.9	72.3	79.2	87.2	98.8	113	81.0	15.45	79.6	12.59	141	42.99	0.19	79.2	77.0	正态分布	81.0	84.1
Cl	138	29.63	32.77	42.60	61.2	95.2	141	329	137	386	71.4	12.78	4036	20.00	2.81	61.2	77.0	对数正态分布	71.4	39.00
Co	138	6.40	7.36	8.54	12.17	16.05	17.70	20.20	12.80	5.30	11.86	4.43	40.80	4.41	0.41	12.17	15.90	正态分布	12.80	11.90
Cr	138	17.53	19.75	30.65	54.6	74.9	93.0	110	55.8	29.54	47.58	10.00	166	9.00	0.53	54.6	51.0	对数正态分布	55.8	71.0
Cu	138	8.52	9.32	12.28	18.77	25.32	34.58	39.28	20.73	11.61	18.18	5.72	80.9	4.60	0.56	18.77	15.90	对数正态分布	18.18	11.20
F	138	331	354	405	503	613	729	826	526	159	504	36.52	1097	240	0.30	503	527	正态分布	526	431
Ga	138	13.44	14.78	16.32	18.15	20.27	22.36	22.91	18.28	3.00	18.04	5.31	30.10	11.60	0.16	18.15	16.40	正态分布	18.28	18.92
Ge	138	1.24	1.31	1.41	1.53	1.64	1.71	1.78	1.52	0.17	1.51	1.30	2.04	1.16	0.11	1.53	1.64	正态分布	1.52	1.50
Hg	138	0.030	0.035	0.041	0.049	0.066	0.093	0.110	0.060	0.035	0.054	5.605	0.266	0.022	0.588	0.049	0.048	对数正态分布	0.054	0.048
I	138	1.43	1.65	2.45	3.86	6.11	8.18	9.02	4.54	2.67	3.81	2.60	17.10	0.64	0.59	3.86	3.86	对数正态分布	4.54	3.86
La	138	32.50	33.93	38.61	41.65	45.96	51.0	53.6	42.40	7.75	41.77	8.70	89.0	22.90	0.18	41.65	41.00	正态分布	42.40	41.00
Li	138	22.48	24.53	28.37	36.33	44.60	55.9	61.9	38.37	12.06	36.58	8.11	73.0	18.45	0.31	36.33	35.30	正态分布	38.37	37.51
Mn	138	381	435	578	747	933	1059	1180	769	262	724	45.34	1720	272	0.34	747	847	正态分布	769	713
Mo	138	0.39	0.43	0.53	0.86	1.13	1.71	2.03	0.97	0.61	0.84	1.72	4.25	0.30	0.62	0.86	1.11	对数正态分布	0.84	0.62
N	138	0.34	0.37	0.43	0.53	0.63	0.77	0.84	0.55	0.17	0.53	1.60	1.20	0.18	0.30	0.53	0.57	正态分布	0.55	0.49
Nb	138	12.94	14.29	17.20	19.55	23.00	25.80	27.69	20.31	5.79	19.66	5.68	61.8	10.92	0.29	19.55	18.30	正态分布	20.31	19.60
Ni	138	7.13	8.72	12.19	21.75	33.55	43.46	45.70	24.28	15.43	20.10	6.34	117	4.29	0.64	21.75	18.10	正态分布	24.28	11.00
P	138	0.16	0.19	0.29	0.42	0.59	0.67	0.70	0.44	0.20	0.39	2.07	1.46	0.10	0.45	0.42	0.58	正态分布	0.44	0.24
Pb	138	18.50	20.78	23.67	27.30	32.46	42.00	46.00	29.77	11.62	28.30	6.96	109	15.90	0.39	27.30	27.60	对数正态分布	28.30	30.00

续表 3-30

元素/指标	N	$X_{5\%}$	$X_{10\%}$	$X_{25\%}$	$X_{50\%}$	$X_{75\%}$	$X_{90\%}$	$X_{95\%}$	$\bar{X}$	S	$\bar{X}_g$	S_g	X_{max}	X_{min}	CV	X_{me}	X_{mo}	分布类型	旱地基准值	浙江省基准值
Rb	138	80.2	91.9	105	121	141	158	161	122	25.15	119	15.73	187	59.6	0.21	121	115	正态分布	122	128
S	138	63.0	75.6	93.2	117	176	267	464	179	251	134	17.53	2478	44.00	1.40	117	104	对数正态分布	134	114
Sb	138	0.34	0.38	0.44	0.54	0.67	0.90	1.01	0.61	0.33	0.56	1.66	3.07	0.19	0.53	0.54	0.57	正态分布	0.56	0.53
Sc	138	7.10	7.77	9.12	10.50	12.29	14.43	15.28	10.91	2.83	10.58	3.95	24.00	6.20	0.26	10.50	9.50	对数正态分布	10.91	9.70
Se	138	0.06	0.08	0.13	0.18	0.24	0.34	0.46	0.20	0.11	0.17	3.25	0.72	0.04	0.57	0.18	0.24	对数正态分布	0.17	0.21
Sn	138	2.20	2.36	2.74	3.30	3.92	4.99	5.98	3.72	2.52	3.41	2.23	28.10	1.80	0.68	3.30	3.30	正态分布	3.41	2.60
Sr	138	38.95	44.24	59.1	97.4	133	152	163	97.9	43.53	87.7	13.56	237	25.40	0.44	97.4	134	正态分布	97.9	112
Th	138	10.70	11.20	13.00	14.29	15.88	17.51	18.79	14.44	2.76	14.19	4.67	25.80	7.83	0.19	14.29	14.70	剔除后正态分布	14.44	14.50
Ti	134	3414	3675	4137	4509	5115	5530	5876	4616	744	4557	129	6606	2986	0.16	4509	4410	正态分布	4616	4602
Tl	138	0.51	0.56	0.67	0.77	0.92	1.05	1.17	0.80	0.22	0.77	1.36	1.70	0.37	0.27	0.77	0.80	正态分布	0.80	0.82
U	138	1.98	2.09	2.44	3.01	3.33	3.82	4.30	3.01	0.76	2.92	1.94	6.50	1.77	0.25	3.01	3.30	正态分布	3.01	3.14
V	138	45.70	51.3	64.3	81.3	100.0	119	126	83.9	28.16	79.7	12.76	217	36.10	0.34	81.3	98.0	正态分布	83.9	110
W	138	1.34	1.47	1.70	1.92	2.13	2.49	3.03	2.00	0.61	1.93	1.59	5.62	1.01	0.31	1.92	2.00	对数正态分布	1.93	1.93
Y	138	19.29	20.66	22.90	25.63	28.22	31.01	32.16	25.91	4.52	25.53	6.55	43.59	15.50	0.17	25.63	25.00	正态分布	25.91	26.13
Zn	138	49.54	56.5	64.9	76.3	86.4	101	115	78.4	20.11	76.0	12.27	161	41.00	0.26	76.3	78.0	正态分布	78.4	77.4
Zr	138	198	212	239	287	327	356	368	287	62.5	281	25.99	603	148	0.22	287	317	正态分布	287	287
SiO$_2$	138	60.7	61.8	64.7	68.8	71.9	74.6	75.2	68.3	4.91	68.1	11.41	81.2	51.3	0.07	68.8	66.6	正态分布	68.3	70.5
Al$_2$O$_3$	138	11.80	12.13	13.18	14.38	15.82	17.10	18.12	14.60	2.05	14.46	4.66	21.03	10.47	0.14	14.38	13.81	正态分布	14.60	14.82
TFe$_2$O$_3$	138	3.32	3.48	4.07	4.65	5.64	6.40	6.84	4.90	1.47	4.74	2.55	16.12	2.84	0.30	4.65	4.90	对数正态分布	4.74	4.70
MgO	138	0.43	0.51	0.63	0.90	1.89	2.14	2.24	1.16	0.65	0.99	1.76	2.46	0.37	0.56	0.90	0.67	其他分布	0.67	0.67
CaO	138	0.16	0.21	0.29	0.48	1.32	3.41	3.62	1.08	1.18	0.64	2.86	4.21	0.10	1.09	0.48	0.41	对数正态分布	0.64	0.22
Na$_2$O	138	0.14	0.19	0.45	0.92	1.36	1.64	1.78	0.92	0.53	0.72	2.30	1.94	0.08	0.58	0.92	0.66	正态分布	0.92	0.16
K$_2$O	138	1.57	1.75	2.23	2.54	2.99	3.22	3.35	2.57	0.57	2.50	1.77	4.12	1.01	0.22	2.54	2.21	正态分布	2.57	2.99
TC	138	0.30	0.36	0.43	0.58	0.92	1.06	1.13	0.66	0.28	0.60	1.74	1.30	0.10	0.43	0.58	0.51	对数正态分布	0.60	0.43
Corg	129	0.25	0.28	0.34	0.41	0.55	0.68	0.75	0.45	0.16	0.42	1.85	0.98	0.10	0.36	0.41	0.30	正态分布	0.45	0.42
pH	138	5.01	5.15	5.47	6.21	7.90	8.48	8.63	5.62	5.40	6.63	3.00	9.35	4.55	0.96	6.21	5.22	偏峰分布	5.22	5.12

注：Corg 原始样本数为 129 件；其他元素、指标为 138 件。

在深层土壤各元素/指标中,约一半元素/指标变异系数小于0.40,分布相对均匀;Cl、S、CaO、pH、Sn、Br、Ni、Mo、I、Hg、Na_2O、Au、Se、MgO、Cu、As、Cr、Sb、B、Ag、Cd、P、Sr、Bi、TC、Co共26项元素/指标变异系数大于0.40,其中Cl、S、CaO、pH变异系数大于0.80,空间变异性较大。

与浙江省土壤基准值相比,旱地区土壤基准值中B基准值明显低于浙江省基准值,为浙江省基准值的44%;Cr、V基准值略低于浙江省基准值,为浙江省基准值的60%~80%;Mo、Bi、Sn、F、TC基准值略高于浙江省基准值,与浙江省基准值比值在1.2~1.4之间;Na_2O、CaO、Ni、Br、P、Cl、Cu基准值明显高于浙江省基准值,与浙江省基准值比值在1.4以上,其中Na_2O、CaO、Ni明显相对富集,是浙江省基准值的2.0倍以上,Na_2O基准值为0.92%,是浙江省基准值的5.75倍;其他元素/指标基准值则与浙江省基准值基本接近。

三、园地土壤地球化学基准值

浙江省园地区土壤地球化学基准值数据经正态分布检验,结果表明,原始数据中仅Cr、Ga、Mn、Rb、Zr、SiO_2、Al_2O_3、K_2O符合正态分布,As、Au、Be、Bi、Br、Co、Cu、Ge、Hg、I、Li、Mo、N、Ni、P、Sc、Se、Sn、Th、Tl、U、V、Zn、TFe_2O_3、MgO、CaO、TC、Corg符合对数正态分布,Ag、Cd、Ce、F、La、Nb、Pb、Ti、Y剔除异常值后符合正态分布,Cl、S、Sb、W剔除异常值后符合对数正态分布,其他元素/指标不符合正态分布或对数正态分布(表3-31)。

浙江省园地区深层土壤总体呈酸性,土壤pH基准值为5.17,极大值为9.32,极小值为3.73,与浙江省基准值基本接近。

在深层土壤各元素/指标中,约一半元素/指标变异系数小于0.40,分布相对均匀;Hg、Mo、CaO、pH、As、Bi、Ni、Na_2O、Au、Br、I、Cu、Se、Corg、TC、MgO、Cr、P、Co、Sr、B、S、V、Cl、Sn共25项元素/指标变异系数大于0.40,其中Hg、Mo、CaO、pH、As、Bi变异系数大于0.80,空间变异性较大。

与浙江省土壤基准值相比,园地区土壤基准值中V基准值略低于浙江省基准值,为浙江省基准值的77%;Sn、Bi、Cl、TC、Au基准值略高于浙江省基准值,与浙江省基准值比值在1.2~1.4之间;Ni、CaO、Br、Cu、Na_2O、Mo、P、MgO基准值明显高于浙江省基准值,与浙江省基准值比值在1.4以上;其他元素/指标基准值则与浙江省基准值基本接近。

四、林地土壤地球化学基准值

浙江省林地区土壤地球化学基准值数据经正态分布检验,结果表明,原始数据中仅K_2O符合正态分布,Br、Ge、Li、N、P、Al_2O_3、TFe_2O_3、MgO符合对数正态分布,Rb、Ti剔除异常值后符合正态分布,Ag、As、Be、Cd、Ce、Cl、Ga、Hg、I、Mn、Mo、S、Sc、Tl、U、V、W、Y、Zn、TC、Corg剔除异常值后符合对数正态分布,其他元素/指标不符合正态分布或对数正态分布(表3-32)。

浙江省林地区深层土壤总体呈酸性,土壤pH基准值为5.12,极大值为7.18,极小值为4.27,与浙江省基准值相等。

在深层土壤各元素/指标中,绝大部分元素/指标变异系数小于0.40,分布相对均匀;pH、Na_2O、Br、Ni、MgO、B、Cr、Cu、CaO、P、Mo、I、Sr、As、Au、Cd、Co、Se共18项元素/指标变异系数大于0.40,其中pH变异系数大于0.80,空间变异性较大。

与浙江省土壤基准值相比,林地区土壤基准值中Sr、B、Cr基准值明显低于浙江省基准值,不足浙江省基准值的60%;V基准值略低于浙江省基准值,为浙江省基准值的63%;P基准值略高于浙江省基准值,为浙江省基准值的1.38倍;Br、Mo基准值明显高于浙江省基准值,与浙江省基准值比值在1.4以上,其中Br明显相对富集,基准值是浙江省基准值的2.27倍;其他元素/指标基准值则与浙江省基准值基本接近。

表 3-31 园地土壤地球化学基准值参数统计表

元素/指标	N	$X_{5\%}$	$X_{10\%}$	$X_{25\%}$	$X_{50\%}$	$X_{75\%}$	$X_{90\%}$	$X_{95\%}$	$\overline{X}$	S	$\overline{X}_g$	S_g	X_{max}	X_{min}	CV	X_{me}	X_{mo}	分布类型	园地基准值	浙江省基准值
Ag	373	34.60	42.00	53.0	65.0	77.0	93.0	102	66.1	19.64	63.1	11.17	120	24.00	0.30	65.0	69.0	剔除后正态分布	66.1	70.0
As	401	3.55	4.19	5.57	7.80	11.20	15.55	20.90	9.78	8.71	8.09	3.76	94.3	2.40	0.89	7.80	10.30	对数正态分布	8.09	6.83
Au	401	0.60	0.69	0.99	1.34	1.78	2.40	3.06	1.53	1.05	1.33	1.70	11.97	0.29	0.69	1.34	1.40	对数正态分布	1.33	1.10
B	401	14.49	17.10	28.39	48.00	68.0	76.0	81.1	47.72	22.76	41.27	9.24	105	5.59	0.48	48.00	72.0	其他分布	72.0	73.0
Ba	376	291	340	432	492	609	743	835	525	157	502	37.11	980	214	0.30	492	469	偏峰分布	469	482
Be	401	1.64	1.78	2.00	2.28	2.62	2.95	3.27	2.34	0.53	2.28	1.69	5.53	1.06	0.23	2.28	2.28	对数正态分布	2.28	2.31
Bi	401	0.18	0.19	0.23	0.30	0.41	0.52	0.55	0.36	0.30	0.31	2.22	3.97	0.11	0.84	0.30	0.28	对数正态分布	0.31	0.24
Br	401	1.31	1.50	1.86	2.60	3.86	5.38	6.40	3.17	1.98	2.75	2.19	18.28	1.00	0.63	2.60	1.50	对数正态分布	2.75	1.50
Cd	377	0.05	0.06	0.08	0.11	0.14	0.16	0.18	0.11	0.04	0.10	3.96	0.23	0.02	0.36	0.11	0.05	剔除后正态分布	0.11	0.11
Ce	375	60.0	64.5	72.5	80.0	89.9	100.0	106	81.3	13.90	80.1	12.65	121	44.39	0.17	80.0	75.0	剔除后正态分布	81.3	84.1
Cl	361	26.00	29.60	37.00	48.00	66.0	85.0	97.0	53.6	22.26	49.48	9.93	126	20.00	0.42	48.00	47.00	对数正态分布	49.48	39.00
Co	401	5.80	6.79	9.37	13.30	16.80	20.10	23.80	13.90	6.95	12.53	4.70	53.1	3.50	0.50	13.30	14.00	对数正态分布	12.53	11.90
Cr	401	15.52	23.06	36.20	58.5	78.0	100.0	118	61.2	32.88	52.1	10.52	254	6.30	0.54	58.5	71.0	正态分布	61.2	71.0
Cu	401	8.70	10.26	13.71	20.10	28.80	37.10	49.67	23.07	13.54	20.01	6.10	93.5	4.70	0.59	20.10	19.40	对数正态分布	20.01	11.20
F	389	280	330	404	505	612	719	784	514	151	490	36.06	934	126	0.29	505	608	剔除后正态分布	514	431
Ga	401	13.30	14.80	16.30	18.30	20.87	23.00	24.60	18.58	3.57	18.21	5.41	32.00	5.90	0.19	18.30	18.40	正态分布	18.58	18.92
Ge	401	1.26	1.31	1.41	1.52	1.63	1.81	1.87	1.54	0.20	1.52	1.31	3.18	1.12	0.13	1.52	1.40	对数正态分布	1.52	1.50
Hg	401	0.025	0.030	0.038	0.048	0.065	0.086	0.116	0.062	0.106	0.051	5.943	2.060	0.016	1.718	0.048	0.044	对数正态分布	0.051	0.048
I	401	1.30	1.66	2.37	3.59	5.20	7.37	9.51	4.16	2.57	3.50	2.56	20.11	0.22	0.62	3.59	5.40	对数正态分布	3.50	3.86
La	379	32.08	34.40	38.06	42.20	46.12	51.8	54.3	42.52	6.46	42.03	8.74	59.4	25.70	0.15	42.20	41.00	剔除后正态分布	42.52	41.00
Li	401	23.52	26.12	30.90	37.80	46.40	56.9	63.2	39.78	11.92	38.08	8.30	87.8	15.30	0.30	37.80	37.80	对数正态分布	38.08	37.51
Mn	401	340	397	532	716	937	1170	1246	751	284	695	45.32	1617	156	0.38	716	695	正态分布	751	713
Mo	401	0.38	0.43	0.61	0.88	1.28	2.03	2.97	1.33	1.98	0.96	1.98	23.38	0.29	1.49	0.88	0.43	对数正态分布	0.96	0.62
N	401	0.31	0.35	0.42	0.51	0.65	0.80	0.88	0.56	0.21	0.53	1.64	1.97	0.22	0.38	0.51	0.49	对数正态分布	0.53	0.49
Nb	376	14.38	15.75	17.40	19.30	21.73	24.12	25.67	19.67	3.30	19.39	5.58	29.07	10.60	0.17	19.30	18.40	剔除后正态分布	19.67	19.60
Ni	401	6.56	9.00	13.00	23.30	34.90	45.10	52.1	26.73	19.40	21.54	6.69	142	2.98	0.73	23.30	26.90	对数正态分布	21.54	11.00
P	401	0.18	0.20	0.26	0.37	0.55	0.67	0.82	0.42	0.23	0.37	2.12	1.55	0.08	0.54	0.37	0.29	对数正态分布	0.37	0.24
Pb	380	19.39	20.20	23.52	27.28	31.30	36.00	38.91	27.85	6.01	27.22	6.76	45.30	15.00	0.22	27.28	28.00	剔除后正态分布	27.85	30.00

续表 3-31

元素/指标	N	$X_{5\%}$	$X_{10\%}$	$X_{25\%}$	$X_{50\%}$	$X_{75\%}$	$X_{90\%}$	$X_{95\%}$	$\bar{X}$	S	$\bar{X}_g$	S_g	X_{max}	X_{min}	CV	X_{me}	X_{mo}	分布类型	园地基准值	浙江省基准值
Rb	401	78.5	86.7	104	122	140	155	163	122	28.37	119	15.89	247	40.00	0.23	122	131	正态分布	122	128
S	362	51.5	61.0	83.2	115	154	202	236	125	54.6	114	15.83	297	31.90	0.44	115	50.00	剔除后对数分布	114	114
Sb	367	0.35	0.39	0.47	0.59	0.74	0.92	1.04	0.63	0.21	0.59	1.58	1.30	0.22	0.34	0.59	0.61	剔除后对数分布	0.59	0.53
Sc	401	7.10	7.80	9.20	10.60	12.80	15.50	16.80	11.21	3.12	10.81	4.04	24.80	4.80	0.28	10.60	9.30	对数正态分布	10.81	9.70
Se	401	0.09	0.11	0.15	0.21	0.30	0.40	0.48	0.24	0.14	0.21	2.89	1.59	0.02	0.59	0.21	0.14	对数正态分布	0.21	0.21
Sn	401	2.22	2.40	2.80	3.36	4.13	5.79	6.70	3.76	1.56	3.52	2.26	12.36	1.60	0.42	3.36	3.20	对数正态分布	3.52	2.60
Sr	392	31.25	35.26	46.05	73.6	108	131	149	80.3	39.19	70.9	12.46	200	16.00	0.49	73.6	118	偏峰分布	118	112
Th	401	10.33	11.40	12.90	14.70	16.60	18.90	20.50	15.06	3.65	14.67	4.78	39.05	6.30	0.24	14.70	15.70	对数正态分布	14.67	14.50
Ti	372	3366	3607	4133	4734	5285	5825	6166	4718	846	4639	132	7115	2486	0.18	4734	4748	剔除后正态分布	4718	4602
Tl	401	0.49	0.54	0.65	0.78	0.93	1.11	1.26	0.81	0.24	0.78	1.39	1.85	0.29	0.30	0.78	0.65	对数正态分布	0.78	0.82
U	401	2.11	2.27	2.64	3.20	3.62	4.36	4.87	3.30	1.09	3.16	2.05	13.95	1.48	0.33	3.20	2.90	对数正态分布	3.16	3.14
V	401	42.40	50.2	68.5	87.0	109	130	163	91.6	39.26	84.9	13.46	424	28.78	0.43	87.0	92.0	对数正态分布	84.9	110
W	376	1.31	1.44	1.62	1.88	2.12	2.45	2.65	1.91	0.40	1.86	1.52	3.02	0.88	0.21	1.88	1.99	剔除后对数分布	1.86	1.93
Y	383	19.34	20.93	23.50	26.11	29.00	31.66	33.28	26.32	4.21	25.98	6.60	37.60	15.85	0.16	26.11	26.00	剔除后正态分布	26.32	26.13
Zn	401	48.20	54.2	62.7	75.3	93.5	108	119	80.9	31.21	76.7	12.53	350	26.00	0.39	75.3	91.0	对数正态分布	76.7	77.4
Zr	401	192	205	239	280	322	356	388	283	62.4	277	25.81	594	167	0.22	280	235	正态分布	283	287
SiO₂	401	58.6	60.9	64.9	69.3	72.9	75.5	77.3	68.7	5.79	68.5	11.47	80.9	48.29	0.08	69.3	65.0	正态分布	68.7	70.5
Al₂O₃	401	11.28	12.10	13.18	14.70	16.33	18.13	19.66	14.91	2.45	14.71	4.75	22.95	8.49	0.16	14.70	13.00	正态分布	14.91	14.82
TFe₂O₃	401	3.11	3.38	4.20	5.06	5.92	6.98	7.88	5.28	1.84	5.03	2.68	16.54	2.17	0.35	5.06	5.41	对数正态分布	5.03	4.70
MgO	401	0.44	0.49	0.62	0.88	1.46	2.02	2.23	1.08	0.60	0.94	1.70	3.91	0.25	0.55	0.88	0.99	对数正态分布	0.94	0.67
CaO	401	0.12	0.15	0.22	0.37	0.74	1.78	2.52	0.68	0.75	0.43	2.75	4.01	0.06	1.10	0.37	0.18	对数正态分布	0.43	0.22
Na₂O	401	0.12	0.16	0.28	0.62	1.12	1.51	1.65	0.74	0.51	0.54	2.52	2.20	0.05	0.69	0.62	0.26	偏峰分布	0.26	0.16
K₂O	401	1.43	1.67	2.13	2.53	2.91	3.24	3.46	2.51	0.59	2.43	1.77	4.36	0.68	0.24	2.53	2.81	正态分布	2.51	2.99
TC	401	0.25	0.29	0.37	0.49	0.73	0.98	1.15	0.59	0.33	0.52	1.85	3.05	0.12	0.56	0.49	0.49	对数正态分布	0.52	0.43
Corg	374	0.21	0.25	0.32	0.42	0.54	0.69	0.82	0.47	0.28	0.42	1.93	3.02	0.10	0.59	0.42	0.36	对数正态分布	0.42	0.42
pH	401	4.85	4.99	5.23	5.81	6.99	8.15	8.35	5.37	4.98	6.18	2.89	9.32	3.73	0.93	5.81	5.17	其他分布	5.17	5.12

注：Corg 原始样本数为 374 件，其他元素/指标为 401 件。

表 3-32 林地土壤地球化学基准值参数统计表

元素/指标	N	$X_{5\%}$	$X_{10\%}$	$X_{25\%}$	$X_{50\%}$	$X_{75\%}$	$X_{90\%}$	$X_{95\%}$	$\overline{X}$	S	$\overline{X}_g$	S_g	X_{max}	X_{min}	CV	X_{me}	X_{mo}	分布类型	林地基准值	浙江省基准值
Ag	2459	37.60	43.00	53.0	66.0	84.0	105	120	70.6	24.58	66.6	11.68	145	20.00	0.35	66.0	59.0	剔除后对数分布	66.6	70.0
As	2380	3.25	3.77	4.92	6.65	8.94	12.10	14.40	7.34	3.31	6.66	3.28	18.50	1.53	0.45	6.65	6.40	剔除后对数分布	6.66	6.83
Au	2480	0.49	0.57	0.74	1.02	1.40	1.90	2.19	1.13	0.51	1.03	1.57	2.72	0.27	0.45	1.02	1.10	偏峰分布	1.10	1.10
B	2639	14.00	16.00	21.40	32.00	54.0	69.1	77.2	38.09	20.66	32.79	8.29	103	4.44	0.54	32.00	27.00	其他分布	27.00	73.0
Ba	2534	314	367	447	559	719	897	998	596	206	561	38.85	1205	78.0	0.35	559	409	偏峰分布	409	482
Be	2533	1.70	1.82	2.03	2.31	2.61	2.91	3.11	2.34	0.43	2.30	1.67	3.58	1.16	0.18	2.31	2.51	剔除后对数分布	2.30	2.31
Bi	2465	0.17	0.19	0.22	0.28	0.37	0.47	0.52	0.31	0.11	0.29	2.19	0.65	0.07	0.36	0.28	0.26	其他分布	0.26	0.24
Br	2662	1.58	1.88	2.40	3.30	4.62	6.50	8.00	3.89	2.54	3.40	2.36	63.3	0.76	0.65	3.30	2.20	对数分布	3.40	1.50
Cd	2452	0.05	0.06	0.08	0.11	0.15	0.19	0.22	0.12	0.05	0.10	3.99	0.28	0.01	0.44	0.11	0.11	其他分布	0.10	0.11
Ce	2500	67.8	72.1	79.2	87.9	98.4	111	119	89.7	15.16	88.4	13.40	135	50.2	0.17	87.9	103	剔除后对数分布	88.4	84.1
Cl	2488	27.34	30.40	36.07	45.00	58.1	74.4	83.8	48.81	17.10	46.08	9.13	101	19.60	0.35	45.00	39.00	剔除后对数分布	46.08	39.00
Co	2610	5.10	5.87	7.68	10.61	14.90	17.80	19.65	11.39	4.61	10.45	4.22	26.00	2.08	0.41	10.61	10.40	其他分布	10.40	11.90
Cr	2628	12.90	16.60	23.86	37.20	58.9	75.5	84.5	42.44	22.86	36.25	8.72	110	5.10	0.54	37.20	22.10	其他分布	22.10	71.0
Cu	2535	7.06	8.29	10.70	14.80	22.20	30.50	34.88	17.21	8.60	15.26	5.29	42.90	2.20	0.50	14.80	11.20	其他分布	11.20	11.20
F	2529	295	331	398	476	581	693	761	496	140	477	35.61	904	156	0.28	476	507	偏峰分布	507	431
Ga	2610	14.64	15.63	17.30	19.10	21.10	23.30	24.37	19.27	2.88	19.05	5.53	26.90	11.46	0.15	19.10	19.60	剔除后对数分布	19.05	18.92
Ge	2662	1.29	1.33	1.43	1.56	1.68	1.82	1.90	1.57	0.20	1.56	1.33	2.85	0.83	0.12	1.56	1.58	对数正态分布	1.56	1.50
Hg	2502	0.028	0.033	0.042	0.054	0.071	0.089	0.100	0.058	0.022	0.054	5.506	0.123	0.008	0.377	0.054	0.057	剔除后对数分布	0.054	0.048
I	2551	1.79	2.24	3.21	4.36	6.04	8.07	9.25	4.77	2.20	4.26	2.62	11.04	0.21	0.46	4.36	3.42	剔除后对数分布	4.26	3.86
La	2528	33.05	35.48	40.10	44.20	48.30	53.2	56.6	44.35	6.79	43.82	8.99	62.5	27.00	0.15	44.20	45.00	剔除后对数分布	45.00	41.00
Li	2662	21.50	24.08	28.79	35.09	43.50	51.9	59.1	37.23	12.66	35.42	8.09	159	12.67	0.34	35.09	39.50	对数正态分布	35.42	37.51
Mn	2595	386	454	593	760	948	1159	1271	782	263	737	46.08	1523	171	0.34	760	721	剔除后对数分布	737	713
Mo	2429	0.52	0.59	0.77	1.05	1.44	2.00	2.36	1.18	0.55	1.06	1.59	2.93	0.16	0.47	1.05	0.79	偏峰分布	1.06	0.62
N	2662	0.31	0.35	0.43	0.54	0.69	0.86	0.98	0.58	0.22	0.55	1.64	2.62	0.11	0.38	0.54	0.59	对数正态分布	0.55	0.49
Nb	2515	16.40	17.50	19.10	21.30	23.96	27.23	29.20	21.78	3.81	21.45	5.90	32.60	11.20	0.17	21.30	19.60	偏峰分布	19.60	19.60
Ni	2605	6.31	7.60	10.40	15.34	25.50	36.06	40.59	18.83	10.91	15.95	5.66	50.9	2.48	0.58	15.34	12.20	其他分布	12.20	11.00
P	2662	0.15	0.18	0.24	0.34	0.45	0.58	0.68	0.36	0.17	0.33	2.18	2.25	0.07	0.48	0.34	0.45	对数正态分布	0.33	0.24
Pb	2450	20.51	22.10	25.20	29.00	34.00	40.00	44.51	30.11	6.99	29.34	7.07	51.5	12.66	0.23	29.00	29.00	其他分布	29.00	30.00

续表 3-32

元素/指标	N	$X_{5\%}$	$X_{10\%}$	$X_{25\%}$	$X_{50\%}$	$X_{75\%}$	$X_{90\%}$	$X_{95\%}$	$\bar{X}$	S	$\bar{X}_g$	S_g	X_{max}	X_{min}	CV	X_{me}	X_{mo}	分布类型		林地基准值	浙江省基准值
Rb	2566	88.8	98.2	115	131	147	164	174	131	24.91	129	16.50	199	65.0	0.19	131	128	剔除后正态分布		131	128
S	2510	64.0	74.5	94.6	119	148	181	200	124	40.77	117	15.89	242	13.60	0.33	119	105	剔除后对数分布		117	114
Sb	2373	0.33	0.38	0.46	0.57	0.74	0.94	1.09	0.62	0.23	0.58	1.60	1.39	0.10	0.37	0.57	0.53	其他分布		0.53	0.53
Sc	2561	6.60	7.20	8.20	9.58	10.80	12.45	13.40	9.66	2.01	9.45	3.69	15.27	4.60	0.21	9.58	9.70	剔除后对数分布		9.45	9.70
Se	2555	0.11	0.13	0.17	0.23	0.32	0.41	0.46	0.25	0.10	0.23	2.58	0.55	0.05	0.41	0.23	0.22	偏峰分布		0.22	0.21
Sn	2479	2.20	2.40	2.79	3.30	4.04	4.88	5.47	3.49	0.97	3.36	2.15	6.48	1.20	0.28	3.30	2.60	偏峰分布		2.60	2.60
Sr	2551	28.10	32.90	41.75	54.7	79.5	107	122	62.9	28.74	56.8	2.15	146	8.20	0.46	54.7	52.0	其他分布		52.0	112
Th	2538	10.79	11.70	13.40	15.30	17.26	19.88	21.30	15.50	3.13	15.18	4.88	23.90	7.24	0.20	15.30	15.60	剔除后正态分布		15.60	14.50
Ti	2585	2935	3266	3876	4560	5268	5898	6245	4581	1017	4463	129	7502	1742	0.22	4560	4644	剔除后正态分布		4581	4602
Tl	2572	0.54	0.61	0.75	0.89	1.05	1.23	1.34	0.91	0.24	0.88	1.33	1.56	0.30	0.26	0.89	0.83	剔除后对数分布		0.88	0.82
U	2524	2.41	2.60	2.94	3.37	3.84	4.40	4.75	3.43	0.70	3.36	2.07	5.43	1.54	0.20	3.37	3.50	剔除后对数分布		3.36	3.14
V	2583	36.80	42.34	53.7	70.1	90.2	111	123	73.6	26.48	68.9	11.94	152	14.40	0.36	70.1	65.0	剔除后对数分布		68.9	110
W	2494	1.37	1.50	1.72	1.99	2.36	2.79	3.07	2.07	0.50	2.02	1.61	3.53	0.66	0.24	1.99	2.20	其他分布		2.02	1.93
Y	2534	19.60	21.00	23.30	26.00	29.00	32.30	34.40	26.35	4.40	25.99	6.64	39.02	14.45	0.17	26.00	26.00	剔除后对数分布		25.99	26.13
Zn	2535	53.6	58.2	66.7	77.8	92.0	107	116	80.2	18.78	78.1	12.59	134	28.00	0.23	77.8	102	剔除后对数分布		78.1	77.4
Zr	2557	206	225	255	290	333	369	399	295	56.9	290	26.30	461	140	0.19	290	289	偏峰分布		289	287
SiO$_2$	2611	62.5	64.2	67.3	70.3	72.9	74.9	76.2	69.9	4.16	69.8	11.61	81.5	58.3	0.06	70.3	69.4	偏峰正态分布		69.4	70.5
Al$_2$O$_3$	2662	11.97	12.54	13.49	14.88	16.52	18.50	19.60	15.19	2.34	15.02	4.78	24.70	9.42	0.15	14.88	13.80	对数正态分布		15.02	14.82
TFe$_2$O$_3$	2662	2.99	3.28	3.85	4.64	5.56	6.40	7.21	4.81	1.36	4.63	2.55	16.15	1.76	0.28	4.64	5.11	对数正态分布		4.63	4.70
MgO	2662	0.40	0.45	0.55	0.72	0.98	1.35	1.65	0.84	0.46	0.76	1.59	6.44	0.24	0.55	0.72	0.69	对数正态分布		0.76	0.67
CaO	2446	0.11	0.13	0.18	0.26	0.36	0.49	0.58	0.29	0.14	0.26	2.50	0.73	0.04	0.49	0.26	0.22	其他分布		0.22	0.22
Na$_2$O	2602	0.12	0.15	0.24	0.43	0.71	1.02	1.18	0.51	0.33	0.41	2.47	1.50	0.07	0.65	0.43	0.16	其他分布		0.16	0.16
K$_2$O	2662	1.75	1.94	2.32	2.72	3.11	3.51	3.75	2.72	0.61	2.65	1.83	5.11	0.83	0.22	2.72	2.85	正态分布		2.72	2.99
TC	2555	0.25	0.30	0.39	0.50	0.63	0.79	0.89	0.52	0.19	0.49	1.75	1.05	0.11	0.36	0.50	0.44	剔除后对数分布		0.49	0.43
Corg	2525	0.23	0.27	0.35	0.44	0.55	0.69	0.77	0.46	0.16	0.44	1.80	0.92	0.09	0.34	0.44	0.51	剔除后对数分布		0.44	0.42
pH	2489	4.87	4.95	5.12	5.38	5.80	6.40	6.73	5.29	5.34	5.53	2.70	7.18	4.27	1.01	5.38	5.12	其他分布		5.12	5.12

注：Corg、Cr 原始样本数分别为 2658 件、2661 件，其他元素/指标为 2662 件。

第五节　主要水系流域地球化学基准值

一、鳌江流域土壤地球化学基准值

浙江省鳌江流域土壤地球化学基准值数据经正态分布检验，结果表明，原始数据中 Ba、Be、Ce、Co、F、Ga、Ge、I、La、N、Nb、P、Rb、Sc、Se、Th、Ti、U、V、Y、Zr、SiO_2、Al_2O_3、TFe_2O_3、K_2O、Corg 共 26 项元素/指标符合正态分布，Ag、As、Au、B、Bi、Br、Cd、Cl、Cr、Cu、Hg、Li、Mo、Ni、Sb、Sn、Sr、Tl、W、CaO、Na_2O、TC 共 22 项元素/指标符合对数正态分布，Mn、Pb、S、Zn、pH 剔除异常值后符合正态分布，MgO 剔除异常值后符合对数正态分布（表 3-33）。

浙江省鳌江流域深层土壤总体呈酸性，土壤 pH 基准值为 5.05，极大值为 6.57，极小值为 4.49，与浙江省基准值基本接近。

在深层土壤各元素/指标中，一多半元素/指标变异系数小于 0.40，分布相对均匀；Cl、CaO、pH、Na_2O、Cd、Mo、Cr、B、Cu、Bi、Ni、Ag、Sr、Br、As、W、I、Sb、TC、Au、P、Corg、Co、Se 共 24 项元素/指标变异系数大于 0.40，其中 Cl、CaO、pH、Na_2O、Cd 变异系数大于 0.80，空间变异性较大。

与浙江省土壤基准值相比，鳌江流域土壤基准值中 Sr、Cr、B 基准值明显低于浙江省基准值，不足浙江省基准值的 60%；V、K_2O、Cd 基准值略低于浙江省基准值，为浙江省基准值的 60%～80%；La、Hg、Cu、Tl、Pb、S、U、Al_2O_3、Sc、W、Ga、TFe_2O_3 基准值略高于浙江省基准值，与浙江省基准值比值在 1.2～1.4 之间；Br、I、Mo、Bi、Se、Sn、Ni、Cl、Na_2O、P 基准值明显高于浙江省基准值，与浙江省基准值比值在 1.4 以上，其中 Br、I、Mo 明显相对富集，基准值在浙江省基准值的 2.0 倍以上；其他元素/指标基准值则与浙江省基准值基本接近。

二、飞云江流域土壤地球化学基准值

浙江省飞云江流域土壤地球化学基准值数据经正态分布检验，结果表明，原始数据中仅 Ga、Ge、Mn、Nb、Rb、Sc、Th、Ti、U、Zr、SiO_2、Al_2O_3、TFe_2O_3、K_2O 共 14 项元素/指标符合正态分布，Ag、As、Au、Be、Bi、Br、Cd、Ce、Co、Cu、Hg、I、La、Li、Mo、N、Ni、P、Pb、S、Sb、Se、Sr、Tl、V、W、Y、MgO、Na_2O、TC、Corg 符合对数正态分布，Ba、Cr、F、Sn、Zn 剔除异常值后符合正态分布，B、Cl、CaO、pH 剔除异常值后符合对数正态分布（表 3-34）。

浙江省飞云江流域深层土壤总体呈酸性，土壤 pH 基准值为 5.22，极大值为 6.21，极小值为 4.66，与浙江省基准值基本接近。

在深层土壤各元素/指标中，约一半元素/指标变异系数小于 0.40，分布相对均匀；W、pH、Na_2O、S、As、Mo、Cd、Au、Ni、MgO、Pb、Sr、Ag、Cu、TC、Bi、Br、Cr、Corg、Co、CaO、P、V、Mn、I、Se 共 26 项元素/指标变异系数大于 0.40，其中 W、pH、Na_2O、S、As、Mo 变异系数大于 0.80，空间变异性较大。

与浙江省土壤基准值相比，飞云江流域土壤基准值中 V、Sr、Cr、B 基准值明显低于浙江省基准值，不足浙江省基准值的 60%；Au、Co、As、Li 基准值略低于浙江省基准值，为浙江省基准值的 60%～80%；Hg、Sn、Se、Tl、S、La、Nb、W 基准值略高于浙江省基准值，与浙江省基准值比值在 1.2～1.4 之间；Br、Mo、Bi、Na_2O、I、Pb 基准值明显高于浙江省基准值，与浙江省基准值比值在 1.4 以上，其中 Br、Mo 明显相对富集，基准值在浙江省基准值的 2.0 倍以上；其他元素/指标基准值则与浙江省基准值基本接近。

表 3-33　鳌江流域土壤地球化学基准值参数统计表

元素/指标	N	$X_{5\%}$	$X_{10\%}$	$X_{25\%}$	$X_{50\%}$	$X_{75\%}$	$X_{90\%}$	$X_{95\%}$	$\overline{X}$	S	$\overline{X}_g$	S_g	X_{max}	X_{min}	CV	X_{me}	X_{mo}	分布类型	鳌江流域基准值	浙江省基准值
Ag	159	45.00	49.00	56.0	69.0	84.0	101	128	77.6	43.15	71.7	12.41	420	38.00	0.56	69.0	100.0	对数正态分布	71.7	70.0
As	159	3.27	3.86	4.78	6.30	8.56	11.44	13.94	7.17	3.86	6.42	3.31	30.20	1.79	0.54	6.30	4.90	对数正态分布	6.42	6.83
Au	159	0.44	0.54	0.68	0.91	1.20	1.57	1.94	1.01	0.48	0.92	1.56	3.00	0.30	0.47	0.91	1.00	对数正态分布	0.92	1.10
B	159	10.66	12.50	16.10	21.20	35.00	60.4	71.0	28.42	18.49	23.87	7.34	83.0	7.43	0.65	21.20	23.20	对数正态分布	23.87	73.0
Ba	159	227	285	368	478	552	632	725	471	157	445	34.58	1077	131	0.33	478	535	正态分布	471	482
Be	159	1.60	1.78	2.07	2.46	2.94	3.26	3.54	2.52	0.67	2.44	1.80	5.66	1.38	0.27	2.46	2.48	对数正态分布	2.52	2.31
Bi	159	0.26	0.30	0.36	0.45	0.56	0.77	0.87	0.52	0.31	0.47	1.78	2.78	0.13	0.60	0.45	0.45	对数正态分布	0.47	0.24
Br	159	1.80	2.00	2.95	4.00	5.20	6.62	7.80	4.41	2.45	3.93	2.58	19.84	0.90	0.55	4.00	3.90	对数正态分布	3.93	1.50
Cd	159	0.04	0.04	0.05	0.07	0.11	0.15	0.17	0.09	0.08	0.08	4.66	0.92	0.02	0.89	0.07	0.06	对数正态分布	0.08	0.11
Ce	159	77.2	78.5	87.5	99.5	108	116	119	98.5	15.65	97.3	14.07	176	61.7	0.16	99.5	104	正态分布	98.5	84.1
Cl	159	29.69	31.58	36.60	43.70	67.5	149	226	120	463	56.4	12.62	4261	21.10	3.85	43.70	35.70	对数正态分布	56.4	39.00
Co	159	5.83	6.73	8.95	11.70	15.60	19.12	21.82	12.51	5.12	11.51	4.48	32.90	3.57	0.41	11.70	12.00	正态分布	12.51	11.90
Cr	158	12.23	15.07	21.20	27.75	45.00	88.9	96.6	38.48	26.41	31.53	8.78	137	7.70	0.69	27.75	22.10	对数正态分布	31.53	71.0
Cu	159	7.00	8.38	10.45	14.64	20.55	27.50	30.19	16.54	10.31	14.59	5.29	108	3.80	0.62	14.64	13.10	对数正态分布	14.59	11.20
F	159	264	278	320	417	503	651	710	437	143	416	33.90	810	214	0.33	417	810	正态分布	437	431
Ga	159	18.10	19.47	20.85	22.80	24.50	26.50	27.93	22.90	2.92	22.72	6.09	32.60	15.91	0.13	22.80	23.20	正态分布	22.90	18.92
Ge	159	1.43	1.47	1.55	1.66	1.79	1.93	2.01	1.68	0.19	1.67	1.37	2.19	1.23	0.11	1.66	1.59	正态分布	1.68	1.50
Hg	159	0.037	0.040	0.051	0.061	0.083	0.098	0.110	0.067	0.022	0.063	4.984	0.130	0.022	0.336	0.061	0.059	剔除后正态分布	0.063	0.048
I	159	3.04	3.91	5.65	8.45	11.65	15.26	17.73	9.10	4.49	8.00	3.76	24.60	1.26	0.49	8.45	10.10	对数正态分布	9.10	3.86
La	159	39.00	41.72	47.00	53.9	60.6	68.0	70.3	54.2	10.37	53.3	9.90	90.3	32.00	0.19	53.9	47.00	正态分布	54.2	41.00
Li	159	19.43	21.58	24.85	29.50	37.05	57.1	64.4	33.59	13.19	31.47	7.80	68.6	15.60	0.39	29.50	29.90	对数正态分布	31.47	37.51
Mn	154	378	434	604	787	1048	1243	1486	829	310	771	48.96	1678	297	0.37	787	792	剔除后正态分布	829	713
Mo	159	0.47	0.55	0.83	1.29	2.13	2.93	3.55	1.64	1.24	1.31	1.96	9.00	0.39	0.76	1.29	1.37	对数正态分布	1.31	0.62
N	159	0.31	0.34	0.40	0.51	0.64	0.77	0.86	0.54	0.18	0.51	1.62	1.18	0.15	0.33	0.51	0.59	正态分布	0.54	0.49
Nb	159	16.79	17.30	18.70	21.10	24.10	27.82	29.66	21.93	4.57	21.52	5.89	45.00	15.00	0.21	21.10	21.60	对数正态分布	21.93	19.60
Ni	159	7.42	8.61	11.00	14.90	23.05	40.83	43.71	18.76	11.23	15.99	5.82	46.71	3.91	0.60	14.90	11.00	对数正态分布	15.99	11.00
P	159	0.15	0.17	0.23	0.31	0.41	0.53	0.61	0.34	0.15	0.31	2.16	0.92	0.10	0.45	0.31	0.37	正态分布	0.34	0.24
Pb	141	28.10	31.20	34.00	37.00	40.70	47.00	53.5	37.98	6.82	37.42	8.17	57.0	24.90	0.18	37.00	38.00	剔除后正态分布	37.98	30.00

续表 3-33

元素/指标	N	$X_{5\%}$	$X_{10\%}$	$X_{25\%}$	$X_{50\%}$	$X_{75\%}$	$X_{90\%}$	$X_{95\%}$	$\overline{X}$	S	$\overline{X}_g$	S_g	X_{max}	X_{min}	CV	X_{me}	X_{mo}	分布类型	鳌江流域基准值	浙江省基准值
Rb	159	79.4	89.6	105	122	144	156	161	123	25.82	120	15.99	180	60.2	0.21	122	122	正态分布	123	128
S	139	98.6	103	126	142	157	185	201	143	30.23	140	17.98	233	89.6	0.21	142	127	剔除后正态分布	143	114
Sb	159	0.35	0.38	0.44	0.54	0.73	0.99	1.06	0.63	0.31	0.58	1.63	2.74	0.23	0.48	0.54	0.42	对数正态分布	0.58	0.53
Sc	159	7.30	7.98	9.70	11.80	13.90	15.92	17.11	11.90	3.20	11.49	4.32	22.80	5.80	0.27	11.80	9.70	正态分布	11.90	9.70
Se	159	0.15	0.19	0.24	0.35	0.48	0.58	0.64	0.37	0.15	0.34	2.12	0.84	0.11	0.41	0.35	0.33	正态分布	0.37	0.21
Sn	159	2.69	2.91	3.40	4.02	4.62	5.46	6.39	4.23	1.48	4.04	2.39	14.20	2.37	0.35	4.02	3.40	对数正态分布	4.04	2.60
Sr	159	21.85	24.66	33.10	48.70	81.5	106	115	59.1	32.89	50.8	10.84	158	13.60	0.56	48.70	33.10	对数正态分布	50.8	112
Th	159	12.59	13.46	14.55	16.50	19.30	22.02	24.45	17.26	3.93	16.85	5.15	34.10	8.45	0.23	16.50	13.70	正态分布	17.26	14.50
Ti	159	3008	3361	4046	4729	5306	5870	6209	4683	1107	4543	132	8162	1648	0.24	4729	5773	正态分布	4683	4602
Tl	159	0.80	0.83	0.92	1.01	1.17	1.34	1.46	1.06	0.23	1.04	1.22	2.70	0.64	0.22	1.01	0.93	对数正态分布	1.04	0.82
U	159	2.60	2.78	3.23	3.84	4.48	5.04	5.48	3.92	0.91	3.82	2.21	7.00	2.30	0.23	3.84	3.50	正态分布	3.92	3.14
V	159	41.53	48.34	62.5	85.5	107	121	126	85.8	32.40	79.8	13.35	220	21.90	0.38	85.5	93.3	正态分布	85.8	110
W	159	1.62	1.74	1.91	2.19	2.73	3.20	3.63	2.51	1.25	2.35	1.78	11.20	1.36	0.50	2.19	2.10	正态分布	2.35	1.93
Y	159	20.00	21.50	23.50	26.84	30.80	33.52	35.51	27.58	5.65	27.06	6.82	61.2	15.70	0.21	26.84	25.90	正态分布	27.58	26.13
Zn	153	60.8	64.3	73.2	87.3	100.0	108	115	86.6	17.42	84.8	13.25	137	45.00	0.20	87.3	87.3	剔除后正态分布	86.6	77.4
Zr	159	191	200	239	282	328	359	396	286	64.9	279	25.76	575	176	0.23	282	316	正态分布	286	287
SiO$_2$	159	56.4	57.9	61.2	63.4	66.9	69.9	71.7	63.7	4.59	63.6	10.91	74.3	50.8	0.07	63.4	63.7	正态分布	63.7	70.5
Al$_2$O$_3$	159	14.58	15.30	16.22	18.41	20.00	21.91	22.56	18.31	2.50	18.14	5.34	23.44	12.85	0.14	18.41	16.30	正态分布	18.31	14.82
TFe$_2$O$_3$	159	3.43	3.86	4.60	5.65	6.41	7.39	8.11	5.64	1.51	5.45	2.80	11.30	2.61	0.27	5.65	5.73	正态分布	5.64	4.70
MgO	134	0.37	0.40	0.46	0.54	0.63	0.75	0.85	0.56	0.15	0.54	1.53	1.10	0.28	0.27	0.54	0.54	剔除后对数正态分布	0.54	0.67
CaO	159	0.11	0.12	0.14	0.22	0.36	0.78	0.97	0.35	0.40	0.25	2.80	3.23	0.09	1.16	0.22	0.13	对数正态分布	0.25	0.22
Na$_2$O	159	0.08	0.09	0.11	0.17	0.49	0.97	1.07	0.36	0.36	0.23	3.24	1.83	0.07	1.01	0.17	0.10	对数正态分布	0.23	0.16
K$_2$O	159	1.09	1.28	1.65	2.19	2.69	3.08	3.16	2.18	0.66	2.07	1.73	3.60	0.71	0.31	2.19	2.13	正态分布	2.18	2.99
TC	159	0.20	0.24	0.33	0.46	0.67	0.82	0.98	0.52	0.25	0.46	1.85	1.45	0.15	0.48	0.46	0.66	对数正态分布	0.46	0.43
Corg	159	0.20	0.24	0.33	0.45	0.59	0.72	0.84	0.48	0.20	0.44	1.83	1.22	0.14	0.42	0.45	0.60	正态分布	0.48	0.42
pH	133	4.72	4.80	4.91	5.11	5.34	5.67	5.85	5.05	5.24	5.16	2.58	6.57	4.49	1.04	5.11	5.20	剔除后正态分布	5.05	5.12

注：Cr 原始样本数为 158 件，其他元素/指标为 159 件。

表 3-34 飞云江流域土壤地球化学基准值参数统计表

元素/指标	N	$X_{5\%}$	$X_{10\%}$	$X_{25\%}$	$X_{50\%}$	$X_{75\%}$	$X_{90\%}$	$X_{95\%}$	$\bar{X}$	S	$\bar{X}_g$	S_g	X_{max}	X_{min}	CV	X_{me}	X_{mo}	分布类型	飞云江流域基准值	浙江省基准值
Ag	222	44.05	48.10	56.0	67.5	85.8	100.0	120	75.6	43.18	70.5	12.27	580	38.00	0.57	67.5	100.0	对数正态分布	70.5	70.0
As	222	2.62	3.08	3.90	5.20	7.29	10.88	13.65	6.39	5.34	5.45	3.00	64.6	1.84	0.84	5.20	5.20	对数正态分布	5.45	6.83
Au	222	0.41	0.46	0.58	0.77	1.20	1.73	2.29	1.00	0.71	0.85	1.73	4.90	0.29	0.71	0.77	0.51	对数正态分布	0.85	1.10
B	189	10.54	12.16	14.70	18.00	21.70	27.00	33.00	19.02	6.50	18.01	5.54	42.10	7.00	0.34	18.00	18.00	剔除后正态分布	18.01	73.0
Ba	212	214	263	364	472	552	672	739	465	153	436	34.82	859	78.0	0.33	472	470	剔除后正态分布	465	482
Be	222	1.78	1.84	2.08	2.43	2.90	3.31	3.72	2.58	0.91	2.48	1.81	11.80	1.34	0.35	2.43	2.25	对数正态分布	2.48	2.31
Bi	222	0.18	0.20	0.27	0.38	0.53	0.70	0.87	0.43	0.23	0.38	2.01	1.42	0.14	0.54	0.38	0.28	对数正态分布	0.38	0.24
Br	222	1.40	1.80	2.36	3.16	4.28	5.91	7.59	3.63	1.95	3.22	2.32	14.50	0.90	0.54	3.16	2.30	对数正态分布	3.22	1.50
Cd	222	0.04	0.04	0.06	0.08	0.12	0.17	0.22	0.10	0.08	0.09	4.32	0.70	0.02	0.75	0.08	0.04	对数正态分布	0.09	0.11
Ce	222	73.0	78.7	87.2	96.1	112	126	140	101	22.66	98.7	14.21	224	63.7	0.22	96.1	108	对数正态分布	98.7	84.1
Cl	188	26.34	28.10	31.40	36.40	42.15	58.2	67.8	39.78	13.44	38.05	8.60	93.3	24.10	0.34	36.40	32.90	剔除后对数正态分布	38.05	39.00
Co	222	3.92	4.61	6.45	9.11	13.60	17.99	19.19	10.25	5.06	9.04	4.12	27.20	2.08	0.49	9.11	17.90	对数正态分布	9.04	11.90
Cr	193	9.12	10.40	12.30	20.10	27.70	36.80	42.76	21.87	11.23	19.35	6.14	61.5	7.00	0.51	20.10	21.80	剔除后对数正态分布	21.87	71.0
Cu	222	4.50	5.31	7.43	10.66	16.08	24.33	27.67	12.77	7.11	11.03	4.70	35.97	2.20	0.56	10.66	7.40	对数正态分布	11.03	11.20
F	219	284	316	374	440	530	651	721	460	125	444	34.39	765	233	0.27	440	721	剔除后正态分布	460	431
Ga	222	18.00	19.21	20.10	21.60	23.90	25.29	26.20	21.93	2.62	21.77	5.91	30.40	15.20	0.12	21.60	21.60	正态分布	21.93	18.92
Ge	222	1.39	1.43	1.50	1.62	1.75	1.87	1.95	1.64	0.18	1.63	1.34	2.17	1.17	0.11	1.62	1.50	正态分布	1.64	1.50
Hg	222	0.038	0.041	0.052	0.065	0.079	0.100	0.120	0.069	0.026	0.065	5.015	0.189	0.025	0.383	0.065	0.063	对数正态分布	0.065	0.048
I	222	2.61	3.42	4.31	6.04	8.15	10.49	11.79	6.48	2.84	5.86	3.08	16.40	0.81	0.44	6.04	3.50	对数正态分布	5.86	3.86
La	222	38.01	40.73	45.00	49.70	57.3	67.0	74.6	52.4	11.90	51.2	9.70	99.0	30.50	0.23	49.70	48.00	正态分布	51.2	41.00
Li	222	19.10	20.61	23.50	27.73	35.72	51.2	63.4	31.97	12.90	29.91	7.46	70.0	16.00	0.40	27.73	23.20	对数正态分布	29.91	37.51
Mn	222	354	410	541	760	1012	1305	1438	817	358	742	49.05	2035	171	0.44	760	813	正态分布	817	713
Mo	222	0.49	0.53	0.76	1.25	2.09	3.06	4.26	1.67	1.37	1.30	2.01	10.12	0.34	0.82	1.25	0.51	对数正态分布	1.30	0.62
N	222	0.28	0.33	0.38	0.48	0.61	0.78	0.89	0.52	0.20	0.49	1.67	1.48	0.20	0.38	0.48	0.36	对数正态分布	0.49	0.49
Nb	222	17.21	18.21	19.73	23.60	28.40	32.43	34.46	24.47	5.66	23.86	6.21	46.70	14.00	0.23	23.60	19.40	对数正态分布	23.86	19.60
Ni	222	4.84	5.68	7.68	12.00	17.70	33.45	40.19	14.98	10.41	12.28	5.15	45.90	3.17	0.70	12.00	13.40	对数正态分布	12.28	11.00
P	222	0.12	0.13	0.18	0.23	0.36	0.48	0.52	0.27	0.13	0.25	2.44	0.59	0.09	0.47	0.23	0.28	对数正态分布	0.25	0.24
Pb	222	24.41	28.42	33.00	39.55	52.0	78.3	102	49.19	34.18	43.41	9.38	316	18.50	0.69	39.55	37.00	对数正态分布	43.41	30.00

续表 3-34

元素/指标	N	$X_{5\%}$	$X_{10\%}$	$X_{25\%}$	$X_{50\%}$	$X_{75\%}$	$X_{90\%}$	$X_{95\%}$	$\bar{X}$	S	$\bar{X}_g$	S_g	X_{max}	X_{min}	CV	X_{me}	X_{mo}	分布类型	飞云江流域基准值	浙江省基准值
Rb	222	93.8	101	117	131	148	158	164	131	22.75	129	16.62	216	75.8	0.17	131	117	正态分布	131	128
S	222	90.9	98.9	107	125	156	291	403	168	148	144	19.46	1455	82.7	0.88	125	107	对数正态分布	144	114
Sb	222	0.28	0.31	0.36	0.45	0.56	0.66	0.82	0.48	0.18	0.46	1.75	1.34	0.21	0.37	0.45	0.40	对数正态分布	0.46	0.53
Sc	222	5.50	6.40	7.43	9.35	11.47	14.89	15.89	9.82	3.04	9.37	3.89	18.00	4.70	0.31	9.35	11.40	对数正态分布	9.82	9.70
Se	222	0.14	0.15	0.21	0.27	0.37	0.47	0.54	0.30	0.13	0.27	2.34	0.75	0.10	0.43	0.27	0.24	剔除后正态分布	0.27	0.21
Sn	208	2.44	2.53	3.06	3.47	3.93	4.35	4.75	3.49	0.68	3.42	2.11	5.29	1.80	0.20	3.47	3.70	对数正态分布	3.49	2.60
Sr	222	16.41	19.45	27.85	39.80	69.3	107	118	52.1	33.54	42.89	10.27	189	8.20	0.64	39.80	28.70	对数正态分布	42.89	112
Th	222	10.10	12.30	14.30	17.10	19.20	21.65	23.99	16.99	4.21	16.46	5.22	33.70	6.28	0.25	17.10	17.10	正态分布	16.99	14.50
Ti	222	2022	2303	3188	3920	4939	5351	6417	4050	1335	3834	121	10615	1321	0.33	3920	4091	正态分布	4050	4602
Tl	222	0.77	0.80	0.90	1.02	1.20	1.41	1.53	1.08	0.27	1.05	1.27	2.40	0.55	0.25	1.02	1.02	对数正态分布	1.05	0.82
U	222	2.33	2.60	2.95	3.41	4.00	4.67	5.19	3.54	0.89	3.44	2.14	8.00	1.78	0.25	3.41	2.90	对数正态分布	3.54	3.14
V	222	26.12	29.45	42.06	60.4	87.4	111	120	66.0	31.01	58.8	11.56	178	14.40	0.47	60.4	55.5	对数正态分布	58.8	110
W	222	1.53	1.67	1.92	2.21	2.83	3.55	4.14	2.70	3.60	2.38	1.82	54.4	1.12	1.33	2.21	2.21	对数正态分布	2.38	1.93
Y	222	20.02	21.22	24.40	28.55	31.60	36.60	39.78	28.96	8.10	28.19	6.95	113	16.20	0.28	28.55	26.40	对数正态分布	28.19	26.13
Zn	213	55.6	62.6	72.6	88.1	106	120	129	90.2	22.78	87.3	13.56	159	44.90	0.25	88.1	114	剔除后正态分布	90.2	77.4
Zr	222	193	207	248	294	340	384	415	301	79.7	291	26.23	734	166	0.27	294	308	正态分布	301	287
SiO$_2$	222	59.8	60.7	63.7	66.4	69.4	72.0	73.9	66.5	4.30	66.4	11.20	76.6	54.3	0.06	66.4	65.8	正态分布	66.5	70.5
Al$_2$O$_3$	222	13.71	14.64	15.84	16.79	18.30	19.67	20.53	17.01	2.01	16.90	5.14	21.80	11.57	0.12	16.79	17.59	正态分布	17.01	14.82
TFe$_2$O$_3$	222	2.81	3.18	3.66	4.51	5.73	6.45	7.03	4.72	1.35	4.54	2.54	10.40	2.48	0.29	4.51	4.51	正态分布	4.72	4.70
MgO	222	0.31	0.34	0.41	0.54	0.77	1.54	1.98	0.71	0.50	0.60	1.80	2.34	0.24	0.70	0.54	0.41	对数正态分布	0.60	0.67
CaO	188	0.10	0.12	0.14	0.17	0.22	0.33	0.41	0.20	0.09	0.18	2.85	0.52	0.09	0.47	0.17	0.15	剔除后正态分布	0.18	0.22
Na$_2$O	222	0.09	0.10	0.12	0.21	0.47	1.00	1.07	0.35	0.33	0.25	2.94	1.39	0.07	0.92	0.21	0.10	对数正态分布	0.25	0.16
K$_2$O	222	1.51	1.77	2.19	2.54	2.95	3.19	3.32	2.52	0.58	2.45	1.79	4.31	1.27	0.23	2.54	2.47	正态分布	2.52	2.99
TC	222	0.18	0.21	0.29	0.40	0.67	0.86	1.04	0.49	0.27	0.42	2.00	1.42	0.11	0.55	0.40	0.32	对数正态分布	0.42	0.43
Corg	222	0.17	0.21	0.29	0.40	0.56	0.71	0.87	0.45	0.22	0.40	1.98	1.35	0.10	0.50	0.40	0.51	对数正态分布	0.40	0.42
pH	190	4.80	4.87	5.00	5.19	5.37	5.62	5.82	5.13	5.36	5.22	2.60	6.21	4.66	1.04	5.19	5.16	剔除后对数分布	5.22	5.12

注:Cr 原始样本数为 221 件,其他元素/指标为 222 件。

三、椒江流域土壤地球化学基准值

浙江省椒江流域土壤地球化学基准值数据经正态分布检验,结果表明,原始数据中 Ga、Ge、La、Mn、Rb、Th、U、Y、Zr、SiO_2、Al_2O_3、K_2O 共 12 项元素/指标符合正态分布,Ag、As、Au、B、Ba、Be、Br、Cd、Ce、Co、Cu、Hg、I、Li、N、Ni、P、Sb、Sc、Se、Sn、Ti、Tl、V、Zn、TFe_2O_3、CaO、TC、Corg、pH 符合对数正态分布,Mo、Pb、W 剔除异常值后符合正态分布,Bi、Cl、Cr、Nb、Sr、MgO 剔除异常值后符合对数正态分布,其他元素/指标不符合正态分布或对数正态分布(表 3-35)。

浙江省椒江流域深层土壤总体呈酸性,土壤 pH 基准值为 5.61,极大值为 8.63,极小值为 4.66,与浙江省基准值基本接近。

在深层土壤各元素/指标中,大部分元素/指标变异系数小于 0.40,分布相对均匀;Hg、CaO、pH、Au、As、Br、Ni、Cd、P、Ag、I、Na_2O、Corg、Se、TC、Co、Cu、Sr、N、B 共 20 项元素/指标变异系数大于 0.40,其中 Hg、CaO、pH、Au 变异系数大于 0.80,空间变异性较大。

与浙江省土壤基准值相比,椒江流域土壤基准值中 V、Cr、B 基准值明显低于浙江省基准值,不足浙江省基准值的 60%;S、Co、Sr 基准值略低于浙江省基准值,为浙江省基准值的 60%~80%;Ba、Mo、I、Cl 基准值略高于浙江省基准值,与浙江省基准值比值在 1.2~1.4 之间;Na_2O、Br 基准值明显高于浙江省基准值,与浙江省基准值比值在 1.4 以上,Na_2O 基准值是浙江省基准值的 4.0 倍;其他元素/指标基准值则与浙江省基准值基本接近。

四、瓯江流域土壤地球化学基准值

浙江省瓯江流域土壤地球化学基准值数据经正态分布检验,结果表明,原始数据中 Be、Ga、Ge、La、Mn、Nb、Rb、Y、SiO_2、K_2O 共 10 项元素/指标符合正态分布,Ag、As、Au、B、Bi、Br、Cd、Ce、Co、Cr、Cu、I、Li、Mo、N、Ni、P、Pb、Sb、Sc、Se、Sn、Sr、Th、Ti、Tl、V、Al_2O_3、TFe_2O_3、CaO、Na_2O、TC、Corg 符合对数正态分布,U、W、Zn、Zr 剔除异常值后符合正态分布,Ba、Cl、Hg、MgO、pH 剔除异常值后符合对数正态分布,其他元素/指标不符合正态分布或对数正态分布(表 3-36)。

浙江省瓯江流域深层土壤总体呈酸性,土壤 pH 基准值为 5.31,极大值为 6.73,极小值为 4.61,与浙江省基准值基本接近。

在深层土壤各元素/指标中,约一半元素/指标变异系数小于 0.40,分布相对均匀;Cd、Au、pH、Ag、CaO、Cr、Ni、Na_2O、Cu、Mo、As、B、Sn、Co、TC、Bi、Sr、P、Corg、Br、V、Se、I、Pb 共 24 项元素/指标变异系数大于 0.40,其中 Cd、Au、pH、Ag、CaO 变异系数大于 0.80,空间变异性较大。

与浙江省土壤基准值相比,瓯江流域土壤基准值中 V、Sr、Cr、B 基准值明显低于浙江省基准值,不足浙江省基准值的 60%;Co 基准值略低于浙江省基准值,为浙江省基准值的 77%;Sn、Pb、Tl、La、Nb、Ba、Ce 基准值略高于浙江省基准值,与浙江省基准值比值在 1.2~1.4 之间;Br、Na_2O、Mo、F、I、Bi 基准值明显高于浙江省基准值,与浙江省基准值比值在 1.4 以上,其中 Br、Na_2O 明显相对富集,基准值在浙江省基准值的 2.0 倍以上;其他元素/指标基准值则与浙江省基准值基本接近。

五、钱塘江流域土壤地球化学基准值

浙江省钱塘江流域土壤地球化学基准值数据经正态分布检验,结果表明,原始数据中 Br、Cu、Ga、Ge、I、P、Al_2O_3、TFe_2O_3、MgO、K_2O 符合对数正态分布,La、Rb、Ti、SiO_2 剔除异常值后符合正态分布,As、Au、Be、Cd、Ce、Cl、Hg、Li、Mo、N、Pb、Sb、Sc、Se、Th、Tl、U、V、W、Y、Zn、Zr、CaO、TC 剔除异常值后符合对数正态分布,其他元素/指标不符合正态分布或对数正态分布(表 3-37)。

浙江省钱塘江流域深层土壤总体呈酸性,土壤 pH 基准值为 5.42,极大值为 8.12,极小值为 4.27,与浙江省基准值基本接近。

第三章 土壤地球化学基准值

表 3-35 椒江流域土壤地球化学基准值参数统计表

元素/指标	N	$X_{5\%}$	$X_{10\%}$	$X_{25\%}$	$X_{50\%}$	$X_{75\%}$	$X_{90\%}$	$X_{95\%}$	$\overline{X}$	S	$\overline{X}_g$	S_g	X_{max}	X_{min}	CV	X_{me}	X_{mo}	分布类型	椒江流域基准值	浙江省基准值
Ag	375	43.35	46.50	54.5	66.0	83.5	104	119	74.8	42.05	69.4	12.05	628	37.00	0.56	66.0	75.0	对数正态分布	69.4	70.0
As	375	3.40	3.83	4.70	5.88	8.13	10.60	12.89	7.08	5.31	6.24	3.15	67.4	1.70	0.75	5.88	4.60	对数正态分布	6.24	6.83
Au	375	0.52	0.57	0.71	0.94	1.31	1.79	2.50	1.17	0.95	1.00	1.64	12.60	0.39	0.81	0.94	1.60	对数正态分布	1.00	1.10
B	375	14.63	16.18	19.80	24.93	31.70	41.67	53.6	27.53	11.35	25.55	6.89	68.0	7.00	0.41	24.93	26.00	对数正态分布	25.55	73.0
Ba	375	394	456	543	650	810	942	1030	685	209	656	43.03	1668	267	0.31	650	593	对数正态分布	656	482
Be	375	1.78	1.86	2.02	2.26	2.60	2.89	3.03	2.33	0.44	2.29	1.67	6.09	1.42	0.19	2.26	2.37	对数正态分布	2.29	2.31
Bi	338	0.16	0.17	0.19	0.22	0.28	0.34	0.37	0.24	0.07	0.23	2.41	0.45	0.07	0.28	0.22	0.19	剔除后对数正态分布	0.23	0.24
Br	375	1.80	2.00	2.50	3.40	4.80	6.86	9.00	4.09	2.85	3.53	2.36	30.46	0.60	0.70	3.40	2.30	对数正态分布	3.53	1.50
Cd	375	0.04	0.05	0.06	0.09	0.14	0.18	0.21	0.11	0.07	0.09	4.31	0.68	0.02	0.60	0.09	0.06	偏峰分布	0.09	0.11
Ce	375	63.4	70.0	77.0	85.4	95.4	106	118	87.4	16.83	85.9	13.13	185	45.45	0.19	85.4	79.3	对数正态分布	85.9	84.1
Cl	347	34.70	37.36	44.20	53.5	66.4	80.4	87.5	56.5	16.71	54.2	10.38	106	25.30	0.30	53.5	50.5	剔除后对数正态分布	54.2	39.00
Co	375	4.75	5.20	6.20	7.80	10.24	14.51	17.82	8.94	4.24	8.20	3.61	29.02	2.80	0.47	7.80	8.70	对数正态分布	8.20	11.90
Cr	337	15.00	17.20	20.50	26.23	33.27	43.69	50.1	28.18	10.23	26.41	6.78	58.8	5.47	0.36	26.23	26.57	剔除后对数正态分布	26.41	71.0
Cu	375	7.70	8.70	10.45	12.42	16.45	22.81	28.21	14.47	6.70	13.35	4.69	62.4	5.10	0.46	12.42	11.90	对数正态分布	13.35	11.20
F	361	339	365	400	459	545	609	678	477	100.0	467	34.90	781	245	0.21	459	484	偏峰分布	484	431
Ga	375	14.18	15.28	16.91	18.74	21.08	23.39	25.16	19.19	3.45	18.90	5.55	38.18	12.20	0.18	18.74	19.40	正态分布	19.19	18.92
Ge	375	1.30	1.35	1.44	1.55	1.71	1.84	1.90	1.58	0.21	1.57	1.32	3.08	1.12	0.13	1.55	1.40	正态分布	1.58	1.50
Hg	375	0.025	0.030	0.038	0.048	0.061	0.076	0.095	0.058	0.107	0.049	6.201	2.060	0.011	1.850	0.048	0.058	对数正态分布	0.049	0.048
I	375	2.00	2.40	3.29	4.70	7.17	9.18	10.62	5.44	2.94	4.75	2.70	22.60	1.16	0.54	4.70	7.40	对数正态分布	4.75	3.86
La	375	28.30	31.14	35.33	40.80	46.00	51.3	54.5	41.14	8.41	40.31	8.63	72.0	21.58	0.20	40.80	46.00	正态分布	41.14	41.00
Li	375	23.12	24.69	28.27	33.38	40.83	48.18	55.1	35.47	10.05	34.18	7.86	74.0	15.10	0.28	33.38	36.60	对数正态分布	34.18	37.51
Mn	375	422	489	637	829	1024	1204	1300	846	280	798	47.69	1767	248	0.33	829	1003	正态分布	846	713
Mo	338	0.45	0.53	0.62	0.76	0.92	1.16	1.28	0.79	0.24	0.76	1.41	1.43	0.20	0.30	0.76	0.72	剔除后对数正态分布	0.79	0.62
N	375	0.26	0.28	0.35	0.45	0.58	0.77	0.86	0.49	0.21	0.46	1.80	2.17	0.19	0.43	0.45	0.27	对数正态分布	0.46	0.49
Nb	363	17.88	18.52	20.00	22.26	25.16	27.83	29.58	22.62	3.67	22.33	5.95	32.99	12.40	0.16	22.26	22.71	剔除后对数正态分布	22.33	19.60
Ni	375	5.89	6.56	7.73	10.32	13.81	21.65	34.45	12.79	8.39	11.11	4.40	53.0	4.45	0.66	10.32	10.56	对数正态分布	11.11	11.00
P	375	0.12	0.15	0.20	0.28	0.39	0.52	0.60	0.32	0.18	0.28	2.40	1.56	0.09	0.57	0.28	0.21	对数正态分布	0.28	0.24
Pb	350	22.75	24.47	26.80	30.00	34.00	38.60	41.33	30.28	5.53	30.28	7.22	47.00	18.00	0.18	30.00	29.00	剔除后正态分布	30.76	30.00

续表 3-35

元素/指标	N	$X_{5\%}$	$X_{10\%}$	$X_{25\%}$	$X_{50\%}$	$X_{75\%}$	$X_{90\%}$	$X_{95\%}$	$\bar{X}$	S	$\bar{X}_g$	S_g	X_{max}	X_{min}	CV	X_{me}	X_{mo}	分布类型	椒江流域基准值	浙江省基准值
Rb	375	98.5	105	120	132	147	160	170	134	22.64	132	16.93	248	77.3	0.17	132	136	正态分布	134	128
S	366	56.3	62.4	74.7	104	145	184	206	114	45.74	105	14.56	246	29.82	0.40	104	68.5	偏峰分布	68.5	114
Sb	375	0.38	0.41	0.46	0.53	0.62	0.77	0.94	0.58	0.22	0.55	1.57	2.98	0.29	0.38	0.53	0.53	对数正态分布	0.55	0.53
Sc	375	7.50	8.56	9.47	10.40	11.65	13.49	15.13	10.76	2.25	10.54	3.89	23.40	5.60	0.21	10.40	7.30	对数正态分布	10.54	9.70
Se	375	0.11	0.13	0.16	0.21	0.30	0.43	0.47	0.24	0.12	0.22	2.80	0.89	0.07	0.49	0.21	0.16	对数正态分布	0.22	0.21
Sn	375	2.19	2.37	2.71	3.08	3.46	3.89	4.24	3.15	0.77	3.07	1.95	9.21	1.30	0.25	3.08	2.80	对数正态分布	3.07	2.60
Sr	365	32.77	38.39	49.59	71.5	100.0	121	138	77.2	33.80	70.0	12.66	179	22.13	0.44	71.5	100.0	剔除后对数分布	70.0	112
Th	375	8.52	10.25	12.25	13.98	15.70	17.20	19.36	13.96	3.15	13.57	4.69	28.12	3.97	0.23	13.98	15.20	正态分布	13.96	14.50
Ti	375	3266	3518	3843	4351	5087	5921	6876	4634	1305	4491	128	12944	2532	0.28	4351	4298	对数正态分布	4491	4602
Tl	375	0.69	0.77	0.85	0.95	1.08	1.26	1.41	0.98	0.22	0.96	1.24	2.11	0.42	0.23	0.95	0.85	对数正态分布	0.96	0.82
U	375	2.33	2.56	2.77	3.10	3.40	3.82	4.15	3.14	0.55	3.09	1.96	5.60	1.42	0.18	3.10	2.70	正态分布	3.14	3.14
V	375	40.26	43.48	49.70	58.4	73.7	95.1	119	65.4	24.75	61.8	11.08	194	23.81	0.38	58.4	54.3	对数正态分布	61.8	110
W	356	1.37	1.47	1.62	1.84	2.04	2.24	2.38	1.85	0.31	1.82	1.48	2.69	1.03	0.17	1.84	1.88	剔除后正态分布	1.85	1.93
Y	375	19.67	21.30	22.90	25.20	28.17	30.69	32.03	25.59	3.86	25.31	6.45	43.50	17.40	0.15	25.20	23.00	正态分布	25.59	26.13
Zn	375	56.4	59.6	67.4	78.1	90.1	105	119	81.9	23.23	79.3	12.41	214	40.29	0.28	78.1	86.2	对数正态分布	79.3	77.4
Zr	375	215	238	273	306	344	388	415	311	60.3	305	27.09	538	182	0.19	306	299	正态分布	311	287
SiO_2	375	61.0	64.1	67.4	70.7	73.4	75.6	76.8	70.1	4.77	69.9	11.65	78.6	52.4	0.07	70.7	70.8	正态分布	70.1	70.5
Al_2O_3	375	12.40	12.85	14.05	15.62	17.02	18.83	19.83	15.72	2.29	15.56	4.84	24.22	10.64	0.15	15.62	14.67	正态分布	15.72	14.82
TFe_2O_3	375	2.84	2.99	3.34	3.92	4.93	6.09	7.05	4.33	1.44	4.13	2.36	11.40	2.01	0.33	3.92	4.11	对数正态分布	4.13	4.70
MgO	344	0.39	0.45	0.53	0.62	0.74	0.93	1.03	0.66	0.19	0.63	1.47	1.22	0.31	0.28	0.62	0.55	剔除后对数正态分布	0.63	0.67
CaO	375	0.08	0.11	0.15	0.27	0.41	0.63	0.84	0.35	0.37	0.26	2.69	5.52	0.05	1.08	0.27	0.32	对数正态分布	0.26	0.22
Na_2O	372	0.18	0.25	0.35	0.61	0.91	1.11	1.28	0.65	0.34	0.55	1.93	1.59	0.10	0.53	0.61	0.64	偏峰分布	0.64	0.16
K_2O	375	1.98	2.20	2.46	2.75	3.08	3.30	3.50	2.76	0.46	2.72	1.85	4.66	1.41	0.17	2.75	2.47	正态分布	2.76	2.99
TC	375	0.23	0.26	0.34	0.44	0.61	0.84	0.96	0.51	0.25	0.46	1.87	1.76	0.15	0.49	0.44	0.53	对数正态分布	0.46	0.43
Corg	375	0.17	0.20	0.27	0.37	0.50	0.70	0.81	0.42	0.22	0.37	2.08	1.63	0.10	0.52	0.37	0.54	对数正态分布	0.37	0.42
pH	375	4.87	4.94	5.10	5.39	5.88	6.53	7.42	5.29	5.35	5.61	2.75	8.63	4.66	1.01	5.39	5.14	对数正态分布	5.61	5.12

注：原始样本数为375件。

第三章 土壤地球化学基准值

表3-36 瓯江流域土壤地球化学基准值参数统计表

元素/指标	N	$X_{5\%}$	$X_{10\%}$	$X_{25\%}$	$X_{50\%}$	$X_{75\%}$	$X_{90\%}$	$X_{95\%}$	$\bar{X}$	S	$\bar{X}_g$	S_g	X_{max}	X_{min}	CV	X_{me}	X_{mo}	分布类型	瓯江流域基准值	浙江省基准值
Ag	289	42.00	46.00	55.0	68.0	96.0	122	140	86.2	88.0	73.9	12.81	1110	26.00	1.02	68.0	120	对数正态分布	73.9	70.0
As	289	2.91	3.19	4.24	5.54	6.95	9.79	12.26	6.25	3.61	5.60	3.00	33.40	1.72	0.58	5.54	5.00	对数正态分布	5.60	6.83
Au	289	0.42	0.50	0.62	0.87	1.40	2.30	3.82	1.36	1.74	1.00	1.99	19.20	0.29	1.27	0.87	0.60	对数正态分布	1.00	1.10
B	289	12.00	13.74	16.70	21.00	32.00	51.0	60.0	26.57	15.07	23.41	6.85	88.9	9.75	0.57	21.00	16.00	正态分布	23.41	73.0
Ba	272	325	380	469	581	753	906	1017	616	213	580	39.65	1259	108	0.35	581	583	剔除后对数分布	580	482
Be	289	1.64	1.81	2.07	2.41	2.80	3.20	3.38	2.44	0.52	2.39	1.75	3.99	1.14	0.21	2.41	2.17	正态分布	2.44	2.31
Bi	289	0.18	0.20	0.25	0.32	0.48	0.60	0.75	0.38	0.20	0.34	2.07	1.24	0.11	0.51	0.32	0.27	对数正态分布	0.34	0.24
Br	289	2.10	2.20	3.00	3.90	5.00	6.42	8.28	4.25	2.00	3.86	2.43	12.60	1.00	0.47	3.90	3.20	对数正态分布	3.86	1.50
Cd	289	0.04	0.05	0.07	0.11	0.16	0.21	0.25	0.13	0.23	0.10	4.28	3.77	0.01	1.72	0.11	0.11	对数正态分布	0.10	0.11
Ce	289	78.4	81.6	89.7	98.2	110	131	147	104	25.72	101	14.57	264	61.4	0.25	98.2	103	对数正态分布	101	84.1
Cl	249	28.24	30.88	35.40	41.50	48.80	63.0	73.2	44.23	13.36	42.49	9.04	92.3	21.70	0.30	41.50	38.30	剔除后对数分布	42.49	39.00
Co	289	4.65	5.23	6.32	8.61	13.30	17.34	19.26	10.42	5.69	9.21	4.07	48.80	2.56	0.55	8.61	16.80	对数正态分布	9.21	11.90
Cr	289	10.20	11.64	15.70	23.60	39.60	76.0	87.8	32.88	24.51	25.91	7.77	106	6.27	0.75	23.60	11.70	对数正态分布	25.91	71.0
Cu	289	5.84	6.50	7.80	10.70	17.20	25.29	30.99	13.72	8.82	11.77	4.76	84.1	4.00	0.64	10.70	8.60	对数正态分布	11.77	11.20
F	285	244	274	331	433	577	692	754	463	164	434	33.48	942	186	0.35	433	754	偏峰分布	434	431
Ga	289	17.24	17.88	19.40	21.40	22.80	24.42	25.86	21.27	2.64	21.10	5.89	28.20	11.46	0.12	21.40	22.10	正态分布	21.27	18.92
Ge	289	1.39	1.42	1.49	1.57	1.67	1.76	1.83	1.59	0.15	1.58	1.32	2.16	1.20	0.09	1.57	1.57	正态分布	1.59	1.50
Hg	271	0.036	0.042	0.050	0.059	0.070	0.083	0.095	0.061	0.017	0.059	5.238	0.110	0.018	0.277	0.059	0.059	剔除后对数分布	0.059	0.048
I	289	2.35	3.30	4.30	5.72	7.27	9.94	11.48	6.14	2.75	5.53	3.06	16.10	0.34	0.45	5.72	6.20	对数正态分布	5.53	3.86
La	289	36.38	39.69	42.90	48.30	54.9	61.4	66.2	49.81	9.87	48.90	9.61	94.3	26.70	0.20	48.30	47.00	正态分布	49.81	41.00
Li	289	18.34	20.90	23.90	29.90	38.70	53.8	62.5	33.58	13.06	31.38	7.66	72.3	13.10	0.39	29.90	23.90	对数正态分布	31.38	37.51
Mn	289	370	455	599	800	1046	1254	1376	839	320	777	48.85	2142	182	0.38	800	1034	正态分布	839	713
Mo	289	0.58	0.74	0.86	1.16	1.69	2.42	2.93	1.42	0.90	1.24	1.68	7.57	0.16	0.63	1.16	0.86	对数正态分布	1.24	0.62
N	289	0.31	0.33	0.40	0.49	0.64	0.83	0.89	0.54	0.20	0.51	1.68	1.34	0.19	0.36	0.49	0.48	对数正态分布	0.51	0.49
Nb	289	17.60	18.58	20.40	23.00	26.20	30.02	31.92	23.71	4.76	23.28	6.11	48.20	15.20	0.20	23.00	20.50	正态分布	23.71	19.60
Ni	289	5.14	6.00	8.23	11.50	19.80	33.56	41.18	15.95	11.16	12.94	5.28	53.9	4.02	0.70	11.50	14.30	对数正态分布	12.94	11.00
P	289	0.12	0.13	0.18	0.27	0.40	0.49	0.55	0.30	0.14	0.26	2.47	0.83	0.08	0.48	0.27	0.21	对数正态分布	0.26	0.24
Pb	289	24.88	27.76	31.80	37.00	45.30	56.3	71.8	41.14	17.38	38.78	8.65	191	17.30	0.42	37.00	38.00	对数正态分布	38.78	30.00

续表 3-36

元素/指标	N	$X_{5\%}$	$X_{10\%}$	$X_{25\%}$	$X_{50\%}$	$X_{75\%}$	$X_{90\%}$	$X_{95\%}$	$\bar{X}$	S	$\bar{X}_g$	S_g	X_{max}	X_{min}	CV	X_{me}	X_{mo}	分布类型	瓯江流域基准值	浙江省基准值
Rb	289	94.6	107	124	140	156	169	177	139	25.09	137	17.09	208	60.3	0.18	140	142	正态分布	139	128
S	250	86.5	98.2	107	121	141	160	174	126	27.70	123	16.14	223	50.00	0.22	121	121	偏峰分布	121	114
Sb	289	0.29	0.32	0.38	0.46	0.57	0.70	0.81	0.50	0.18	0.47	1.69	1.45	0.21	0.35	0.46	0.45	对数正态分布	0.47	0.53
Sc	289	6.20	6.58	7.60	9.10	11.67	14.80	15.50	9.87	3.09	9.44	3.86	21.10	5.00	0.31	9.10	7.70	对数正态分布	9.44	9.70
Se	289	0.13	0.15	0.19	0.24	0.33	0.41	0.50	0.27	0.12	0.24	2.47	1.18	0.08	0.46	0.24	0.19	对数正态分布	0.24	0.21
Sn	289	2.35	2.53	2.91	3.38	3.90	4.60	5.48	3.64	2.05	3.45	2.16	34.10	1.50	0.56	3.38	3.10	对数正态分布	3.45	2.60
Sr	289	25.46	29.28	36.80	56.8	80.8	105	122	62.6	31.97	55.2	10.98	227	14.90	0.51	56.8	60.2	对数正态分布	55.2	112
Th	289	12.14	13.59	15.20	16.90	19.40	21.90	23.32	17.40	3.64	17.05	5.14	36.20	8.07	0.21	16.90	15.60	正态分布	17.05	14.50
Ti	289	2674	2970	3532	4203	5033	6104	7061	4413	1346	4231	125	10776	2019	0.31	4203	3926	对数正态分布	4231	4602
Tl	289	0.75	0.83	0.92	1.01	1.14	1.35	1.51	1.05	0.23	1.03	1.23	2.36	0.50	0.22	1.01	1.04	对数正态分布	1.03	0.82
U	271	2.70	2.90	3.22	3.49	3.82	4.18	4.36	3.51	0.49	3.48	2.08	4.82	2.29	0.14	3.49	3.40	剔除后对数正态分布	3.51	3.14
V	289	32.64	36.08	43.90	58.8	90.9	114	122	68.8	32.48	62.3	11.69	236	25.40	0.47	58.8	34.00	对数正态分布	62.3	110
W	273	1.48	1.57	1.76	2.02	2.32	2.68	2.92	2.08	0.43	2.04	1.58	3.22	1.14	0.21	2.02	2.11	剔除后正态分布	2.08	1.93
Y	289	19.44	20.56	23.20	26.20	29.65	31.95	33.30	26.33	4.46	25.95	6.63	39.20	13.70	0.17	26.20	25.70	正态分布	26.33	26.13
Zn	281	57.5	62.3	74.1	85.6	101	115	126	88.0	20.42	85.7	13.41	146	39.10	0.23	85.6	107	剔除后正态分布	88.0	77.4
Zr	273	192	212	254	297	343	390	417	299	65.2	292	26.13	489	178	0.22	297	305	剔除后正态分布	299	287
SiO_2	289	59.7	61.0	63.5	67.6	70.6	72.5	73.6	67.0	4.65	66.9	11.24	77.8	52.2	0.07	67.6	67.3	正态分布	67.0	70.5
Al_2O_3	289	13.31	13.84	15.00	16.20	17.96	20.08	20.92	16.64	2.35	16.48	5.09	24.70	11.40	0.14	16.20	15.00	对数正态分布	16.48	14.82
TFe_2O_3	289	3.02	3.22	3.61	4.33	5.63	6.49	7.15	4.66	1.43	4.47	2.52	11.10	2.46	0.31	4.33	3.87	对数正态分布	4.47	4.70
MgO	250	0.34	0.38	0.43	0.51	0.66	0.86	1.04	0.58	0.21	0.54	1.61	1.32	0.25	0.37	0.51	0.45	剔除后对数正态分布	0.54	0.67
CaO	289	0.11	0.13	0.16	0.22	0.37	0.68	0.87	0.32	0.29	0.26	2.65	2.37	0.09	0.89	0.22	0.14	对数正态分布	0.26	0.22
Na_2O	289	0.11	0.13	0.20	0.35	0.62	0.92	1.06	0.45	0.29	0.36	2.44	1.34	0.08	0.66	0.35	0.41	对数正态分布	0.36	0.16
K_2O	289	1.63	1.88	2.41	2.85	3.16	3.53	3.84	2.78	0.63	2.70	1.87	4.53	1.12	0.23	2.85	3.04	正态分布	2.78	2.99
TC	289	0.19	0.23	0.32	0.44	0.67	0.92	1.01	0.52	0.28	0.46	1.98	1.68	0.12	0.53	0.44	0.51	对数正态分布	0.46	0.43
Corg	289	0.19	0.23	0.32	0.42	0.60	0.79	0.87	0.48	0.23	0.43	1.98	1.57	0.11	0.48	0.42	0.32	对数正态分布	0.43	0.42
pH	255	4.84	4.88	5.02	5.19	5.52	5.91	6.26	5.16	5.34	5.31	2.63	6.73	4.61	1.03	5.19	5.19	剔除后对数分布	5.31	5.12

注：原始样本数为 289 件。

第三章 土壤地球化学基准值

表 3-35 椒江流域土壤地球化学基准值参数统计表

元素/指标	N	$X_{5\%}$	$X_{10\%}$	$X_{25\%}$	$X_{50\%}$	$X_{75\%}$	$X_{90\%}$	$X_{95\%}$	$\overline{X}$	S	$\overline{X}_g$	S_g	X_{max}	X_{min}	CV	X_{me}	X_{mo}	分布类型	椒江流域基准值	浙江省基准值
Ag	375	43.35	46.50	54.5	66.0	83.5	104	119	74.8	42.05	69.4	12.05	628	37.00	0.56	66.0	75.0	对数正态分布	69.4	70.0
As	375	3.40	3.83	4.70	5.88	8.13	10.60	12.89	7.08	5.31	6.24	3.15	67.4	1.70	0.75	5.88	4.60	对数正态分布	6.24	6.83
Au	375	0.52	0.57	0.71	0.94	1.31	1.79	2.50	1.17	0.95	1.00	1.64	12.60	0.39	0.81	0.94	1.60	对数正态分布	1.00	1.10
B	375	14.63	16.18	19.80	24.93	31.70	41.67	53.6	27.53	11.35	25.55	6.89	68.0	7.00	0.41	24.93	26.00	对数正态分布	25.55	73.0
Ba	375	394	456	543	650	810	942	1030	685	209	656	43.03	1668	267	0.31	650	593	对数正态分布	656	482
Be	375	1.78	1.86	2.02	2.26	2.60	2.89	3.03	2.33	0.44	2.29	1.67	6.09	1.42	0.19	2.26	2.37	对数正态分布	2.29	2.31
Bi	338	0.16	0.17	0.19	0.22	0.28	0.34	0.37	0.24	0.07	0.23	2.41	0.45	0.07	0.28	0.22	0.19	剔除后对数分布	0.23	0.24
Br	375	1.80	2.00	2.50	3.40	4.80	6.86	9.00	4.09	2.85	3.53	2.36	30.46	0.60	0.70	3.40	2.30	对数正态分布	3.53	1.50
Cd	375	0.04	0.05	0.06	0.09	0.14	0.18	0.21	0.11	0.07	0.09	4.31	0.68	0.02	0.60	0.09	0.06	剔除后对数分布	0.09	0.11
Ce	375	63.4	70.0	77.0	85.4	95.4	106	118	87.4	16.83	85.9	13.13	185	45.45	0.19	85.4	79.3	对数正态分布	85.9	84.1
Cl	347	34.70	37.36	44.20	53.5	66.4	80.4	87.5	56.5	16.71	54.2	10.38	106	25.30	0.30	53.5	50.5	剔除后对数分布	54.2	39.00
Co	375	4.75	5.20	6.20	7.80	10.24	14.51	17.82	8.94	4.24	8.20	3.61	29.02	2.80	0.47	7.80	8.70	对数正态分布	8.20	11.90
Cr	337	15.00	17.20	20.50	26.23	33.27	43.69	50.1	28.18	10.23	26.41	6.78	58.8	5.47	0.36	26.23	26.57	剔除后对数分布	26.41	71.0
Cu	375	7.70	8.70	10.45	12.42	16.45	22.81	28.21	14.47	6.70	13.35	4.69	62.4	5.10	0.46	12.42	11.90	对数正态分布	13.35	11.20
F	361	339	365	400	459	545	609	678	477	100.0	467	34.90	781	245	0.21	459	484	偏峰分布	484	431
Ga	375	14.18	15.28	16.91	18.74	21.08	23.39	25.16	19.19	3.45	18.90	5.55	38.18	12.20	0.18	18.74	19.40	正态分布	19.19	18.92
Ge	375	1.30	1.35	1.44	1.55	1.71	1.84	1.90	1.58	0.21	1.57	1.32	3.08	1.12	0.13	1.55	1.40	正态分布	1.58	1.50
Hg	375	0.025	0.030	0.038	0.048	0.061	0.076	0.095	0.058	0.107	0.049	6.201	2.060	0.011	1.850	0.048	0.058	对数正态分布	0.049	0.048
I	375	2.00	2.40	3.29	4.70	7.17	9.18	10.62	5.44	2.94	4.75	2.70	22.60	1.16	0.54	4.70	7.40	对数正态分布	4.75	3.86
La	375	28.30	31.14	35.33	40.80	46.00	51.3	54.5	41.14	8.41	40.31	8.63	72.0	21.58	0.20	40.80	46.00	正态分布	41.14	41.00
Li	375	23.12	24.69	28.27	33.38	40.83	48.18	55.1	35.47	10.05	34.18	7.86	74.0	15.10	0.28	33.38	36.60	对数正态分布	34.18	37.51
Mn	375	422	489	637	829	1024	1204	1300	846	280	798	47.69	1767	248	0.33	829	1003	对数正态分布	846	713
Mo	338	0.45	0.53	0.62	0.76	0.92	1.16	1.28	0.79	0.24	0.76	1.41	1.43	0.20	0.30	0.76	0.72	剔除后对数分布	0.79	0.62
N	375	0.26	0.28	0.35	0.45	0.58	0.77	0.86	0.49	0.21	0.46	1.80	2.17	0.19	0.43	0.45	0.27	对数正态分布	0.46	0.49
Nb	363	17.88	18.52	20.00	22.26	25.16	27.83	29.58	22.62	3.67	22.33	5.95	32.99	12.40	0.16	22.26	22.71	剔除后对数分布	22.33	19.60
Ni	375	5.89	6.56	7.73	10.32	13.81	21.65	34.45	12.79	8.39	11.11	4.40	53.0	4.45	0.66	10.32	10.56	对数正态分布	11.11	11.00
P	375	0.12	0.15	0.20	0.28	0.39	0.52	0.60	0.32	0.18	0.28	2.40	1.56	0.09	0.57	0.28	0.21	对数正态分布	0.28	0.24
Pb	350	22.75	24.47	26.80	30.00	34.00	38.60	41.33	30.76	5.53	30.28	7.22	47.00	18.00	0.18	30.00	29.00	剔除后正态分布	30.76	30.00

续表 3-35

元素/指标	N	$X_{5\%}$	$X_{10\%}$	$X_{25\%}$	$X_{50\%}$	$X_{75\%}$	$X_{90\%}$	$X_{95\%}$	$\overline{X}$	S	$\overline{X}_g$	S_g	X_{max}	X_{min}	CV	X_{me}	X_{mo}	分布类型	椒江流域基准值	浙江省基准值
Rb	375	98.5	105	120	132	147	160	170	134	22.64	132	16.93	248	77.3	0.17	132	136	正态分布	134	128
S	366	56.3	62.4	74.7	104	145	184	206	114	45.74	105	14.56	246	29.82	0.40	104	68.5	偏峰分布	68.5	114
Sb	375	0.38	0.41	0.46	0.53	0.62	0.77	0.94	0.58	0.22	0.55	1.57	2.98	0.29	0.38	0.53	0.53	对数正态分布	0.55	0.53
Sc	375	7.50	8.56	9.47	10.40	11.65	13.49	15.13	10.76	2.25	10.54	3.89	23.40	5.60	0.21	10.40	7.30	对数正态分布	10.54	9.70
Se	375	0.11	0.13	0.16	0.21	0.30	0.43	0.47	0.24	0.12	0.22	2.80	0.89	0.07	0.49	0.21	0.16	对数正态分布	0.22	0.21
Sn	375	2.19	2.37	2.71	3.08	3.46	3.89	4.24	3.15	0.77	3.07	1.95	9.21	1.30	0.25	3.08	2.80	对数正态分布	3.07	2.60
Sr	365	32.77	38.39	49.59	71.5	100.0	121	138	77.2	33.80	70.0	12.66	179	22.13	0.44	71.5	100.0	剔除后对数分布	70.0	112
Th	375	8.52	10.25	12.25	13.98	15.70	17.20	19.36	13.96	3.15	13.57	4.69	28.12	3.97	0.23	13.98	15.20	正态分布	13.96	14.50
Ti	375	3266	3518	3843	4351	5087	5921	6876	4634	1305	4491	128	12944	2532	0.28	4351	4298	对数正态分布	4491	4602
Tl	375	0.69	0.77	0.85	0.95	1.08	1.26	1.41	0.98	0.22	0.96	1.24	2.11	0.42	0.23	0.95	0.85	对数正态分布	0.96	0.82
U	375	2.33	2.56	2.77	3.10	3.40	3.82	4.15	3.14	0.55	3.09	1.96	5.60	1.42	0.18	3.10	2.70	正态分布	3.14	3.14
V	375	40.26	43.48	49.70	58.4	73.7	95.1	119	65.4	24.75	61.8	11.08	194	23.81	0.38	58.4	54.3	对数正态分布	61.8	110
W	356	1.37	1.47	1.62	1.84	2.04	2.24	2.38	1.85	0.31	1.82	1.48	2.69	1.03	0.17	1.84	1.88	剔除后对数正态分布	1.85	1.93
Y	375	19.67	21.30	22.90	25.20	28.17	30.69	32.03	25.59	3.86	25.31	6.45	43.50	17.40	0.15	25.20	23.00	正态分布	25.59	26.13
Zn	375	56.4	59.6	67.4	78.1	90.1	105	119	81.9	23.23	79.3	12.41	214	40.29	0.28	78.1	86.2	对数正态分布	79.3	77.4
Zr	375	215	238	273	306	344	388	415	311	60.3	305	27.09	538	182	0.19	306	299	正态分布	311	287
SiO₂	375	61.0	64.1	67.4	70.7	73.4	75.6	76.8	70.1	4.77	69.9	11.65	78.6	52.4	0.07	70.7	70.8	正态分布	70.1	70.5
Al₂O₃	375	12.40	12.85	14.05	15.62	17.02	18.83	19.83	15.72	2.29	15.56	4.84	24.22	10.64	0.15	15.62	14.67	正态分布	15.72	14.82
TFe₂O₃	375	2.84	2.99	3.34	3.92	4.93	6.09	7.05	4.33	1.44	4.13	2.36	11.40	2.01	0.33	3.92	4.11	对数正态分布	4.13	4.70
MgO	344	0.39	0.45	0.53	0.62	0.74	0.93	1.03	0.66	0.19	0.63	1.47	1.22	0.31	0.28	0.62	0.55	对数正态分布	0.63	0.67
CaO	375	0.08	0.11	0.15	0.27	0.41	0.63	0.84	0.35	0.37	0.26	2.69	5.52	0.05	1.08	0.27	0.32	剔除后对数正态分布	0.26	0.22
Na₂O	372	0.18	0.25	0.35	0.61	0.91	1.11	1.28	0.65	0.34	0.55	1.93	1.59	0.10	0.53	0.61	0.64	偏峰分布	0.64	0.16
K₂O	375	1.98	2.20	2.46	2.75	3.08	3.30	3.50	2.76	0.46	2.72	1.85	4.66	1.41	0.17	2.75	2.47	正态正态分布	2.76	2.99
TC	375	0.23	0.26	0.34	0.44	0.61	0.84	0.96	0.51	0.25	0.46	1.87	1.76	0.15	0.49	0.44	0.53	对数正态分布	0.46	0.43
Corg	375	0.17	0.20	0.27	0.37	0.50	0.70	0.81	0.42	0.22	0.37	2.08	1.63	0.10	0.52	0.37	0.54	对数正态分布	0.37	0.42
pH	375	4.87	4.94	5.10	5.39	5.88	6.53	7.42	5.29	5.35	5.61	2.75	8.63	4.66	1.01	5.39	5.14	对数正态分布	5.61	5.12

注：原始样本数为 375 件。

第三章 土壤地球化学基准值

表 3-36 瓯江流域土壤地球化学基准值参数统计表

元素/指标	N	$X_{5\%}$	$X_{10\%}$	$X_{25\%}$	$X_{50\%}$	$X_{75\%}$	$X_{90\%}$	$X_{95\%}$	$\bar{X}$	S	$\bar{X}_g$	S_g	X_{max}	X_{min}	CV	X_{me}	X_{mo}	分布类型	瓯江流域基准值	浙江省基准值
Ag	289	42.00	46.00	55.0	68.0	96.0	122	140	86.2	88.0	73.9	12.81	1110	26.00	1.02	68.0	120	对数正态分布	73.9	70.0
As	289	2.91	3.19	4.24	5.54	6.95	9.79	12.26	6.25	3.61	5.60	3.00	33.40	1.72	0.58	5.54	5.00	对数正态分布	5.60	6.83
Au	289	0.42	0.50	0.62	0.87	1.40	2.30	3.82	1.36	1.74	1.00	1.99	19.20	0.29	1.27	0.87	0.60	对数正态分布	1.00	1.10
B	289	12.00	13.74	16.70	21.00	32.00	51.0	60.0	26.57	15.07	23.41	6.85	88.9	9.75	0.57	21.00	16.00	剔除后对数分布	23.41	73.0
Ba	272	325	380	469	581	753	906	1017	616	213	580	39.65	1259	108	0.35	581	583	正态分布	580	482
Be	289	1.64	1.81	2.07	2.41	2.80	3.20	3.38	2.44	0.52	2.39	1.75	3.99	1.14	0.21	2.41	2.17	对数正态分布	2.44	2.31
Bi	289	0.18	0.20	0.25	0.32	0.48	0.60	0.75	0.38	0.20	0.34	2.07	1.24	0.11	0.51	0.32	0.27	对数正态分布	0.34	0.24
Br	289	2.10	2.20	3.00	3.90	5.00	6.42	8.28	4.25	2.00	3.86	2.43	12.60	1.00	0.47	3.90	3.20	对数正态分布	3.86	1.50
Cd	289	0.04	0.05	0.07	0.11	0.16	0.21	0.25	0.13	0.23	0.10	4.28	3.77	0.01	1.72	0.11	0.11	偏峰分布	0.10	0.11
Ce	289	78.4	81.6	89.7	98.2	110	131	147	104	25.72	101	14.57	264	61.4	0.25	98.2	103	对数正态分布	101	84.1
Cl	249	28.24	30.88	35.40	41.50	48.80	63.0	73.2	44.23	13.36	42.49	9.04	92.3	21.70	0.30	41.50	38.30	剔除后对数分布	42.49	39.00
Co	289	4.65	5.23	6.32	8.61	13.30	17.34	19.26	10.42	5.69	9.21	4.07	48.80	2.56	0.55	8.61	16.80	对数正态分布	9.21	11.90
Cr	289	10.20	11.64	15.70	23.60	39.60	76.0	87.8	32.88	24.51	25.91	7.77	106	6.27	0.75	23.60	11.70	对数正态分布	25.91	71.0
Cu	289	5.84	6.50	7.80	10.70	17.20	25.29	30.99	13.72	8.82	11.77	4.76	84.1	4.00	0.64	10.70	8.60	对数正态分布	11.77	11.20
F	285	244	274	331	433	577	692	754	463	164	434	33.48	942	186	0.35	433	754	对数正态分布	434	431
Ga	289	17.24	17.88	19.40	21.40	22.80	24.42	25.86	21.27	2.64	21.10	5.89	28.20	11.46	0.12	21.40	22.10	正态分布	21.27	18.92
Ge	289	1.39	1.42	1.49	1.57	1.67	1.76	1.83	1.59	0.15	1.58	1.32	2.16	1.20	0.09	1.57	1.57	正态分布	1.58	1.50
Hg	271	0.036	0.042	0.050	0.059	0.070	0.083	0.095	0.061	0.017	0.059	5.238	0.110	0.018	0.277	0.059	0.059	剔除后对数分布	0.059	0.048
I	289	2.35	3.30	4.30	5.72	7.27	9.94	11.48	6.14	2.75	5.53	3.06	16.10	0.34	0.45	5.72	6.20	对数正态分布	5.53	3.86
La	289	36.38	39.69	42.90	48.30	54.9	61.4	66.2	49.81	9.87	48.90	9.61	94.3	26.70	0.20	48.30	47.00	正态分布	49.81	41.00
Li	289	18.34	20.90	23.90	29.90	38.70	53.8	62.5	33.58	13.06	31.38	7.66	72.3	13.10	0.39	29.90	23.90	对数正态分布	31.38	37.51
Mn	289	370	455	599	800	1046	1254	1376	839	320	777	48.85	2142	182	0.38	800	1034	正态分布	839	713
Mo	289	0.58	0.74	0.86	1.16	1.69	2.42	2.93	1.42	0.90	1.24	1.68	7.57	0.16	0.63	1.16	0.86	对数正态分布	1.24	0.62
N	289	0.31	0.33	0.40	0.49	0.64	0.83	0.89	0.54	0.20	0.51	1.68	1.34	0.19	0.36	0.49	0.48	对数正态分布	0.51	0.49
Nb	289	17.60	18.58	20.40	23.00	26.20	30.02	31.92	23.71	4.76	23.28	6.11	48.20	15.20	0.20	23.00	20.50	正态分布	23.71	19.60
Ni	289	5.14	6.00	8.23	11.50	19.80	33.56	41.18	15.95	11.16	12.94	5.28	53.9	4.02	0.70	11.50	14.30	对数正态分布	12.94	11.00
P	289	0.12	0.13	0.18	0.27	0.40	0.49	0.55	0.30	0.14	0.26	2.47	0.83	0.08	0.48	0.27	0.21	对数正态分布	0.26	0.24
Pb	289	24.88	27.76	31.80	37.00	45.30	56.3	71.8	41.14	17.38	38.78	8.65	191	17.30	0.42	37.00	38.00	对数正态分布	38.78	30.00

续表 3-36

元素/指标	N	$X_{5\%}$	$X_{10\%}$	$X_{25\%}$	$X_{50\%}$	$X_{75\%}$	$X_{90\%}$	$X_{95\%}$	$\overline{X}$	S	$\overline{X}_g$	S_g	X_{max}	X_{min}	CV	X_{me}	X_{mo}	分布类型	瓯江流域基准值	浙江省基准值
Rb	289	94.6	107	124	140	156	169	177	139	25.09	137	17.09	208	60.3	0.18	140	142	正态分布	139	128
S	250	86.5	98.2	107	121	141	160	174	126	27.70	123	16.14	223	50.00	0.22	121	121	偏峰分布	121	114
Sb	289	0.29	0.32	0.38	0.46	0.57	0.70	0.81	0.50	0.18	0.47	1.69	1.45	0.21	0.35	0.46	0.45	对数正态分布	0.47	0.53
Sc	289	6.20	6.58	7.60	9.10	11.67	14.80	15.50	9.87	3.09	9.44	3.86	21.10	5.00	0.31	9.10	7.70	对数正态分布	9.44	9.70
Se	289	0.13	0.15	0.19	0.24	0.33	0.41	0.50	0.27	0.12	0.24	2.47	1.18	0.08	0.46	0.24	0.19	对数正态分布	0.24	0.21
Sn	289	2.35	2.53	2.91	3.38	3.90	4.60	5.48	3.64	2.05	3.45	2.16	34.10	1.50	0.56	3.38	3.10	对数正态分布	3.45	2.60
Sr	289	25.46	29.28	36.80	56.8	80.8	105	122	62.6	31.97	55.2	10.98	227	14.90	0.51	56.8	60.2	对数正态分布	55.2	112
Th	289	12.14	13.59	15.20	16.90	19.40	21.90	23.32	17.40	3.64	17.05	5.14	36.20	8.07	0.21	16.90	15.60	对数正态分布	17.05	14.50
Ti	289	2674	2970	3532	4203	5033	6104	7061	4413	1346	4231	125	10776	2019	0.31	4203	3926	对数正态分布	4231	4602
Tl	289	0.75	0.83	0.92	1.01	1.14	1.35	1.51	1.05	0.23	1.03	1.23	2.36	0.50	0.22	1.01	1.04	对数正态分布	1.03	0.82
U	271	2.70	2.90	3.22	3.49	3.82	4.18	4.36	3.51	0.49	3.48	2.08	4.82	2.29	0.14	3.49	3.40	剔除后正态分布	3.51	3.14
V	289	32.64	36.08	43.90	58.8	90.9	114	122	68.8	32.48	62.3	11.69	236	25.40	0.47	58.8	34.00	对数正态分布	62.3	110
W	273	1.48	1.57	1.76	2.02	2.32	2.68	2.92	2.08	0.43	2.04	1.58	3.22	1.14	0.21	2.02	2.11	剔除后正态分布	2.08	1.93
Y	289	19.44	20.56	23.20	26.20	29.65	31.95	33.30	26.33	4.46	25.95	6.63	39.20	13.70	0.17	26.20	25.70	正态分布	26.33	26.13
Zn	281	57.5	62.3	74.1	85.6	101	115	126	88.0	20.42	85.7	13.41	146	39.10	0.23	85.6	107	剔除后正态分布	88.0	77.4
Zr	273	192	212	254	297	343	390	417	299	65.2	292	26.13	489	178	0.22	297	305	剔除后正态分布	299	287
SiO₂	289	59.7	61.0	63.5	67.6	70.6	72.5	73.6	67.0	4.65	66.9	11.24	77.8	52.2	0.07	67.6	67.3	正态分布	67.0	70.5
Al₂O₃	289	13.31	13.84	15.00	16.20	17.96	20.08	20.92	16.64	2.35	16.48	5.09	24.70	11.40	0.14	16.20	15.00	对数正态分布	16.48	14.82
TFe₂O₃	289	3.02	3.22	3.61	4.33	5.63	6.49	7.15	4.66	1.43	4.47	2.52	11.10	2.46	0.31	4.33	3.87	对数正态分布	4.47	4.70
MgO	250	0.34	0.38	0.43	0.51	0.66	0.86	1.04	0.58	0.21	0.54	1.61	1.32	0.25	0.37	0.51	0.45	剔除后正态分布	0.54	0.67
CaO	289	0.11	0.13	0.16	0.22	0.37	0.68	0.87	0.32	0.29	0.26	2.65	2.37	0.09	0.89	0.22	0.14	对数正态分布	0.26	0.22
Na₂O	289	0.11	0.13	0.20	0.35	0.62	0.92	1.06	0.45	0.29	0.36	2.44	1.34	0.08	0.66	0.35	0.41	对数正态分布	0.36	0.16
K₂O	289	1.63	1.88	2.41	2.85	3.16	3.53	3.84	2.78	0.63	2.70	1.87	4.53	1.12	0.23	2.85	3.04	正态分布	2.78	2.99
TC	289	0.19	0.23	0.32	0.44	0.67	0.92	1.01	0.52	0.28	0.46	1.98	1.68	0.12	0.53	0.44	0.51	对数正态分布	0.46	0.43
Corg	289	0.19	0.23	0.32	0.42	0.60	0.79	0.87	0.48	0.23	0.43	1.98	1.57	0.11	0.48	0.42	0.32	对数正态分布	0.43	0.42
pH	255	4.84	4.88	5.02	5.19	5.52	5.91	6.26	5.16	5.34	5.31	2.63	6.73	4.61	1.03	5.19	5.19	剔除后对数分布	5.31	5.12

注：原始样本数为 289 件。

表 3-37 钱塘江流域土壤地球化学基准值参数统计表

元素/指标	N	$X_{5\%}$	$X_{10\%}$	$X_{25\%}$	$X_{50\%}$	$X_{75\%}$	$X_{90\%}$	$X_{95\%}$	$\overline{X}$	S	$\overline{X}_g$	S_g	X_{max}	X_{min}	CV	X_{me}	X_{mo}	分布类型	钱塘江流域基准值	浙江省基准值
Ag	2024	35.00	41.00	50.4	65.0	84.0	110	130	70.1	26.81	65.4	11.75	151	15.00	0.38	65.0	70.0	其他分布	70.0	70.0
As	1959	3.70	4.32	5.64	7.70	10.53	14.60	17.41	8.60	4.10	7.73	3.58	22.20	1.53	0.48	7.70	7.60	剔除后对数分布	7.73	6.83
Au	2062	0.56	0.64	0.88	1.20	1.63	2.17	2.50	1.31	0.59	1.18	1.59	3.15	0.27	0.45	1.20	1.10	剔除后对数分布	1.18	1.10
B	2177	16.00	20.00	28.00	43.00	62.6	76.0	82.5	45.95	21.53	40.54	9.50	114	4.44	0.47	43.00	29.00	其他分布	29.00	73.0
Ba	2048	290	336	416	505	648	821	926	545	186	514	37.60	1087	168	0.34	505	461	其他分布	461	482
Be	2076	1.64	1.74	1.95	2.20	2.52	2.82	3.02	2.25	0.42	2.21	1.64	3.48	1.06	0.19	2.20	2.32	剔除后对数分布	2.21	2.31
Bi	2055	0.17	0.18	0.22	0.27	0.34	0.43	0.47	0.29	0.09	0.28	2.23	0.59	0.08	0.32	0.27	0.24	其他分布	0.24	0.24
Br	2188	1.20	1.47	1.91	2.60	3.69	5.01	6.10	3.02	1.74	2.66	2.15	21.17	0.34	0.58	2.60	1.00	剔除后正态分布	2.66	1.50
Cd	1968	0.06	0.07	0.09	0.12	0.15	0.18	0.21	0.12	0.04	0.12	3.66	0.25	0.03	0.34	0.12	0.12	剔除后对数分布	0.12	0.11
Ce	2027	62.9	67.6	74.0	82.1	91.9	103	111	83.8	14.21	82.6	12.85	126	44.30	0.17	82.1	80.0	剔除后对数分布	82.6	84.1
Cl	2071	25.40	28.30	33.85	41.00	51.7	63.0	70.4	43.61	13.42	41.65	8.82	83.4	19.00	0.31	41.00	41.00	剔除后对数分布	41.65	39.00
Co	2129	5.50	6.49	8.48	11.30	15.60	18.50	20.60	12.10	4.71	11.18	4.42	26.80	2.90	0.39	11.30	15.70	其他分布	15.70	11.90
Cr	2142	17.00	22.30	33.49	49.75	66.9	79.0	88.0	50.8	21.96	45.39	9.88	118	5.10	0.43	49.75	51.00	其他分布	51.0	71.0
Cu	2188	8.70	10.20	13.40	19.00	27.40	39.67	48.00	22.70	14.68	19.49	6.19	164	4.40	0.65	19.00	18.40	对数正态分布	19.49	11.20
F	2057	323	362	416	490	593	707	786	514	138	497	36.44	924	198	0.27	490	498	偏峰分布	498	431
Ga	2188	13.30	14.30	16.00	17.90	19.80	22.00	23.30	18.02	3.02	17.77	5.30	32.00	9.20	0.17	17.90	18.10	对数正态分布	17.77	18.92
Ge	2188	1.25	1.31	1.42	1.55	1.69	1.85	1.93	1.57	0.21	1.55	1.33	3.18	0.83	0.14	1.55	1.66	剔除后对数分布	1.55	1.50
Hg	2037	0.027	0.031	0.040	0.054	0.072	0.092	0.110	0.058	0.024	0.054	5.548	0.133	0.014	0.418	0.054	0.044	剔除后对数分布	0.054	0.048
I	2188	1.31	1.62	2.42	3.46	4.64	6.01	7.01	3.69	1.81	3.26	2.37	15.65	0.21	0.49	3.46	3.66	剔除后正态分布	3.26	3.86
La	2109	32.87	34.85	38.78	43.00	46.80	50.3	52.8	42.88	5.96	42.46	8.78	59.6	26.81	0.14	43.00	42.50	剔除后对数分布	42.88	41.00
Li	2108	25.30	27.80	32.43	38.20	44.60	51.1	56.0	38.87	9.13	37.79	8.27	64.7	15.17	0.23	38.20	39.50	剔除后正态分布	37.79	37.51
Mn	2144	342	400	518	692	895	1086	1223	719	265	669	44.55	1475	117	0.37	692	838	偏峰分布	838	713
Mo	1966	0.44	0.55	0.74	0.99	1.33	1.79	2.06	1.09	0.48	0.99	1.57	2.67	0.20	0.44	0.99	0.62	剔除后对数分布	0.99	0.62
N	2124	0.32	0.36	0.42	0.52	0.66	0.82	0.89	0.55	0.17	0.53	1.61	1.05	0.11	0.32	0.52	0.49	剔除后对数分布	0.53	0.49
Nb	2030	14.90	16.52	18.34	20.20	22.60	25.42	27.20	20.60	3.56	20.29	5.69	30.90	11.27	0.17	20.20	19.60	其他分布	19.60	19.60
Ni	2124	6.94	8.50	12.14	19.50	29.80	38.10	42.89	21.63	11.50	18.58	6.25	58.7	2.48	0.53	19.50	11.40	其他分布	11.40	11.00
P	2188	0.15	0.18	0.25	0.36	0.48	0.64	0.76	0.39	0.20	0.35	2.12	2.25	0.05	0.52	0.36	0.41	对数正态分布	0.35	0.24
Pb	2044	18.80	20.60	23.40	26.73	30.06	33.90	36.22	26.93	5.16	26.43	6.60	41.60	13.15	0.19	26.73	23.10	剔除后对数分布	26.43	30.00

续表 3-37

元素/指标	N	$X_{5\%}$	$X_{10\%}$	$X_{25\%}$	$X_{50\%}$	$X_{75\%}$	$X_{90\%}$	$X_{95\%}$	$\bar{X}$	S	$\bar{X}_g$	S_g	X_{max}	X_{min}	CV	X_{me}	X_{mo}	分布类型	钱塘江流域基准值	浙江省基准值
Rb	2128	78.8	88.0	103	122	140	158	170	123	27.32	119	15.81	199	51.5	0.22	122	128	剔除后正态分布	123	128
S	2103	60.0	68.0	85.0	110	141	179	200	117	42.59	109	15.34	241	8.10	0.36	110	118	偏峰分布	118	114
Sb	1928	0.35	0.40	0.50	0.65	0.84	1.13	1.35	0.71	0.30	0.65	1.59	1.71	0.10	0.42	0.65	0.52	剔除后对数分布	0.65	0.53
Sc	2089	6.70	7.22	8.30	9.50	10.70	12.20	13.10	9.61	1.88	9.42	3.72	14.80	4.60	0.20	9.50	9.70	剔除后对数分布	9.42	9.70
Se	2093	0.10	0.12	0.15	0.21	0.27	0.35	0.39	0.22	0.09	0.20	2.79	0.48	0.03	0.40	0.21	0.21	剔除后对数分布	0.20	0.21
Sn	2034	2.10	2.30	2.76	3.40	4.30	5.41	6.05	3.63	1.19	3.45	2.23	7.20	0.76	0.33	3.40	2.70	其他分布	2.70	2.60
Sr	2035	31.20	34.54	41.75	52.8	75.2	106	121	61.4	27.19	56.2	10.60	144	20.00	0.44	52.8	112	其他分布	112	112
Th	2080	10.50	11.30	12.90	14.82	16.77	19.27	20.60	14.99	3.01	14.69	4.71	23.24	6.88	0.20	14.82	14.50	剔除后对数分布	14.69	14.50
Ti	2099	3185	3506	4032	4681	5374	5924	6268	4710	958	4610	133	7559	1979	0.20	4681	4108	剔除后正态分布	4710	4602
Tl	2090	0.47	0.53	0.64	0.76	0.90	1.07	1.16	0.78	0.20	0.75	1.38	1.37	0.25	0.26	0.76	0.75	剔除后对数分布	0.75	0.82
U	2062	2.17	2.44	2.82	3.29	3.75	4.32	4.64	3.32	0.72	3.24	2.02	5.34	1.37	0.22	3.29	3.33	剔除后对数分布	3.24	3.14
V	2088	40.13	46.22	59.8	75.4	95.4	115	129	78.9	26.45	74.4	12.54	157	19.90	0.34	75.4	110	剔除后对数分布	74.4	110
W	2051	1.30	1.45	1.69	1.97	2.31	2.72	2.96	2.03	0.49	1.97	1.58	3.46	0.79	0.24	1.97	1.99	剔除后对数分布	1.97	1.93
Y	2053	19.85	21.12	23.30	25.98	28.80	32.35	34.82	26.34	4.42	25.97	6.64	38.90	15.04	0.17	25.98	26.00	剔除后对数分布	25.97	26.13
Zn	2104	49.60	53.4	61.5	73.0	87.0	102	111	75.6	18.95	73.3	12.26	132	25.90	0.25	73.0	102	剔除后对数分布	73.3	77.4
Zr	2111	201	221	252	287	326	364	392	290	55.9	285	25.96	446	140	0.19	287	270	剔除后对数分布	285	287
SiO_2	2114	64.7	66.6	69.0	71.5	73.9	76.0	77.2	71.4	3.69	71.3	11.75	81.6	61.1	0.05	71.5	70.5	剔除后对数分布	71.4	70.5
Al_2O_3	2188	11.24	11.80	12.80	13.87	15.22	16.60	17.76	14.10	1.96	13.96	4.57	22.95	9.27	0.14	13.87	13.80	对数正态分布	13.96	14.82
TFe_2O_3	2188	3.19	3.41	4.04	4.80	5.70	6.66	7.41	5.00	1.50	4.81	2.59	16.54	2.04	0.30	4.80	4.04	对数正态分布	4.81	4.70
MgO	2188	0.46	0.51	0.63	0.82	1.09	1.51	1.79	0.93	0.47	0.85	1.53	6.44	0.32	0.50	0.82	0.72	剔除后正态分布	0.85	0.67
CaO	1977	0.13	0.16	0.21	0.29	0.41	0.55	0.66	0.33	0.16	0.29	2.31	0.84	0.06	0.49	0.29	0.27	剔除后对数分布	0.29	0.22
Na_2O	2090	0.12	0.15	0.24	0.44	0.74	1.06	1.27	0.53	0.36	0.41	2.47	1.63	0.05	0.68	0.44	0.21	其他分布	0.21	0.16
K_2O	2188	1.67	1.85	2.16	2.54	3.00	3.41	3.65	2.59	0.61	2.52	1.79	5.11	0.68	0.23	2.54	2.45	对数正态分布	2.52	2.99
TC	2054	0.28	0.31	0.39	0.48	0.59	0.74	0.84	0.51	0.16	0.48	1.70	0.97	0.10	0.32	0.48	0.44	剔除后对数分布	0.48	0.43
Corg	2079	0.25	0.27	0.33	0.43	0.53	0.65	0.72	0.45	0.15	0.42	1.79	0.89	0.09	0.33	0.43	0.42	其他分布	0.42	0.42
pH	2122	4.88	4.99	5.22	5.60	6.29	7.01	7.31	5.39	5.32	5.81	2.80	8.12	4.27	0.99	5.60	5.42	其他分布	5.42	5.12

注：原始样本数为2188件。

在深层土壤各元素/指标中,绝大部分元素/指标变异系数小于0.40,分布相对均匀;pH、Na₂O、Cu、Br、Ni、P、MgO、I、CaO、As、B、Au、Sr、Mo、Cr、Hg、Sb共17项元素/指标变异系数大于0.40,其中pH变异系数大于0.80,空间变异性较大。

与浙江省土壤基准值相比,钱塘江流域土壤基准值中B基准值明显低于浙江省基准值,为浙江省基准值的40%;Cr、V基准值略低于浙江省基准值,为浙江省基准值的60%~80%;Co、CaO、Na₂O、MgO、Sb基准值略高于浙江省基准值,与浙江省基准值比值在1.2~1.4之间;Br、Cu、Mo、P基准值明显高于浙江省基准值,与浙江省基准值比值在1.4以上;其他元素/指标基准值则与浙江省基准值基本接近。

六、苕溪流域土壤地球化学基准值

浙江省苕溪流域土壤地球化学基准值数据经正态分布检验,结果表明,原始数据中B、Co、Cr、Ge、I、La、Li、Rb、Sr、Ti、Tl、Zr、SiO₂、Al₂O₃、TFe₂O₃、K₂O共16项元素/指标符合正态分布,Ag、As、Au、Be、Cl、Cu、Hg、Mn、Mo、N、Ni、P、Sc、Se、U、V、W、MgO、Na₂O符合对数正态分布,F、Ga、Nb、Pb、S、Th、Y、Zn剔除异常值后符合正态分布,Bi、Cd、Ce、Sb、Sn、CaO剔除异常值后符合对数正态分布,其他元素/指标不符合正态分布或对数正态分布(表3-38)。

浙江省苕溪流域深层土壤总体呈酸性,土壤pH基准值为5.56,极大值为8.52,极小值为4.71,与浙江省基准值基本接近。

在深层土壤各元素/指标中,大部分元素/指标变异系数小于0.40,分布相对均匀;Ag、Au、Mo、pH、As、Hg、Se、CaO、Na₂O、I、MgO、W、Cu、Cd、Cl、Cr、Br、Ni、Mn共19项元素/指标变异系数大于0.40,其中Ag、Au、Mo、pH、As、Hg变异系数大于0.80,空间变异性较大。

与浙江省土壤基准值相比,苕溪流域土壤基准值中B、V、Cd、Corg、Sr基准值略低于浙江省基准值,为浙江省基准值的60%~80%;As、Bi、Cl、Au、MgO、Sb、Sn、Co、F基准值略高于浙江省基准值,与浙江省基准值比值在1.2~1.4之间;Na₂O、Ni、Cu、CaO、P、Mo基准值明显高于浙江省基准值,与浙江省基准值比值在1.4以上,其中Na₂O、Ni明显富集,基准值在浙江省基准值的2.0倍以上;其他元素/指标基准值则与浙江省基准值基本接近。

七、甬江流域土壤地球化学基准值

浙江省甬江流域土壤地球化学基准值数据经正态分布检验,结果表明,原始数据中Ce、Co、F、Ga、La、Li、Rb、Sc、Ti、U、V、Y、SiO₂、Al₂O₃、TFe₂O₃、Na₂O、K₂O共17项元素/指标符合正态分布;As、Au、Be、Bi、Br、Cu、I、Mn、Mo、N、Nb、Se、Sr、Th、Tl、Zn、TC、Corg符合对数正态分布,Ag、Cd、Pb、Sb、W、CaO剔除异常值后符合正态分布,Ba、Cl、Hg、S、Sn剔除异常值后符合对数正态分布,其他元素/指标不符合正态分布或对数正态分布(表3-39)。

浙江省甬江流域深层土壤总体呈强碱性,土壤pH基准值为8.63,极大值为9.35,极小值为3.22,明显高于浙江省基准值。

在深层土壤各元素/指标中,绝大部分元素/指标变异系数小于0.40,分布相对均匀;Mo、pH、Corg、Au、Bi、TC、I、Br、Cu、CaO、Cr、Se、Ni、N、S、MgO、As、B共18项元素/指标变异系数大于0.40,其中Mo、pH、Corg变异系数大于0.80,空间变异性较大。

与浙江省土壤基准值相比,甬江流域土壤基准值中Zr基准值略低于浙江省基准值,为浙江省基准值的72%;Sn、N、Au、F、Mo、Corg基准值略高于浙江省基准值,与浙江省基准值比值在1.2~1.4之间;Na₂O、Ni、MgO、Br、CaO、Cl、Cu、TC、P、Bi基准值明显高于浙江省基准值,与浙江省基准值比值在1.4以上,其中Na₂O、Ni、MgO、Br、CaO、Cl明显富集,基准值在浙江省基准值的2.0倍以上,其中Na₂O基准值为1.17%,是浙江省基准值的7.31倍;其他元素/指标基准值则与浙江省基准值基本接近。

表 3-38 苕溪流域土壤地球化学基准值参数统计表

元素/指标	N	$X_{5\%}$	$X_{10\%}$	$X_{25\%}$	$X_{50\%}$	$X_{75\%}$	$X_{90\%}$	$X_{95\%}$	$\overline{X}$	S	$\overline{X}_g$	S_g	X_{max}	X_{min}	CV	X_{me}	X_{mo}	分布类型	苕溪流域基准值	浙江省基准值
Ag	403	32.00	38.00	51.0	69.0	94.0	150	210	98.2	181	74.1	12.92	3180	27.00	1.84	69.0	32.00	对数正态分布	74.1	70.0
As	403	4.10	4.79	6.21	8.78	13.08	21.87	31.00	11.85	10.06	9.49	4.25	76.1	1.20	0.85	8.78	11.33	对数正态分布	9.49	6.83
Au	403	0.72	0.83	1.07	1.42	1.92	2.52	3.41	1.81	2.69	1.48	1.78	47.40	0.44	1.49	1.42	1.05	对数正态分布	1.48	1.10
B	403	21.03	26.92	41.00	59.0	72.0	81.0	88.9	56.6	21.31	52.0	10.37	144	7.98	0.38	59.0	73.0	正态分布	56.6	73.0
Ba	362	337	377	438	506	592	715	802	527	135	510	36.38	927	214	0.26	506	544	偏峰分布	544	482
Be	403	1.61	1.76	2.08	2.47	2.78	3.22	3.64	2.51	0.76	2.42	1.77	10.35	1.06	0.30	2.47	2.65	对数正态分布	2.42	2.31
Bi	380	0.19	0.22	0.26	0.32	0.41	0.51	0.56	0.34	0.11	0.33	2.06	0.67	0.14	0.33	0.32	0.30	剔除后对数分布	0.33	0.24
Br	385	1.50	1.50	1.80	2.51	3.50	4.45	5.09	2.78	1.16	2.56	1.94	6.30	0.91	0.42	2.51	1.50	其他分布	1.50	1.50
Cd	360	0.04	0.04	0.06	0.08	0.11	0.14	0.17	0.09	0.04	0.08	4.52	0.22	0.01	0.45	0.08	0.11	剔除后对数分布	0.08	0.11
Ce	379	65.9	71.0	78.0	83.0	90.1	99.7	106	84.2	11.16	83.4	12.84	114	58.0	0.13	83.0	85.0	剔除后对数分布	83.4	84.1
Cl	403	35.03	37.56	43.35	50.7	64.2	78.0	91.0	56.3	25.07	53.3	10.23	391	29.30	0.44	50.7	52.0	对数正态分布	53.3	39.00
Co	403	8.05	9.52	11.95	14.64	17.10	19.80	20.89	14.64	4.07	14.05	4.72	33.80	5.40	0.28	14.64	12.50	正态分布	14.64	11.90
Cr	403	25.50	29.82	42.75	59.3	76.8	99.0	112	62.1	26.33	56.4	10.89	142	13.20	0.42	59.3	53.0	对数正态分布	62.1	71.0
Cu	403	10.46	11.89	15.43	20.40	27.72	36.15	42.86	22.90	10.89	20.78	6.14	83.3	5.27	0.48	20.40	22.40	对数正态分布	20.78	11.20
F	386	233	314	428	528	631	730	809	528	161	500	36.51	942	126	0.31	528	617	剔除后对数分布	528	431
Ga	382	12.80	14.51	16.32	18.45	20.20	21.89	23.29	18.26	2.97	18.00	5.34	26.10	10.20	0.16	18.45	18.60	剔除后正态分布	18.26	18.92
Ge	403	1.22	1.31	1.43	1.53	1.63	1.71	1.75	1.53	0.16	1.52	1.30	2.01	1.01	0.10	1.53	1.58	正态分布	1.53	1.50
Hg	403	0.023	0.027	0.035	0.047	0.071	0.110	0.130	0.061	0.050	0.051	6.005	0.620	0.014	0.821	0.047	0.033	对数正态分布	0.051	0.048
I	403	1.08	1.32	2.34	3.66	5.05	6.68	7.50	3.90	2.10	3.31	2.47	13.60	0.22	0.54	3.66	1.69	对数正态分布	3.90	3.86
La	403	33.41	36.40	40.55	43.70	47.40	51.4	53.8	43.89	6.39	43.42	8.80	78.5	21.80	0.15	43.70	43.50	正态分布	43.89	41.00
Li	403	25.43	27.52	32.60	39.20	46.60	51.4	57.0	40.03	10.29	38.79	8.40	110	19.10	0.26	39.20	38.50	正态分布	40.03	37.51
Mn	403	370	437	556	691	868	1109	1286	743	307	687	44.29	2757	156	0.41	691	808	剔除后正态分布	687	713
Mo	403	0.36	0.42	0.53	0.81	1.29	1.92	2.74	1.16	1.40	0.87	1.96	15.20	0.26	1.20	0.81	0.44	对数正态分布	0.87	0.62
N	403	0.31	0.36	0.42	0.51	0.64	0.82	0.95	0.56	0.21	0.53	1.64	1.88	0.24	0.38	0.51	0.44	对数正态分布	0.53	0.49
Nb	383	12.81	14.60	17.35	19.50	21.95	24.10	25.00	19.46	3.74	19.08	5.46	29.30	9.90	0.19	19.50	20.10	剔除后正态分布	19.46	19.60
Ni	403	11.62	13.84	18.25	25.40	33.55	40.48	46.02	26.75	11.19	24.56	6.74	97.5	7.91	0.42	25.40	25.50	对数正态分布	24.56	11.00
P	403	0.20	0.23	0.29	0.37	0.49	0.62	0.70	0.41	0.16	0.38	1.97	1.20	0.12	0.40	0.37	0.24	对数正态分布	0.38	0.24
Pb	384	19.31	20.30	23.18	26.50	29.82	32.67	34.86	26.59	4.77	26.16	6.65	40.80	14.90	0.18	26.50	28.70	剔除后正态分布	26.59	30.00

续表 3-38

元素/指标	N	$X_{5\%}$	$X_{10\%}$	$X_{25\%}$	$X_{50\%}$	$X_{75\%}$	$X_{90\%}$	$X_{95\%}$	$\overline{X}$	S	$\overline{X}_g$	S_g	X_{max}	X_{min}	CV	X_{me}	X_{mo}	分布类型	苕溪流域基准值	浙江省基准值
Rb	403	73.5	85.2	105	125	149	171	186	128	36.41	123	16.17	314	40.00	0.28	125	123	正态分布	128	128
S	365	50.00	51.0	94.0	121	153	190	209	125	49.59	115	15.76	286	47.00	0.40	121	50.00	剔除后正态分布	125	114
Sb	359	0.41	0.48	0.58	0.71	0.88	1.08	1.25	0.75	0.25	0.71	1.47	1.55	0.24	0.33	0.71	0.52	剔除后对数正态分布	0.71	0.53
Sc	403	7.30	7.72	8.80	9.90	11.40	13.30	14.59	10.25	2.23	10.02	3.86	17.90	4.80	0.22	9.90	10.10	对数正态分布	10.02	9.70
Se	403	0.09	0.11	0.15	0.20	0.27	0.34	0.41	0.23	0.17	0.20	2.88	2.03	0.02	0.74	0.20	0.15	剔除后对数正态分布	0.20	0.21
Sn	377	2.27	2.49	2.90	3.43	4.11	4.90	5.31	3.58	0.91	3.47	2.15	6.21	1.33	0.25	3.43	3.15	正态分布	3.47	2.60
Sr	403	36.36	42.08	51.0	70.2	89.9	109	122	73.2	27.92	68.1	11.76	213	16.00	0.38	70.2	89.0	剔除后正态分布	73.2	112
Th	381	11.00	11.90	13.40	14.90	16.25	17.90	18.80	14.89	2.27	14.71	4.77	20.70	9.10	0.15	14.90	14.60	正态分布	14.89	14.50
Ti	403	2998	3673	4288	4791	5382	5892	6077	4765	922	4664	129	8339	1475	0.19	4791	4748	正态分布	4765	4602
Tl	403	0.47	0.52	0.64	0.79	0.92	1.04	1.14	0.80	0.22	0.77	1.38	1.83	0.29	0.28	0.79	0.81	对数正态分布	0.80	0.82
U	403	2.30	2.46	2.85	3.39	4.13	5.00	5.86	3.66	1.27	3.49	2.15	11.00	1.74	0.35	3.39	4.00	对数正态分布	3.49	3.14
V	403	50.5	56.7	71.0	84.0	104	118	130	89.0	34.03	84.6	13.19	513	32.50	0.38	84.0	104	对数正态分布	84.6	110
W	403	1.29	1.42	1.70	2.03	2.40	3.00	3.65	2.21	1.15	2.07	1.70	18.70	0.92	0.52	2.03	2.09	剔除后正态分布	2.07	1.93
Y	381	21.00	22.70	25.60	27.90	30.40	33.00	34.60	27.89	4.09	27.58	6.80	39.00	18.00	0.15	27.90	28.00	剔除后正态分布	27.89	26.13
Zn	384	42.00	48.00	59.0	70.0	80.8	96.6	105	71.1	18.44	68.6	11.59	120	26.00	0.26	70.0	71.0	剔除后正态分布	71.1	77.4
Zr	403	205	223	251	291	323	357	385	292	56.0	287	26.06	590	176	0.19	291	285	正态分布	292	287
SiO_2	403	61.8	63.9	67.0	70.1	72.5	74.8	76.3	69.7	4.50	69.6	11.57	81.0	54.6	0.06	70.1	67.7	正态分布	69.7	70.5
Al_2O_3	403	11.16	11.95	12.88	14.10	15.62	17.04	17.94	14.35	2.13	14.19	4.64	23.26	8.49	0.15	14.10	14.55	正态分布	14.35	14.82
TFe_2O_3	403	3.38	3.66	4.42	5.13	5.81	6.48	7.14	5.14	1.12	5.02	2.59	8.74	2.07	0.22	5.13	4.70	正态分布	5.14	4.70
MgO	403	0.49	0.56	0.68	0.85	1.14	1.60	1.88	1.00	0.54	0.90	1.54	5.76	0.25	0.54	0.85	0.76	对数正态分布	0.90	0.67
CaO	377	0.16	0.19	0.24	0.34	0.56	0.84	1.02	0.43	0.27	0.37	2.24	1.24	0.06	0.61	0.34	0.31	剔除后对数正态分布	0.37	0.22
Na_2O	403	0.18	0.22	0.35	0.58	0.91	1.23	1.50	0.67	0.40	0.55	2.06	2.08	0.07	0.61	0.58	0.33	对数正态分布	0.55	0.16
K_2O	403	1.58	1.69	2.02	2.52	3.02	3.48	3.74	2.54	0.66	2.45	1.78	4.36	1.21	0.26	2.52	2.10	正态分布	2.54	2.99
TC	346	0.35	0.40	0.43	0.48	0.56	0.63	0.71	0.50	0.10	0.49	1.58	0.86	0.25	0.21	0.48	0.47	其他分布	0.47	0.43
Corg	360	0.26	0.28	0.39	0.44	0.50	0.58	0.64	0.44	0.11	0.43	1.76	0.74	0.19	0.25	0.44	0.30	其他分布	0.30	0.42
pH	403	5.06	5.14	5.37	5.85	6.79	7.52	7.91	5.56	5.47	6.13	2.88	8.52	4.71	0.98	5.85	5.56	其他分布	5.56	5.12

注：原始样本数为 403 件。

表 3-39 甬江流域土壤地球化学基准值参数统计表

元素/指标	N	$X_{5\%}$	$X_{10\%}$	$X_{25\%}$	$X_{50\%}$	$X_{75\%}$	$X_{90\%}$	$X_{95\%}$	$\overline{X}$	S	$\overline{X}_g$	S_g	X_{max}	X_{min}	CV	X_{me}	X_{mo}	分布类型	甬江流域基准值	浙江省基准值
Ag	294	43.52	50.1	60.0	69.0	80.0	92.7	104	70.5	16.81	68.5	11.63	119	31.38	0.24	69.0	71.0	剔除后正态分布	70.5	70.0
As	322	3.10	3.40	4.70	6.20	7.99	9.45	10.73	6.58	3.05	6.06	3.14	37.94	1.92	0.46	6.20	5.24	对数正态分布	6.06	6.83
Au	322	0.49	0.65	0.98	1.46	2.05	3.03	4.00	1.73	1.25	1.44	1.95	11.97	0.34	0.72	1.46	1.10	对数正态分布	1.44	1.10
B	322	16.05	20.03	30.54	62.0	74.0	80.0	82.0	53.7	23.45	46.93	10.81	87.0	7.10	0.44	62.0	75.0	其他分布	75.0	73.0
Ba	307	414	428	460	526	641	762	844	564	132	550	37.35	956	311	0.24	526	575	剔除后对数正态分布	550	482
Be	322	1.89	2.02	2.17	2.45	2.86	3.19	3.32	2.53	0.47	2.49	1.74	4.13	1.62	0.19	2.45	3.27	对数正态分布	2.49	2.31
Bi	322	0.18	0.21	0.26	0.35	0.46	0.54	0.69	0.39	0.27	0.35	2.09	3.07	0.12	0.68	0.35	0.46	对数正态分布	0.35	0.24
Br	322	1.51	1.90	2.40	3.43	4.64	6.39	7.60	3.96	2.21	3.49	2.36	14.92	0.77	0.56	3.43	1.50	对数正态分布	3.49	1.50
Cd	298	0.07	0.07	0.09	0.11	0.13	0.15	0.16	0.11	0.03	0.11	3.66	0.20	0.04	0.26	0.11	0.10	剔除后对数正态分布	0.11	0.11
Ce	322	61.0	64.0	71.0	81.0	90.0	98.7	105	81.6	14.08	80.4	12.42	129	38.97	0.17	81.0	84.0	正态分布	81.6	84.1
Cl	295	47.73	55.0	62.0	77.0	96.9	125	144	82.9	28.44	78.6	12.94	173	33.00	0.34	77.0	77.0	剔除后对数正态分布	78.6	39.00
Co	322	6.71	8.00	10.34	12.97	15.90	18.84	20.89	13.24	4.19	12.55	4.60	25.40	3.84	0.32	12.97	13.60	正态分布	13.24	11.90
Cr	322	17.68	21.53	33.85	67.5	91.8	115	123	65.9	34.52	55.4	12.13	154	9.00	0.52	67.5	78.0	其他正态分布	78.0	71.0
Cu	322	8.69	9.81	12.68	20.04	27.81	35.77	39.55	21.60	11.63	18.94	6.19	92.4	2.80	0.54	20.04	25.38	对数正态分布	18.94	11.20
F	322	345	390	455	555	648	721	756	554	133	538	38.80	944	243	0.24	555	721	正态分布	554	431
Ga	322	14.41	15.50	16.85	18.86	20.69	21.87	22.60	18.70	2.55	18.52	5.35	25.30	11.92	0.14	18.86	21.40	正态分布	18.70	18.92
Ge	322	1.22	1.24	1.36	1.50	1.60	1.68	1.73	1.48	0.16	1.47	1.28	1.80	1.09	0.11	1.50	1.58	偏峰分布	1.58	1.50
Hg	295	0.029	0.034	0.042	0.050	0.071	0.091	0.101	0.057	0.022	0.053	5.592	0.130	0.009	0.393	0.050	0.048	剔除后对数正态分布	0.053	0.048
I	322	1.50	1.77	2.63	4.10	6.03	7.70	9.29	4.57	2.65	3.89	2.57	20.60	0.50	0.58	4.10	2.15	对数正态分布	3.89	3.86
La	322	33.30	35.05	37.90	41.49	45.66	49.11	52.0	42.03	6.16	41.59	8.52	71.2	23.51	0.15	41.49	42.20	正态分布	42.03	41.00
Li	322	23.96	25.90	30.05	39.32	50.8	61.9	65.9	41.32	13.30	39.20	8.78	71.7	15.21	0.32	39.32	41.50	正态分布	41.32	37.51
Mn	322	393	437	526	663	823	998	1185	712	282	668	42.70	2664	238	0.40	663	682	对数正态分布	668	713
Mo	322	0.40	0.43	0.51	0.68	1.00	1.50	2.41	1.00	1.41	0.77	1.88	19.10	0.23	1.41	0.68	0.52	对数正态分布	0.77	0.62
N	322	0.37	0.42	0.49	0.60	0.86	1.13	1.36	0.72	0.34	0.65	1.60	2.44	0.23	0.48	0.60	0.55	对数正态分布	0.65	0.49
Nb	322	13.61	14.70	16.90	19.40	21.28	23.90	26.56	19.50	4.16	19.09	5.40	37.53	9.77	0.21	19.40	19.50	对数正态分布	19.09	19.60
Ni	321	8.22	9.87	13.45	28.60	37.80	44.80	47.70	27.11	13.45	23.19	7.31	67.7	4.54	0.50	28.60	50.4	其他分布	50.4	11.00
P	321	0.23	0.25	0.30	0.42	0.59	0.67	0.72	0.44	0.16	0.41	1.84	0.87	0.16	0.37	0.42	0.38	偏峰分布	0.38	0.24
Pb	303	19.40	21.33	24.55	29.00	32.95	37.19	40.86	28.98	6.14	28.33	6.85	46.22	16.19	0.21	29.00	30.00	剔除后正态分布	28.98	30.00

第三章 土壤地球化学基准值

续表 3-39

元素/指标	N	$X_{5\%}$	$X_{10\%}$	$X_{25\%}$	$X_{50\%}$	$X_{75\%}$	$X_{90\%}$	$X_{95\%}$	$\bar{X}$	S	$\bar{X}_g$	S_g	X_{max}	X_{min}	CV	X_{me}	X_{mo}	分布类型	甬江流域基准值	浙江省基准值
Rb	322	96.3	105	119	139	153	168	179	139	28.16	136	16.79	280	81.5	0.20	139	154	正态分布	139	128
S	273	71.8	82.2	100.0	129	164	235	294	145	66.7	132	17.12	402	37.45	0.46	129	107	剔除后对数分布	132	114
Sb	307	0.32	0.37	0.41	0.49	0.56	0.67	0.72	0.50	0.12	0.49	1.62	0.83	0.22	0.24	0.49	0.49	剔除后正态分布	0.50	0.53
Sc	322	7.10	7.79	9.29	11.31	13.70	15.99	16.86	11.56	3.04	11.15	4.22	19.80	4.91	0.26	11.31	11.40	正态分布	11.56	9.70
Se	322	0.07	0.09	0.16	0.22	0.31	0.38	0.47	0.24	0.12	0.21	3.05	0.71	0.04	0.51	0.22	0.23	对数正态分布	0.21	0.21
Sn	322	2.37	2.56	2.90	3.47	4.16	4.96	5.52	3.64	0.99	3.51	2.19	6.83	1.40	0.27	3.47	2.50	剔除后对数分布	3.51	2.60
Sr	297	55.1	63.0	86.8	104	126	152	163	107	35.13	102	14.99	280	29.00	0.33	104	106	对数正态分布	102	112
Th	322	10.75	11.40	13.35	14.92	16.80	18.89	20.64	15.22	3.27	14.89	4.71	31.27	7.90	0.21	14.92	13.60	正态分布	14.89	14.50
Ti	322	3212	3766	4222	4566	5061	5383	5634	4597	780	4529	129	9409	2054	0.17	4566	5207	正态分布	4597	4602
Tl	322	0.55	0.60	0.71	0.86	0.96	1.16	1.42	0.88	0.27	0.84	1.35	2.88	0.43	0.30	0.86	0.87	对数正态分布	0.84	0.82
U	322	1.93	2.03	2.35	2.93	3.49	3.96	4.44	3.02	0.84	2.91	1.90	7.03	1.79	0.28	2.93	3.30	正态分布	3.02	3.14
V	322	45.83	54.1	67.8	87.2	111	130	138	89.7	28.35	84.9	13.73	152	25.20	0.32	87.2	92.0	剔除后正态分布	89.7	110
W	302	1.34	1.49	1.65	1.87	2.05	2.26	2.35	1.86	0.31	1.84	1.47	2.69	1.01	0.17	1.87	1.94	正态分布	1.86	1.93
Y	322	19.13	20.24	22.84	25.06	28.00	31.38	33.00	25.62	4.09	25.30	6.52	36.00	17.01	0.16	25.06	26.00	正态分布	25.62	26.13
Zn	322	56.0	60.1	71.0	82.7	96.6	107	117	85.2	24.65	82.5	12.89	292	40.77	0.29	82.7	83.0	对数正态分布	82.5	77.4
Zr	319	192	199	220	258	299	343	357	264	53.3	258	24.31	414	171	0.20	258	206	偏峰分布	206	287
SiO₂	322	60.8	61.8	64.3	66.8	69.8	72.4	73.8	67.0	4.12	66.9	11.28	78.7	52.1	0.06	66.8	66.9	正态分布	67.0	70.5
Al₂O₃	322	12.07	12.70	13.92	15.37	16.72	17.87	18.51	15.36	2.00	15.23	4.77	21.71	10.71	0.13	15.37	13.09	正态分布	15.36	14.82
TFe₂O₃	322	2.99	3.45	3.96	4.59	5.42	6.10	6.51	4.69	1.07	4.57	2.50	8.11	2.28	0.23	4.59	4.44	正态分布	4.69	4.70
MgO	322	0.50	0.57	0.72	1.39	1.84	2.14	2.21	1.33	0.61	1.18	1.73	2.68	0.34	0.46	1.39	1.78	其他分布	1.78	0.67
CaO	265	0.15	0.18	0.28	0.49	0.69	0.86	0.98	0.51	0.26	0.44	2.08	1.40	0.04	0.52	0.49	0.71	剔除后正态分布	0.51	0.22
Na₂O	322	0.42	0.52	0.89	1.20	1.47	1.71	1.78	1.17	0.43	1.06	1.62	2.83	0.17	0.37	1.20	1.21	正态分布	1.17	0.16
K₂O	322	2.17	2.25	2.49	2.82	3.10	3.38	3.65	2.83	0.46	2.82	1.82	4.36	1.72	0.16	2.82	2.80	正态分布	2.83	2.99
TC	322	0.26	0.32	0.47	0.69	1.04	1.30	1.67	0.82	0.54	0.69	1.81	4.50	0.16	0.66	0.69	0.87	对数正态分布	0.69	0.43
Corg	322	0.25	0.27	0.35	0.48	0.67	1.06	1.46	0.62	0.52	0.51	1.97	4.63	0.13	0.84	0.48	0.30	对数正态分布	0.51	0.42
pH	322	4.92	5.04	5.29	6.16	7.48	8.48	8.63	5.06	4.32	6.42	3.03	9.35	3.22	0.85	6.16	8.63	其他分布	8.63	5.12

注：原始样本数为 322 件。

八、运河流域土壤地球化学基准值

浙江省运河流域土壤地球化学基准值数据经正态分布检验,结果表明,原始数据中 B、Ba、Be、Bi、Ce、Co、Cu、F、Ga、La、Li、Nb、Ni、Rb、Sc、Sr、Th、Ti、Tl、U、W、SiO_2、TFe_2O_3、Na_2O 共 24 项元素/指标符合正态分布;As、Cd、I、Mo、N、Pb、S、Y、Zr、CaO、TC、Corg 符合对数正态分布,Ag、Au、Cl、P、Sb、Se、K_2O 剔除异常值后符合正态分布,Hg、Sn 剔除异常值后符合对数正态分布,其他元素/指标不符合正态分布或对数正态分布(表 3-40)。

浙江省运河流域深层土壤总体呈碱性,土壤 pH 基准值为 7.92,极大值为 9.06,极小值为 6.81,明显高于浙江省基准值。

在深层土壤各元素/指标中,绝大部分元素/指标变异系数小于 0.40,分布相对均匀;S、pH、Corg、I、CaO、Pb、TC、As 共 8 项元素/指标变异系数大于 0.40,其中 S、pH、Corg 变异系数大于 0.80,空间变异性较大。

与浙江省土壤基准值相比,运河流域土壤基准值中 Se、I 基准值明显低于浙江省基准值,不足浙江省基准值的 60%;U、Mo 基准值略低于浙江省基准值,为浙江省基准值的 60%~80%;Sn、S、Cr、Co、Sc、Li 基准值略高于浙江省基准值,与浙江省基准值比值在 1.2~1.4 之间;Na_2O、CaO、Ni、MgO、P、Cu、Cl、TC、Bi、F、Au 基准值明显高于浙江省基准值,与浙江省基准值比值在 1.4 以上,其中 Na_2O、CaO、Ni、MgO、P、Cu、Cl 明显富集,基准值在浙江省基准值的 2.0 倍以上,其中 Na_2O 基准值为 1.48%,是浙江省基准值的 9.25 倍;其他元素/指标基准值则与浙江省基准值基本接近。

九、独流入海流域土壤地球化学基准值

浙江省独流入海流域土壤地球化学基准值数据经正态分布检验,结果表明,原始数据中 Ga、Ge、Rb、Sr、SiO_2、Na_2O 共 6 项元素/指标符合正态分布,As、Be、Br、Cd、Hg、I、Mn、N、Nb、P、Sb、Se、Tl、Zn、Al_2O_3、CaO、TC、Corg 符合对数正态分布,Bi、Sn、Th、W、K_2O 剔除异常值后符合正态分布,Ag、Ce、Mo、Pb、S、U 剔除异常值后符合对数正态分布,其他元素/指标不符合正态分布或对数正态分布(表 3-41)。

浙江省独流入海流域深层土壤总体呈酸性,土壤 pH 基准值为 5.31,极大值为 8.88,极小值为 4.65,与浙江省基准值基本接近。

在深层土壤各元素/指标中,绝大部分元素/指标变异系数小于 0.40,分布相对均匀;pH、CaO、Cl、Br、MgO、S、Ni、I、Se、Cr、Cd、Na_2O、B、Cu、Hg、As、TC 共 17 项元素/指标变异系数大于 0.40,其中 pH、CaO 变异系数大于 0.80,空间变异性较大。

与浙江省土壤基准值相比,独流入海流域土壤基准值中 Cr、B、Zr 基准值略低于浙江省基准值,为浙江省基准值的 60%~80%;S、TFe_2O_3、Cu、N、Au、Mn、Sn 基准值略高于浙江省基准值,与浙江省基准值比值在 1.2~1.4 之间;Na_2O、Br、CaO、Cl、F、P、Bi、TC、Mo、I、Co 基准值明显高于浙江省基准值,与浙江省基准值比值在 1.4 以上,其中 Na_2O、Br、CaO、Cl 明显相对富集,基准值在浙江省基准值的 2.0 倍以上,Na_2O 基准值为 0.90%,是浙江省基准值的 5.63 倍;其他元素/指标基准值则与浙江省基准值基本接近。

第六节 主要地貌单元土壤地球化学基准值

一、浙北平原区土壤地球化学基准值

浙江省浙北平原区土壤地球化学基准值数据经正态分布检验,结果表明,原始数据中 Be、Ce、Co、Cr、Cu、F、Ga、La、Li、Nb、Ni、Rb、Sc、Sr、Th、Ti、Tl、V、SiO_2、TFe_2O_3、Na_2O、K_2O 共 22 项元素/指标符合正态

表 3-40 运河流域土壤地球化学基准值参数统计表

元素/指标	N	$X_{5\%}$	$X_{10\%}$	$X_{25\%}$	$X_{50\%}$	$X_{75\%}$	$X_{90\%}$	$X_{95\%}$	$\overline{X}$	S	$\overline{X}_g$	S_g	X_{max}	X_{min}	CV	X_{me}	X_{mo}	分布类型	运河流域基准值	浙江省基准值
Ag	338	52.9	56.0	64.0	72.0	79.8	87.0	90.1	71.9	11.62	70.9	11.70	106	42.00	0.16	72.0	70.0	剔除后正态分布	71.9	70.0
As	347	3.39	3.78	5.50	7.38	9.72	11.66	13.65	7.78	3.20	7.15	3.35	20.98	1.85	0.41	7.38	6.69	对数正态分布	7.15	6.83
Au	327	1.04	1.11	1.31	1.50	1.75	2.05	2.21	1.54	0.35	1.51	1.39	2.53	0.73	0.23	1.50	1.55	剔除后正态分布	1.54	1.10
B	347	62.3	64.0	69.0	73.0	78.0	82.0	85.0	73.4	6.97	73.0	11.93	93.0	46.00	0.10	73.0	71.0	正态分布	73.4	73.0
Ba	347	418	429	448	470	491	510	526	470	38.98	469	34.75	713	203	0.08	470	472	正态分布	470	482
Be	347	1.74	1.88	2.11	2.44	2.65	2.85	2.95	2.39	0.38	2.36	1.68	3.27	1.03	0.16	2.44	2.64	正态分布	2.39	2.31
Bi	347	0.20	0.23	0.30	0.37	0.45	0.51	0.55	0.37	0.10	0.36	1.95	0.72	0.13	0.28	0.37	0.39	正态分布	0.37	0.24
Br	334	1.50	1.50	1.50	1.90	2.50	3.07	3.40	2.11	0.65	2.02	1.62	4.20	1.20	0.31	1.90	1.50	其他分布	1.50	1.50
Cd	347	0.07	0.08	0.09	0.11	0.12	0.14	0.15	0.11	0.03	0.11	3.70	0.37	0.05	0.26	0.11	0.11	对数正态分布	0.11	0.11
Ce	347	58.0	61.0	66.0	72.0	79.0	84.0	87.0	72.6	9.11	72.0	11.88	97.0	46.00	0.13	72.0	72.0	正态分布	72.6	84.1
Cl	328	55.0	59.0	67.0	79.0	93.2	107	117	81.3	19.51	79.0	12.60	139	39.00	0.24	79.0	70.0	剔除后正态分布	81.3	39.00
Co	347	9.93	11.16	13.50	16.00	18.10	20.30	21.37	15.84	3.43	15.44	4.92	24.80	7.80	0.22	16.00	15.10	正态分布	15.84	11.90
Cr	347	51.3	61.0	74.0	92.0	104	114	120	88.9	20.37	86.4	13.23	132	40.00	0.23	92.0	97.0	其他分布	97.0	71.0
Cu	347	11.49	14.29	20.37	26.82	32.48	36.33	39.20	26.34	8.99	24.69	6.61	84.3	6.19	0.34	26.82	27.61	正态分布	26.34	11.20
F	347	423	444	528	617	696	763	803	611	126	597	40.36	1025	233	0.21	617	608	正态分布	611	431
Ga	347	12.60	13.85	15.60	17.90	20.10	21.81	23.00	17.90	3.14	17.61	5.28	25.40	9.70	0.18	17.90	17.60	正态分布	17.90	18.92
Ge	347	1.22	1.24	1.36	1.50	1.58	1.63	1.68	1.47	0.14	1.46	1.27	1.78	1.18	0.10	1.50	1.56	偏峰分布	1.56	1.50
Hg	312	0.029	0.031	0.035	0.041	0.048	0.056	0.061	0.042	0.010	0.041	6.441	0.073	0.021	0.236	0.041	0.041	剔除后对数正态分布	0.041	0.048
I	347	0.85	1.03	1.36	1.83	2.66	3.72	4.89	2.28	1.66	1.92	1.94	15.30	0.22	0.73	1.83	1.32	对数正态分布	1.92	3.86
La	347	31.83	33.02	35.90	39.30	42.70	45.74	48.50	39.42	5.15	39.08	8.35	56.7	25.70	0.13	39.30	38.30	正态分布	39.42	41.00
Li	347	26.94	32.16	39.20	47.90	54.9	60.5	62.9	46.83	10.74	45.50	9.16	73.0	23.50	0.23	47.90	49.50	正态分布	46.83	37.51
Mn	340	417	474	598	750	952	1187	1335	791	268	747	45.87	1525	217	0.34	750	757	偏峰分布	757	713
Mo	347	0.31	0.33	0.36	0.41	0.49	0.60	0.67	0.44	0.11	0.43	1.72	0.90	0.28	0.25	0.41	0.40	对数正态分布	0.43	0.62
N	347	0.35	0.39	0.44	0.55	0.64	0.75	0.86	0.57	0.20	0.54	1.59	2.62	0.31	0.36	0.55	0.55	对数正态分布	0.54	0.49
Nb	347	11.87	13.10	15.00	16.80	18.51	20.00	20.80	16.69	2.73	16.45	5.06	24.80	8.30	0.16	16.80	17.40	正态分布	16.69	19.60
Ni	347	22.36	26.40	31.70	38.30	43.65	47.84	49.50	37.42	8.19	36.44	8.05	55.4	13.70	0.22	38.30	40.20	正态分布	37.42	11.00
P	318	0.49	0.51	0.56	0.62	0.67	0.70	0.73	0.62	0.08	0.61	1.36	0.84	0.40	0.13	0.62	0.61	剔除后正态分布	0.62	0.24
Pb	347	16.70	18.50	21.40	24.30	27.75	30.50	32.77	25.09	10.80	24.22	6.41	201	12.70	0.43	24.30	24.20	对数正态分布	24.22	30.00

续表 3-40

元素/指标	N	$X_{5\%}$	$X_{10\%}$	$X_{25\%}$	$X_{50\%}$	$X_{75\%}$	$X_{90\%}$	$X_{95\%}$	$\bar{X}$	S	$\bar{X}_g$	S_g	X_{max}	X_{min}	CV	X_{me}	X_{mo}	分布类型	运河流域基准值	浙江省基准值
Rb	347	79.6	92.0	105	125	140	151	158	122	23.22	120	15.94	176	45.30	0.19	125	123	正态分布	122	128
S	347	50.00	54.0	64.0	101	315	861	1508	340	627	156	20.27	6119	46.00	1.85	101	50.00	对数正态分布	156	114
Sb	334	0.29	0.32	0.38	0.46	0.53	0.58	0.62	0.46	0.10	0.44	1.68	0.76	0.23	0.22	0.46	0.40	剔除后正态分布	0.46	0.53
Sc	347	9.00	9.90	11.20	12.80	14.30	15.50	16.40	12.76	2.18	12.57	4.35	18.50	7.30	0.17	12.80	13.00	正态分布	12.76	9.70
Se	328	0.04	0.06	0.09	0.12	0.15	0.18	0.20	0.12	0.05	0.11	3.88	0.24	0.02	0.38	0.12	0.15	剔除后正态分布	0.12	0.21
Sn	318	2.73	3.01	3.29	3.59	3.97	4.46	4.76	3.65	0.58	3.61	2.13	5.24	2.16	0.16	3.59	3.59	剔除后对数分布	3.61	2.60
Sr	347	94.0	103	112	121	133	147	156	123	18.82	121	16.00	174	41.00	0.15	121	118	正态分布	123	112
Th	347	10.32	11.20	12.38	13.70	15.00	16.20	16.97	13.68	1.98	13.53	4.53	18.50	8.00	0.15	13.70	13.40	正态分布	13.68	14.50
Ti	347	4049	4121	4408	4680	4983	5239	5377	4685	430	4665	131	5886	2760	0.09	4680	4556	正态分布	4685	4602
Tl	347	0.45	0.50	0.60	0.69	0.78	0.87	0.91	0.69	0.14	0.67	1.36	1.01	0.36	0.20	0.69	0.65	正态分布	0.69	0.82
U	347	1.78	1.91	2.08	2.25	2.46	2.74	2.85	2.29	0.34	2.27	1.64	3.95	1.45	0.15	2.25	2.13	正态分布	2.29	3.14
V	347	68.0	76.0	87.5	104	115	124	128	101	18.43	99.6	14.30	144	57.0	0.18	104	110	偏峰分布	110	110
W	347	1.16	1.35	1.58	1.79	2.05	2.25	2.40	1.80	0.36	1.76	1.48	2.75	0.84	0.20	1.79	1.68	正态分布	1.80	1.93
Y	347	21.00	23.00	25.00	27.00	29.00	31.00	33.00	26.78	3.53	26.55	6.66	39.00	14.45	0.13	27.00	27.00	对数正态分布	26.55	26.13
Zn	347	54.3	59.0	71.0	86.0	97.5	106	109	84.3	17.38	82.3	12.89	133	33.00	0.21	86.0	91.0	偏峰分布	91.0	77.4
Zr	347	195	200	215	238	268	307	337	248	45.61	244	24.01	445	185	0.18	238	228	对数正态分布	244	287
SiO_2	347	60.0	60.6	62.2	65.0	67.7	70.1	71.3	65.1	3.63	65.0	11.12	76.8	57.5	0.06	65.0	65.6	正态分布	65.1	70.5
Al_2O_3	347	11.00	11.91	13.23	14.74	15.78	16.49	16.86	14.42	1.77	14.30	4.66	18.34	9.85	0.12	14.74	14.57	偏峰正态分布	14.57	14.82
TFe_2O_3	347	3.34	3.86	4.51	5.44	6.14	6.70	6.92	5.30	1.08	5.19	2.65	8.06	2.96	0.20	5.44	5.48	偏峰分布	5.30	4.70
MgO	333	1.34	1.52	1.75	1.96	2.13	2.24	2.28	1.91	0.28	1.89	1.49	2.52	1.13	0.15	1.96	2.14	正态正态分布	2.14	0.67
CaO	347	0.77	0.85	1.05	1.51	2.17	2.66	2.89	1.68	0.75	1.52	1.68	4.16	0.21	0.45	1.51	1.67	偏峰分布	1.52	0.22
Na_2O	347	1.11	1.19	1.31	1.48	1.66	1.80	1.87	1.48	0.26	1.45	1.36	2.06	0.15	0.17	1.48	1.38	正态正态分布	1.48	0.16
K_2O	344	1.99	2.11	2.36	2.64	2.86	3.02	3.08	2.59	0.34	2.57	1.76	3.30	1.62	0.13	2.64	2.73	剔除后正态分布	2.59	2.99
TC	347	0.42	0.49	0.61	0.81	0.97	1.14	1.26	0.83	0.35	0.77	1.50	3.51	0.24	0.42	0.81	0.85	对数正态分布	0.77	0.43
Corg	115	0.16	0.19	0.30	0.45	0.61	0.83	1.14	0.54	0.45	0.44	2.25	3.13	0.10	0.84	0.45	0.39	对数正态分布	0.44	0.42
pH	324	7.31	7.51	7.87	8.16	8.35	8.51	8.58	7.86	7.73	8.07	3.34	9.06	6.81	0.98	8.16	7.92	偏峰分布	7.92	5.12

注：Corg 原始样本数为 115 件，其他元素/指标为 347 件。

表 3-41 独流入海流域土壤地球化学基准值参数统计表

元素/指标	N	$X_{5\%}$	$X_{10\%}$	$X_{25\%}$	$X_{50\%}$	$X_{75\%}$	$X_{90\%}$	$X_{95\%}$	$\bar{X}$	S	$\bar{X}_g$	S_g	X_{max}	X_{min}	CV	X_{me}	X_{mo}	分布类型	独流入海流域基准值	浙江省基准值
Ag	557	46.23	52.0	61.0	72.0	83.0	96.0	105	72.7	16.88	70.8	11.66	120	26.00	0.23	72.0	75.0	剔除后对数分布	70.8	70.0
As	597	3.50	4.16	5.40	7.43	9.81	11.83	12.81	7.80	3.23	7.19	3.34	36.80	1.92	0.41	7.43	6.40	对数正态分布	7.19	6.83
Au	549	0.61	0.73	0.97	1.30	1.50	1.80	2.10	1.27	0.43	1.19	1.46	2.47	0.29	0.34	1.30	1.40	其他分布	1.40	1.10
B	597	15.86	19.18	26.86	42.00	61.0	72.5	78.0	44.17	19.97	39.19	8.82	86.7	5.72	0.45	42.00	50.00	其他分布	50.00	73.0
Ba	577	437	457	487	568	710	842	890	611	154	593	40.27	1074	236	0.25	568	492	其他分布	492	482
Be	597	1.84	2.00	2.24	2.48	2.73	2.97	3.11	2.50	0.45	2.47	1.72	6.42	1.41	0.18	2.48	2.46	对数正态分布	2.47	2.31
Bi	580	0.19	0.22	0.28	0.37	0.47	0.53	0.59	0.38	0.12	0.36	1.99	0.74	0.13	0.33	0.37	0.34	其他分布	0.38	0.24
Br	597	2.11	2.32	3.04	4.50	6.50	8.60	10.30	5.35	4.13	4.57	2.80	63.3	1.30	0.77	4.50	2.20	其他分布	4.57	1.50
Cd	597	0.06	0.07	0.09	0.12	0.15	0.19	0.23	0.13	0.07	0.12	3.67	0.73	0.03	0.52	0.12	0.12	剔除后对数分布	0.12	0.11
Ce	574	72.1	75.2	79.2	86.8	95.1	108	115	88.8	12.89	87.9	13.36	124	58.5	0.15	86.8	113	剔除后对数分布	87.9	84.1
Cl	515	47.35	51.7	66.6	90.4	172	301	401	137	109	108	15.81	564	35.60	0.79	90.4	79.2	其他分布	79.2	39.00
Co	591	5.92	6.80	8.85	12.20	16.43	18.50	19.70	12.62	4.50	11.77	4.34	26.00	3.48	0.36	12.20	17.60	其他分布	17.60	11.90
Cr	596	17.14	20.63	31.02	49.40	81.7	98.9	104	55.8	29.12	47.70	9.91	144	9.11	0.52	49.40	51.5	其他分布	51.5	71.0
Cu	596	8.40	9.35	12.07	17.88	26.81	31.89	35.57	19.73	8.92	17.73	5.51	46.37	4.98	0.45	17.88	14.64	其他分布	14.64	11.20
F	595	281	320	405	510	672	768	825	535	166	508	36.40	903	176	0.31	510	825	其他分布	825	431
Ga	597	16.02	16.94	18.20	19.87	21.40	22.80	24.01	19.87	2.43	19.72	5.62	29.40	13.23	0.12	19.87	19.60	正态分布	19.87	18.92
Ge	597	1.33	1.35	1.42	1.50	1.59	1.65	1.70	1.50	0.13	1.50	1.29	2.44	1.01	0.09	1.50	1.43	正态分布	1.50	1.50
Hg	597	0.028	0.032	0.039	0.047	0.059	0.075	0.089	0.052	0.023	0.049	5.934	0.230	0.008	0.441	0.047	0.044	对数正态分布	0.049	0.048
I	597	2.57	3.05	4.03	5.77	8.46	10.66	12.02	6.55	3.48	5.79	3.09	34.20	1.35	0.53	5.77	5.10	对数正态分布	5.79	3.86
La	547	37.00	38.00	41.00	43.00	47.00	52.0	53.4	44.10	5.18	43.80	8.93	58.1	31.00	0.12	43.00	41.00	偏峰分布	41.00	41.00
Li	597	21.08	23.00	27.97	36.49	37.64	44.44	46.64	40.82	15.34	37.98	8.37	75.6	12.67	0.38	36.49	34.70	其他分布	34.70	37.51
Mn	597	501	586	725	899	1110	1385	1565	950	337	895	50.8	2943	205	0.36	899	1002	对数正态分布	895	713
Mo	551	0.55	0.60	0.73	0.94	1.24	1.62	1.91	1.03	0.40	0.96	1.45	2.29	0.35	0.39	0.94	0.64	剔除后对数分布	0.96	0.62
N	597	0.41	0.44	0.53	0.64	0.77	0.90	0.97	0.66	0.19	0.63	1.47	1.79	0.26	0.28	0.64	0.67	对数正态分布	0.63	0.49
Nb	597	17.01	17.40	18.36	20.20	22.70	24.90	27.08	20.88	3.58	20.63	5.81	57.5	13.91	0.17	20.20	18.00	其他分布	20.63	19.60
Ni	592	8.06	9.78	12.51	20.62	37.64	44.46	46.64	24.57	13.39	20.88	6.29	67.6	4.45	0.54	20.62	11.50	对数正态分布	11.50	11.00
P	597	0.20	0.22	0.29	0.41	0.54	0.61	0.65	0.42	0.16	0.39	1.98	1.30	0.15	0.39	0.41	0.28	其他分布	0.39	0.24
Pb	546	24.58	26.00	29.00	32.00	37.00	42.60	47.00	33.24	6.56	32.63	7.54	54.0	18.99	0.20	32.00	31.00	剔除后对数分布	32.63	30.00

续表 3-41

元素/指标	N	$X_{5\%}$	$X_{10\%}$	$X_{25\%}$	$X_{50\%}$	$X_{75\%}$	$X_{90\%}$	$X_{95\%}$	$\overline{X}$	S	$\overline{X}_g$	S_g	X_{max}	X_{min}	CV	X_{me}	X_{mo}	分布类型	独流入海流域基准值	浙江省基准值
Rb	597	109	116	128	138	149	160	165	138	17.38	137	17.08	208	79.9	0.13	138	128	正态分布	138	128
S	542	69.4	82.1	108	149	218	351	419	182	105	157	19.75	533	44.10	0.58	149	173	剔除后对数正态分布	157	114
Sb	597	0.38	0.41	0.47	0.55	0.64	0.74	0.83	0.57	0.15	0.55	1.52	1.38	0.28	0.26	0.55	0.53	对数后正态分布	0.55	0.53
Sc	596	7.20	7.90	9.10	11.29	14.10	16.00	16.90	11.65	3.09	11.23	4.10	20.60	4.56	0.26	11.29	8.60	其他分布	8.60	9.70
Se	597	0.12	0.14	0.16	0.24	0.34	0.46	0.51	0.27	0.14	0.24	2.53	1.38	0.07	0.53	0.24	0.14	剔除后正态分布	0.24	0.21
Sn	570	2.22	2.40	2.76	3.24	3.60	4.07	4.32	3.22	0.63	3.16	2.00	4.96	1.50	0.20	3.24	2.60	剔除后正态分布	3.22	2.60
Sr	597	39.73	47.18	69.0	99.0	121	141	153	97.3	37.84	89.5	13.69	255	25.80	0.39	99.0	107	正态分布	97.3	112
Th	565	11.98	12.65	13.90	15.00	16.30	17.73	18.80	15.11	1.95	14.98	4.80	20.13	10.43	0.13	15.00	15.00	剔除后正态分布	15.11	14.50
Ti	575	3307	3531	4088	4776	5141	5411	5685	4636	756	4571	130	6777	2697	0.16	4776	5074	其他分布	5074	4602
Tl	597	0.70	0.74	0.82	0.93	1.07	1.26	1.40	0.98	0.27	0.95	1.26	3.25	0.53	0.27	0.93	0.92	对数后对数正态分布	0.95	0.82
U	578	2.30	2.40	2.70	3.00	3.40	3.83	4.13	3.10	0.55	3.06	1.96	4.66	1.99	0.18	3.00	3.00	剔除后对数正态分布	3.06	3.14
V	595	44.57	49.54	62.8	83.0	108	122	126	84.9	26.81	80.4	12.80	149	23.72	0.32	83.0	95.6	其他分布	95.6	110
W	563	1.42	1.54	1.74	1.90	2.06	2.27	2.41	1.91	0.27	1.89	1.49	2.63	1.22	0.14	1.90	1.93	剔除后正态分布	1.91	1.93
Y	592	20.25	21.86	24.30	27.36	29.44	30.80	31.94	26.89	3.58	26.64	6.69	36.37	16.75	0.13	27.36	28.19	偏峰分布	28.19	26.13
Zn	597	58.3	63.2	74.5	88.6	104	117	129	91.2	27.17	87.9	13.36	356	36.60	0.30	88.6	96.9	对数后正态分布	87.9	77.4
Zr	588	182	188	222	281	330	369	398	281	69.8	272	26.06	493	165	0.25	281	186	其他分布	186	287
SiO₂	597	58.6	59.5	62.4	66.8	70.6	73.4	74.9	66.6	5.24	66.4	11.31	80.1	44.05	0.08	66.8	66.7	正态分布	66.6	70.5
Al₂O₃	597	13.04	13.60	14.54	15.59	16.60	17.91	18.90	15.70	1.74	15.61	4.89	21.63	10.92	0.11	15.59	16.10	对数后正态分布	15.61	14.82
TFe₂O₃	591	3.07	3.31	3.97	4.85	5.92	6.53	6.81	4.94	1.23	4.77	2.56	8.59	1.76	0.25	4.85	6.38	其他分布	6.38	4.70
MgO	596	0.42	0.46	0.60	0.94	1.94	2.47	2.56	1.23	0.75	1.02	1.87	2.94	0.27	0.61	0.94	0.79	对数后正态分布	0.79	0.67
CaO	597	0.13	0.17	0.27	0.56	1.30	2.43	3.01	0.94	0.91	0.59	2.80	4.06	0.04	0.97	0.56	0.24	其他分布	0.59	0.22
Na₂O	597	0.23	0.34	0.59	0.94	1.18	1.36	1.50	0.90	0.42	0.79	1.81	3.98	0.13	0.47	0.94	1.03	正态分布	0.90	0.16
K₂O	555	2.39	2.57	2.80	2.99	3.20	3.37	3.54	2.99	0.32	2.97	1.89	3.83	2.18	0.11	2.99	2.99	剔除后正态分布	2.99	2.99
TC	597	0.31	0.39	0.51	0.71	0.89	1.13	1.23	0.73	0.30	0.67	1.62	3.30	0.12	0.41	0.71	0.63	对数后正态分布	0.67	0.43
Corg	597	0.28	0.31	0.39	0.49	0.61	0.73	0.82	0.52	0.21	0.48	1.73	2.65	0.12	0.40	0.49	0.50	对数后正态分布	0.48	0.42
pH	597	4.95	5.08	5.36	6.32	8.10	8.44	8.55	5.57	5.40	6.68	3.00	8.88	4.65	0.97	6.32	5.31	其他分布	5.31	5.12

注：原始样本数为597件。

分布，As、I、S、Se、U、Y、Zr、Corg 共 8 项元素/指标符合对数正态分布，Ag、B、Bi、Cd、Pb、W 剔除异常值后符合正态分布，Au、Cl、Mo、N、Sb、Sn 剔除异常值后符合对数正态分布，其他元素/指标不符合正态分布或对数正态分布（表 3-42）。

浙江省浙北平原区深层土壤总体呈碱性，土壤 pH 基准值为 7.92，极大值为 9.35，极小值为 5.24，明显高于浙江省基准值。

在深层土壤各元素/指标中，绝大部分元素/指标变异系数小于 0.40，分布相对均匀；S、pH、Corg、I、Se、CaO、As、Cu、Br 共 9 项元素/指标变异系数大于 0.40，其中 S、pH、Corg 变异系数大于 0.80，空间变异性较大。

与浙江省土壤基准值相比，浙北平原区土壤基准值中 I 基准值明显低于浙江省基准值，为浙江省基准值的 59%；Mn、U、Mo、Se 基准值略低于浙江省基准值，为浙江省基准值的 60%～80%；Sn、F、Sc、Co、Li 基准值略高于浙江省基准值，与浙江省基准值比值在 1.2～1.4 之间；Na_2O、CaO、Ni、MgO、P、Cu、TC、Cl、S、Bi、Au 基准值明显高于浙江省基准值，与浙江省基准值比值在 1.4 以上，其中 Na_2O、CaO、Ni、MgO、P、Cu、TC、Cl 基准值在浙江省基准值的 2.0 倍以上，Na_2O、CaO 基准值分别为浙江省基准值的 8.94 倍和 5.59 倍；其他元素/指标基准值则与浙江省基准值基本接近。

二、浙东南沿海岛屿与丘陵港湾平原区土壤地球化学基准值

浙江省浙东南沿海岛屿与丘陵港湾平原区土壤地球化学基准值数据经正态分布检验，结果表明，原始数据中仅 Ga、Ge、P、Rb 符合正态分布，As、Be、Br、Cd、I、Mo、N、Sb、Tl、CaO、TC 共 11 项元素/指标符合对数正态分布，Bi、Mn、Th、W、Zn、Al_2O_3、K_2O、Corg 剔除异常值后符合正态分布，Ag、Ce、Hg、Pb、Sn、U 剔除异常值后符合对数正态分布，其他元素/指标不符合正态分布或对数正态分布（表 3-43）。

浙江省浙东南沿海岛屿与丘陵港湾平原区深层土壤总体呈碱性，土壤 pH 基准值为 8.46，极大值为 8.88，极小值为 4.19，明显高于浙江省基准值。

在深层土壤各元素/指标中，绝大部分元素/指标变异系数小于 0.40，分布相对均匀；Mo、pH、CaO、Cl、Br、S、MgO、I、Ni、Cr、Cd、B、Se、Na_2O、Cu 共 15 项元素/指标变异系数大于 0.40，其中 Mo、pH、CaO 变异系数大于 0.80，空间变异性较大。

与浙江省土壤基准值相比，浙东南沿海岛屿与丘陵港湾平原区土壤基准值中 Cr 基准值明显低于浙江省基准值，为浙江省基准值的 57%；Se 基准值略低于浙江省基准值，为浙江省基准值的 76%；Li、TFe_2O_3、Mn、N、Cu、S、Au、Sn、Cl、Ba、Corg 基准值略高于浙江省基准值，与浙江省基准值比值在 1.2～1.4 之间；Na_2O、Ni、CaO、Br、F、P、Bi、Mo、TC、Sc、Co、I 基准值明显高于浙江省基准值，与浙江省基准值比值在 1.4 以上，其中 Na_2O、Ni、CaO、Br 基准值是浙江省基准值的 2.0 倍以上，Na_2O 基准值为 1.03%，是浙江省基准值的 6.44 倍；其他元素/指标基准值则与浙江省基准值基本接近。

三、浙东丘陵盆地区土壤地球化学基准值

浙江省浙东丘陵盆地区土壤地球化学基准值数据经正态分布检验，结果表明，原始数据中仅 Al_2O_3、K_2O 符合正态分布，B、Be、Br、Cl、Co、Cr、Ga、Ge、I、Li、Mn、N、P、Rb、S、Sc、Se、Sr、V、Y、Zn、MgO、CaO、Na_2O、TC、Corg、pH 共 27 项元素/指标符合对数正态分布，Ce、La、Th、Ti、Tl、U、W、Zr、SiO_2 剔除异常值后符合正态分布，Ag、As、Au、Ba、Cd、Cu、F、Hg、Nb、Ni、Pb、Sb、Sn、TFe_2O_3 剔除异常值后符合对数正态分布，其他元素/指标不符合正态分布或对数正态分布（表 3-44）。

浙江省浙东丘陵盆地区深层土壤总体呈酸性，土壤 pH 基准值为 5.67，极大值为 8.21，极小值为 4.27，与浙江省基准值基本接近。

在深层土壤各元素/指标中，大部分元素/指标变异系数小于 0.40，分布相对均匀；pH、CaO、Cr、Co、

表3-42 浙北平原区土壤地球化学基准值参数统计表

元素/指标	N	$X_{5\%}$	$X_{10\%}$	$X_{25\%}$	$X_{50\%}$	$X_{75\%}$	$X_{90\%}$	$X_{95\%}$	$\bar{X}$	S	$\bar{X}_g$	S_g	X_{max}	X_{min}	CV	X_{me}	X_{mo}	分布类型	浙北平原区基准值	浙江省基准值
Ag	690	49.00	53.0	63.0	72.0	81.0	91.0	98.0	72.4	14.93	70.9	11.67	115	33.00	0.21	72.0	70.0	剔除后正态分布	72.4	70.0
As	733	3.35	3.84	5.24	6.82	9.28	11.33	13.49	7.49	3.25	6.86	3.25	25.85	1.85	0.43	6.82	6.69	对数后正态分布	6.86	6.83
Au	678	0.96	1.09	1.31	1.56	1.90	2.33	2.63	1.64	0.49	1.57	1.48	3.17	0.50	0.30	1.56	1.50	剔除后对数分布	1.57	1.10
B	705	61.0	63.0	68.0	73.0	78.0	82.0	85.0	72.9	7.41	72.5	11.91	94.0	51.0	0.10	73.0	75.0	剔除后正态分布	72.9	73.0
Ba	701	406	417	443	471	502	537	560	475	45.42	473	34.84	601	362	0.10	471	472	偏峰分布	472	482
Be	733	1.68	1.81	2.09	2.45	2.73	3.04	3.18	2.43	0.46	2.38	1.70	4.65	1.06	0.19	2.45	2.47	正态分布	2.43	2.31
Bi	727	0.17	0.20	0.28	0.37	0.44	0.51	0.54	0.36	0.11	0.34	2.04	0.71	0.12	0.31	0.37	0.17	剔除后正态分布	0.36	0.24
Br	698	1.50	1.50	1.60	2.20	3.10	4.00	4.60	2.51	1.03	2.33	1.84	5.80	1.09	0.41	2.20	1.50	其他分布	1.50	1.50
Cd	701	0.07	0.08	0.09	0.11	0.12	0.14	0.15	0.11	0.02	0.11	3.69	0.17	0.05	0.21	0.11	0.11	剔除后正态分布	0.11	0.11
Ce	733	58.9	61.0	67.0	73.8	81.0	87.0	92.8	74.4	10.72	73.6	11.95	126	38.97	0.14	73.8	72.0	正态分布	74.4	84.1
Cl	671	51.0	56.0	65.5	79.0	95.0	114	131	82.3	23.31	79.1	12.73	154	29.30	0.28	79.0	87.0	剔除后正态分布	79.1	39.00
Co	733	9.06	10.08	12.58	14.90	17.60	20.08	21.24	15.06	3.72	14.57	4.77	25.40	4.70	0.25	14.90	14.90	正态分布	15.06	11.90
Cr	733	48.00	53.0	68.0	85.0	102	116	121	84.9	23.22	81.4	12.86	154	19.10	0.27	85.0	78.0	正态分布	84.9	71.0
Cu	733	10.71	12.46	18.48	25.05	31.35	36.78	40.44	25.48	10.58	23.41	6.44	102	2.80	0.42	25.05	25.38	正态分布	25.48	11.20
F	733	389	428	503	586	672	756	798	590	129	575	39.53	1034	100.0	0.22	586	557	正态分布	590	431
Ga	733	12.21	13.00	15.50	17.70	20.10	21.70	22.74	17.69	3.23	17.38	5.22	26.10	6.70	0.18	17.70	17.20	正态分布	17.69	18.92
Ge	733	1.22	1.24	1.35	1.50	1.58	1.66	1.68	1.47	0.15	1.46	1.27	1.81	1.13	0.10	1.50	1.53	其他分布	1.53	1.50
Hg	661	0.028	0.031	0.038	0.045	0.057	0.080	0.092	0.050	0.019	0.047	6.109	0.113	0.009	0.382	0.045	0.041	对数正态分布	0.041	0.048
I	733	0.90	1.06	1.48	2.16	3.30	5.52	7.13	2.82	2.23	2.27	2.20	26.02	0.22	0.79	2.16	1.32	正态分布	2.27	3.86
La	733	31.96	33.42	36.20	39.60	42.80	46.56	49.15	39.82	5.24	39.48	8.38	62.4	23.51	0.13	39.60	39.60	正态分布	39.82	41.00
Li	733	25.86	28.44	37.40	45.90	54.3	61.5	64.8	45.70	11.61	44.12	8.98	73.0	17.80	0.25	45.90	49.50	正态分布	45.70	37.51
Mn	707	390	422	512	662	832	1038	1173	696	237	657	42.76	1355	156	0.34	662	559	偏峰分布	559	713
Mo	691	0.32	0.33	0.38	0.44	0.54	0.66	0.72	0.47	0.12	0.46	1.69	0.85	0.23	0.26	0.44	0.37	剔除后对数分布	0.46	0.62
N	686	0.36	0.39	0.46	0.55	0.68	0.85	0.97	0.59	0.18	0.56	1.57	1.10	0.25	0.30	0.55	0.55	剔除后正态分布	0.56	0.49
Nb	733	12.11	13.10	14.70	16.90	19.00	20.50	21.76	16.89	3.01	16.62	5.07	28.80	6.50	0.18	16.90	17.40	正态分布	16.89	19.60
Ni	733	20.30	22.50	28.80	35.60	41.90	46.90	49.22	35.16	9.08	33.78	7.80	55.4	5.50	0.26	35.60	35.70	正态分布	35.16	11.00
P	705	0.30	0.36	0.49	0.60	0.67	0.72	0.77	0.57	0.14	0.55	1.53	0.94	0.20	0.25	0.60	0.61	其他分布	0.61	0.24
Pb	711	16.34	17.80	21.31	25.30	29.10	32.80	34.90	25.31	5.56	24.69	6.38	41.30	12.70	0.22	25.30	30.50	剔除后正态分布	25.31	30.00

第三章 土壤地球化学基准值

续表 3-42

元素/指标	N	$X_{5\%}$	$X_{10\%}$	$X_{25\%}$	$X_{50\%}$	$X_{75\%}$	$X_{90\%}$	$X_{95\%}$	$\bar{X}$	S	$\bar{X}_g$	S_g	X_{max}	X_{min}	CV	X_{me}	X_{mo}	分布类型	浙北平原区基准值	浙江省基准值
Rb	733	78.2	85.2	104	123	141	155	161	122	25.49	119	15.79	211	44.70	0.21	123	123	正态分布	122	128
S	733	50.00	57.0	77.0	129	328	827	1450	363	677	175	21.70	7494	46.00	1.86	129	50.00	对数正态分布	175	114
Sb	688	0.31	0.34	0.40	0.47	0.54	0.62	0.69	0.48	0.11	0.46	1.68	0.80	0.23	0.24	0.47	0.40	剔除后正态分布	0.46	0.53
Sc	733	8.68	9.27	10.70	12.40	14.20	15.70	16.54	12.46	2.43	12.22	4.29	19.80	5.10	0.19	12.40	13.00	正态分布	12.46	9.70
Se	733	0.04	0.06	0.10	0.14	0.21	0.29	0.36	0.17	0.12	0.14	3.79	1.64	0.02	0.70	0.14	0.15	对数正态分布	0.14	0.21
Sn	662	2.49	2.79	3.21	3.61	4.13	4.80	5.23	3.71	0.81	3.63	2.15	6.21	1.71	0.22	3.61	3.80	剔除后对数分布	3.63	2.60
Sr	733	78.0	89.0	103	118	134	154	163	119	25.22	116	15.93	177	29.00	0.21	118	112	正态分布	119	112
Th	733	9.86	10.70	12.00	13.70	15.20	16.60	17.30	13.69	2.28	13.49	4.50	22.30	7.90	0.17	13.70	14.50	正态分布	13.69	14.50
Ti	733	3919	4068	4325	4619	4983	5289	5437	4646	506	4617	130	7037	1671	0.11	4619	4449	正态分布	4646	4602
Tl	733	0.44	0.49	0.59	0.71	0.82	0.91	0.95	0.70	0.16	0.68	1.40	1.49	0.29	0.23	0.71	0.65	正态分布	0.70	0.82
U	733	1.82	1.91	2.10	2.33	2.70	3.23	3.54	2.46	0.55	2.41	1.70	5.39	1.45	0.22	2.33	2.13	对数正态分布	2.41	3.14
V	733	66.0	70.0	84.0	101	114	127	134	99.7	20.82	97.3	14.11	152	31.00	0.21	101	110	正态分布	99.7	110
W	719	1.16	1.30	1.55	1.80	2.00	2.21	2.31	1.77	0.34	1.74	1.45	2.70	0.91	0.19	1.80	1.84	剔除后对数分布	1.77	1.93
Y	733	21.00	22.00	24.00	26.00	29.00	32.00	33.00	26.61	3.78	26.34	6.62	39.00	14.00	0.14	26.00	26.00	对数正态分布	26.34	26.13
Zn	727	53.3	58.0	70.0	83.0	95.9	105	109	82.5	17.81	80.5	12.71	134	34.00	0.22	83.0	91.0	其他分布	91.0	77.4
Zr	733	193	200	216	243	278	322	350	253	50.2	249	24.36	478	171	0.20	243	206	对数正态分布	249	287
SiO$_2$	733	60.1	60.9	63.1	65.8	68.7	70.4	71.7	65.9	3.77	65.7	11.20	80.0	52.1	0.06	65.8	65.6	正态分布	65.9	70.5
Al$_2$O$_3$	733	10.59	11.31	13.02	14.64	15.85	16.84	17.22	14.38	2.00	14.24	4.63	19.52	9.85	0.14	14.64	15.43	偏峰分布	15.43	14.82
TFe$_2$O$_3$	733	3.28	3.51	4.28	5.07	5.91	6.57	6.91	5.10	1.12	4.97	2.58	8.74	2.17	0.22	5.07	5.04	正态分布	5.10	4.70
MgO	709	1.06	1.25	1.55	1.82	2.05	2.21	2.27	1.78	0.36	1.73	1.49	2.68	0.79	0.20	1.82	1.84	偏峰分布	1.84	0.67
CaO	732	0.49	0.58	0.79	1.23	2.30	3.47	3.83	1.61	1.06	1.29	2.06	4.37	0.04	0.66	1.23	1.23	其他分布	1.23	0.22
Na$_2$O	733	0.87	1.03	1.21	1.45	1.67	1.83	1.91	1.43	0.34	1.38	1.43	3.98	0.16	0.24	1.45	1.52	正态分布	1.43	0.16
K$_2$O	733	1.89	1.99	2.25	2.55	2.84	3.04	3.14	2.54	0.40	2.51	1.74	3.73	1.42	0.16	2.55	2.89	正态分布	2.54	2.99
TC	710	0.40	0.47	0.61	0.85	1.04	1.21	1.32	0.83	0.29	0.78	1.51	1.69	0.12	0.35	0.85	0.89	其他分布	0.89	0.43
Corg	501	0.19	0.24	0.31	0.46	0.67	1.06	1.47	0.59	0.48	0.48	2.14	4.63	0.06	0.81	0.46	0.30	对数正态分布	0.48	0.42
pH	709	6.14	6.61	7.21	7.95	8.35	8.55	8.68	6.79	6.24	7.73	3.29	9.35	5.24	0.92	7.95	7.92	其他分布	7.92	5.12

注:Corg 原始样本数为 501 件,其他元素/指标为 733 件。

表 3-43 浙东南沿海岛屿与丘陵港湾平原区土壤地球化学基准值参数统计表

元素/指标	N	$X_{5\%}$	$X_{10\%}$	$X_{25\%}$	$X_{50\%}$	$X_{75\%}$	$X_{90\%}$	$X_{95\%}$	$\overline{X}$	S	$\overline{X}_g$	S_g	X_{max}	X_{min}	CV	X_{me}	X_{mo}	分布类型	浙东南沿海岛屿与丘陵港湾平原区基准值	浙江省基准值
Ag	625	46.43	55.0	64.1	75.0	89.0	105	114	77.2	19.70	74.7	12.13	133	26.00	0.26	75.0	77.0	剔除后对数分布	74.7	70.0
As	664	4.20	4.60	5.70	7.50	9.90	12.00	13.10	7.97	2.87	7.45	3.35	17.80	1.70	0.36	7.50	6.40	对数正态分布	7.45	6.83
Au	599	0.78	0.90	1.10	1.32	1.60	2.00	2.20	1.37	0.42	1.31	1.41	2.55	0.35	0.30	1.32	1.40	其他分布	1.40	1.10
B	664	15.00	19.32	28.00	46.03	63.0	72.0	77.0	46.01	19.85	40.92	9.08	86.7	7.00	0.43	46.03	63.0	其他分布	63.0	73.0
Ba	646	422	453	485	542	659	779	849	579	132	565	38.89	944	210	0.23	542	593	其他分布	593	482
Be	664	1.97	2.12	2.34	2.60	2.88	3.12	3.26	2.63	0.48	2.59	1.78	6.42	1.48	0.18	2.60	2.90	对数正态分布	2.59	2.31
Bi	654	0.21	0.24	0.31	0.41	0.50	0.57	0.63	0.41	0.13	0.39	1.87	0.81	0.13	0.32	0.41	0.45	剔除后正态分布	0.41	0.24
Br	664	2.06	2.20	2.85	4.07	5.71	7.89	9.65	4.85	3.39	4.18	2.63	33.35	1.27	0.70	4.07	2.20	对数正态分布	4.18	1.50
Cd	664	0.07	0.08	0.10	0.13	0.16	0.20	0.23	0.14	0.06	0.13	3.53	0.73	0.03	0.44	0.13	0.13	其他分布	0.13	0.11
Ce	639	72.8	75.9	79.7	86.8	95.0	105	112	88.3	11.66	87.5	13.34	120	58.5	0.13	86.8	80.7	剔除后正态分布	87.5	84.1
Cl	578	48.15	54.6	70.6	98.0	179	300	389	141	103	114	16.44	504	30.70	0.73	98.0	48.20	其他分布	48.20	39.00
Co	659	6.59	7.70	10.15	13.60	17.00	18.92	19.81	13.56	4.35	12.77	4.57	27.00	2.80	0.32	13.60	17.60	其他分布	17.60	11.90
Cr	664	21.52	26.61	37.07	59.8	87.3	99.4	104	62.0	28.23	54.7	10.68	154	5.47	0.46	59.8	40.43	其他分布	40.43	71.0
Cu	664	8.82	10.08	13.62	20.35	27.59	32.12	35.66	20.89	8.65	19.01	5.74	46.37	4.88	0.41	20.35	14.96	其他分布	14.96	11.20
F	661	300	335	422	555	693	776	810	554	165	528	37.45	903	176	0.30	555	825	其他分布	825	431
Ga	664	16.10	17.00	18.21	20.04	21.61	22.90	24.00	20.02	2.45	19.87	5.66	29.70	13.60	0.12	20.04	20.90	正态分布	20.02	18.92
Ge	664	1.33	1.37	1.43	1.51	1.60	1.67	1.73	1.52	0.14	1.51	1.30	2.44	1.01	0.09	1.51	1.43	正态分布	1.52	1.50
Hg	623	0.028	0.032	0.040	0.048	0.060	0.072	0.081	0.051	0.016	0.048	5.900	0.098	0.008	0.314	0.048	0.048	剔除后对数分布	0.048	0.048
I	664	2.53	3.08	3.94	5.50	7.88	10.67	12.50	6.39	3.47	5.63	3.06	25.01	1.35	0.54	5.50	6.30	对数正态分布	5.63	3.86
La	605	36.20	38.00	41.00	43.12	47.08	51.2	53.0	44.12	5.02	43.84	8.93	58.0	31.00	0.11	43.12	41.00	其他分布	41.00	41.00
Li	664	20.73	23.50	29.40	42.68	58.8	65.3	67.2	43.63	15.91	40.53	8.79	75.6	12.67	0.36	42.68	51.7	其他分布	51.7	37.51
Mn	644	506	592	762	946	1151	1359	1512	964	289	918	51.9	1740	205	0.30	946	1087	对数正态分布	964	713
Mo	664	0.51	0.56	0.70	0.92	1.30	2.07	2.74	1.27	1.74	1.02	1.74	37.78	0.35	1.37	0.92	0.79	对数正态分布	1.02	0.62
N	664	0.42	0.46	0.55	0.66	0.78	0.92	0.98	0.68	0.19	0.66	1.44	2.17	0.31	0.28	0.66	0.59	其他分布	0.66	0.49
Nb	644	16.91	17.30	18.20	19.46	21.90	23.92	25.78	20.17	2.73	20.00	5.67	28.19	13.91	0.14	19.46	18.30	其他分布	18.30	19.60
Ni	661	9.05	10.85	15.20	25.39	39.70	44.63	46.51	26.94	13.17	23.37	6.69	67.6	4.69	0.49	25.39	40.20	其他分布	40.20	11.00
P	664	0.22	0.25	0.33	0.44	0.54	0.61	0.64	0.44	0.15	0.41	1.87	1.56	0.09	0.35	0.44	0.28	正态分布	0.44	0.24
Pb	608	25.00	27.00	30.00	33.00	38.00	43.00	46.00	33.95	6.18	33.40	7.67	51.0	18.00	0.18	33.00	31.00	剔除后对数分布	33.40	30.00

续表 3-43

元素/指标	N	$X_{5\%}$	$X_{10\%}$	$X_{25\%}$	$X_{50\%}$	$X_{75\%}$	$X_{90\%}$	$X_{95\%}$	$\bar{X}$	S	$\bar{X}_g$	S_g	X_{max}	X_{min}	CV	X_{me}	X_{mo}	分布类型	浙东南沿海岛屿与丘陵港湾平原区基准值	浙江省基准值
Rb	664	106	116	128	140	151	160	164	139	18.59	137	17.12	212	60.2	0.13	140	137	正态分布	139	128
S	616	61.8	78.2	108	157	273	398	478	203	130	168	21.38	620	29.82	0.64	157	148	其他分布	148	114
Sb	664	0.38	0.40	0.47	0.55	0.66	0.77	0.85	0.58	0.18	0.56	1.53	2.98	0.28	0.31	0.55	0.53	对数正态分布	0.56	0.53
Sc	664	7.40	8.21	9.80	12.40	14.80	16.18	17.00	12.33	3.06	11.93	4.29	20.60	4.56	0.25	12.40	14.80	其他分布	14.80	9.70
Se	638	0.12	0.13	0.16	0.22	0.31	0.41	0.46	0.25	0.11	0.22	2.57	0.55	0.07	0.43	0.22	0.16	其他分布	0.16	0.21
Sn	634	2.10	2.30	2.79	3.30	3.80	4.24	4.58	3.31	0.74	3.22	2.06	5.40	1.20	0.22	3.30	3.40	剔除后对数分布	3.22	2.60
Sr	647	42.44	53.4	75.5	100.0	118	133	143	96.2	30.28	90.4	13.78	176	19.30	0.31	100.0	107	偏峰分布	107	112
Th	635	12.00	12.70	13.90	15.10	16.40	17.70	18.50	15.16	1.91	15.04	4.83	20.20	10.43	0.13	15.10	15.00	剔除后正态分布	15.16	14.50
Ti	630	3531	3819	4377	4950	5233	5476	5699	4797	665	4748	133	6578	3078	0.14	4950	5074	其他正态分布	5074	4602
Tl	664	0.70	0.75	0.82	0.92	1.04	1.21	1.32	0.96	0.20	0.94	1.22	2.34	0.58	0.21	0.92	0.96	对数正态分布	0.94	0.82
U	638	2.30	2.40	2.67	3.00	3.40	3.80	4.10	3.07	0.53	3.03	1.95	4.68	2.00	0.17	3.00	3.00	剔除后对数分布	3.03	3.14
V	662	48.01	52.4	73.2	93.5	112	122	126	91.1	25.49	87.0	13.51	167	23.72	0.28	93.5	95.6	其他分布	95.6	110
W	619	1.48	1.60	1.78	1.93	2.10	2.27	2.37	1.93	0.26	1.91	1.50	2.64	1.27	0.13	1.93	1.93	剔除后正态分布	1.93	1.93
Y	650	21.90	23.38	25.91	28.61	30.17	31.50	32.77	28.00	3.19	27.81	6.85	36.37	19.66	0.11	28.61	28.72	偏峰分布	28.72	26.13
Zn	650	57.0	63.5	76.8	91.7	104	113	118	90.1	19.33	87.8	13.36	145	36.60	0.21	91.7	96.9	剔除后正态分布	90.1	77.4
Zr	659	181	186	206	263	316	355	379	267	66.2	259	25.07	482	165	0.25	263	264	其他分布	264	287
SiO$_2$	664	58.5	59.4	61.4	65.3	70.2	73.7	75.2	65.9	5.39	65.7	11.20	80.1	52.4	0.08	65.3	62.8	偏峰分布	62.8	70.5
Al$_2$O$_3$	627	13.08	13.60	14.49	15.53	16.36	17.25	17.96	15.48	1.44	15.42	4.85	19.42	11.91	0.09	15.53	15.73	剔除后正态分布	15.48	14.82
TFe$_2$O$_3$	660	3.14	3.43	4.32	5.36	6.18	6.73	6.97	5.22	1.25	5.06	2.66	8.68	1.76	0.24	5.36	6.38	偏峰分布	6.38	4.70
MgO	663	0.43	0.48	0.62	1.20	1.97	2.43	2.55	1.32	0.73	1.11	1.85	2.94	0.27	0.56	1.20	0.79	剔除后正态分布	0.79	0.67
CaO	664	0.14	0.21	0.35	0.64	1.26	2.31	2.97	0.96	0.88	0.65	2.57	5.52	0.04	0.92	0.64	0.35	对数正态分布	0.65	0.22
Na$_2$O	658	0.21	0.35	0.62	0.95	1.14	1.33	1.42	0.89	0.37	0.78	1.85	1.83	0.07	0.42	0.95	1.03	其他正态分布	1.03	0.16
K$_2$O	613	2.46	2.62	2.82	3.01	3.19	3.33	3.47	2.99	0.29	2.98	1.89	3.79	2.18	0.10	3.01	2.99	剔除后正态分布	2.99	2.99
TC	664	0.35	0.42	0.56	0.74	0.91	1.13	1.23	0.75	0.27	0.70	1.55	1.81	0.21	0.36	0.74	0.74	其他分布	0.70	0.43
Corg	644	0.28	0.32	0.40	0.50	0.61	0.71	0.76	0.51	0.15	0.49	1.68	0.92	0.17	0.29	0.50	0.52	对数正态分布	0.51	0.42
pH	664	4.95	5.20	5.62	6.93	8.13	8.44	8.54	5.67	5.35	6.87	3.05	8.88	4.19	0.94	6.93	8.46	其他分布	8.46	5.12

注：原始样本数为 664 件。

表 3-44 浙东丘陵盆地区土壤地球化学基准值参数统计表

元素/指标	N	$X_{5\%}$	$X_{10\%}$	$X_{25\%}$	$X_{50\%}$	$X_{75\%}$	$X_{90\%}$	$X_{95\%}$	$\bar{X}$	S	$\bar{X}_g$	S_g	X_{max}	X_{min}	CV	X_{me}	X_{mo}	分布类型	浙东丘陵盆地区基准值	浙江省基准值
Ag	1050	38.00	42.37	51.4	63.0	76.0	92.6	103	65.3	19.27	62.5	11.05	123	21.00	0.30	63.0	60.0	剔除后对数分布	62.5	70.0
As	1044	3.05	3.52	4.58	5.90	7.80	10.00	11.29	6.37	2.47	5.91	3.05	13.70	1.53	0.39	5.90	7.00	剔除后对数分布	5.91	6.83
Au	1044	0.49	0.56	0.70	1.00	1.36	1.82	2.10	1.09	0.49	0.99	1.56	2.51	0.29	0.45	1.00	1.10	剔除后对数分布	0.99	1.10
B	1117	14.45	16.13	21.00	28.00	37.57	50.5	63.0	31.06	14.66	28.03	7.45	92.0	4.44	0.47	28.00	29.00	对数正态分布	28.03	73.0
Ba	1096	397	444	524	649	801	949	1033	673	198	644	41.53	1242	180	0.29	649	679	剔除后对数分布	644	482
Be	1117	1.77	1.85	2.00	2.20	2.47	2.76	3.05	2.28	0.45	2.25	1.64	7.81	1.37	0.20	2.20	2.14	剔除后对数分布	2.25	2.31
Bi	1022	0.16	0.17	0.20	0.23	0.27	0.33	0.37	0.24	0.06	0.23	2.40	0.43	0.07	0.26	0.23	0.20	其他分布	0.23	0.24
Br	1117	1.20	1.50	1.96	2.60	3.60	5.13	6.35	3.05	1.75	2.69	2.07	16.90	0.34	0.57	2.60	2.80	对数正态分布	2.69	1.50
Cd	1070	0.06	0.06	0.08	0.11	0.14	0.16	0.18	0.11	0.04	0.11	3.74	0.23	0.02	0.35	0.11	0.13	剔除后对数分布	0.11	0.11
Ce	1078	65.2	69.0	75.7	84.4	93.5	102	109	85.3	13.20	84.3	12.93	122	50.2	0.15	84.4	105	剔除后对数分布	85.3	84.1
Cl	1117	35.26	39.00	45.00	54.00	66.2	82.0	94.0	58.9	23.41	55.7	10.24	339	26.00	0.40	54.00	45.00	对数正态分布	55.7	39.00
Co	1117	4.95	5.66	7.12	9.30	12.65	17.61	24.57	11.21	7.16	9.83	4.25	74.8	2.97	0.64	9.30	6.10	剔除后对数分布	9.83	11.90
Cr	1117	12.73	15.90	22.25	32.56	49.97	74.1	95.3	40.78	28.40	33.72	8.89	254	5.10	0.70	32.56	23.20	对数正态分布	33.72	71.0
Cu	1021	7.23	8.30	10.13	12.80	17.10	23.50	26.87	14.32	5.86	13.25	4.80	32.10	3.90	0.41	12.80	11.20	剔除后对数分布	13.25	11.20
F	1074	316	349	402	456	531	602	650	469	98.4	458	34.74	752	232	0.21	456	453	剔除后对数分布	458	431
Ga	1117	14.43	15.20	16.60	18.30	20.38	22.49	24.22	18.68	3.06	18.45	5.37	38.18	11.40	0.16	18.30	17.90	对数正态分布	18.45	18.92
Ge	1117	1.22	1.28	1.37	1.50	1.64	1.79	1.88	1.52	0.21	1.51	1.31	3.08	0.83	0.14	1.50	1.51	对数正态分布	1.51	1.50
Hg	1049	0.025	0.028	0.034	0.042	0.053	0.066	0.073	0.045	0.014	0.043	6.337	0.087	0.014	0.320	0.042	0.044	剔除后对数分布	0.043	0.048
I	1117	1.37	1.68	2.49	3.65	5.04	6.83	8.27	4.06	2.29	3.51	2.43	20.60	0.53	0.56	3.65	3.66	对数正态分布	3.51	3.86
La	1071	32.69	34.57	38.70	42.80	47.06	51.9	54.8	43.07	6.51	42.57	8.78	60.5	25.71	0.15	42.80	42.50	剔除后对数分布	43.07	41.00
Li	1117	22.43	24.86	28.92	33.60	39.60	46.10	50.4	35.18	11.20	33.89	7.78	184	15.17	0.32	33.60	32.30	对数正态分布	33.89	37.51
Mn	1117	400	453	562	718	934	1150	1278	768	285	720	45.04	2664	233	0.37	718	898	对数正态分布	720	713
Mo	1038	0.53	0.60	0.74	0.92	1.23	1.57	1.81	1.01	0.39	0.94	1.47	2.20	0.16	0.38	0.92	0.97	其他分布	0.97	0.62
N	1117	0.27	0.31	0.38	0.47	0.59	0.73	0.85	0.50	0.19	0.47	1.72	2.44	0.11	0.38	0.47	0.43	对数正态分布	0.47	0.49
Nb	1022	16.80	17.80	19.41	21.11	23.06	25.46	27.23	21.39	3.03	21.18	5.83	30.00	13.60	0.14	21.11	19.60	剔除后对数分布	21.18	19.60
Ni	1018	5.52	6.39	8.20	11.32	15.97	22.43	27.34	13.01	6.51	11.60	4.65	34.40	2.48	0.50	11.32	9.50	对数正态分布	11.60	11.00
P	1117	0.14	0.17	0.23	0.31	0.42	0.57	0.74	0.36	0.20	0.31	2.24	1.58	0.07	0.57	0.31	0.34	对数正态分布	0.31	0.24
Pb	1036	22.00	23.42	25.81	28.55	31.73	35.72	38.56	29.13	4.79	28.75	6.95	43.14	17.01	0.16	28.55	28.00	剔除后对数分布	28.75	30.00

续表 3-44

元素/指标	N	$X_{5\%}$	$X_{10\%}$	$X_{25\%}$	$X_{50\%}$	$X_{75\%}$	$X_{90\%}$	$X_{95\%}$	$\bar{X}$	S	$\bar{X}_g$	S_g	X_{max}	X_{min}	CV	X_{me}	X_{mo}	分布类型	浙东丘陵盆地区基准值	浙江省基准值
Rb	1117	89.0	99.8	115	133	149	165	178	133	28.87	130	16.54	288	38.51	0.22	133	157	对数正态分布	130	128
S	1117	62.0	68.0	82.3	107	142	186	209	120	68.0	110	15.73	1557	42.00	0.57	107	68.5	对数正态分布	110	114
Sb	1053	0.32	0.36	0.43	0.53	0.65	0.78	0.86	0.55	0.16	0.53	1.61	1.04	0.10	0.30	0.53	0.52	剔除后对数正态分布	0.53	0.53
Sc	1117	6.60	7.10	8.10	9.50	11.05	13.11	14.72	9.90	2.79	9.57	3.79	25.26	4.60	0.28	9.50	7.30	对数正态分布	9.57	9.70
Se	1117	0.10	0.12	0.15	0.20	0.27	0.34	0.40	0.22	0.09	0.20	2.72	0.76	0.06	0.43	0.20	0.16	对数正态分布	0.20	0.21
Sn	1025	2.10	2.22	2.54	2.90	3.40	3.97	4.40	3.02	0.68	2.94	1.94	5.02	1.36	0.22	2.90	2.80	剔除后对数正态分布	2.94	2.60
Sr	1117	40.90	46.18	58.9	80.2	112	151	186	94.0	58.4	82.9	13.40	967	25.70	0.62	80.2	109	对数正态分布	82.9	112
Th	1060	11.10	12.18	13.75	15.50	17.33	19.50	20.52	15.61	2.81	15.35	4.90	23.06	8.16	0.18	15.50	16.90	剔除后正态分布	15.61	14.50
Ti	1023	3123	3392	3830	4344	4920	5518	5976	4403	842	4323	127	6881	2214	0.19	4344	4408	剔除后正态分布	4403	4602
Tl	1075	0.56	0.62	0.74	0.86	1.00	1.12	1.24	0.87	0.20	0.85	1.31	1.43	0.33	0.23	0.86	0.87	剔除后正态分布	0.87	0.82
U	1070	2.44	2.65	2.94	3.30	3.65	4.05	4.27	3.31	0.55	3.27	2.02	4.82	1.82	0.17	3.30	3.33	剔除后正态分布	3.31	3.14
V	1117	39.18	43.51	53.0	65.4	84.5	110	132	72.8	30.48	67.7	12.12	237	24.35	0.42	65.4	57.0	对数正态分布	67.7	110
W	1048	1.39	1.49	1.66	1.89	2.12	2.40	2.53	1.91	0.35	1.88	1.51	2.90	0.98	0.18	1.89	1.79	剔除后正态分布	1.88	1.93
Y	1117	18.90	20.18	22.30	24.58	27.49	30.98	33.85	25.28	4.83	24.87	6.50	63.1	15.04	0.19	24.58	23.00	对数正态分布	24.87	26.13
Zn	1117	50.00	53.9	61.1	70.7	83.2	98.0	115	75.0	22.73	72.4	11.96	292	36.90	0.30	70.7	58.2	对数正态分布	72.4	77.4
Zr	1074	233	251	282	310	341	366	387	311	45.27	307	27.28	437	190	0.15	310	287	正态分布	311	287
SiO_2	1081	63.9	65.8	68.7	71.3	74.0	76.2	77.5	71.2	4.03	71.0	11.73	81.5	60.1	0.06	71.3	72.5	剔除后对数正态分布	71.2	70.5
Al_2O_3	1117	11.68	12.32	13.30	14.65	16.14	17.72	18.61	14.83	2.09	14.69	4.71	22.14	9.74	0.14	14.65	13.13	剔除后正态分布	14.83	14.82
TFe_2O_3	1042	2.87	3.06	3.47	4.06	4.79	5.61	6.23	4.21	1.00	4.10	2.37	7.22	2.22	0.24	4.06	4.42	对数正态分布	4.10	4.70
MgO	1117	0.43	0.47	0.56	0.69	0.89	1.19	1.42	0.77	0.33	0.72	1.48	3.44	0.27	0.42	0.69	0.71	对数正态分布	0.72	0.67
CaO	1117	0.14	0.16	0.23	0.32	0.48	0.76	0.96	0.42	0.40	0.34	2.32	7.73	0.08	0.94	0.32	0.26	对数正态分布	0.34	0.22
Na_2O	1117	0.28	0.35	0.51	0.74	1.05	1.35	1.54	0.81	0.40	0.72	1.75	3.25	0.07	0.50	0.74	0.64	对数正态分布	0.72	0.16
K_2O	1117	1.87	2.10	2.43	2.84	3.21	3.56	3.78	2.83	0.58	2.76	1.85	5.11	0.95	0.21	2.84	2.53	正态分布	2.76	2.99
TC	1117	0.23	0.27	0.35	0.45	0.60	0.78	0.90	0.50	0.24	0.46	1.83	3.49	0.10	0.47	0.45	0.41	对数正态分布	0.46	0.43
Corg	1117	0.22	0.25	0.32	0.40	0.54	0.70	0.83	0.45	0.23	0.41	1.91	3.68	0.09	0.50	0.40	0.35	对数正态分布	0.41	0.42
pH	1117	4.91	5.02	5.20	5.51	6.01	6.57	6.99	5.37	5.36	5.67	2.75	8.21	4.27	1.00	5.51	5.60	对数正态分布	5.67	5.12

注：原始样本数为1117件。

Sr、Br、P、S、I、Na$_2$O、Corg、Ni、B、TC、Au、Se、V、MgO、Cu 共 19 项元素/指标变异系数大于 0.40，其中 pH、CaO 变异系数大于 0.80，空间变异性较大。

与浙江省土壤基准值相比，浙东丘陵盆地区土壤基准值中 Cr、B 基准值明显低于浙江省基准值，不足浙江省基准值的 60%；Sr、V 基准值略低于浙江省基准值，为浙江省基准值的 60%～80%；Ba、P 基准值略高于浙江省基准值，与浙江省基准值比值在 1.2～1.4 之间；Na$_2$O、Br、Mo、CaO、Cl 基准值明显高于浙江省基准值，与浙江省基准值比值在 1.4 以上，其中 Na$_2$O 基准值为 0.72%，是浙江省基准值的 4.50 倍；其他元素/指标基准值则与浙江省基准值基本接近。

四、浙中丘陵盆地区土壤地球化学基准值

浙江省浙中丘陵盆地区土壤地球化学基准值数据经正态分布检验，结果表明，原始数据中 Be、Cr、Ga、Ge、Nb、Rb、Th、Zr、SiO$_2$、K$_2$O 共 10 项元素/指标符合正态分布，B、Ba、Bi、Br、Cd、Ce、Co、Cu、Hg、I、La、Li、Mn、N、Ni、P、Pb、Sb、Sc、Se、Sr、Tl、V、Y、Zn、Al$_2$O$_3$、TFe$_2$O$_3$、MgO、CaO、TC、Corg、pH 共 32 项元素/指标符合对数正态分布，Cl、Ti、U、W 剔除异常值后符合正态分布，Ag、As、Au、Mo、S、Sn 剔除异常值后符合对数正态分布，其他元素/指标不符合正态分布或对数正态分布（表 3-45）。

浙江省浙中丘陵盆地区深层土壤总体呈酸性，土壤 pH 基准值为 5.67，极大值为 8.16，极小值为 4.43，与浙江省基准值基本接近。

在深层土壤各元素/指标中，绝大部分元素/指标变异系数小于 0.40，分布相对均匀；Ba、CaO、pH、Hg、Na$_2$O、Sb、Cd、Ni、P、Se、Sr、I、Co、Cu、V、Mn 共 16 项元素/指标变异系数大于 0.40，其中 Ba、CaO、pH 变异系数大于 0.80，空间变异性较大。

与浙江省土壤基准值相比，浙中丘陵盆地区土壤基准值中 Sr、Na$_2$O 基准值明显低于浙江省基准值，不足浙江省基准值的 60%；Ag、K$_2$O、I、V、Mn、B 基准值略低于浙江省基准值，为浙江省基准值的 60%～80%；Br、Bi、CaO、As、Au 基准值略高于浙江省基准值，与浙江省基准值比值在 1.2～1.4 之间；Cu、Mo、Ni、Sb 基准值明显高于浙江省基准值，与浙江省基准值比值在 1.4 以上；其他元素/指标基准值则与浙江省基准值基本接近。

五、浙西北山地丘陵区土壤地球化学基准值

浙江省浙西北山地丘陵区土壤地球化学基准值数据经正态分布检验，结果表明，原始数据中仅 B、Co、Cr、Ga、TFe$_2$O$_3$ 符合正态分布，Au、Br、F、Ge、I、Mn、N、P、K$_2$O 符合对数正态分布，Be、Li、Rb、Sc、Th 剔除异常值后符合正态分布，Ag、Bi、Cl、Cu、Hg、Mo、Pb、Se、Sn、Tl、V、W、Al$_2$O$_3$、MgO、CaO、Corg 共 16 项元素/指标剔除异常值后符合对数正态分布，其他元素/指标不符合正态分布或对数正态分布（表 3-46）。

浙江省浙西北山地丘陵区深层土壤总体呈酸性，土壤 pH 基准值为 5.69，极大值为 8.20，极小值为 4.59，与浙江省基准值基本接近。

在深层土壤各元素/指标中，绝大部分元素/指标变异系数小于 0.40，分布相对均匀；Au、pH、As、Na$_2$O、Cd、Br、Mo、Sb、Ag、I、Ni、Cu、Hg、CaO、B 共 15 项元素/指标变异系数大于 0.40，其中 Au、pH 变异系数大于 0.80，空间变异性较大。

与浙江省土壤基准值相比，浙西北山地丘陵区土壤基准值中 S、Sr 基准值明显低于浙江省基准值，不足浙江省基准值的 60%；Cr、B、V 基准值略低于浙江省基准值，为浙江省基准值的 60%～80%；CaO、Zn、Na$_2$O、Hg、Bi、MgO、U、F、N 基准值略高于浙江省基准值，与浙江省基准值比值在 1.2～1.4 之间；Br、Ni、Cu、Mo、P、As、Sn 基准值明显高于浙江省基准值，与浙江省基准值比值在 1.4 以上，其中 Br、Ni 基准值在浙江省基准值的 2.0 倍以上；其他元素/指标基准值则与浙江省基准值基本接近。

第三章 土壤地球化学基准值

表3-45 浙中丘陵盆地区土壤地球化学基准值参数统计表

元素/指标	N	$X_{5\%}$	$X_{10\%}$	$X_{25\%}$	$X_{50\%}$	$X_{75\%}$	$X_{90\%}$	$X_{95\%}$	$\overline{X}$	S	$\overline{X}_g$	S_g	X_{max}	X_{min}	CV	X_{me}	X_{mo}	分布类型	浙中丘陵盆地区基准值	浙江省基准值
Ag	325	31.20	37.00	44.00	54.0	68.0	79.6	90.6	56.7	17.44	54.1	10.29	105	20.00	0.31	54.0	45.00	剔除后对数分布	54.1	70.0
As	310	4.19	5.19	6.90	8.70	11.00	14.00	16.00	9.21	3.48	8.56	3.71	20.60	2.70	0.38	8.70	9.60	剔除后对数分布	8.56	6.83
Au	315	0.80	0.90	1.10	1.40	1.80	2.10	2.40	1.44	0.50	1.36	1.47	3.00	0.44	0.35	1.40	1.10	剔除后对数分布	1.36	1.10
B	340	23.00	26.00	34.00	47.00	63.0	74.0	80.0	48.62	18.00	45.13	9.35	91.0	10.00	0.37	47.00	48.00	对数正态分布	45.13	73.0
Ba	340	238	261	313	380	487	606	670	445	689	392	32.53	12 872	168	1.55	380	462	对数正态分布	392	482
Be	340	1.52	1.64	1.84	2.07	2.37	2.61	2.85	2.11	0.41	2.07	1.58	4.04	1.01	0.20	2.07	2.38	正态分布	2.11	2.31
Bi	340	0.19	0.21	0.24	0.31	0.39	0.46	0.51	0.33	0.11	0.31	2.13	0.90	0.16	0.34	0.31	0.25	对数正态分布	0.31	0.24
Br	340	1.00	1.04	1.50	1.95	2.48	3.20	3.67	2.10	0.84	1.95	1.69	5.96	1.00	0.40	1.95	1.00	对数正态分布	1.95	1.50
Cd	340	0.08	0.09	0.10	0.12	0.15	0.17	0.20	0.14	0.09	0.13	3.54	1.56	0.06	0.69	0.12	0.12	对数正态分布	0.13	0.11
Ce	340	57.5	61.8	69.2	76.7	86.1	96.0	105	78.8	15.52	77.4	12.28	144	40.87	0.20	76.7	83.4	偏峰分布	77.4	84.1
Cl	332	20.00	24.00	30.00	36.50	43.00	49.00	52.4	36.64	9.48	35.39	8.27	62.0	20.00	0.26	36.50	20.00	剔除后正态分布	36.64	39.00
Co	340	5.00	5.68	7.39	9.70	12.70	18.01	20.10	10.82	5.49	9.78	3.88	47.40	2.90	0.51	9.70	10.00	对数正态分布	9.78	11.90
Cr	340	28.80	33.14	43.68	56.2	73.1	89.2	97.4	59.3	22.79	55.2	10.07	147	14.20	0.38	56.2	56.8	正态分布	55.2	71.0
Cu	340	11.24	12.29	14.90	19.08	24.78	36.67	43.01	21.81	10.03	19.95	5.63	57.3	7.90	0.46	19.08	21.60	对数正态分布	19.95	11.20
F	322	314	349	404	475	593	719	815	509	151	489	35.88	956	229	0.30	475	498	对数正态分布	498	431
Ga	340	12.23	13.22	14.60	16.83	18.72	21.27	22.29	16.93	3.05	16.65	5.01	25.48	9.20	0.18	16.83	14.50	正态分布	16.93	18.92
Ge	340	1.29	1.35	1.43	1.56	1.72	1.86	1.93	1.59	0.23	1.58	1.33	3.18	1.06	0.15	1.56	1.50	正态分布	1.59	1.50
Hg	340	0.024	0.027	0.036	0.047	0.067	0.109	0.154	0.061	0.046	0.051	6.316	0.495	0.017	0.766	0.047	0.032	对数正态分布	0.051	0.048
I	340	1.20	1.44	2.03	2.87	3.86	5.06	6.40	3.18	1.65	2.81	2.09	15.65	0.48	0.52	2.87	1.76	对数正态分布	2.81	3.86
La	340	30.53	32.62	36.78	40.86	46.39	51.2	57.5	42.13	8.90	41.28	8.59	85.6	23.53	0.21	40.86	40.20	对数正态分布	41.28	41.00
Li	340	27.88	30.99	35.20	39.60	45.25	53.1	56.3	41.08	10.15	40.02	8.54	129	21.27	0.25	39.60	39.20	对数正态分布	40.02	37.51
Mn	340	256	300	366	453	608	797	943	514	223	473	35.08	1671	148	0.43	453	568	对数正态分布	473	713
Mo	304	0.67	0.72	0.87	1.05	1.27	1.52	1.88	1.11	0.34	1.06	1.35	2.16	0.47	0.31	1.05	0.95	剔除后正态分布	1.06	0.62
N	340	0.33	0.35	0.40	0.47	0.57	0.69	0.84	0.50	0.14	0.48	1.67	1.05	0.28	0.28	0.47	0.40	对数正态分布	0.48	0.49
Nb	340	14.78	16.43	18.33	19.99	22.40	25.21	26.32	20.51	3.70	20.18	5.70	38.60	10.98	0.18	19.99	19.98	对数正态分布	20.51	19.60
Ni	340	9.20	10.59	13.07	18.10	24.45	35.25	44.92	21.17	12.89	18.57	5.49	107	6.00	0.61	18.10	12.50	对数正态分布	18.57	11.00
P	340	0.11	0.13	0.18	0.24	0.33	0.45	0.54	0.27	0.15	0.24	2.68	1.19	0.05	0.55	0.24	0.24	对数正态分布	0.24	0.24
Pb	340	20.80	22.23	24.98	27.58	31.04	34.59	37.65	28.37	5.95	27.85	6.88	83.2	15.00	0.21	27.58	29.00	对数正态分布	27.85	30.00

续表 3-45

元素/指标	N	$X_{5\%}$	$X_{10\%}$	$X_{25\%}$	$X_{50\%}$	$X_{75\%}$	$X_{90\%}$	$X_{95\%}$	$\bar{X}$	S	$\bar{X}_g$	S_g	X_{max}	X_{min}	CV	X_{me}	X_{mo}	分布类型	浙中丘陵盆地区基准值	浙江省基准值
Rb	340	69.2	78.8	94.8	111	129	149	162	113	27.39	110	15.20	196	40.60	0.24	111	115	正态分布	113	128
S	333	59.2	67.4	84.0	115	156	192	216	123	48.06	114	15.19	263	41.00	0.39	115	79.0	剔除后对数分布	114	114
Sb	340	0.45	0.50	0.61	0.74	1.01	1.51	2.31	0.94	0.66	0.82	1.64	5.07	0.36	0.70	0.74	0.61	对数正态分布	0.82	0.53
Sc	340	6.50	7.00	8.28	9.90	12.00	14.40	16.04	10.38	3.04	9.99	3.75	24.80	4.71	0.29	9.90	10.40	对数正态分布	9.99	9.70
Se	340	0.13	0.14	0.17	0.24	0.32	0.41	0.49	0.26	0.14	0.24	2.66	1.59	0.08	0.53	0.24	0.24	对数正态分布	0.24	0.21
Sn	312	2.10	2.30	2.60	3.00	3.60	4.20	4.90	3.17	0.80	3.07	2.02	5.45	1.30	0.25	3.00	2.70	剔除后对数分布	3.07	2.60
Sr	340	27.79	30.58	38.10	46.77	61.6	79.7	95.2	53.9	28.82	49.13	10.02	283	20.00	0.53	46.77	53.9	对数正态分布	49.13	112
Th	340	10.93	12.07	14.18	15.95	17.83	20.18	21.66	16.10	3.21	15.77	4.99	27.59	7.50	0.20	15.95	17.08	正态分布	16.10	14.50
Ti	328	3112	3306	3731	4262	4932	5477	6014	4367	873	4280	124	6650	2082	0.20	4262	4196	剔除后正态分布	4367	4602
Tl	340	0.48	0.53	0.64	0.74	0.88	1.01	1.13	0.77	0.21	0.74	1.37	1.63	0.33	0.27	0.74	0.64	剔除后正态分布	0.74	0.82
U	319	2.50	2.81	3.12	3.55	3.96	4.37	4.69	3.57	0.64	3.51	2.12	5.21	1.87	0.18	3.55	3.64	剔除后正态分布	3.57	3.14
V	340	43.26	48.45	59.1	76.8	101	131	162	85.2	38.99	78.5	12.28	424	28.50	0.46	76.8	73.2	对数正态分布	78.5	110
W	323	1.45	1.57	1.80	1.99	2.26	2.48	2.59	2.01	0.35	1.98	1.55	2.89	1.18	0.17	1.99	1.99	剔除后对数分布	1.98	1.93
Y	340	17.69	19.88	22.60	25.88	30.04	34.59	39.97	27.35	9.41	26.33	6.64	122	13.16	0.34	25.88	25.09	对数正态分布	26.33	26.13
Zn	340	42.19	45.68	53.4	62.6	74.9	91.3	101	66.7	22.69	63.9	10.84	285	25.90	0.34	62.6	67.0	对数正态分布	63.9	77.4
Zr	340	214	231	267	307	344	381	403	307	57.5	301	27.36	481	161	0.19	307	353	正态分布	307	287
SiO₂	340	64.2	66.6	69.6	73.0	75.6	77.4	79.0	72.3	4.71	72.1	11.91	81.6	53.3	0.07	73.0	75.6	正态分布	72.3	70.5
Al₂O₃	340	11.14	11.61	12.56	13.81	15.05	16.48	17.61	13.97	2.02	13.83	4.50	22.95	9.65	0.14	13.81	14.87	对数正态分布	13.83	14.82
TFe₂O₃	340	3.10	3.35	3.95	4.67	5.81	6.71	7.15	4.94	1.47	4.75	2.49	11.69	2.04	0.30	4.67	5.71	对数正态分布	4.75	4.70
MgO	340	0.43	0.47	0.56	0.73	0.94	1.13	1.26	0.77	0.28	0.73	1.49	2.23	0.35	0.36	0.73	0.64	对数正态分布	0.73	0.67
CaO	340	0.10	0.12	0.19	0.27	0.38	0.59	0.90	0.37	0.41	0.28	2.58	4.09	0.06	1.11	0.27	0.30	对数正态分布	0.28	0.22
Na₂O	339	0.08	0.09	0.15	0.39	0.70	0.90	1.06	0.45	0.32	0.33	2.80	1.27	0.05	0.71	0.39	0.07	其他分布	0.28	0.16
K₂O	340	1.40	1.51	1.88	2.26	2.66	2.96	3.23	2.27	0.56	2.20	1.69	3.75	0.68	0.25	2.26	2.26	正态分布	2.27	2.99
TC	340	0.30	0.32	0.37	0.44	0.52	0.61	0.69	0.46	0.13	0.44	1.73	1.17	0.23	0.28	0.44	0.43	对数正态分布	0.44	0.43
Corg	340	0.24	0.25	0.29	0.34	0.42	0.48	0.54	0.36	0.10	0.35	1.96	0.71	0.19	0.27	0.34	0.33	对数正态分布	0.35	0.42
pH	340	4.70	4.83	5.02	5.37	6.19	6.95	7.26	5.22	5.19	5.67	2.77	8.16	4.43	0.99	5.37	5.36	对数正态分布	5.67	5.12

注：原始样本数为 340 件。

第三章 土壤地球化学基准值

表3-46 浙西北山地丘陵区土壤地球化学基准值参数统计表

元素/指标	N	$X_{5\%}$	$X_{10\%}$	$X_{25\%}$	$X_{50\%}$	$X_{75\%}$	$X_{90\%}$	$X_{95\%}$	$\overline{X}$	S	$\overline{X}_g$	S_g	X_{max}	X_{min}	CV	X_{mc}	X_{mo}	分布类型	浙西北山地丘陵区基准值	浙江省基准值
Ag	1135	32.00	40.00	54.0	70.0	98.0	130	150	79.7	36.13	72.3	12.52	190	15.00	0.45	70.0	32.00	剔除后其他分布	72.3	70.0
As	1123	4.61	5.22	6.79	9.15	14.20	22.28	26.99	11.54	6.79	9.94	4.20	33.60	1.20	0.59	9.15	10.50	其他分布	10.50	6.83
Au	1235	0.60	0.70	0.91	1.23	1.79	2.52	3.35	1.59	1.87	1.31	1.78	47.40	0.29	1.18	1.23	1.05	对数正态分布	1.31	1.10
B	1235	21.00	25.94	39.00	55.8	69.0	81.5	90.6	55.1	22.54	50.1	10.14	236	6.83	0.41	55.8	55.0	正态分布	55.1	73.0
Ba	1109	324	360	424	491	628	807	938	541	178	515	37.24	1087	181	0.33	491	544	其他分布	544	482
Be	1164	1.62	1.73	1.99	2.32	2.66	3.02	3.25	2.35	0.50	2.30	1.70	3.84	1.03	0.21	2.32	2.32	剔除后正态分布	2.35	2.31
Bi	1138	0.19	0.21	0.25	0.30	0.38	0.46	0.52	0.32	0.10	0.31	2.11	0.64	0.12	0.31	0.30	0.29	正态分布	0.31	0.24
Br	1235	1.50	1.70	2.20	3.00	4.17	5.60	7.11	3.48	1.99	3.08	2.27	21.17	0.68	0.57	3.00	1.50	剔除后对数正态分布	3.08	1.50
Cd	1125	0.04	0.06	0.08	0.11	0.17	0.25	0.31	0.13	0.08	0.11	3.89	0.38	0.01	0.58	0.11	0.11	其他分布	0.11	0.11
Ce	1107	68.8	72.1	77.6	83.8	92.7	105	114	86.2	13.39	85.2	13.09	127	49.20	0.16	83.8	80.0	其他分布	80.0	84.1
Cl	1164	25.52	28.13	32.70	38.90	46.12	55.9	62.2	40.39	10.63	39.06	8.31	71.0	19.00	0.26	38.90	37.00	剔除后对数正态分布	39.06	39.00
Co	1235	7.10	8.42	10.80	14.30	17.00	19.46	21.00	14.17	4.53	13.43	4.66	40.10	4.62	0.32	14.30	16.40	正态分布	14.17	11.90
Cr	1235	21.58	26.94	39.05	55.6	68.8	78.3	86.8	54.8	21.04	50.3	10.01	179	7.40	0.38	55.6	63.0	正态分布	54.8	71.0
Cu	1188	11.04	12.38	15.68	21.25	28.80	37.53	42.70	23.21	9.67	21.33	6.23	51.9	5.23	0.42	21.25	21.90	剔除后对数正态分布	21.33	11.20
F	1235	312	360	432	541	686	895	1032	587	228	548	39.43	2119	126	0.39	541	415	对数正态分布	548	431
Ga	1235	13.67	14.70	16.30	18.30	20.10	22.00	23.23	18.23	3.05	17.96	5.38	28.60	5.90	0.17	18.30	17.30	正态分布	18.23	18.92
Ge	1235	1.30	1.36	1.46	1.57	1.69	1.84	1.92	1.59	0.19	1.57	1.33	2.67	1.01	0.12	1.57	1.58	对数正态分布	1.57	1.50
Hg	1158	0.030	0.035	0.047	0.063	0.084	0.110	0.130	0.068	0.028	0.062	5.114	0.150	0.014	0.415	0.063	0.046	剔除后对数正态分布	0.062	0.048
I	1235	1.58	2.03	2.88	3.81	4.94	6.35	7.25	4.04	1.78	3.66	2.43	14.10	0.21	0.44	3.81	3.41	剔除后对数正态分布	3.66	3.86
La	1193	34.56	36.90	41.00	44.30	47.30	49.80	51.5	43.94	4.93	43.65	8.90	57.3	30.90	0.11	44.30	42.50	其他分布	42.50	41.00
Li	1187	26.93	29.80	34.10	40.40	47.20	54.3	59.4	41.19	9.52	40.10	8.57	68.1	16.20	0.23	40.40	39.50	剔除后对数正态分布	41.19	37.51
Mn	1235	399	471	612	771	956	1178	1337	809	309	756	47.31	3678	117	0.38	771	593	对数正态分布	756	713
Mo	1111	0.46	0.53	0.69	0.99	1.43	2.00	2.46	1.14	0.60	1.01	1.65	3.15	0.28	0.53	0.99	0.62	其他分布	1.01	0.62
N	1235	0.34	0.38	0.46	0.58	0.75	0.91	1.04	0.62	0.24	0.59	1.58	2.62	0.17	0.38	0.58	0.58	对数正态分布	0.59	0.49
Nb	1119	15.89	16.80	18.30	19.70	22.10	24.40	25.80	20.19	3.00	19.97	5.66	29.00	11.90	0.15	19.70	19.10	其他分布	19.10	19.60
Ni	1217	10.28	12.00	16.90	24.70	33.60	40.20	43.72	25.69	10.75	23.30	6.60	59.2	4.97	0.42	24.70	22.10	剔除后对数正态分布	22.10	11.00
P	1235	0.21	0.25	0.31	0.40	0.50	0.63	0.72	0.42	0.17	0.39	1.90	2.25	0.12	0.40	0.40	0.45	其他分布	0.39	0.24
Pb	1161	18.90	20.20	22.20	25.10	28.40	31.40	34.10	25.49	4.55	25.09	6.47	38.90	13.20	0.18	25.10	24.50	剔除后对数正态分布	25.09	30.00

续表 3-46

元素/指标	N	$X_{5\%}$	$X_{10\%}$	$X_{25\%}$	$X_{50\%}$	$X_{75\%}$	$X_{90\%}$	$X_{95\%}$	$\bar{X}$	S	$\bar{X}_g$	S_g	X_{max}	X_{min}	CV	X_{me}	X_{mo}	分布类型	浙西北山地丘陵区基准值	浙江省基准值
Rb	1189	81.6	89.2	103	121	138	158	170	122	26.91	119	15.96	199	45.30	0.22	121	128	剔除后正态分布	122	128
S	1173	54.3	66.8	88.1	113	139	171	188	116	39.25	108	15.52	226	8.10	0.34	113	50.00	偏峰分布	50.00	114
Sb	1110	0.47	0.52	0.63	0.81	1.14	1.80	2.15	0.98	0.51	0.87	1.59	2.64	0.23	0.52	0.81	0.60	其他分布	0.60	0.53
Sc	1192	7.10	7.60	8.60	9.60	10.50	11.30	11.90	9.53	1.44	9.42	3.70	13.50	5.70	0.15	9.60	9.70	剔除后正态分布	9.53	9.70
Se	1158	0.10	0.12	0.15	0.21	0.27	0.35	0.40	0.22	0.09	0.20	2.71	0.48	0.06	0.40	0.21	0.21	剔除后对数分布	0.20	0.21
Sn	1154	2.34	2.59	3.04	3.83	4.62	5.78	6.39	3.97	1.22	3.79	2.32	7.63	0.76	0.31	3.83	2.89	剔除后对数分布	3.79	2.60
Sr	1159	31.29	34.18	39.90	47.70	60.3	78.5	86.0	52.0	16.77	49.54	9.63	100.0	16.00	0.32	47.70	46.00	其他分布	46.00	112
Th	1180	10.70	11.30	12.60	14.20	15.70	17.30	18.30	14.25	2.33	14.06	4.65	21.00	7.71	0.16	14.20	13.60	偏峰分布	14.25	14.50
Ti	1199	3525	3836	4455	5109	5610	6005	6231	5010	846	4934	136	7412	2663	0.17	5109	5171	剔除后对数分布	5171	4602
Tl	1185	0.48	0.52	0.62	0.74	0.87	1.02	1.11	0.76	0.19	0.73	1.37	1.30	0.30	0.25	0.74	0.75	偏峰分布	0.73	0.82
U	1155	2.34	2.50	2.79	3.21	3.83	4.58	5.00	3.38	0.82	3.29	2.06	5.94	1.47	0.24	3.21	4.00	偏峰分布	4.00	3.14
V	1171	45.35	52.1	66.2	80.4	97.6	116	128	82.9	24.24	79.2	12.71	152	28.70	0.29	80.4	110	偏峰分布	79.2	110
W	1164	1.33	1.47	1.73	2.10	2.58	3.10	3.45	2.20	0.64	2.11	1.67	4.15	0.85	0.29	2.10	1.90	偏峰分布	2.11	1.93
Y	1147	21.10	22.70	24.70	27.00	29.80	33.40	35.67	27.48	4.27	27.15	6.77	39.70	16.20	0.16	27.00	26.00	偏峰分布	26.00	26.13
Zn	1188	52.2	57.5	66.4	77.8	94.0	108	116	80.4	19.78	78.0	12.69	140	28.00	0.25	77.8	77.8	偏峰分布	102	77.4
Zr	1156	192	208	240	269	301	337	360	272	49.04	267	25.07	415	162	0.18	269	269	偏峰分布	269	287
SiO_2	1198	65.6	66.9	69.1	71.4	73.4	75.0	75.8	71.2	3.14	71.1	11.72	79.6	62.3	0.04	71.4	70.5	剔除后正态分布	70.5	70.5
Al_2O_3	1192	11.40	12.00	12.70	13.54	14.70	15.73	16.40	13.71	1.48	13.63	4.53	17.90	9.72	0.11	13.54	13.80	剔除后对数分布	13.63	14.82
TFe_2O_3	1235	3.56	3.99	4.53	5.14	5.81	6.40	6.97	5.19	1.03	5.09	2.63	9.94	2.07	0.20	5.14	5.11	正态分布	5.19	4.70
MgO	1162	0.50	0.57	0.70	0.86	1.08	1.33	1.47	0.91	0.29	0.86	1.40	1.78	0.26	0.32	0.86	0.72	剔除后对数分布	0.86	0.67
CaO	1140	0.15	0.17	0.22	0.29	0.39	0.50	0.57	0.31	0.13	0.29	2.28	0.72	0.06	0.41	0.29	0.24	剔除后对数分布	0.29	0.22
Na_2O	1197	0.13	0.15	0.21	0.32	0.52	0.72	0.86	0.38	0.22	0.32	2.46	1.03	0.07	0.59	0.32	0.21	其他分布	0.21	0.16
K_2O	1235	1.67	1.84	2.12	2.53	2.98	3.39	3.67	2.58	0.60	2.51	1.80	4.46	0.95	0.23	2.53	2.45	对数正态分布	2.51	2.99
TC	1139	0.31	0.35	0.43	0.50	0.58	0.71	0.77	0.51	0.14	0.50	1.61	0.90	0.19	0.26	0.50	0.44	其他分布	0.44	0.43
Corg	1145	0.27	0.31	0.40	0.47	0.55	0.66	0.72	0.48	0.13	0.46	1.67	0.83	0.17	0.27	0.47	0.51	剔除后对数分布	0.46	0.42
pH	1222	4.99	5.11	5.33	5.70	6.47	7.08	7.46	5.50	5.43	5.93	2.81	8.20	4.59	0.99	5.70	5.69	其他分布	5.69	5.12

注：原始样本数为 1235 件。

六、浙南山地区土壤地球化学基准值

浙江省浙南山地区土壤地球化学基准值数据经正态分布检验,结果表明,原始数据中仅 Ga、SiO_2、K_2O 符合正态分布,As、Au、B、Be、Bi、Cd、Co、Cr、Cu、Ge、Hg、I、La、Li、Mo、N、Nb、Ni、P、Sc、Se、Sr、Tl、U、V、Y、Zr、Al_2O_3、TFe_2O_3、MgO、Na_2O、TC、Corg 共 33 项元素/指标符合对数正态分布,Ce、Mn、Rb、Th 剔除异常值后符合正态分布,Ag、Ba、Br、Cl、Pb、Sb、Sn、W、Zn、CaO、pH 剔除异常值后符合对数正态分布,其他元素/指标不符合正态分布或对数正态分布(表 3-47)。

浙江省浙南山地区深层土壤总体呈酸性,土壤 pH 基准值为 5.15,极大值为 5.88,极小值为 4.49,与浙江省基准值基本接近。

在深层土壤各元素/指标中,大部分元素/指标变异系数小于 0.40,分布相对均匀;Mo、Cd、Au、pH、Cr、Sr、As、Na_2O、Cu、Bi、Ni、TC、Co、Corg、P、V、B、I、MgO、Hg、Br、Se 共 22 项元素/指标变异系数大于 0.40,其中 Mo、Cd、Au、pH 变异系数大于 0.80,空间变异性较大。

与浙江省土壤基准值相比,浙南山地区土壤基准值中 V、Sr、Cr、B 基准值明显低于浙江省基准值,不足浙江省基准值的 60%;Co、Li 基准值略低于浙江省基准值,为浙江省基准值的 60%~80%;Se、Tl、Sn、F、Nb、Pb、Hg 基准值略高于浙江省基准值,与浙江省基准值比值在 1.2~1.4 之间;Br、Mo、Na_2O、I、Bi 基准值明显高于浙江省基准值,与浙江省基准值比值在 1.4 以上,其中 Br、Mo 基准值在浙江省基准值的 2.0 倍以上;其他元素/指标基准值则与浙江省基准值基本接近。

第七节　主要大地构造单元地球化学基准值

一、江南古岛弧土壤地球化学基准值

浙江省江南古岛弧因样本数少于 30 件,因此未进行分布检验,基准值按中位数取值(表 3-48)。

浙江省江南古岛弧深层土壤总体呈酸性,土壤 pH 基准值为 5.59,极大值为 6.68,极小值为 4.98,与浙江基准值基本接近。

在深层土壤各元素/指标中,绝大部分元素/指标变异系数小于 0.40,分布相对均匀;Mo、pH、Bi、Cd、TC、Corg、Br、As、N、B、W、Ba、S、V、Sb、Na_2O、Ag 共 17 项元素/指标变异系数大于 0.40,其中 Mo、pH、Bi 变异系数大于 0.80,空间变异性较大。

与浙江省土壤基准值相比,江南古岛弧土壤基准值中 Sr、B 基准值明显低于浙江省基准值,不足浙江省基准值的 60%;K_2O、V、Cr 基本值略低于浙江省基准值,为浙江省基准值的 60%~80%;Mo、Corg、N、TC、W、MgO、F、Ce、Ba、CaO、I、Y 基准值略高于浙江省基准值,与浙江省基准值比值在 1.2~1.4 之间;Br、Sb、As、Hg、Ni、Cu、Na_2O、Cd、Sn、P、Se、Bi 基准值明显高于浙江省基准值,与浙江省基准值比值在 1.4 以上,其中 Br、Sb、As、Ni 明显富集,基准值在浙江省基准值的 2.0 倍以上;其他元素/指标基准值则与浙江省基准值基本接近。

二、江山-绍兴对接带土壤地球化学基准值

浙江省江山-绍兴对接带土壤地球化学基准值数据经正态分布检验,结果表明,原始数据中仅 Ga、Al_2O_3、K_2O 符合正态分布,Ag、As、Au、B、Be、Br、Co、Cu、Ge、Hg、I、La、Mn、Mo、N、P、S、Sb、Sc、Se、Sn、Sr、Th、Ti、Tl、V、Y、Zn、Zr、SiO_2、TFe_2O_3、MgO、CaO、Na_2O、TC、Corg 共 36 项元素/指标符合对数正态分布,Ba、Cd、Cl、Li、Nb、Pb、Rb、U、W 剔除异常值后符合正态分布,Ce、Cr、F、Ni 剔除异常值后符合对数正态

表 3-47 浙南山地区土壤地球化学基准值参数统计表

元素/指标	N	$X_{5\%}$	$X_{10\%}$	$X_{25\%}$	$X_{50\%}$	$X_{75\%}$	$X_{90\%}$	$X_{95\%}$	$\bar{X}$	S	$\bar{X}_g$	S_g	X_{max}	X_{min}	CV	X_{me}	X_{mo}	分布类型	浙南山地区基准值	浙江省基准值
Ag	761	43.00	45.00	53.0	63.0	78.0	96.0	104	67.3	19.51	64.7	11.37	128	25.00	0.29	63.0	50.00	剔除后对数分布	64.7	70.0
As	813	2.87	3.26	4.24	5.50	7.50	10.70	13.10	6.65	4.94	5.79	3.03	67.4	1.72	0.74	5.50	7.60	对数正态分布	5.79	6.83
Au	813	0.42	0.50	0.60	0.81	1.18	1.70	2.30	1.10	1.38	0.88	1.76	22.20	0.27	1.25	0.81	0.60	对数正态分布	0.88	1.10
B	813	12.00	13.42	16.30	20.60	27.45	36.00	44.21	23.59	11.16	21.59	6.14	88.9	6.00	0.47	20.60	16.00	对数正态分布	21.59	73.0
Ba	775	261	311	420	535	668	845	932	553	199	516	37.40	1118	78.0	0.36	535	470	剔除后对数分布	516	482
Be	813	1.69	1.81	2.04	2.33	2.72	3.12	3.51	2.45	0.70	2.38	1.73	11.80	1.14	0.29	2.33	2.17	对数正态分布	2.38	2.31
Bi	813	0.17	0.19	0.24	0.32	0.45	0.64	0.83	0.39	0.28	0.34	2.16	3.52	0.11	0.71	0.32	0.31	对数正态分布	0.34	0.24
Br	779	1.80	2.13	2.80	3.80	5.16	6.80	7.61	4.15	1.80	3.77	2.43	9.40	0.90	0.43	3.80	3.20	剔除后对数分布	3.77	1.50
Cd	813	0.04	0.04	0.06	0.09	0.14	0.20	0.26	0.12	0.16	0.09	4.66	3.77	0.01	1.33	0.09	0.11	对数正态分布	0.09	0.11
Ce	780	71.8	76.4	87.0	97.1	109	121	129	98.2	17.32	96.7	14.20	146	55.9	0.18	97.1	103	偏峰分布	98.2	84.1
Cl	755	26.97	29.50	33.90	40.10	49.50	61.1	68.0	42.98	12.47	41.33	8.72	81.8	20.00	0.29	40.10	37.00	剔除后对数分布	41.33	39.00
Co	813	4.54	5.15	6.41	8.38	11.90	16.76	20.34	9.87	5.24	8.82	3.82	48.80	2.08	0.53	8.38	10.70	对数正态分布	8.82	11.90
Cr	811	10.60	12.00	17.10	24.40	35.50	53.3	72.7	30.34	23.10	25.12	6.78	252	6.27	0.76	24.40	21.80	对数正态分布	25.12	71.0
Cu	813	5.50	6.60	8.60	11.35	15.90	22.90	29.20	13.89	10.08	11.92	4.47	108	2.20	0.73	11.35	8.60	对数正态分布	11.92	11.20
F	786	264	293	359	431	525	614	660	444	120	427	32.51	788	186	0.27	431	565	正数分布	565	431
Ga	813	15.80	17.11	19.23	21.20	23.30	25.08	26.34	21.16	3.16	20.92	5.91	32.60	11.46	0.15	21.20	21.00	正数正态分布	20.92	18.92
Ge	813	1.37	1.41	1.50	1.60	1.74	1.85	1.94	1.62	0.18	1.61	1.35	2.85	1.14	0.11	1.60	1.50	对数正态分布	1.61	1.50
Hg	813	0.036	0.041	0.049	0.061	0.075	0.093	0.110	0.066	0.029	0.062	5.110	0.450	0.018	0.443	0.061	0.059	对数正态分布	0.062	0.048
I	813	2.79	3.42	4.59	6.30	8.75	11.00	12.62	6.90	3.22	6.20	3.23	34.20	0.34	0.47	6.30	10.80	对数正态分布	6.20	3.86
La	813	32.51	35.49	41.50	47.90	55.4	63.6	68.8	49.26	11.68	47.95	9.67	99.0	22.34	0.24	47.90	47.00	对数正态分布	47.95	41.00
Li	813	19.26	21.44	24.60	29.53	35.80	42.82	49.16	31.24	9.42	30.00	7.13	89.8	13.10	0.30	29.53	27.40	对数正态分布	30.00	37.51
Mn	793	361	418	574	744	946	1164	1254	772	272	722	45.64	1539	171	0.35	744	611	对数正态分布	772	713
Mo	813	0.54	0.66	0.87	1.22	1.85	2.76	3.68	1.64	2.20	1.30	1.86	52.0	0.34	1.34	1.22	1.27	对数正态分布	1.30	0.62
N	813	0.30	0.33	0.39	0.48	0.60	0.76	0.86	0.52	0.19	0.49	1.71	1.79	0.15	0.36	0.48	0.48	对数正态分布	0.49	0.49
Nb	813	17.63	19.10	21.20	23.90	27.09	31.10	33.23	24.59	5.09	24.08	6.30	49.49	2.86	0.21	23.90	20.50	对数正态分布	24.08	19.60
Ni	813	5.35	6.41	8.56	11.50	16.16	24.60	33.32	14.19	9.72	12.12	4.62	82.0	3.17	0.68	11.50	11.00	对数正态分布	12.12	11.00
P	813	0.12	0.14	0.18	0.24	0.34	0.48	0.56	0.28	0.15	0.25	2.54	1.28	0.08	0.52	0.24	0.20	对数正态分布	0.25	0.24
Pb	733	24.43	26.60	30.44	35.30	42.64	52.0	58.8	37.49	10.02	36.26	8.23	69.3	17.30	0.27	35.30	36.00	剔除后对数分布	36.26	30.00

续表 3-47

元素/指标	N	$X_{5\%}$	$X_{10\%}$	$X_{25\%}$	$X_{50\%}$	$X_{75\%}$	$X_{90\%}$	$X_{95\%}$	$\overline{X}$	S	$\overline{X}_g$	S_g	X_{max}	X_{min}	CV	X_{me}	X_{mo}	分布类型	浙南山地区基准值	浙江省基准值
Rb	790	93.1	102	117	132	149	166	177	133	24.71	131	16.63	200	70.2	0.19	132	152	剔除后正态分布	133	128
S	762	89.3	96.8	108	127	150	173	191	131	31.23	127	16.46	222	50.00	0.24	127	121	偏峰分布	121	114
Sb	766	0.29	0.32	0.39	0.48	0.57	0.69	0.75	0.49	0.14	0.47	1.69	0.89	0.19	0.28	0.48	0.40	剔除后对数正态分布	0.47	0.53
Sc	813	6.36	6.90	8.00	9.70	11.40	13.54	15.44	10.05	2.94	9.67	3.75	24.26	4.70	0.29	9.70	7.70	对数正态分布	9.67	9.70
Se	813	0.15	0.17	0.22	0.29	0.39	0.49	0.54	0.31	0.13	0.29	2.27	1.38	0.08	0.41	0.29	0.23	对数正态分布	0.29	0.21
Sn	758	2.44	2.58	2.99	3.40	3.91	4.53	4.90	3.49	0.74	3.41	2.09	5.67	1.50	0.21	3.40	3.10	剔除后正态分布	3.41	2.60
Sr	813	21.10	25.80	33.27	44.70	64.6	92.5	111	53.8	40.73	46.59	9.65	864	8.20	0.76	44.70	33.80	对数正态分布	46.59	112
Th	785	10.10	11.69	14.10	16.80	19.90	22.60	24.00	16.95	4.19	16.39	5.19	28.90	5.49	0.25	16.80	15.60	剔除后正态分布	16.95	14.50
Ti	783	2460	2874	3369	4082	4856	5676	6326	4174	1119	4021	120	7233	1321	0.27	4082	4326	偏峰分布	4326	4602
Tl	813	0.76	0.83	0.92	1.05	1.23	1.47	1.67	1.11	0.31	1.08	1.28	3.25	0.55	0.28	1.05	0.96	对数正态分布	1.08	0.82
U	813	2.57	2.76	3.16	3.60	4.10	4.77	5.27	3.73	1.01	3.62	2.19	14.00	1.78	0.27	3.60	3.40	对数正态分布	3.62	3.14
V	813	30.26	34.42	45.60	59.4	78.2	107	128	66.1	31.52	60.0	11.02	236	14.40	0.48	59.4	31.90	对数正态分布	60.0	110
W	772	1.44	1.54	1.75	2.08	2.44	2.93	3.19	2.15	0.53	2.09	1.64	3.68	1.01	0.25	2.08	1.74	剔除后正态分布	2.09	1.93
Y	813	19.70	21.10	23.50	26.40	29.90	34.00	38.44	27.36	6.47	26.76	6.68	113	13.70	0.24	26.40	25.70	对数正态分布	26.76	26.13
Zn	753	58.3	62.5	71.8	82.1	95.0	113	124	85.1	19.27	82.9	12.99	141	39.10	0.23	82.1	117	剔除后正态分布	82.9	77.4
Zr	813	220	237	265	306	352	408	465	318	79.1	309	27.66	768	159	0.25	306	308	对数正态分布	309	287
SiO$_2$	813	58.6	61.2	64.3	67.5	70.5	72.9	73.9	67.1	4.77	67.0	11.31	79.9	50.5	0.07	67.5	64.9	正态分布	67.1	70.5
Al$_2$O$_3$	813	13.54	14.31	15.42	16.89	18.68	20.10	20.94	17.09	2.30	16.93	5.16	24.70	11.40	0.13	16.89	15.00	对数正态分布	16.93	14.82
TFe$_2$O$_3$	813	2.94	3.22	3.69	4.39	5.38	6.73	7.65	4.72	1.50	4.52	2.50	11.30	2.36	0.32	4.39	4.51	对数正态分布	4.52	4.70
MgO	813	0.34	0.38	0.45	0.55	0.71	0.95	1.13	0.63	0.28	0.58	1.65	2.43	0.24	0.45	0.55	0.45	对数正态分布	0.58	0.67
CaO	746	0.10	0.11	0.14	0.17	0.23	0.30	0.36	0.19	0.08	0.18	2.89	0.43	0.05	0.40	0.17	0.16	对数正态分布	0.18	0.22
Na$_2$O	813	0.10	0.11	0.15	0.26	0.44	0.66	0.89	0.34	0.25	0.27	2.81	1.65	0.07	0.74	0.26	0.12	剔除后正态分布	0.27	0.16
K$_2$O	813	1.51	1.74	2.18	2.59	2.98	3.38	3.64	2.58	0.63	2.50	1.79	4.96	1.00	0.25	2.59	2.72	对数正态分布	2.58	2.99
TC	813	0.20	0.23	0.32	0.43	0.61	0.82	0.97	0.49	0.27	0.44	2.00	3.30	0.11	0.54	0.43	0.51	正态分布	0.44	0.43
Corg	813	0.19	0.22	0.30	0.40	0.54	0.75	0.88	0.46	0.24	0.41	2.03	2.65	0.10	0.53	0.40	0.32	对数正态分布	0.41	0.42
pH	756	4.78	4.85	4.98	5.14	5.29	5.50	5.66	5.09	5.34	5.15	2.58	5.88	4.49	1.05	5.14	5.14	剔除后对数正态分布	5.15	5.12

注：Cr 原始样本数为 811 件，其他元素/指标为 813 件。

表 3-48 江南古岛弧土壤地球化学基准值参数统计表

元素/指标	N	$X_{5\%}$	$X_{10\%}$	$X_{25\%}$	$X_{50\%}$	$X_{75\%}$	$X_{90\%}$	$X_{95\%}$	$\overline{X}$	S	$\overline{X}_g$	S_g	X_{max}	X_{min}	CV	X_{me}	X_{mo}	江南古岛弧基准值	浙江省基准值
Ag	9	57.2	58.4	63.0	80.0	98.0	130	150	89.8	36.52	84.3	12.27	170	56.0	0.41	80.0	91.0	80.0	70.0
As	9	5.81	6.40	14.10	16.90	23.70	28.54	31.82	18.35	9.61	15.75	4.88	35.10	5.23	0.52	16.90	16.90	16.90	6.83
Au	9	0.83	0.88	0.95	1.23	1.70	1.72	1.73	1.29	0.37	1.24	1.34	1.74	0.78	0.29	1.23	1.23	1.23	1.10
B	9	17.32	18.24	21.10	25.70	49.60	58.5	60.2	35.37	17.64	31.57	6.73	61.9	16.40	0.50	25.70	42.10	25.70	73.0
Ba	9	486	536	574	600	687	1152	1357	744	350	690	37.25	1563	436	0.47	600	687	600	482
Be	9	1.76	1.85	1.93	2.10	2.29	2.88	3.21	2.25	0.57	2.20	1.67	3.54	1.66	0.25	2.10	2.29	2.10	2.31
Bi	9	0.29	0.31	0.36	0.41	0.51	0.84	1.31	0.56	0.47	0.47	1.90	1.78	0.27	0.83	0.41	0.36	0.41	0.24
Br	9	2.20	2.80	3.60	4.70	5.10	7.30	9.50	5.04	2.82	4.45	2.61	11.70	1.60	0.56	4.70	5.10	4.70	1.50
Cd	9	0.09	0.09	0.10	0.17	0.25	0.34	0.47	0.21	0.16	0.17	3.20	0.60	0.09	0.77	0.17	0.19	0.17	0.11
Ce	9	75.5	77.2	96.9	105	124	134	151	108	28.14	105	13.13	167	73.8	0.26	105	106	105	84.1
Cl	9	34.82	34.94	35.20	36.80	39.00	41.98	45.34	38.09	4.40	37.89	7.66	48.70	34.70	0.12	36.80	39.00	36.80	39.00
Co	9	7.16	8.07	9.37	12.40	16.40	19.42	19.66	13.10	4.82	12.28	4.11	19.90	6.25	0.37	12.40	12.40	12.40	11.90
Cr	9	26.90	32.50	37.80	46.60	58.7	62.4	63.3	46.47	13.93	44.30	8.36	64.1	21.30	0.30	46.60	46.60	46.60	71.0
Cu	9	12.60	12.80	13.80	21.70	24.40	32.92	33.56	21.67	7.99	20.36	5.39	34.20	12.40	0.37	21.70	21.70	21.70	11.20
F	9	467	496	516	551	599	659	706	569	88.9	563	34.23	752	437	0.16	551	571	551	431
Ga	9	15.44	16.68	17.90	18.30	19.40	21.46	21.58	18.60	2.24	18.47	5.13	21.70	14.20	0.12	18.30	18.30	18.30	18.92
Ge	9	1.38	1.45	1.50	1.58	1.60	1.63	1.66	1.55	0.11	1.55	1.28	1.69	1.32	0.07	1.58	1.56	1.58	1.50
Hg	9	0.065	0.066	0.076	0.085	0.095	0.110	0.110	0.087	0.017	0.085	4.196	0.110	0.064	0.196	0.085	0.110	0.085	0.048
I	9	2.86	3.28	3.89	4.73	5.19	5.95	6.64	4.67	1.39	4.48	2.54	7.32	2.44	0.30	4.73	4.73	4.73	3.86
La	9	34.22	37.74	40.80	41.50	43.00	45.28	46.44	41.23	4.63	40.98	7.95	47.60	30.70	0.11	41.50	41.50	41.50	41.00
Li	9	31.64	34.48	37.70	42.30	46.70	53.8	57.0	42.84	9.33	41.96	8.01	60.2	28.80	0.22	42.30	42.30	42.30	37.51
Mn	9	496	603	677	755	898	968	977	765	189	740	40.49	986	390	0.25	755	755	755	713
Mo	9	0.46	0.47	0.69	0.84	1.05	5.15	5.79	1.82	2.20	1.12	2.48	6.43	0.46	1.21	0.84	1.05	0.84	0.62
N	9	0.50	0.50	0.54	0.64	0.88	1.40	1.59	0.83	0.44	0.75	1.59	1.77	0.49	0.52	0.64	0.88	0.64	0.49
Nb	9	15.62	16.34	16.70	20.00	21.80	23.92	24.16	19.69	3.30	19.44	5.26	24.40	14.90	0.17	20.00	16.70	20.00	19.60
Ni	9	14.24	16.88	18.90	24.10	29.40	36.30	36.90	24.92	8.70	23.48	5.66	37.50	11.60	0.35	24.10	24.10	24.10	11.00
P	9	0.23	0.23	0.27	0.38	0.48	0.50	0.53	0.38	0.12	0.36	1.91	0.55	0.22	0.31	0.38	0.38	0.38	0.24
Pb	9	20.52	21.04	21.70	26.90	27.30	35.32	36.56	26.59	6.18	26.00	6.33	37.80	20.00	0.23	26.90	26.90	26.90	30.00

续表 3-48

元素/指标	N	$X_{5\%}$	$X_{10\%}$	$X_{25\%}$	$X_{50\%}$	$X_{75\%}$	$X_{90\%}$	$X_{95\%}$	$\overline{X}$	S	$\overline{X}_g$	S_g	X_{max}	X_{min}	CV	X_{me}	X_{mo}	江南古岛弧基准值	浙江省基准值
Rb	9	100.0	107	114	116	124	158	177	126	30.05	124	15.06	197	93.4	0.24	116	116	116	128
S	9	66.5	82.0	92.9	107	128	158	207	121	56.4	111	13.90	255	50.9	0.47	107	126	107	114
Sb	9	0.71	0.86	0.99	1.35	1.56	2.05	2.30	1.38	0.59	1.28	1.53	2.56	0.56	0.42	1.35	1.37	1.35	0.53
Sc	9	6.90	7.30	8.00	8.70	10.50	11.08	11.64	9.03	1.80	8.88	3.41	12.20	6.50	0.20	8.70	8.80	8.70	9.70
Se	9	0.19	0.20	0.22	0.33	0.43	0.50	0.50	0.34	0.12	0.32	2.15	0.50	0.18	0.36	0.33	0.33	0.33	0.21
Sn	9	3.20	3.41	3.84	4.07	4.39	5.75	7.04	4.47	1.56	4.29	2.47	8.32	2.99	0.35	4.07	4.39	4.07	2.60
Sr	9	26.78	26.86	27.40	36.30	37.50	42.72	45.56	34.98	7.29	34.32	7.34	48.40	26.70	0.21	36.30	36.30	36.30	112
Th	9	11.90	11.90	12.20	13.10	14.30	14.76	15.08	13.26	1.27	13.20	4.28	15.40	11.90	0.10	13.10	11.90	13.10	14.50
Ti	9	3310	3903	4277	4465	4740	6634	6747	4756	1259	4608	112	6859	2718	0.26	4465	4740	4465	4602
Tl	9	0.66	0.67	0.69	0.84	1.02	1.13	1.16	0.88	0.20	0.86	1.26	1.19	0.64	0.23	0.84	0.84	0.84	0.82
U	9	2.73	2.86	2.99	3.16	3.29	3.74	4.36	3.30	0.67	3.25	1.96	4.98	2.60	0.20	3.16	3.29	3.16	3.14
V	9	49.56	54.9	67.2	78.8	109	130	155	92.1	40.79	85.0	12.10	180	44.20	0.44	78.8	101	78.8	110
W	9	2.34	2.35	2.39	2.48	5.30	6.00	6.57	3.72	1.84	3.37	2.29	7.14	2.33	0.50	2.48	3.31	2.48	1.93
Y	9	25.10	27.10	28.70	31.80	32.60	36.76	39.08	31.54	5.10	31.18	6.94	41.40	23.10	0.16	31.80	31.80	31.80	26.13
Zn	9	64.1	70.4	77.8	91.5	95.9	102	109	87.4	16.66	85.9	12.12	116	57.8	0.19	91.5	84.1	91.5	77.4
Zr	9	197	216	246	260	270	286	306	256	39.84	253	22.13	326	178	0.16	260	254	260	287
SiO$_2$	9	65.2	65.3	68.9	71.8	72.8	73.7	74.8	70.8	3.68	70.7	10.90	76.0	65.0	0.05	71.8	71.7	71.8	70.5
Al$_2$O$_3$	9	12.40	13.00	13.70	14.40	15.90	16.30	16.50	14.59	1.55	14.51	4.52	16.70	11.80	0.11	14.40	14.40	14.40	14.82
TFe$_2$O$_3$	9	3.47	3.68	4.07	4.76	5.15	5.58	5.97	4.67	0.92	4.59	2.37	6.35	3.26	0.20	4.76	4.76	4.76	4.70
MgO	9	0.62	0.67	0.80	0.86	0.92	0.97	1.00	0.84	0.14	0.83	1.24	1.03	0.56	0.17	0.86	0.85	0.86	0.67
CaO	9	0.16	0.17	0.22	0.27	0.35	0.37	0.42	0.28	0.10	0.26	2.24	0.47	0.15	0.36	0.27	0.35	0.27	0.22
Na$_2$O	9	0.16	0.21	0.24	0.27	0.33	0.40	0.49	0.30	0.13	0.27	2.15	0.58	0.12	0.42	0.27	0.28	0.27	0.16
K$_2$O	9	1.94	2.01	2.20	2.37	2.68	3.46	3.67	2.57	0.65	2.51	1.77	3.88	1.86	0.25	2.37	2.53	2.37	2.99
TC	9	0.42	0.43	0.43	0.56	1.05	1.42	1.75	0.82	0.56	0.70	1.79	2.09	0.41	0.68	0.56	0.43	0.56	0.43
Corg	9	0.41	0.42	0.42	0.55	1.05	1.38	1.69	0.81	0.54	0.69	1.79	2.01	0.40	0.67	0.55	0.42	0.55	0.42
pH	9	5.00	5.03	5.11	5.59	5.76	6.29	6.48	5.38	5.42	5.61	2.63	6.68	4.98	1.01	5.59	5.60	5.59	5.12

注：原始样本数为 9 件。

分布,其他元素/指标不符合正态分布或对数正态分布(表 3-49)。

浙江省江山-绍兴对接带深层土壤总体呈酸性,土壤 pH 基准值为 5.26,极大值为 7.25,极小值为 4.27,与浙江省基准值基本接近。

在深层土壤各元素/指标中,约一半元素/指标变异系数小于 0.40,分布相对均匀;CaO、Mo、pH、Au、Cu、Na_2O、Hg、Br、P、Sn、Ag、I、Sr、As、Co、Zn、MgO、B、Cr、Ni、S、Corg、Se、TC、V、Mn 共 26 项元素/指标变异系数大于 0.40,其中 CaO、Mo、pH 变异系数大于 0.80,空间变异性较大。

与浙江省土壤基准值相比,江山-绍兴对接带土壤基准值中 Cr、Sr、B 基准值明显低于浙江省基准值,不足浙江省基准值的 60%;V 基准值略低于浙江省基准值,为浙江省基准值的 60.45%;Sn、Th、CaO、Ni 基准值略高于浙江省基准值,与浙江省基准值比值在 1.2～1.4 之间;Na_2O、Mo、Br、Cu 基准值明显高于浙江省基准值,与浙江省基准值比值在 1.4 以上,其中 Na_2O 基准值为 0.5%,是浙江省基准值的 3.13 倍;其他元素/指标基准值则与浙江省基准值基本接近。

三、丽水-余姚结合带土壤地球化学基准值

浙江省丽水-余姚结合带土壤地球化学基准值数据经正态分布检验,结果表明,原始数据中 Ce、Ga、Ge、Rb、Sc、Se、Sr、Th、Tl、U、Zr、SiO_2、Al_2O_3、K_2O 共 14 项元素/指标符合正态分布,Ag、Au、B、Ba、Be、Bi、Br、Cd、Co、Cu、Hg、I、La、Li、Mo、N、Ni、P、S、Sb、Sn、W、Y、Zn、TFe_2O_3、MgO、Na_2O、TC、Corg、pH 共 30 项元素/指标符合对数正态分布,As、Cl、F、Mn、Nb、Pb、Ti、V 剔除异常值后符合正态分布,Cr、CaO 剔除异常值后符合对数正态分布(表 3-50)。

浙江省丽水-余姚结合带深层土壤总体呈酸性,土壤 pH 基准值为 6.11,极大值为 9.35,极小值为 4.67,与浙江省基准值基本接近。

在深层土壤各元素/指标中,大部分元素/指标变异系数小于 0.40,分布相对均匀;Ag、Sb、pH、Ni、Cu、Mo、Au、Cr、Bi、Co、B、S、I、MgO、Hg、Se、P、CaO、Na_2O、Br、TC、Corg 共 22 项元素/指标变异系数大于 0.40,其中 Ag、Sb、pH、Ni 变异系数大于 0.80,空间变异性较大。

与浙江省土壤基准值相比,丽水-余姚结合带土壤基准值中 Cr、B 基准值明显低于浙江省基准值,不足浙江省基准值的 60%;I、V 基准值略低于浙江省基准值,为浙江省基准值的 60%～80%;Cl、Ba、Cu、TC、MgO 基准值略高于浙江省基准值,与浙江省基准值比值在 1.2～1.4 之间;Na_2O、CaO、Br、P、Ni、Mo 基准值明显高于浙江省基准值,与浙江省基准值比值在 1.4 以上,其中 Na_2O 基准值为 0.84%,是浙江省基准值的 5.25 倍;其他元素/指标基准值则与浙江省基准值基本接近。

四、温州-舟山陆缘弧土壤地球化学基准值

浙江省温州-舟山陆缘弧土壤地球化学基准值数据经正态分布检验,结果表明,原始数据中仅 Ga 符合正态分布,As、Be、Br、I、N、P、Corg 符合对数正态分布,Rb、Y 剔除异常值后符合正态分布,Ag、Cd、Ce、Cl、Ge、Hg、Mn、Pb、Sb、Sn、Th、U、W、Zn 共 14 项元素/指标剔除异常值后符合对数正态分布,其他元素/指标不符合正态分布或对数正态分布(表 3-51)。

浙江省温州-舟山陆缘弧深层土壤总体呈酸性,土壤 pH 基准值为 5.14,极大值为 8.68,极小值为 3.22,与浙江省基准值基本接近。

在深层土壤各元素/指标中,大部分元素/指标变异系数小于 0.40,分布相对均匀;pH、CaO、Br、Cr、Ni、Na_2O、Corg、MgO、As、B、I、P、Cu、Cl、Sr、TC、Mo、Au、Se、Co、Cd、N 共 22 项元素/指标变异系数大于 0.40,其中 pH 变异系数大于 0.80,空间变异性较大。

与浙江省土壤基准值相比,温州-舟山陆缘弧土壤基准值中 Cr 基准值明显低于浙江省基准值,为浙江省基准值的 31%;Cu、Se、Na_2O、Li、CaO、S 基准值略低于浙江省基准值,为浙江省基准值的 60%～80%;I、

第三章 土壤地球化学基准值

表 3-49 江山-绍兴对接带土壤地球化学基准值参数统计表

元素/指标	N	$X_{5\%}$	$X_{10\%}$	$X_{25\%}$	$X_{50\%}$	$X_{75\%}$	$X_{90\%}$	$X_{95\%}$	$\overline{X}$	S	$\overline{X}_g$	S_g	X_{max}	X_{min}	CV	X_{me}	X_{mo}	分布类型	分布类型	江山-绍兴对接带基准值	浙江省基准值
Ag	371	35.00	40.00	48.00	60.9	78.0	110	142	70.8	39.08	63.9	11.28	332	25.00	0.55	60.9	50.00	剔除后对数正态分布	对数正态分布	63.9	70.0
As	371	4.15	4.79	6.02	7.89	9.81	13.80	15.40	8.66	4.41	7.88	3.59	41.50	2.43	0.51	7.89	9.80	对数正态分布	对数正态分布	7.88	6.83
Au	371	0.58	0.68	0.90	1.20	1.63	2.20	2.90	1.44	1.12	1.23	1.70	10.81	0.27	0.78	1.20	1.10	对数正态分布	对数正态分布	1.23	1.10
B	371	15.94	19.00	25.00	32.00	42.50	60.0	72.5	35.58	16.06	32.34	8.10	88.0	6.00	0.45	32.00	27.00	剔除后正态分布	对数正态分布	32.34	73.0
Ba	358	264	305	420	508	628	760	823	525	164	499	37.07	952	212	0.31	508	470	对数正态分布	对数正态分布	525	482
Be	371	1.72	1.80	1.98	2.20	2.55	3.07	3.47	2.36	0.65	2.30	1.67	7.20	1.31	0.28	2.20	2.32	对数正态分布	对数正态分布	2.30	2.31
Bi	347	0.17	0.18	0.21	0.24	0.30	0.38	0.41	0.26	0.08	0.25	2.34	0.48	0.08	0.29	0.24	0.24	对数正态分布	对数正态分布	0.24	0.24
Br	371	1.07	1.37	1.86	2.50	3.60	5.37	6.40	2.95	1.71	2.58	2.06	15.03	0.73	0.58	2.50	1.00	其他分布	对数正态分布	2.58	1.50
Cd	349	0.07	0.08	0.10	0.12	0.14	0.16	0.18	0.12	0.03	0.11	3.68	0.21	0.04	0.28	0.12	0.13	剔除后正对数分布	对数正态分布	0.12	0.11
Ce	346	64.2	68.5	74.7	83.4	95.0	109	120	86.3	16.39	84.8	12.82	135	52.1	0.19	83.4	73.0	剔除后对数正态分布	对数正态分布	84.8	84.1
Cl	348	28.04	31.00	37.00	45.00	53.9	64.4	68.0	46.24	12.84	44.47	9.38	84.0	20.00	0.28	45.00	38.00	剔除后对数正态分布	对数正态分布	46.24	39.00
Co	371	5.00	5.46	6.89	9.14	12.70	17.50	21.85	10.60	5.45	9.53	3.99	40.10	2.90	0.51	9.14	9.90	对数正态分布	对数正态分布	9.53	11.90
Cr	353	18.18	22.32	29.40	41.80	56.1	75.7	83.5	45.26	20.57	40.73	9.08	105	8.40	0.45	41.80	40.31	剔除后对数正态分布	对数正态分布	40.73	71.0
Cu	371	8.11	9.16	11.60	15.08	21.13	30.50	39.97	18.38	12.02	16.03	5.27	101	5.87	0.65	15.08	12.50	剔除后对数正态分布	对数正态分布	16.03	11.20
F	357	349	385	431	491	569	652	686	503	103	492	35.73	789	268	0.21	491	475	剔除后对数正态分布	对数正态分布	492	431
Ga	371	13.35	14.00	15.71	17.70	20.50	22.74	23.76	18.16	3.35	17.86	5.22	28.11	11.27	0.18	17.70	17.00	正态分布	对数正态分布	18.16	18.92
Ge	371	1.22	1.27	1.36	1.49	1.61	1.81	1.90	1.51	0.22	1.50	1.30	2.85	1.12	0.15	1.49	1.53	对数正态分布	对数正态分布	1.50	1.50
Hg	371	0.026	0.027	0.034	0.044	0.057	0.075	0.085	0.051	0.032	0.046	6.332	0.302	0.019	0.620	0.044	0.048	对数正态分布	对数正态分布	0.046	0.048
I	371	1.32	1.61	2.38	3.56	4.93	6.30	7.47	3.83	2.04	3.33	2.35	13.60	0.48	0.53	3.56	3.77	对数正态分布	对数正态分布	3.33	3.86
La	371	33.08	35.25	38.96	43.90	49.56	58.6	66.8	45.86	10.72	44.79	8.99	108	24.90	0.23	43.90	46.20	对数正态分布	对数正态分布	44.79	41.00
Li	350	27.26	29.68	33.02	37.42	41.80	47.01	50.2	37.74	6.91	37.10	8.05	57.0	19.76	0.18	37.42	34.50	剔除后对数正态分布	对数正态分布	37.74	37.51
Mn	371	301	360	451	588	731	957	1128	631	261	585	40.06	2317	216	0.41	588	588	对数正态分布	对数正态分布	585	713
Mo	371	0.59	0.69	0.81	1.05	1.49	2.20	3.00	1.41	1.64	1.16	1.71	21.08	0.37	1.16	1.05	1.41	对数正态分布	对数正态分布	1.16	0.62
N	371	0.30	0.34	0.39	0.47	0.57	0.70	0.87	0.51	0.17	0.48	1.71	1.20	0.14	0.34	0.47	0.49	对数正态分布	对数正态分布	0.48	0.49
Nb	346	16.63	17.88	19.59	21.83	24.37	26.06	28.12	21.99	3.52	21.70	5.84	32.50	11.90	0.16	21.83	21.83	剔除后对数正态分布	对数正态分布	21.99	19.60
Ni	338	6.97	7.98	10.32	13.10	18.39	25.16	29.99	14.96	6.80	13.61	4.82	35.20	4.70	0.45	13.10	11.40	对数正态分布	对数正态分布	13.61	11.00
P	371	0.13	0.15	0.18	0.26	0.34	0.49	0.61	0.29	0.17	0.26	2.53	1.47	0.07	0.57	0.26	0.17	对数正态分布	对数正态分布	0.26	0.24
Pb	338	22.90	24.37	26.92	29.85	33.60	37.77	41.04	30.50	5.39	30.04	7.08	46.54	17.24	0.18	29.85	27.50	剔除后正对数分布	对数正态分布	30.50	30.00

续表 3-49

元素/指标	N	$X_{5\%}$	$X_{10\%}$	$X_{25\%}$	$X_{50\%}$	$X_{75\%}$	$X_{90\%}$	$X_{95\%}$	$\bar{X}$	S	$\bar{X}_g$	S_g	X_{max}	X_{min}	CV	X_{me}	X_{mo}	分布类型	江山-绍兴对接带基准值	浙江省基准值
Rb	360	87.4	96.0	114	133	156	175	188	135	30.34	132	16.50	218	65.3	0.22	133	141	剔除后正态分布	135	128
S	371	61.0	67.0	82.0	112	154	205	238	124	54.4	113	15.33	315	41.00	0.44	112	79.0	对数正态分布	113	114
Sb	371	0.37	0.40	0.47	0.58	0.71	0.88	1.05	0.62	0.23	0.59	1.56	2.05	0.19	0.37	0.58	0.52	对数正态分布	0.59	0.53
Sc	371	6.60	6.90	7.79	9.30	11.20	13.43	16.30	9.98	3.08	9.59	3.74	24.26	5.12	0.31	9.30	10.30	对数正态分布	9.59	9.70
Se	371	0.11	0.13	0.17	0.21	0.29	0.37	0.43	0.24	0.10	0.22	2.69	0.65	0.07	0.43	0.21	0.21	对数正态分布	0.22	0.21
Sn	371	2.20	2.37	2.70	3.20	4.35	6.26	7.30	3.90	2.18	3.54	2.27	19.45	1.60	0.56	3.20	3.10	对数正态分布	3.54	2.60
Sr	371	30.66	33.80	43.30	56.8	75.1	108	133	64.8	33.44	58.5	11.28	316	20.00	0.52	56.8	113	对数正态分布	58.5	112
Th	371	12.83	14.10	15.72	17.82	21.80	25.51	29.55	19.46	6.36	18.68	5.33	66.5	8.98	0.33	17.82	17.70	对数正态分布	18.68	14.50
Ti	371	2981	3220	3698	4188	4985	5842	6566	4417	1123	4287	126	9281	1922	0.25	4188	4515	对数正态分布	4287	4602
Tl	371	0.57	0.63	0.73	0.88	1.09	1.49	1.76	0.98	0.38	0.92	1.42	2.83	0.33	0.39	0.88	0.79	对数正态分布	0.92	0.82
U	354	2.45	2.80	3.23	3.65	4.16	4.58	5.03	3.68	0.74	3.60	2.12	5.62	1.82	0.20	3.65	3.33	剔除后正态分布	3.68	3.14
V	371	34.14	40.10	51.7	66.9	87.6	107	132	72.0	30.10	66.5	11.68	209	24.40	0.42	66.9	64.0	对数正态分布	66.5	110
W	348	1.40	1.56	1.77	2.00	2.27	2.50	2.73	2.03	0.39	1.99	1.55	3.16	1.09	0.19	2.00	1.82	剔除后正态分布	2.03	1.93
Y	371	19.60	21.32	23.55	26.26	30.21	35.60	41.01	27.71	6.64	27.03	6.67	59.5	16.05	0.24	26.26	25.00	对数正态分布	27.03	26.13
Zn	371	45.70	49.20	55.3	68.1	83.0	111	145	76.9	36.24	71.4	11.71	350	35.90	0.47	68.1	78.0	对数正态分布	71.4	77.4
Zr	371	233	248	283	317	351	394	425	322	66.9	316	27.94	736	159	0.21	317	333	对数正态分布	316	287
SiO₂	371	60.8	64.1	68.3	71.9	75.4	77.4	78.7	71.2	5.64	71.0	11.82	82.6	50.5	0.08	71.9	71.2	正态分布	71.0	70.5
Al₂O₃	371	11.34	11.70	12.92	14.30	16.01	17.78	18.80	14.58	2.38	14.39	4.61	22.14	10.23	0.16	14.30	15.70	对数正态分布	14.58	14.82
TFe₂O₃	371	3.01	3.25	3.68	4.36	5.30	6.66	7.55	4.66	1.40	4.48	2.45	10.80	2.36	0.30	4.36	4.86	对数正态分布	4.48	4.70
MgO	371	0.42	0.46	0.53	0.69	0.93	1.36	1.58	0.80	0.37	0.73	1.56	2.33	0.34	0.47	0.69	0.49	对数正态分布	0.73	0.67
CaO	371	0.10	0.12	0.18	0.26	0.38	0.63	0.83	0.37	0.46	0.28	2.60	3.91	0.06	1.26	0.26	0.26	对数正态分布	0.28	0.22
Na₂O	371	0.14	0.18	0.33	0.54	0.81	1.09	1.39	0.61	0.38	0.50	2.14	1.87	0.07	0.63	0.54	0.25	对数正态分布	0.50	0.16
K₂O	371	1.62	1.88	2.32	2.70	3.17	3.43	3.74	2.71	0.62	2.63	1.83	4.96	1.28	0.23	2.70	2.47	正态分布	2.71	2.99
TC	371	0.28	0.31	0.37	0.45	0.58	0.80	1.00	0.51	0.22	0.47	1.81	1.42	0.13	0.43	0.45	0.42	对数正态分布	0.47	0.43
Corg	371	0.25	0.27	0.32	0.38	0.49	0.69	0.89	0.44	0.19	0.41	1.92	1.36	0.19	0.44	0.38	0.32	对数正态分布	0.41	0.42
pH	354	4.76	4.88	5.08	5.29	5.84	6.47	6.93	5.21	5.22	5.51	2.71	7.25	4.27	1.00	5.29	5.26	其他分布	5.26	5.12

注：原始样本数为 371 件。

第三章 土壤地球化学基准值

表3-50 丽水-余姚结合带土壤地球化学基准值参数统计表

元素/指标	N	$X_{5\%}$	$X_{10\%}$	$X_{25\%}$	$X_{50\%}$	$X_{75\%}$	$X_{90\%}$	$X_{95\%}$	$\bar{X}$	S	$\bar{X}_g$	S_g	X_{max}	X_{min}	CV	X_{me}	X_{mo}	分布类型	丽水-余姚结合带基准值	浙江省基准值
Ag	248	39.94	45.00	55.0	66.0	84.4	110	156	85.5	124	70.7	12.17	1422	31.00	1.45	66.0	110	对数正态分布	70.7	70.0
As	237	3.33	3.80	4.80	5.97	7.20	8.36	9.05	6.10	1.76	5.85	2.91	11.30	2.35	0.29	5.97	7.00	剔除后正态分布	6.10	6.83
Au	248	0.48	0.59	0.72	1.10	1.52	2.27	2.91	1.35	1.04	1.13	1.79	9.10	0.31	0.77	1.10	1.00	对数正态分布	1.13	1.10
B	248	15.00	16.37	19.68	29.00	45.04	72.0	78.6	36.05	20.55	31.07	7.78	87.0	11.00	0.57	29.00	75.0	对数正态分布	31.07	73.0
Ba	248	420	444	496	661	864	1011	1133	706	253	667	42.91	1814	333	0.36	661	491	对数正态分布	667	482
Be	248	1.84	1.92	2.04	2.25	2.48	2.72	2.86	2.31	0.49	2.28	1.65	7.81	1.53	0.21	2.25	2.22	对数正态分布	2.28	2.31
Bi	248	0.17	0.18	0.21	0.24	0.29	0.36	0.46	0.27	0.16	0.25	2.36	2.12	0.11	0.59	0.24	0.21	对数正态分布	0.25	0.24
Br	248	1.19	1.47	1.85	2.33	3.09	4.15	4.94	2.60	1.13	2.38	1.91	6.80	0.34	0.43	2.33	3.40	对数正态分布	2.38	1.50
Cd	248	0.07	0.08	0.09	0.12	0.15	0.17	0.21	0.13	0.05	0.12	3.56	0.38	0.04	0.39	0.12	0.13	对数正态分布	0.12	0.11
Ce	248	65.1	68.4	76.1	87.4	96.9	105	115	87.9	15.58	86.6	13.27	146	55.9	0.18	87.4	101	正态分布	87.9	84.1
Cl	226	38.15	40.35	45.00	52.9	61.0	73.1	80.0	54.3	12.74	52.9	9.87	91.2	29.00	0.23	52.9	48.00	剔除后正态分布	54.3	39.00
Co	248	4.93	5.89	7.62	10.43	14.30	19.10	28.06	12.26	7.23	10.77	4.39	53.1	3.95	0.59	10.43	11.60	对数正态分布	10.77	11.90
Cr	243	9.14	11.94	19.85	39.50	64.4	87.8	99.4	44.92	29.07	35.19	9.26	135	6.20	0.65	39.50	69.0	剔除后对数正态分布	35.19	71.0
Cu	248	6.82	7.57	9.90	15.10	21.80	29.24	38.72	18.13	14.36	15.27	5.43	164	4.70	0.79	15.10	15.10	对数正态分布	15.27	11.20
F	238	340	372	424	475	557	621	682	489	101	479	34.67	775	257	0.21	475	557	剔除后正态分布	489	431
Ga	248	14.10	14.95	15.83	17.50	19.14	20.79	22.06	17.67	2.58	17.49	5.26	32.00	11.40	0.15	17.50	17.90	正态分布	17.67	18.92
Ge	248	1.24	1.31	1.39	1.52	1.64	1.80	1.87	1.53	0.20	1.52	1.31	2.08	0.83	0.13	1.52	1.47	正态分布	1.52	1.50
Hg	248	0.027	0.030	0.037	0.045	0.056	0.074	0.101	0.051	0.026	0.047	6.076	0.260	0.019	0.507	0.045	0.037	对数正态分布	0.047	0.048
I	248	1.16	1.34	1.96	2.96	4.36	5.70	7.02	3.29	1.77	2.84	2.27	9.72	0.50	0.54	2.96	3.94	对数正态分布	2.84	3.86
La	248	35.47	37.09	39.99	43.40	47.04	53.4	56.9	44.39	6.98	43.91	8.98	90.6	31.00	0.16	43.40	42.90	对数正态分布	43.91	41.00
Li	248	24.94	27.69	30.32	35.00	39.99	48.45	52.6	36.75	11.21	35.56	7.76	150	15.37	0.31	35.00	35.00	对数正态分布	35.56	37.51
Mn	237	439	480	583	699	852	1031	1114	730	206	702	43.97	1281	330	0.28	699	580	剔除后正态分布	730	713
Mo	248	0.41	0.45	0.62	0.87	1.21	1.60	2.01	1.04	0.82	0.88	1.70	8.95	0.20	0.79	0.87	0.67	对数正态分布	0.88	0.62
N	248	0.32	0.35	0.40	0.48	0.59	0.69	0.79	0.51	0.16	0.49	1.66	1.51	0.11	0.32	0.48	0.54	对数正态分布	0.49	0.49
Nb	226	14.65	16.16	18.67	20.77	22.80	25.56	27.55	20.85	3.65	20.53	5.89	31.00	12.13	0.18	20.77	20.90	剔除后正态分布	20.85	19.60
Ni	248	5.02	5.86	8.22	15.40	28.92	43.87	60.1	21.71	20.16	15.68	6.16	142	2.98	0.93	15.40	30.20	对数正态分布	15.68	11.00
P	248	0.17	0.20	0.28	0.40	0.52	0.67	0.76	0.42	0.20	0.38	2.12	1.55	0.09	0.47	0.40	0.44	对数正态分布	0.38	0.24
Pb	230	19.69	22.28	25.60	28.40	30.55	33.50	35.07	28.09	4.30	27.75	6.92	39.20	17.71	0.15	28.40	29.40	剔除后正态分布	28.09	30.00

续表 3-50

元素/指标	N	$X_{5\%}$	$X_{10\%}$	$X_{25\%}$	$X_{50\%}$	$X_{75\%}$	$X_{90\%}$	$X_{95\%}$	$\bar{X}$	S	$\bar{X}_g$	S_g	X_{max}	X_{min}	CV	X_{me}	X_{mo}	分布类型	丽水-余姚结合带基准值	浙江省基准值
Rb	248	93.5	97.1	113	132	148	162	166	131	23.61	128	16.42	192	56.4	0.18	132	150	正态分布	131	128
S	248	58.4	67.7	82.0	105	135	186	226	119	66.7	108	15.71	652	42.00	0.56	105	89.0	对数正态分布	108	114
Sb	248	0.32	0.34	0.40	0.48	0.61	0.74	0.85	0.55	0.56	0.50	1.66	8.93	0.28	1.01	0.48	0.39	对数正态分布	0.50	0.53
Sc	248	6.40	6.85	7.60	9.50	11.43	13.40	14.17	9.77	2.65	9.44	3.76	23.10	5.70	0.27	9.50	7.30	正态分布	9.77	9.70
Se	248	0.07	0.08	0.12	0.17	0.23	0.29	0.33	0.18	0.09	0.16	2.97	0.60	0.04	0.48	0.17	0.15	对数正态分布	0.18	0.21
Sn	248	2.05	2.20	2.60	2.97	3.75	4.38	5.66	3.28	1.25	3.11	2.08	10.43	1.60	0.38	2.97	2.60	对数正态分布	3.11	2.60
Sr	248	53.0	56.4	71.3	96.3	127	159	175	103	41.69	95.7	13.93	264	35.28	0.40	96.3	105	正态分布	103	112
Th	248	11.26	11.99	14.15	15.94	17.46	19.38	20.23	15.81	2.66	15.58	4.97	23.83	9.58	0.17	15.94	16.30	剔除后正态分布	15.81	14.50
Ti	213	3382	3573	4022	4410	4935	5405	5958	4497	754	4435	128	6758	2757	0.17	4410	4578	正态分布	4497	4602
Tl	248	0.55	0.59	0.71	0.84	0.98	1.09	1.14	0.84	0.20	0.82	1.30	1.62	0.35	0.23	0.84	1.10	正态分布	0.84	0.82
U	248	2.02	2.37	2.83	3.29	3.58	3.96	4.30	3.22	0.64	3.15	2.05	5.25	1.79	0.20	3.29	3.29	正态分布	3.22	3.14
V	241	43.20	46.20	57.9	72.5	87.6	109	122	75.0	23.36	71.4	11.93	137	29.90	0.31	72.5	83.0	剔除后正态分布	75.0	110
W	248	1.33	1.45	1.62	1.86	2.07	2.35	2.62	1.89	0.42	1.84	1.53	3.96	0.39	0.22	1.86	1.79	对数正态分布	1.84	1.93
Y	248	20.23	20.79	22.32	24.09	27.75	31.10	33.64	25.35	4.67	24.97	6.55	48.47	18.20	0.18	24.09	28.00	对数正态分布	24.97	26.13
Zn	248	50.5	54.2	60.1	68.5	78.7	92.4	102	71.8	18.52	69.9	11.69	171	42.10	0.26	68.5	73.0	对数正态分布	69.9	77.4
Zr	248	232	249	282	310	344	366	394	314	53.5	310	27.76	587	206	0.17	310	287	正态分布	314	287
SiO_2	248	63.1	64.6	67.0	70.0	73.1	75.4	77.4	70.0	4.62	69.8	11.63	81.4	51.9	0.07	70.0	71.7	正态分布	70.0	70.5
Al_2O_3	248	11.83	12.19	13.02	14.15	15.28	16.32	16.85	14.23	1.66	14.13	4.62	20.00	9.74	0.12	14.15	14.14	对数正态分布	14.23	14.82
TFe_2O_3	248	2.96	3.25	3.68	4.20	5.16	6.82	8.10	4.76	1.86	4.51	2.55	15.52	2.52	0.39	4.20	4.20	对数正态分布	4.51	4.70
MgO	248	0.44	0.49	0.58	0.71	1.07	1.61	2.06	0.91	0.47	0.81	1.61	2.24	0.35	0.52	0.71	0.66	对数正态分布	0.81	0.67
CaO	220	0.18	0.21	0.28	0.36	0.52	0.71	0.85	0.42	0.20	0.38	2.10	1.06	0.11	0.47	0.36	0.31	剔除后对数正态分布	0.38	0.22
Na_2O	248	0.34	0.45	0.62	0.86	1.23	1.62	1.74	0.94	0.42	0.84	1.67	1.83	0.09	0.45	0.86	0.71	对数正态分布	0.84	0.16
K_2O	248	2.02	2.16	2.39	2.84	3.26	3.60	3.77	2.83	0.57	2.77	1.85	4.12	1.15	0.20	2.84	2.21	正态分布	2.83	2.99
TC	248	0.29	0.33	0.40	0.51	0.66	0.90	1.07	0.56	0.24	0.52	1.74	2.06	0.21	0.43	0.51	0.46	对数正态分布	0.52	0.43
Corg	248	0.25	0.28	0.33	0.41	0.54	0.64	0.72	0.45	0.18	0.43	1.79	2.00	0.21	0.41	0.41	0.35	对数正态分布	0.43	0.42
pH	248	5.04	5.13	5.46	5.81	6.52	7.48	8.39	5.57	5.47	6.11	2.81	9.35	4.67	0.98	5.81	5.81	对数正态分布	6.11	5.12

注：原始样本数为 248 件。

表 3-51 温州-舟山陆缘弧土壤地球化学基准值参数统计表

元素/指标	N	$X_{5\%}$	$X_{10\%}$	$X_{25\%}$	$X_{50\%}$	$X_{75\%}$	$X_{90\%}$	$X_{95\%}$	$\overline{X}$	S	$\overline{X}_g$	S_g	X_{max}	X_{min}	CV	X_{me}	X_{mo}	分布类型	温州-舟山陆缘弧基准值	浙江省基准值
Ag	1870	43.19	47.50	57.0	68.0	82.0	98.0	106	70.4	18.89	67.9	11.61	124	21.00	0.27	68.0	75.0	剔除后对数分布	67.9	70.0
As	1987	3.02	3.53	4.65	6.15	8.50	11.12	12.70	6.97	4.04	6.25	3.13	67.4	1.53	0.58	6.15	5.60	对数正态分布	6.25	6.83
Au	1859	0.49	0.56	0.73	1.01	1.40	1.80	2.10	1.11	0.49	1.01	1.56	2.62	0.29	0.44	1.01	1.40	其他分布	1.40	1.10
B	1987	12.60	14.90	19.23	27.72	49.00	69.0	75.0	34.99	20.14	29.76	7.62	88.9	4.44	0.58	27.72	63.0	其他分布	63.0	73.0
Ba	1922	326	397	475	566	706	847	927	595	178	567	38.68	1094	108	0.30	566	593	其他分布	593	482
Be	1987	1.78	1.89	2.13	2.42	2.75	3.09	3.29	2.48	0.56	2.43	1.74	11.80	1.14	0.23	2.42	2.17	对数分布	2.43	2.31
Bi	1920	0.18	0.19	0.24	0.33	0.45	0.54	0.62	0.36	0.14	0.33	2.08	0.81	0.07	0.40	0.33	0.31	其他分布	0.31	0.24
Br	1987	1.80	2.10	2.70	3.71	5.30	7.40	9.04	4.42	3.05	3.83	2.52	63.3	0.60	0.69	3.71	2.20	对数正态分布	3.83	1.50
Cd	1919	0.04	0.05	0.07	0.10	0.14	0.17	0.20	0.11	0.05	0.10	4.13	0.25	0.01	0.43	0.10	0.11	剔除后对数分布	0.10	0.11
Ce	1915	66.8	72.2	79.3	88.8	99.1	111	118	89.9	14.95	88.7	13.52	132	50.5	0.17	88.8	103	剔除后对数分布	88.7	84.1
Cl	1728	31.80	35.10	42.80	58.3	81.3	111	136	66.9	32.10	60.5	10.91	181	21.10	0.48	58.3	40.00	其他分布	60.5	39.00
Co	1954	4.90	5.74	7.44	10.40	15.00	18.00	19.60	11.32	4.83	10.31	4.18	27.00	2.08	0.43	10.40	11.90	其他分布	11.90	11.90
Cr	1968	12.06	15.20	22.10	33.92	65.1	95.2	103	44.91	29.90	36.03	8.74	133	5.47	0.67	33.92	21.80	其他分布	21.80	71.0
Cu	1947	6.50	7.77	10.20	13.90	22.07	29.93	33.21	16.60	8.44	14.62	5.05	41.10	2.20	0.51	13.90	8.70	其他分布	8.70	11.20
F	1977	280	317	385	470	598	720	769	496	149	474	35.13	911	176	0.30	470	721	其他分布	721	431
Ga	1987	15.70	16.69	18.21	20.20	22.18	24.10	25.40	20.34	3.02	20.12	5.77	38.18	11.46	0.15	20.20	21.40	正态分布	20.34	18.92
Ge	1946	1.29	1.35	1.43	1.53	1.65	1.76	1.84	1.55	0.16	1.54	1.31	2.00	1.12	0.10	1.53	1.50	剔除后对数分布	1.54	1.50
Hg	1881	0.027	0.033	0.041	0.051	0.065	0.080	0.090	0.054	0.018	0.051	5.691	0.108	0.008	0.338	0.051	0.046	剔除后对数分布	0.051	0.048
I	1987	2.15	2.67	3.76	5.48	7.86	10.40	12.07	6.15	3.34	5.36	3.05	34.20	0.81	0.54	5.48	6.30	对数正态分布	5.36	3.86
La	1907	32.89	35.58	40.16	44.20	50.00	56.0	59.9	45.12	7.93	44.42	9.16	67.0	25.00	0.18	44.20	41.00	其他分布	41.00	41.00
Li	1983	20.10	22.09	26.30	32.50	44.90	59.5	64.8	36.58	13.74	34.24	7.86	72.6	12.67	0.38	32.50	23.90	其他分布	23.90	37.51
Mn	1945	408	474	626	813	1025	1236	1362	840	288	788	47.58	1647	171	0.34	813	733	剔除后对数分布	788	713
Mo	1828	0.48	0.55	0.70	0.91	1.28	1.78	2.05	1.04	0.47	0.95	1.55	2.52	0.16	0.46	0.91	0.79	其他分布	0.79	0.62
N	1987	0.30	0.34	0.43	0.55	0.72	0.89	0.98	0.59	0.24	0.55	1.66	2.44	0.15	0.41	0.55	0.59	对数正态分布	0.55	0.49
Nb	1906	16.70	17.50	18.90	21.10	23.75	27.08	28.71	21.64	3.71	21.33	5.89	32.01	11.27	0.17	21.10	18.80	偏峰分布	18.80	19.60
Ni	1960	6.16	7.21	9.85	14.10	27.94	41.72	45.10	19.50	12.85	15.84	5.66	57.0	2.48	0.66	14.10	11.00	其他分布	11.00	11.00
P	1987	0.14	0.17	0.23	0.33	0.46	0.59	0.66	0.37	0.19	0.33	2.26	1.58	0.08	0.51	0.33	0.19	对数正态分布	0.33	0.24
Pb	1816	23.09	24.90	28.17	32.30	37.90	44.35	48.53	33.55	7.53	32.75	7.69	56.9	13.90	0.22	32.30	31.00	剔除后对数分布	32.75	30.00

续表 3-51

元素/指标	N	$X_{5\%}$	$X_{10\%}$	$X_{25\%}$	$X_{50\%}$	$X_{75\%}$	$X_{90\%}$	$X_{95\%}$	$\bar{X}$	S	$\bar{X}_g$	S_g	X_{max}	X_{min}	CV	X_{me}	X_{mo}	分布类型	温州-舟山陆缘弧基准值	浙江省基准值
Rb	1920	100.0	108	123	136	149	160	167	135	19.90	134	16.93	189	80.4	0.15	136	128	剔除后正态分布	135	128
S	1738	67.3	78.1	101	126	157	205	242	135	51.5	126	16.96	309	29.82	0.38	126	68.5	其他分布	68.5	114
Sb	1902	0.32	0.36	0.43	0.51	0.61	0.71	0.77	0.53	0.14	0.51	1.63	0.92	0.15	0.26	0.51	0.53	剔除后对数分布	0.51	0.53
Sc	1963	6.68	7.30	8.78	10.44	12.85	15.37	16.30	10.91	2.96	10.52	3.97	19.22	4.56	0.27	10.44	9.70	其他分布	9.70	9.70
Se	1938	0.12	0.14	0.17	0.24	0.33	0.43	0.49	0.26	0.11	0.24	2.51	0.59	0.04	0.43	0.24	0.16	偏峰分布	0.16	0.21
Sn	1880	2.30	2.42	2.80	3.26	3.74	4.29	4.63	3.31	0.71	3.23	2.05	5.37	1.30	0.21	3.26	3.40	剔除后对数分布	3.23	2.60
Sr	1952	27.06	32.60	48.55	79.3	108	132	146	81.3	38.52	71.3	12.15	201	8.20	0.47	79.3	106	其他分布	106	112
Th	1878	11.20	12.20	13.77	15.31	17.10	19.20	20.30	15.48	2.66	15.24	4.93	22.60	8.45	0.17	15.31	16.50	剔除后对数分布	15.24	14.50
Ti	1889	2935	3272	3856	4518	5099	5481	5908	4471	915	4371	127	7075	1966	0.20	4518	4326	其他分布	4326	4602
Tl	1899	0.69	0.74	0.83	0.94	1.07	1.24	1.33	0.96	0.19	0.95	1.22	1.49	0.46	0.20	0.94	0.96	其他分布	0.96	0.82
U	1921	2.30	2.50	2.80	3.21	3.66	4.10	4.43	3.26	0.63	3.20	2.03	5.03	1.49	0.19	3.21	3.00	剔除后对数分布	3.20	3.14
V	1966	36.99	43.03	53.3	71.5	99.7	119	127	77.0	29.32	71.4	12.21	172	14.40	0.38	71.5	108	其他分布	108	110
W	1831	1.43	1.54	1.73	1.93	2.15	2.42	2.62	1.95	0.35	1.92	1.53	2.96	1.02	0.18	1.93	1.93	剔除后正态分布	1.92	1.93
Y	1956	19.50	20.90	23.31	26.30	29.25	31.41	33.00	26.30	4.13	25.97	6.61	38.50	15.04	0.16	26.30	26.00	剔除后对数分布	26.30	26.13
Zn	1917	56.2	61.5	71.1	83.6	98.0	111	118	85.2	19.24	83.0	13.03	142	36.60	0.23	83.6	91.0	其他分布	83.0	77.4
Zr	1942	188	200	239	288	331	366	394	287	62.7	280	25.97	475	161	0.22	288	276	其他分布	276	287
SiO₂	1975	58.9	60.5	63.6	67.4	71.0	73.6	75.0	67.2	4.99	67.0	11.30	80.1	52.4	0.07	67.4	64.9	其他分布	64.9	70.5
Al₂O₃	1959	12.99	13.60	14.71	16.00	17.41	19.09	19.94	16.14	2.07	16.01	5.01	21.80	10.64	0.13	16.00	16.22	偏峰分布	16.22	14.82
TFe₂O₃	1948	2.90	3.19	3.74	4.54	5.74	6.49	6.98	4.74	1.29	4.57	2.53	8.69	1.76	0.27	4.54	4.07	其他分布	4.07	4.70
MgO	1886	0.38	0.42	0.52	0.67	1.07	1.80	2.02	0.88	0.52	0.76	1.73	2.30	0.24	0.59	0.67	0.55	其他分布	0.55	0.67
CaO	1785	0.11	0.13	0.17	0.29	0.51	0.79	0.95	0.38	0.27	0.30	2.65	1.33	0.04	0.71	0.29	0.14	其他分布	0.14	0.22
Na₂O	1978	0.11	0.15	0.31	0.67	1.07	1.32	1.46	0.72	0.45	0.55	2.48	2.20	0.07	0.62	0.67	0.12	其他分布	0.12	0.16
K₂O	1914	1.86	2.12	2.49	2.85	3.13	3.36	3.58	2.80	0.50	2.75	1.84	4.12	1.46	0.18	2.85	2.99	其他分布	2.99	2.99
TC	1949	0.22	0.26	0.36	0.54	0.78	0.99	1.12	0.59	0.28	0.52	1.88	1.42	0.10	0.47	0.54	0.63	其他分布	0.63	0.43
Corg	1987	0.20	0.24	0.33	0.45	0.60	0.77	0.92	0.50	0.29	0.44	1.93	4.63	0.09	0.59	0.45	0.50	对数正态分布	0.44	0.42
pH	1973	4.86	4.94	5.14	5.48	6.53	8.11	8.38	5.26	4.70	5.97	2.82	8.68	3.22	0.89	5.48	5.14	其他分布	5.14	5.12

注：Cr 原始样本数为 1985 件，其他元素/指标为 1987 件。

P、Bi、Mo、Au、Sn、Ba 基准值略高于浙江省基准值，与浙江省基准值比值在 1.2～1.4 之间；Br、F、Cl、TC 基准值明显高于浙江省基准值，与浙江省基准值比值在 1.4 以上，其中 Br 基准值为浙江省基准值的 2.55 倍；其他元素/指标基准值则与浙江省基准值基本接近。

五、武夷地块土壤地球化学基准值

浙江省武夷地块土壤地球化学基准值数据经正态分布检验，结果表明，原始数据中 B、Ba、Ce、Cr、Cu、Ga、Ge、Hg、I、La、Li、N、Nb、Rb、S、Sc、Se、Th、Tl、U、Zn、Zr、SiO_2、Al_2O_3、K_2O 共 25 项元素/指标符合正态分布，Ag、As、Au、Be、Bi、Br、Cl、Co、F、Mo、Ni、P、Pb、Sn、Sr、V、W、Y、TFe_2O_3、MgO、CaO、Na_2O、TC、Corg、pH 共 25 项元素/指标符合对数正态分布，Cd、Mn、Sb、Ti 剔除异常值后符合正态分布（表 3-52）。

浙江省武夷地块深层土壤总体呈酸性，土壤 pH 基准值为 5.33，极大值为 6.77，极小值为 4.54，与浙江省基准值基本接近。

在深层土壤各元素/指标中，大部分元素/指标变异系数小于 0.40，分布相对均匀；F、Sn、CaO、Ag、Sr、pH、Au、Br、Ni、Cl、Na_2O、Mo、I、As、Co、P、Bi、Cr、V、Pb 共 20 项元素/指标变异系数大于 0.40，其中 F、Sn、CaO、Ag、Sr、pH 变异系数大于 0.80，空间变异性较大。

与浙江省土壤基准值相比，武夷地块土壤基准值中 Sr、V、Cr、B 基准值明显低于浙江省基准值，不足浙江省基准值的 60%；Co 基准值略低于浙江省基准值，为浙江省基准值的 67%；F、Sn、Th 基准值略高于浙江省基准值，与浙江省基准值比值在 1.2～1.4 之间；Na_2O、Br、Mo、Ba 基准值明显高于浙江省基准值，与浙江省基准值比值在 1.4 以上，其中 Na_2O 基准值为浙江省基准值的 2.75 倍；其他元素/指标基准值则与浙江省基准值基本接近。

六、浙北周缘前陆盆地土壤地球化学基准值

浙江省浙北周缘前陆盆地土壤地球化学基准值数据经正态分布检验，结果表明，原始数据中 Co、Ga、La、Li、Rb、SiO_2、Al_2O_3、TFe_2O_3、K_2O 符合正态分布，I、N、Sc、Tl、U、Zr 符合对数正态分布，Ag、Be、Bi、Cd、Ce、F、Nb、Pb、Th、Ti、V、W、Y、Zn、Corg 共 15 项元素/指标剔除异常值后符合正态分布，As、Au、Mn、Sb、Se、Sn 剔除异常值后符合对数正态分布，其他元素/指标不符合正态分布或对数正态分布（表 3-53）。

浙江省浙北周缘前陆盆地深层土壤总体呈碱性，土壤 pH 基准值 7.92，极大值为 9.33，极小值为 4.71，明显高于浙江省基准值。

在深层土壤各元素/指标中，绝大部分元素/指标变异系数小于 0.40，分布相对均匀；pH、CaO、I、Na_2O、Mo、S、Se、As、MgO、Br 共 10 项元素/指标变异系数大于 0.40，其中 pH、CaO 变异系数大于 0.80，空间变异性较大。

与浙江省土壤基准值相比，浙北周缘前陆盆地土壤基准值中 S 基准值明显低于浙江省基准值，为浙江省基准值的 44%；Se、I、Hg、Mo 基准值略低于浙江省基准值，为浙江省基准值的 60%～80%；Cr、Sn、F、Au、Co 基准值略高于浙江省基准值，与浙江省基准值比值在 1.2～1.4 之间；Ni、MgO、P、Na_2O、Cl、Cu、Bi、CaO 基准值明显高于浙江省基准值，与浙江省基准值比值在 1.4 以上，其中 Ni、MgO、P、Na_2O 基准值在浙江省基准值的 2.0 倍以上；其他元素/指标基准值则与浙江省基准值基本接近。

七、浙西被动陆缘盆地土壤地球化学基准值

浙江省浙西被动陆缘盆地土壤地球化学基准值数据经正态分布检验，结果表明，原始数据中仅 B、Cr、Ga、K_2O 符合正态分布，Br、Ge、I、N、P、Al_2O_3、TFe_2O_3、MgO 符合对数正态分布，Be、La、Mn、Rb、Th、Ti 剔除异常值后符合正态分布，Ag、As、Au、Bi、Cd、Ce、Cu、F、Hg、Li、Mo、Pb、Sc、Se、Sn、Tl、U、V、W、Y、Zn、Zr、CaO、TC、Corg 共 25 项元素/指标剔除异常值后符合对数正态分布，其他元素/指标不符合正态分布或对数正态分布（表 3-54）。

表 3-52 武夷地块土壤地球化学基准值参数统计表

元素/指标	N	$X_{5\%}$	$X_{10\%}$	$X_{25\%}$	$X_{50\%}$	$X_{75\%}$	$X_{90\%}$	$X_{95\%}$	$\overline{X}$	S	$\overline{X}_g$	S_g	X_{max}	X_{min}	CV	X_{me}	X_{mo}	分布类型	武夷地块基准值	浙江省基准值
Ag	133	35.00	38.20	46.00	55.0	71.0	91.6	114	73.5	115	58.9	10.63	1110	26.00	1.56	55.0	44.00	对数正态分布	58.9	70.0
As	133	2.90	3.58	4.49	5.80	7.60	10.46	12.90	6.69	3.69	6.01	3.20	31.00	2.25	0.55	5.80	4.90	对数正态分布	6.01	6.83
Au	133	0.41	0.47	0.60	0.86	1.20	1.78	2.58	1.06	0.74	0.90	1.71	5.63	0.32	0.70	0.86	0.80	对数正态分布	0.90	1.10
B	133	13.60	15.00	20.00	26.00	32.00	37.00	40.40	26.11	8.79	24.54	6.77	50.00	6.00	0.34	26.00	23.00	正态分布	26.11	73.0
Ba	133	395	447	535	696	904	1131	1273	745	281	695	44.45	1618	242	0.38	696	868	正态分布	745	482
Be	133	1.73	1.80	1.92	2.08	2.49	2.76	2.93	2.21	0.41	2.18	1.59	3.65	1.46	0.19	2.08	2.29	对数正态分布	2.18	2.31
Bi	133	0.14	0.16	0.18	0.22	0.25	0.29	0.38	0.24	0.12	0.22	2.54	1.16	0.10	0.49	0.22	0.17	对数正态分布	0.24	0.24
Br	133	1.06	1.31	1.85	2.65	4.12	5.09	7.19	3.22	2.13	2.73	2.14	12.20	1.00	0.66	2.65	1.00	对数正态分布	2.73	1.50
Cd	129	0.07	0.09	0.11	0.13	0.15	0.17	0.18	0.13	0.03	0.13	3.30	0.22	0.05	0.26	0.13	0.12	剔除后正态分布	0.13	0.11
Ce	133	64.9	67.7	73.6	85.5	97.5	109	114	87.3	16.25	85.8	12.89	145	57.1	0.19	85.5	107	正态分布	87.3	84.1
Cl	133	25.60	27.02	32.70	45.00	60.00	75.8	84.8	51.2	32.07	46.09	10.19	339	20.80	0.63	45.00	54.0	对数正态分布	46.09	39.00
Co	133	4.77	5.21	5.94	7.70	9.50	14.70	18.20	8.80	4.50	8.01	3.49	29.00	3.53	0.51	7.70	6.10	对数正态分布	8.01	11.90
Cr	133	10.68	14.20	18.80	25.60	37.90	46.40	54.2	29.02	13.61	25.82	7.06	66.8	5.10	0.47	25.60	24.40	正态分布	29.02	71.0
Cu	133	6.56	7.43	9.10	11.47	14.20	18.33	20.85	12.26	4.62	11.51	4.39	30.00	4.30	0.38	11.47	11.60	正态分布	12.26	11.20
F	133	313	332	391	498	626	894	983	922	3689	542	38.18	42417	286	4.00	498	484	正态分布	542	431
Ga	133	14.03	15.01	16.45	18.30	19.90	21.18	22.18	18.17	2.48	18.00	5.25	25.20	12.39	0.14	18.30	17.50	对数正态分布	18.17	18.92
Ge	133	1.32	1.35	1.45	1.55	1.66	1.75	1.85	1.56	0.18	1.55	1.31	2.16	1.19	0.11	1.55	1.66	正态分布	1.56	1.50
Hg	133	0.026	0.030	0.036	0.049	0.061	0.081	0.089	0.052	0.020	0.049	6.170	0.115	0.018	0.382	0.049	0.036	剔除后正态分布	0.052	0.048
I	133	1.31	1.58	2.22	3.31	4.70	6.14	7.98	3.73	2.19	3.19	2.33	12.40	0.34	0.59	3.31	3.66	对数正态分布	3.73	3.86
La	133	32.88	33.89	37.60	42.30	47.20	51.8	54.7	42.85	8.06	42.18	8.73	86.5	26.70	0.19	42.30	41.50	正态分布	42.85	41.00
Li	133	24.64	27.70	31.60	35.97	40.87	47.21	49.94	37.02	8.47	36.15	8.18	77.5	22.10	0.23	35.97	36.00	正态分布	37.02	37.51
Mn	127	395	437	505	611	742	944	1018	646	197	617	40.57	1187	258	0.30	611	486	剔除后正态分布	646	713
Mo	133	0.61	0.70	0.82	0.96	1.22	1.58	1.97	1.16	0.72	1.05	1.50	5.80	0.52	0.62	0.96	0.89	对数正态分布	1.05	0.62
N	133	0.36	0.39	0.44	0.52	0.62	0.79	0.87	0.55	0.16	0.53	1.60	1.05	0.26	0.28	0.52	0.43	正态分布	0.55	0.49
Nb	133	17.27	18.31	20.40	22.80	25.10	28.72	30.98	23.27	4.47	22.88	6.02	44.20	15.39	0.19	22.80	25.00	正态分布	23.27	19.60
Ni	133	4.71	5.50	6.76	8.90	12.20	17.20	26.24	10.97	7.15	9.57	3.97	51.9	3.80	0.65	8.90	8.20	对数正态分布	9.57	11.00
P	133	0.13	0.15	0.19	0.24	0.34	0.45	0.50	0.28	0.14	0.25	2.55	1.04	0.10	0.51	0.24	0.27	对数正态分布	0.25	0.24
Pb	133	24.66	25.33	27.12	29.49	32.70	37.96	42.38	32.12	13.77	30.78	7.27	155	22.09	0.43	29.49	32.40	对数正态分布	30.78	30.00

续表 3-52

元素/指标	N	$X_{5\%}$	$X_{10\%}$	$X_{25\%}$	$X_{50\%}$	$X_{75\%}$	$X_{90\%}$	$X_{95\%}$	$\bar{X}$	S	$\bar{X}_g$	S_g	X_{max}	X_{min}	CV	X_{me}	X_{mo}	分布类型	武夷地块基准值	浙江省基准值
Rb	133	99.8	109	123	138	162	186	192	143	28.95	140	17.07	218	81.1	0.20	138	141	正态分布	143	128
S	133	60.2	66.2	79.0	104	139	164	193	112	42.69	105	14.29	270	44.00	0.38	104	121	正态分布	112	114
Sb	128	0.31	0.36	0.43	0.47	0.54	0.59	0.63	0.48	0.09	0.47	1.59	0.72	0.24	0.19	0.47	0.56	剔除后正态分布	0.48	0.53
Sc	133	6.60	6.90	7.70	8.70	10.08	11.68	13.39	9.19	2.15	8.97	3.65	17.10	6.10	0.23	8.70	8.60	正态分布	9.19	9.70
Se	133	0.12	0.13	0.16	0.19	0.24	0.29	0.38	0.21	0.08	0.20	2.72	0.61	0.08	0.38	0.19	0.17	正态分布	0.21	0.21
Sn	133	2.00	2.10	2.30	3.00	4.10	5.32	5.93	4.11	8.69	3.20	2.23	102	1.40	2.11	3.00	2.20	对数正态分布	3.20	2.60
Sr	133	34.10	37.46	47.20	60.4	81.0	116	140	76.5	86.5	64.0	11.92	967	25.30	1.13	60.4	65.7	对数正态分布	64.0	112
Th	133	12.49	13.45	14.99	17.39	20.20	22.60	23.98	17.78	3.77	17.40	5.18	32.50	10.10	0.21	17.39	15.72	剔除后正态分布	17.78	14.50
Ti	124	2939	3161	3609	4092	4789	5366	6169	4219	929	4122	121	6700	2214	0.22	4092	3824	正态分布	4219	4602
Tl	133	0.63	0.70	0.81	0.91	1.08	1.22	1.28	0.94	0.21	0.92	1.26	1.64	0.49	0.22	0.91	0.77	正态分布	0.94	0.82
U	133	2.59	2.71	3.02	3.36	3.75	4.15	4.34	3.40	0.57	3.36	2.05	5.52	2.29	0.17	3.36	3.44	正态分布	3.40	3.14
V	133	30.56	32.91	40.10	54.3	73.4	97.9	124	60.4	27.41	55.2	10.60	145	19.90	0.45	54.3	56.5	对数正态分布	55.2	110
W	133	1.36	1.45	1.66	1.85	2.20	2.60	2.97	1.99	0.48	1.93	1.53	3.54	1.01	0.24	1.85	1.66	对数正态分布	1.93	1.93
Y	133	20.55	21.67	24.11	26.03	28.90	32.47	35.67	26.96	4.66	26.60	6.71	44.80	18.10	0.17	26.03	25.60	对数正态分布	26.60	26.13
Zn	133	48.56	51.1	57.9	66.5	77.1	87.6	94.9	68.2	14.81	66.6	11.06	115	38.00	0.22	66.5	68.7	正态分布	68.2	77.4
Zr	133	251	266	305	338	375	416	432	339	54.9	334	28.76	495	235	0.16	338	341	正态分布	339	287
SiO_2	133	64.3	66.8	69.2	71.4	74.5	76.3	77.3	71.5	3.96	71.3	11.74	82.9	61.2	0.06	71.4	70.6	正态分布	71.5	70.5
Al_2O_3	133	11.59	12.28	13.00	14.50	15.45	16.90	17.66	14.47	1.88	14.35	4.63	20.45	10.11	0.13	14.50	15.00	正态分布	14.47	14.82
TFe_2O_3	133	2.91	3.10	3.45	4.14	4.84	6.21	7.06	4.37	1.27	4.21	2.38	8.56	2.41	0.29	4.14	3.45	对数正态分布	4.21	4.70
MgO	133	0.42	0.44	0.50	0.61	0.78	1.02	1.14	0.69	0.28	0.64	1.53	1.89	0.34	0.40	0.61	0.45	对数正态分布	0.64	0.67
CaO	133	0.14	0.15	0.19	0.24	0.32	0.48	0.60	0.34	0.67	0.26	2.53	7.73	0.11	1.95	0.24	0.22	对数正态分布	0.26	0.22
Na_2O	133	0.16	0.22	0.28	0.46	0.64	0.98	1.25	0.53	0.33	0.44	2.07	1.77	0.11	0.63	0.46	0.25	对数正态分布	0.44	0.16
K_2O	133	1.93	2.13	2.51	2.94	3.41	3.71	3.88	2.94	0.62	2.87	1.91	5.11	1.46	0.21	2.94	3.11	正态分布	2.94	2.99
TC	133	0.32	0.35	0.42	0.51	0.59	0.73	0.89	0.53	0.17	0.51	1.65	1.26	0.30	0.32	0.51	0.51	对数正态分布	0.51	0.43
Corg	133	0.26	0.28	0.36	0.44	0.53	0.70	0.84	0.47	0.17	0.44	1.84	1.08	0.22	0.36	0.44	0.50	对数正态分布	0.44	0.42
pH	133	4.79	4.87	5.02	5.22	5.50	6.04	6.24	5.16	5.27	5.33	2.63	6.77	4.54	1.02	5.22	5.12	对数正态分布	5.33	5.12

注：原始样本数为133件。

表 3-53　浙北周缘前陆盆地土壤地球化学基准值参数统计表

元素/指标	N	$X_{5\%}$	$X_{10\%}$	$X_{25\%}$	$X_{50\%}$	$X_{75\%}$	$X_{90\%}$	$X_{95\%}$	$\overline{X}$	S	$\overline{X}_g$	S_g	X_{max}	X_{min}	CV	X_{me}	X_{mo}	分布类型	浙北周缘前陆盆地基准值	浙江省基准值
Ag	815	36.00	44.00	56.0	69.0	79.0	91.0	100.0	68.5	18.81	65.8	11.50	125	27.00	0.27	69.0	32.00	剔除后正态分布	68.5	70.0
As	834	3.58	4.05	5.42	7.38	10.03	13.00	14.93	8.05	3.46	7.34	3.39	19.10	1.20	0.43	7.38	6.69	剔除后对数分布	7.34	6.83
Au	852	0.73	0.87	1.11	1.44	1.78	2.17	2.36	1.48	0.49	1.39	1.49	2.92	0.38	0.33	1.44	1.05	剔除后对数分布	1.39	1.10
B	861	31.00	41.00	59.0	70.0	76.0	82.0	86.0	65.7	15.80	63.3	11.31	105	24.50	0.24	70.0	71.0	其他分布	71.0	73.0
Ba	781	383	405	437	472	510	570	613	479	67.7	474	34.97	695	293	0.14	472	472	其他分布	472	482
Be	877	1.63	1.73	2.03	2.39	2.66	2.92	3.09	2.36	0.45	2.32	1.69	3.67	1.06	0.19	2.39	2.65	剔除后正态分布	2.36	2.31
Bi	865	0.17	0.20	0.26	0.34	0.43	0.50	0.55	0.35	0.11	0.33	2.07	0.67	0.13	0.32	0.34	0.30	剔除后正态分布	0.35	0.24
Br	863	1.50	1.50	1.60	2.30	3.20	4.00	4.60	2.56	1.04	2.37	1.86	5.80	0.90	0.41	2.30	1.50	其他分布	1.50	1.50
Cd	829	0.05	0.06	0.08	0.10	0.12	0.14	0.15	0.10	0.03	0.09	4.06	0.20	0.01	0.32	0.10	0.11	其他分布	0.10	0.11
Ce	846	59.0	62.9	69.1	78.0	85.0	93.0	98.1	77.8	11.67	76.9	12.25	110	46.00	0.15	78.0	72.0	剔除后正态分布	77.8	84.1
Cl	867	35.16	39.30	46.95	62.8	80.0	97.0	107	65.5	22.70	61.7	11.24	136	19.90	0.35	62.8	67.0	偏峰分布	67.0	39.00
Co	902	8.43	9.54	11.80	14.70	17.50	20.00	21.00	14.72	3.98	14.15	4.72	33.80	5.40	0.27	14.70	15.10	正态分布	14.72	11.90
Cr	902	27.43	36.82	51.0	69.2	93.8	108	117	71.4	26.76	65.8	11.77	142	13.20	0.37	69.2	97.0	其他分布	97.0	71.0
Cu	888	10.38	11.78	15.95	22.10	29.60	35.55	39.53	23.18	9.13	21.32	6.18	50.5	5.27	0.39	22.10	18.10	其他分布	18.10	11.20
F	882	312	379	458	556	656	742	803	557	148	536	38.33	975	156	0.27	556	608	剔除后对数分布	557	431
Ga	902	11.70	12.80	15.60	18.00	20.10	21.80	23.10	17.72	3.46	17.35	5.25	28.60	5.90	0.20	18.00	19.90	正态分布	17.72	18.92
Ge	897	1.22	1.26	1.39	1.51	1.61	1.68	1.73	1.50	0.16	1.49	1.28	1.93	1.13	0.10	1.51	1.53	其他分布	1.53	1.50
Hg	819	0.026	0.030	0.035	0.044	0.055	0.075	0.086	0.048	0.018	0.045	6.159	0.102	0.014	0.373	0.044	0.033	其他分布	0.033	0.048
I	902	0.94	1.17	1.69	2.73	4.27	6.01	7.20	3.25	2.13	2.66	2.32	15.30	0.22	0.66	2.73	1.32	对数正态分布	2.66	3.86
La	902	32.40	34.00	37.57	41.80	45.50	49.20	51.6	41.81	6.11	41.37	8.59	78.5	21.80	0.15	41.80	40.70	正态分布	41.81	41.00
Li	902	25.70	28.00	33.92	41.40	49.90	57.5	61.6	42.39	11.07	40.95	8.68	110	19.10	0.26	41.40	40.50	正态分布	42.39	37.51
Mn	874	389	432	535	686	867	1093	1226	722	251	679	43.79	1402	156	0.35	686	645	剔除后对数分布	679	713
Mo	823	0.32	0.34	0.39	0.49	0.77	1.15	1.40	0.63	0.33	0.56	1.79	1.68	0.26	0.53	0.49	0.39	其他分布	0.39	0.62
N	902	0.34	0.38	0.44	0.53	0.65	0.81	0.93	0.57	0.21	0.54	1.60	2.62	0.24	0.37	0.53	0.55	其他分布	0.54	0.49
Nb	880	11.50	13.00	15.38	17.93	20.20	22.50	23.80	17.81	3.61	17.43	5.22	27.40	8.30	0.20	17.93	17.40	对数正态分布	17.81	19.60
Ni	900	13.60	16.69	22.10	30.15	38.90	44.91	48.00	30.58	10.65	28.51	7.30	57.1	6.59	0.35	30.15	35.70	其他分布	35.70	11.00
P	895	0.23	0.26	0.35	0.52	0.63	0.70	0.75	0.50	0.17	0.47	1.76	1.05	0.12	0.35	0.52	0.61	其他分布	0.61	0.24
Pb	879	16.70	18.50	21.60	25.31	28.60	31.62	33.51	25.18	5.02	24.66	6.40	39.40	12.70	0.20	25.31	26.90	剔除后正态分布	25.18	30.00

续表3-54

元素/指标	N	$X_{5\%}$	$X_{10\%}$	$X_{25\%}$	$X_{50\%}$	$X_{75\%}$	$X_{90\%}$	$X_{95\%}$	$\bar{X}$	S	$\bar{X}_g$	S_g	X_{max}	X_{min}	CV	X_{me}	X_{mo}	分布类型	浙北周缘前陆盆地基准值	浙江省基准值
Rb	902	75.6	82.5	103	124	145	164	178	125	33.37	121	16.08	314	40.00	0.27	124	123	正态分布	125	128
S	789	50.00	54.0	75.0	110	151	207	265	123	63.5	109	15.56	349	40.90	0.52	110	50.00	其他分布	50.00	114
Sb	824	0.31	0.35	0.43	0.54	0.72	0.90	1.03	0.59	0.22	0.56	1.67	1.33	0.23	0.37	0.54	0.40	剔除后对数正态分布	0.56	0.53
Sc	902	7.50	8.20	9.23	10.70	12.88	14.60	15.69	11.11	2.48	10.84	4.05	18.50	4.80	0.22	10.70	10.80	对数正态分布	10.84	9.70
Se	860	0.05	0.07	0.11	0.15	0.22	0.28	0.32	0.17	0.08	0.15	3.51	0.40	0.02	0.48	0.15	0.15	剔除后对数正态分布	0.15	0.21
Sn	832	2.34	2.59	3.10	3.56	4.11	4.85	5.29	3.65	0.85	3.55	2.17	6.10	1.71	0.23	3.56	3.59	剔除后正态分布	3.55	2.60
Sr	902	42.00	46.81	63.0	101	124	147	159	96.7	37.17	88.8	14.10	213	16.00	0.38	101	118	其他分布	118	112
Th	875	9.92	10.93	12.40	14.20	15.79	17.20	18.23	14.14	2.41	13.93	4.60	20.70	8.00	0.17	14.20	14.70	剔除后正态分布	14.14	14.50
Ti	868	3787	3979	4298	4703	5121	5601	5868	4728	625	4687	131	6279	2989	0.13	4703	4748	其他分布	4728	4602
Tl	902	0.44	0.49	0.60	0.73	0.87	0.99	1.11	0.74	0.21	0.72	1.41	1.83	0.29	0.28	0.73	0.72	对数正态分布	0.72	0.82
U	902	1.86	1.98	2.22	2.67	3.54	4.53	5.12	3.05	1.23	2.86	1.96	12.00	1.45	0.40	2.67	4.00	剔除后正态分布	2.86	3.14
V	892	55.0	64.0	74.7	90.5	108	121	127	91.3	22.53	88.4	13.47	159	32.50	0.25	90.5	110	正态分布	91.3	110
W	858	1.14	1.29	1.57	1.85	2.19	2.53	2.72	1.89	0.47	1.83	1.53	3.20	0.81	0.25	1.85	1.95	剔除后正态分布	1.89	1.93
Y	862	20.98	22.00	24.56	27.00	29.00	32.00	33.00	26.81	3.64	26.56	6.64	36.00	18.00	0.14	27.00	26.00	剔除后正态分布	26.81	26.13
Zn	894	48.90	54.0	62.5	76.0	92.0	103	109	77.5	19.55	74.9	12.34	134	26.00	0.25	76.0	78.0	对数正态分布	77.5	77.4
Zr	902	197	206	230	266	307	345	372	273	56.3	267	25.11	590	166	0.21	266	285	正态分布	267	287
SiO$_2$	902	60.5	61.7	64.9	68.2	70.8	73.4	74.6	67.9	4.45	67.7	11.38	81.0	54.6	0.07	68.2	68.7	正态分布	67.9	70.5
Al$_2$O$_3$	902	10.58	11.28	12.76	14.22	15.58	16.67	17.17	14.16	2.05	14.01	4.60	23.26	8.49	0.14	14.22	13.80	正态分布	14.16	14.82
TFe$_2$O$_3$	902	3.28	3.48	4.29	5.12	5.86	6.58	6.98	5.10	1.13	4.97	2.59	8.74	2.07	0.22	5.12	5.31	其他分布	5.10	4.70
MgO	899	0.56	0.65	0.85	1.46	1.90	2.14	2.24	1.41	0.59	1.27	1.66	3.52	0.25	0.42	1.46	1.84	其他分布	1.84	0.67
CaO	858	0.19	0.23	0.31	0.78	1.44	2.31	2.66	1.00	0.81	0.70	2.45	3.53	0.06	0.81	0.78	0.31	其他分布	0.31	0.22
Na$_2$O	902	0.22	0.29	0.49	1.12	1.54	1.79	1.88	1.05	0.57	0.85	2.05	2.17	0.07	0.54	1.12	0.33	正态分布	0.33	0.16
K$_2$O	902	1.67	1.89	2.15	2.55	2.89	3.22	3.59	2.55	0.56	2.49	1.78	4.36	1.20	0.22	2.55	2.73	正态分布	2.55	2.99
TC	888	0.37	0.42	0.48	0.61	0.91	1.09	1.22	0.70	0.28	0.65	1.56	1.60	0.24	0.39	0.61	0.47	其他分布	0.47	0.43
Corg	623	0.21	0.25	0.35	0.44	0.53	0.64	0.73	0.45	0.15	0.42	1.90	0.87	0.06	0.34	0.44	0.30	剔除后正态分布	0.45	0.42
pH	902	5.13	5.25	5.78	7.13	8.14	8.43	8.56	5.83	5.55	6.99	3.13	9.33	4.71	0.95	7.13	7.92	其他分布	7.92	5.12

注：原始样本数为902件。

表 3-54 浙西被动陆缘盆地土壤地球化学基准值参数统计表

元素/指标	N	$X_{5\%}$	$X_{10\%}$	$X_{25\%}$	$X_{50\%}$	$X_{75\%}$	$X_{90\%}$	$X_{95\%}$	$\overline{X}$	S	$\overline{X}_g$	S_g	X_{max}	X_{min}	CV	X_{me}	X_{mo}	分布类型	浙西被动陆缘盆地基准值	浙江省基准值
Ag	1146	34.00	41.00	54.0	70.0	92.9	120	140	75.4	30.30	69.5	12.30	167	15.00	0.40	70.0	70.0	剔除后对数分布	69.5	70.0
As	1121	4.38	5.10	6.70	9.04	13.20	20.30	24.00	10.85	6.00	9.49	4.04	30.60	2.09	0.55	9.04	10.60	剔除后对数分布	9.49	6.83
Au	1164	0.61	0.71	0.94	1.30	1.80	2.33	2.62	1.42	0.62	1.29	1.60	3.37	0.29	0.44	1.30	1.20	剔除后对数分布	1.29	1.10
B	1252	23.00	27.00	38.43	55.0	68.0	80.0	87.9	54.6	21.72	49.99	10.24	236	6.83	0.40	55.0	56.0	正态分布	54.6	73.0
Ba	1142	279	321	394	469	582	693	789	493	151	471	36.16	966	168	0.31	469	482	其他分布	482	482
Be	1183	1.61	1.71	1.94	2.23	2.54	2.84	3.05	2.26	0.45	2.21	1.66	3.55	1.01	0.20	2.23	2.32	剔除后正态分布	2.26	2.31
Bi	1167	0.18	0.20	0.24	0.29	0.37	0.45	0.49	0.31	0.09	0.30	2.14	0.59	0.11	0.30	0.29	0.29	剔除后正态分布	0.30	0.24
Br	1252	1.20	1.50	1.94	2.60	3.72	5.05	6.10	3.04	1.65	2.69	2.18	13.50	0.68	0.54	2.60	1.00	对数正态分布	2.69	1.50
Cd	1130	0.06	0.07	0.10	0.12	0.16	0.22	0.26	0.14	0.06	0.12	3.62	0.32	0.03	0.43	0.12	0.11	剔除后正态分布	0.12	0.11
Ce	1118	64.2	68.3	74.2	80.9	88.5	97.6	104	82.0	11.88	81.2	12.80	118	48.36	0.14	80.9	80.0	剔除后正态分布	81.2	84.1
Cl	1161	24.10	26.50	31.20	36.40	43.00	51.5	56.0	37.81	9.53	36.65	8.15	65.2	19.00	0.25	36.40	34.00	偏峰分布	34.00	39.00
Co	1234	6.60	7.70	9.73	13.00	16.50	18.80	20.60	13.23	4.45	12.44	4.60	26.80	3.00	0.34	13.00	15.70	其他分布	15.70	11.90
Cr	1252	22.92	29.80	41.31	57.4	70.8	81.0	89.9	56.9	21.48	52.5	10.19	179	7.40	0.38	57.4	63.0	正态分布	56.9	71.0
Cu	1194	11.50	13.13	16.35	21.50	29.27	37.90	43.00	23.60	9.59	21.80	6.24	51.9	5.23	0.41	21.50	22.90	剔除后对数分布	21.80	11.20
F	1192	328	363	423	516	651	800	899	551	172	525	37.99	1051	100.0	0.31	516	498	剔除后正态分布	525	431
Ga	1252	13.72	14.50	16.10	17.80	19.70	21.70	22.91	17.97	2.84	17.75	5.32	28.40	9.20	0.16	17.80	19.60	正态分布	17.97	18.92
Ge	1252	1.27	1.35	1.45	1.58	1.72	1.86	1.95	1.60	0.21	1.58	1.34	3.18	1.04	0.13	1.58	1.51	对数正态分布	1.58	1.50
Hg	1156	0.031	0.036	0.048	0.064	0.083	0.110	0.130	0.068	0.028	0.063	5.056	0.151	0.017	0.408	0.064	0.070	剔除后对数分布	0.063	0.048
I	1252	1.31	1.73	2.53	3.51	4.54	5.93	6.82	3.68	1.65	3.29	2.37	15.65	0.21	0.45	3.51	3.42	剔除后正态分布	3.29	3.86
La	1219	32.79	34.85	38.80	43.00	46.60	49.40	51.2	42.68	5.62	42.29	8.79	58.5	27.28	0.13	43.00	42.50	剔除后正态分布	42.68	41.00
Li	1199	26.94	30.08	34.30	40.40	46.95	54.1	59.0	41.20	9.33	40.15	8.57	67.4	16.20	0.23	40.40	39.50	剔除后正态分布	40.15	37.51
Mn	1226	341	398	538	727	913	1119	1242	743	274	689	45.99	1520	117	0.37	727	771	剔除后正态分布	743	713
Mo	1118	0.48	0.55	0.74	1.03	1.40	1.98	2.35	1.15	0.56	1.03	1.61	2.98	0.26	0.49	1.03	0.62	剔除后对数分布	1.03	0.62
N	1252	0.34	0.37	0.44	0.56	0.73	0.89	1.00	0.61	0.22	0.57	1.58	2.30	0.17	0.37	0.56	0.55	对数正态分布	0.57	0.49
Nb	1153	15.56	16.50	18.00	19.50	21.80	24.00	26.03	20.01	3.10	19.78	5.63	28.98	11.70	0.15	19.50	19.60	其他分布	19.60	19.60
Ni	1230	9.80	11.50	15.90	23.55	32.98	39.81	43.90	24.85	10.96	22.36	6.57	59.2	4.97	0.44	23.55	22.10	其他分布	22.10	11.00
P	1252	0.18	0.21	0.29	0.38	0.49	0.63	0.73	0.41	0.18	0.37	2.00	2.25	0.05	0.45	0.38	0.45	对数正态分布	0.37	0.24
Pb	1171	18.72	20.20	22.44	25.30	28.50	31.94	34.70	25.77	4.71	25.34	6.47	39.20	13.20	0.18	25.30	23.10	剔除后对数分布	25.34	30.00

续表 3-54

元素/指标	N	$X_{5\%}$	$X_{10\%}$	$X_{25\%}$	$X_{50\%}$	$X_{75\%}$	$X_{90\%}$	$X_{95\%}$	$\bar{X}$	S	$\bar{X}_g$	S_g	X_{max}	X_{min}	CV	X_{me}	X_{mo}	分布类型	浙西被动陆缘盆地基准值	浙江省基准值
Rb	1219	78.0	87.2	100.0	115	131	145	155	116	23.09	113	15.52	178	53.8	0.20	115	128	剔除后正态分布	116	128
S	1204	58.4	68.2	87.3	113	144	180	202	119	43.00	111	15.48	242	8.10	0.36	113	118	偏峰分布	118	114
Sb	1114	0.43	0.51	0.62	0.79	1.10	1.66	1.97	0.94	0.46	0.84	1.57	2.47	0.23	0.49	0.79	0.72	其他分布	0.72	0.53
Sc	1192	7.10	7.60	8.62	9.80	10.80	12.10	13.00	9.80	1.71	9.65	3.76	14.42	5.50	0.17	9.80	9.90	剔除后对数分布	9.65	9.70
Se	1187	0.11	0.13	0.16	0.21	0.29	0.36	0.41	0.23	0.09	0.21	2.69	0.50	0.06	0.40	0.21	0.21	剔除后对数分布	0.21	0.21
Sn	1161	2.24	2.50	2.95	3.70	4.57	5.81	6.52	3.91	1.28	3.71	2.33	7.77	0.76	0.33	3.70	2.70	剔除后对数分布	3.71	2.60
Sr	1127	29.46	32.86	38.45	46.00	57.2	75.4	84.9	49.96	16.68	47.50	2.33	102	20.80	0.33	46.00	52.0	其他分布	52.0	112
Th	1206	10.40	11.10	12.40	13.99	15.66	17.10	18.24	14.06	2.41	13.85	9.49	20.90	7.37	0.17	13.99	13.60	剔除后正态分布	14.06	14.50
Ti	1222	3378	3754	4303	4916	5520	5964	6242	4891	868	4810	136	7355	2486	0.18	4916	5238	剔除后对数分布	4891	4602
Tl	1181	0.47	0.51	0.61	0.71	0.81	0.93	1.01	0.71	0.16	0.70	1.37	1.15	0.30	0.22	0.71	0.75	剔除后对数分布	0.70	0.82
U	1166	2.22	2.42	2.73	3.16	3.64	4.27	4.64	3.25	0.71	3.17	2.00	5.34	1.37	0.22	3.16	3.64	剔除后对数分布	3.17	3.14
V	1187	45.30	52.5	66.0	81.8	101	120	134	84.6	26.24	80.5	12.89	162	28.70	0.31	81.8	110	剔除后对数分布	80.5	110
W	1171	1.33	1.47	1.72	1.99	2.42	2.86	3.12	2.09	0.54	2.02	1.62	3.63	0.79	0.26	1.99	1.99	剔除后对数分布	2.02	1.93
Y	1170	20.27	21.73	23.90	26.55	29.60	33.40	36.35	27.06	4.67	26.66	6.76	40.40	15.08	0.17	26.55	26.00	剔除后对数分布	26.66	26.13
Zn	1203	52.4	57.5	65.5	77.0	92.4	107	115	79.6	19.23	77.3	12.64	137	25.90	0.24	77.0	107	剔除后对数分布	77.3	77.4
Zr	1171	193	211	240	269	302	341	366	273	50.4	268	25.12	417	140	0.18	269	270	剔除后对数分布	268	287
SiO₂	1210	65.7	67.3	69.5	71.8	73.9	75.5	76.7	71.6	3.27	71.6	11.76	80.4	62.6	0.05	71.8	73.5	偏峰正态分布	73.5	70.5
Al₂O₃	1252	11.40	11.96	12.70	13.60	14.70	15.97	16.82	13.83	1.70	13.73	4.54	22.95	9.27	0.12	13.60	13.80	对数正态分布	13.73	14.82
TFe₂O₃	1252	3.49	3.88	4.37	5.06	5.80	6.48	7.07	5.16	1.15	5.04	2.62	11.69	2.04	0.22	5.06	4.69	对数正态分布	5.04	4.70
MgO	1252	0.49	0.55	0.69	0.89	1.14	1.46	1.71	0.97	0.47	0.90	1.48	6.44	0.32	0.48	0.89	0.99	对数正态分布	0.90	0.67
CaO	1143	0.14	0.17	0.22	0.29	0.41	0.56	0.66	0.33	0.16	0.29	2.30	0.82	0.07	0.48	0.29	0.27	剔除后对数分布	0.29	0.22
Na₂O	1197	0.10	0.13	0.19	0.30	0.58	0.84	0.98	0.41	0.28	0.32	2.64	1.28	0.05	0.69	0.30	0.18	其他分布	0.18	0.16
K₂O	1252	1.63	1.82	2.09	2.44	2.82	3.19	3.43	2.47	0.54	2.41	1.75	4.46	0.68	0.22	2.44	2.45	正态分布	2.47	2.99
TC	1167	0.28	0.32	0.40	0.49	0.58	0.71	0.79	0.50	0.15	0.48	1.66	0.90	0.12	0.29	0.49	0.52	剔除后对数分布	0.48	0.43
Corg	1188	0.25	0.28	0.34	0.44	0.54	0.66	0.72	0.46	0.14	0.43	1.74	0.87	0.13	0.32	0.44	0.51	剔除后对数分布	0.43	0.42
pH	1251	4.90	5.03	5.29	5.73	6.58	7.20	7.60	5.45	5.34	5.96	2.84	8.41	4.43	0.98	5.73	5.36	其他分布	5.36	5.12

注：原始样本数为1252件。

浙江省浙西被动陆缘盆地深层土壤总体呈酸性,土壤 pH 基准值为 5.36,极大值为 8.41,极小值为 4.43,与浙江省基准值接近。

在深层土壤各元素/指标中,绝大部分元素/指标变异系数小于 0.40,分布相对均匀;pH、Na_2O、As、Br、Sb、Mo、MgO、CaO、I、P、Ni、Au、Cd、Cu、Hg 共 15 项元素/指标变异系数大于 0.40,其中 pH 变异系数大于 0.80,空间变异性较大。

与浙江省土壤基准值相比,浙西被动陆缘盆地土壤基准值中 Sr 基准值明显低于浙江省基准值,为浙江省基准值的 46%;B、V 基准值略低于浙江省基准值,为浙江省基准值的 60%～80%;As、Sb、MgO、Co、CaO、Bi、F、Hg 基准值略高于浙江省基准值,与浙江省基准值比值在 1.2～1.4 之间;Ni、Cu、Br、Mo、P、Sn 基准值明显高于浙江省基准值,与浙江省基准值比值在 1.4 以上,其中 Ni 基准值为浙江省基准值的 2.01 倍;其他元素/指标基准值则与浙江省基准值基本接近。

第四章 土壤元素背景值

第一节 各行政区土壤元素背景值

一、浙江省土壤元素背景值

浙江省土壤元素背景值数据经正态分布检验,结果表明,原始数据中仅 SiO_2 剔除异常值后符合正态分布,其他元素/指标均不符合正态分布或对数正态分布(表 4-1)。

浙江省表层土壤总体呈酸性,土壤 pH 背景值为 5.10,极大值为 7.84,极小值为 3.20,略低于中国背景值。

在表层土壤各元素/指标中,大多数元素/指标变异系数在 0.40 以下,分布相对均匀;Cd、N、V、Corg、Mo、P、Sr、Cu、As、Co、Br、Sn、MgO、Mn、B、Cr、Hg、Au、Ni、Na_2O、CaO、I、pH 共 23 项元素/指标变异系数在 0.40 以上,其中 pH 变异系数在 0.80 以上,空间变异性较大。

与中国土壤元素背景值相比,浙江省土壤元素背景值中 CaO、Na_2O、MgO、B、Sr 背景值明显偏低,在中国背景值的 60% 以下,其中 CaO 背景值为中国背景值的 9%;而 Sb、Mn 背景值略低于中国背景值,为中国背景值的 60%~80%;Sn、Th、Se、La、Rb、Ag、Nb、Ti、Co 背景值略高于中国背景值,为中国背景值的 1.2~1.4 倍;Pb、Ni、V、Zn、I、Cr、Ce、N、Corg、Hg 背景值明显高于中国背景值,是中国背景值的 1.4 倍以上,其中 Corg 和 Hg 明显相对富集,背景值是中国背景值的 2.0 倍以上,Hg 背景值最高,是中国背景值的 4.23 倍;其他元素/指标背景值则与中国背景值基本接近。

二、杭州市土壤元素背景值

杭州市土壤元素背景值数据经正态分布检验,结果表明,原始数据中 Br、Al_2O_3、MgO 符合对数正态分布,Sc 剔除异常值后符合正态分布,Be、Bi、Cl、W、TC 剔除异常值后符合对数正态分布,其他元素/指标不符合正态分布或对数正态分布(表 4-2)。

杭州市表层土壤总体呈酸性,土壤 pH 背景值为 4.96,极大值为 9.00,极小值为 3.20,基本接近于浙江省背景值,略低于中国背景值。

在表层土壤各元素/指标中,绝大多数元素/指标变异系数小于 0.40,分布相对均匀;Se、Ni、Ag、Mn、P、Sn、Sb、Hg、Mo、MgO、As、Au、Br、I、CaO、Na_2O、Cd、pH 共 18 项元素/指标变异系数大于 0.40,其中 pH 变异系数大于 0.80,空间变异性较大。

与浙江省土壤元素背景值相比,杭州市土壤元素背景值中 Mo、Sr 背景值明显低于浙江省背景值,在浙江省背景值的 60% 以下;Ce、Cl、Co、Cr、N、Ni、Corg 背景值略低于浙江省背景值,为浙江省背景值的 60%~80%;B、Bi、Br、Li、Sb、MgO 背景值明显高于浙江省背景值,为浙江省背景值的 1.4 倍以上;其他元素/指标背景值则与浙江省背景值基本接近。

表 4-1 浙江省土壤元素背景值参数统计表

元素/指标	N	$X_{5\%}$	$X_{10\%}$	$X_{25\%}$	$X_{50\%}$	$X_{75\%}$	$X_{90\%}$	$X_{95\%}$	$\overline{X}$	S	$\overline{X}_g$	S_g	X_{max}	X_{min}	CV	X_{me}	X_{mo}	分布类型	浙江省背景值	中国背景值
Ag	18214	53.0	60.0	73.0	92.9	120	155	177	101	36.87	94.3	14.25	212	8.00	0.37	92.9	100.0	其他分布	100.0	77.0
As	242697	2.04	2.67	4.08	6.07	8.33	10.70	12.40	6.43	3.10	5.64	3.20	15.80	0.10	0.48	6.07	10.10	其他分布	10.10	9.00
Au	18299	0.61	0.73	1.00	1.51	2.40	3.50	4.17	1.84	1.09	1.55	1.89	5.37	0.06	0.59	1.51	1.50	其他分布	1.50	1.30
B	253609	10.37	13.80	22.20	43.49	63.8	74.4	80.8	44.00	23.76	36.24	9.37	126	0.90	0.54	43.49	20.00	其他分布	20.00	43.0
Ba	18597	306	351	429	511	649	789	880	545	171	519	37.24	1058	95.0	0.31	511	475	其他分布	475	512
Be	19070	1.53	1.67	1.90	2.19	2.48	2.76	2.94	2.20	0.43	2.16	1.63	3.44	0.97	0.20	2.19	2.00	其他分布	2.00	2.00
Bi	18526	0.21	0.23	0.29	0.37	0.47	0.56	0.63	0.39	0.13	0.37	1.92	0.78	0.11	0.33	0.37	0.28	其他分布	0.28	0.30
Br	18850	2.00	2.20	2.90	4.34	6.32	8.55	9.90	4.89	2.46	4.32	2.72	12.45	0.25	0.50	4.34	2.20	其他分布	2.20	2.20
Cd	238518	0.07	0.09	0.12	0.16	0.21	0.27	0.31	0.17	0.07	0.15	3.14	0.38	0.01	0.41	0.16	0.14	其他分布	0.14	0.137
Ce	18660	63.9	68.1	74.0	82.3	93.8	106	113	84.7	14.89	83.4	12.98	130	41.60	0.18	82.3	102	其他分布	102	64.0
Cl	18899	36.30	40.70	49.20	62.6	79.0	96.0	107	65.7	21.45	62.3	10.93	130	20.40	0.33	62.6	71.0	其他分布	71.0	78.0
Co	247058	3.25	4.04	6.04	10.00	14.20	16.92	18.60	10.35	5.04	9.01	4.10	27.20	0.01	0.49	10.00	14.80	其他分布	14.80	11.00
Cr	253146	13.80	17.51	27.30	52.9	78.2	90.7	97.1	53.7	28.78	44.75	10.28	156	0.20	0.54	52.9	82.0	其他分布	82.0	53.0
Cu	247396	8.11	10.10	14.63	22.20	31.02	38.28	43.40	23.47	11.03	20.75	6.45	57.9	0.14	0.47	22.20	16.00	其他分布	16.00	20.00
F	18911	293	327	391	482	590	694	764	498	143	478	35.76	926	83.0	0.29	482	453	其他分布	453	488
Ga	19431	12.55	13.60	15.40	17.20	19.10	20.80	21.80	17.23	2.77	17.00	5.20	24.87	9.71	0.16	17.20	16.00	其他分布	16.00	15.00
Ge	211180	1.14	1.21	1.31	1.43	1.54	1.66	1.73	1.43	0.18	1.42	1.27	1.91	0.95	0.12	1.43	1.44	其他分布	1.44	1.30
Hg	237578	0.036	0.044	0.060	0.088	0.137	0.199	0.233	0.105	0.060	0.090	4.118	0.297	0.001	0.575	0.088	0.110	其他分布	0.110	0.026
I	18714	0.85	1.02	1.50	2.52	4.61	6.97	8.32	3.31	2.33	2.59	2.50	10.45	0.05	0.70	2.52	1.70	其他分布	1.70	1.10
La	19131	33.00	35.00	39.00	43.70	48.50	53.2	56.5	43.94	7.07	43.37	8.90	64.0	24.16	0.16	43.70	41.00	其他分布	41.00	33.00
Li	19445	20.00	22.26	27.00	33.82	42.40	50.8	55.1	35.24	10.77	33.62	7.82	66.9	11.67	0.31	33.82	25.00	其他分布	25.00	30.00
Mn	247075	159	197	293	446	640	860	993	490	252	425	35.09	1225	1.31	0.51	446	440	其他分布	440	569
Mo	235413	0.39	0.46	0.58	0.76	1.02	1.36	1.57	0.84	0.35	0.77	1.55	1.95	0.06	0.42	0.76	0.66	其他分布	0.66	0.70
N	250947	0.60	0.75	1.02	1.38	1.83	2.30	2.57	1.46	0.59	1.33	1.65	3.14	0.01	0.41	1.38	1.28	其他分布	1.28	0.707
Nb	18774	14.85	15.84	17.82	20.10	23.10	26.40	28.50	20.65	4.07	20.26	5.73	32.33	9.50	0.20	20.10	16.83	其他分布	16.83	13.00
Ni	252597	5.14	6.42	9.70	18.90	32.70	39.99	43.50	21.53	13.20	17.20	6.27	68.6	0.05	0.61	18.90	35.00	其他分布	35.00	24.00
P	243572	0.24	0.32	0.45	0.63	0.86	1.12	1.29	0.68	0.31	0.61	1.77	1.59	0.01	0.46	0.63	0.60	其他分布	0.60	0.57
Pb	239446	21.10	24.00	28.40	32.99	38.50	45.00	49.30	33.77	8.21	32.76	7.73	57.7	11.37	0.24	32.99	32.00	其他分布	32.00	22.00

第四章 土壤元素背景值

续表 4-1

元素/指标	N	$X_{5\%}$	$X_{10\%}$	$X_{25\%}$	$X_{50\%}$	$X_{75\%}$	$X_{90\%}$	$X_{95\%}$	$\bar{X}$	S	$\bar{X}_g$	S_g	X_{max}	X_{min}	CV	X_{me}	X_{mo}	分布类型	浙江省背景值	中国背景值
Rb	19 255	78.1	87.0	104	121	137	153	163	121	25.30	118	15.82	191	51.6	0.21	121	120	其他分布	120	96.0
S	19 161	143	162	201	261	326	396	441	270	90.2	255	24.69	530	14.20	0.33	261	248	其他分布	248	245
Sb	18 003	0.40	0.45	0.53	0.66	0.84	1.06	1.22	0.71	0.25	0.67	1.50	1.51	0.10	0.35	0.66	0.53	其他分布	0.53	0.73
Sc	19 454	5.80	6.40	7.57	9.16	10.90	12.76	13.77	9.36	2.40	9.05	3.68	16.08	3.08	0.26	9.16	8.70	其他分布	8.70	10.00
Se	243 646	0.13	0.15	0.20	0.27	0.35	0.44	0.50	0.28	0.11	0.26	2.33	0.62	0.01	0.39	0.27	0.21	偏峰分布	0.21	0.17
Sn	18 391	2.60	2.90	3.58	4.82	7.24	10.20	12.02	5.76	2.91	5.13	2.92	14.99	0.60	0.50	4.82	3.60	其他分布	3.60	3.00
Sr	19 424	32.20	37.20	47.90	69.7	105	125	143	77.5	35.85	69.4	11.87	194	13.70	0.46	69.7	105	其他分布	105	197
Th	18 883	10.20	11.00	12.40	14.00	15.80	17.70	18.90	14.19	2.61	13.95	4.63	21.63	6.87	0.18	14.00	13.30	偏峰分布	13.30	11.00
Ti	19 081	3011	3331	3860	4390	4999	5555	5912	4425	857	4339	127	6864	2087	0.19	4390	4665	其他分布	4665	3498
Tl	47 643	0.47	0.52	0.63	0.76	0.89	1.02	1.11	0.76	0.19	0.74	1.36	1.30	0.23	0.25	0.76	0.70	其他分布	0.70	0.60
U	18 835	2.18	2.34	2.67	3.11	3.58	4.04	4.36	3.16	0.66	3.09	1.98	5.09	1.28	0.21	3.11	2.90	其他分布	2.90	2.50
V	247 181	29.27	35.83	50.5	74.9	101	115	124	76.3	31.50	69.1	12.33	180	0.07	0.41	74.9	106	其他分布	106	70.0
W	18 602	1.37	1.50	1.71	1.97	2.31	2.72	2.98	2.04	0.48	1.99	1.59	3.45	0.71	0.23	1.97	1.80	其他分布	1.80	1.60
Y	18 995	19.20	20.66	23.00	25.67	28.80	31.62	33.60	25.92	4.29	25.56	6.56	37.98	14.05	0.17	25.67	25.00	其他分布	25.00	24.00
Zn	246 413	49.25	55.6	67.8	84.8	103	120	132	86.5	25.07	82.8	13.28	160	16.06	0.29	84.8	101	其他分布	101	66.0
Zr	19 158	201	218	249	291	339	383	413	297	64.2	290	26.40	485	115	0.22	291	243	其他分布	243	230
SiO_2	19 489	63.6	65.5	68.2	71.3	74.4	77.3	78.9	71.3	4.57	71.1	11.72	83.8	58.6	0.06	71.3	71.6	剔除后正态分布	71.3	66.7
Al_2O_3	19 580	10.31	10.90	12.06	13.40	14.69	15.80	16.54	13.40	1.88	13.26	4.49	18.64	8.12	0.14	13.40	13.20	其他分布	13.20	11.90
TFe_2O_3	19 394	2.42	2.68	3.23	3.98	4.86	5.63	6.07	4.08	1.12	3.92	2.35	7.39	1.09	0.28	3.98	3.74	其他分布	3.74	4.20
MgO	19 251	0.36	0.41	0.52	0.71	1.10	1.52	1.69	0.84	0.42	0.75	1.66	2.09	0.19	0.50	0.71	0.50	其他分布	0.50	1.43
CaO	18 521	0.14	0.17	0.22	0.34	0.61	0.96	1.08	0.45	0.31	0.37	2.38	1.45	0.05	0.68	0.34	0.24	其他分布	0.24	2.74
Na_2O	19 724	0.16	0.21	0.37	0.69	1.11	1.47	1.64	0.77	0.48	0.61	2.21	2.24	0.06	0.62	0.69	0.19	其他分布	0.19	1.75
K_2O	250 092	1.30	1.58	2.04	2.45	2.87	3.34	3.63	2.46	0.67	2.36	1.78	4.20	0.74	0.27	2.45	2.35	其他分布	2.35	2.36
TC	18 991	0.91	1.03	1.25	1.54	1.89	2.27	2.51	1.60	0.48	1.52	1.49	2.98	0.28	0.30	1.54	1.43	其他分布	1.43	1.30
Corg	210 283	0.56	0.72	1.00	1.35	1.77	2.22	2.50	1.41	0.58	1.28	1.66	3.04	0.01	0.41	1.35	1.31	其他分布	1.31	0.60
pH	239 137	4.41	4.58	4.87	5.25	5.85	6.64	7.18	4.96	4.75	5.44	2.69	7.84	3.20	0.96	5.25	5.10	其他分布	5.10	8.00

注:pH 单位为无量纲,其他元素/指标单位为 mg/kg;中国背景基准值引自《全国地球化学基准网建立与土壤地球化学基准值特征》(王学求等,2016);后表单位和资料来源相同。Au、Ag 单位为 μg/kg,pH 为无量纲,其他元素/指标为 19 776 件;氧化物、TC、Corg 单位为%,N、P 单位为 g/kg,Au、Ag、Cr、N、B、Ni、Ge、Co、K_2O、P、Pb、Cu、Zn、Mn、Se、V、Hg、Mo、As、Cd、Corg 共 20 项原始样本数为 254 208 件,其他元素/指标为 19 776 件。

表 4-2 杭州市土壤元素背景值参数统计表

元素/指标	N	$X_{5\%}$	$X_{10\%}$	$X_{25\%}$	$X_{50\%}$	$X_{75\%}$	$X_{90\%}$	$X_{95\%}$	$\overline{X}$	S	$\overline{X}_g$	S_g	X_{max}	X_{min}	CV	X_{me}	X_{mo}	分布类型	杭州市背景值	浙江省背景值	中国背景值
Ag	3761	59.0	63.0	79.0	100.0	140	190	220	115	51.1	105	14.94	279	30.00	0.44	100.0	100.0	其他分布	100.0	100.0	77.0
As	26 728	3.13	3.73	4.86	6.79	9.85	14.20	17.17	7.93	4.21	6.96	3.52	21.95	0.54	0.53	6.79	10.40	其他分布	10.40	10.10	9.00
Au	3794	0.66	0.79	1.04	1.48	2.21	3.13	3.70	1.73	0.92	1.52	1.75	4.71	0.16	0.53	1.48	1.20	其他分布	1.20	1.50	1.30
B	29 180	18.10	25.01	42.50	59.4	70.1	79.7	87.3	56.1	20.76	50.9	10.50	113	1.10	0.37	59.4	61.4	其他分布	61.4	20.00	43.0
Ba	3573	307	339	396	452	549	700	815	490	151	470	35.10	1045	154	0.31	452	421	其他分布	421	475	512
Be	3947	1.42	1.57	1.81	2.15	2.55	2.90	3.10	2.20	0.52	2.13	1.64	3.82	0.66	0.24	2.15	1.76	剔除后对数分布	2.13	2.00	2.00
Bi	3744	0.25	0.29	0.36	0.44	0.53	0.65	0.73	0.46	0.14	0.43	1.77	0.89	0.15	0.31	0.44	0.39	剔除后对数分布	0.43	0.28	0.30
Br	4139	2.20	2.60	3.62	5.22	7.40	10.13	12.10	5.94	3.23	5.21	2.88	31.10	1.20	0.54	5.22	3.20	剔除后正态分布	5.21	2.20	2.20
Cd	26 594	0.07	0.09	0.13	0.18	0.25	0.36	0.44	0.20	0.11	0.18	3.02	0.55	0.01	0.53	0.18	0.16	其他分布	0.16	0.14	0.137
Ce	3628	65.3	69.1	73.9	80.9	91.1	105	116	84.2	15.13	83.0	12.97	136	40.20	0.18	80.9	73.8	其他分布	73.8	102	64.0
Cl	3951	30.60	34.20	41.60	52.1	65.9	80.2	88.8	54.9	17.64	52.2	9.63	108	20.40	0.32	52.1	48.30	剔除后对数分布	52.2	71.0	78.0
Co	29 003	5.09	6.32	8.80	11.00	14.10	17.19	18.86	11.47	4.06	10.70	4.20	22.68	0.66	0.35	11.00	10.40	其他分布	10.40	14.80	11.00
Cr	29 410	20.11	27.23	47.06	63.2	75.7	86.1	92.5	60.5	21.66	55.4	10.84	119	5.80	0.36	63.2	61.0	其他分布	61.0	82.0	53.0
Cu	28 421	10.90	13.10	17.32	23.80	31.15	38.60	43.84	24.94	9.95	22.92	6.64	54.6	1.39	0.40	23.80	18.70	其他分布	18.70	16.00	20.00
F	3887	333	368	434	526	670	831	932	565	180	539	38.46	1111	199	0.32	526	453	其他分布	453	453	488
Ga	4097	12.02	13.10	15.10	17.20	19.10	20.74	21.70	17.11	2.88	16.86	5.17	24.90	9.40	0.17	17.20	18.70	其他分布	18.70	16.00	15.00
Ge	29 005	1.20	1.25	1.33	1.45	1.58	1.71	1.79	1.46	0.18	1.45	1.28	1.98	0.95	0.12	1.45	1.44	其他分布	1.44	1.44	1.30
Hg	27 886	0.040	0.050	0.070	0.100	0.143	0.200	0.230	0.113	0.058	0.099	3.768	0.291	0.005	0.509	0.100	0.110	其他分布	0.110	0.110	0.026
I	4007	0.96	1.22	1.94	3.40	5.36	7.28	8.48	3.88	2.35	3.16	2.57	10.90	0.05	0.61	3.40	1.60	偏峰分布	1.60	1.70	1.10
La	4090	34.10	36.11	40.50	44.90	48.38	51.3	53.3	44.40	5.75	44.01	8.96	60.2	28.70	0.13	44.90	37.00	其他分布	37.00	41.00	33.00
Li	3977	25.50	27.20	31.80	38.10	45.30	52.3	57.6	39.10	9.64	37.95	8.33	67.5	17.60	0.25	38.10	38.20	其他分布	38.20	25.00	30.00
Mn	28 183	161	196	281	400	537	722	826	429	198	384	32.32	1009	31.00	0.46	400	389	其他分布	389	440	569
Mo	26 945	0.32	0.36	0.53	0.75	1.08	1.50	1.78	0.85	0.44	0.75	1.70	2.30	0.06	0.52	0.75	0.35	其他分布	0.35	0.66	0.70
N	29 141	0.52	0.69	0.98	1.34	1.73	2.12	2.36	1.38	0.54	1.26	1.64	2.90	0.10	0.39	1.34	0.95	其他分布	0.95	1.28	0.707
Nb	3816	14.30	15.40	17.00	18.71	20.70	23.20	24.70	19.02	3.05	18.78	5.51	28.20	10.70	0.16	18.71	14.85	其他分布	14.85	16.83	13.00
Ni	29 222	8.17	10.47	17.63	24.00	32.00	39.10	42.90	24.83	10.45	22.28	6.59	54.8	1.31	0.42	24.00	25.00	其他分布	25.00	35.00	24.00
P	28 518	0.31	0.38	0.50	0.70	0.97	1.32	1.50	0.77	0.36	0.69	1.68	1.80	0.04	0.46	0.70	0.60	其他分布	0.60	0.60	0.57
Pb	28 435	18.00	20.60	25.60	30.49	35.24	40.50	43.80	30.56	7.47	29.61	7.40	51.5	11.25	0.24	30.49	29.00	其他分布	29.00	32.00	22.00

第四章 土壤元素背景值

续表 4-2

元素/指标	N	$X_{5\%}$	$X_{10\%}$	$X_{25\%}$	$X_{50\%}$	$X_{75\%}$	$X_{90\%}$	$X_{95\%}$	$\bar{X}$	S	$\bar{X}_g$	S_g	X_{max}	X_{min}	CV	X_{me}	X_{mo}	分布类型	杭州市背景值	浙江省背景值	中国背景值
Rb	4029	75.0	80.1	94.0	114	133	156	168	116	28.33	112	15.37	195	39.00	0.25	114	103	其他分布	103	120	96.0
S	3920	167	186	218	258	309	363	397	267	68.6	258	24.51	466	81.0	0.26	258	254	偏峰分布	254	248	245
Sb	3723	0.52	0.58	0.71	0.92	1.31	1.95	2.36	1.09	0.55	0.98	1.57	2.87	0.33	0.50	0.92	0.80	其他分布	0.80	0.53	0.73
Sc	4039	6.99	7.50	8.50	9.50	10.50	11.50	12.10	9.51	1.53	9.38	3.66	13.70	5.40	0.16	9.50	9.40	剔除后正态分布	9.51	8.70	10.00
Se	27 992	0.14	0.18	0.24	0.32	0.42	0.54	0.62	0.34	0.14	0.31	2.16	0.75	0.02	0.41	0.32	0.25	其他分布	0.25	0.21	0.17
Sn	3777	2.93	3.34	4.13	5.45	7.64	10.45	12.40	6.22	2.86	5.63	2.95	15.40	0.63	0.46	5.45	3.90	其他分布	3.90	3.60	3.00
Sr	3698	29.59	32.50	38.20	46.50	59.5	81.5	97.2	51.8	19.68	48.64	9.30	114	17.60	0.38	46.50	43.10	其他分布	43.10	105	197
Th	3996	10.09	10.60	11.70	13.20	14.80	16.30	17.30	13.34	2.21	13.16	4.45	19.70	6.91	0.17	13.20	13.00	其他分布	13.00	13.30	11.00
Ti	4095	3381	3744	4182	4910	5524	5969	6214	4861	897	4774	135	7546	2182	0.18	4910	5029	其他分布	5029	4665	3498
Tl	3965	0.45	0.50	0.59	0.71	0.85	1.00	1.10	0.73	0.19	0.71	1.40	1.31	0.25	0.27	0.71	0.67	其他分布	0.67	0.70	0.60
U	3847	2.06	2.23	2.53	2.99	3.62	4.32	4.80	3.15	0.83	3.04	2.01	5.72	1.12	0.26	2.99	2.37	偏峰分布	2.37	2.90	2.50
V	27 968	41.10	50.2	66.2	78.9	97.1	113	124	81.1	24.34	77.2	12.73	152	16.02	0.30	78.9	102	其他分布	102	106	70.0
W	3858	1.30	1.46	1.77	2.14	2.58	3.12	3.52	2.22	0.65	2.13	1.71	4.21	0.76	0.29	2.14	2.02	剔除后正态分布	2.13	1.80	1.60
Y	3945	20.90	22.00	23.90	26.40	29.80	33.70	36.00	27.10	4.53	26.74	6.79	40.00	15.40	0.17	26.40	24.00	偏峰分布	24.00	25.00	24.00
Zn	28 368	53.6	59.0	69.7	84.8	102	119	131	87.3	23.47	84.2	13.39	158	20.79	0.27	84.8	101	其他分布	101	101	66.0
Zr	3889	183	198	231	261	291	327	350	263	48.21	258	24.58	397	139	0.18	261	260	其他分布	260	243	230
SiO₂	4046	65.5	67.0	69.3	71.4	73.5	75.2	76.2	71.2	3.16	71.2	11.77	79.7	62.6	0.04	71.4	70.8	其他分布	70.8	71.3	66.7
Al₂O₃	4139	10.40	10.90	11.80	12.81	13.91	15.06	15.80	12.94	1.63	12.84	4.38	21.23	8.17	0.13	12.81	13.20	对数正态分布	12.84	13.20	11.90
TFe₂O₃	4103	3.21	3.41	3.98	4.73	5.40	6.04	6.40	4.73	0.98	4.63	2.50	7.53	2.24	0.21	4.73	4.01	其他分布	4.01	3.74	4.20
MgO	4139	0.50	0.55	0.69	0.93	1.28	1.78	2.03	1.07	0.56	0.96	1.57	6.22	0.25	0.52	0.93	0.65	对数正态分布	0.96	0.50	1.43
CaO	3559	0.15	0.17	0.21	0.27	0.39	0.65	0.85	0.34	0.20	0.30	2.40	1.07	0.10	0.59	0.27	0.26	其他分布	0.26	0.24	2.74
Na₂O	3735	0.14	0.16	0.20	0.29	0.54	0.83	1.06	0.41	0.28	0.33	2.55	1.36	0.07	0.70	0.29	0.19	其他分布	0.19	0.19	1.75
K₂O	28 536	1.43	1.65	1.96	2.25	2.69	3.16	3.48	2.34	0.59	2.26	1.71	3.94	0.79	0.25	2.25	1.99	其他分布	1.99	2.35	2.36
TC	3937	0.96	1.07	1.30	1.60	1.97	2.39	2.63	1.67	0.50	1.59	1.49	3.18	0.44	0.30	1.60	1.56	剔除后对数分布	1.56	1.43	1.30
Corg	27 940	0.51	0.68	0.97	1.32	1.69	2.08	2.34	1.35	0.54	1.23	1.65	2.87	0.02	0.40	1.32	0.92	偏峰分布	0.92	1.31	0.60
pH	29 699	4.41	4.62	4.96	5.45	6.58	8.02	8.26	5.02	4.71	5.87	2.78	9.00	3.20	0.94	5.45	4.96	其他分布	4.96	5.10	8.00

注: pH、Cr、Ni、B、N、Ge、Co、K₂O、P、Pb、Cu、Zn、Mn、Se、V、Hg、Mo、As、Cd、Corg 共 20 项原始样本数为 29 735 件,其他元素/指标为 4139 件。

与中国土壤元素背景值相比,杭州市土壤元素背景值中 Mo、Sr、Na$_2$O、CaO 背景值明显低于中国背景值,不足中国背景值的 50%,其中 CaO 背景值是中国背景值的 9%;而 Mn、MgO、Cl 背景值略低于中国背景值,为中国背景值的 60%～80%;Ag、Ga、Li、N、Pb、Sn、W、TC 背景值略高于中国背景值,是中国背景值的 1.2～1.4 倍;B、Bi、I、Se、Ti、V、Zn、Hg、Corg、Br 明显相对富集,背景值是中国背景值的 1.4 倍以上,Hg 背景值最高,是中国背景值的 4.23 倍;其他元素/指标背景值则与中国背景值基本接近。

三、宁波市土壤元素背景值

宁波市土壤元素背景值数据经正态分布检验,结果表明,原始数据中 Ga、Al$_2$O$_3$ 符合正态分布,Br 符合对数正态分布,F、Rb、Sc、Th、Ti、SiO$_2$ 剔除异常值后符合正态分布,Be、La、W、TFe$_2$O$_3$、TC 剔除异常值后符合对数正态分布,其他元素/指标不符合正态分布或对数正态分布(表 4-3)。

宁波市表层土壤总体呈酸性,土壤 pH 背景值为 5.0,极大值为 10.01,极小值为 3.24,接近于浙江省背景值,略低于中国背景值。

在表层土壤各元素/指标中,大多数元素/指标变异系数小于 0.40,分布相对均匀;pH、Hg、I、CaO、Sn、Au、MgO、Br、Ni、Corg、N、Mn、P、Cr、As、B、Ag、Cu、Se 共 19 项元素/指标变异系数大于 0.40,其中 pH 变异系数大于 0.80,空间变异性较大。

与浙江省土壤元素背景值相比,宁波市土壤元素背景值中 Ag、As、Co、Mn、Pb、Corg 背景值略低于浙江省背景值,为浙江省背景值的 60%～80%;Bi、Cd、I、S、Sc、MgO 背景值略高于浙江省背景值,是浙江省背景值的 1.2～1.4 倍;Bi、Br、Cu、Na$_2$O、P 背景值明显偏高,是浙江省背景值的 1.4 倍以上;其他元素/指标背景值则与浙江省背景值基本接近。

与中国土壤元素背景值相比,宁波市土壤元素背景值中 Mn、Sr、Na$_2$O、MgO、CaO 背景值明显偏低,低于中国背景值的 60%,其中 CaO 背景值仅为中国背景值的 9%;而 Li、As、Sb 背景值略低于中国背景值,为中国背景值的 60%～80%;Cd、Cr、Cu、La、Nd、Ni、Rb、S、Se、Sn、Th、Ti、Tl、W、TC 背景值略高于中国背景值,为中国背景值的 1.2～1.4 倍;Hg、Br、I、N、B、V、Zn、Corg、P、Ce 背景值明显高于中国背景值,是中国背景值的 1.4 倍以上,其中 Hg、Br 明显富集,背景值是中国背景值的 2.0 倍以上,Hg 的背景值最高,是中国背景值的 4.23 倍;其他元素/指标背景值则与中国背景值基本接近。

四、温州市土壤元素背景值

温州市土壤元素背景值数据经正态分布检验,结果表明,原始数据中 Rb、Al$_2$O$_3$ 符合正态分布,Br、Ga、TFe$_2$O$_3$ 符合对数正态分布,Th 剔除异常值后符合正态分布,Ce、La、Li、U、Zr、TC 剔除异常值后符合对数正态分布,其他元素/指标不符合正态分布或对数正态分布(表 4-4)。

温州市表层土壤总体呈酸性,土壤 pH 背景值为 5.02,极大值为 6.40,极小值为 3.85,接近于浙江省背景值,略低于中国背景值。

在表层土壤各元素/指标中,大多数元素/指标变异系数小于 0.40,分布相对均匀;Cd、Mo、As、P、Sr、V、Hg、Cu、Mn、CaO、Co、B、Au、Na$_2$O、Cr、Ni、I、Br、pH 共 19 项元素/指标变异系数大于 0.40,其中 Br、pH 变异系数大于 0.80,空间变异性较大。

与浙江省土壤元素背景值相比,温州市土壤元素背景值中 As、Cr、Ni 背景值明显低于浙江省背景值,在浙江省背景值的 60% 以下,其中 Cr 背景值最低,仅为浙江省背景值的 21%;而 Co、S、Ti、Na$_2$O 背景值略低于浙江省背景值,为浙江省背景值的 60%～80%;La、Mo、Tl、Y、Zr、K$_2$O 背景值略高于浙江省背景值,与浙江省背景值比值在 1.2～1.4 之间;而 Br 背景值明显偏高,与浙江省背景值比值为 2.42;其他元素/指标背景值则与浙江省背景值基本接近。

与中国土壤元素背景值相比,温州市土壤元素背景值中 Sr、B、Ni、Cr、MgO、Na$_2$O、CaO 背景值明显偏

第四章 土壤元素背景值

表 4-3 宁波市土壤元素背景值参数统计表

元素/指标	N	$X_{5\%}$	$X_{10\%}$	$X_{25\%}$	$X_{50\%}$	$X_{75\%}$	$X_{90\%}$	$X_{95\%}$	$\bar{X}$	S	$\bar{X}_g$	S_g	X_{max}	X_{min}	CV	X_{me}	X_{mo}	分布类型	宁波市背景值	浙江省背景值	中国背景值
Ag	1966	46.00	54.0	69.0	90.0	121	161	186	99.3	41.46	91.1	13.66	225	8.00	0.42	90.0	69.0	其他分布	69.0	100.0	77.0
As	25 909	2.23	2.96	4.43	6.23	8.10	10.38	11.74	6.45	2.78	5.79	3.10	14.10	0.30	0.43	6.23	6.50	其他分布	6.50	10.10	9.00
Au	1924	0.80	0.93	1.20	1.70	2.68	3.90	4.80	2.09	1.20	1.81	1.84	6.00	0.30	0.57	1.70	1.50	其他分布	1.50	1.50	1.30
B	26 628	14.98	20.61	33.99	56.0	70.2	78.6	83.3	52.4	21.95	46.28	10.08	115	2.82	0.42	56.0	67.0	其他分布	67.0	20.00	43.0
Ba	2051	404	431	486	569	699	807	882	598	150	580	40.49	1041	160	0.25	569	503	其他分布	503	475	512
Be	2072	1.65	1.75	1.94	2.18	2.43	2.64	2.75	2.19	0.34	2.16	1.60	3.18	1.20	0.15	2.18	2.30	剔除后对数分布	2.16	2.00	2.00
Bi	1995	0.22	0.23	0.28	0.35	0.44	0.52	0.58	0.37	0.11	0.35	1.97	0.72	0.14	0.31	0.35	0.34	其他分布	0.34	0.28	0.30
Br	2106	2.80	3.38	4.59	6.10	8.30	11.20	13.98	6.95	3.80	6.17	3.14	38.40	1.10	0.55	6.10	5.00	对数正态分布	6.17	2.20	2.20
Cd	25 479	0.07	0.09	0.12	0.16	0.19	0.23	0.26	0.16	0.06	0.15	3.12	0.32	0.01	0.35	0.16	0.17	其他分布	0.17	0.14	0.137
Ce	2049	67.2	70.9	75.2	83.2	93.2	102	108	84.8	12.63	83.9	13.16	122	52.3	0.15	83.2	90.8	偏峰分布	90.8	102	64.0
Cl	2015	41.09	43.60	58.6	76.8	96.0	118	130	79.1	27.36	74.4	12.39	160	36.80	0.35	76.8	76.0	其他分布	76.0	71.0	78.0
Co	26 186	4.05	4.87	7.15	11.21	13.94	16.65	18.10	10.88	4.38	9.87	4.07	24.29	0.98	0.40	11.21	11.40	其他分布	11.40	14.80	11.00
Cr	26 236	17.89	21.82	33.12	64.4	79.6	90.8	96.7	59.0	26.60	51.5	10.66	150	3.54	0.45	64.4	70.0	其他分布	70.0	82.0	53.0
Cu	25 753	9.95	12.10	17.65	26.73	33.78	40.29	45.00	26.45	10.84	23.98	6.86	59.5	1.05	0.41	26.73	27.00	其他分布	27.00	16.00	20.00
F	2020	300	341	423	528	630	743	812	535	154	512	36.52	958	128	0.29	528	565	剔除后正态分布	535	453	488
Ga	2106	13.78	14.50	15.85	17.40	19.10	20.56	21.40	17.52	2.38	17.36	5.28	29.90	10.70	0.14	17.40	17.40	正态分布	17.52	16.00	15.00
Ge	26 000	1.10	1.16	1.27	1.38	1.49	1.58	1.64	1.38	0.16	1.37	1.24	1.82	0.94	0.12	1.38	1.42	其他分布	1.42	1.44	1.30
Hg	24 491	0.044	0.052	0.066	0.095	0.182	0.283	0.343	0.135	0.095	0.108	3.734	0.450	0.001	0.706	0.095	0.110	其他分布	0.110	0.110	0.026
I	2035	1.23	1.50	2.12	3.90	7.10	10.40	12.21	5.01	3.54	3.89	2.98	15.82	0.30	0.71	3.90	2.10	其他分布	2.10	1.70	1.10
La	2058	33.00	35.00	39.00	43.00	47.00	52.0	54.0	43.14	6.32	42.67	8.87	60.00	26.23	0.15	43.00	45.00	剔除后对数分布	42.67	41.00	33.00
Li	2097	19.80	21.28	25.00	31.00	40.71	49.04	53.0	33.32	10.55	31.73	7.35	64.7	14.00	0.32	31.00	23.00	其他分布	23.00	25.00	30.00
Mn	25 988	235	275	358	526	736	968	1081	571	263	513	36.61	1354	74.6	0.46	526	337	其他分布	337	440	569
Mo	24 845	0.38	0.43	0.55	0.71	0.91	1.14	1.29	0.75	0.27	0.70	1.51	1.58	0.18	0.36	0.71	0.64	其他分布	0.64	0.66	0.70
N	25 930	0.68	0.82	1.07	1.50	2.14	2.86	3.26	1.67	0.78	1.49	1.78	3.91	0.03	0.47	1.50	1.30	其他分布	1.30	1.28	0.707
Nb	2036	15.29	15.98	17.60	19.60	22.30	24.90	26.40	20.04	3.39	19.77	5.79	29.90	12.00	0.17	19.60	16.83	其他分布	16.83	16.83	13.00
Ni	26 236	6.26	7.70	11.49	26.00	33.74	40.65	44.46	24.26	12.73	20.22	6.50	67.6	0.71	0.52	26.00	31.00	其他分布	31.00	35.00	24.00
P	25 347	0.29	0.39	0.57	0.78	1.07	1.40	1.60	0.84	0.38	0.75	1.70	1.95	0.04	0.46	0.78	0.84	其他分布	0.84	0.60	0.57
Pb	25 437	20.16	22.80	28.60	34.73	41.47	49.00	54.0	35.46	9.90	34.05	8.13	63.5	8.72	0.28	34.73	22.00	其他分布	22.00	32.00	22.00

续表4-3

元素/指标	N	$X_{5\%}$	$X_{10\%}$	$X_{25\%}$	$X_{50\%}$	$X_{75\%}$	$X_{90\%}$	$X_{95\%}$	$\bar{X}$	S	$\bar{X}_g$	S_g	X_{max}	X_{min}	CV	X_{me}	X_{mo}	分布类型	宁波市背景值	浙江省背景值	中国背景值
Rb	2032	95.0	103	115	126	138	149	156	126	17.65	125	16.44	175	80.0	0.14	126	122	剔除后正态分布	126	120	96.0
S	2044	100.0	170	226	286	367	463	505	299	113	274	26.36	607	50.00	0.38	286	301	其他分布	301	248	245
Sb	2032	0.42	0.45	0.52	0.61	0.72	0.84	0.90	0.62	0.15	0.61	1.47	1.04	0.28	0.23	0.61	0.50	偏峰分布	0.50	0.53	0.73
Sc	2079	6.57	7.30	8.73	10.47	12.14	13.90	14.66	10.53	2.44	10.23	3.87	17.30	4.10	0.23	10.47	10.20	剔除后正态分布	10.53	8.70	10.00
Se	25 387	0.14	0.16	0.20	0.29	0.38	0.48	0.54	0.30	0.12	0.28	2.23	0.69	0.03	0.41	0.29	0.21	其他分布	0.21	0.21	0.17
Sn	2015	2.40	2.72	3.60	5.10	9.12	13.74	16.00	6.76	4.28	5.63	3.06	19.48	0.85	0.63	5.10	3.70	其他分布	3.70	3.60	3.00
Sr	2075	48.10	55.0	74.0	102	119	141	155	99.3	32.20	93.6	13.71	189	29.60	0.32	102	113	其他分布	113	105	197
Th	2044	11.00	11.70	12.91	14.41	16.00	17.62	18.60	14.52	2.27	14.35	4.70	20.87	8.60	0.16	14.41	13.40	剔除后正态分布	14.52	13.30	11.00
Ti	1978	3365	3560	4015	4387	4822	5172	5407	4397	624	4352	127	6180	2743	0.14	4387	4257	剔除后正态分布	4397	4665	3498
Tl	2136	0.57	0.63	0.72	0.82	0.96	1.10	1.20	0.85	0.19	0.83	1.27	1.39	0.33	0.22	0.82	0.78	偏峰分布	0.78	0.70	0.60
U	2066	2.20	2.33	2.68	3.10	3.50	3.87	4.07	3.10	0.57	3.04	1.98	4.70	1.60	0.19	3.10	2.90	其他分布	2.90	2.90	2.50
V	26 257	36.80	43.86	60.0	82.9	101	114	121	80.9	26.47	75.9	12.64	164	9.80	0.33	82.9	109	其他分布	109	106	70.0
W	1979	1.43	1.57	1.76	2.02	2.35	2.78	3.05	2.09	0.47	2.04	1.61	3.45	1.01	0.22	2.02	1.92	剔除后对数分布	2.04	1.80	1.60
Y	2100	18.10	19.80	22.40	25.00	28.00	30.00	31.00	25.06	3.94	24.74	6.45	36.00	14.00	0.16	25.00	25.00	其他分布	25.00	25.00	24.00
Zn	25 591	55.3	62.7	75.7	91.8	107	121	132	92.0	22.97	89.1	13.80	158	27.75	0.25	91.8	102	其他分布	102	101	66.0
Zr	2089	205	213	244	283	330	368	391	289	57.8	283	26.70	459	164	0.20	283	213	其他分布	213	243	230
SiO$_2$	2071	62.7	64.7	67.2	69.9	72.6	74.7	75.8	69.8	3.91	69.7	11.61	80.6	58.9	0.06	69.9	69.5	剔除后正态分布	69.8	71.3	66.7
Al$_2$O$_3$	2106	10.98	11.50	12.50	13.73	15.03	16.06	16.72	13.79	1.77	13.68	4.56	20.35	9.01	0.13	13.73	13.97	正态分布	13.79	13.20	11.90
TFe$_2$O$_3$	2052	2.40	2.66	3.16	3.83	4.53	5.24	5.71	3.89	0.99	3.76	2.22	6.73	1.31	0.26	3.83	4.06	剔除后正态分布	3.76	3.74	4.20
MgO	2087	0.37	0.41	0.54	0.77	1.28	1.88	2.12	0.96	0.54	0.82	1.78	2.41	0.22	0.56	0.77	0.63	其他分布	0.63	0.50	1.43
CaO	1892	0.12	0.15	0.24	0.48	0.75	1.05	1.33	0.55	0.37	0.43	2.49	1.76	0.05	0.68	0.48	0.24	其他分布	0.24	0.24	2.74
Na$_2$O	2095	0.42	0.50	0.72	1.07	1.35	1.61	1.73	1.06	0.41	0.97	1.58	2.27	0.13	0.39	1.07	0.97	其他分布	0.97	0.19	1.75
K$_2$O	25 441	2.02	2.13	2.32	2.57	2.90	3.23	3.44	2.62	0.43	2.59	1.77	3.86	1.39	0.16	2.57	2.35	其他分布	2.35	2.35	2.36
TC	2016	0.95	1.09	1.29	1.56	1.91	2.33	2.59	1.63	0.48	1.56	1.49	2.95	0.37	0.29	1.56	1.56	剔除后对数分布	1.56	1.43	1.30
Corg	26 104	0.56	0.68	0.92	1.40	2.01	2.67	3.07	1.54	0.77	1.35	1.81	3.77	0.05	0.50	1.40	0.90	其他分布	0.90	1.31	0.60
pH	26 631	4.39	4.56	4.91	5.48	7.29	8.12	8.28	5.01	4.75	5.98	2.79	10.01	3.24	0.95	5.48	5.00	其他分布	5.00	5.10	8.00

注:pH、Cr、Ni、B、N、Ge、Co、K$_2$O、P、Pb、Cu、Zn、Mn、Se、V、Hg、Mo、As、Cd、Corg共20项原始样本数为26 640件,其他元素/指标为2106件。

第四章 土壤元素背景值

表4-4 温州市土壤元素背景值参数统计表

元素/指标	N	$X_{5\%}$	$X_{10\%}$	$X_{25\%}$	$X_{50\%}$	$X_{75\%}$	$X_{90\%}$	$X_{95\%}$	$\overline{X}$	S	$\overline{X}_g$	S_g	X_{max}	X_{min}	CV	X_{me}	X_{mo}	分布类型	温州市背景值	浙江省背景值	中国背景值
Ag	2613	61.0	68.0	79.0	96.0	120	150	169	102	32.12	97.4	14.15	204	15.00	0.31	96.0	110	其他分布	110	100.0	77.0
As	27 003	1.75	2.11	2.95	4.25	5.91	7.97	9.39	4.67	2.28	4.15	2.69	11.63	0.24	0.49	4.25	5.70	其他分布	5.70	10.10	9.00
Au	2530	0.57	0.66	0.87	1.23	1.98	3.00	3.60	1.55	0.94	1.31	1.80	4.63	0.15	0.61	1.23	1.50	其他分布	1.50	1.50	1.30
B	28 791	10.84	13.01	17.21	24.18	41.54	62.1	68.1	30.89	18.27	26.14	7.55	80.1	1.96	0.59	24.18	19.90	对数正态分布	19.90	20.00	43.0
Ba	2609	254	308	417	533	647	776	858	540	179	507	35.82	1070	95.0	0.33	533	510	其他分布	510	475	512
Be	2711	1.53	1.66	1.89	2.17	2.56	2.91	3.11	2.24	0.48	2.19	1.65	3.65	0.94	0.22	2.17	1.95	其他分布	1.95	2.00	2.00
Bi	2649	0.24	0.26	0.32	0.42	0.53	0.65	0.73	0.44	0.15	0.42	1.81	0.92	0.16	0.34	0.42	0.32	其他分布	0.32	0.28	0.30
Br	2789	2.30	2.60	3.50	5.00	7.70	11.70	15.40	6.49	5.25	5.32	3.07	80.3	1.10	0.81	5.00	4.40	其他分布	5.32	2.20	2.20
Cd	27 569	0.06	0.07	0.11	0.15	0.20	0.25	0.29	0.16	0.07	0.14	3.26	0.36	0.003	0.43	0.15	0.12	其他分布	0.12	0.14	0.137
Ce	2650	76.3	81.3	89.1	98.5	110	123	132	100.0	16.50	99.1	14.14	146	55.4	0.16	98.5	102	剔除后对数分布	99.1	102	64.0
Cl	2658	34.60	37.70	45.30	57.4	75.1	96.0	108	62.4	22.25	58.8	10.65	130	24.80	0.36	57.4	71.0	偏峰分布	71.0	71.0	78.0
Co	28 639	2.54	3.10	4.44	7.24	12.14	15.89	17.38	8.49	4.87	7.10	3.77	24.30	0.01	0.57	7.24	10.10	其他分布	10.10	14.80	11.00
Cr	28 669	11.35	13.80	20.09	30.90	59.7	89.2	96.2	41.60	28.06	33.16	8.97	124	0.41	0.67	30.90	17.00	其他分布	17.00	82.0	53.0
Cu	28 095	6.54	7.86	10.78	15.96	25.37	33.27	37.96	18.66	9.96	16.14	5.78	49.71	0.14	0.53	15.96	13.20	其他分布	13.20	16.00	20.00
F	2709	246	274	322	388	475	588	658	409	120	392	32.26	733	88.0	0.29	388	401	其他分布	401	453	488
Ga	2789	15.10	15.88	17.20	18.90	20.70	22.30	23.26	19.00	2.58	18.82	5.50	42.10	11.80	0.14	18.90	20.40	对数正态分布	18.82	16.00	15.00
Ge	28 241	1.16	1.22	1.32	1.44	1.54	1.65	1.72	1.44	0.17	1.43	1.27	1.89	0.98	0.12	1.44	1.49	其他分布	1.49	1.44	1.30
Hg	26 842	0.042	0.049	0.063	0.087	0.130	0.183	0.215	0.102	0.053	0.090	3.940	0.270	0.005	0.517	0.087	0.110	其他分布	0.110	0.110	0.026
I	2665	0.80	1.06	1.80	3.18	6.17	9.34	11.00	4.30	3.21	3.21	2.86	14.10	0.22	0.74	3.18	1.60	其他分布	1.60	1.70	1.10
La	2686	39.00	41.35	45.50	50.4	56.0	62.0	65.8	50.9	8.04	50.3	9.62	72.9	30.00	0.16	50.4	47.00	剔除后对数分布	50.3	41.00	33.00
Li	2493	17.00	18.20	20.80	24.50	29.00	34.90	39.40	25.62	6.68	24.82	6.50	47.00	12.20	0.26	24.50	22.00	剔除后对数分布	24.82	25.00	30.00
Mn	28 107	181	226	328	477	712	1020	1172	549	295	474	37.38	1372	32.32	0.54	477	442	其他分布	442	440	569
Mo	26 933	0.46	0.52	0.68	0.89	1.23	1.64	1.90	1.00	0.43	0.91	1.54	2.36	0.08	0.44	0.89	0.80	其他分布	0.80	0.66	0.70
N	28 281	0.62	0.78	1.03	1.36	1.80	2.29	2.56	1.44	0.58	1.32	1.65	3.04	0.08	0.40	1.36	1.34	其他分布	1.34	1.28	0.707
Nb	2732	17.90	18.80	20.50	23.60	27.10	31.20	33.40	24.23	4.74	23.78	6.29	37.70	10.30	0.20	23.60	20.00	其他分布	20.00	16.83	13.00
Ni	28 342	4.87	5.92	8.39	12.60	22.54	37.17	41.11	16.88	11.51	13.54	5.50	47.99	0.10	0.68	12.60	10.80	其他分布	10.80	35.00	24.00
P	27 737	0.18	0.24	0.37	0.55	0.76	0.99	1.13	0.58	0.29	0.51	1.92	1.43	0.01	0.49	0.55	0.51	其他分布	0.51	0.60	0.57
Pb	26 723	25.77	28.86	34.10	40.27	47.40	57.0	63.2	41.57	10.95	40.15	8.81	74.4	10.97	0.26	40.27	35.00	其他分布	35.00	32.00	22.00

续表 4-4

元素/指标	N	$X_{5\%}$	$X_{10\%}$	$X_{25\%}$	$X_{50\%}$	$X_{75\%}$	$X_{90\%}$	$X_{95\%}$	$\bar{X}$	S	$\bar{X}_g$	S_g	X_{max}	X_{min}	CV	X_{me}	X_{mo}	分布类型	温州市背景值	浙江省背景值	中国背景值
Rb	2789	88.9	96.5	108	124	138	150	157	124	22.06	122	15.98	251	50.2	0.18	124	128	正态分布	124	120	96.0
S	2620	130	138	154	178	227	325	364	204	73.4	193	21.12	449	98.2	0.36	178	155	其他分布	155	248	245
Sb	2697	0.33	0.37	0.44	0.54	0.67	0.81	0.90	0.57	0.17	0.54	1.58	1.06	0.19	0.30	0.54	0.45	偏峰分布	0.45	0.53	0.73
Sc	2729	5.40	5.90	6.90	8.20	10.00	12.20	13.30	8.60	2.33	8.30	3.53	14.80	3.70	0.27	8.20	7.20	偏峰分布	7.20	8.70	10.00
Se	27 112	0.16	0.18	0.23	0.29	0.37	0.48	0.55	0.31	0.11	0.29	2.19	0.66	0.03	0.37	0.29	0.25	其他分布	0.25	0.21	0.17
Sn	2568	2.55	2.78	3.25	3.87	5.00	6.64	7.48	4.29	1.48	4.07	2.43	8.92	1.20	0.35	3.87	3.40	其他分布	3.40	3.60	3.00
Sr	2752	22.40	27.20	37.60	53.8	83.0	106	115	61.2	29.76	54.0	10.40	152	13.70	0.49	53.8	105	其他分布	105	105	197
Th	2620	11.00	12.00	13.50	15.00	16.70	18.20	19.30	15.10	2.44	14.90	4.83	22.00	8.51	0.16	15.00	15.00	剔除后正态分布	15.10	13.30	11.00
Ti	2743	2657	2921	3449	4157	4856	5294	5633	4155	935	4046	122	6990	1789	0.23	4157	3449	其他分布	3449	4665	3498
Tl	14 082	0.57	0.63	0.73	0.82	0.92	1.04	1.12	0.83	0.16	0.81	1.25	1.26	0.42	0.19	0.82	0.84	其他分布	0.84	0.70	0.60
U	2633	2.60	2.78	3.02	3.34	3.71	4.11	4.39	3.40	0.53	3.36	2.04	4.94	1.91	0.16	3.34	3.00	剔除后对数分布	3.36	2.90	2.50
V	28 602	22.48	27.91	39.28	60.1	93.7	112	121	66.7	33.20	58.2	11.57	179	0.07	0.50	60.1	112	其他分布	112	106	70.0
W	2631	1.51	1.64	1.85	2.12	2.55	2.98	3.26	2.23	0.52	2.17	1.67	3.79	1.06	0.23	2.12	2.01	偏峰分布	2.01	1.80	1.60
Y	2756	19.70	21.00	23.60	26.60	30.00	32.20	34.50	26.78	4.49	26.40	6.72	39.50	14.50	0.17	26.60	30.00	其他分布	30.00	25.00	24.00
Zn	28 005	52.7	59.8	73.6	93.5	114	132	146	95.2	28.44	90.9	14.23	180	11.99	0.30	93.5	102	其他分布	102	101	66.0
Zr	2665	199	221	271	319	376	435	468	325	78.8	315	27.84	552	132	0.24	319	327	剔除后对数分布	315	243	230
SiO₂	2769	62.5	64.3	67.5	70.9	73.7	76.0	77.4	70.5	4.48	70.4	11.65	82.9	58.0	0.06	70.9	70.7	偏峰分布	70.7	71.3	66.7
Al₂O₃	2789	11.28	11.95	13.05	14.40	15.76	17.04	18.04	14.48	2.08	14.33	4.70	22.99	8.38	0.14	14.40	15.50	正态分布	14.48	13.20	11.90
TFe₂O₃	2789	2.18	2.42	2.88	3.57	4.56	5.54	6.12	3.81	1.24	3.62	2.28	10.33	1.39	0.32	3.57	3.45	对数正态分布	3.62	3.74	4.20
MgO	2476	0.30	0.34	0.39	0.48	0.59	0.74	0.85	0.51	0.17	0.49	1.68	1.07	0.21	0.33	0.48	0.40	其他分布	0.40	0.50	1.43
CaO	2550	0.13	0.14	0.18	0.24	0.35	0.56	0.66	0.29	0.16	0.26	2.54	0.77	0.06	0.55	0.24	0.20	其他分布	0.20	0.24	2.74
Na₂O	2777	0.13	0.15	0.23	0.43	0.76	1.01	1.10	0.51	0.32	0.41	2.47	1.52	0.09	0.63	0.43	0.14	其他分布	0.14	0.19	1.75
K₂O	28 569	1.26	1.52	2.03	2.58	2.92	3.27	3.55	2.48	0.68	2.38	1.81	4.29	0.68	0.27	2.58	2.82	其他分布	2.82	2.35	2.36
TC	2661	0.96	1.06	1.27	1.54	1.88	2.25	2.49	1.60	0.46	1.54	1.45	2.97	0.55	0.29	1.54	1.37	剔除后对数分布	1.54	1.43	1.30
Corg	28 205	0.65	0.81	1.10	1.46	1.91	2.39	2.69	1.53	0.61	1.40	1.68	3.23	0.02	0.40	1.46	1.10	其他分布	1.10	1.31	0.60
pH	26 513	4.40	4.54	4.78	5.04	5.32	5.67	5.92	4.88	4.86	5.07	2.57	6.40	3.85	1.00	5.04	5.02	其他分布	5.02	5.10	8.00

注:pH、Cr、Ni、B、N、Ge、Co、K₂O、P、Pb、Cu、Zn、Mn、Se、V、Hg、Mo、As、Cd、Corg 共 20 项原始样本数为 29 042 件,其他元素/指标为 2789 件。

第四章
土壤元素背景值

低,在中国背景值的60%以下,其中CaO背景值是中国背景值的7%,Na$_2$O背景值是中国背景值的8%;而Mn、Sc、Cu、As、S、Sb背景值略低于中国背景值,为中国背景值的60%~80%;Th、Zr、U、Rb、W、Ga、Y、Al$_2$O$_3$背景值略高于中国背景值,与中国背景值比值在1.2~1.4之间;而Ag、Hg、Br、N、Corg、V、Pb、Ce、Zn、Nb、La、Se、I、Tl背景值明显高于中国背景值,是中国背景值的1.4倍以上,其中Hg、Br明显相对富集,背景值是中国背景值的2.0倍以上,Hg背景值最高,为中国背景值的4.23倍;其他元素/指标背景值则与中国背景值基本接近。

五、绍兴市土壤元素背景值

绍兴市土壤元素背景值数据经正态分布检验,结果表明,原始数据中Al$_2$O$_3$符合正态分布,Ba、Cl、S、Sc、TC符合对数正态分布,Ga、La、Rb、Th、U、SiO$_2$剔除异常值后符合正态分布,Au、Ce、F、Li、Sb、Tl、Y、Zr、TFe$_2$O$_3$剔除异常值后符合对数正态分布,其他元素/指标不符合正态分布或对数正态分布(表4-5)。

绍兴市表层土壤总体呈酸性,土壤pH背景值为5.13,极大值为7.48,极小值为3.55,接近于浙江省背景值,略低于中国背景值。

在表层土壤各元素/指标中,大多数元素/指标变异系数在0.40以下,分布相对均匀;Cl、Sr、N、P、MgO、Mn、Cd、Cu、Cr、Na$_2$O、Co、Mo、As、B、Ni、Corg、Au、Sn、I、Hg、CaO、pH共22项元素/指标变异系数在0.40以上,其中pH变异系数在0.80以上,空间变异性较大。

与浙江省土壤元素背景值相比,绍兴市土壤元素背景值中As、Cr、Mn背景值明显低于浙江省背景值,不足浙江省背景值的60%;而Ag、Cd、Ce、Ni、Sr背景值略低于浙江省背景值,为浙江省背景值的60%~80%;S、Se、Zr、MgO背景值略高于浙江省背景值,与浙江省背景值比值在1.2~1.4之间;B、N、Sb、Na$_2$O背景值明显高于浙江省背景值,是浙江省背景值的1.4倍以上;其他元素/指标背景值则与浙江省背景值基本接近。

与中国土壤元素背景值相比,绍兴市土壤元素背景值中CaO、Na$_2$O、Sr、Mn、MgO、As、Cr背景值明显低于中国背景值,为中国背景值的60%以下,其中CaO背景值为中国背景值的8%;Au、Ce、Co、La、Nb、P、S、Th、Ti、U、Zr、TC背景值略高于中国背景值,为中国背景值的1.2~1.4倍;V、Pb、I、Se、Zn、Corg、N、Hg背景值明显高于中国背景值,是中国背景值的1.4倍以上,其中Corg、N、Hg明显相对富集,背景值是中国背景值的2.0倍以上,Hg背景值最高,是中国背景值的3.46倍;其他元素/指标背景值则与中国背景值基本接近。

六、湖州市土壤元素背景值

湖州市土壤元素背景值数据经正态分布检验,结果表明,原始数据中Ga、TFe$_2$O$_3$符合正态分布,Au、Li、Mn、Nb、S、Sc、Sn、W、Zr、SiO$_2$符合对数正态分布,F、La、Y、TC剔除异常值后符合正态分布,Bi、Br、Ce、Cl、Th剔除异常值后符合对数正态分布,其他元素/指标不符合正态分布或对数正态分布(表4-6)。

湖州市表层土壤总体呈酸性,土壤pH背景值为5.34,极大值为8.33,极小值为3.47,基本接近于浙江省背景值,略低于中国背景值。

在表层土壤各元素/指标中,绝大多数元素/指标变异系数小于0.40,分布相对均匀;Au、Br、Cd、Hg、I、Mn、Sn、MgO、CaO、Na$_2$O、Corg、pH共12项元素/指标变异系数大于0.40,其中Au、pH变异系数大于0.80,空间变异性较大。

与浙江省土壤元素背景值相比,湖州市土壤元素背景值中Sr背景值明显低于浙江省背景值,为浙江省背景值的50%;Ag、I、As、Ce、N、Al$_2$O$_3$背景值略低于浙江省背景值,是浙江省背景值的60%~80%;Cd、S、W、Zr、TC背景值略高于浙江省背景值,是浙江省背景值的1.2~1.4倍;Au、Bi、Cu、Li、Sb、Se、Sn、B、Br、Na$_2$O背景值明显高于浙江省背景值,是浙江省背景值的1.4倍以上;其他元素/指标背景值则与浙江省背景值基本接近。

表4-5 绍兴市土壤元素背景值参数统计表

元素/指标	N	$X_{5\%}$	$X_{10\%}$	$X_{25\%}$	$X_{50\%}$	$X_{75\%}$	$X_{90\%}$	$X_{95\%}$	$\bar{X}$	S	$\bar{X}_g$	S_g	X_{max}	X_{min}	CV	X_{me}	X_{mo}	分布类型	绍兴市背景值	浙江省背景值	中国背景值
Ag	1869	55.0	60.7	72.7	90.0	120	163	187	101	39.62	94.6	13.59	223	30.00	0.39	90.0	70.0	其他分布	70.0	100.0	77.0
As	21 706	2.25	2.97	4.35	5.99	8.70	11.63	13.47	6.73	3.36	5.90	3.32	17.16	0.42	0.50	5.99	4.36	其他分布	4.36	10.10	9.00
Au	1823	0.63	0.78	1.08	1.61	2.49	3.72	4.50	1.94	1.17	1.63	1.88	5.71	0.06	0.60	1.61	1.00	剔除后对数分布	1.63	1.50	1.30
B	23 220	9.79	13.80	23.65	38.10	59.5	70.9	76.0	41.14	21.35	34.50	9.22	113	1.04	0.52	38.10	37.10	其他分布	37.10	20.00	43.0
Ba	2019	331	378	450	541	667	793	910	572	185	546	39.45	1904	180	0.32	541	431	对数正态分布	546	475	512
Be	1939	1.60	1.68	1.83	2.05	2.30	2.50	2.61	2.07	0.32	2.05	1.56	3.03	1.16	0.16	2.05	2.10	其他分布	2.10	2.00	2.00
Bi	1859	0.21	0.23	0.27	0.33	0.41	0.49	0.55	0.35	0.10	0.33	2.05	0.65	0.13	0.29	0.33	0.28	偏峰分布	0.28	0.28	0.30
Br	1908	2.14	2.29	2.65	3.48	4.80	6.30	7.23	3.91	1.57	3.63	2.22	8.79	1.42	0.40	3.48	2.35	其他分布	2.35	2.20	2.20
Cd	21 509	0.07	0.09	0.12	0.16	0.20	0.26	0.30	0.16	0.07	0.15	3.13	0.37	0.01	0.41	0.16	0.11	其他分布	0.11	0.14	0.137
Ce	1934	61.3	65.5	71.6	79.2	88.0	96.2	102	80.1	12.16	79.1	12.65	115	45.80	0.15	79.2	81.5	剔除后对数分布	79.1	102	64.0
Cl	2019	40.50	44.83	56.2	71.3	89.0	111	130	76.7	31.83	71.7	11.88	421	28.16	0.41	71.3	79.8	对数正态分布	71.7	71.0	78.0
Co	20 429	4.24	5.15	7.21	10.35	13.80	19.20	23.25	11.26	5.53	10.01	4.19	29.45	1.30	0.49	10.35	14.00	其他分布	14.00	14.80	11.00
Cr	21 215	17.07	22.03	32.80	51.9	67.8	83.4	93.7	52.3	24.47	46.02	10.12	135	0.47	0.47	51.9	29.20	其他分布	29.20	82.0	53.0
Cu	21 077	10.14	12.35	16.62	22.48	30.99	41.30	48.61	24.93	11.41	22.49	6.64	61.4	2.53	0.46	22.48	16.30	其他分布	16.30	16.00	20.00
F	1946	319	344	392	454	523	588	631	462	93.4	452	33.97	734	241	0.20	454	372	剔除后对数分布	452	453	488
Ga	1967	12.67	13.53	15.36	17.03	18.77	20.39	21.42	17.04	2.57	16.84	5.20	24.20	10.40	0.15	17.03	18.20	剔除后正态分布	17.04	16.00	15.00
Ge	22 388	1.14	1.20	1.29	1.39	1.50	1.60	1.67	1.40	0.16	1.39	1.25	1.83	0.97	0.11	1.39	1.31	其他分布	1.31	1.44	1.30
Hg	20 898	0.030	0.037	0.051	0.080	0.130	0.192	0.238	0.099	0.063	0.082	4.250	0.310	0.005	0.635	0.080	0.090	其他分布	0.090	0.110	0.026
I	1885	0.90	1.00	1.29	1.90	3.21	4.92	5.78	2.46	1.53	2.06	2.03	7.13	0.50	0.62	1.90	1.70	其他分布	1.70	1.70	1.10
La	1952	31.96	34.31	37.97	41.86	46.34	50.8	53.2	42.14	6.38	41.65	8.74	59.6	24.82	0.15	41.86	40.00	剔除后正态分布	42.14	41.00	33.00
Li	1952	19.42	21.76	25.20	29.30	34.39	40.60	43.91	30.17	7.16	29.33	7.00	49.90	11.67	0.24	29.30	27.10	剔除后对数分布	29.33	25.00	30.00
Mn	21 693	167	206	313	448	581	767	890	468	211	420	33.41	1086	54.9	0.45	448	203	其他分布	203	440	569
Mo	21 444	0.38	0.45	0.65	0.88	1.24	1.74	2.02	0.99	0.48	0.89	1.63	2.50	0.22	0.49	0.88	0.74	其他分布	0.74	0.66	0.70
N	22 971	0.52	0.68	1.02	1.46	1.94	2.42	2.70	1.51	0.66	1.35	1.76	3.36	0.04	0.43	1.46	1.87	其他分布	1.87	1.28	0.707
Nb	1834	14.85	16.51	18.77	21.00	23.60	28.20	30.83	21.50	4.55	21.03	6.01	34.40	9.57	0.21	21.00	16.83	其他分布	16.83	16.83	13.00
Ni	20 751	6.71	8.31	11.80	19.40	27.23	34.36	39.30	20.58	10.67	17.75	5.99	58.7	0.22	0.52	19.40	25.00	其他分布	25.00	35.00	24.00
P	21 801	0.30	0.36	0.48	0.65	0.87	1.14	1.32	0.70	0.30	0.64	1.68	1.60	0.01	0.43	0.65	0.71	其他分布	0.71	0.60	0.57
Pb	21 679	17.27	20.49	27.81	33.70	39.80	47.13	51.9	33.96	9.94	32.39	7.98	61.9	8.13	0.29	33.70	32.70	其他分布	32.70	32.00	22.00

续表 4-5

元素/指标	N	$X_{5\%}$	$X_{10\%}$	$X_{25\%}$	$X_{50\%}$	$X_{75\%}$	$X_{90\%}$	$X_{95\%}$	$\bar{X}$	S	$\bar{X}_g$	S_g	X_{max}	X_{min}	CV	X_{me}	X_{mo}	分布类型	绍兴市背景值	浙江省背景值	中国背景值
Rb	1965	73.4	83.0	98.0	114	132	147	156	115	24.99	112	15.52	186	45.47	0.22	114	113	剔除后正态分布	115	120	96.0
S	2019	162	190	248	312	395	487	548	329	123	305	27.34	1005	0.19	0.37	312	322	对数正态分布	305	248	245
Sb	1916	0.40	0.48	0.59	0.76	0.99	1.27	1.45	0.81	0.31	0.76	1.55	1.74	0.17	0.38	0.76	0.61	剔除后正态分布	0.76	0.53	0.73
Sc	2019	5.83	6.50	7.61	9.12	11.13	13.68	16.48	9.83	3.44	9.34	3.75	28.60	3.98	0.35	9.12	9.10	对数正态分布	9.34	8.70	10.00
Se	22 406	0.12	0.16	0.22	0.29	0.38	0.48	0.54	0.31	0.12	0.28	2.22	0.66	0.03	0.40	0.29	0.28	其他分布	0.28	0.21	0.17
Sn	1804	2.64	2.99	3.59	5.04	8.43	12.56	15.40	6.53	4.01	5.57	2.90	20.54	0.78	0.61	5.04	3.00	其他分布	3.00	3.60	3.00
Sr	1902	42.53	47.10	59.5	82.2	115	143	162	89.7	37.59	82.2	12.99	209	26.10	0.42	82.2	69.7	其他分布	69.7	105	197
Th	1956	9.50	10.50	12.13	14.04	16.11	17.89	19.09	14.14	2.94	13.82	4.70	22.43	5.97	0.21	14.04	14.90	剔除后正态分布	14.14	13.30	11.00
Ti	1811	3215	3510	3960	4395	4967	5722	6237	4518	893	4432	129	7286	2092	0.20	4395	4395	剔除后正态分布	4533	4665	3498
Tl	1921	0.46	0.51	0.61	0.71	0.82	0.93	1.02	0.72	0.17	0.70	1.37	1.18	0.27	0.23	0.71	0.67	剔除后正态分布	0.70	0.70	0.60
U	1930	2.06	2.31	2.72	3.17	3.57	4.03	4.33	3.17	0.66	3.09	2.02	4.98	1.41	0.21	3.17	3.33	其他分布	3.17	2.90	2.50
V	20 859	35.95	42.70	56.0	73.2	91.7	111	130	75.8	27.58	70.8	12.18	162	9.01	0.36	73.2	102	其他分布	102	106	70.0
W	1910	1.30	1.43	1.61	1.83	2.10	2.39	2.54	1.86	0.37	1.83	1.50	2.90	0.90	0.20	1.83	1.73	剔除后对数分布	1.73	1.80	1.60
Y	1907	18.29	19.51	21.81	24.65	27.55	30.52	32.55	24.86	4.30	24.49	6.34	37.22	13.23	0.17	24.65	26.00	剔除后正态分布	24.49	25.00	24.00
Zn	22 010	51.4	56.9	67.7	84.2	105	130	146	89.0	28.35	84.7	13.45	172	16.06	0.32	84.2	109	剔除后正态分布	109	101	66.0
Zr	1888	226	242	267	300	342	383	411	307	55.9	302	27.33	470	146	0.18	300	278	剔除后正态分布	302	243	230
SiO$_2$	1955	63.2	65.9	68.7	72.2	75.7	78.4	79.8	72.0	4.96	71.8	11.81	83.9	57.6	0.07	72.2	67.0	正态分布	72.0	71.3	66.7
Al$_2$O$_3$	2019	10.21	10.77	11.95	13.26	14.50	15.87	16.80	13.31	1.94	13.17	4.51	20.70	8.49	0.15	13.26	13.69	剔除后对数分布	13.31	13.20	11.90
TFe$_2$O$_3$	1841	2.33	2.57	3.03	3.66	4.43	5.24	5.77	3.80	1.05	3.66	2.21	7.15	1.09	0.28	3.66	3.82	剔除后对数分布	3.66	3.74	4.20
MgO	1959	0.40	0.46	0.56	0.74	1.07	1.44	1.60	0.85	0.38	0.78	1.60	1.96	0.23	0.45	0.74	0.61	其他分布	0.61	0.50	1.43
CaO	1885	0.16	0.19	0.26	0.40	0.73	1.03	1.20	0.52	0.34	0.43	2.32	1.70	0.09	0.66	0.40	0.22	其他分布	0.22	0.24	2.74
Na$_2$O	2000	0.35	0.42	0.61	0.89	1.33	1.68	1.86	0.98	0.47	0.87	1.72	2.40	0.14	0.48	0.89	0.57	其他分布	0.57	0.19	1.75
K$_2$O	22 438	1.06	1.30	1.88	2.24	2.66	3.19	3.46	2.25	0.68	2.14	1.75	3.97	0.63	0.30	2.24	2.35	其他分布	2.35	2.35	2.36
TC	2019	1.05	1.17	1.38	1.66	2.00	2.37	2.59	1.73	0.52	1.66	1.49	5.16	0.40	0.30	1.66	1.49	对数正态分布	1.66	1.43	1.30
Corg	22 820	0.46	0.63	0.99	1.42	1.89	2.38	2.70	1.47	0.66	1.30	1.80	3.31	0.06	0.45	1.42	1.31	其他分布	1.31	1.31	0.60
pH	20 806	4.39	4.56	4.87	5.23	5.68	6.24	6.66	4.94	4.77	5.32	2.65	7.48	3.55	0.97	5.23	5.13	其他分布	5.13	5.10	8.00

注:pH、Cr、Ni、B、N、Ge、Co、K$_2$O、P、Pb、Cu、Zn、Mn、Se、V、Hg、Mo、As、Cd、Corg 共 20 项原始样本数为 23 237 件,其他元素/指标为 2019 件。

表 4-6 湖州市土壤元素背景值参数统计表

元素/指标	N	$X_{5\%}$	$X_{10\%}$	$X_{25\%}$	$X_{50\%}$	$X_{75\%}$	$X_{90\%}$	$X_{95\%}$	$\bar{X}$	S	$\bar{X}_g$	S_g	X_{max}	X_{min}	CV	X_{me}	X_{mo}	分布类型	湖州市背景值	浙江省背景值	中国背景值
Ag	1343	60.0	69.0	82.0	110	136	164	181	113	37.71	107	15.29	227	11.00	0.33	110	70.0	其他分布	70.0	100.0	77.0
As	16 879	3.82	4.67	5.88	7.24	9.02	10.95	12.16	7.53	2.46	7.10	3.27	14.65	0.98	0.33	7.24	6.10	其他分布	6.10	10.10	9.00
Au	1435	0.98	1.15	1.54	2.40	3.67	5.29	6.78	3.08	3.27	2.46	2.20	77.4	0.60	1.06	2.40	2.40	对数正态分布	2.46	1.50	1.30
B	16 521	41.90	47.71	56.4	62.9	69.4	75.7	80.1	62.4	10.88	61.4	10.86	91.4	32.75	0.17	62.9	61.0	其他分布	61.0	20.00	43.0
Ba	1295	303	329	389	459	516	611	690	464	110	452	35.20	794	162	0.24	459	467	其他分布	467	475	512
Be	1384	1.30	1.45	1.78	2.21	2.49	2.79	2.99	2.16	0.51	2.10	1.68	3.62	0.84	0.24	2.21	2.33	其他分布	2.33	2.00	2.00
Bi	1325	0.29	0.31	0.36	0.43	0.51	0.63	0.69	0.45	0.12	0.43	1.71	0.82	0.20	0.27	0.43	0.43	剔除后对数分布	0.43	0.28	0.30
Br	1350	2.18	2.47	3.32	4.43	6.46	9.02	10.66	5.15	2.54	4.59	2.83	12.77	1.20	0.49	4.43	2.20	剔除后对数分布	4.59	2.20	2.20
Cd	16 778	0.07	0.09	0.13	0.18	0.23	0.29	0.32	0.18	0.07	0.17	2.94	0.41	0.02	0.41	0.18	0.19	其他分布	0.19	0.14	0.137
Ce	1351	63.3	66.7	71.6	76.8	83.3	91.5	96.3	77.9	9.57	77.4	12.42	105	53.6	0.12	76.8	75.0	剔除后对数分布	77.4	102	64.0
Cl	1361	42.00	46.00	52.9	61.3	71.9	83.9	90.5	63.2	14.55	61.5	10.99	105	28.00	0.23	61.3	55.0	其他分布	61.5	71.0	78.0
Co	17 612	6.58	7.94	10.36	12.68	14.60	16.20	17.40	12.40	3.20	11.93	4.36	21.14	3.85	0.26	12.68	13.30	其他分布	13.30	14.80	11.00
Cr	17 385	36.50	45.40	59.4	71.9	82.2	90.8	96.0	70.0	17.48	67.4	11.65	117	23.50	0.25	71.9	78.2	其他分布	78.2	82.0	53.0
Cu	17 207	13.78	16.10	19.80	24.72	29.16	33.40	36.30	24.70	6.79	23.68	6.56	44.10	5.43	0.27	24.72	27.30	其他分布	27.30	16.00	20.00
F	1409	261	301	376	482	573	655	710	480	137	459	36.50	862	171	0.28	482	574	剔除后正态分布	480	453	488
Ga	1435	10.34	11.44	13.37	15.70	17.90	19.70	21.00	15.72	3.33	15.36	5.07	29.00	7.60	0.21	15.70	17.00	正态分布	15.72	16.00	15.00
Ge	17 519	1.23	1.28	1.36	1.45	1.53	1.60	1.65	1.44	0.12	1.44	1.26	1.78	1.11	0.09	1.45	1.49	其他分布	1.49	1.44	1.30
Hg	16 604	0.046	0.058	0.086	0.121	0.171	0.230	0.270	0.135	0.068	0.118	3.429	0.341	0.009	0.501	0.121	0.110	其他分布	0.110	0.110	0.026
I	1410	0.92	1.10	1.60	2.90	5.70	8.40	9.61	3.91	2.85	2.97	2.82	12.40	0.40	0.73	2.90	1.20	其他分布	1.20	1.70	1.10
La	1397	32.07	33.90	37.00	40.40	43.73	47.30	49.70	40.48	5.16	40.15	8.53	54.3	27.20	0.13	40.40	42.00	剔除后正态分布	40.48	41.00	33.00
Li	1435	25.76	27.60	31.70	37.20	44.50	50.4	53.9	38.50	9.37	37.45	8.37	121	20.20	0.24	37.20	31.70	对数正态分布	37.45	25.00	30.00
Mn	17 804	200	241	322	437	598	769	891	481	232	434	34.66	6460	60.6	0.48	437	434	其他分布	434	440	569
Mo	16 461	0.37	0.42	0.50	0.61	0.76	0.93	1.05	0.65	0.20	0.62	1.50	1.26	0.17	0.31	0.61	0.58	其他分布	0.58	0.66	0.70
N	17 703	0.72	0.87	1.17	1.62	2.15	2.58	2.84	1.68	0.65	1.54	1.70	3.63	0.01	0.39	1.62	1.02	其他分布	1.02	1.28	0.707
Nb	1435	12.82	13.80	15.50	17.90	20.70	24.30	26.67	18.63	5.04	18.09	5.57	82.0	8.72	0.27	17.90	16.83	对数正态分布	18.09	16.83	13.00
Ni	17 748	11.72	14.40	19.79	27.41	34.00	38.40	41.00	26.92	9.16	25.12	6.88	54.8	3.20	0.34	27.41	30.00	其他分布	30.00	35.00	24.00
P	16 786	0.32	0.37	0.46	0.57	0.71	0.86	0.96	0.59	0.19	0.56	1.56	1.15	0.10	0.32	0.57	0.61	偏峰分布	0.61	0.60	0.57
Pb	17 175	22.10	24.00	27.50	31.60	35.50	39.66	42.49	31.72	6.02	31.14	7.51	48.44	15.30	0.19	31.60	30.00	其他分布	30.00	32.00	22.00

续表 4-6

元素/指标	N	$X_{5\%}$	$X_{10\%}$	$X_{25\%}$	$X_{50\%}$	$X_{75\%}$	$X_{90\%}$	$X_{95\%}$	$\bar{X}$	S	$\bar{X}_g$	S_g	X_{max}	X_{min}	CV	X_{me}	X_{mo}	分布类型	湖州市背景值	浙江省背景值	中国背景值
Rb	1397	65.0	72.0	87.0	107	127	152	167	109	29.96	105	15.66	192	49.00	0.27	107	113	偏峰分布	113	120	96.0
S	1435	202	223	255	300	355	416	461	314	89.5	303	27.06	1164	120	0.28	300	342	对数正态分布	303	248	245
Sb	1295	0.52	0.57	0.66	0.80	0.97	1.18	1.33	0.84	0.24	0.80	1.37	1.60	0.10	0.29	0.80	0.80	其他分布	0.80	0.53	0.73
Sc	1435	6.90	7.50	8.50	9.80	11.40	12.96	13.80	10.07	2.24	9.84	3.81	21.92	4.80	0.22	9.80	8.50	对数正态分布	9.84	8.70	10.00
Se	16 756	0.18	0.21	0.27	0.34	0.40	0.47	0.51	0.34	0.10	0.32	2.03	0.61	0.08	0.29	0.34	0.32	其他分布	0.32	0.21	0.17
Sn	1435	3.06	3.53	4.51	6.08	8.50	12.16	15.00	7.26	4.73	6.33	3.26	58.3	0.64	0.65	6.08	8.10	其他分布	6.33	3.60	3.00
Sr	1432	36.00	40.12	51.0	74.9	103	115	121	77.0	29.28	71.3	12.25	178	20.50	0.38	74.9	52.0	其他分布	52.0	105	197
Th	1382	10.31	10.98	12.16	13.50	15.20	16.79	17.80	13.75	2.27	13.57	4.59	20.40	7.50	0.16	13.50	13.10	剔除后对数分布	13.57	13.30	11.00
Ti	1412	3302	3616	4003	4385	4900	5511	5775	4458	718	4400	129	6330	2629	0.16	4385	4462	其他分布	4462	4665	3498
Tl	1806	0.44	0.48	0.55	0.66	0.82	0.95	1.05	0.69	0.19	0.67	1.41	1.24	0.22	0.27	0.66	0.60	偏峰分布	0.60	0.70	0.60
U	1356	2.20	2.32	2.57	3.01	3.60	4.06	4.46	3.12	0.70	3.05	1.99	5.39	1.82	0.22	3.01	2.65	偏峰分布	2.65	2.90	2.50
V	17 463	53.8	61.6	75.2	89.7	101	111	117	87.9	19.02	85.6	13.31	140	35.70	0.22	89.7	102	对数正态分布	102	106	70.0
W	1435	1.49	1.60	1.83	2.11	2.49	2.95	3.36	2.26	0.82	2.17	1.71	15.90	1.04	0.36	2.11	2.02	其他正态分布	2.17	1.80	1.60
Y	1378	17.22	18.91	21.91	24.60	27.37	30.09	31.90	24.61	4.30	24.22	6.48	36.30	13.33	0.17	24.60	27.00	剔除后正态分布	24.61	25.00	24.00
Zn	17 268	42.50	48.20	62.0	77.7	91.1	104	113	77.1	21.13	74.0	12.57	137	18.32	0.27	77.7	103	其他分布	103	101	66.0
Zr	1435	220	233	253	292	334	372	393	298	56.9	293	26.37	547	178	0.19	292	244	对数正态分布	293	243	230
SiO₂	1435	64.4	66.1	68.3	71.5	75.3	78.6	80.1	71.8	4.84	71.7	11.68	85.0	55.5	0.07	71.5	72.4	对数正态分布	71.7	71.3	66.7
Al₂O₃	1429	9.48	10.14	11.37	13.05	14.27	15.25	15.93	12.86	1.97	12.70	4.45	18.52	7.83	0.15	13.05	10.54	其他分布	10.54	13.20	11.90
TFe₂O₃	1435	2.93	3.16	3.64	4.16	4.67	5.19	5.57	4.18	0.80	4.10	2.37	7.85	1.93	0.19	4.16	4.16	正态分布	4.18	3.74	4.20
MgO	1423	0.45	0.49	0.59	0.80	1.16	1.45	1.56	0.89	0.36	0.82	1.51	2.01	0.33	0.41	0.80	0.59	其他分布	0.59	0.50	1.43
CaO	1409	0.16	0.19	0.26	0.46	0.86	1.06	1.16	0.57	0.35	0.46	2.23	1.76	0.08	0.62	0.46	0.26	其他分布	0.26	0.24	2.74
Na₂O	1435	0.24	0.27	0.41	0.74	1.26	1.51	1.58	0.83	0.46	0.69	1.95	1.80	0.15	0.55	0.74	0.29	其他分布	0.29	0.19	1.75
K₂O	17 027	1.23	1.35	1.68	2.09	2.36	2.62	2.83	2.04	0.49	1.98	1.62	3.44	0.69	0.24	2.09	2.21	其他分布	2.21	2.35	2.36
TC	1356	1.03	1.17	1.42	1.74	2.08	2.41	2.65	1.77	0.49	1.70	1.54	3.22	0.54	0.28	1.74	1.29	剔除后正态分布	1.77	1.43	1.30
Corg	17 581	0.69	0.82	1.11	1.51	2.08	2.53	2.80	1.61	0.66	1.47	1.70	3.56	0.13	0.41	1.51	1.34	其他分布	1.34	1.31	0.60
pH	17 754	4.68	4.89	5.23	5.75	6.47	7.09	7.49	5.29	4.95	5.89	2.81	8.33	3.47	0.94	5.75	5.34	其他分布	5.34	5.10	8.00

注：pH、Cr、Ni、B、N、Ge、Co、K₂O、P、Pb、Cu、Zn、Mn、Se、V、Hg、Mo、As、Cd、Corg 共 20 项原始样本数为 17 806 件，其他元素/指标为 1435 件。

与中国土壤元素背景值相比，湖州市土壤元素背景值中 Sr、MgO、CaO、Na$_2$O 背景值明显偏低，均低于中国背景值的 60%，其中 CaO 背景值仅为中国背景值的 9.5%；As、Cl、Mn 背景值略低于中国背景值，是中国背景值的 60%～80%；Nb、Cu、Pb、TC、Cd、W、Ti、Zr、Ni、Li、S、Th、La、Ce、Co 背景值略高于中国背景值，是中国背景值的 1.2～1.4 倍；Au、B、Bi、Br、Cr、Hg、N、Se、Sn、V、Zn、Corg 背景值明显高于中国背景值，是中国背景值的 1.4 倍以上，Hg 的背景值最高，是中国背景值的 4.23 倍；其他元素/指标背景值则与中国背景值基本接近。

七、嘉兴市土壤元素背景值

嘉兴市土壤元素背景值数据经正态分布检验，结果表明，原始数据中 Ce、Sc、Th、Ti 符合正态分布，Ba、Be、F、Li、Rb、W 剔除异常值后符合正态分布，Br、Cl、La、Sn、U、SiO$_2$、Na$_2$O、TC 符合对数正态分布，Ag、B、S、Sr、Zr、CaO 剔除异常值后符合对数正态分布，其他元素/指标不符合正态分布或对数正态分布（表 4-7）。

嘉兴市表层土壤总体呈酸性，土壤 pH 背景值为 6.16，极大值为 8.17，极小值为 4.14，略高于浙江省背景值，略低于中国背景值。

在表层土壤各元素/指标中，绝大多数变异系数小于 0.40，分布相对均匀；pH、Sn、Hg、Cl、N 变异系数不小于 0.40，其中 pH 变异系数大于 0.80，空间变异性较大。

与浙江省土壤元素背景值相比，嘉兴市土壤元素背景值中 Ce 背景值略低于浙江省背景值，为浙江省背景值的 71%；Be、F、Hg、Se、TFe$_2$O$_3$ 背景值略高于浙江省背景值，与浙江省背景值比值在 1.2～1.4 之间；Au、B、Bi、Br、Cu、Li、Sc、Sn、MgO、CaO、Na$_2$O 背景值明显高于浙江省背景值，是浙江省背景值的 1.4 倍以上；其他元素/指标背景值则与浙江省背景值基本接近。

与中国土壤元素背景值相比，嘉兴市土壤元素背景值中 Sr、CaO 背景值明显偏低，不足中国背景值的 60%，其中 CaO 背景值是中国背景值的 36%；Sb 背景值略低于中国背景值，为中国背景值的 75%；Co、Bi、Ti、Rb、F、Sc、Nb、Al$_2$O$_3$、P、Be、Ge 背景值略高于中国背景值，为中国背景值的 1.2～1.4 倍；Hg、Sn、Corg、Br、Au、Cu、Se、I、Li、V、Cr、N、Zn、Ni、B、Pb、Ag 背景值明显高于中国背景值，是中国背景值的 1.4 倍以上，其中 Hg、Sn、Corg、Br、Au 明显相对富集，背景值是中国背景值的 2.0 倍以上，Hg 的背景值最高，是中国背景值的 5.77 倍；其他元素/指标背景值则与中国背景值基本接近。

八、金华市土壤元素背景值

金华市土壤元素背景值数据经正态分布检验，结果表明，原始数据中 Ba、Ce、Al$_2$O$_3$、Na$_2$O 符合对数正态分布，Ga、La、Zr 剔除异常值后符合正态分布，Cl、F、Li、Nb、S、Sr、Th、Ti、U、Y、TFe$_2$O$_3$、TC 剔除异常值后符合对数正态分布，其他元素/指标不符合正态分布或对数正态分布（表 4-8）。

金华市表层土壤总体呈酸性，土壤 pH 背景值为 5.02，极大值为 6.80，极小值为 3.68，接近于浙江省背景值，略低于中国背景值。

在表层土壤各元素/指标中，绝大多数元素/指标变异系数小于 0.40，分布相对均匀；Co、CaO、As、P、Br、Cr、Ni、Hg、Sn、Na$_2$O、B、Au、Mn、I、pH 共 15 项元素/指标变异系数大于 0.40，其中 pH 变异系数大于 0.80，空间变异性较大。

与浙江省土壤元素背景值相比，金华市土壤元素背景值中 As、Au、Cr、Hg、I、Mn、Ni、V 背景值明显低于浙江省背景值，为浙江省背景值的 60% 以下，其中 Ni 背景值最低，仅为浙江省背景值的 19%；而 Ag、Co、P、Sr、Zn 背景值略低于浙江省背景值，为浙江省背景值的 60%～80%；Ba、Li、Nb、Zr 背景值略高于浙江省背景值，是浙江省背景值的 1.2～1.4 倍；Sn、Na$_2$O 背景值明显高于浙江省背景值，是浙江省背景值的 1.4 倍以上；其他元素/指标背景值则与浙江省背景值基本接近。

与中国土壤元素背景值相比，金华市土壤元素背景值中 CaO、Ni、Sr、MgO、Na$_2$O、B、Mn、Cr、Au 背景

第四章 土壤元素背景值

表 4-7 嘉兴市土壤元素背景值参数统计表

元素/指标	N	$X_{5\%}$	$X_{10\%}$	$X_{25\%}$	$X_{50\%}$	$X_{75\%}$	$X_{90\%}$	$X_{95\%}$	$\bar{X}$	S	$\bar{X}_g$	S_g	X_{max}	X_{min}	CV	X_{me}	X_{mo}	分布类型	嘉兴市背景值	浙江省背景值	中国背景值
Ag	890	82.0	86.0	99.0	111	128	151	162	115	23.63	112	15.08	183	56.0	0.21	111	110	剔除后对数分布	112	100.0	77.0
As	26 253	5.35	5.94	6.87	7.81	8.77	9.63	10.16	7.81	1.42	7.67	3.31	11.71	3.95	0.18	7.81	10.10	其他分布	10.10	10.10	9.00
Au	896	1.80	2.00	2.40	3.10	4.10	5.30	6.10	3.38	1.31	3.14	2.11	7.40	0.15	0.39	3.10	2.80	其他分布	2.80	1.50	1.30
B	23 517	47.00	50.6	56.8	64.3	72.3	79.7	84.7	64.8	11.32	63.8	11.08	96.8	33.00	0.17	64.3	63.7	剔除后对数分布	63.8	20.00	43.0
Ba	914	442	448	461	474	487	498	508	474	19.37	473	34.98	527	421	0.04	474	479	剔除后正态分布	474	475	512
Be	918	2.14	2.20	2.31	2.42	2.53	2.63	2.70	2.42	0.17	2.41	1.66	2.85	1.97	0.07	2.42	2.44	剔除后正态分布	2.42	2.00	2.00
Bi	921	0.30	0.33	0.36	0.41	0.45	0.50	0.54	0.41	0.07	0.40	1.77	0.61	0.21	0.17	0.41	0.40	其他分布	0.40	0.28	0.30
Br	951	3.23	3.53	4.12	4.90	5.88	6.92	7.78	5.13	1.44	4.95	2.64	15.19	2.14	0.28	4.90	4.80	对数正态分布	4.95	2.20	2.20
Cd	25 365	0.09	0.11	0.13	0.16	0.20	0.23	0.25	0.17	0.05	0.16	2.92	0.30	0.03	0.29	0.16	0.16	其他分布	0.16	0.14	0.137
Ce	951	63.5	65.9	69.3	72.7	75.9	78.3	79.7	72.4	5.01	72.2	11.85	105	55.7	0.07	72.7	74.0	正态分布	72.4	102	64.0
Cl	951	45.34	49.02	56.1	65.5	77.4	90.5	100.0	69.7	30.54	66.8	11.16	785	32.65	0.44	65.5	55.5	对数正态分布	66.8	71.0	78.0
Co	22 837	11.70	12.60	14.00	15.10	16.20	17.20	17.90	15.04	1.78	14.93	4.78	19.75	10.30	0.12	15.10	15.00	其他分布	15.00	14.80	11.00
Cr	25 492	69.1	73.3	79.9	85.7	90.9	95.5	98.2	85.1	8.57	84.6	13.00	108	61.6	0.10	85.7	83.0	其他分布	83.0	82.0	53.0
Cu	24 919	23.20	25.40	29.10	32.84	37.00	41.70	44.60	33.22	6.26	32.62	7.69	51.0	16.30	0.19	32.84	35.00	剔除后正态分布	35.00	16.00	20.00
F	935	463	501	553	604	658	700	719	603	77.8	598	39.69	815	400	0.13	604	658	剔除后对数分布	603	453	488
Ga	932	13.67	14.27	15.31	16.36	17.40	18.25	19.00	16.37	1.54	16.30	5.04	20.15	12.21	0.09	16.36	16.00	其他分布	16.00	16.00	15.00
Ge	948	1.34	1.37	1.43	1.50	1.56	1.61	1.62	1.49	0.09	1.49	1.27	1.68	1.24	0.06	1.50	1.56	其他分布	1.56	1.44	1.30
Hg	24 499	0.064	0.083	0.121	0.171	0.240	0.310	0.370	0.188	0.089	0.167	2.851	0.462	0.004	0.474	0.171	0.150	其他分布	0.150	0.110	0.026
I	916	1.20	1.40	1.70	2.10	2.50	2.90	3.20	2.09	0.58	2.01	1.66	3.60	0.70	0.28	2.10	1.80	其他分布	1.80	1.70	1.10
La	951	31.73	33.08	35.00	37.68	40.00	42.03	44.00	37.70	3.85	37.51	8.18	55.5	26.00	0.10	37.68	38.00	对数分布	37.51	41.00	33.00
Li	913	39.26	42.02	45.60	49.00	52.1	55.2	57.1	48.76	5.15	48.48	9.34	62.1	35.10	0.11	49.00	48.10	剔除后正态分布	48.76	25.00	30.00
Mn	25 032	406	437	498	589	714	828	895	613	150	595	39.55	1054	169	0.25	589	518	其他分布	518	440	569
Mo	25 589	0.37	0.42	0.51	0.61	0.72	0.83	0.91	0.62	0.16	0.60	1.47	1.08	0.18	0.26	0.61	0.62	其他分布	0.62	0.66	0.70
N	26 336	0.70	0.84	1.13	1.68	2.24	2.63	2.85	1.71	0.69	1.56	1.73	3.90	0.14	0.40	1.68	1.10	其他分布	1.10	1.28	0.707
Nb	926	13.86	14.52	15.31	16.12	17.10	17.95	18.81	16.28	1.43	16.22	5.05	19.80	12.79	0.09	16.12	15.84	其他分布	15.84	16.83	13.00
Ni	25 624	28.00	30.20	34.00	37.00	39.90	42.40	44.00	36.73	4.68	36.42	8.00	49.30	24.20	0.13	37.00	36.00	其他分布	36.00	35.00	24.00
P	24 810	0.50	0.54	0.62	0.75	0.92	1.11	1.24	0.79	0.22	0.76	1.37	1.46	0.14	0.28	0.75	0.69	其他分布	0.69	0.60	0.57
Pb	25 747	23.00	24.50	27.30	30.30	33.10	35.80	37.60	30.25	4.37	29.92	7.29	42.20	18.40	0.14	30.30	32.00	其他分布	32.00	32.00	22.00

续表 4-7

元素/指标	N	$X_{5\%}$	$X_{10\%}$	$X_{25\%}$	$X_{50\%}$	$X_{75\%}$	$X_{90\%}$	$X_{95\%}$	$\bar{X}$	S	$\bar{X}_g$	S_g	X_{max}	X_{min}	CV	X_{me}	X_{mo}	分布类型	嘉兴市背景值	浙江省背景值	中国背景值
Rb	905	104	107	114	120	126	131	133	119	8.93	119	15.75	142	96.0	0.07	120	120	剔除后正态分布	119	120	96.0
S	943	150	172	208	264	338	398	431	276	86.3	262	24.17	524	85.0	0.31	264	225	剔除后正态分布	262	248	245
Sb	910	0.47	0.49	0.53	0.60	0.70	0.83	0.90	0.63	0.13	0.62	1.45	1.00	0.41	0.20	0.60	0.55	其他分布	0.55	0.53	0.73
Sc	951	9.70	10.22	11.29	12.34	13.30	14.29	14.87	12.31	1.56	12.21	4.25	18.70	7.42	0.13	12.34	11.20	正态分布	12.31	8.70	10.00
Se	26 161	0.13	0.16	0.21	0.27	0.32	0.36	0.39	0.26	0.08	0.25	2.28	0.48	0.04	0.30	0.27	0.29	对数分布	0.29	0.21	0.17
Sn	951	6.10	6.80	8.30	10.50	13.70	17.30	20.30	11.70	6.22	10.75	4.10	110	2.30	0.53	10.50	8.90	对数后正态分布	10.75	3.60	3.00
Sr	908	102	105	108	112	118	123	127	113	7.39	113	15.37	134	93.3	0.07	112	114	剔除后正态分布	113	105	197
Th	951	10.71	11.15	11.98	12.90	13.90	14.80	15.30	12.94	1.50	12.85	4.41	20.34	4.43	0.12	12.90	13.20	正态分布	12.94	13.30	11.00
Ti	951	4079	4147	4276	4468	4641	4811	4926	4472	265	4465	128	5496	3447	0.06	4468	4512	正态分布	4472	4665	3498
Tl	939	0.51	0.55	0.60	0.65	0.69	0.73	0.75	0.64	0.07	0.64	1.34	0.83	0.45	0.11	0.65	0.65	偏峰分布	0.65	0.70	0.60
U	951	2.08	2.14	2.25	2.39	2.53	2.67	2.78	2.40	0.22	2.39	1.66	3.31	1.67	0.09	2.39	2.39	对数后对数分布	2.39	2.90	2.50
V	23 060	88.6	92.7	100.0	107	113	118	121	106	9.75	106	14.76	132	79.8	0.09	107	110	其他分布	110	106	70.0
W	911	1.49	1.57	1.68	1.80	1.92	2.06	2.13	1.80	0.19	1.79	1.42	2.30	1.32	0.11	1.80	1.82	剔除后正态分布	1.80	1.80	1.60
Y	932	21.36	22.25	24.00	25.00	27.00	28.00	29.00	25.25	2.22	25.15	6.47	31.52	19.51	0.09	25.00	25.00	其他分布	25.00	25.00	24.00
Zn	24 981	72.0	78.0	86.5	95.0	104	113	120	95.3	13.93	94.3	14.00	134	58.0	0.15	95.0	101	剔除后对数分布	101	101	66.0
Zr	881	218	222	229	238	249	260	267	240	14.83	239	23.76	281	199	0.06	238	243	对数后正态分布	239	243	230
SiO_2	951	64.5	65.2	66.2	67.5	68.7	70.6	71.6	67.6	2.13	67.6	11.43	76.0	61.4	0.03	67.5	66.2	剔除后正态分布	67.6	71.3	66.7
Al_2O_3	913	12.86	13.18	13.84	14.34	14.83	15.20	15.39	14.27	0.76	14.25	4.61	16.24	12.17	0.05	14.34	14.43	偏峰分布	14.43	13.20	11.90
TFe_2O_3	917	4.02	4.25	4.56	4.85	5.11	5.32	5.48	4.82	0.42	4.80	2.47	5.94	3.69	0.09	4.85	4.87	偏峰分布	4.87	3.74	4.20
MgO	917	1.30	1.36	1.48	1.56	1.63	1.73	1.76	1.55	0.13	1.54	1.30	1.88	1.21	0.09	1.56	1.56	其他分布	1.56	0.50	1.43
CaO	873	0.83	0.86	0.92	0.98	1.05	1.13	1.19	0.99	0.11	0.98	1.11	1.29	0.70	0.11	0.98	0.98	剔除后对数分布	0.98	0.24	2.74
Na_2O	951	1.27	1.30	1.37	1.46	1.57	1.68	1.79	1.48	0.16	1.48	1.30	2.09	1.09	0.11	1.46	1.43	对数后正态分布	1.48	0.19	1.75
K_2O	951	1.91	1.98	2.18	2.42	2.56	2.66	2.72	2.37	0.26	2.35	1.66	3.12	1.61	0.11	2.42	2.51	其他分布	2.51	2.35	2.36
TC	26 403	0.93	1.04	1.25	1.57	1.94	2.24	2.35	1.61	0.46	1.54	1.43	3.41	0.66	0.28	1.57	1.53	对数后对数分布	1.54	1.43	1.30
Corg	2365	0.75	0.87	1.04	1.21	1.57	1.94	2.15	2.91	1.72	0.65	1.59	1.62	3.56	0.26	0.38	1.71	1.49	其他分布	1.49	1.31	0.60
pH	26 216	4.96	5.24	5.65	6.10	6.63	7.33	7.73	5.58	5.22	6.18	2.85	8.17	4.14	0.93	6.10	6.16	其他分布	6.16	5.10	8.00

注：pH、Cr、Ni、B、N、Ge、Co、K_2O、P、Pb、Cu、Zn、Mn、Se、V、Hg、Mo、As、Cd、Corg 共 20 项原始样本数为 26 757 件，其他元素/指标为 951 件。

第四章 土壤元素背景值

表4-8 金华市土壤元素背景值参数统计表

元素/指标	N	$X_{5\%}$	$X_{10\%}$	$X_{25\%}$	$X_{50\%}$	$X_{75\%}$	$X_{90\%}$	$X_{95\%}$	$\bar{X}$	S	$\bar{X}_g$	S_g	X_{max}	X_{min}	CV	X_{me}	X_{mo}	分布类型	金华市背景值	浙江省背景值	中国背景值
Ag	2573	48.00	52.0	63.0	80.0	100.0	120	130	82.5	25.38	78.7	12.66	157	30.00	0.31	80.0	70.0	其他分布	70.0	100.0	77.0
As	28 104	2.60	3.13	4.22	5.78	7.95	10.42	11.89	6.31	2.78	5.70	3.09	14.54	0.10	0.44	5.78	5.74	其他分布	5.74	10.10	9.00
Au	2542	0.52	0.58	0.72	1.03	1.53	2.20	2.60	1.21	0.64	1.07	1.65	3.23	0.20	0.52	1.03	0.71	其他分布	0.71	1.50	1.30
B	28 880	11.00	13.80	19.70	29.30	42.60	57.9	65.8	32.57	16.59	28.33	7.74	78.8	1.10	0.51	29.30	16.80	对数正态分布	16.80	20.00	43.0
Ba	2756	315	358	451	597	777	974	1105	638	251	592	41.77	2435	116	0.39	597	633	其他分布	592	475	512
Be	2634	1.55	1.69	1.87	2.12	2.40	2.69	2.89	2.15	0.40	2.12	1.60	3.30	1.07	0.18	2.12	1.90	其他分布	1.90	2.00	2.00
Bi	2585	0.19	0.21	0.24	0.29	0.34	0.41	0.45	0.30	0.08	0.29	2.15	0.52	0.11	0.26	0.29	0.28	其他分布	0.28	0.28	0.30
Br	2546	1.76	1.92	2.21	2.70	3.94	5.76	6.61	3.28	1.51	3.00	2.14	7.95	0.98	0.46	2.70	2.20	其他分布	2.20	2.20	2.20
Cd	27 893	0.07	0.09	0.13	0.17	0.21	0.27	0.30	0.17	0.07	0.16	3.02	0.37	0.004	0.38	0.17	0.14	其他分布	0.14	0.14	0.137
Ce	2756	62.5	67.0	74.2	82.2	93.0	102	109	84.0	14.91	82.8	12.95	205	39.00	0.18	82.2	98.0	对数正态分布	82.8	102	64.0
Cl	2664	38.87	42.91	51.0	60.6	71.8	84.2	90.0	62.1	15.48	60.2	10.88	106	24.80	0.25	60.6	64.7	剔除后对数分布	60.2	71.0	78.0
Co	27 315	3.45	4.05	5.22	6.88	9.20	11.96	13.83	7.49	3.09	6.89	3.28	16.99	0.60	0.41	6.88	10.20	其他分布	10.20	14.80	11.00
Cr	28 246	13.40	16.20	22.00	30.98	43.60	56.9	64.6	34.01	15.65	30.46	7.80	81.1	0.48	0.46	30.98	26.40	其他分布	26.40	82.0	53.0
Cu	27 767	7.90	9.46	12.50	16.36	20.80	25.40	28.80	17.00	6.20	15.84	5.30	35.68	1.00	0.36	16.36	16.00	剔除后正态分布	16.00	16.00	20.00
F	2585	314	348	404	482	583	692	763	502	134	485	35.73	916	166	0.27	482	387	其他分布	485	453	488
Ga	2717	12.10	13.05	14.60	16.63	18.40	20.10	21.20	16.57	2.72	16.34	5.07	24.20	9.00	0.16	16.63	17.90	剔除后对数分布	16.57	16.00	15.00
Ge	28 355	1.23	1.29	1.37	1.47	1.59	1.70	1.78	1.48	0.16	1.48	1.28	1.93	1.05	0.11	1.47	1.46	其他分布	1.46	1.44	1.30
Hg	27 784	0.033	0.039	0.052	0.074	0.105	0.140	0.162	0.082	0.039	0.073	4.419	0.202	0.003	0.480	0.074	0.060	其他分布	0.060	0.110	0.026
I	2572	0.77	0.88	1.11	1.72	3.03	4.69	5.51	2.27	1.52	1.86	2.06	7.15	0.33	0.67	1.72	0.86	其他分布	0.86	1.70	1.10
La	2678	32.88	35.40	39.00	43.15	47.26	51.2	53.9	43.22	6.24	42.76	8.79	60.4	26.10	0.14	43.15	45.10	剔除后正态分布	43.22	41.00	33.00
Li	2610	24.40	26.30	30.57	35.00	40.00	45.57	49.20	35.57	7.32	34.82	7.80	56.2	17.20	0.21	35.00	34.90	剔除后对数分布	34.82	25.00	30.00
Mn	28 107	141	166	226	338	506	697	809	387	206	337	29.57	1009	41.30	0.53	338	256	其他分布	256	440	569
Mo	27 459	0.48	0.55	0.67	0.84	1.07	1.35	1.52	0.90	0.31	0.85	1.43	1.84	0.10	0.35	0.84	0.76	其他分布	0.76	0.66	0.70
N	28 948	0.61	0.74	0.97	1.25	1.56	1.88	2.06	1.28	0.43	1.20	1.50	2.49	0.07	0.34	1.25	1.28	其他分布	1.28	1.28	0.707
Nb	2578	16.47	17.70	19.40	21.20	23.40	25.70	27.20	21.47	3.13	21.24	5.90	30.20	13.10	0.15	21.20	20.20	剔除后对数分布	21.24	16.83	13.00
Ni	27 929	4.40	5.30	7.10	9.90	14.00	18.33	21.20	10.95	5.08	9.81	4.16	26.66	0.30	0.46	9.90	6.70	其他分布	6.70	35.00	24.00
P	27 846	0.21	0.27	0.38	0.51	0.70	0.92	1.06	0.56	0.25	0.50	1.85	1.30	0.03	0.45	0.51	0.42	其他分布	0.42	0.60	0.57
Pb	27 686	23.20	25.20	28.40	32.10	36.10	40.50	43.30	32.45	5.97	31.89	7.56	49.42	16.19	0.18	32.10	30.60	其他分布	30.60	32.00	22.00

续表 4-8

元素/指标	N	$X_{5\%}$	$X_{10\%}$	$X_{25\%}$	$X_{50\%}$	$X_{75\%}$	$X_{90\%}$	$X_{95\%}$	$\bar{X}$	S	$\bar{X}_g$	S_g	X_{max}	X_{min}	CV	X_{me}	X_{mo}	分布类型	金华市背景值	浙江省背景值	中国背景值
Rb	2719	79.7	87.4	106	131	153	169	182	130	31.68	126	16.72	224	42.70	0.24	131	140	其他分布	140	120	96.0
S	2709	134	152	189	236	289	338	371	242	72.3	230	23.78	449	40.00	0.30	236	236	剔除后对数分布	230	248	245
Sb	2602	0.40	0.44	0.51	0.63	0.79	0.99	1.08	0.67	0.21	0.64	1.52	1.29	0.11	0.31	0.63	0.57	偏峰分布	0.57	0.53	0.73
Sc	2624	5.67	6.00	6.75	7.60	8.80	10.29	11.00	7.88	1.61	7.72	3.31	12.53	3.94	0.20	7.60	7.30	其他后对数分布	7.30	8.70	10.00
Se	27 894	0.14	0.15	0.18	0.22	0.28	0.34	0.38	0.23	0.07	0.22	2.45	0.45	0.03	0.31	0.22	0.20	其他分布	0.20	0.21	0.17
Sn	2618	2.59	2.91	3.58	4.96	7.24	10.00	11.50	5.74	2.76	5.14	2.87	14.16	0.60	0.48	4.96	6.90	其他分布	6.90	3.60	3.00
Sr	2585	37.11	41.45	52.6	67.2	90.4	115	130	73.4	28.46	68.3	11.78	161	17.90	0.39	67.2	60.0	剔除后对数分布	68.3	105	197
Th	2659	10.40	11.50	13.38	15.41	18.00	20.74	22.41	15.81	3.56	15.41	4.98	25.50	6.30	0.23	15.41	14.30	剔除后对数分布	15.41	13.30	11.00
Ti	2617	2809	3114	3592	4087	4677	5236	5602	4141	827	4058	121	6500	1900	0.20	4087	4119	剔除后对数分布	4058	4665	3498
Tl	15 107	0.44	0.49	0.58	0.70	0.85	0.98	1.06	0.72	0.19	0.69	1.42	1.27	0.16	0.26	0.70	0.70	其他分布	0.70	0.70	0.60
U	2650	2.38	2.56	2.89	3.25	3.68	4.07	4.35	3.30	0.60	3.24	2.03	5.00	1.67	0.18	3.25	3.12	其他后对数分布	3.24	2.90	2.50
V	27 416	28.70	33.28	41.90	53.2	67.1	83.3	93.3	55.9	19.33	52.5	10.17	115	5.08	0.35	53.2	48.40	其他分布	48.40	106	70.0
W	2634	1.37	1.50	1.70	1.97	2.31	2.69	2.97	2.04	0.47	1.98	1.57	3.39	0.78	0.23	1.97	1.80	其他分布	1.80	1.80	1.60
Y	2617	18.90	20.20	22.27	24.70	27.80	31.10	33.09	25.18	4.21	24.84	6.40	37.35	13.40	0.17	24.70	22.60	剔除后对数分布	24.84	25.00	24.00
Zn	28 172	46.77	51.1	59.2	70.0	83.4	98.2	107	72.4	18.14	70.2	11.82	126	20.03	0.25	70.0	64.4	其他分布	64.4	101	66.0
Zr	2682	239	253	288	327	360	393	415	325	54.0	321	28.25	477	176	0.17	327	312	剔除后正态分布	325	243	230
SiO$_2$	2734	64.9	66.8	69.9	73.3	77.2	79.6	81.0	73.3	4.95	73.1	11.92	86.0	58.7	0.07	73.3	71.6	其他分布	71.6	71.3	66.7
Al$_2$O$_3$	2756	9.83	10.39	11.42	12.90	14.42	15.79	16.70	13.01	2.10	12.84	4.41	21.15	7.75	0.16	12.90	13.10	对数正态分布	12.84	13.20	11.90
TFe$_2$O$_3$	2624	2.41	2.62	3.01	3.54	4.18	4.91	5.53	3.67	0.90	3.56	2.15	6.24	1.39	0.25	3.54	3.25	其他后对数分布	3.56	3.74	4.20
MgO	2605	0.37	0.41	0.48	0.58	0.74	0.93	1.04	0.63	0.20	0.60	1.55	1.21	0.22	0.32	0.58	0.51	其他分布	0.51	0.50	1.43
CaO	2545	0.15	0.18	0.24	0.32	0.42	0.57	0.66	0.35	0.15	0.32	2.24	0.81	0.06	0.43	0.32	0.24	其他分布	0.24	0.24	2.74
Na$_2$O	2756	0.24	0.30	0.46	0.69	0.95	1.23	1.39	0.74	0.36	0.64	1.84	2.66	0.06	0.49	0.69	0.60	对数正态分布	0.64	0.19	1.75
K$_2$O	29 297	1.24	1.47	1.96	2.56	3.11	3.55	3.81	2.54	0.79	2.41	1.83	4.83	0.26	0.31	2.56	2.35	其他分布	2.35	2.35	2.36
TC	2572	0.75	0.85	1.04	1.28	1.57	1.97	2.20	1.34	0.42	1.28	1.43	2.55	0.31	0.31	1.28	1.27	剔除后对数分布	1.28	1.43	1.30
Corg	26 906	0.55	0.68	0.92	1.20	1.49	1.80	1.99	1.22	0.43	1.14	1.52	2.40	0.06	0.35	1.20	1.23	其他分布	1.23	1.31	0.60
pH	27 583	4.41	4.58	4.83	5.13	5.51	5.98	6.27	4.92	4.80	5.20	2.60	6.80	3.68	0.98	5.13	5.02	其他分布	5.02	5.10	8.00

注：pH、Cr、Ni、B、N、Ge、Co、K$_2$O、P、Pb、Cu、Zn、Mn、Se、V、Hg、Mo、As、Cd、Corg 共 20 项原始样本数为 31 186 件，其他元素/指标为 2756 件。

值明显偏低,均为中国背景值的60%以下,其中CaO背景值最低,约为中国背景值的9%;而As、V、Sc、P、Cl、Sb、I背景值略低于中国背景值,为中国背景值的60%～80%;Ce、U、La、Pb背景值略高于中国背景值,是中国背景值的1.2～1.4倍;Th、Zr、Rb、Nb、N、Hg、Corg、Sn背景值明显高于中国背景值,是中国背景值的1.4倍以上,其中Hg、Corg、Sn明显相对富集,背景值为中国背景值的2.0倍以上,其中Hg的背景值最高,为中国背景值的2.31倍;其他元素/指标背景值则与中国背景值基本接近。

九、衢州市土壤元素背景值

衢州市土壤元素背景值数据经正态分布检验,结果表明,原始数据中Ga符合正态分布,Ag、Ba、Be、La、Li、Rb、S、Sb、Sc、Sn、Th、Y、Al_2O_3、TFe_2O_3、MgO、TC符合对数正态分布,Ce、Ti、U、W剔除异常值后符合正态分布,Au、Cl、Sr、CaO剔除异常值后符合对数正态分布,其他元素/指标不符合正态分布或对数正态分布(表4-9)。

衢州市表层土壤总体呈酸性,土壤pH背景值为5.12,极大值为7.05,极小值为3.48,略低于中国背景值,接近于浙江省背景值。

在表层土壤各元素/指标中,一多半元素/指标变异系数小于0.40,分布相对均匀;N、Mo、V、P、MgO、CaO、Cu、Cr、Hg、I、Cd、Sn、Mn、Au、Co、B、Ni、Na_2O、As、Ag、pH、Sb共22项元素/指标变异系数大于0.40,其中Ag、pH、Sb变异系数大于0.80,空间变异性较大。

与浙江省土壤元素背景值相比,衢州市土壤元素背景值中Cr、Mn、Ni、Sr背景值明显偏低,不足浙江省背景值的60%;Cl、Co、I、Corg背景值略低于浙江省背景值,为浙江省背景值的60%～80%;K_2O、Li、Mo、Se、U、Zr、CaO背景值略高于浙江省背景值,与浙江省背景值比值在1.2～1.4之间;B、Sb、Sn、MgO背景值明显高于浙江省背景值,是浙江省背景值的1.4倍以上;其他元素/指标背景值则与浙江省背景值基本接近。

与中国土壤元素背景值相比,衢州市土壤元素背景值中CaO、Na_2O、Sr、Mn、Ni、MgO背景值明显偏低,不足中国背景值的60%,其中Na_2O背景值仅为中国背景值的12.00%;而B、Cr、Cl、Ba背景值略低于中国背景值,为中国背景值的60%～80%;As、Ti、Au、Ce、Th、La、Pb、Zr背景值略高于中国背景值,与中国背景值比值在1.2～1.4之间;U、V、Nb、Zn、Corg、Se、N、Sn、Hg背景值明显高于中国背景值,是中国背景值的1.4倍以上,其中Hg明显相对富集,背景值是中国背景值的4.23倍;其他元素/指标背景值则与中国背景值基本接近。

十、台州市土壤元素背景值

台州市土壤元素背景值数据经正态分布检验,结果表明,原始数据中Al_2O_3符合正态分布,Br、N、Sc、TC符合对数正态分布,Ga剔除异常值后符合正态分布,Ce、F、La、S、Th、Tl、W、MgO剔除异常值后符合对数正态分布,其他元素/指标不符合正态分布或对数正态分布(表4-10)。

台州市表层土壤总体呈酸性,土壤pH背景值为5.10,极大值为7.95,极小值为3.57,与浙江省背景值相同,略低于中国背景值。

在表层土壤各元素/指标中,绝大多数元素/指标变异系数小于0.40,分布相对均匀;N、MgO、P、V、Hg、As、Mn、Cu、Au、Co、B、CaO、Cr、I、Ni、Br、pH共17项元素/指标变异系数大于0.40,其中pH变异系数大于0.80,空间变异性较大。

与浙江省土壤元素背景值相比,台州市土壤元素背景值中Ni背景值明显低于浙江省背景值,仅为浙江省背景值的29%;而Ag、Bi、Mn、Se背景值略低于浙江省背景值,为浙江省背景值的60%～80%;Au、Co、Cr、Tl、Nb、MgO、K_2O背景值略高于浙江省背景值,与浙江省背景值比值在1.2～1.4之间;而Br、Na_2O背景值明显偏高,是浙江省背景值的1.4倍以上;其他元素/指标背景值则与浙江省背景值基本接近。

表4-9 衢州市土壤元素背景值参数统计表

元素/指标	N	$X_{5\%}$	$X_{10\%}$	$X_{25\%}$	$X_{50\%}$	$X_{75\%}$	$X_{90\%}$	$X_{95\%}$	$\bar{X}$	S	$\bar{X}_g$	S_g	X_{max}	X_{min}	CV	X_{me}	X_{mo}	分布类型	衢州市背景值	浙江省背景值	中国背景值
Ag	962	49.00	54.0	63.0	79.0	111	162	211	101	98.0	87.1	13.75	2358	36.00	0.97	79.0	60.0	对数正态分布	87.1	100.0	77.0
As	24 625	2.23	2.77	4.03	6.40	10.50	15.10	17.88	7.78	4.86	6.39	3.65	23.44	0.42	0.62	6.40	11.10	其他分布	11.10	10.10	9.00
Au	898	0.78	0.91	1.17	1.56	2.47	3.65	4.31	1.94	1.08	1.69	1.76	5.24	0.51	0.56	1.56	1.41	剔除后对数分布	1.69	1.50	1.30
B	26 325	9.3	12.7	22.56	42.01	62.5	77.8	86	43.84	24.69	35.55	9.22	123	1.01	0.56	42.01	33.6	其他分布	33.6	20	43
Ba	962	246	272	327	394	483	600	685	422	149	400	32.33	1936	117	0.35	394	397	对数正态分布	400	475	512
Be	962	1.35	1.53	1.85	2.25	2.67	3.13	3.58	2.33	0.77	2.22	1.77	7.50	0.78	0.33	2.25	1.96	对数正态分布	2.22	2.00	2.00
Bi	912	0.23	0.24	0.28	0.34	0.43	0.50	0.54	0.36	0.10	0.35	1.95	0.70	0.14	0.29	0.34	0.26	其他分布	0.26	0.28	0.30
Br	873	1.53	1.75	1.96	2.22	2.63	3.27	3.66	2.36	0.62	2.28	1.74	4.36	0.91	0.26	2.22	2.28	其他分布	2.28	2.20	2.20
Cd	24 220	0.07	0.09	0.14	0.20	0.28	0.38	0.46	0.22	0.11	0.19	2.91	0.58	0.004	0.52	0.20	0.16	其他分布	0.16	0.14	0.137
Ce	925	57.2	62.6	71.5	81.8	93.7	106	113	83.2	16.88	81.5	13.01	133	39.59	0.20	81.8	81.6	剔除后正态分布	83.2	102	64.0
Cl	887	34.83	38.10	43.80	50.8	59.6	68.5	75.1	52.3	12.15	51.0	9.91	89.9	22.84	0.23	50.8	47.80	偏峰分布	51.0	71.0	78.0
Co	25 115	3.23	3.95	5.81	9.00	13.90	19.00	21.80	10.34	5.78	8.80	4.01	28.50	0.59	0.56	9.00	10.10	偏峰分布	10.10	14.80	11.00
Cr	25 613	15.40	20.25	33.30	53.4	74.4	89.5	101	54.9	26.97	47.18	10.28	140	0.56	0.49	53.4	32.00	正态分布	32.00	82.0	53.0
Cu	25 121	9.00	11.39	16.30	23.50	32.90	42.34	49.00	25.47	12.06	22.56	6.71	62.4	1.00	0.47	23.50	16.00	其他分布	16.00	16.00	20.00
F	921	292	327	387	492	625	784	861	521	174	494	36.41	1030	165	0.33	492	421	偏峰分布	421	453	488
Ga	962	11.55	12.55	14.38	16.60	19.07	21.00	22.20	16.75	3.37	16.40	5.20	28.40	6.94	0.20	16.60	15.40	正态分布	16.75	16.00	15.00
Ge	16 180	1.18	1.24	1.36	1.49	1.65	1.80	1.90	1.51	0.21	1.49	1.31	2.12	0.91	0.14	1.49	1.43	偏峰分布	1.43	1.44	1.30
Hg	24 777	0.030	0.038	0.056	0.081	0.112	0.150	0.172	0.088	0.043	0.077	4.277	0.214	0.003	0.486	0.081	0.110	其他分布	0.110	0.110	0.026
I	894	0.79	0.90	1.07	1.38	2.08	2.92	3.38	1.66	0.80	1.49	1.67	4.21	0.50	0.49	1.38	1.08	其他分布	1.08	1.70	1.10
La	962	31.00	33.20	38.12	43.84	50.6	59.3	65.6	45.66	11.93	44.34	9.22	141	19.00	0.26	43.84	36.80	对数正态分布	44.34	41.00	33.00
Li	962	22.75	24.87	29.11	34.51	41.16	48.99	54.9	36.15	10.26	34.84	7.79	97.7	14.00	0.28	34.51	36.57	对数正态分布	34.84	25.00	30.00
Mn	24 774	132	157	215	316	482	686	807	371	206	319	28.86	1006	1.31	0.55	316	227	其他分布	227	440	569
Mo	24 058	0.48	0.57	0.76	1.02	1.38	1.82	2.13	1.12	0.49	1.01	1.57	2.72	0.14	0.44	1.02	0.82	其他分布	0.82	0.66	0.70
N	26 083	0.49	0.64	0.94	1.30	1.68	2.07	2.29	1.33	0.54	1.20	1.66	2.84	0.02	0.41	1.30	1.27	其他分布	1.27	1.28	0.707
Nb	918	15.20	16.40	18.10	20.50	24.00	28.23	30.50	21.39	4.55	20.92	5.93	34.40	10.50	0.21	20.50	19.70	其他分布	19.70	16.83	13.00
Ni	25 391	6.36	7.80	11.00	18.00	28.76	39.69	45.10	21.03	12.34	17.56	5.99	59.8	0.90	0.59	18.00	11.00	其他分布	11.00	35.00	24.00
P	24 972	0.22	0.29	0.41	0.57	0.79	1.05	1.19	0.62	0.29	0.55	1.80	1.48	0.04	0.46	0.57	0.48	其他分布	0.48	0.60	0.57
Pb	24 875	20.69	23.39	27.90	32.73	38.38	44.60	48.90	33.41	8.30	32.35	7.76	57.5	10.59	0.25	32.73	30.00	其他分布	30.00	32.00	22.00

第四章 土壤元素背景值

续表 4-9

元素/指标	N	$X_{5\%}$	$X_{10\%}$	$X_{25\%}$	$X_{50\%}$	$X_{75\%}$	$X_{90\%}$	$X_{95\%}$	$\overline{X}$	S	$\overline{X}_g$	S_g	X_{max}	X_{min}	CV	X_{me}	X_{mo}	分布类型	衢州市背景值	浙江省背景值	中国背景值
Rb	962	66.1	74.1	91.6	116	145	180	197	122	42.93	115	16.01	403	38.96	0.35	116	122	对数正态分布	115	120	96.0
S	962	163	189	235	288	352	421	465	300	96.4	285	27.07	746	88.3	0.32	288	313	对数正态分布	285	248	245
Sb	962	0.44	0.48	0.57	0.78	1.14	1.88	2.69	1.09	1.46	0.87	1.78	37.82	0.32	1.35	0.78	0.53	对数正态分布	0.87	0.53	0.73
Sc	962	5.50	6.10	7.20	9.00	11.53	14.30	15.40	9.66	3.34	9.15	3.83	26.10	3.90	0.35	9.00	7.30	对数正态分布	9.15	8.70	10.00
Se	24 724	0.17	0.20	0.25	0.31	0.40	0.51	0.58	0.33	0.12	0.31	2.09	0.70	0.02	0.37	0.31	0.28	其他分布	0.28	0.21	0.17
Sn	962	3.10	3.50	4.20	5.60	8.10	11.20	13.70	6.70	3.64	5.96	3.07	28.80	1.70	0.54	5.60	3.60	剔除后对数正态分布	5.96	3.60	3.00
Sr	888	33.33	36.92	42.94	50.4	59.2	70.8	79.4	52.1	13.21	50.5	9.73	90.2	24.95	0.25	50.4	48.76	剔除后正态分布	50.5	105	197
Th	962	9.14	10.20	11.97	14.70	17.75	21.97	25.08	15.56	5.48	14.77	4.98	57.2	4.40	0.35	14.70	15.10	对数正态分布	14.77	13.30	11.00
Ti	936	2846	3094	3731	4419	5083	5682	6044	4413	991	4298	128	7142	1854	0.22	4419	4592	对数正态分布	4413	4665	3498
Tl	3458	0.42	0.47	0.56	0.69	0.88	1.11	1.23	0.74	0.24	0.71	1.45	1.47	0.25	0.33	0.69	0.69	其他分布	0.69	0.70	0.60
U	914	2.20	2.53	3.01	3.49	4.06	4.60	5.00	3.53	0.82	3.43	2.14	5.83	1.35	0.23	3.49	4.06	剔除后对数正态分布	3.53	2.90	2.50
V	24 702	28.72	35.56	51.6	74.9	101	126	144	78.6	35.18	70.4	12.39	186	5.85	0.45	74.9	101	其他分布	101	106	70.0
W	903	1.20	1.35	1.62	1.88	2.16	2.48	2.64	1.90	0.43	1.85	1.53	3.15	0.78	0.23	1.88	1.74	剔除后正态分布	1.90	1.80	1.60
Y	962	18.80	21.02	24.36	28.20	33.13	38.95	43.58	29.51	8.24	28.51	7.16	91.7	12.55	0.28	28.20	29.10	对数正态分布	28.51	25.00	24.00
Zn	25 313	45.00	52.2	64.5	81.8	105	127	143	86.2	29.48	81.2	13.21	174	2.58	0.34	81.8	101	偏峰分布	101	101	66.0
Zr	941	208	225	254	307	371	437	479	319	81.1	309	27.80	558	162	0.25	307	318	偏峰分布	318	243	230
SiO$_2$	949	63.5	65.4	69.7	74.6	78.1	81.0	82.1	73.7	5.85	73.5	11.87	86.2	56.9	0.08	74.6	73.4	对数正态分布	73.4	71.3	66.7
Al$_2$O$_3$	962	9.45	9.99	10.95	12.27	13.88	15.34	16.29	12.53	2.18	12.35	4.38	19.99	7.55	0.17	12.27	12.07	对数正态分布	12.35	13.20	11.90
TFe$_2$O$_3$	962	2.24	2.53	3.11	4.03	5.19	6.15	6.68	4.28	1.60	4.01	2.46	13.63	1.48	0.37	4.03	2.80	对数正态分布	4.01	3.74	4.20
MgO	962	0.36	0.40	0.51	0.71	0.99	1.25	1.45	0.79	0.36	0.71	1.61	2.93	0.23	0.46	0.71	0.47	剔除后对数正态分布	0.71	0.50	1.43
CaO	870	0.15	0.18	0.22	0.30	0.40	0.56	0.67	0.34	0.15	0.30	2.25	0.85	0.08	0.46	0.30	0.24	剔除后对数正态分布	0.30	0.24	2.74
Na$_2$O	940	0.12	0.14	0.22	0.39	0.60	0.84	0.94	0.44	0.26	0.36	2.43	1.18	0.07	0.59	0.39	0.21	其他分布	0.21	0.19	1.75
K$_2$O	26 315	0.93	1.13	1.62	2.25	2.93	3.59	3.98	2.31	0.93	2.11	1.87	4.93	0.10	0.40	2.25	2.82	偏峰分布	2.82	2.35	2.36
TC	962	0.79	0.91	1.13	1.37	1.60	1.82	2.03	1.38	0.40	1.33	1.41	4.12	0.54	0.29	1.37	1.39	对数正态分布	1.33	1.43	1.30
Corg	18 573	0.47	0.64	0.94	1.26	1.62	1.99	2.20	1.29	0.51	1.17	1.67	2.70	0.01	0.40	1.26	0.95	偏峰分布	0.95	1.31	0.60
pH	25 002	4.34	4.49	4.78	5.13	5.58	6.09	6.42	4.87	4.72	5.21	2.62	7.05	3.48	0.97	5.13	5.12	其他分布	5.12	5.10	8.00

注：pH、Cr、Ni、B、N、Ge、Co、K$_2$O、P、Pb、Cu、Zn、Mn、Se、V、Hg、Mo、As、Cd、Corg 共 20 项原始样本数为 26 492 件，其他元素/指标为 962 件。

表 4-10 台州市土壤元素背景值参数统计表

元素/指标	N	$X_{5\%}$	$X_{10\%}$	$X_{25\%}$	$X_{50\%}$	$X_{75\%}$	$X_{90\%}$	$X_{95\%}$	$\bar{X}$	S	$\bar{X}_g$	S_g	X_{max}	X_{min}	CV	X_{me}	X_{mo}	分布类型	台州市背景值	浙江省背景值	中国背景值
Ag	2121	58.0	64.0	75.0	92.0	120	156	177	101	36.39	95.5	14.55	216	28.00	0.36	92.0	76.0	其他分布	76.0	100.0	77.0
As	24 264	2.09	2.60	3.70	5.54	8.50	11.30	12.70	6.29	3.29	5.44	3.14	16.10	0.22	0.52	5.54	10.10	其他分布	10.10	10.10	9.00
Au	2111	0.57	0.69	0.90	1.40	2.05	2.90	3.40	1.58	0.87	1.37	1.80	4.30	0.29	0.55	1.40	2.00	其他分布	2.00	1.50	1.30
B	24 559	9.85	12.70	18.30	28.60	56.2	70.2	76.7	36.74	22.71	29.44	8.48	113	1.10	0.62	28.60	16.00	偏峰分布	16.00	20.00	43.0
Ba	2245	385	450	513	617	750	890	962	641	174	617	40.90	1143	165	0.27	617	506	其他分布	506	475	512
Be	2271	1.70	1.81	2.02	2.27	2.57	2.77	2.89	2.29	0.37	2.26	1.67	3.41	1.23	0.16	2.27	2.12	其他分布	2.12	2.00	2.00
Bi	2197	0.18	0.19	0.23	0.30	0.42	0.51	0.57	0.33	0.13	0.31	2.12	0.75	0.13	0.38	0.30	0.22	其他分布	0.22	0.28	0.30
Br	2299	1.90	2.20	2.90	4.40	6.90	9.80	13.00	5.60	4.49	4.57	3.03	55.7	1.00	0.80	4.40	2.40	对数正态分布	4.57	2.20	2.20
Cd	23 218	0.07	0.09	0.12	0.15	0.19	0.24	0.27	0.16	0.06	0.15	3.14	0.33	0.01	0.37	0.15	0.14	其他分布	0.14	0.14	0.137
Ce	2221	62.9	67.2	74.3	82.8	94.4	106	112	84.9	15.02	83.6	13.03	127	46.40	0.18	82.8	83.0	剔除后对数分布	83.6	102	64.0
Cl	2184	49.30	53.7	64.0	78.0	93.0	110	121	80.0	21.54	77.2	12.57	143	30.40	0.27	78.0	82.0	偏峰分布	82.0	71.0	78.0
Co	24 418	3.11	3.69	5.07	8.20	15.40	17.90	18.90	9.95	5.63	8.33	4.00	31.10	0.33	0.57	8.20	17.80	其他分布	17.80	14.80	11.00
Cr	24 505	11.50	14.29	19.80	33.90	82.5	96.1	102	48.04	33.17	36.82	9.61	176	0.30	0.69	33.90	101	其他分布	101	82.0	53.0
Cu	23 935	7.70	9.61	13.20	20.51	32.40	39.60	45.40	23.31	12.25	20.02	6.46	62.9	1.00	0.53	20.51	13.00	其他分布	13.00	16.00	20.00
F	2276	306	333	387	465	557	653	712	479	122	463	35.43	816	139	0.26	465	445	其他分布	463	453	488
Ga	2227	12.92	13.87	15.51	17.40	19.42	21.10	22.12	17.48	2.84	17.25	5.28	25.70	9.71	0.16	17.40	16.60	剔除后对数正态分布	17.48	16.00	15.00
Ge	20 682	1.16	1.22	1.33	1.44	1.55	1.65	1.72	1.44	0.17	1.43	1.27	1.90	0.99	0.12	1.44	1.44	其他分布	1.44	1.44	1.30
Hg	23 164	0.033	0.039	0.051	0.068	0.100	0.140	0.160	0.079	0.038	0.070	4.497	0.198	0.001	0.487	0.068	0.110	剔除后对数正态分布	0.110	0.110	0.026
I	2150	0.67	0.84	1.30	2.34	4.12	6.15	7.28	2.97	2.10	2.30	2.48	9.60	0.30	0.71	2.34	1.85	其他分布	1.85	1.70	1.10
La	2210	32.00	34.92	39.00	44.00	50.00	56.00	60.0	44.67	8.29	43.90	8.96	68.5	22.00	0.19	44.00	41.00	其他分布	43.90	41.00	33.00
Li	2285	19.00	21.00	25.00	31.12	42.00	54.0	58.0	34.32	12.12	32.32	7.85	67.2	13.00	0.35	31.12	25.00	其他分布	25.00	25.00	30.00
Mn	24 383	212	253	367	599	912	1123	1245	656	339	566	40.79	1745	61.0	0.52	599	337	其他分布	337	440	569
Mo	22 483	0.45	0.50	0.59	0.72	0.93	1.21	1.39	0.79	0.28	0.75	1.46	1.70	0.11	0.36	0.72	0.62	其他分布	0.62	0.66	0.70
N	24 608	0.69	0.81	1.04	1.39	1.83	2.31	2.66	1.49	0.62	1.37	1.62	8.99	0.12	0.42	1.39	1.48	对数正态分布	1.37	1.28	0.707
Nb	2215	17.20	17.70	18.80	21.10	24.00	26.91	28.79	21.71	3.68	21.41	5.89	32.60	11.35	0.17	21.10	20.20	其他分布	20.20	16.83	13.00
Ni	24 492	4.39	5.21	7.12	11.50	36.12	43.51	45.90	19.68	15.47	14.10	5.98	80.2	0.91	0.79	11.50	10.10	其他分布	10.10	35.00	24.00
P	23 687	0.30	0.38	0.52	0.72	1.00	1.27	1.45	0.78	0.35	0.70	1.68	1.80	0.05	0.45	0.72	0.59	其他分布	0.59	0.60	0.57
Pb	22 616	23.80	26.10	29.80	34.00	39.50	46.41	50.9	35.18	7.96	34.31	8.01	59.3	12.80	0.23	34.00	34.00	其他分布	34.00	32.00	22.00

续表 4-10

元素/指标	N	$X_{5\%}$	$X_{10\%}$	$X_{25\%}$	$X_{50\%}$	$X_{75\%}$	$X_{90\%}$	$X_{95\%}$	$\bar{X}$	S	$\bar{X}_g$	S_g	X_{max}	X_{min}	CV	X_{me}	X_{mo}	分布类型	台州市背景值	浙江省背景值	中国背景值
Rb	2225	99.0	105	117	129	139	147	153	128	16.44	126	16.42	173	83.7	0.13	129	130	偏峰分布	130	120	96.0
S	2242	162	182	219	276	345	414	457	288	90.0	274	26.54	546	60.0	0.31	276	258	剔除后对数分布	274	248	245
Sb	2188	0.40	0.43	0.49	0.57	0.68	0.82	0.89	0.60	0.15	0.58	1.47	1.02	0.23	0.25	0.57	0.53	其他分布	0.53	0.53	0.73
Sc	2299	4.88	5.44	6.74	8.70	10.70	13.00	14.00	8.93	2.85	8.49	3.68	25.90	0.50	0.32	8.70	8.50	对数正态分布	8.49	8.70	10.00
Se	23 346	0.13	0.14	0.17	0.22	0.28	0.35	0.39	0.23	0.08	0.22	2.48	0.48	0.01	0.35	0.22	0.15	其他分布	0.15	0.21	0.17
Sn	2129	2.40	2.58	2.90	3.46	4.26	5.20	5.80	3.67	1.03	3.54	2.22	6.84	1.16	0.28	3.46	3.50	其他分布	3.50	3.60	3.00
Sr	2228	39.37	46.02	62.0	85.0	110	129	148	87.4	32.91	81.0	12.94	185	19.20	0.38	85.0	109	其他分布	109	105	197
Th	2180	10.07	10.95	12.30	13.50	14.85	16.40	17.20	13.59	2.10	13.42	4.50	19.17	8.14	0.15	13.50	13.30	剔除后对数分布	13.42	13.30	11.00
Ti	2246	3054	3277	3690	4235	4999	5366	5653	4322	850	4238	126	7077	1847	0.20	4235	4018	其他分布	4018	4665	3498
Tl	2183	0.62	0.67	0.75	0.85	0.96	1.07	1.16	0.86	0.16	0.84	1.24	1.32	0.41	0.19	0.85	0.86	剔除后对数分布	0.84	0.70	0.60
U	2224	2.30	2.47	2.70	3.00	3.37	3.70	3.97	3.05	0.50	3.01	1.92	4.43	1.70	0.16	3.00	2.60	偏峰分布	2.60	2.90	2.50
V	24 457	30.80	35.10	45.50	68.5	108	119	124	75.2	33.58	67.4	11.99	201	10.30	0.45	68.5	115	其他分布	115	106	70.0
W	2196	1.35	1.45	1.64	1.86	2.08	2.36	2.53	1.88	0.35	1.85	1.50	2.87	0.98	0.19	1.86	1.80	剔除后对数分布	1.85	1.80	1.60
Y	2273	20.00	21.00	23.10	26.00	29.00	31.20	33.00	26.23	4.04	25.92	6.68	37.80	16.00	0.15	26.00	29.00	其他分布	29.00	25.00	24.00
Zn	23 860	47.30	53.7	67.4	89.0	110	127	141	90.3	28.84	85.6	13.67	178	16.40	0.32	89.0	102	其他分布	102	101	66.0
Zr	2261	192	203	253	305	345	385	407	300	65.8	293	26.36	485	149	0.22	305	197	其他分布	197	243	230
SiO₂	2286	61.9	63.9	67.9	71.8	75.0	77.5	78.9	71.2	5.13	71.0	11.68	84.3	57.0	0.07	71.8	71.2	偏峰分布	71.2	71.3	66.7
Al₂O₃	2299	10.50	11.32	12.48	13.93	15.04	16.18	16.99	13.83	1.94	13.69	4.59	20.81	7.51	0.14	13.93	14.40	正态分布	13.83	13.20	11.90
TFe₂O₃	2273	2.19	2.41	2.79	3.42	4.52	5.72	6.11	3.72	1.23	3.53	2.27	7.18	1.32	0.33	3.42	3.51	其他分布	3.51	3.74	4.20
MgO	2078	0.34	0.38	0.46	0.59	0.79	1.12	1.32	0.67	0.29	0.62	1.61	1.59	0.19	0.43	0.59	0.61	剔除后对数分布	0.62	0.50	1.43
CaO	2152	0.13	0.16	0.22	0.33	0.55	0.82	0.96	0.41	0.26	0.34	2.38	1.24	0.06	0.62	0.33	0.24	其他分布	0.24	0.24	2.74
Na₂O	2289	0.33	0.41	0.58	0.85	1.10	1.31	1.47	0.86	0.35	0.78	1.63	1.88	0.12	0.40	0.85	0.83	其他分布	0.83	0.19	1.75
K₂O	23 563	2.02	2.21	2.52	2.83	3.12	3.49	3.70	2.83	0.49	2.79	1.84	4.10	1.54	0.17	2.83	2.82	偏峰分布	2.82	2.35	2.36
TC	2299	0.98	1.11	1.32	1.63	1.98	2.16	2.40	1.72	0.59	1.63	1.56	6.06	0.36	0.34	1.63	1.70	正态分布	1.63	1.43	1.30
Corg	18 886	0.70	0.82	1.07	1.40	1.77	2.16	2.75	1.45	0.52	1.35	1.56	2.93	0.08	0.36	1.40	1.31	对数正态分布	1.31	1.31	0.60
pH	22 193	4.44	4.58	4.82	5.13	5.65	6.77	7.48	4.94	4.83	5.38	2.67	7.95	3.57	0.98	5.13	5.10	其他分布	5.10	5.10	8.00

注：pH、Cr、Ni、B、N、Ge、Co、K₂O、P、Pb、Cu、Zn、Mn、Se、V、Hg、Mo、As、Cd、Corg共20项原始样本数为24 616件，其他元素/指标为2299件。

与中国土壤元素背景值相比,台州市土壤元素背景值中 B、CaO、MgO、Ni、Na$_2$O、Mn、Sr 背景值明显偏低,在中国背景值的 60% 以下,其中 CaO 背景值是中国背景值的 9%;而 Cu、Sb、Bi 背景值略低于中国背景值,为中国背景值的 60%～80%;Ce、La、Rb、Th、Y、TC 背景值略高于中国背景值,为中国背景值的 1.2～1.4 倍;Au、Pb、Zn、Nb、Co、V、I、Cr、N、Br、Corg、Hg、Tl 背景值明显高于中国背景值,是中国背景值的 1.4 倍以上,其中 Br、Corg、Hg 明显相对富集,背景值是中国背景值的 2.0 倍以上,Hg 背景值最高,是中国背景值的 4.23 倍;其他元素/指标背景值则与中国背景值基本接近。

十一、丽水市土壤元素背景值

丽水市土壤元素背景值数据经正态分布检验,结果表明,原始数据中仅 B 符合对数正态分布,N 剔除异常值后符合对数正态分布,其他元素/指标不符合正态分布或对数正态分布(表 4-11)。

丽水市表层土壤总体呈酸性,土壤 pH 背景值为 4.98,极大值为 6.02,极小值为 3.91,接近于浙江省背景值,略低于中国背景值。

在表层土壤各元素/指标中,Ge、Hg、K$_2$O、N、Pb、Se、Zn、Corg 共 8 项元素/指标变异系数小于 0.40,分布相对均匀;As、B、Cd、Co、Cr、Cu、Mn、Mo、Ni、P、pH、V 共 12 项指标变异系数大于 0.40,其中 pH 变异系数大于 0.80,空间变异性较大。

与浙江省土壤元素背景值相比,丽水市土壤元素背景值中 As、Co、Cr、Mn、Ni、V 背景值明显低于浙江省背景值,在浙江省背景值的 60% 以下,其中 As、Co、Cr、Ni 背景值均在浙江省背景值的 30% 以下;B、Cu、Se 背景值略低于浙江省背景值,为浙江省背景值的 60%～80%;K$_2$O 背景值略高于浙江省背景值,为浙江省背景值的 1.39 倍;P 背景值明显偏高,是浙江省背景值的 1.77 倍;其他元素/指标背景值则与浙江省背景值基本接近。

与中国土壤元素背景值相比,丽水市土壤元素背景值中 As、B、Co、Cr、Cu、Mn、Ni、V 背景值明显偏低,在中国背景值的 60% 以下,其中 As 背景值仅为中国背景值的 19%;K$_2$O 背景值略高于中国背景值,为中国背景值的 1.39 倍;Hg、N、P、Pb、Zn、Corg 背景值明显高于中国背景值,背景值达中国背景值的 1.4 倍以上,其中 Hg、Corg 明显相对富集,背景值是中国背景值的 2.0 倍以上,Hg 背景值最高,是中国背景值的 4.23 倍;其他元素/指标背景值则与中国背景值基本接近。

十二、舟山市土壤元素背景值

舟山市土壤元素背景值数据经正态分布检验,结果表明,原始数据中 Ba、Be、F、Ga、La、Rb、Sc、Th、Ti、U、Y、SiO$_2$、Al$_2$O$_3$、Na$_2$O、TC 共 15 项元素/指标符合正态分布,S、W、Zn、Zr 剔除异常值后符合正态分布,Ag、Au、Br、Ce、Ge、I、Li、N、Nb、Sb、Sn、Sr、Tl、TFe$_2$O$_3$、MgO、CaO、Corg 符合对数正态分布,Bi、P 剔除异常值后符合对数正态分布,其他元素/指标不符合正态分布或对数正态分布(表 4-12)。

舟山市表层土壤总体呈酸性,土壤 pH 背景值为 4.88,极大值为 8.87,极小值为 1.72,与浙江省背景值接近,略低于中国背景值。

在表层土壤各元素/指标中,绝大多数变异系数小于 0.40,分布相对均匀;仅 Au、CaO 变异系数大于 0.80,空间变异性较大。

与浙江省土壤元素背景值相比,舟山市土壤元素背景值中 Cr、Ni 背景值明显低于浙江省背景值,不足浙江省背景值的 60%;Au、Ba、Bi、Cd、Cu、Nb、Zr 背景值略高于浙江省背景值,与浙江省背景值比值在 1.2～1.4 之间;B、Br、I、Mn、Se、Sn、MgO、CaO、Na$_2$O 背景值明显高于浙江省背景值,是浙江省背景值的 1.40 倍以上,Na$_2$O 背景值更是达到了浙江省背景值的 6.11 倍;其他元素/指标背景值均接近于浙江省背景值。

与中国土壤元素背景值相比,舟山市土壤元素背景值中 MgO、Sr、Ni、CaO 背景值明显低于中国背景值,不足中国背景值的 60%,其中 CaO 背景值仅为中国背景值的 22%;Cr、Na$_2$O 背景值略低于中国背景

第四章 土壤元素背景值

表4-11 丽水市土壤元素背景值参数统计表

元素/指标	N	$X_{5\%}$	$X_{10\%}$	$X_{25\%}$	$X_{50\%}$	$X_{75\%}$	$X_{90\%}$	$X_{95\%}$	$\bar{X}$	S	$\bar{X}_g$	S_g	X_{max}	X_{min}	CV	X_{me}	X_{mo}	分布类型	丽水市背景值	浙江省背景值	中国背景值
As	16 815	1.00	1.27	1.88	2.90	4.36	6.08	7.20	3.32	1.89	2.80	2.38	9.18	0.13	0.57	2.90	1.70	其他分布	1.70	10.10	9.00
B	18 003	5.87	7.29	10.21	14.70	21.07	29.31	35.67	17.02	10.16	14.61	5.41	138	1.60	0.60	14.70	5.60	对数正态分布	14.61	20.00	43.0
Cd	17 001	0.05	0.07	0.10	0.13	0.18	0.23	0.26	0.14	0.06	0.13	3.55	0.33	0.01	0.44	0.13	0.12	其他分布	0.12	0.14	0.137
Co	16 698	2.16	2.52	3.25	4.50	6.49	9.05	10.60	5.16	2.56	4.60	2.74	13.18	0.38	0.50	4.50	2.52	其他分布	2.52	14.80	11.00
Cr	16 586	8.72	10.86	14.99	20.70	28.75	39.60	46.30	23.02	11.15	20.42	6.35	57.5	0.20	0.48	20.70	18.80	其他分布	18.80	82.0	53.0
Cu	17 081	5.40	6.37	8.32	11.48	15.82	20.72	23.81	12.58	5.58	11.40	4.50	29.59	1.45	0.44	11.48	10.60	偏峰分布	10.60	16.00	20.00
Ge	17 550	1.00	1.06	1.17	1.30	1.45	1.59	1.69	1.31	0.21	1.30	1.24	1.90	0.73	0.16	1.30	1.48	偏峰分布	1.48	1.44	1.30
K_2O	17 921	1.12	1.41	2.06	2.72	3.35	3.87	4.17	2.69	9.18	2.51	7.08	5.29	0.18	0.41	2.72	3.27	其他分布	3.27	2.35	2.36
Hg	17 112	0.032	0.038	0.047	0.061	0.080	0.099	0.111	0.065	0.024	0.061	4.817	0.136	0.005	0.367	0.061	0.110	其他分布	0.110	0.110	0.026
Mn	16 909	109	128	173	253	386	555	651	299	165	258	25.55	803	30.10	0.55	253	141	其他分布	141	440	569
Mo	16 468	0.40	0.47	0.60	0.78	1.06	1.38	1.61	0.86	0.36	0.79	1.53	2.03	0.13	0.42	0.78	0.64	其他分布	0.64	0.66	0.70
N	17 572	0.52	0.69	0.99	1.31	1.65	2.00	2.22	1.33	0.50	1.22	1.63	2.71	0.06	0.38	1.31	1.52	剔除后对数分布	1.22	1.28	0.707
Ni	16 421	3.23	3.94	5.28	7.24	10.15	13.88	16.22	8.11	3.91	7.23	3.60	20.55	0.05	0.48	7.24	10.40	其他分布	10.40	35.00	24.00
P	17 149	0.14	0.20	0.31	0.48	0.70	0.95	1.10	0.53	0.29	0.45	2.12	1.39	0.01	0.54	0.48	1.06	其他分布	1.06	0.60	0.57
Pb	16 383	24.88	27.48	31.65	36.69	43.08	51.7	57.7	38.10	9.60	36.93	8.30	67.5	10.96	0.25	36.69	33.80	其他分布	33.80	32.00	22.00
Se	17 044	0.10	0.12	0.14	0.18	0.22	0.28	0.31	0.19	0.06	0.18	2.76	0.37	0.02	0.33	0.18	0.14	偏峰分布	0.14	0.21	0.17
V	16 877	19.14	22.57	29.78	40.45	55.3	72.6	83.6	44.30	19.40	40.26	8.91	104	4.64	0.44	40.45	40.00	其他分布	40.00	106	70.0
Zn	17 070	44.80	50.5	60.7	73.6	89.3	108	119	76.4	22.10	73.3	12.32	141	17.26	0.29	73.6	101	其他分布	101	101	66.0
Corg	17 310	0.56	0.75	1.04	1.37	1.74	2.13	2.4	1.47	5.35	1.29	3.89	2.89	0.02	0.22	1.37	1.32	其他分布	1.32	1.31	0.60
pH	17 353	4.27	4.44	4.71	4.97	5.21	5.44	5.60	4.78	4.75	4.95	2.52	6.02	3.91	0.99	4.97	4.98	其他分布	4.98	5.10	8.00

注：原始样本数为18 003件。

表 4-12 舟山市土壤元素背景值参数统计表

元素/指标	N	$X_{5\%}$	$X_{10\%}$	$X_{25\%}$	$X_{50\%}$	$X_{75\%}$	$X_{90\%}$	$X_{95\%}$	$\overline{X}$	S	$\overline{X}_g$	S_g	X_{max}	X_{min}	CV	X_{me}	X_{mo}	分布类型	舟山市背景值	浙江省背景值	中国背景值
Ag	320	65.5	69.6	77.9	89.1	110	144	188	103	49.01	96.5	14.40	491	49.64	0.47	89.1	97.6	对数正态分布	96.5	100.0	77.0
As	3331	2.87	3.44	4.65	6.34	8.61	10.60	11.60	6.73	2.68	6.18	3.05	14.70	1.32	0.40	6.34	10.10	其他分布	10.10	10.10	9.00
Au	320	0.83	1.01	1.38	1.91	2.64	3.72	4.72	2.45	2.88	1.97	2.02	41.78	0.35	1.17	1.91	2.10	对数正态分布	1.97	1.50	1.30
B	3359	17.20	22.17	34.40	52.2	69.3	82.0	89.4	52.4	22.27	46.85	9.75	116	4.90	0.42	52.2	58.0	其他分布	58.0	20.00	43.0
Ba	320	380	438	489	574	691	765	832	588	151	567	38.90	1104	132	0.26	574	516	正态分布	588	475	512
Be	320	1.74	1.84	2.00	2.21	2.45	2.64	2.78	2.24	0.34	2.22	1.63	3.72	1.54	0.15	2.21	2.28	正态分布	2.24	2.00	2.00
Bi	292	0.21	0.25	0.30	0.35	0.44	0.52	0.56	0.37	0.11	0.36	1.93	0.69	0.16	0.29	0.35	0.30	剔除后对数分布	0.36	0.28	0.30
Br	320	4.11	4.85	5.90	7.60	10.31	13.63	16.14	8.58	4.04	7.76	3.54	32.59	0.25	0.47	7.60	5.39	对数正态分布	7.76	2.20	2.20
Cd	3158	0.08	0.10	0.13	0.16	0.20	0.24	0.27	0.17	0.06	0.16	3.02	0.32	0.03	0.33	0.16	0.17	其他分布	0.17	0.14	0.137
Ce	320	70.0	73.6	80.1	87.4	94.3	105	113	88.4	13.15	87.4	13.19	144	56.5	0.15	87.4	88.0	对数正态分布	87.4	102	64.0
Cl	282	63.4	67.9	76.2	86.4	100.0	127	137	90.6	21.68	88.3	13.36	160	42.53	0.24	86.4	80.0	偏峰分布	80.0	71.0	78.0
Co	3354	4.40	5.24	7.00	10.40	14.70	16.80	17.60	10.84	4.39	9.87	3.94	25.20	1.73	0.40	10.40	15.80	其他分布	15.80	14.80	11.00
Cr	3359	18.80	22.60	32.15	48.40	79.3	88.3	92.5	54.3	25.65	47.67	9.65	146	9.20	0.47	48.40	37.60	对数正态分布	37.60	82.0	53.0
Cu	3265	11.00	12.80	17.20	23.37	29.40	34.40	37.58	23.64	8.28	22.10	6.22	48.90	3.92	0.35	23.37	19.70	对数正态分布	19.70	16.00	20.00
F	320	273	306	364	467	576	706	753	486	161	461	35.10	1251	193	0.33	467	393	正态分布	486	453	488
Ga	320	14.60	15.28	16.27	17.54	19.11	19.90	20.59	17.64	1.87	17.54	5.26	24.99	13.13	0.11	17.54	17.25	正态分布	17.64	16.00	15.00
Ge	3361	1.00	1.06	1.16	1.27	1.39	1.51	1.60	1.28	0.18	1.27	1.21	1.92	0.77	0.14	1.27	1.20	对数正态分布	1.27	1.44	1.30
Hg	3129	0.038	0.047	0.063	0.086	0.120	0.170	0.200	0.097	0.048	0.086	4.068	0.250	0.007	0.493	0.086	0.110	对数正态分布	0.110	0.110	0.026
I	320	3.41	3.68	5.03	6.76	9.46	13.81	16.76	7.91	4.36	6.94	3.41	30.99	0.90	0.55	6.76	7.44	对数正态分布	6.94	1.70	1.10
La	320	34.01	36.13	40.36	43.99	48.63	52.9	57.6	44.74	7.36	44.16	8.87	78.8	25.88	0.16	43.99	44.70	正态分布	44.74	41.00	33.00
Li	320	18.69	20.01	23.16	28.81	38.12	46.82	52.8	31.39	10.57	29.76	7.30	64.7	14.36	0.34	28.81	25.85	对数正态分布	29.76	25.00	30.00
Mn	3300	285	348	505	730	914	1072	1182	724	278	665	43.00	1547	143	0.38	730	942	其他分布	942	440	569
Mo	3106	0.49	0.55	0.65	0.79	1.01	1.29	1.46	0.86	0.29	0.81	1.41	1.76	0.25	0.34	0.79	0.70	其他分布	0.70	0.66	0.70
N	3361	0.62	0.74	0.94	1.23	1.61	2.01	2.27	1.31	0.51	1.21	1.53	3.73	0.07	0.39	1.23	1.00	对数正态分布	1.21	1.28	0.707
Nb	320	16.93	17.66	18.79	20.79	23.49	27.75	30.55	21.72	4.41	21.33	5.94	41.67	12.42	0.20	20.79	19.14	对数正态分布	21.33	16.83	13.00
Ni	3359	5.55	6.92	10.20	17.10	33.45	39.90	41.90	21.25	12.72	17.20	5.74	58.8	2.22	0.60	17.10	10.50	其他分布	10.50	35.00	24.00
P	3217	0.28	0.35	0.50	0.70	0.92	1.17	1.33	0.74	0.31	0.66	1.69	1.64	0.05	0.42	0.70	0.82	剔除后对数分布	0.66	0.60	0.57
Pb	3096	24.90	26.60	29.80	33.80	39.80	47.60	52.6	35.54	8.28	34.64	8.00	61.4	14.10	0.23	33.80	29.90	其他分布	29.90	32.00	22.00

续表 4-12

元素/指标	N	$X_{5\%}$	$X_{10\%}$	$X_{25\%}$	$X_{50\%}$	$X_{75\%}$	$X_{90\%}$	$X_{95\%}$	$\overline{X}$	S	$\overline{X}_g$	S_g	X_{max}	X_{min}	CV	X_{me}	X_{mo}	分布类型	舟山市背景值	浙江省背景值	中国背景值
Rb	320	108	113	122	131	142	151	161	132	16.21	131	16.74	184	76.8	0.12	131	123	正态分布	132	120	96.0
S	299	156	167	190	221	262	301	334	229	53.5	222	22.85	390	102	0.23	221	213	剔除后正态分布	229	248	245
Sb	320	0.40	0.46	0.54	0.63	0.75	0.85	0.95	0.66	0.21	0.63	1.45	2.54	0.30	0.32	0.63	0.61	对数后正态分布	0.63	0.53	0.73
Sc	320	5.61	6.12	7.20	8.69	10.75	12.83	14.21	9.12	2.56	8.77	3.62	16.03	3.69	0.28	8.69	9.28	正态分布	9.12	8.70	10.00
Se	3240	0.13	0.16	0.23	0.31	0.39	0.48	0.53	0.32	0.12	0.29	2.22	0.65	0.04	0.38	0.31	0.36	其他分布	0.36	0.21	0.17
Sn	320	3.00	3.33	4.07	4.95	6.11	7.77	8.76	5.57	3.38	5.13	2.78	48.84	2.33	0.61	4.95	6.03	对数后正态分布	5.13	3.60	3.00
Sr	320	49.08	55.5	73.4	101	122	145	169	103	41.29	95.7	14.07	340	26.46	0.40	101	101	正态分布	95.7	105	197
Th	320	12.02	12.81	13.84	15.26	16.74	18.13	19.49	15.40	2.34	15.23	4.83	24.95	9.52	0.15	15.26	15.70	正态分布	15.40	13.30	11.00
Ti	320	2980	3229	3619	4098	4607	4972	5189	4125	750	4060	121	9966	2305	0.18	4098	4095	正态分布	4125	4665	3498
Tl	320	0.65	0.68	0.73	0.81	0.93	1.04	1.10	0.84	0.16	0.83	1.23	1.64	0.43	0.19	0.81	0.78	对数后正态分布	0.83	0.70	0.60
U	320	2.41	2.51	2.74	3.10	3.47	3.90	4.23	3.17	0.62	3.11	1.98	6.51	1.53	0.20	3.10	2.78	正态分布	3.17	2.90	2.50
V	3358	34.60	40.20	49.10	69.6	99.6	110	114	73.3	27.37	67.8	11.51	166	12.80	0.37	69.6	102	其他分布	102	106	70.0
W	295	1.33	1.50	1.69	1.90	2.06	2.23	2.41	1.88	0.31	1.85	1.50	2.70	1.13	0.16	1.90	1.93	剔除后正态分布	1.88	1.80	1.60
Y	320	18.29	19.62	22.29	26.17	29.61	32.60	34.17	25.97	5.07	25.45	6.51	39.55	12.36	0.20	26.17	25.13	正态分布	25.97	25.00	24.00
Zn	3231	55.1	61.0	73.6	89.4	104	118	128	89.4	21.97	86.6	13.36	153	31.10	0.25	89.4	101	剔除后正态分布	89.4	101	66.0
Zr	314	220	237	265	305	350	417	444	314	66.7	307	27.50	485	161	0.21	305	311	正态分布	314	243	230
SiO$_2$	320	62.0	63.6	66.7	70.5	72.9	75.2	76.8	69.9	4.52	69.7	11.57	83.5	56.9	0.06	70.5	70.8	正态分布	69.9	71.3	66.7
Al$_2$O$_3$	320	11.47	11.88	12.93	13.77	14.60	15.65	16.06	13.77	1.41	13.70	4.55	20.44	9.30	0.10	13.77	13.77	对数后正态分布	13.77	13.20	11.90
TFe$_2$O$_3$	320	2.57	2.76	3.06	3.68	4.44	5.29	5.62	3.83	0.95	3.71	2.21	6.89	2.18	0.25	3.68	3.39	正态分布	3.71	3.74	4.20
MgO	320	0.35	0.39	0.46	0.74	1.25	1.85	2.31	0.94	0.60	0.79	1.84	2.92	0.26	0.63	0.74	0.41	对数后正态分布	0.79	0.50	1.43
CaO	320	0.20	0.22	0.30	0.52	1.14	1.97	2.51	0.83	0.76	0.59	2.38	4.25	0.12	0.92	0.52	0.23	对数后正态分布	0.59	0.24	2.74
Na$_2$O	320	0.64	0.77	0.90	1.13	1.35	1.54	1.76	1.16	0.36	1.10	1.38	2.80	0.30	0.31	1.13	1.28	正态分布	1.16	0.19	1.75
K$_2$O	3100	2.24	2.37	2.57	2.76	2.95	3.23	3.41	2.78	0.33	2.76	1.82	3.69	1.92	0.12	2.76	2.80	其他分布	2.78	2.35	2.36
TC	320	0.79	0.91	1.10	1.38	1.60	1.84	1.99	1.38	0.40	1.31	1.45	3.05	0.14	0.29	1.38	1.49	正态分布	1.38	1.43	1.30
Corg	3361	0.54	0.66	0.84	1.11	1.45	1.81	2.08	1.19	0.50	1.09	1.53	4.90	0.14	0.42	1.11	0.95	对数后正态分布	1.09	1.31	0.60
pH	3354	4.19	4.36	4.77	5.40	6.83	7.85	8.16	4.44	3.24	5.79	2.74	8.87	1.72	0.73	5.40	4.88	其他分布	4.88	5.10	8.00

注：pH、Cr、Ni、B、N、Ge、Co、K$_2$O、P、Pb、Cu、Zn、Mn、Se、V、Hg、Mo、As、Cd、Corg 共 20 项原始样本数为 3361 件，其他元素/指标为 320 件。

值,为中国背景值的60%~80%;Tl、Rb、Ce、Zr、Pb、La、Zn、B、Bi、U、Cd、Ag背景值略高于中国背景值,为中国背景值的1.2~1.4倍;I、Hg、Br、Se、Corg、Sn、N、Mn、Nb、Au、V、Co、Th背景值明显高于中国背景值,为中国背景值的1.4倍以上,其中I背景值为中国背景值的6.31倍;其他元素/指标背景值均接近于中国背景值。

第二节 主要土壤母质类型元素背景值

一、松散岩类沉积物土壤母质元素背景值

浙江省松散岩类沉积物区土壤母质元素背景值数据经正态分布检验,结果表明,原始数据中TC符合对数正态分布,Ga剔除异常值后符合正态分布,Cl、Th剔除异常值后符合对数正态分布,其他元素/指标不符合正态分布或对数正态分布(表4-13)。

表层土壤总体呈酸性,土壤pH背景值为5.26,极大值为9.40,极小值为3.27,基本接近于浙江省背景值。

在表层土壤各元素/指标中,绝大多数元素/指标变异系数在0.40以下,分布相对均匀;Mn、CaO、Br、I、N、Corg、Au、Sn、Hg、pH共10项元素/指标变异系数在0.40以上,其中pH变异系数在0.80以上,空间变异性较大。

与浙江省土壤元素背景值相比,松散岩类沉积物区土壤元素背景值中N、Ce背景值略低于浙江省背景值,为浙江省背景值的60%~80%;Be、TFe_2O_3、S、Sc背景值略高于浙江省背景值,为浙江省背景值的1.2~1.4倍;F、Bi、Au、Cu、Li、Br、MgO、B、CaO、Na_2O背景值明显高于浙江省背景值,是浙江省背景值的1.4倍以上,其中Cu、Li、Br、MgO、B、CaO、Na_2O明显相对富集,背景值是浙江省背景值的2.0倍以上,Na_2O背景值最高,是浙江省背景值的7.53倍;其他元素/指标背景值则与浙江省背景值基本接近。

二、古土壤风化物土壤母质元素背景值

浙江省古土壤风化物区土壤母质元素背景值数据经正态分布检验,结果表明,原始数据中Ce、Ga、La、Li、Sc、Th、Ti、U、SiO_2、Al_2O_3、TFe_2O_3、TC符合正态分布,Au、Be、Bi、Cl、Co、I、N、Nb、S、Sb、Sn、Sr、Tl、W、Y、Zr、MgO、Na_2O符合对数正态分布,Ag、F、Rb剔除异常值后符合正态分布,Ba、Br、Cu、Zn、CaO、Corg剔除异常值后符合对数正态分布,其他元素/指标不符合正态分布或对数正态分布(表4-14)。

表层土壤总体呈酸性,土壤pH背景值为5.06,极大值为6.60,极小值为3.77,基本接近于浙江省背景值。

在表层土壤各元素/指标中,绝大多数元素/指标变异系数在0.40以下,分布相对均匀;B、Cd、Cr、Sb、CaO、Ni、Hg、Sr、As、Mn、Bi、Co、Na_2O、I、Sn、Au、pH共17项元素/指标变异系数在0.40以上,其中I、Sn、Au、pH变异系数在0.80以上,空间变异性较大。

与浙江省土壤元素背景值相比,古土壤风化物区土壤元素背景值中Mn、Ni、Co、Sr背景值明显偏低,为浙江省背景值的60%以下;Zn、P、Cr、K_2O、Se、Ce、Rb、Ag背景值略低于浙江省背景值,为浙江省背景值的60%~80%;Bi、Nb、CaO、Li背景值略高于浙江省背景值,为浙江省背景值的1.2~1.4倍;Au、Zr、Sb、Sn、B、Na_2O背景值明显高于浙江省背景值,是浙江省背景值的1.4倍以上,其中B和Na_2O明显相对富集,背景值在浙江省背景值的2.0倍以上;其他元素/指标背景值则与浙江省背景值基本接近。

三、碎屑岩类风化物土壤母质元素背景值

浙江省碎屑岩类风化物区土壤母质元素背景值数据经正态分布检验,结果表明,原始数据中TFe_2O_3符合

第四章 土壤元素背景值

表4-13 松散岩类沉积物土壤母质元素背景值参数统计表

元素/指标	N	$X_{5\%}$	$X_{10\%}$	$X_{25\%}$	$X_{50\%}$	$X_{75\%}$	$X_{90\%}$	$X_{95\%}$	$\bar{X}$	S	$\bar{X}_g$	S_g	X_{max}	X_{min}	CV	X_{me}	X_{mo}	分布类型	松散岩类沉积物背景值	浙江省背景值
Ag	4580	65.0	73.0	89.0	112	140	175	197	118	39.32	112	15.53	238	11.00	0.33	112	99.0	其他分布	99.0	100.0
As	104 045	3.46	4.14	5.41	7.04	8.72	10.49	11.70	7.19	2.45	6.74	3.22	14.13	0.30	0.34	7.04	10.10	其他分布	10.10	10.10
Au	4571	1.19	1.40	1.90	2.80	4.04	5.60	6.50	3.17	1.62	2.78	2.22	8.20	0.15	0.51	2.80	2.50	其他分布	2.50	1.50
B	102 017	22.02	29.46	49.17	61.5	70.1	77.7	82.7	58.2	17.70	54.6	10.57	104	14.06	0.30	61.5	63.7	其他分布	63.7	20.00
Ba	4505	392	414	453	486	539	604	645	498	73.7	493	35.92	709	303	0.15	486	481	其他分布	481	475
Be	4836	1.70	1.82	2.09	2.37	2.59	2.79	2.92	2.34	0.37	2.31	1.66	3.33	1.34	0.16	2.37	2.40	其他分布	2.40	2.00
Bi	4692	0.23	0.26	0.33	0.41	0.48	0.56	0.60	0.41	0.11	0.39	1.84	0.71	0.15	0.27	0.41	0.42	其他分布	0.42	0.28
Br	4726	2.06	2.30	3.20	4.50	6.05	7.75	9.00	4.82	2.07	4.38	2.66	10.90	1.10	0.43	4.50	4.80	其他分布	4.80	2.20
Cd	100 795	0.09	0.11	0.14	0.17	0.22	0.26	0.30	0.18	0.06	0.17	2.88	0.36	0.01	0.33	0.17	0.16	其他分布	0.16	0.14
Ce	4702	63.8	66.8	71.2	76.3	83.6	92.0	96.5	77.8	9.67	77.3	12.29	106	51.6	0.12	76.3	74.0	其他分布	74.0	102
Cl	4651	47.67	52.1	61.1	74.6	92.5	112	123	78.3	22.64	75.2	12.28	146	28.00	0.29	74.6	70.0	剔除后对数分布	75.2	71.0
Co	103 826	4.84	6.36	9.77	12.90	15.30	17.06	18.00	12.35	3.98	11.54	4.43	23.78	1.46	0.32	12.90	15.00	其他分布	15.00	14.80
Cr	106 507	24.20	32.36	56.6	75.0	86.7	94.3	98.9	69.8	22.89	64.6	11.87	132	11.18	0.33	75.0	82.0	其他分布	82.0	82.0
Cu	103 213	14.00	16.32	21.83	28.50	34.15	39.73	43.75	28.34	8.95	26.80	7.12	54.2	3.10	0.32	28.50	32.00	其他分布	32.00	16.00
F	4860	341	379	453	540	621	695	743	539	121	524	37.73	883	207	0.23	540	658	其他分布	658	453
Ga	4883	11.81	12.80	14.62	16.45	18.23	20.10	21.10	16.46	2.72	16.22	5.04	23.70	9.30	0.17	16.45	16.00	剔除后正态分布	16.46	16.00
Ge	77 835	1.20	1.25	1.33	1.43	1.52	1.61	1.66	1.43	0.14	1.42	1.25	1.81	1.04	0.10	1.43	1.44	其他分布	1.44	1.44
Hg	99 814	0.046	0.056	0.082	0.130	0.200	0.280	0.330	0.151	0.088	0.127	3.407	0.428	0.001	0.580	0.130	0.110	其他分布	0.110	0.110
I	4514	0.90	1.04	1.40	1.90	2.51	3.40	3.90	2.05	0.90	1.86	1.79	4.89	0.30	0.44	1.90	1.70	其他分布	1.70	1.70
La	4774	33.00	34.36	37.32	41.00	45.00	49.00	51.9	41.43	5.67	41.04	8.53	57.7	25.45	0.14	41.00	39.00	其他分布	39.00	41.00
Li	4901	25.00	27.30	33.00	41.40	49.40	55.00	58.1	41.36	10.51	39.95	8.56	72.0	14.60	0.25	41.40	53.0	其他分布	53.0	25.00
Mn	103 401	219	275	383	510	677	863	977	542	223	495	36.87	1164	1.31	0.41	510	440	其他分布	440	440
Mo	100 555	0.35	0.41	0.53	0.66	0.83	1.04	1.17	0.70	0.24	0.66	1.52	1.39	0.06	0.34	0.66	0.62	其他分布	0.62	0.66
N	106 105	0.62	0.77	1.07	1.55	2.13	2.63	2.92	1.63	0.71	1.47	1.76	3.77	0.02	0.44	1.55	0.91	其他分布	0.91	1.28
Nb	4732	13.86	14.79	15.84	17.82	19.80	22.10	23.60	18.05	2.90	17.82	5.28	26.24	10.12	0.16	17.82	16.83	其他分布	16.83	16.83
Ni	106 968	8.20	11.12	21.50	30.89	37.60	41.90	44.40	28.92	11.22	25.94	7.26	61.7	1.31	0.39	30.89	35.00	其他分布	35.00	35.00
P	101 234	0.40	0.46	0.58	0.73	0.96	1.24	1.40	0.79	0.30	0.74	1.51	1.68	0.04	0.38	0.73	0.69	其他分布	0.69	0.60
Pb	101 866	20.10	23.20	28.29	33.00	38.60	45.04	49.07	33.63	8.34	32.57	7.78	57.1	11.56	0.25	33.00	31.00	其他分布	31.00	32.00

续表 4-13

元素/指标	N	$X_{5\%}$	$X_{10\%}$	$X_{25\%}$	$X_{50\%}$	$X_{75\%}$	$X_{90\%}$	$X_{95\%}$	$\bar{X}$	S	$\bar{X}_g$	S_g	X_{max}	X_{min}	CV	X_{me}	X_{mo}	分布类型	松散岩类沉积物背景值	浙江省背景值
Rb	4831	79.4	88.0	104	118	131	143	149	117	20.43	115	15.50	171	64.0	0.17	118	120	其他分布	120	120
S	4765	164	188	237	306	380	458	507	314	103	297	26.98	611	20.74	0.33	306	319	其他分布	319	248
Sb	4594	0.46	0.49	0.56	0.67	0.82	0.98	1.10	0.70	0.19	0.68	1.42	1.29	0.14	0.27	0.67	0.53	其他分布	0.53	0.53
Sc	4891	6.70	7.50	9.20	11.00	12.70	14.00	14.70	10.88	2.42	10.59	4.02	17.94	4.30	0.22	11.00	11.20	其他分布	11.20	8.70
Se	104 900	0.13	0.16	0.20	0.27	0.34	0.41	0.45	0.28	0.10	0.26	2.29	0.55	0.01	0.35	0.27	0.25	偏峰分布	0.25	0.21
Sn	4639	3.10	3.60	5.00	7.90	11.54	15.50	18.00	8.76	4.64	7.60	3.75	23.30	0.76	0.53	7.90	3.60	其他分布	3.60	3.60
Sr	4380	67.5	77.0	97.0	109	118	132	142	107	20.44	105	14.93	157	56.2	0.19	109	113	其他分布	113	105
Th	4795	10.46	11.07	12.18	13.50	14.98	16.40	17.30	13.63	2.04	13.48	4.51	19.31	7.92	0.15	13.50	13.90	剔除后对数分布	13.48	13.30
Ti	4767	3628	3825	4103	4393	4744	5123	5267	4425	495	4397	127	5777	3091	0.11	4393	4312	其他分布	4312	4665
Tl	12 951	0.49	0.54	0.64	0.76	0.85	0.94	1.00	0.75	0.15	0.73	1.33	1.19	0.32	0.21	0.76	0.65	其他分布	0.65	0.70
U	4813	2.07	2.18	2.39	2.70	3.13	3.60	3.82	2.79	0.54	2.74	1.82	4.40	1.20	0.19	2.70	2.60	其他分布	2.60	2.90
V	104 319	41.60	51.4	71.7	93.6	108	116	121	88.6	24.42	84.4	13.51	162	17.30	0.28	93.6	106	其他分布	106	106
W	4673	1.37	1.49	1.68	1.86	2.06	2.29	2.42	1.87	0.31	1.85	1.47	2.71	1.08	0.16	1.86	1.82	其他分布	1.82	1.80
Y	4843	21.00	22.00	24.00	26.09	29.00	31.00	32.00	26.39	3.35	26.18	6.58	36.32	16.67	0.13	26.09	29.00	其他分布	29.00	25.00
Zn	103 201	56.4	63.4	77.4	92.9	107	122	132	92.9	22.48	90.1	13.86	156	31.30	0.24	92.9	101	其他分布	101	101
Zr	4789	197	208	230	256	303	347	367	268	52.0	263	25.13	420	164	0.19	256	243	其他分布	243	243
SiO_2	4800	62.7	64.3	66.6	69.0	72.1	76.0	77.8	69.5	4.41	69.4	11.55	80.9	58.1	0.06	69.0	68.7	其他分布	68.7	71.3
Al_2O_3	4898	10.25	10.72	12.07	13.65	14.63	15.31	15.73	13.32	1.72	13.21	4.48	18.03	8.32	0.13	13.65	13.97	其他分布	13.97	13.20
TFe_2O_3	4885	2.73	3.06	3.57	4.29	4.94	5.53	5.91	4.29	0.96	4.17	2.37	7.00	1.51	0.22	4.29	4.66	其他分布	4.66	3.74
MgO	4899	0.44	0.53	0.84	1.31	1.59	1.86	2.06	1.25	0.50	1.13	1.63	2.67	0.22	0.40	1.31	1.56	其他分布	1.56	0.50
CaO	4345	0.29	0.35	0.55	0.85	1.02	1.23	1.45	0.82	0.35	0.74	1.66	1.90	0.10	0.42	0.85	0.98	其他分布	0.98	0.24
Na_2O	4878	0.53	0.72	0.98	1.28	1.51	1.72	1.87	1.24	0.39	1.16	1.50	2.29	0.19	0.31	1.28	1.43	其他分布	1.43	0.19
K_2O	103 234	1.74	1.92	2.14	2.43	2.70	2.98	3.15	2.43	0.42	2.39	1.70	3.61	1.25	0.17	2.43	2.56	其他分布	2.56	2.35
TC	4904	0.97	1.08	1.31	1.61	1.98	2.36	2.63	1.68	0.52	1.61	1.50	5.32	0.28	0.31	1.61	1.32	对数正态分布	1.61	1.43
Corg	78 783	0.55	0.69	0.97	1.44	2.02	2.56	2.91	1.54	0.72	1.36	1.79	3.65	0.05	0.47	1.44	1.12	其他分布	1.12	1.31
pH	107 487	4.68	4.90	5.29	5.91	6.94	8.03	8.24	5.30	4.92	6.17	2.85	9.40	3.27	0.93	5.91	5.26	其他分布	5.26	5.10

注：Tl 原始样本数为 13 155 件，Ge 为 79 631 件，Corg 为 79 788 件，V 为 104 721 件，B 为 105 206 件，Co 为 104 593 件，Mn 为 106 551 件，Mo 为 107 202 件，P 为 107 249 件，N 为 107 263 件，K_2O 为 107 353 件，Cr、Pb、Zn 为 107 467 件，As、Se 为 107 494 件，Cd、Cu、Hg、Ni 为 107 495 件，pH 为 107 498 件，其他元素/指标为 4904 件。

第四章 土壤元素背景值

表 4-14 古土壤风化母质元素背景值参数统计表

元素/指标	N	$X_{5\%}$	$X_{10\%}$	$X_{25\%}$	$X_{50\%}$	$X_{75\%}$	$X_{90\%}$	$X_{95\%}$	$\bar{X}$	S	$\bar{X}_g$	S_g	X_{max}	X_{min}	CV	X_{me}	X_{mo}	分布类型		古土壤风化物背景值	浙江省背景值
Ag	320	46.95	53.0	64.8	77.0	92.0	108	123	79.5	21.93	76.5	12.34	146	30.00	0.28	77.0	81.0	剔除后正态分布		79.5	100.0
As	6851	3.14	3.82	5.31	7.85	11.10	13.82	15.40	8.39	3.82	7.49	3.45	20.00	1.16	0.46	7.85	10.70	其他正态分布		10.70	10.10
Au	359	0.95	1.09	1.42	1.96	3.00	4.42	6.10	2.61	2.54	2.12	2.05	35.50	0.53	0.97	1.96	2.20	对数正态分布		2.12	1.50
B	6902	17.60	22.50	32.90	49.40	65.5	75.6	81.4	49.40	20.31	44.45	9.38	113	1.10	0.41	49.40	47.00	其他分布		47.00	20.00
Ba	353	252	267	320	396	550	681	756	442	156	416	33.10	875	208	0.35	396	335	剔除后对数正态分布		416	475
Be	359	1.34	1.40	1.56	1.77	2.00	2.21	2.40	1.80	0.35	1.77	1.46	3.37	1.10	0.19	1.77	1.90	对数正态分布		1.77	2.00
Bi	359	0.21	0.24	0.28	0.34	0.42	0.50	0.66	0.38	0.18	0.35	2.00	1.60	0.18	0.48	0.34	0.34	对数正态分布		0.35	0.28
Br	336	1.77	1.92	2.19	2.45	3.10	3.63	4.02	2.64	0.70	2.56	1.84	4.70	1.22	0.26	2.45	2.30	剔除后对数正态分布		2.56	2.20
Cd	6511	0.06	0.08	0.11	0.15	0.20	0.25	0.28	0.16	0.07	0.14	3.36	0.35	0.01	0.42	0.15	0.14	其他分布		0.14	0.14
Ce	359	58.0	61.0	69.4	77.1	84.5	94.9	100.0	77.9	13.50	76.8	12.39	164	45.62	0.17	77.1	77.9	正态分布		77.9	102
Cl	359	37.09	40.47	49.45	61.9	75.9	99.9	113	66.7	25.87	62.6	11.30	221	28.00	0.39	61.9	52.0	对数正态分布		62.6	71.0
Co	6915	3.74	4.44	5.68	7.70	10.40	13.90	16.20	8.67	4.93	7.75	3.50	117	1.12	0.57	7.70	10.20	对数正态分布		7.75	14.80
Cr	6854	18.10	22.50	31.70	47.19	64.3	78.8	85.7	48.97	21.22	43.95	9.18	114	5.00	0.43	47.19	59.0	其他分布		59.0	82.0
Cu	6483	12.00	13.38	16.00	19.20	23.11	27.19	29.60	19.82	5.34	19.10	5.61	36.00	5.80	0.27	19.20	16.70	剔除后对数正态分布		19.10	16.00
F	341	267	300	334	397	452	513	554	400	84.5	391	31.71	610	193	0.21	397	421	剔除后正态分布		400	453
Ga	359	10.72	11.35	12.53	14.28	15.91	17.49	18.33	14.35	2.42	14.14	4.68	23.40	8.64	0.17	14.28	12.60	正态分布		14.35	16.00
Ge	5656	1.20	1.25	1.33	1.43	1.54	1.67	1.74	1.44	0.16	1.43	1.26	1.90	0.99	0.11	1.43	1.44	其他分布		1.44	1.44
Hg	6499	0.038	0.047	0.065	0.089	0.120	0.160	0.180	0.097	0.043	0.087	4.154	0.225	0.009	0.450	0.089	0.110	其他正态分布		0.110	0.110
I	359	0.74	0.85	1.10	1.53	2.34	3.99	5.11	2.09	1.75	1.69	1.99	13.50	0.47	0.84	1.53	1.39	其他分布		1.69	1.70
La	359	30.59	32.70	36.85	41.00	45.95	50.6	54.7	41.60	7.27	40.97	8.61	70.2	22.10	0.17	41.00	41.00	正态分布		41.60	41.00
Li	359	23.00	25.00	28.52	34.00	38.72	42.96	45.01	34.06	7.43	33.25	7.66	60.1	16.00	0.22	34.00	23.00	正态分布		34.06	25.00
Mn	6532	139	159	208	285	398	549	625	319	148	288	27.10	769	71.1	0.46	285	185	其他分布		185	440
Mo	6621	0.51	0.57	0.69	0.90	1.21	1.51	1.71	0.98	0.37	0.91	1.47	2.09	0.11	0.38	0.90	0.78	其他分布		0.78	0.66
N	6919	0.63	0.79	1.04	1.38	1.76	2.16	2.43	1.43	0.54	1.33	1.58	4.08	0.22	0.38	1.38	1.57	其他正态分布		1.33	1.28
Nb	359	15.45	16.88	19.21	21.24	23.40	25.32	27.42	21.45	4.15	21.08	5.91	49.90	10.83	0.19	21.24	21.90	对数正态分布		21.08	16.83
Ni	6765	5.90	6.90	9.10	13.20	18.30	23.10	26.00	14.20	6.25	12.85	4.58	33.10	1.82	0.44	13.20	15.00	其他分布		15.00	35.00
P	6515	0.26	0.32	0.41	0.54	0.71	0.92	1.04	0.58	0.23	0.53	1.72	1.28	0.07	0.40	0.54	0.40	偏峰分布		0.40	0.60
Pb	6565	23.40	25.18	28.10	31.80	36.27	40.70	43.77	32.43	6.05	31.87	7.56	50.2	15.70	0.19	31.80	30.00	偏峰分布		30.00	32.00

续表 4-14

元素/指标	N	$X_{5\%}$	$X_{10\%}$	$X_{25\%}$	$X_{50\%}$	$X_{75\%}$	$X_{90\%}$	$X_{95\%}$	$\bar{X}$	S	$\bar{X}_g$	S_g	X_{max}	X_{min}	CV	X_{me}	X_{mo}	分布类型	古土壤风化物背景值	浙江省背景值
Rb	352	63.6	70.0	81.0	92.4	108	126	134	95.0	20.73	92.8	13.82	151	44.17	0.22	92.4	97.0	剔除后正态分布	95.0	120
S	359	158	185	236	282	331	387	431	287	82.6	276	25.93	648	111	0.29	282	249	对数正态分布	276	248
Sb	359	0.48	0.53	0.65	0.85	1.06	1.29	1.59	0.91	0.39	0.85	1.46	3.45	0.34	0.43	0.85	0.91	对数正态分布	0.85	0.53
Sc	359	5.30	6.08	7.01	8.06	9.40	10.54	10.91	8.17	1.71	7.99	3.40	12.74	4.13	0.21	8.06	8.70	正态分布	8.17	8.70
Se	6672	0.14	0.16	0.20	0.27	0.35	0.43	0.49	0.28	0.11	0.26	2.35	0.60	0.04	0.37	0.27	0.16	其他分布	0.16	0.21
Sn	359	2.95	3.32	4.20	5.90	8.32	11.34	14.92	7.17	6.10	6.14	3.32	89.3	2.00	0.85	5.90	6.30	对数正态分布	6.14	3.60
Sr	359	37.69	40.09	46.97	59.5	79.7	111	125	67.9	30.59	62.7	11.18	267	26.40	0.45	59.5	88.0	对数正态分布	62.7	105
Th	359	10.60	11.14	12.34	13.90	15.40	17.27	18.31	14.06	2.33	13.88	4.64	22.94	8.60	0.17	13.90	15.50	正态分布	14.06	13.30
Ti	359	3509	3718	4130	4611	5176	5806	6089	4705	867	4631	132	9842	2416	0.18	4611	4885	正态分布	4705	4665
Tl	1724	0.39	0.43	0.50	0.58	0.67	0.78	0.84	0.59	0.14	0.57	1.48	1.29	0.18	0.24	0.58	0.54	其他分布	0.57	0.70
U	359	2.35	2.50	2.81	3.15	3.45	3.75	3.89	3.15	0.50	3.11	1.98	4.95	1.90	0.16	3.15	3.33	正态分布	3.15	2.90
V	6775	36.90	42.40	52.0	65.9	81.7	96.7	104	67.7	20.47	64.6	11.10	127	13.30	0.30	65.9	102	其他分布	102	106
W	359	1.47	1.58	1.75	1.98	2.29	2.50	2.72	2.06	0.54	2.01	1.57	6.70	1.01	0.26	1.98	2.02	对数正态分布	2.01	1.80
Y	359	16.62	18.13	20.30	23.20	26.60	30.25	32.95	23.88	5.53	23.32	6.26	59.5	12.65	0.23	23.20	28.00	对数正态分布	23.32	25.00
Zn	6553	41.90	45.20	52.5	62.5	74.0	86.5	95.4	64.4	16.03	62.5	11.01	111	27.00	0.25	62.5	67.4	剔除后对数正态分布	62.5	101
Zr	359	288	306	330	358	384	411	429	360	49.19	357	29.79	587	222	0.14	358	357	对数正态分布	357	243
SiO_2	359	70.4	72.1	74.8	77.5	79.9	81.5	82.4	77.1	3.75	77.0	12.25	84.5	62.9	0.05	77.5	77.2	正态分布	77.1	71.3
Al_2O_3	359	8.84	9.25	10.00	11.01	12.25	13.40	14.09	11.18	1.64	11.07	4.05	17.20	7.83	0.15	11.01	11.01	正态分布	11.18	13.20
TFe_2O_3	359	2.36	2.64	3.02	3.63	4.37	5.05	5.55	3.75	0.99	3.63	2.22	9.33	1.60	0.26	3.63	3.29	正态分布	3.75	3.74
MgO	359	0.35	0.39	0.45	0.53	0.65	0.83	0.95	0.57	0.19	0.55	1.58	1.60	0.26	0.33	0.53	0.49	对数正态分布	0.55	0.50
CaO	330	0.15	0.17	0.23	0.32	0.41	0.56	0.64	0.34	0.15	0.31	2.27	0.76	0.08	0.43	0.32	0.24	剔除后正态分布	0.31	0.24
Na_2O	359	0.14	0.17	0.33	0.55	0.83	1.13	1.32	0.61	0.36	0.50	2.21	1.71	0.08	0.59	0.55	0.36	对数正态分布	0.50	0.19
K_2O	6878	0.94	1.05	1.28	1.72	2.34	2.86	3.17	1.85	0.70	1.72	1.66	3.95	0.27	0.38	1.72	1.79	其他分布	1.79	2.35
TC	359	0.85	0.95	1.13	1.35	1.58	1.82	1.96	1.37	0.36	1.32	1.36	3.11	0.63	0.26	1.35	1.27	正态分布	1.37	1.43
Corg	5600	0.57	0.74	1.02	1.32	1.64	1.98	2.19	1.34	0.48	1.24	1.58	2.63	0.09	0.36	1.32	1.23	剔除后对数分布	1.24	1.31
pH	6515	4.35	4.54	4.81	5.11	5.46	5.86	6.09	4.88	4.75	5.15	2.59	6.60	3.77	0.97	5.11	5.06	其他分布	5.06	5.10

注:Tl 原始样本数为 1724 件,Corg 为 5710 件,Ge 为 5835 件,V 为 6871 件,B、Co、Mn、Mo、P、K_2O 为 6915 件,As、Cd、Cr、Cu、Hg、N、Ni、Pb、Se、Zn、pH 为 6919 件,其他元素、指标为 359 件。

正态分布,Al_2O_3 符合对数正态分布,Sc 和 SiO_2 剔除异常值后符合正态分布,Au、Be、Cl、Li、Rb、S、Sr、Th、W、MgO、TC 剔除异常值后符合对数正态分布,其他元素/指标不符合正态分布或对数正态分布(表 4-15)。

表层土壤总体呈酸性,土壤 pH 背景值为 5.02,极大值为 6.82,极小值为 3.60,基本接近于浙江省背景值。

在表层土壤各元素/指标中,多数元素/指标变异系数在 0.40 以下,分布相对均匀;Ag、Cr、Se、Sn、Cu、Hg、P、B、Co、Au、Br、Sb、Mo、Ni、Na_2O、Cd、Mn、As、I、pH 共 20 项元素/指标变异系数在 0.40 以上,其中 pH 变异系数在 0.80 以上,空间变异性较大。

与浙江省土壤元素背景值相比,碎屑岩类风化物区土壤元素背景值中 Ni、Sr 背景值明显偏低,在浙江省背景值的 60% 以下;Mn、Cl、P、Co 背景值略低于浙江省背景值,为浙江省背景值的 60%~80%;Sb、Cu、TFe_2O_3、Bi 背景值略高于浙江省背景值,为浙江省背景值的 1.2~1.4 倍;Li、MgO、B 背景值明显高于浙江省背景值,是浙江省背景值的 1.4 倍以上,其中 B 背景值最高,是浙江省背景值的 2.90 倍;其他元素/指标背景值则与浙江省背景值基本接近。

四、碳酸盐岩类风化物土壤母质元素背景值

浙江省碳酸盐岩类风化物区土壤母质元素背景值数据经正态分布检验,结果表明,原始数据中 Ga、Rb、Th、Ti、Al_2O_3、TFe_2O_3 符合正态分布,Ag、Br、Cl、Li、Sb、Sc、Sr、Tl、U、Y、MgO、Na_2O 符合对数正态分布,Be、F、S、SiO_2、K_2O 剔除异常值后符合正态分布,Au、Bi、Ge、N、Nb、P、W、Zn、Zr、CaO、TC、Corg 剔除异常值后符合对数正态分布,其他元素/指标不符合正态分布或对数正态分布(表 4-16)。

表层土壤总体呈酸性,土壤 pH 背景值为 5.52,极大值为 8.74,极小值为 3.20,基本接近于浙江省背景值。

在表层土壤各元素/指标中,绝大多数元素/指标变异系数在 0.40 以下,分布相对均匀;Au、Sr、Hg、Ce、Br、MgO、Mn、Na_2O、U、As、Cd、CaO、I、Ba、Mo、Ag、pH、Sb 共 18 项元素/指标变异系数在 0.40 以上,其中 Ag、pH、Sb 变异系数在 0.80 以上,空间变异性较大。

与浙江省土壤元素背景值相比,碳酸盐岩类风化物区土壤元素背景值中 Sr、Ni 背景值明显偏低,在浙江省背景值的 60% 以下;而 Cl、Ba 背景值略低于浙江省背景值,为浙江省背景值的 60%~80%;S、P、Cr、As、Na_2O、Tl、W、Au、TFe_2O_3、Ce 背景值略高于浙江省背景值,为浙江省背景值的 1.2~1.4 倍;U、Sn、Se、Li、Cu、Ag、Bi、Br、Cd、F、CaO、MgO、B、Sb 背景值明显高于浙江省背景值,是浙江省背景值的 1.4 倍以上,其中 Br、Cd、F、CaO、MgO、B、Sb 明显相对富集,背景值在浙江省背景值的 2.0 倍以上,Sb 背景值最高,是浙江省背景值的 4.57 倍;其他元素/指标背景值则与浙江省背景值基本接近。

五、紫色碎屑岩类风化物土壤母质元素背景值

浙江省紫色碎屑岩类风化物区土壤母质元素背景值数据经正态分布检验,结果表明,原始数据中 Rb 符合正态分布,Ba、Ce、Ga、La、Li、Sc、Sn、Sr、Zr、Al_2O_3、MgO、Na_2O 符合对数正态分布,Th、Ti、U、SiO_2、TC 剔除异常值后符合正态分布,Ag、Au、Cl、F、Nb、S、Sb、W、Y、TFe_2O_3、CaO 剔除异常值后符合对数正态分布,其他元素/指标不符合正态分布或对数正态分布(表 4-17)。

表层土壤总体呈酸性,土壤 pH 背景值为 5.02,极大值为 6.92,极小值为 3.54,基本接近于浙江省背景值。

在表层土壤各元素/指标中,绝大多数元素/指标变异系数在 0.40 以下,分布相对均匀;Cd、Cr、As、Co、Hg、P、Au、B、Ni、CaO、Mn、I、Sr、Na_2O、Sn、pH 共 16 项元素/指标变异系数在 0.40 以上,其中 pH 变异系数在 0.80 以上,空间变异性较大。

与浙江省土壤元素背景值相比,紫色碎屑岩类风化物区土壤元素背景值中 Ni、Cr、Mn、I 背景值明显偏低,在浙江省背景值的 60% 以下;而 Zn、Sr、P、Co、Cl、Ce、Ag 背景值略低于浙江省背景值,为浙江省背景值的 60%~80%;Sb、Zr、Li、CaO、Sn 背景值略高于浙江省背景值,为浙江省背景值的 1.2~1.4 倍;MgO、B、Na_2O 背景值明显高于浙江省背景值,是浙江省背景值的 1.4 倍以上,其中 Na_2O 明显相对富集,背景值是

表 4-15 碎屑岩类风化物土壤母质元素背景值参数统计表

元素/指标	N	$X_{5\%}$	$X_{10\%}$	$X_{25\%}$	$X_{50\%}$	$X_{75\%}$	$X_{90\%}$	$X_{95\%}$	$\overline{X}$	S	$\overline{X}_g$	S_g	X_{max}	X_{min}	CV	X_{me}	X_{mo}	分布类型	碎屑岩类风化物背景值	浙江省背景值
Ag	2711	52.0	60.0	72.0	90.0	120	170	199	103	42.11	95.4	14.41	237	30.00	0.41	90.0	100.0	其他分布	100.0	100.0
As	22 992	2.40	3.07	4.71	7.41	11.30	16.20	19.45	8.63	5.16	7.19	3.67	25.33	0.40	0.60	7.41	10.50	其他分布	10.50	10.10
Au	2783	0.71	0.82	1.05	1.46	2.04	2.84	3.36	1.65	0.80	1.48	1.67	4.20	0.16	0.48	1.46	1.30	剔除后对数分布	1.48	1.50
B	24 978	15.60	19.92	32.51	52.5	68.4	81.5	89.6	51.7	23.27	45.38	9.75	123	0.90	0.45	52.5	57.9	其他分布	57.9	20.00
Ba	2701	309	336	385	444	532	659	717	470	124	455	34.61	888	191	0.26	444	396	其他分布	396	475
Be	2911	1.32	1.46	1.70	2.01	2.39	2.76	2.96	2.07	0.50	2.01	1.60	3.56	0.79	0.24	2.01	1.90	剔除后对数分布	2.01	2.00
Bi	2734	0.25	0.28	0.34	0.42	0.51	0.62	0.70	0.44	0.13	0.42	1.78	0.85	0.15	0.30	0.42	0.39	其他分布	0.39	0.28
Br	2935	2.08	2.30	3.20	4.90	6.90	8.80	10.16	5.25	2.50	4.67	2.83	12.80	1.20	0.48	4.90	2.30	其他分布	2.30	2.20
Cd	22 824	0.06	0.08	0.12	0.17	0.24	0.33	0.40	0.19	0.10	0.17	3.24	0.52	0.01	0.53	0.17	0.16	其他分布	0.16	0.14
Ce	2740	65.7	69.8	74.8	80.8	90.3	102	109	83.4	12.92	82.5	12.91	125	45.82	0.15	80.8	102	其他分布	102	102
Cl	2881	31.60	35.10	41.20	50.2	62.0	75.7	84.8	52.9	15.79	50.7	9.63	99.5	20.50	0.30	50.2	43.00	剔除后对数分布	50.7	71.0
Co	24 671	4.06	5.12	7.64	11.37	15.70	19.60	21.89	11.97	5.51	10.61	4.28	28.50	0.86	0.46	11.37	11.30	其他分布	11.30	14.80
Cr	24 914	17.80	23.41	39.52	61.6	76.0	87.6	95.4	58.6	24.19	52.2	10.33	132	2.67	0.41	61.6	69.7	其他分布	69.7	82.0
Cu	24 198	9.85	12.20	17.20	24.20	32.44	40.00	45.00	25.41	10.77	22.99	6.47	57.9	1.00	0.42	24.20	20.40	其他分布	20.40	16.00
F	2897	301	336	400	498	622	766	856	525	166	500	36.95	1006	171	0.32	498	390	偏峰分布	390	453
Ga	2988	12.11	13.10	14.70	16.70	18.70	20.25	21.20	16.69	2.78	16.45	5.09	24.70	8.56	0.17	16.70	17.10	其他分布	17.10	16.00
Ge	23 609	1.20	1.26	1.37	1.49	1.64	1.77	1.85	1.51	0.20	1.49	1.30	2.05	0.96	0.13	1.49	1.48	其他分布	1.48	1.44
Hg	23 746	0.041	0.049	0.065	0.088	0.120	0.155	0.180	0.096	0.042	0.087	4.165	0.223	0.004	0.434	0.088	0.110	其他分布	0.110	0.110
I	2953	0.89	1.11	1.86	3.66	5.46	7.20	8.41	3.95	2.38	3.17	2.69	11.20	0.05	0.60	3.66	1.60	其他分布	1.60	1.70
La	2962	34.10	36.30	40.60	45.00	48.30	51.7	54.0	44.47	5.89	44.07	9.00	60.3	28.80	0.13	45.00	47.00	其他分布	47.00	41.00
Li	2915	23.00	26.00	30.70	36.93	44.20	51.5	56.1	37.92	9.86	36.64	8.28	66.8	15.10	0.26	36.93	36.90	剔除后对数分布	36.64	25.00
Mn	24 066	148	182	252	382	597	856	1003	453	261	384	32.90	1230	28.33	0.58	382	283	其他分布	283	440
Mo	22 554	0.39	0.45	0.59	0.81	1.15	1.61	1.94	0.93	0.47	0.83	1.64	2.51	0.16	0.50	0.81	0.66	其他分布	0.66	0.66
N	24 665	0.66	0.83	1.10	1.42	1.77	2.14	2.37	1.45	0.50	1.36	1.55	2.85	0.10	0.35	1.42	1.17	偏峰分布	1.17	1.28
Nb	2804	15.10	16.10	17.60	18.90	20.60	22.70	23.90	19.15	2.55	18.98	5.49	26.30	12.40	0.13	18.90	18.80	其他分布	18.80	16.83
Ni	24 793	6.77	8.54	14.01	22.86	32.53	40.70	45.31	23.96	12.17	20.53	6.27	61.4	0.58	0.51	22.86	20.90	其他分布	20.90	35.00
P	24 043	0.26	0.32	0.43	0.59	0.80	1.02	1.17	0.63	0.27	0.57	1.74	1.44	0.03	0.43	0.59	0.44	偏峰分布	0.44	0.60
Pb	23 425	21.70	23.60	27.20	31.48	36.40	42.10	45.99	32.22	7.22	31.42	7.42	53.8	11.90	0.22	31.48	28.70	其他分布	28.70	32.00

续表 4-15

元素/指标	N	$X_{5\%}$	$X_{10\%}$	$X_{25\%}$	$X_{50\%}$	$X_{75\%}$	$X_{90\%}$	$X_{95\%}$	$\bar{X}$	S	$\bar{X}_g$	S_g	X_{max}	X_{min}	CV	X_{me}	X_{mo}	分布类型	碎屑岩类风化物背景值	浙江省背景值
Rb	2972	72.0	79.0	91.7	107	126	140	150	109	23.83	106	14.96	177	45.00	0.22	107	104	剔除后对数分布	106	120
S	2870	152	170	207	250	297	349	386	255	68.8	246	23.94	453	77.2	0.27	250	258	剔除后对数分布	246	248
Sb	2732	0.47	0.54	0.68	0.89	1.26	1.77	2.13	1.03	0.49	0.93	1.56	2.64	0.26	0.48	0.89	0.66	其他分布	0.66	0.53
Sc	2915	7.00	7.59	8.60	9.60	10.60	11.50	12.16	9.58	1.55	9.45	3.71	13.84	5.50	0.16	9.60	9.80	剔除后正态分布	9.58	8.70
Se	23 869	0.16	0.19	0.25	0.33	0.44	0.57	0.65	0.36	0.15	0.33	2.15	0.80	0.03	0.41	0.33	0.25	其他分布	0.25	0.21
Sn	2791	2.74	3.06	3.73	4.77	6.49	8.75	10.11	5.36	2.22	4.94	2.77	12.31	0.63	0.41	4.77	4.10	其他分布	4.10	3.60
Sr	2806	28.80	31.80	37.40	44.90	55.5	67.6	77.2	47.63	14.29	45.63	9.05	91.1	16.20	0.30	44.90	41.00	剔除后对数分布	45.63	105
Th	2941	9.83	10.40	11.50	12.80	14.30	15.80	16.70	12.94	2.08	12.77	4.38	18.70	7.24	0.16	12.80	12.10	剔除后对数分布	12.77	13.30
Ti	2964	3687	3991	4608	5223	5691	6069	6291	5129	796	5063	139	7384	2920	0.16	5223	5579	偏峰分布	5579	4665
Tl	4678	0.45	0.49	0.57	0.68	0.82	0.96	1.05	0.71	0.18	0.68	1.40	1.22	0.20	0.26	0.68	0.59	偏峰分布	0.59	0.70
U	2795	2.17	2.30	2.53	2.88	3.36	3.94	4.30	3.00	0.64	2.94	1.91	5.06	1.19	0.21	2.88	3.02	其他分布	3.02	2.90
V	24 135	37.95	46.49	63.4	82.8	102	120	132	83.2	28.19	77.9	12.58	165	5.08	0.34	82.8	102	其他分布	102	106
W	2813	1.37	1.50	1.76	2.06	2.47	2.96	3.23	2.15	0.56	2.08	1.65	3.82	0.76	0.26	2.06	2.02	剔除后对数分布	2.08	1.80
Y	2885	19.20	21.00	23.20	25.60	28.60	31.80	33.90	25.98	4.26	25.63	6.60	37.80	14.62	0.16	25.60	25.00	其他分布	25.00	25.00
Zn	24 069	49.80	56.5	68.5	84.5	103	121	133	86.8	25.02	83.2	13.06	162	16.16	0.29	84.5	102	其他分布	102	101
Zr	2929	190	209	237	264	295	332	353	268	46.58	264	24.80	392	147	0.17	264	270	其他分布	270	243
SiO₂	2933	66.4	67.9	70.1	72.3	74.5	76.6	78.0	72.3	3.38	72.2	11.82	81.2	63.3	0.05	72.3	72.7	剔除后正态分布	72.3	71.3
Al₂O₃	3025	10.25	10.80	11.64	12.60	13.70	14.71	15.52	12.72	1.61	12.62	4.35	19.62	7.75	0.13	12.60	13.20	对数正态分布	12.62	13.20
TFe₂O₃	3025	3.00	3.34	4.08	4.83	5.54	6.11	6.44	4.80	1.09	4.67	2.55	15.94	1.39	0.23	4.83	4.81	正态分布	4.80	3.74
MgO	2900	0.46	0.52	0.65	0.84	1.07	1.32	1.48	0.88	0.31	0.83	1.44	1.80	0.21	0.35	0.84	0.60	剔除后对数分布	0.83	0.50
CaO	2729	0.15	0.16	0.19	0.24	0.33	0.43	0.49	0.27	0.11	0.25	2.42	0.62	0.08	0.39	0.24	0.24	其他分布	0.24	0.24
Na₂O	2770	0.14	0.15	0.19	0.24	0.36	0.54	0.63	0.30	0.15	0.27	2.52	0.76	0.09	0.51	0.25	0.19	其他分布	0.19	0.19
K₂O	25 003	1.22	1.43	1.82	2.30	2.78	3.24	3.51	2.32	0.69	2.21	1.73	4.26	0.37	0.30	2.30	2.35	其他分布	2.35	2.35
TC	2911	0.97	1.09	1.33	1.62	1.96	2.34	2.55	1.66	0.47	1.60	1.49	3.03	0.47	0.28	1.62	1.64	剔除后对数分布	1.60	1.80
Corg	23 033	0.61	0.78	1.07	1.37	1.72	2.08	2.32	1.40	0.50	1.30	1.58	2.78	0.06	0.36	1.37	1.42	其他分布	1.42	1.31
pH	23 467	4.33	4.50	4.78	5.10	5.48	5.94	6.25	4.86	4.72	5.16	2.59	6.82	3.60	0.97	5.10	5.02	其他分布	5.02	5.10

注：Tl 原始样本数为 4872 件，Corg 为 23 755 件，Ge 为 24 129 件，B、Hg、N、V、K₂O 为 25 217 件，As、Cd、Co、Cu、Mn、Mo、Ni、P、Pb、Se、Zn、pH 为 25 218 件，其他元素/指标为 3025 件。

表 4-16 碳酸盐岩类风化物土壤母质元素背景值参数统计表

元素/指标	N	$X_{5\%}$	$X_{10\%}$	$X_{25\%}$	$X_{50\%}$	$X_{75\%}$	$X_{90\%}$	$X_{95\%}$	$\bar{X}$	S	$\bar{X}_g$	S_g	X_{max}	X_{min}	CV	X_{me}	X_{mo}	分布类型	碳酸盐岩类风化物背景值	浙江省背景值
Ag	586	69.0	77.5	113	178	270	425	548	230	210	179	21.54	2358	30.00	0.92	178	130	对数正态分布	179	100.0
As	5675	5.13	6.80	10.40	16.65	25.51	36.82	43.80	19.30	11.65	15.94	5.72	55.6	1.16	0.60	16.65	12.60	其他分布	12.60	10.10
Au	539	1.00	1.16	1.52	1.98	2.74	3.57	4.05	2.19	0.95	1.99	1.81	5.14	0.19	0.43	1.98	1.78	剔除后正态分布	1.99	1.50
B	5886	29.99	38.50	50.8	64.0	77.8	93.1	102	64.8	21.11	60.9	11.17	122	8.40	0.33	64.0	66.6	其他分布	66.6	20.00
Ba	545	312	349	536	1070	1690	2639	3160	1248	866	974	58.3	3803	163	0.69	1070	358	其他分布	358	475
Be	566	1.49	1.70	2.00	2.35	2.68	3.01	3.21	2.35	0.51	2.29	1.70	3.72	0.94	0.22	2.35	2.26	剔除后正态分布	2.35	2.00
Bi	522	0.35	0.38	0.45	0.51	0.60	0.71	0.78	0.53	0.13	0.52	1.57	0.93	0.26	0.24	0.51	0.48	剔除后对数分布	0.52	0.28
Br	586	2.20	2.40	3.00	4.20	6.30	8.40	9.90	4.90	2.57	4.35	2.61	16.19	1.50	0.52	4.20	3.00	对数正态分布	4.35	2.20
Cd	5660	0.12	0.17	0.27	0.45	0.70	1.00	1.19	0.52	0.32	0.42	2.34	1.55	0.02	0.62	0.45	0.28	偏峰分布	0.28	0.14
Ce	541	69.2	74.4	85.0	114	172	236	287	137	66.7	124	17.18	347	40.20	0.49	114	141	其他分布	141	102
Cl	586	32.92	35.10	41.00	48.50	59.0	71.7	79.5	51.6	15.36	49.59	9.40	140	26.10	0.30	48.50	51.6	对数正态分布	49.59	71.0
Co	6023	6.16	7.48	10.35	13.90	17.25	20.30	22.31	13.93	4.91	12.96	4.65	27.96	1.06	0.35	13.90	11.90	其他分布	11.90	14.80
Cr	5827	42.85	50.9	63.7	76.3	87.3	98.4	105	75.5	18.37	73.0	11.99	126	26.20	0.24	76.3	102	其他分布	102	82.0
Cu	5898	16.30	19.50	25.70	35.11	45.09	54.3	60.5	36.13	13.57	33.47	7.93	77.1	1.90	0.38	35.11	28.10	对数正态分布	28.10	16.00
F	576	379	444	675	900	1154	1385	1514	914	344	844	50.5	1893	207	0.38	900	902	其他分布	914	453
Ga	586	12.89	14.00	15.90	17.60	19.10	20.30	21.20	17.36	2.51	17.16	5.18	24.09	7.99	0.14	17.60	17.70	剔除后正态分布	17.36	16.00
Ge	5387	1.14	1.21	1.34	1.49	1.65	1.82	1.93	1.50	0.24	1.48	1.31	2.17	0.84	0.16	1.49	1.53	正态分布	1.48	1.44
Hg	5741	0.051	0.060	0.080	0.110	0.150	0.200	0.232	0.120	0.055	0.109	3.736	0.287	0.010	0.453	0.110	0.120	剔除后对数分布	0.120	0.110
I	574	0.80	1.03	1.57	2.89	4.84	6.77	7.77	3.42	2.22	2.71	2.43	10.20	0.36	0.65	2.89	1.88	其他分布	1.88	1.70
La	567	36.80	39.32	42.60	45.50	48.30	50.7	51.7	45.30	4.41	45.08	9.05	56.7	33.90	0.10	45.50	44.70	偏峰正态分布	44.70	41.00
Li	586	29.68	31.98	37.40	43.10	50.4	60.6	67.7	45.31	13.19	43.77	9.06	180	20.90	0.29	43.10	43.10	对数正态分布	43.77	25.00
Mn	5853	153	182	256	389	597	797	914	446	239	384	32.86	1179	9.00	0.54	389	433	其他分布	433	440
Mo	5461	0.54	0.66	0.97	1.62	2.90	4.75	5.94	2.20	1.68	1.69	2.21	8.08	0.24	0.76	1.62	0.75	其他分布	0.75	0.66
N	5978	0.77	0.95	1.24	1.55	1.90	2.25	2.47	1.58	0.50	1.49	1.54	2.96	0.22	0.32	1.55	1.51	剔除后对数分布	1.49	1.28
Nb	550	15.40	15.90	16.80	17.80	19.10	20.70	21.61	18.04	1.84	17.95	5.29	23.20	13.80	0.10	17.80	17.20	其他分布	17.95	16.83
Ni	5844	15.02	18.49	25.20	34.30	42.06	50.4	56.6	34.36	12.36	31.86	7.73	70.2	1.28	0.36	34.30	19.80	其他对数分布	19.80	35.00
P	5871	0.32	0.41	0.57	0.76	1.01	1.25	1.40	0.80	0.32	0.73	1.60	1.76	0.07	0.40	0.76	0.46	剔除后对数分布	0.73	0.60
Pb	5595	23.63	26.36	29.65	33.41	38.40	44.96	49.03	34.49	7.44	33.70	7.72	56.9	14.00	0.22	33.41	29.40	其他分布	29.40	32.00

第四章 土壤元素背景值

续表 4-16

元素/指标	N	$X_{5\%}$	$X_{10\%}$	$X_{25\%}$	$X_{50\%}$	$X_{75\%}$	$X_{90\%}$	$X_{95\%}$	$\bar{X}$	S	$\bar{X}_g$	S_g	X_{max}	X_{min}	CV	X_{me}	X_{mo}	分布类型	碳酸盐岩类风化物背景值	浙江省背景值
Rb	586	78.0	85.0	98.9	113	126	139	147	113	22.64	111	15.24	212	50.00	0.20	113	115	正态分布	113	120
S	553	195	213	252	296	344	403	436	301	71.5	293	26.37	502	140	0.24	296	313	剔除后正态分布	301	248
Sb	586	0.88	1.12	1.53	2.39	3.61	5.61	7.01	3.07	2.94	2.42	2.29	43.90	0.55	0.96	2.39	2.20	对数正态分布	2.42	0.53
Sc	586	7.97	8.60	9.35	10.40	11.30	12.60	13.39	10.48	1.68	10.34	3.85	16.50	5.82	0.16	10.40	10.70	对数正态分布	10.34	8.70
Se	5723	0.25	0.30	0.39	0.51	0.68	0.87	0.99	0.55	0.22	0.51	1.76	1.23	0.02	0.40	0.51	0.36	偏峰分布	0.36	0.21
Sn	542	3.23	3.60	4.35	5.42	7.18	9.36	11.00	6.01	2.37	5.58	2.92	13.30	0.73	0.39	5.42	6.10	其他分布	6.10	3.60
Sr	586	32.90	35.80	40.92	47.80	60.2	80.6	98.2	54.8	23.49	51.3	9.67	204	25.30	0.43	47.80	46.00	对数正态分布	51.3	105
Th	586	10.93	11.70	12.80	14.10	15.30	16.48	17.10	14.08	2.01	13.94	4.57	24.80	9.25	0.14	14.10	14.20	正态分布	14.08	13.30
Ti	586	4204	4513	4823	5176	5556	5987	6299	5212	622	5174	140	7473	2720	0.12	5176	5194	正态分布	5212	4665
Tl	662	0.55	0.63	0.75	0.90	1.09	1.31	1.49	0.95	0.29	0.91	1.35	2.50	0.35	0.31	0.90	0.84	对数正态分布	0.91	0.70
U	586	2.63	2.88	3.36	4.03	5.26	7.39	9.37	4.83	2.81	4.38	2.54	26.20	2.10	0.58	4.03	3.96	对数正态分布	4.38	2.90
V	5823	60.9	71.7	90.6	117	152	189	211	124	45.37	116	16.00	260	15.90	0.37	117	112	偏峰分布	112	106
W	537	1.62	1.77	1.98	2.31	2.84	3.40	3.67	2.45	0.64	2.38	1.77	4.58	1.11	0.26	2.31	2.02	剔除后正态分布	2.38	1.80
Y	586	21.74	23.30	25.80	28.70	31.90	35.80	38.67	29.21	5.44	28.74	7.03	59.9	13.39	0.19	28.70	28.30	对数正态分布	28.74	25.00
Zn	5684	59.2	69.1	86.1	106	126	151	168	108	31.72	103	14.89	202	27.70	0.29	106	112	剔除后正态分布	103	101
Zr	573	169	175	191	217	253	290	315	226	45.30	222	22.45	358	143	0.20	217	191	正态分布	222	243
SiO_2	574	64.2	65.7	68.8	71.2	73.7	76.0	77.1	71.0	3.84	70.9	11.73	81.1	60.9	0.05	71.2	70.2	剔除后正态分布	71.0	71.3
Al_2O_3	586	10.31	10.73	11.60	12.50	13.30	14.33	14.89	12.50	1.38	12.42	4.28	17.54	8.47	0.11	12.50	12.70	正态分布	12.50	13.20
TFe_2O_3	586	3.66	4.04	4.56	5.13	5.64	6.27	6.55	5.12	0.87	5.04	2.58	8.08	2.72	0.17	5.13	5.11	正态分布	5.12	3.74
MgO	586	0.54	0.63	0.88	1.31	1.90	2.56	2.91	1.47	0.76	1.29	1.73	5.33	0.33	0.52	1.31	0.97	对数正态分布	1.29	0.50
CaO	520	0.21	0.25	0.33	0.49	0.76	1.20	1.49	0.61	0.38	0.51	2.05	1.86	0.11	0.63	0.49	0.32	对数正态分布	0.51	0.24
Na_2O	586	0.12	0.14	0.17	0.23	0.33	0.46	0.56	0.27	0.16	0.24	2.68	1.38	0.07	0.57	0.23	0.18	对数正态分布	0.24	0.19
K_2O	6047	1.05	1.27	1.73	2.25	2.74	3.20	3.51	2.25	0.74	2.11	1.77	4.29	0.27	0.33	2.25	2.31	剔除后正态分布	2.25	2.35
TC	552	1.07	1.17	1.38	1.64	1.97	2.46	2.74	1.72	0.48	1.65	1.48	3.04	0.50	0.28	1.64	1.48	剔除后正态分布	1.65	1.43
Corg	5327	0.68	0.86	1.12	1.42	1.75	2.11	2.33	1.45	0.49	1.36	1.54	2.77	0.14	0.33	1.42	1.28	剔除后正态分布	1.36	1.31
pH	6116	4.58	4.80	5.20	5.84	6.78	7.76	7.99	5.21	4.78	6.03	2.86	8.74	3.20	0.92	5.84	5.52	其他分布	5.52	5.10

注：Tl 原始样本数为 662 件，Corg 为 5497 件，Ge 为 5586 件，pH 为 6116 件，K_2O 为 6117 件，其他元素/指标为 586 件。As、B、Cd、Co、Cr、Cu、Hg、Mn、Mo、N、Ni、P、Pb、Se、V、Zn 指标为 586 件。

表4-17 紫色碎屑岩类风化物土壤母质元素背景值参数统计表

元素/指标	N	$X_{5\%}$	$X_{10\%}$	$X_{25\%}$	$X_{50\%}$	$X_{75\%}$	$X_{90\%}$	$X_{95\%}$	$\overline{X}$	S	$\overline{X}_g$	S_g	X_{max}	X_{min}	CV	X_{me}	X_{mo}	分布类型	紫色碎屑岩类风化物背景值	浙江省背景值
Ag	1345	50.00	55.0	65.0	77.5	92.0	110	120	80.0	21.14	77.2	12.61	140	30.00	0.26	77.5	70.0	剔除后对数分布	77.2	100.0
As	23 758	2.26	2.76	3.75	5.28	7.53	10.08	11.50	5.88	2.80	5.24	2.97	14.26	0.48	0.48	5.28	10.50	其他分布	10.50	10.10
Au	1296	0.61	0.70	0.91	1.26	1.76	2.50	2.91	1.43	0.70	1.28	1.62	3.58	0.33	0.49	1.26	1.00	剔除后对数分布	1.28	1.50
B	24 647	12.50	15.89	23.50	35.01	50.2	65.6	73.1	37.93	18.59	33.09	8.13	91.3	0.90	0.49	35.01	36.40	其他分布	36.40	20.00
Ba	1413	279	318	372	463	598	718	803	497	172	471	36.32	1545	144	0.35	463	374	对数正态分布	471	475
Be	1384	1.40	1.53	1.70	1.95	2.20	2.48	2.62	1.97	0.37	1.93	1.54	3.00	0.93	0.19	1.95	1.80	偏峰分布	1.80	2.00
Bi	1353	0.20	0.22	0.25	0.29	0.35	0.41	0.44	0.30	0.07	0.30	2.09	0.52	0.11	0.24	0.29	0.26	其他分布	0.26	0.28
Br	1303	1.51	1.75	2.02	2.35	3.08	4.00	4.51	2.63	0.89	2.49	1.89	5.40	0.91	0.34	2.35	2.20	其他分布	2.20	2.20
Cd	23 609	0.06	0.08	0.11	0.16	0.21	0.27	0.31	0.17	0.07	0.15	3.30	0.38	0.01	0.45	0.16	0.14	其他分布	0.14	0.14
Ce	1413	58.7	62.8	70.0	77.6	87.7	98.3	105	79.4	14.76	78.1	12.56	165	39.00	0.19	77.6	77.6	对数正态分布	78.1	102
Cl	1375	30.67	33.74	40.30	49.55	63.0	75.8	84.5	52.5	16.10	50.1	9.69	99.5	20.40	0.31	49.55	40.00	剔除后对数分布	50.1	71.0
Co	23 156	3.53	4.22	5.61	7.76	11.09	15.04	17.16	8.74	4.17	7.81	3.55	21.87	0.01	0.48	7.76	10.20	其他分布	10.20	14.80
Cr	23 686	15.50	19.00	26.60	37.56	52.8	68.1	76.6	40.87	18.78	36.51	8.25	99.3	0.41	0.46	37.56	29.00	其他分布	29.00	82.0
Cu	23 302	8.63	10.40	13.80	18.00	23.19	29.10	33.08	18.98	7.22	17.59	5.48	40.58	0.14	0.38	18.00	16.00	其他分布	16.00	16.00
F	1338	284	315	372	450	559	690	758	478	144	457	34.85	899	165	0.30	450	370	剔除后对数分布	457	453
Ga	1413	11.09	12.00	13.67	15.50	17.30	19.30	20.30	15.59	2.93	15.31	4.93	30.07	6.94	0.19	15.50	16.00	对数正态分布	15.31	16.00
Ge	20 005	1.22	1.27	1.37	1.48	1.60	1.72	1.80	1.49	0.17	1.48	1.29	1.97	1.01	0.12	1.48	1.48	其他分布	1.48	1.44
Hg	23 262	0.026	0.032	0.045	0.063	0.089	0.120	0.140	0.070	0.034	0.062	5.045	0.172	0.003	0.484	0.063	0.110	其他分布	0.110	0.110
I	1301	0.64	0.77	0.98	1.32	2.14	3.08	3.64	1.66	0.94	1.44	1.77	4.75	0.30	0.56	1.32	0.96	其他分布	0.96	1.70
La	1413	31.54	33.81	37.67	42.39	48.32	54.0	57.9	43.36	8.44	42.58	8.86	86.6	20.10	0.19	42.39	43.00	对数正态分布	42.58	41.00
Li	1413	21.75	23.63	27.80	33.80	39.41	46.90	52.5	34.72	9.90	33.47	7.67	113	16.54	0.29	33.80	32.00	对数正态分布	33.47	25.00
Mn	23 514	133	158	220	323	476	666	771	368	194	321	29.10	949	42.00	0.53	323	230	其他分布	230	440
Mo	23 251	0.42	0.48	0.60	0.76	1.00	1.28	1.44	0.83	0.31	0.77	1.49	1.76	0.08	0.37	0.76	0.70	其他分布	0.70	0.66
N	24 347	0.49	0.64	0.89	1.18	1.50	1.82	2.01	1.21	0.45	1.11	1.56	2.45	0.09	0.37	1.18	1.28	其他分布	1.28	1.28
Nb	1338	15.00	16.29	18.11	20.05	22.10	24.86	26.40	20.26	3.26	19.99	5.74	29.10	11.70	0.16	20.05	19.90	剔除后对数分布	19.99	16.83
Ni	23 270	5.48	6.46	8.46	12.00	17.20	23.40	27.14	13.52	6.60	12.02	4.47	33.93	0.30	0.49	12.00	11.00	其他分布	11.00	35.00
P	23 225	0.18	0.24	0.34	0.48	0.67	0.90	1.05	0.53	0.25	0.47	1.94	1.30	0.04	0.48	0.48	0.41	其他分布	0.41	0.60
Pb	23 597	20.26	22.50	26.00	29.60	33.34	37.39	40.10	29.77	5.80	29.19	7.18	45.90	14.16	0.19	29.60	29.00	其他分布	29.00	32.00

第四章 土壤元素背景值

续表 4-17

元素/指标	N	$X_{5\%}$	$X_{10\%}$	$X_{25\%}$	$X_{50\%}$	$X_{75\%}$	$X_{90\%}$	$X_{95\%}$	$\bar{X}$	S	$\bar{X}_g$	S_g	X_{max}	X_{min}	CV	X_{me}	X_{mo}	分布类型	紫色碎屑岩类风化物背景值	浙江省背景值
Rb	1413	68.8	76.0	91.2	107	125	141	152	108	25.23	105	15.12	224	38.96	0.23	107	105	正态分布	108	120
S	1380	119	136	164	217	271	324	359	223	74.1	210	21.99	435	40.00	0.33	217	172	剔除后对数分布	210	248
Sb	1349	0.40	0.45	0.55	0.68	0.85	1.06	1.18	0.72	0.23	0.68	1.49	1.42	0.11	0.32	0.68	0.55	剔除后对数分布	0.68	0.53
Sc	1413	5.36	6.00	6.84	8.00	9.66	11.79	13.53	8.56	2.65	8.22	3.47	23.26	3.33	0.31	8.00	7.90	对数正态分布	8.22	8.70
Se	23 659	0.12	0.14	0.17	0.22	0.29	0.36	0.40	0.24	0.08	0.22	2.58	0.49	0.02	0.36	0.22	0.17	其他分布	0.17	0.21
Sn	1413	2.50	2.80	3.43	4.60	6.80	10.04	12.33	5.78	4.22	4.97	2.88	74.7	1.40	0.73	4.60	3.80	对数正态分布	4.97	3.60
Sr	1413	33.09	37.74	48.45	63.8	91.0	128	159	76.0	42.76	67.3	11.94	413	16.60	0.56	63.8	55.9	对数正态分布	67.3	105
Th	1367	9.32	10.39	11.93	13.60	15.20	17.00	18.00	13.60	2.53	13.35	4.55	20.08	6.97	0.19	13.60	15.10	剔除后正态分布	13.60	13.30
Ti	1310	2974	3331	3760	4203	4725	5243	5613	4251	762	4181	124	6507	2256	0.18	4203	4314	剔除后正态分布	4251	4665
Tl	7829	0.43	0.47	0.55	0.65	0.75	0.86	0.93	0.66	0.15	0.64	1.41	1.08	0.24	0.23	0.65	0.63	其他分布	0.63	0.70
U	1370	2.14	2.34	2.67	3.01	3.36	3.73	3.95	3.02	0.54	2.97	1.94	4.51	1.60	0.18	3.01	2.71	剔除后正态分布	3.02	2.90
V	22 903	33.30	38.70	48.54	61.4	78.3	95.1	106	64.5	22.03	60.8	10.88	134	0.07	0.34	61.4	101	偏峰分布	101	106
W	1342	1.26	1.38	1.60	1.85	2.17	2.50	2.75	1.91	0.44	1.86	1.55	3.11	0.78	0.23	1.85	1.80	剔除后对数分布	1.86	1.80
Y	1351	18.83	20.20	22.50	25.10	28.10	31.50	33.56	25.46	4.39	25.08	6.48	37.84	13.92	0.17	25.10	25.10	剔除后对数分布	25.08	25.00
Zn	23 577	40.10	45.64	55.5	67.3	82.0	98.1	108	69.7	20.15	66.8	11.54	129	18.00	0.29	67.3	63.0	其他分布	63.0	101
Zr	1413	237	250	281	320	359	395	426	324	61.4	318	27.86	729	172	0.19	320	272	对数正态分布	318	243
SiO₂	1380	67.0	69.1	71.9	74.8	78.0	80.6	82.0	74.8	4.47	74.7	12.04	86.2	62.2	0.06	74.8	73.1	剔除后正态分布	74.8	71.3
Al₂O₃	1413	9.35	9.88	10.88	12.23	13.55	15.02	16.01	12.34	2.01	12.18	4.30	19.98	7.55	0.16	12.23	12.30	剔除后正态分布	12.18	13.20
TFe₂O₃	1331	2.35	2.60	3.07	3.68	4.36	5.08	5.51	3.76	0.95	3.64	2.22	6.56	1.32	0.25	3.68	2.80	对数正态分布	3.64	3.74
MgO	1413	0.41	0.45	0.56	0.72	0.92	1.21	1.35	0.78	0.30	0.73	1.51	2.61	0.24	0.39	0.72	0.66	剔除后对数分布	0.73	0.50
CaO	1317	0.14	0.17	0.23	0.33	0.47	0.66	0.77	0.37	0.19	0.33	2.29	0.96	0.05	0.51	0.33	0.29	剔除后对数分布	0.33	0.24
Na₂O	1413	0.17	0.23	0.39	0.60	0.89	1.16	1.36	0.67	0.38	0.56	2.04	2.95	0.08	0.56	0.60	0.54	其他分布	0.56	0.19
K₂O	24 701	1.08	1.28	1.68	2.19	2.69	3.14	3.42	2.20	0.71	2.07	1.77	4.22	0.17	0.32	2.19	2.35	剔除后正态分布	2.35	2.35
TC	1372	0.76	0.86	1.04	1.24	1.46	1.69	1.83	1.26	0.32	1.22	1.34	2.16	0.38	0.25	1.24	1.18	剔除后正态分布	1.26	1.43
Corg	20 408	0.47	0.62	0.87	1.15	1.45	1.76	1.96	1.17	0.44	1.07	1.59	2.38	0.01	0.37	1.15	1.12	偏峰分布	1.12	1.31
pH	23 131	4.30	4.47	4.77	5.12	5.51	6.01	6.32	4.84	4.68	5.18	2.60	6.92	3.54	0.97	5.12	5.02	其他分布	5.02	5.10

注：Tl 原始样本数为 8027 件，Ge 为 20 628 件，Corg 为 20 946 件，V 为 24 508 件，B、Mn、Mo、P、K₂O 为 24 865 件，Cd、Hg 为 24 859 件，Co 为 24 858 件，As、Cr、Cu、N、Ni、Pb、Se、Zn、pH 为 24 866 件，其他元素/指标为 1413 件。

浙江省背景值的 2.95 倍;其他元素/指标背景值则与浙江省背景值基本接近。

六、中酸性火成岩类风化物土壤母质元素背景值

浙江省中酸性火成岩类风化物区土壤母质元素背景值数据经正态分布检验,结果表明,原始数据中 Sr 和 Al_2O_3 符合对数正态分布,SiO_2 剔除异常值后符合正态分布,Ba、Ce、F、Ti 剔除异常值后符合对数正态分布,其他元素/指标不符合正态分布或对数正态分布(表 4-18)。

表层土壤总体呈酸性,土壤 pH 背景值为 4.96,极大值为 6.14,极小值为 3.87,基本接近于浙江省背景值。

在表层土壤各元素/指标中,大多数元素/指标变异系数在 0.40 以下,分布相对均匀;Sn、Cd、Mo、Se、Hg、V、Cu、Ni、CaO、Cr、Au、Co、P、B、Na_2O、As、Br、Mn、Sr、I、pH 共 21 项元素/指标变异系数在 0.40 以上,其中 pH 变异系数在 0.80 以上,空间变异性较大。

与浙江省土壤元素背景值相比,中酸性火成岩类风化物区土壤元素背景值中 Cr、Ni、As、V 背景值明显偏低,在浙江省背景值的 60% 以下;而 Sr、Mn、I、Cu、Co、S 背景值略低于浙江省背景值,为浙江省背景值的 60%～80%;K_2O、Ba、Tl、Zr 背景值略高于浙江省背景值,为浙江省背景值的 1.2～1.4 倍;Nb、Br、Na_2O 背景值明显高于浙江省背景值,是浙江省背景值的 1.4 倍以上,其中 Na_2O 明显相对富集,背景值是浙江省背景值的 2.84 倍;其他元素/指标背景值则与浙江省背景值基本接近。

七、中基性火成岩类风化物土壤母质元素背景值

浙江省中基性火成岩类风化物区土壤母质元素背景值数据经正态分布检验,结果表明,原始数据中 Be、Ce、Ga、La、Li、Nb、Rb、Sc、Th、Ti、U、Zr、SiO_2、Al_2O_3、TFe_2O_3、TC 符合正态分布,Ag、Au、Bi、Br、Cl、I、N、P、S、Sb、Sn、Sr、Tl、W、Y、MgO、CaO、Na_2O、pH 符合对数正态分布,Ba 和 F 剔除异常值后符合正态分布,As、Cd、Hg、Se、Corg 剔除异常值后符合对数正态分布,其他元素/指标不符合正态分布或对数正态分布(表 4-19)。

表层土壤总体呈酸性,土壤 pH 背景值为 5.27,极大值为 8.54,极小值为 3.55,基本接近于浙江省背景值。

在表层土壤各元素/指标中,大多数元素/指标变异系数在 0.40 以下,分布相对均匀;Ag、Au、Sn、K_2O、As、MgO、Cu、Cr、Mn、B、P、Co、Sr、Na_2O、Ni、I、CaO、pH、Br 共 19 项元素/指标变异系数在 0.40 以上,其中 CaO、pH、Br 变异系数在 0.80 以上,空间变异性较大。

与浙江省土壤元素背景值相比,中基性火成岩类风化物区土壤元素背景值中 K_2O、As、Hg 背景值明显偏低,在浙江省背景值的 60% 以下;Rb、Ag、Tl 背景值略低于浙江省背景值,为浙江省背景值的 60%～80%;S、Sb、Se、Zr、Ga、Co 背景值略高于浙江省背景值,为浙江省背景值的 1.2～1.4 倍;B、I、Br、Mo、V、Sc、P、MgO、Nb、Cr、CaO、Ti、Mn、TFe_2O_3、Na_2O、Ni、Cu 背景值明显高于浙江省背景值,是浙江省背景值的 1.4 倍以上,其中 Nb、Cr、CaO、Ti、Mn、TFe_2O_3、Na_2O、Ni、Cu 明显相对富集,背景值在浙江省背景值的 2.0 倍以上,Cu 背景值最高,是浙江省背景值的 3.35 倍;其他元素/指标背景值则与浙江省背景值基本接近。

八、变质岩类风化物土壤母质元素背景值

浙江省变质岩类风化物区土壤母质元素背景值数据经正态分布检验,结果表明,原始数据中 Ba、Ga、Nb、Rb、Sc、Ti、Tl、U、Y、Zr、SiO_2、Al_2O_3、TFe_2O_3、TC 符合正态分布,Ag、Au、Be、Bi、Br、Cl、Co、I、La、Li、N、S、Sb、Sn、W、MgO、CaO、Na_2O、Corg 符合对数正态分布,Ce、F、Th 剔除异常值后符合正态分布,Cd、Cr、Ge、Mo、P、Sr、Zn 剔除异常值后符合对数正态分布,其他元素/指标不符合正态分布或对数正态分布(表 4-20)。

表层土壤总体呈酸性,土壤 pH 背景值为 5.06,极大值为 6.30,极小值为 3.96,基本接近于浙江省背景值。

在表层土壤各元素/指标中,不到一半元素/指标变异系数在 0.40 以下,分布相对均匀;Se、N、P、S、Mo、Corg、Tl、Hg、Cr、V、Cd、Cu、W、MgO、Ni、Sb、As、Mn、B、Br、Na_2O、Co、I、CaO、Sn、Bi、Ag、pH、Au、Cl 共 30 项元素/指标变异系数在 0.40 以上,其中 CaO、Sn、Bi、Ag、pH、Au、Cl 变异系数在 0.80 以上,空间变异性较大。

与浙江省土壤元素背景值相比,变质岩类风化物区土壤元素背景值中 B、Ni、Hg、Mn、As 背景值明显

表4-18 中酸性火成岩类风化物土壤母质元素背景值参数统计表

元素/指标	N	$X_{5\%}$	$X_{10\%}$	$X_{25\%}$	$X_{50\%}$	$X_{75\%}$	$X_{90\%}$	$X_{95\%}$	$\bar{X}$	S	$\bar{X}_g$	S_g	X_{max}	X_{min}	CV	X_{me}	X_{mo}	分布类型	中酸性火成岩类风化物背景值	浙江省背景值
Ag	8053	50.00	58.0	70.0	88.0	110	140	160	93.6	32.23	88.3	13.66	193	8.00	0.34	88.0	110	其他分布	110	100.0
As	72 495	1.46	1.88	2.78	4.18	6.09	8.25	9.66	4.66	2.48	4.01	2.76	12.28	0.10	0.53	4.18	3.70	其他分布	3.70	10.10
Au	7869	0.54	0.63	0.81	1.13	1.60	2.20	2.60	1.28	0.62	1.14	1.62	3.25	0.06	0.49	1.13	1.30	其他分布	1.30	1.50
B	72 583	7.50	9.60	14.00	20.24	28.97	39.40	46.00	22.49	11.47	19.54	6.44	56.6	0.90	0.51	20.24	16.00	其他分布	16.00	20.00
Ba	8325	287	345	464	599	748	907	1006	615	214	575	39.32	1212	95.0	0.35	599	471	偏峰分布	575	475
Be	8083	1.62	1.73	1.92	2.17	2.44	2.75	2.93	2.20	0.39	2.17	1.61	3.33	1.10	0.18	2.17	2.20	其他分布	2.20	2.00
Bi	7981	0.20	0.22	0.27	0.33	0.43	0.55	0.62	0.36	0.13	0.34	2.00	0.76	0.12	0.35	0.33	0.28	其他分布	0.28	0.28
Br	8144	2.10	2.40	3.20	4.75	7.10	9.77	11.22	5.44	2.86	4.76	2.87	14.20	0.98	0.53	4.75	3.30	其他分布	3.30	2.20
Cd	73 324	0.06	0.07	0.10	0.14	0.19	0.24	0.27	0.15	0.06	0.13	3.42	0.34	0.01	0.43	0.14	0.14	其他分布	0.14	0.14
Ce	8224	65.8	70.6	78.6	88.8	100.0	112	120	90.0	16.15	88.6	13.49	136	44.75	0.18	88.8	102	剔除后对数分布	88.6	102
Cl	8257	39.30	42.86	51.5	63.9	79.3	94.7	106	66.7	20.02	63.8	11.03	126	22.50	0.30	63.9	71.0	其他分布	71.0	71.0
Co	71 915	2.52	2.99	4.04	5.74	8.25	11.30	13.15	6.48	3.22	5.73	3.13	16.42	0.32	0.50	5.74	10.60	其他分布	10.60	14.80
Cr	71 793	10.00	12.21	16.80	23.68	33.20	44.68	52.1	26.21	12.65	23.25	6.84	65.2	0.20	0.48	23.68	17.00	其他分布	17.00	82.0
Cu	72 117	6.10	7.30	9.70	13.18	18.20	24.30	28.20	14.55	6.60	13.13	4.90	34.63	1.00	0.45	13.18	11.00	其他分布	11.00	16.00
F	8218	278	309	369	448	543	641	710	463	129	445	33.96	841	108	0.28	448	465	剔除后对数分布	445	453
Ga	8390	14.12	15.00	16.50	18.00	19.72	21.40	22.30	18.12	2.45	17.95	5.36	24.87	11.59	0.14	18.00	18.20	其他分布	18.20	16.00
Ge	71 717	1.08	1.14	1.25	1.38	1.51	1.65	1.73	1.39	0.19	1.37	1.26	1.92	0.86	0.14	1.38	1.44	其他分布	1.44	1.44
Hg	71 580	0.033	0.039	0.051	0.069	0.094	0.123	0.142	0.076	0.033	0.069	4.597	0.176	0.001	0.435	0.069	0.110	其他分布	0.110	0.110
I	8263	0.90	1.11	1.88	3.61	6.36	9.40	11.00	4.47	3.19	3.38	2.91	14.25	0.22	0.71	3.61	1.09	其他分布	1.09	1.70
La	8288	33.00	35.70	40.00	45.14	50.8	56.5	60.2	45.63	8.06	44.91	9.12	68.3	23.27	0.18	45.14	46.00	其他分布	46.00	41.00
Li	8256	18.40	20.00	23.70	28.60	35.00	41.77	45.70	29.86	8.27	28.76	7.05	54.0	11.67	0.28	28.60	24.00	偏峰分布	24.00	25.00
Mn	74 077	142	176	256	403	632	886	1029	471	273	396	33.80	1285	31.90	0.58	403	282	其他分布	282	440
Mo	71 159	0.47	0.54	0.68	0.90	1.22	1.63	1.89	1.00	0.43	0.91	1.53	2.34	0.10	0.43	0.90	0.78	其他分布	0.78	0.66
N	75 010	0.59	0.74	0.99	1.29	1.63	1.98	2.21	1.32	0.48	1.23	1.57	2.68	0.01	0.36	1.29	1.36	其他分布	1.36	1.28
Nb	8174	17.30	18.30	20.20	22.60	25.70	29.60	31.80	23.25	4.33	22.85	6.19	35.50	11.20	0.19	22.60	23.60	其他分布	23.60	16.83
Ni	71 197	3.80	4.60	6.25	8.84	12.23	16.30	19.00	9.70	4.60	8.65	3.96	24.29	0.05	0.47	8.84	10.20	其他分布	10.20	35.00
P	73 774	0.18	0.23	0.36	0.53	0.75	0.99	1.13	0.57	0.29	0.50	1.97	1.42	0.01	0.50	0.53	0.48	其他分布	0.48	0.60
Pb	70 677	24.00	26.52	30.50	35.10	41.07	48.40	53.6	36.33	8.69	35.32	8.07	62.8	11.84	0.24	35.10	32.00	其他分布	32.00	32.00

续表 4-18

元素/指标	N	$X_{5\%}$	$X_{10\%}$	$X_{25\%}$	$X_{50\%}$	$X_{75\%}$	$X_{90\%}$	$X_{95\%}$	$\bar{X}$	S	$\bar{X}_g$	S_g	X_{max}	X_{min}	CV	X_{me}	X_{mo}	分布类型	中酸性火成岩类风化物背景值	浙江省背景值
Rb	8241	94.0	103	117	131	147	163	175	132	23.68	130	16.67	197	69.3	0.18	131	120	其他分布	120	120
S	8392	140	155	188	246	308	371	410	254	83.9	240	23.76	498	31.49	0.33	246	186	其他分布	186	248
Sb	8076	0.37	0.41	0.48	0.59	0.73	0.89	1.00	0.62	0.19	0.59	1.53	1.18	0.17	0.30	0.59	0.52	其他分布	0.52	0.53
Sc	8337	5.42	5.98	6.90	8.10	9.58	11.10	12.01	8.32	1.97	8.09	3.42	13.90	3.08	0.24	8.10	7.20	偏峰分布	7.20	8.70
Se	72 894	0.13	0.15	0.20	0.26	0.36	0.47	0.54	0.29	0.12	0.26	2.33	0.66	0.02	0.43	0.26	0.20	其他分布	0.20	0.21
Sn	7902	2.48	2.71	3.23	4.07	5.51	7.47	8.62	4.60	1.87	4.27	2.55	10.52	0.60	0.41	4.07	3.00	其他分布	3.00	3.60
Sr	8592	30.20	36.00	47.20	65.5	93.0	128	161	76.5	44.63	66.9	11.53	480	13.70	0.58	65.5	59.0	对数正态分布	66.9	105
Th	8139	10.60	11.67	13.21	15.10	17.05	19.23	20.82	15.26	2.98	14.96	4.86	23.77	7.03	0.20	15.10	14.20	其他分布	14.20	13.30
Ti	8254	2735	3013	3479	4056	4666	5232	5597	4096	863	4003	120	6631	1670	0.21	4056	4111	剔除后正态分布	4003	4665
Tl	18 682	0.55	0.61	0.71	0.84	0.98	1.12	1.21	0.85	0.20	0.83	1.30	1.42	0.30	0.23	0.84	0.86	其他分布	0.86	0.70
U	8140	2.50	2.70	3.02	3.38	3.80	4.21	4.51	3.42	0.60	3.37	2.07	5.13	1.77	0.17	3.38	3.20	其他分布	3.20	2.90
V	72 721	22.00	26.42	35.40	48.09	65.7	87.2	101	52.6	23.33	47.66	9.89	121	4.59	0.44	48.09	46.00	其他分布	46.00	106
W	8155	1.42	1.54	1.75	2.06	2.48	2.92	3.19	2.15	0.54	2.09	1.65	3.76	0.67	0.25	2.06	1.80	其他分布	1.80	1.80
Y	8209	18.68	20.00	22.30	25.10	28.51	32.22	34.60	25.67	4.75	25.23	6.53	39.12	12.37	0.19	25.10	25.00	偏峰分布	25.00	25.00
Zn	73 442	48.10	53.6	63.8	77.2	93.7	111	123	80.0	22.40	76.9	12.68	146	16.06	0.28	77.2	101	其他分布	101	101
Zr	8182	227	247	279	317	363	413	444	324	64.2	317	28.08	508	146	0.20	317	325	其他分布	325	243
SiO$_2$	8456	64.3	66.0	68.6	71.5	74.3	76.7	78.2	71.4	4.15	71.3	11.74	82.7	59.9	0.06	71.5	71.6	剔除后正态分布	71.4	71.3
Al$_2$O$_3$	8592	11.00	11.63	12.67	13.90	15.22	16.59	17.44	14.03	1.96	13.89	4.61	22.60	7.51	0.14	13.90	14.60	对数正态分布	13.89	13.20
TFe$_2$O$_3$	8289	2.22	2.46	2.88	3.47	4.17	4.87	5.35	3.58	0.94	3.46	2.16	6.30	1.09	0.26	3.47	3.19	偏峰分布	3.19	3.74
MgO	8094	0.33	0.37	0.44	0.54	0.68	0.83	0.93	0.57	0.18	0.55	1.60	1.09	0.19	0.31	0.54	0.50	其他分布	0.50	0.50
CaO	7899	0.13	0.15	0.19	0.26	0.36	0.50	0.58	0.29	0.14	0.27	2.46	0.72	0.06	0.47	0.26	0.24	其他分布	0.24	0.24
Na$_2$O	8404	0.19	0.26	0.42	0.64	0.91	1.19	1.35	0.69	0.35	0.59	1.98	1.70	0.06	0.51	0.64	0.54	其他分布	0.54	0.19
K$_2$O	76 398	1.38	1.70	2.26	2.80	3.33	3.84	4.14	2.79	0.81	2.65	1.90	4.97	0.63	0.29	2.80	2.82	其他分布	2.82	2.35
TC	8140	0.91	1.03	1.26	1.55	1.93	2.33	2.59	1.62	0.50	1.54	1.51	3.12	0.31	0.31	1.55	1.49	偏峰分布	1.49	1.43
Corg	70 129	0.60	0.77	1.03	1.34	1.70	2.07	2.30	1.38	0.51	1.28	1.59	2.81	0.02	0.37	1.34	1.31	其他分布	1.31	1.31
pH	72 478	4.33	4.47	4.70	4.96	5.22	5.51	5.72	4.80	0.50	4.98	2.53	6.14	3.87	1.00	4.96	4.96	其他分布	4.96	5.10

注：Tl 原始样本数为 19 550 件，Corg 为 72 880 件，Ge 为 73 614 件，B 为 76 982 件，V 为 76 861 件，Co、Mn 为 76 885 件，Mo 为 77 175 件，P、K$_2$O 为 77 179 件，Cr 为 77 218 件，As、pH 为 77 224 件，Cd、Hg、Se 为 77 225 件，Cu、Ni、Pb、Zn 为 77 226 件，其他元素、指标为 8592 件。

第四章 土壤元素背景值

表4-19 中基性火成岩类风化物土壤母质元素背景值参数统计表

元素/指标	N	$X_{5\%}$	$X_{10\%}$	$X_{25\%}$	$X_{50\%}$	$X_{75\%}$	$X_{90\%}$	$X_{95\%}$	$\bar{X}$	S	$\bar{X}_g$	S_g	X_{max}	X_{min}	CV	X_{me}	X_{mo}	分布类型	中基性火成岩类风化物背景值	浙江省背景值
Ag	162	46.05	52.0	61.0	72.6	90.0	110	119	79.2	35.16	74.4	12.13	331	38.00	0.44	72.6	60.0	对数正态分布	74.4	100.0
As	3259	1.91	2.44	3.64	5.42	7.39	9.51	10.84	5.71	2.69	5.03	3.11	13.58	0.42	0.47	5.42	3.00	剔除后对数正态分布	5.03	10.10
Au	162	0.84	0.89	1.10	1.42	1.94	2.36	3.01	1.61	0.72	1.47	1.60	4.51	0.37	0.45	1.42	1.01	对数正态分布	1.47	1.50
B	3320	6.09	9.26	16.31	28.10	41.58	54.6	61.7	30.14	17.12	24.51	7.85	80.3	1.04	0.57	28.10	28.70	其他分布	28.70	20.00
Ba	152	300	325	394	464	532	632	714	473	119	459	34.14	771	224	0.25	464	468	剔除后正态分布	473	475
Be	162	1.74	1.80	1.98	2.27	2.52	2.80	2.83	2.27	0.39	2.23	1.65	3.90	1.29	0.17	2.27	2.30	正态分布	2.27	2.00
Bi	162	0.19	0.21	0.25	0.28	0.32	0.38	0.44	0.29	0.08	0.28	2.14	0.64	0.15	0.26	0.28	0.28	对数正态分布	0.28	0.28
Br	162	2.16	2.26	2.59	3.46	4.28	5.10	6.85	5.11	18.28	3.53	2.41	236	1.32	3.58	3.46	3.50	对数正态分布	3.53	2.20
Cd	3191	0.06	0.08	0.12	0.16	0.20	0.25	0.28	0.16	0.06	0.15	3.28	0.34	0.02	0.39	0.16	0.14	其他分布	0.15	0.14
Ce	162	62.5	66.9	75.0	84.4	93.0	103	108	84.7	15.22	83.3	12.85	146	50.1	0.18	84.4	94.0	正态分布	84.7	102
Cl	162	42.26	46.94	58.0	68.2	82.7	103	114	73.1	25.25	69.5	11.96	207	32.20	0.35	68.2	73.0	剔除后正态分布	69.5	71.0
Co	3263	7.30	10.65	19.78	35.19	52.1	68.4	78.9	37.69	22.05	30.41	7.94	104	2.06	0.59	35.19	20.50	其他分布	20.50	14.80
Cr	3320	28.89	42.47	84.4	157	210	256	289	153	81.3	125	17.69	401	4.50	0.53	157	170	其他分布	170	82.0
Cu	3344	15.92	20.80	33.50	57.7	78.1	94.3	104	57.4	27.93	49.47	10.20	145	4.80	0.49	57.7	53.6	其他分布	53.6	16.00
F	151	281	317	346	387	431	478	501	389	65.6	384	30.87	573	221	0.17	387	403	剔除后正态分布	389	453
Ga	162	13.42	14.98	17.73	20.75	24.06	27.84	28.99	21.10	4.77	20.56	5.87	34.78	10.70	0.23	20.75	18.10	正态分布	21.10	16.00
Ge	2917	1.25	1.31	1.41	1.53	1.68	1.83	1.92	1.55	0.20	1.54	1.33	2.11	1.00	0.13	1.53	1.51	偏峰分布	1.51	1.44
Hg	3208	0.029	0.035	0.048	0.065	0.084	0.104	0.117	0.068	0.027	0.062	4.884	0.146	0.008	0.395	0.065	0.070	剔除后对数正态分布	0.062	0.110
I	162	1.04	1.14	1.46	2.21	4.27	6.75	8.01	3.32	2.62	2.58	2.43	18.08	0.67	0.79	2.21	1.76	对数正态分布	2.58	1.70
La	162	31.63	34.40	38.58	43.47	48.03	54.0	57.6	44.09	8.98	43.23	8.83	84.5	21.43	0.20	43.47	44.60	正态分布	44.09	41.00
Li	162	19.55	21.19	24.20	28.23	32.06	38.51	42.06	29.01	7.21	28.17	6.83	59.0	12.70	0.25	28.23	36.00	正态分布	29.01	25.00
Mn	3320	263	335	485	739	1135	1508	1680	838	445	719	44.97	2149	61.5	0.53	739	1080	其他分布	1080	440
Mo	3297	0.71	0.83	1.11	1.56	2.04	2.47	2.71	1.61	0.62	1.48	1.62	3.47	0.34	0.39	1.56	1.11	其他分布	1.11	0.66
N	3356	0.70	0.85	1.13	1.48	1.91	2.33	2.65	1.56	0.62	1.43	1.64	5.86	0.10	0.40	1.48	1.58	对数正态分布	1.43	1.28
Nb	162	17.34	20.26	24.12	34.22	43.38	49.98	51.6	34.76	12.35	32.57	7.92	88.6	10.60	0.36	34.22	30.40	正态分布	34.76	16.83
Ni	3306	10.30	15.80	37.80	84.2	128	166	192	88.1	57.8	64.5	13.02	267	2.72	0.66	84.2	102	对数正态分布	102	35.00
P	3356	0.39	0.50	0.74	1.11	1.60	2.16	2.60	1.26	0.73	1.07	1.79	5.53	0.05	0.58	1.11	1.02	对数正态分布	1.07	0.60
Pb	3275	12.62	15.52	21.03	26.35	31.00	35.24	38.10	25.94	7.49	24.69	6.81	46.15	5.89	0.29	26.35	31.00	偏峰分布	31.00	32.00

续表 4-19

元素/指标	N	$X_{5\%}$	$X_{10\%}$	$X_{25\%}$	$X_{50\%}$	$X_{75\%}$	$X_{90\%}$	$X_{95\%}$	$\overline{X}$	S	$\overline{X}_g$	S_g	X_{max}	X_{min}	CV	X_{me}	X_{mo}	分布类型	中基性火成岩类风化物背景值	浙江省背景值
Rb	162	48.75	51.9	67.7	82.9	99.2	120	137	84.7	25.79	80.9	12.71	159	30.69	0.30	82.9	66.8	正态分布	84.7	120
S	162	198	226	273	345	439	564	623	370	144	346	29.93	1005	106	0.39	345	396	对数正态分布	346	248
Sb	162	0.45	0.50	0.56	0.67	0.82	1.00	1.16	0.71	0.21	0.68	1.42	1.35	0.35	0.30	0.67	0.53	对数分布	0.68	0.53
Sc	162	8.00	9.13	11.18	15.27	18.98	22.47	24.27	15.47	5.10	14.60	4.93	29.00	5.75	0.33	15.27	15.50	正态分布	15.47	8.70
Se	3222	0.12	0.15	0.21	0.28	0.36	0.44	0.49	0.29	0.11	0.27	2.33	0.60	0.03	0.38	0.28	0.31	剔除后对数正态分布	0.27	0.21
Sn	162	2.17	2.49	2.99	3.86	4.89	6.29	8.35	4.28	1.95	3.92	2.40	12.62	0.60	0.46	3.86	2.87	对数正态分布	3.92	3.60
Sr	162	46.45	51.0	61.5	85.8	121	188	225	103	60.9	90.2	14.24	397	29.60	0.59	85.8	58.0	对数正态分布	90.2	105
Th	162	6.97	8.96	11.20	12.84	14.20	16.00	17.00	12.59	2.97	12.20	4.32	22.20	4.30	0.24	12.84	12.50	正态分布	12.59	13.30
Ti	162	4948	5655	7883	11 407	14 672	16 440	17 662	11 302	4173	10 448	216	20 972	3715	0.37	11 407	11 314	正态分布	11 302	4665
Tl	479	0.26	0.34	0.45	0.56	0.69	0.86	1.01	0.59	0.22	0.55	1.70	1.80	0.11	0.38	0.56	0.50	对数正态分布	0.55	0.70
U	162	1.77	2.02	2.52	2.88	3.19	3.46	3.68	2.84	0.57	2.78	1.86	4.65	0.96	0.20	2.88	2.60	正态分布	2.84	2.90
V	3350	58.6	74.9	124	180	215	244	262	170	62.9	155	18.93	340	20.04	0.37	180	184	其他分布	184	106
W	162	1.15	1.29	1.50	1.73	1.94	2.33	2.48	1.77	0.43	1.71	1.49	3.60	0.67	0.24	1.73	1.92	对数正态分布	1.71	1.80
Y	162	20.01	21.84	24.00	26.84	30.08	34.59	37.21	27.78	6.52	27.15	6.76	65.9	14.05	0.23	26.84	24.00	正态分布	27.15	25.00
Zn	3323	65.5	75.4	94.5	124	155	183	201	127	41.47	120	16.07	249	21.03	0.33	124	107	其他分布	107	101
Zr	162	243	255	292	320	347	371	384	316	47.25	312	27.41	430	161	0.15	320	317	正态分布	316	243
SiO_2	162	49.81	52.7	55.7	62.2	67.4	73.6	76.0	62.0	8.01	61.5	10.72	80.1	44.63	0.13	62.2	62.9	正态分布	62.0	71.3
Al_2O_3	162	10.87	11.60	13.04	14.93	16.77	17.94	18.84	14.92	2.45	14.72	4.76	20.70	9.94	0.16	14.93	15.01	正态分布	14.92	13.20
TFe_2O_3	162	3.75	4.41	6.22	9.42	11.95	14.05	15.13	9.38	3.68	8.57	3.84	18.01	2.48	0.39	9.42	9.42	正态分布	9.38	3.74
MgO	162	0.50	0.56	0.71	0.94	1.29	1.64	2.11	1.06	0.50	0.96	1.54	2.88	0.36	0.47	0.94	1.13	对数正态分布	0.96	0.50
CaO	162	0.18	0.21	0.28	0.47	0.87	1.43	1.91	0.69	0.64	0.51	2.29	4.04	0.09	0.91	0.47	0.21	对数正态分布	0.51	0.24
Na_2O	162	0.15	0.21	0.33	0.55	0.92	1.30	1.47	0.66	0.43	0.53	2.19	2.11	0.07	0.65	0.55	0.81	对数正态分布	0.53	0.19
K_2O	3245	0.52	0.67	0.90	1.22	1.70	2.30	2.58	1.35	0.62	1.21	1.67	3.11	0.13	0.46	1.22	0.82	其他分布	0.82	2.35
TC	162	0.94	1.06	1.25	1.52	1.75	2.08	2.25	1.54	0.39	1.49	1.40	2.78	0.74	0.25	1.52	1.54	正态分布	1.54	1.43
Corg	3171	0.65	0.81	1.07	1.42	1.80	2.20	2.48	1.46	0.54	1.35	1.61	2.99	0.06	0.37	1.42	1.34	剔除后对数正态分布	1.35	1.31
pH	3356	4.23	4.41	4.75	5.21	5.73	6.16	6.48	4.82	4.63	5.27	2.60	8.54	3.55	0.96	5.21	5.44	对数正态分布	5.27	5.10

注：Tl 原始样本数为 479 件，Ge 为 2988 件，Corg 为 3282 件，As、B、Cd、Co、Cr、Cu、Hg、Mn、Mo、N、Ni、P、Pb、Se、V、Zn、K_2O、pH 为 3356 件，其他元素/指标为 162 件。

第四章 土壤元素背景值

表4-20 变质岩类风化物土壤母质元素背景值参数统计表

元素/指标	N	$X_{5\%}$	$X_{10\%}$	$X_{25\%}$	$X_{50\%}$	$X_{75\%}$	$X_{90\%}$	$X_{95\%}$	$\bar{X}$	S	$\bar{X}_g$	S_g	X_{max}	X_{min}	CV	X_{me}	X_{mo}	分布类型	变质岩类风化物背景值	浙江省背景值
Ag	261	58.0	67.0	81.0	110	170	234	336	145	143	120	16.83	1946	38.00	0.99	110	120	对数正态分布	120	100.0
As	4519	1.40	1.83	2.76	4.35	6.78	9.41	11.09	5.06	2.97	4.21	2.87	14.14	0.37	0.59	4.35	5.15	偏峰分布	5.15	10.10
Au	261	0.69	0.82	1.24	1.81	3.11	6.19	8.73	3.36	7.73	2.09	2.56	115	0.23	2.30	1.81	1.26	对数分布	2.09	1.50
B	4562	5.76	7.18	10.20	16.00	25.27	36.71	42.80	19.04	11.43	15.78	5.81	53.5	0.90	0.60	16.00	5.60	其他分布	5.60	20.00
Ba	261	359	400	480	560	662	766	807	571	139	554	39.03	1055	257	0.24	560	570	正态分布	571	475
Be	261	1.42	1.56	1.80	2.10	2.47	3.10	3.50	2.25	0.79	2.15	1.67	7.99	0.90	0.35	2.10	2.40	对数正态分布	2.15	2.00
Bi	261	0.20	0.22	0.25	0.34	0.54	0.92	1.24	0.49	0.47	0.39	2.26	4.67	0.14	0.97	0.34	0.25	对数分布	0.39	0.28
Br	261	1.90	2.03	2.35	3.05	4.65	6.80	8.41	3.91	2.39	3.43	2.35	19.78	1.43	0.61	3.05	2.35	对数分布	3.43	2.20
Cd	4478	0.06	0.08	0.12	0.17	0.24	0.32	0.37	0.19	0.09	0.17	3.12	0.46	0.01	0.48	0.17	0.11	剔除分布	0.17	0.14
Ce	248	47.86	57.0	73.7	87.4	100.0	111	118	86.5	20.38	83.9	12.78	140	36.22	0.24	87.4	84.4	剔除后正态分布	86.5	102
Cl	261	41.30	45.14	52.5	63.9	88.0	124	155	90.4	237	70.6	11.88	3864	31.24	2.63	63.9	121	对数正态分布	70.6	71.0
Co	4820	4.47	5.57	8.01	12.04	18.95	27.41	34.54	14.91	10.37	12.24	4.74	158	0.89	0.70	12.04	11.10	对数正态分布	12.24	14.80
Cr	4603	23.14	29.41	42.22	61.6	85.1	111	127	66.1	31.39	58.4	10.93	159	5.00	0.47	61.6	111	剔除分布	58.4	82.0
Cu	4452	12.10	14.36	18.91	25.70	36.90	50.5	59.2	29.34	14.21	26.20	6.96	74.1	3.63	0.48	25.70	21.00	其他分布	21.00	16.00
F	249	302	328	382	469	552	640	734	479	127	463	34.40	849	236	0.26	469	464	剔除后对数分布	479	453
Ga	261	14.87	15.58	17.24	18.72	20.40	22.07	23.50	18.89	2.62	18.72	5.43	26.80	12.50	0.14	18.72	18.20	正态分布	18.89	16.00
Ge	4238	1.03	1.10	1.19	1.32	1.45	1.57	1.66	1.33	0.19	1.31	1.23	1.85	0.80	0.14	1.32	1.46	剔除后对数分布	1.31	1.44
Hg	4530	0.030	0.037	0.049	0.067	0.092	0.120	0.140	0.073	0.033	0.065	4.950	0.175	0.005	0.454	0.067	0.050	对数正态分布	0.050	0.110
I	261	0.83	0.90	1.24	2.15	3.97	6.43	7.80	2.93	2.25	2.25	2.34	12.10	0.53	0.77	2.15	1.14	其他正态分布	2.25	1.70
La	261	26.01	30.30	39.00	45.75	54.5	63.5	72.3	48.50	18.85	45.83	9.16	194	17.56	0.39	45.75	45.60	对数正态分布	45.83	41.00
Li	261	21.17	22.78	25.70	30.57	35.60	43.20	48.10	32.09	9.70	30.89	7.23	89.8	15.46	0.30	30.57	32.00	对数正态分布	30.89	25.00
Mn	4584	134	159	225	342	542	784	914	409	240	345	30.34	1127	30.10	0.59	342	201	其他分布	201	440
Mo	4444	0.40	0.47	0.60	0.79	1.08	1.43	1.68	0.88	0.38	0.80	1.56	2.08	0.19	0.43	0.79	0.77	剔除后对数分布	0.80	0.66
N	4820	0.47	0.65	0.97	1.31	1.70	2.13	2.40	1.36	0.58	1.23	1.69	5.20	0.07	0.42	1.31	1.22	对数分布	1.23	1.28
Nb	261	11.00	12.60	17.40	19.60	22.34	26.20	28.76	19.75	5.05	19.04	5.51	35.00	5.60	0.26	19.60	18.60	正态分布	19.75	16.83
Ni	4597	9.04	11.06	15.50	22.93	33.60	44.82	52.7	25.76	13.23	22.45	6.42	65.7	2.38	0.51	22.93	14.00	偏峰分布	14.00	35.00
P	4569	0.27	0.32	0.41	0.55	0.74	0.95	1.08	0.59	0.25	0.54	1.74	1.33	0.06	0.42	0.55	0.49	剔除后对数分布	0.54	0.60
Pb	4364	20.01	24.31	31.13	37.70	46.23	58.4	67.6	39.66	13.54	37.30	8.48	80.7	4.63	0.34	37.70	42.00	其他分布	42.00	32.00

217

续表 4-20

元素/指标	N	$X_{5\%}$	$X_{10\%}$	$X_{25\%}$	$X_{50\%}$	$X_{75\%}$	$X_{90\%}$	$X_{95\%}$	$\bar{X}$	S	$\bar{X}_g$	S_g	X_{max}	X_{min}	CV	X_{me}	X_{mo}	分布类型	变质岩类风化物背景值	浙江省背景值
Rb	261	51.2	63.0	93.3	126	148	168	192	123	41.47	114	15.32	250	35.40	0.34	126	127	正态分布	123	120
S	261	157	175	227	307	383	492	578	321	134	297	27.15	1025	116	0.42	307	324	对数正态分布	297	248
Sb	261	0.38	0.42	0.52	0.63	0.86	1.19	1.57	0.76	0.41	0.69	1.59	3.76	0.28	0.54	0.63	0.74	对数正态分布	0.69	0.53
Sc	261	7.60	8.24	9.70	12.73	15.51	18.93	22.30	13.25	4.36	12.58	4.45	27.26	5.52	0.33	12.73	13.46	正态分布	13.25	8.70
Se	4659	0.13	0.15	0.19	0.27	0.36	0.45	0.51	0.28	0.12	0.26	2.42	0.63	0.04	0.41	0.27	0.31	其他分布	0.31	0.21
Sn	261	2.82	3.35	4.32	6.17	9.56	14.21	19.98	8.22	7.27	6.60	3.42	63.2	2.00	0.88	6.17	9.80	对数正态分布	6.60	3.60
Sr	232	43.95	47.58	61.9	75.7	96.9	130	155	83.0	31.55	77.6	13.01	179	29.27	0.38	75.7	97.0	剔除后对数分布	77.6	105
Th	253	5.01	6.35	11.37	15.94	19.66	23.41	25.90	15.51	6.20	13.94	4.74	31.10	2.50	0.40	15.94	16.90	剔除后正态分布	15.51	13.30
Ti	261	3765	4022	4586	5387	6108	7065	7640	5444	1184	5319	142	10 079	2901	0.22	5387	5668	正态分布	5444	4665
Tl	417	0.38	0.50	0.76	1.12	1.43	1.75	1.93	1.13	0.49	1.01	1.68	2.80	0.16	0.44	1.12	0.57	正态分布	1.13	0.70
U	261	1.33	1.66	2.40	3.04	3.68	4.26	4.60	3.08	1.15	2.87	1.99	10.80	0.71	0.37	3.04	2.88	正态分布	3.08	2.90
V	4668	36.39	42.39	56.9	79.7	115	152	171	88.9	41.49	79.5	12.84	211	8.10	0.47	79.7	111	其他分布	111	106
W	261	0.99	1.15	1.44	1.79	2.23	3.06	4.04	2.00	0.96	1.83	1.68	7.01	0.50	0.48	1.79	1.39	对数正态分布	1.83	1.80
Y	261	18.46	19.81	22.50	25.86	30.10	34.88	37.09	26.71	6.17	26.05	6.55	57.2	16.35	0.23	25.86	25.70	正态分布	26.71	25.00
Zn	4474	56.8	62.8	76.4	93.9	114	138	155	97.6	29.35	93.3	13.94	187	28.09	0.30	93.9	108	剔除后对数正态分布	93.3	101
Zr	261	180	211	254	301	336	375	419	298	76.5	288	26.12	645	103	0.26	301	306	正态分布	298	243
SiO_2	261	56.6	59.4	62.7	66.6	71.4	75.2	76.5	66.9	6.04	66.7	11.30	81.5	51.0	0.09	66.6	69.4	正态分布	66.9	71.3
Al_2O_3	261	12.03	12.54	13.54	14.93	16.20	17.38	18.12	14.94	1.94	14.81	4.76	20.57	10.28	0.13	14.93	15.10	正态分布	14.94	13.20
TFe_2O_3	261	2.82	3.16	4.04	5.33	6.57	7.77	8.92	5.43	1.84	5.13	2.73	11.35	2.18	0.34	5.33	5.40	其他分布	5.43	3.74
MgO	261	0.52	0.59	0.76	1.02	1.44	1.82	2.19	1.15	0.56	1.04	1.57	4.43	0.37	0.49	1.02	0.82	对数正态分布	1.04	0.50
CaO	261	0.19	0.23	0.32	0.49	0.89	1.64	1.89	0.72	0.62	0.54	2.21	3.86	0.09	0.86	0.49	0.27	对数正态分布	0.54	0.24
Na_2O	261	0.20	0.25	0.41	0.67	0.99	1.56	1.95	0.79	0.51	0.64	1.99	2.59	0.09	0.65	0.67	0.57	对数正态分布	0.64	0.19
K_2O	4778	1.09	1.32	1.80	2.42	3.01	3.51	3.81	2.42	0.83	2.26	1.86	4.84	0.24	0.34	2.42	2.55	其他分布	2.55	2.35
TC	261	0.81	0.94	1.17	1.45	1.77	2.22	2.54	1.52	0.51	1.43	1.50	3.43	0.52	0.34	1.45	1.48	正态分布	1.52	1.43
Corg	4354	0.53	0.71	1.04	1.39	1.81	2.28	2.61	1.46	0.63	1.31	1.73	5.71	0.03	0.43	1.39	1.16	对数正态分布	1.31	1.31
pH	4607	4.45	4.59	4.82	5.07	5.37	5.67	5.89	4.92	4.91	5.10	2.57	6.30	3.96	1.00	5.07	5.06	偏峰分布	5.06	5.10

注：Tl 原始样本数为 417 件，Ge 为 4351 件，Corg 为 4354 件，pH、As、Hg 为 4819 件，K_2O 为 4820 件，其他元素/指标为 261 件。

偏低，为浙江省背景值的60%以下；Cr、Sr背景值略低于浙江省背景值，为浙江省背景值的60%～80%；Ag、Ba、Mo、Cd、Zr、Li、Sb、Pb、Cu、I、Bi、Au背景值略高于浙江省背景值，为浙江省背景值的1.2～1.4倍；TFe_2O_3、Se、Sc、Br、Tl、Sn、MgO、CaO、Na_2O背景值明显高于浙江省背景值，是浙江省背景值的1.4倍以上，其中MgO、CaO、Na_2O明显相对富集，背景值是浙江省背景值的2.0倍以上，Na_2O背景值最高，是浙江省背景值的3.37倍；其他元素/指标背景值则与浙江省背景值基本接近。

第三节 主要土壤类型元素背景值

一、黄壤土壤元素背景值

浙江省黄壤区土壤元素背景值数据经正态分布检验，结果表明，原始数据中Al_2O_3符合正态分布，Br、Cl、F、I、Li、P、Sc、Sr、TFe_2O_3、K_2O、TC符合对数正态分布，Ce、Ga、La、Rb、U、SiO_2剔除异常值后符合正态分布，Au、B、Ba、Bi、Ge、Ni、Sb、Th、Tl、W、Y、Zr、MgO剔除异常值后符合对数正态分布，其他元素/指标不符合正态分布或对数正态分布（表4-21）。

表层土壤总体呈酸性，土壤pH背景值为5.02，极大值为5.93，极小值为4.03，基本接近于浙江省背景值。

在表层土壤各元素/指标中，大多数元素/指标变异系数在0.40以下，分布相对均匀；Cu、Cl、Cd、Mo、Ni、TC、V、B、Se、Cr、Sr、Co、Na_2O、Br、As、Mn、I、P、pH、F共20项元素/指标变异系数在0.40以上，其中pH和F变异系数在0.80以上，空间变异性较大。

与浙江省土壤元素背景值相比，黄壤区土壤元素背景值中As、Cr、Ni、V、Sr背景值明显偏低，为浙江省背景值的60%以下；Au、Cu、S、Co背景值略低于浙江省背景值，为浙江省背景值的60%～80%；U、Zr、Tl、W、MgO、Li、Mn背景值略高于浙江省背景值，为浙江省背景值的1.2～1.4倍；Corg、Bi、TC、Na_2O、I、Br背景值明显高于浙江省背景值，是浙江省背景值的1.4倍以上，其中Na_2O、I、Br明显相对富集，背景值是浙江省背景值的2.0倍以上，Br背景值最高，是浙江省背景值的3.59倍；其他元素/指标背景值则与浙江省背景值基本接近。

二、红壤土壤元素背景值

浙江省红壤区土壤元素背景值数据经正态分布检验，结果表明，原始数据中Li和Al_2O_3符合对数正态分布，Ca剔除异常值后符合正态分布，F、Th、U、Zr剔除异常值后符合对数正态分布，其他元素/指标不符合正态分布或对数正态分布（表4-22）。

表层土壤总体呈酸性，土壤pH背景值为4.96，极大值为6.49，极小值为3.74，基本接近于浙江省背景值。

在表层土壤各元素/指标中，大多数元素/指标变异系数在0.40以下，分布相对均匀；Se、Sn、Sr、Mo、V、Cd、Hg、P、Br、Au、CaO、Cu、Co、As、Mn、Na_2O、Cr、B、Ni、I、pH共21项元素/指标变异系数在0.40以上，其中pH变异系数在0.80以上，空间变异性较大。

与浙江省土壤元素背景值相比，红壤区土壤元素背景值中Cr、Ni、Sr、Mn背景值明显偏低，在浙江省背景值的60%以下；Cu、Co背景值略低于浙江省背景值，为浙江省背景值的60%～80%；K_2O、Zr、Li背景值略高于浙江省背景值，为浙江省背景值的1.2～1.4倍；Br背景值明显高于浙江省背景值，是浙江省背景值的1.50倍；其他元素/指标背景值则与浙江省背景值基本接近。

三、粗骨土土壤元素背景值

浙江省粗骨土区土壤元素背景值数据经正态分布检验，结果表明，原始数据中Al_2O_3符合正态分布，

表 4-21 黄壤土壤元素背景值参数统计表

元素/指标	N	$X_{5\%}$	$X_{10\%}$	$X_{25\%}$	$X_{50\%}$	$X_{75\%}$	$X_{90\%}$	$X_{95\%}$	$\overline{X}$	S	$\overline{X}_g$	S_g	X_{max}	X_{min}	CV	X_{me}	X_{mo}	分布类型	黄壤背景值	浙江省背景值
Ag	1225	57.3	61.8	72.2	91.0	120	150	170	99.5	35.56	93.6	14.21	211	8.00	0.36	91.0	110	其他分布	110	100.0
As	8913	1.36	1.73	2.50	3.90	6.10	8.68	10.28	4.60	2.73	3.84	2.82	13.20	0.13	0.59	3.90	1.86	其他分布	1.86	10.10
Au	1225	0.50	0.57	0.70	0.93	1.24	1.60	1.83	1.02	0.41	0.94	1.49	2.30	0.16	0.40	0.93	0.86	剔除后对数分布	0.94	1.50
B	8885	7.84	9.88	14.40	20.60	28.40	37.61	43.80	22.34	10.82	19.68	6.36	55.6	1.00	0.48	20.60	15.60	剔除后对数分布	19.68	20.00
Ba	1253	286	341	422	537	702	891	994	579	215	541	37.54	1217	176	0.37	537	431	剔除后对数分布	541	475
Be	1235	1.60	1.74	1.95	2.20	2.57	2.98	3.24	2.28	0.49	2.23	1.66	3.76	1.15	0.21	2.20	2.15	其他分布	2.15	2.00
Bi	1219	0.23	0.25	0.31	0.40	0.52	0.65	0.75	0.43	0.16	0.40	1.84	0.92	0.15	0.37	0.40	0.33	剔除后正态分布	0.40	0.28
Br	1320	2.98	3.51	5.50	8.00	11.75	16.71	19.16	9.25	5.35	7.89	3.74	39.50	1.50	0.58	8.00	5.50	对数正态分布	7.89	2.20
Cd	8874	0.06	0.07	0.10	0.14	0.19	0.24	0.28	0.15	0.07	0.13	3.41	0.35	0.01	0.44	0.14	0.13	其他分布	0.13	0.14
Ce	1219	70.7	75.2	84.3	93.8	104	117	125	94.9	15.96	93.5	13.83	141	51.5	0.17	93.8	101	剔除后正态分布	94.9	102
Cl	1320	37.99	41.30	49.20	63.6	80.5	103	118	69.0	29.77	64.4	11.07	444	24.80	0.43	63.6	43.80	对数正态分布	64.4	71.0
Co	8824	2.46	2.93	3.90	5.41	7.78	10.83	12.65	6.17	3.07	5.48	3.08	15.76	0.70	0.50	5.41	11.70	其他分布	11.70	14.80
Cr	8820	9.77	12.36	17.13	24.26	33.60	45.52	52.8	26.60	12.92	23.49	7.00	66.6	0.24	0.49	24.26	18.80	其他分布	18.80	82.0
Cu	8805	5.80	6.80	8.79	11.57	15.47	20.24	23.59	12.63	5.27	11.59	4.50	29.00	1.78	0.42	11.57	10.20	其他分布	10.20	16.00
F	1320	299	330	389	474	587	723	841	525	559	485	35.62	19679	205	1.06	474	380	对数正态分布	485	453
Ga	1279	14.96	16.00	17.50	19.03	20.70	22.22	23.41	19.11	2.47	18.95	5.49	25.70	12.56	0.13	19.03	19.10	剔除后正态分布	19.11	16.00
Ge	9019	1.06	1.13	1.25	1.38	1.51	1.64	1.73	1.38	0.20	1.37	1.26	1.92	0.85	0.14	1.38	1.44	剔除后对数分布	1.37	1.44
Hg	9060	0.040	0.046	0.058	0.075	0.097	0.120	0.135	0.079	0.029	0.074	4.404	0.161	0.001	0.361	0.075	0.110	其他分布	0.110	0.110
I	1320	1.19	1.90	3.56	6.16	9.69	13.20	16.80	7.22	5.15	5.57	3.48	46.20	0.47	0.71	6.16	10.40	对数正态分布	5.57	1.70
La	1275	33.54	36.00	40.30	45.90	50.7	55.6	59.1	45.76	7.68	45.10	9.17	67.3	24.68	0.17	45.90	46.30	剔除后正态分布	45.76	41.00
Li	1320	21.10	23.20	26.88	32.15	38.80	46.91	53.4	34.55	13.91	32.83	7.79	279	15.40	0.40	32.15	34.70	对数正态分布	32.83	25.00
Mn	9149	135	164	233	369	602	858	1004	445	269	371	32.90	1260	49.77	0.61	369	582	其他分布	582	440
Mo	8791	0.45	0.52	0.68	0.92	1.25	1.67	1.95	1.02	0.45	0.93	1.55	2.45	0.13	0.44	0.92	0.76	其他分布	0.76	0.66
N	9227	0.62	0.84	1.20	1.56	1.96	2.38	2.65	1.59	0.59	1.46	1.70	3.21	0.06	0.37	1.56	1.37	其他分布	1.37	1.28
Nb	1279	16.20	17.98	20.09	22.60	26.30	30.50	32.70	23.38	4.81	22.89	6.15	36.60	11.88	0.21	22.60	20.00	偏峰分布	20.00	16.83
Ni	8724	4.43	5.40	7.35	10.09	13.57	17.96	21.00	10.94	4.92	9.88	4.25	26.55	0.90	0.45	10.09	10.20	剔除后对数分布	9.88	35.00
P	9560	0.17	0.24	0.37	0.56	0.86	1.23	1.54	0.68	0.49	0.55	2.10	10.89	0.01	0.72	0.56	0.59	对数正态分布	0.55	0.60
Pb	8669	25.08	27.50	31.21	35.76	41.30	47.70	52.3	36.76	8.13	35.88	8.07	62.2	13.40	0.22	35.76	35.50	其他分布	35.50	32.00

第四章 土壤元素背景值

续表 4-21

元素/指标	N	$X_{5\%}$	$X_{10\%}$	$X_{25\%}$	$X_{50\%}$	$X_{75\%}$	$X_{90\%}$	$X_{95\%}$	$\bar{X}$	S	$\bar{X}_g$	S_g	X_{max}	X_{min}	CV	X_{me}	X_{mo}	分布类型	黄壤背景值	浙江省背景值
Rb	1289	90.0	98.5	118	135	154	175	190	136	29.07	133	16.78	214	62.9	0.21	135	120	剔除后正态分布	136	120
S	1304	154	167	199	275	342	405	454	280	93.4	265	25.07	559	72.0	0.33	275	174	其他分布	174	248
Sb	1196	0.39	0.42	0.50	0.61	0.77	0.93	1.04	0.65	0.20	0.62	1.50	1.32	0.24	0.31	0.61	0.53	剔除后对数正态分布	0.62	0.53
Sc	1320	6.11	6.73	7.70	8.90	10.40	11.80	13.40	9.19	2.26	8.94	3.61	24.41	3.08	0.25	8.90	7.90	对数正态分布	8.94	8.70
Se	1320	0.14	0.16	0.21	0.29	0.41	0.57	0.66	0.33	0.16	0.30	2.25	0.81	0.04	0.48	0.29	0.22	其他分布	0.22	0.21
Sn	8973	2.65	2.87	3.33	3.98	5.06	6.41	7.57	4.35	1.44	4.13	2.43	8.90	1.06	0.33	3.98	3.80	对数正态分布	3.80	3.60
Sr	1193	26.80	30.98	39.80	52.6	68.7	92.0	119	59.0	29.38	53.4	9.98	233	15.50	0.50	52.6	52.0	对数正态分布	53.4	105
Th	1320	10.60	11.60	13.20	15.40	17.89	20.71	22.70	15.78	3.54	15.39	4.89	25.60	6.29	0.22	15.40	15.80	剔除后对数正态分布	15.39	13.30
Ti	1270	2800	3058	3510	4122	4804	5543	5972	4205	953	4097	123	6895	1621	0.23	4122	4117	偏峰分布	4117	4665
Tl	1287	0.58	0.64	0.74	0.88	1.03	1.21	1.33	0.90	0.22	0.87	1.29	1.52	0.31	0.24	0.88	0.82	剔除后对数正态分布	0.87	0.70
U	2374	2.47	2.75	3.12	3.47	3.87	4.34	4.64	3.51	0.62	3.45	2.08	5.24	1.94	0.18	3.47	3.55	剔除后正态分布	3.51	2.90
V	1228	20.40	24.29	32.70	45.10	63.2	84.1	96.5	50.00	23.00	45.01	9.75	119	4.59	0.46	45.10	48.40	其他分布	48.40	106
W	9002	1.46	1.60	1.88	2.26	2.69	3.13	3.41	2.32	0.60	2.24	1.73	4.14	1.01	0.26	2.26	2.47	剔除后对数正态分布	2.24	1.80
Y	1253	19.43	20.50	22.30	24.70	28.30	32.40	34.95	25.59	4.62	25.20	6.57	39.20	15.50	0.18	24.70	23.80	剔除后对数正态分布	25.20	25.00
Zn	1236	50.9	57.2	67.5	80.0	95.7	115	127	83.1	22.57	80.1	12.98	149	19.73	0.27	80.0	102	其他分布	102	101
Zr	8956	213	230	258	298	343	399	432	305	64.5	298	26.86	490	132	0.21	298	274	剔除后对数正态分布	298	243
SiO$_2$	1269	63.4	64.9	67.1	69.5	71.7	73.6	75.0	69.4	3.45	69.3	11.57	78.5	60.2	0.05	69.5	68.8	剔除后正态分布	69.4	71.3
Al$_2$O$_3$	1294	11.58	12.20	13.38	14.59	15.73	16.80	17.69	14.56	1.84	14.44	4.65	21.15	9.07	0.13	14.59	13.60	正态分布	14.56	13.20
TFe$_2$O$_3$	1320	2.49	2.82	3.33	3.94	4.88	5.69	6.22	4.15	1.21	3.98	2.36	11.47	1.54	0.29	3.94	3.99	对数正态分布	3.98	3.74
MgO	1320	0.37	0.41	0.50	0.62	0.79	1.00	1.13	0.66	0.23	0.63	1.54	1.37	0.22	0.34	0.62	0.53	剔除后对数正态分布	0.63	0.50
CaO	1211	0.14	0.15	0.19	0.25	0.31	0.39	0.44	0.26	0.09	0.24	2.43	0.54	0.06	0.35	0.25	0.25	其他分布	0.25	0.24
Na$_2$O	1199	0.14	0.18	0.26	0.43	0.62	0.78	0.90	0.46	0.23	0.40	2.24	1.19	0.10	0.51	0.43	0.44	其他分布	0.44	0.19
K$_2$O	1266	1.19	1.43	1.95	2.53	3.11	3.68	4.02	2.55	0.86	2.39	1.84	7.39	0.12	0.34	2.53	2.63	剔除后对数正态分布	2.39	2.35
TC	9560	1.15	1.30	1.67	2.14	2.78	3.79	4.51	2.38	1.07	2.18	1.85	11.50	0.40	0.45	2.14	1.82	对数正态分布	2.18	1.43
Corg	1320	0.69	0.95	1.31	1.72	2.18	2.73	3.05	1.77	0.69	1.61	1.79	3.66	0.03	0.39	1.72	1.86	对数正态分布	1.86	1.31
pH	8818	4.39	4.52	4.74	4.97	5.19	5.41	5.57	4.83	4.89	4.97	2.52	5.93	4.03	1.01	4.97	5.02	其他分布	5.02	5.10

注：Tl 原始样本数为 2482 件，Ge 为 9240 件，Corg 为 9244 件，B 为 9550 件，N、V 为 9556 件，Cr 为 9559 件，其他元素指标为 9560 件，As、Cd、Co、Cu、Hg、Mn、Mo、Ni、P、Pb、Se、Zn、K$_2$O、pH 为 9560 件，其他元素指标为 1320 件。

表 4-22 红壤土壤元素背景值参数统计表

元素/指标	N	$X_{5\%}$	$X_{10\%}$	$X_{25\%}$	$X_{50\%}$	$X_{75\%}$	$X_{90\%}$	$X_{95\%}$	$\overline{X}$	S	$\overline{X}_g$	S_g	X_{max}	X_{min}	CV	X_{me}	X_{mo}	分布类型	红壤背景值	浙江省背景值
Ag	7941	50.00	59.5	70.0	90.0	117	150	172	97.2	36.34	91.0	13.98	210	15.00	0.37	90.0	100.0	其他分布	100.0	100.0
As	77 439	1.72	2.19	3.28	5.03	7.55	10.70	12.67	5.78	3.30	4.88	3.06	16.17	0.24	0.57	5.03	10.40	其他分布	10.40	10.10
Au	7900	0.60	0.70	0.93	1.31	1.90	2.68	3.16	1.51	0.77	1.33	1.69	3.90	0.06	0.51	1.31	1.30	其他分布	1.30	1.50
B	82 436	8.62	11.27	17.07	27.90	49.00	67.1	75.4	34.16	21.40	27.53	8.01	99.0	0.90	0.63	27.90	20.00	其他分布	20.00	20.00
Ba	8198	294	341	426	544	698	848	948	572	198	538	37.81	1164	95.0	0.35	544	448	偏峰分布	448	475
Be	8188	1.50	1.63	1.85	2.12	2.43	2.74	2.94	2.15	0.43	2.11	1.61	3.42	0.97	0.20	2.12	2.00	偏峰分布	2.00	2.00
Bi	8002	0.21	0.23	0.28	0.36	0.46	0.58	0.65	0.38	0.14	0.36	1.94	0.82	0.13	0.36	0.36	0.28	其他分布	0.28	0.28
Br	8248	2.04	2.30	3.00	4.33	6.34	8.48	9.80	4.90	2.39	4.36	2.71	12.24	1.10	0.49	4.33	3.30	其他分布	3.30	2.20
Cd	77 486	0.06	0.08	0.11	0.15	0.21	0.27	0.32	0.16	0.08	0.15	3.33	0.40	0.01	0.47	0.15	0.14	其他分布	0.14	0.14
Ce	8113	64.9	69.5	76.3	85.1	96.5	109	116	87.1	15.43	85.8	13.21	132	43.68	0.18	85.1	102	其他分布	102	102
Cl	8217	36.33	40.10	47.70	59.8	75.0	91.3	101	62.9	19.87	59.9	10.63	122	20.50	0.32	59.8	61.0	偏峰分布	61.0	71.0
Co	79 230	2.87	3.51	5.01	7.75	11.90	16.26	18.70	8.91	4.93	7.61	3.73	24.43	0.01	0.55	7.75	10.20	其他分布	10.20	14.80
Cr	80 976	11.71	14.63	21.30	34.70	61.8	81.8	91.6	42.59	26.23	34.76	8.80	130	0.30	0.62	34.70	17.00	其他分布	17.00	82.0
Cu	79 137	7.02	8.56	11.93	17.70	26.27	35.20	40.70	20.01	10.40	17.42	5.81	52.7	0.14	0.52	17.70	11.00	其他分布	11.00	16.00
F	8137	284	319	376	458	554	662	733	474	134	456	34.68	873	128	0.28	458	465	剔除后对数分布	456	453
Ga	8400	13.20	14.20	15.80	17.60	19.40	21.00	22.00	17.60	2.64	17.40	5.26	25.03	10.30	0.15	17.60	18.20	剔除后正态分布	17.60	16.00
Ge	76 143	1.12	1.18	1.29	1.42	1.55	1.69	1.77	1.43	0.19	1.41	1.27	1.96	0.90	0.14	1.42	1.40	其他分布	1.40	1.44
Hg	77 479	0.035	0.041	0.055	0.076	0.109	0.148	0.170	0.086	0.041	0.076	4.446	0.216	0.005	0.485	0.076	0.110	其他分布	0.110	0.110
I	8274	0.86	1.04	1.67	3.16	5.39	7.82	9.24	3.84	2.63	2.97	2.71	11.84	0.05	0.69	3.16	1.60	其他分布	1.60	1.70
La	8298	33.30	35.85	40.00	45.00	49.90	54.8	58.3	45.13	7.40	44.51	9.06	65.8	24.72	0.16	45.00	46.00	偏峰分布	46.00	41.00
Li	8598	19.00	21.00	25.20	31.40	39.50	48.90	56.0	33.95	13.43	31.94	7.66	207	11.67	0.40	31.40	24.00	对数正态分布	31.94	25.00
Mn	79 907	147	180	258	398	616	871	1015	464	265	394	33.53	1253	11.00	0.57	398	235	其他分布	235	440
Mo	76 728	0.44	0.51	0.65	0.87	1.21	1.65	1.92	0.98	0.45	0.89	1.57	2.40	0.06	0.46	0.87	0.71	其他分布	0.71	0.66
N	81 139	0.61	0.76	1.02	1.33	1.69	2.08	2.32	1.38	0.51	1.28	1.57	2.80	0.01	0.37	1.33	1.36	其他分布	1.36	1.28
Nb	8102	15.90	17.10	18.80	21.07	24.02	27.50	29.74	21.66	4.14	21.28	5.90	33.66	10.17	0.19	21.07	19.80	其他分布	19.80	16.83
Ni	79 822	4.45	5.45	7.86	12.40	22.42	33.50	38.91	16.15	10.85	12.93	5.20	49.62	10.71	0.67	12.40	11.00	其他分布	11.00	35.00
P	79 475	0.21	0.27	0.40	0.57	0.78	1.03	1.18	0.61	0.29	0.54	1.87	1.47	0.05	0.48	0.57	0.53	其他分布	0.53	0.60
Pb	77 206	22.40	24.90	29.10	33.91	40.18	47.80	52.9	35.19	8.99	34.07	7.91	62.3	9.96	0.26	33.91	32.00	其他分布	32.00	32.00

续表 4-22

元素/指标	N	$X_{5\%}$	$X_{10\%}$	$X_{25\%}$	$X_{50\%}$	$X_{75\%}$	$X_{90\%}$	$X_{95\%}$	$\bar{X}$	S	$\bar{X}_g$	S_g	X_{max}	X_{min}	CV	X_{me}	X_{mo}	分布类型	红壤背景值	浙江省背景值
Rb	8370	78.0	87.8	104	122	139	156	168	122	26.78	119	15.84	196	48.70	0.22	122	128	其他分布	128	120
S	8281	143	159	196	251	307	369	408	257	80.6	244	24.02	491	31.49	0.31	251	242	其他分布	242	248
Sb	7819	0.38	0.43	0.52	0.65	0.85	1.10	1.27	0.71	0.27	0.67	1.52	1.57	0.17	0.37	0.65	0.55	其他分布	0.55	0.53
Sc	8350	5.69	6.20	7.30	8.70	10.20	11.70	12.70	8.86	2.12	8.60	3.57	15.03	3.42	0.24	8.70	8.70	其他分布	8.70	8.70
Se	79 308	0.14	0.16	0.21	0.28	0.38	0.49	0.57	0.31	0.13	0.28	2.28	0.69	0.02	0.42	0.28	0.22	其他分布	0.22	0.21
Sn	7971	2.52	2.80	3.40	4.46	6.22	8.50	9.87	5.08	2.24	4.64	2.72	12.16	0.64	0.44	4.46	3.50	其他分布	3.50	3.60
Sr	8197	30.60	34.90	43.73	59.0	84.7	110	124	66.3	29.33	60.2	10.74	157	13.70	0.44	59.0	45.00	其他分布	45.00	105
Th	8179	10.10	10.96	12.43	14.20	16.20	18.11	19.44	14.39	2.82	14.11	4.67	22.47	6.53	0.20	14.20	13.30	剔除后对数分布	14.11	13.30
Ti	8347	2923	3239	3777	4464	5218	5849	6193	4515	1012	4399	129	7546	1678	0.22	4464	4111	其他分布	4111	4665
Tl	17 993	0.48	0.54	0.65	0.78	0.92	1.07	1.16	0.79	0.20	0.77	1.36	1.37	0.22	0.26	0.78	0.78	其他分布	0.78	0.70
U	8125	2.30	2.48	2.81	3.23	3.68	4.15	4.48	3.28	0.66	3.21	2.02	5.21	1.44	0.20	3.23	3.20	剔除后对数分布	3.21	2.90
V	79 299	25.62	31.30	43.39	62.5	88.2	111	125	67.6	31.09	60.4	11.28	166	0.07	0.46	62.5	102	其他分布	102	106
W	8101	1.40	1.52	1.74	2.04	2.43	2.88	3.15	2.12	0.53	2.06	1.64	3.70	0.66	0.25	2.04	1.80	其他分布	1.80	1.80
Y	8247	18.62	20.04	22.60	25.40	28.80	32.30	34.70	25.85	4.72	25.42	6.57	39.00	13.13	0.18	25.40	25.00	其他分布	25.00	25.00
Zn	79 683	48.25	54.1	65.5	81.1	101	120	134	84.6	25.71	80.7	12.99	161	11.99	0.30	81.1	101	剔除后对数分布	101	101
Zr	8253	207	229	262	302	347	393	426	307	64.4	300	26.90	491	134	0.21	302	293	偏峰分布	300	243
SiO_2	8370	64.6	66.4	69.2	72.0	74.6	77.0	78.6	71.8	4.13	71.7	11.78	83.0	60.5	0.06	72.0	71.4	对数正态分布	71.4	71.3
Al_2O_3	8598	10.55	11.20	12.20	13.46	14.83	16.24	17.11	13.60	2.02	13.45	4.52	22.99	7.75	0.15	13.46	12.50	其他分布	13.45	13.20
TFe_2O_3	8395	2.36	2.61	3.10	3.88	4.83	5.67	6.15	4.02	1.18	3.85	2.34	7.59	1.09	0.29	3.88	3.15	其他分布	3.15	3.74
MgO	8194	0.35	0.39	0.48	0.62	0.84	1.09	1.23	0.68	0.27	0.63	1.58	1.49	0.21	0.39	0.62	0.51	其他分布	0.51	0.50
CaO	7887	0.13	0.16	0.20	0.27	0.39	0.56	0.66	0.31	0.16	0.28	2.43	0.82	0.05	0.51	0.27	0.24	其他分布	0.24	0.24
Na_2O	8476	0.15	0.19	0.29	0.55	0.86	1.16	1.34	0.62	0.38	0.50	2.28	1.74	0.06	0.61	0.55	0.18	其他分布	0.18	0.19
K_2O	82 889	1.16	1.41	1.98	2.56	3.09	3.62	3.94	2.54	0.83	2.39	1.87	4.79	0.30	0.33	2.56	2.82	其他分布	2.82	2.35
TC	8277	0.92	1.04	1.26	1.53	1.86	2.21	2.43	1.58	0.45	1.51	1.47	2.86	0.33	0.29	1.53	1.44	偏峰分布	1.44	1.43
Corg	75 460	0.61	0.77	1.04	1.35	1.70	2.08	2.31	1.39	0.50	1.29	1.59	2.80	0.03	0.36	1.35	1.31	其他分布	1.31	1.31
pH	77 675	4.34	4.50	4.74	5.03	5.35	5.74	6.01	4.84	4.78	5.07	2.56	6.49	3.74	0.99	5.03	4.96	其他分布	4.96	5.10

注：Tl 原始样本数为 18 742 件，Corg 为 83 623 件，Cd、Hg、N、Se 为 83 624 件，Cu、Ni、Pb、Zn 为 83 626 件，其他元素/指标为 8598 件。
As 为 83 623 件，Ge 为 78 127 件，V 为 83 180 件，B 为 83 282 件，K_2O 为 83 290 件，Co、Mn 为 83 394 件，Cr 为 83 611 件，Mo、P 为 83 592 件，X_{mo} 为 83 622 件，pH 为 83 598 件。

Sr、TFe$_2$O$_3$、MgO、Na$_2$O 符合对数正态分布,Ga、La、Rb、Ti、Zr、SiO$_2$ 剔除异常值后符合正态分布,Au、Ba、Be、Ce、Cl、F、Li、Nb、Sb、Sc、Th、Tl、U、Y、TC 剔除异常值后符合对数正态分布,其他元素/指标不符合正态分布或对数正态分布(表 4-23)。

表层土壤总体呈酸性,土壤 pH 背景值为 5.02,极大值为 6.67,极小值为 3.63,基本接近于浙江省背景值。

在表层土壤各元素/指标中,大多数元素/指标变异系数在 0.40 以下,分布相对均匀;Se、Cd、Mo、Hg、P、CaO、V、Au、MgO、As、Br、Cu、Sr、Co、Mn、Na$_2$O、B、Cr、Ni、I、pH 共 21 项元素/指标变异系数在 0.40 以上,其中 pH 变异系数在 0.80 以上,空间变异性较大。

与浙江省土壤元素背景值相比,粗骨土区土壤元素背景值中 Cr 和 Ni 背景值明显偏低,在浙江省背景值的 60% 以下;而 Sr、P、Cu、Co、S、I 背景值略低于浙江省背景值,为浙江省背景值的 60%~80%;Li、MgO、Zr、B、Nb 背景值略高于浙江省背景值,为浙江省背景值的 1.2~1.4 倍;Br 和 Na$_2$O 背景值明显高于浙江省背景值,是浙江省背景值的 1.4 倍以上,其中 Na$_2$O 背景值最高,是浙江省背景值的 3.21 倍;其他元素/指标背景值则与浙江省背景值基本接近。

四、石灰岩土土壤元素背景值

浙江省石灰岩土区土壤元素背景值数据经正态分布检验,结果表明,原始数据中 Rb、Sc、Th、Ti、Y、SiO$_2$、Al$_2$O$_3$、TFe$_2$O$_3$ 符合正态分布,Au、Br、Cd、Cl、I、Li、N、P、S、Sb、Sr、Tl、U、Zr、MgO、Na$_2$O、K$_2$O 符合对数正态分布,Be、Bi、Co、F、La、TC 剔除异常值后符合正态分布,Ge、Hg、Nb、Se、Sn、V、W、CaO、Corg 剔除异常值后符合对数正态分布,其他元素/指标不符合正态分布或对数正态分布(表 4-24)。

表层土壤总体呈酸性,土壤 pH 背景值为 5.20,极大值为 8.74,极小值为 3.87,基本接近于浙江省背景值。

在表层土壤各元素/指标中,大多数元素/指标变异系数在 0.40 以下,分布相对均匀;Cu、Se、Hg、Ce、Sr、Br、U、Mn、MgO、P、Ag、CaO、Na$_2$O、Ba、As、I、Mo、pH、Sb、Cd、Au 共 21 项元素/指标变异系数在 0.40 以上,其中 pH、Sb、Cd、Au 变异系数在 0.80 以上,空间变异性较大。

与浙江省土壤元素背景值相比,石灰岩土区土壤元素背景值中 Sr 背景值明显偏低,为浙江省背景值的 47%;而 Cl 和 Ba 背景值略低于浙江省背景值,为浙江省背景值的 60%~80%;W、U、TFe$_2$O$_3$、Au、Mn 背景值略高于浙江省背景值,为浙江省背景值的 1.2~1.4 倍;As、Na$_2$O、Sn、Cu、I、Li、CaO、Bi、Ag、F、Br、Se、MgO、Cd、B、Sb 背景值明显高于浙江省背景值,是浙江省背景值的 1.4 倍以上,其中 Se、MgO、Cd、B、Sb 明显相对富集,背景值是浙江省背景值的 2.0 倍以上,Sb 背景值最高,是浙江省背景值的 3.68 倍;其他元素/指标背景值则与浙江省背景值基本接近。

五、紫色土土壤元素背景值

浙江省紫色土区土壤元素背景值数据经正态分布检验,结果表明,原始数据中 Ga、Rb、Zr 符合正态分布,Au、Ba、Be、Cl、La、Sn、Th、Al$_2$O$_3$、MgO、CaO、TC 符合对数正态分布,Li、S、Ti、SiO$_2$、TFe$_2$O$_3$ 剔除异常值后符合正态分布,F、Sb、Sc、Sr、U、W、Y、Corg 剔除异常值后符合对数正态分布,其他元素/指标不符合正态分布或对数正态分布(表 4-25)。

表层土壤总体呈酸性,土壤 pH 背景值为 5.12,极大值为 6.85,极小值为 3.65,基本接近于浙江省背景值。

在表层土壤各元素/指标中,绝大多数元素/指标变异系数在 0.40 以下,分布相对均匀;Cd、MgO、Sr、Co、P、As、Cr、Hg、B、Ni、Mn、Na$_2$O、I、Sn、CaO、Au、pH 共 17 项元素/指标变异系数在 0.40 以上,其中 Sn、CaO、Au、pH 变异系数在 0.80 以上,空间变异性较大。

与浙江省土壤元素背景值相比,紫色土区土壤元素背景值中 Ni、Cr、As、I、Mn、Zn 背景值明显偏低,在浙江省背景值的 60% 以下;而 Sr、Co、Ag、Ce、Cl、P 背景值略低于浙江省背景值,为浙江省背景值的 60%~80%;B、Nb、Sb、Zr、Li 背景值略高于浙江省背景值,为浙江省背景值的 1.2~1.4 倍;Sn、MgO、CaO、Na$_2$O

表 4-23 粗骨土元素背景值参数统计表

元素/指标	N	$X_{5\%}$	$X_{10\%}$	$X_{25\%}$	$X_{50\%}$	$X_{75\%}$	$X_{90\%}$	$X_{95\%}$	$\bar{X}$	S	$\bar{X}_g$	S_g	X_{max}	X_{min}	CV	X_{me}	X_{mo}	分布类型	粗骨土背景值	浙江省背景值
Ag	1790	49.66	55.0	68.0	85.0	110	140	160	91.3	32.82	85.8	13.47	194	27.00	0.36	85.0	80.0	其他分布	80.0	100.0
As	18 097	1.71	2.21	3.26	4.95	7.34	10.14	11.86	5.60	3.06	4.78	2.96	15.08	0.36	0.55	4.95	10.10	其他后对数分布	10.10	10.10
Au	1771	0.54	0.61	0.83	1.20	1.73	2.43	2.90	1.36	0.72	1.20	1.69	3.70	0.15	0.53	1.20	1.40	剔除后对数分布	1.20	1.50
B	19 030	8.75	11.47	16.97	26.90	45.11	67.4	75.8	33.06	20.85	26.83	7.54	90.7	0.90	0.63	26.90	26.00	其他后对数分布	26.00	20.00
Ba	1850	288	334	424	574	738	924	1024	599	227	556	40.07	1267	116	0.38	574	499	其他分布	556	475
Be	1821	1.58	1.70	1.93	2.19	2.47	2.76	2.93	2.21	0.41	2.17	1.63	3.38	1.07	0.19	2.19	2.10	其他分布	2.17	2.00
Bi	1801	0.19	0.21	0.26	0.32	0.42	0.50	0.57	0.34	0.11	0.33	2.06	0.70	0.12	0.33	0.32	0.30	剔除后对数分布	0.30	0.28
Br	1822	1.90	2.15	2.80	4.48	6.80	9.36	11.00	5.14	2.83	4.44	2.84	14.00	0.91	0.55	4.48	3.70	其他分布	3.70	2.20
Cd	18 017	0.06	0.08	0.11	0.15	0.20	0.26	0.29	0.16	0.07	0.14	3.33	0.36	0.01	0.43	0.15	0.16	其他分布	0.16	0.14
Ce	1814	62.5	67.5	76.5	86.0	97.3	109	117	87.2	16.30	85.7	13.31	134	43.79	0.19	86.0	105	剔除后对数分布	85.7	102
Cl	1857	35.82	40.40	48.60	61.7	78.0	92.1	103	64.3	20.31	61.2	10.91	126	20.40	0.32	61.7	65.0	其他分布	61.2	71.0
Co	18 081	2.73	3.29	4.56	6.71	10.80	16.20	18.86	8.28	4.96	6.98	3.53	23.70	0.38	0.60	6.71	10.30	其他分布	10.30	14.80
Cr	18 541	11.20	13.82	19.76	31.10	53.6	79.1	88.7	39.09	24.89	31.88	8.09	118	1.06	0.64	31.10	33.00	其他分布	33.00	82.0
Cu	18 305	6.61	8.00	10.89	15.60	24.50	35.30	40.40	18.77	10.56	16.11	5.50	51.3	1.45	0.56	15.60	11.00	其他分布	11.00	16.00
F	1840	274	307	372	465	585	717	790	490	159	465	35.13	957	88.0	0.32	465	465	剔除后正态分布	465	453
Ga	1863	13.21	14.20	15.90	17.50	19.30	20.80	21.90	17.55	2.58	17.36	5.27	24.60	10.70	0.15	17.50	17.00	剔除后正态分布	17.55	16.00
Ge	17 762	1.09	1.16	1.27	1.40	1.54	1.69	1.79	1.41	0.20	1.40	1.27	1.97	0.86	0.14	1.40	1.46	其他分布	1.46	1.44
Hg	17 821	0.030	0.037	0.050	0.068	0.094	0.127	0.148	0.075	0.035	0.067	4.808	0.186	0.002	0.467	0.068	0.110	其他分布	0.110	0.110
I	1839	0.90	1.08	1.67	3.12	5.53	8.48	10.14	3.97	2.86	3.04	2.74	12.60	0.30	0.72	3.12	1.30	其他分布	1.30	1.70
La	1849	31.58	34.28	39.10	44.20	49.40	54.5	58.1	44.38	7.83	43.68	9.00	66.1	23.30	0.18	44.20	47.00	剔除后正态分布	44.38	41.00
Li	1872	19.03	21.00	24.60	30.20	36.90	43.09	47.00	31.28	8.65	30.10	7.20	56.7	12.20	0.28	30.20	29.00	其他分布	30.10	25.00
Mn	18 562	140	172	259	406	657	941	1092	486	293	403	34.69	1358	28.33	0.60	406	354	其他分布	354	440
Mo	17 667	0.44	0.51	0.65	0.85	1.15	1.53	1.78	0.94	0.40	0.86	1.53	2.22	0.12	0.43	0.85	0.76	偏峰分布	0.76	0.66
N	18 796	0.53	0.70	0.99	1.31	1.69	2.09	2.33	1.36	0.53	1.24	1.63	2.84	0.09	0.39	1.31	1.14	其他分布	1.14	1.28
Nb	1850	16.50	17.70	19.50	22.06	25.20	28.70	30.81	22.54	4.32	22.13	6.12	34.60	10.57	0.19	22.06	20.00	剔除后对数分布	22.13	16.83
Ni	17 877	4.00	5.00	6.96	10.30	17.90	30.70	37.13	14.01	10.02	11.14	4.71	44.44	0.19	0.71	10.30	11.00	其他分布	11.00	35.00
P	18 293	0.18	0.25	0.39	0.56	0.78	1.03	1.19	0.60	0.30	0.52	1.94	1.49	0.01	0.49	0.56	0.41	其他分布	0.41	0.60
Pb	17 904	20.90	23.93	28.90	33.71	39.01	45.60	50.00	34.24	8.44	33.17	7.86	58.4	11.84	0.25	33.71	30.00	其他分布	30.00	32.00

续表 4-23

元素/指标	N	$X_{5\%}$	$X_{10\%}$	$X_{25\%}$	$X_{50\%}$	$X_{75\%}$	$X_{90\%}$	$X_{95\%}$	$\overline{X}$	S	$\overline{X}_g$	S_g	X_{max}	X_{min}	CV	X_{me}	X_{mo}	分布类型	粗骨土背景值	浙江省背景值
Rb	1838	88.0	99.5	115	130	145	159	167	130	23.49	128	16.72	193	68.0	0.18	130	122	剔除后正态分布	130	120
S	1871	125	146	180	234	302	363	408	244	86.9	227	23.03	493	0.19	0.36	234	186	偏峰分布	186	248
Sb	1766	0.36	0.41	0.48	0.59	0.74	0.92	1.05	0.63	0.20	0.60	1.56	1.23	0.19	0.32	0.59	0.53	剔除后对数分布	0.60	0.53
Sc	1873	5.40	5.90	6.90	8.30	9.80	11.50	12.72	8.49	2.17	8.22	3.43	14.57	3.29	0.26	8.30	7.80	剔除后对数分布	8.22	8.70
Se	18 179	0.13	0.15	0.19	0.25	0.35	0.45	0.52	0.28	0.12	0.25	2.41	0.63	0.02	0.42	0.25	0.20	其他分布	0.20	0.21
Sn	1766	2.47	2.78	3.25	4.00	5.11	6.70	7.74	4.37	1.58	4.12	2.42	9.26	0.60	0.36	4.00	3.60	其他分布	3.60	3.60
Sr	1930	31.95	36.60	47.51	64.4	91.0	122	155	75.2	44.14	66.2	11.78	480	17.30	0.59	64.4	65.0	对数正态分布	66.2	105
Th	1841	10.30	11.20	13.00	14.79	16.63	18.90	20.50	14.90	2.96	14.60	4.82	23.00	7.00	0.20	14.79	14.70	剔除后对数分布	14.60	13.30
Ti	1877	2698	2962	3469	4128	4818	5430	5781	4164	939	4055	121	6922	1451	0.23	4128	4129	剔除后对数分布	4164	4665
Tl	4565	0.44	0.50	0.63	0.78	0.93	1.07	1.16	0.78	0.22	0.75	1.39	1.39	0.20	0.28	0.78	0.81	剔除后对数分布	0.75	0.70
U	1821	2.36	2.55	2.90	3.29	3.70	4.16	4.44	3.32	0.62	3.26	2.05	5.14	1.61	0.19	3.29	3.10	其他分布	3.26	2.90
V	18 336	23.92	29.18	39.10	54.6	83.3	113	128	63.6	32.49	55.9	10.72	167	5.08	0.51	54.6	102	其他分布	102	106
W	1811	1.36	1.50	1.73	2.00	2.39	2.80	3.06	2.08	0.51	2.02	1.62	3.60	0.78	0.24	2.00	1.81	偏峰分布	1.81	1.80
Y	1875	18.50	20.00	22.30	25.50	28.71	31.63	33.79	25.61	4.62	25.18	6.49	38.97	12.55	0.18	25.50	27.00	剔除后对数分布	25.18	25.00
Zn	18 467	43.04	50.8	62.7	78.3	98.0	119	131	81.7	26.46	77.4	12.82	160	9.32	0.32	78.3	101	偏峰分布	101	101
Zr	1846	215	238	270	311	355	395	426	314	62.2	308	27.74	496	164	0.20	311	330	剔除后正态分布	314	243
SiO_2	1887	64.8	66.6	69.3	72.2	74.9	77.5	79.1	72.1	4.21	72.0	11.80	83.4	61.1	0.06	72.2	73.1	剔除后正态分布	72.1	71.3
Al_2O_3	1930	10.43	11.02	12.12	13.34	14.65	15.88	16.77	13.42	1.90	13.28	4.51	22.49	7.86	0.14	13.34	12.90	正态分布	13.42	13.20
TFe_2O_3	1930	2.21	2.44	2.86	3.52	4.35	5.37	6.03	3.74	1.30	3.56	2.21	16.36	1.31	0.35	3.52	3.56	对数正态分布	3.56	3.74
MgO	1930	0.34	0.38	0.46	0.59	0.80	1.08	1.34	0.69	0.37	0.62	1.68	4.60	0.19	0.54	0.59	0.50	对数正态分布	0.62	0.50
CaO	1750	0.13	0.15	0.20	0.26	0.38	0.53	0.64	0.31	0.15	0.27	2.45	0.78	0.06	0.49	0.26	0.24	其他分布	0.24	0.24
Na_2O	1930	0.19	0.25	0.42	0.65	0.97	1.31	1.53	0.74	0.45	0.61	2.00	3.67	0.07	0.61	0.65	0.50	对数正态分布	0.61	0.19
K_2O	19 161	1.21	1.54	2.14	2.70	3.23	3.72	4.01	2.67	0.83	2.52	1.93	4.89	0.49	0.31	2.70	2.35	剔除后对数分布	2.35	2.35
TC	1845	0.81	0.95	1.22	1.52	1.91	2.36	2.62	1.60	0.54	1.51	1.54	3.15	0.31	0.34	1.52	1.40	剔除后正态分布	1.51	1.43
Corg	17 397	0.55	0.71	1.00	1.32	1.70	2.09	2.34	1.36	0.53	1.25	1.63	2.85	0.04	0.39	1.32	1.41	偏峰分布	1.41	1.31
pH	18 042	4.34	4.48	4.75	5.05	5.41	5.85	6.13	4.84	4.75	5.11	2.57	6.67	3.63	0.98	5.05	5.02	其他分布	5.02	5.10

注：Tl 原始样本数为 4711 件，Corg 为 17 995 件，Ge 为 18 181 件，Mo 为 19 329 件，V 为 19 330 件，B、Co、Mn、P、K_2O 为 19 331 件，N 为 19 336 件，Cr 为 19 337 件，As、Cd、Cu、Hg、Ni、Pb、Se、Zn、pH 为 19 338 件，其他元素为 1930 件/指标为 1930 件。

第四章 土壤元素背景值

表 4-24 石灰岩土土壤元素背景值参数统计表

元素/指标	N	$X_{5\%}$	$X_{10\%}$	$X_{25\%}$	$X_{50\%}$	$X_{75\%}$	$X_{90\%}$	$X_{95\%}$	$\overline{X}$	S	$\overline{X}_g$	S_g	X_{max}	X_{min}	CV	X_{me}	X_{mo}	分布类型	石灰岩土背景值	浙江省背景值
Ag	426	62.0	70.0	90.0	140	210	305	360	165	95.2	142	18.34	450	41.00	0.58	140	180	其他分布	180	100.0
As	3349	4.17	5.43	7.93	13.20	21.92	33.84	40.72	16.49	11.22	13.10	5.25	51.9	0.54	0.68	13.20	14.20	其他分布	14.20	10.10
Au	453	0.77	0.90	1.37	1.98	2.92	4.35	5.94	3.65	22.59	2.05	2.18	479	0.23	6.20	1.98	2.67	对数正态分布	2.05	1.50
B	3458	30.70	38.26	50.8	63.1	75.1	90.3	99.8	63.6	19.78	60.1	10.98	117	11.86	0.31	63.1	61.9	其他分布	61.9	20.00
Ba	423	320	348	442	797	1411	1955	2355	1012	678	816	52.0	3199	203	0.67	797	368	其他分布	368	475
Be	439	1.43	1.61	1.98	2.38	2.68	2.97	3.13	2.33	0.52	2.27	1.70	3.78	0.92	0.22	2.38	2.48	剔除后正态分布	2.33	2.00
Bi	403	0.32	0.35	0.41	0.49	0.57	0.66	0.73	0.50	0.13	0.49	1.63	0.90	0.24	0.25	0.49	0.48	剔除后正态分布	0.50	0.28
Br	453	2.10	2.40	3.07	4.20	6.00	7.76	8.83	4.73	2.25	4.27	2.56	16.19	1.12	0.48	4.20	3.40	对数正态分布	4.27	2.20
Cd	3626	0.10	0.13	0.20	0.37	0.67	1.11	1.60	0.61	1.15	0.38	2.83	26.03	0.01	1.86	0.37	0.28	其他分布	0.38	0.14
Ce	423	68.5	73.0	81.7	105	158	207	231	125	54.6	114	16.23	304	40.20	0.44	105	110	其他分布	110	102
Cl	453	31.42	34.00	39.60	47.20	58.5	70.2	80.1	50.5	15.90	48.41	9.33	126	24.00	0.31	47.20	39.00	对数正态分布	48.41	71.0
Co	3570	6.33	7.54	10.16	13.40	16.66	19.41	21.29	13.51	4.56	12.65	4.56	26.63	1.23	0.34	13.40	12.40	剔除后正态分布	13.51	14.80
Cr	3516	35.58	43.90	58.7	72.4	83.4	93.9	100.0	70.6	19.36	67.5	11.63	122	19.55	0.27	72.4	75.0	其他分布	75.0	82.0
Cu	3526	13.89	16.91	22.10	30.90	41.20	51.0	57.8	32.52	13.41	29.65	7.51	71.6	1.00	0.41	30.90	24.00	偏峰分布	24.00	16.00
F	443	332	417	592	846	1073	1343	1460	854	341	781	48.52	1834	199	0.40	846	308	偏峰分布	854	453
Ga	440	12.90	13.90	15.90	17.85	19.10	20.30	21.00	17.45	2.43	17.27	5.21	23.50	11.10	0.14	17.85	18.30	剔除后对数分布	18.30	16.00
Ge	3411	1.16	1.23	1.34	1.48	1.64	1.81	1.91	1.50	0.22	1.48	1.30	2.13	0.88	0.15	1.48	1.39	剔除后对数分布	1.48	1.44
Hg	3409	0.049	0.058	0.076	0.102	0.138	0.180	0.210	0.111	0.048	0.102	3.785	0.257	0.017	0.430	0.102	0.110	其他分布	0.102	0.110
I	453	0.80	1.06	1.71	2.76	4.59	6.65	7.84	3.37	2.31	2.68	2.43	14.50	0.40	0.69	2.76	1.94	对数正态分布	2.68	1.70
La	432	38.58	40.40	43.40	45.80	48.50	50.6	51.7	45.68	4.03	45.49	9.13	55.8	35.00	0.09	45.80	46.70	对数正态分布	45.68	41.00
Li	453	28.60	30.83	36.20	43.20	50.7	62.0	68.4	45.41	14.21	43.60	9.05	166	18.10	0.31	43.20	43.70	对数正态分布	43.60	25.00
Mn	3501	155	186	256	380	579	771	893	435	228	378	32.76	1124	31.00	0.52	380	615	其他分布	615	440
Mo	3247	0.47	0.54	0.72	1.13	2.03	3.39	4.22	1.57	1.18	1.23	2.01	5.59	0.19	0.75	1.13	0.64	其他分布	0.64	0.66
N	3626	0.75	0.91	1.20	1.52	1.88	2.23	2.47	1.55	0.54	1.46	1.55	4.67	0.22	0.34	1.52	1.77	对数正态分布	1.46	1.28
Nb	433	15.36	15.80	16.80	18.00	19.50	21.06	22.34	18.23	2.13	18.11	5.35	24.20	12.72	0.12	18.00	16.80	剔除后对数分布	18.11	16.83
Ni	3520	11.70	15.51	21.89	31.73	39.80	46.90	51.8	31.29	12.24	28.50	7.39	67.4	2.38	0.39	31.73	39.00	其他分布	39.00	35.00
P	3626	0.31	0.38	0.51	0.71	0.97	1.27	1.54	0.80	0.44	0.70	1.70	6.17	0.10	0.56	0.71	0.79	对数正态分布	0.70	0.60
Pb	3330	23.50	25.60	28.76	32.34	36.87	42.36	46.08	33.17	6.57	32.53	7.55	52.6	15.60	0.20	32.34	32.00	其他分布	32.00	32.00

续表 4-24

元素/指标	N	$X_{5\%}$	$X_{10\%}$	$X_{25\%}$	$X_{50\%}$	$X_{75\%}$	$X_{90\%}$	$X_{95\%}$	$\bar{X}$	S	$\bar{X}_g$	S_g	X_{max}	X_{min}	CV	X_{me}	X_{mo}	分布类型	石灰岩土背景值	浙江省背景值
Rb	453	72.0	82.1	100.0	116	131	144	156	116	25.89	113	15.45	276	54.0	0.22	116	119	正态分布	116	120
S	453	173	198	232	282	330	400	448	293	95.2	280	25.75	997	113	0.33	282	288	对数正态分布	280	248
Sb	453	0.67	0.79	1.14	1.89	2.96	4.71	6.29	2.60	3.34	1.95	2.23	58.9	0.50	1.29	1.89	2.20	对数正态分布	1.95	0.53
Sc	453	7.50	7.97	9.10	10.20	11.10	12.20	13.14	10.17	1.73	10.02	3.80	16.40	4.71	0.17	10.20	10.70	正态分布	10.17	8.70
Se	3416	0.22	0.26	0.32	0.43	0.58	0.75	0.85	0.47	0.19	0.43	1.86	1.05	0.04	0.41	0.43	0.41	剔除后对数分布	0.43	0.21
Sn	415	3.16	3.54	4.23	5.14	6.67	8.24	9.83	5.61	1.99	5.27	2.77	11.90	0.73	0.35	5.14	5.45	剔除后对数分布	5.27	3.60
Sr	453	31.86	34.22	39.70	46.30	59.5	75.4	94.0	53.1	24.03	49.63	9.47	296	23.60	0.45	46.30	41.60	对数正态分布	49.63	105
Th	453	10.60	11.40	12.70	14.10	15.20	16.50	17.20	14.05	2.25	13.88	4.58	34.10	8.40	0.16	14.10	14.60	正态分布	14.05	13.30
Ti	453	3926	4265	4728	5122	5471	5820	6101	5088	693	5037	138	7606	2258	0.14	5122	5034	正态分布	5088	4665
Tl	609	0.50	0.55	0.66	0.80	0.98	1.18	1.32	0.85	0.28	0.81	1.38	2.50	0.40	0.33	0.80	0.71	对数正态分布	0.81	0.70
U	453	2.37	2.64	3.06	3.65	4.58	6.22	8.27	4.22	2.14	3.90	2.39	26.20	2.00	0.51	3.65	3.86	对数正态分布	3.90	2.90
V	3457	53.1	61.6	78.4	102	135	168	191	109	41.69	102	14.90	236	17.30	0.38	102	102	剔除后对数分布	102	106
W	412	1.51	1.67	1.92	2.26	2.66	3.16	3.58	2.34	0.60	2.27	1.73	4.22	1.05	0.26	2.26	2.02	正态分布	2.27	1.80
Y	453	20.96	22.92	25.70	28.30	31.30	34.39	36.44	28.69	5.15	28.25	7.01	63.6	13.27	0.18	28.30	28.00	正态分布	28.69	25.00
Zn	3436	48.98	58.3	75.8	98.9	119	143	158	99.5	32.47	93.9	14.22	193	18.70	0.33	98.9	108	其他分布	108	101
Zr	453	169	176	191	221	265	308	334	234	56.8	228	22.91	562	130	0.24	221	226	对数正态分布	228	243
SiO_2	453	63.4	65.9	68.8	70.9	73.9	76.4	77.5	71.0	4.36	70.9	11.71	83.2	54.5	0.06	70.9	70.2	正态分布	71.0	71.3
Al_2O_3	453	10.26	10.86	11.80	12.70	13.50	14.23	14.80	12.66	1.44	12.58	4.33	17.91	8.62	0.11	12.70	12.10	正态分布	12.66	13.20
TFe_2O_3	453	3.47	3.81	4.43	5.11	5.77	6.21	6.55	5.07	0.97	4.98	2.60	8.21	2.10	0.19	5.11	5.26	对数正态分布	5.07	3.74
MgO	453	0.52	0.62	0.83	1.28	1.88	2.39	2.80	1.44	0.77	1.26	1.72	6.22	0.39	0.53	1.28	0.72	对数正态分布	1.26	0.50
CaO	403	0.19	0.22	0.29	0.40	0.61	0.90	1.11	0.49	0.29	0.42	2.13	1.48	0.08	0.58	0.40	0.35	剔除后对数分布	0.42	0.24
Na_2O	453	0.13	0.15	0.19	0.25	0.36	0.51	0.65	0.30	0.18	0.27	2.60	1.50	0.09	0.60	0.25	0.19	对数正态分布	0.27	0.19
K_2O	3626	1.22	1.40	1.81	2.31	2.81	3.28	3.63	2.34	0.73	2.22	1.74	6.02	0.47	0.31	2.31	2.63	对数正态分布	2.22	2.35
TC	427	0.94	1.12	1.34	1.62	1.92	2.29	2.48	1.66	0.45	1.60	1.47	2.94	0.47	0.27	1.62	1.62	剔除后正态分布	1.66	1.43
Corg	3361	0.68	0.83	1.09	1.39	1.73	2.11	2.34	1.43	0.49	1.34	1.54	2.77	0.11	0.34	1.39	1.50	剔除后对数分布	1.34	1.31
pH	3626	4.63	4.83	5.20	5.72	6.66	7.74	7.96	5.25	4.96	5.98	2.85	8.74	3.87	0.95	5.72	5.20	其他分布	5.20	5.10

注：Tl 原始样本数为 609 件，Corg 为 3441 件，Ge 为 3534 件，As、B、Cd、Co、Cr、Cu、Hg、Mn、Mo、N、Ni、P、Pb、Se、V、Zn、K_2O、pH 为 3626 件，其他元素/指标为 453 件。

第四章 土壤元素背景值

表 4-25 紫色土土壤元素背景值参数统计表

元素/指标	N	$X_{5\%}$	$X_{10\%}$	$X_{25\%}$	$X_{50\%}$	$X_{75\%}$	$X_{90\%}$	$X_{95\%}$	$\bar{X}$	S	$\bar{X}_g$	S_g	X_{max}	X_{min}	CV	X_{me}	X_{mo}	分布类型	紫色土背景值	浙江省背景值
Ag	878	50.00	55.0	65.0	78.0	93.0	110	120	80.4	21.73	77.5	12.60	142	30.00	0.27	78.0	70.0	偏峰分布	70.0	100.0
As	13 931	2.26	2.78	3.80	5.28	7.35	9.89	11.40	5.83	2.73	5.22	2.94	14.00	0.17	0.47	5.28	4.60	其他分布	4.60	10.10
Au	924	0.59	0.70	0.91	1.27	1.90	3.04	4.42	1.73	1.61	1.38	1.87	21.90	0.33	0.93	1.27	0.79	对数正态分布	1.38	1.50
B	14 581	12.00	15.44	23.10	34.62	49.40	64.1	71.4	37.31	18.24	32.50	8.06	89.9	0.90	0.49	34.62	24.10	其他分布	24.10	20.00
Ba	924	280	320	379	490	633	766	853	524	202	491	37.19	2228	144	0.39	490	415	对数正态分布	491	475
Be	924	1.45	1.55	1.70	1.96	2.25	2.58	2.80	2.04	0.58	1.99	1.58	11.50	1.01	0.29	1.96	1.70	对数正态分布	1.99	2.00
Bi	884	0.20	0.22	0.26	0.30	0.37	0.43	0.46	0.31	0.08	0.30	2.06	0.55	0.11	0.26	0.30	0.26	其他分布	0.26	0.28
Br	849	1.50	1.75	2.03	2.34	3.10	3.98	4.58	2.63	0.90	2.50	1.89	5.52	1.05	0.34	2.34	2.20	其他分布	2.20	2.20
Cd	13 836	0.07	0.08	0.12	0.16	0.21	0.26	0.30	0.17	0.07	0.15	3.25	0.37	0.01	0.42	0.16	0.14	其他分布	0.14	0.14
Ce	889	60.4	63.8	70.1	76.7	85.7	95.5	102	78.5	12.44	77.5	12.39	113	45.62	0.16	76.7	73.8	偏峰分布	73.8	102
Cl	924	30.41	33.20	40.20	51.0	65.6	82.8	91.6	55.3	21.32	51.8	9.94	182	21.10	0.39	51.0	51.0	对数正态分布	51.8	71.0
Co	13 773	3.50	4.28	5.61	7.55	10.50	14.04	16.10	8.39	3.77	7.58	3.45	19.80	0.60	0.45	7.55	10.10	其他分布	10.10	14.80
Cr	14 224	15.11	18.40	25.60	36.10	51.4	67.9	76.0	39.78	18.66	35.41	8.13	95.2	1.60	0.47	36.10	32.00	其他分布	32.00	82.0
Cu	13 760	8.70	10.70	14.00	17.80	22.50	28.50	32.20	18.72	6.83	17.44	5.43	38.73	2.43	0.37	17.80	17.40	其他分布	17.40	16.00
F	867	296	322	375	449	550	675	745	474	133	456	34.88	857	166	0.28	449	388	剔除后对数分布	456	453
Ga	924	11.29	12.18	13.72	15.50	17.40	19.17	20.20	15.64	2.85	15.38	4.93	28.10	8.20	0.18	15.50	16.00	正态分布	15.64	16.00
Ge	12 407	1.23	1.29	1.38	1.48	1.60	1.73	1.81	1.50	0.17	1.49	1.29	1.98	1.02	0.12	1.48	1.46	其他分布	1.46	1.44
Hg	13 831	0.027	0.034	0.046	0.065	0.092	0.123	0.143	0.072	0.035	0.064	4.955	0.179	0.003	0.483	0.065	0.110	其他分布	0.110	0.110
I	869	0.63	0.79	0.99	1.34	2.21	3.27	3.92	1.71	0.99	1.47	1.82	4.76	0.10	0.58	1.34	0.86	其他分布	0.86	1.70
La	924	32.91	34.88	38.39	42.82	48.40	54.6	59.2	43.84	8.38	43.08	8.84	86.6	19.60	0.19	42.82	40.80	对数正态分布	43.08	41.00
Li	885	23.33	25.10	29.00	34.41	39.20	44.99	48.57	34.58	7.53	33.74	7.66	55.7	15.78	0.22	34.41	34.90	剔除后正态分布	34.58	25.00
Mn	14 022	141	168	228	329	476	658	755	372	187	328	29.01	925	41.30	0.50	329	250	其他分布	250	440
Mo	13 688	0.42	0.48	0.60	0.75	0.97	1.24	1.41	0.81	0.29	0.76	1.49	1.71	0.12	0.36	0.75	0.70	偏峰分布	0.70	0.66
N	14 391	0.53	0.67	0.91	1.20	1.52	1.85	2.06	1.23	0.45	1.14	1.55	2.50	0.09	0.37	1.20	1.28	其他分布	1.28	1.28
Nb	877	15.59	16.47	18.15	20.10	22.30	24.90	26.52	20.36	3.27	20.10	5.73	29.41	11.94	0.16	20.10	20.80	偏峰分布	20.80	16.83
Ni	13 792	5.18	6.20	8.10	11.50	16.45	22.46	26.30	12.96	6.38	11.50	4.35	32.53	1.10	0.49	11.50	10.10	对数分布	10.10	35.00
P	13 824	0.19	0.24	0.34	0.47	0.65	0.87	1.00	0.52	0.24	0.46	1.92	1.25	0.03	0.46	0.47	0.47	其他分布	0.47	0.60
Pb	14 025	21.60	23.60	26.72	30.20	34.00	38.10	40.80	30.53	5.66	29.99	7.22	46.40	15.18	0.19	30.20	30.20	其他分布	30.20	32.00

续表 4-25

元素/指标	N	$X_{5\%}$	$X_{10\%}$	$X_{25\%}$	$X_{50\%}$	$X_{75\%}$	$X_{90\%}$	$X_{95\%}$	$\overline{X}$	S	$\overline{X}_g$	S_g	X_{max}	X_{min}	CV	X_{me}	X_{mo}	分布类型	紫色土背景值	浙江省背景值
Rb	924	73.0	79.7	93.0	112	132	151	163	114	28.11	111	15.45	218	35.89	0.25	112	114	正态分布	114	120
S	902	123	138	169	220	272	324	361	227	72.7	215	22.25	435	40.00	0.32	220	211	剔除后正态分布	227	248
Sb	865	0.40	0.44	0.55	0.69	0.87	1.08	1.21	0.73	0.25	0.69	1.50	1.50	0.11	0.34	0.69	0.55	剔除后对数正态分布	0.69	0.53
Sc	867	5.50	6.00	6.79	7.70	8.80	10.06	10.87	7.87	1.62	7.71	3.30	12.51	3.88	0.21	7.70	7.30	剔除后对数正态分布	7.71	8.70
Se	14 030	0.12	0.14	0.17	0.22	0.29	0.36	0.40	0.24	0.08	0.22	2.58	0.49	0.03	0.36	0.22	0.17	其他分布	0.17	0.21
Sn	924	2.54	2.89	3.58	4.69	6.90	10.30	12.98	6.08	4.94	5.14	2.92	74.7	1.40	0.81	4.69	4.50	对数正态分布	5.14	3.60
Sr	877	32.62	37.20	46.51	61.8	86.8	117	133	69.7	30.72	63.5	11.32	162	14.60	0.44	61.8	55.4	对数正态分布	63.5	105
Th	924	9.76	10.70	12.05	13.61	15.40	17.50	18.94	13.92	2.90	13.62	4.57	30.50	4.58	0.21	13.61	13.00	剔除后对数正态分布	13.62	13.30
Ti	876	2947	3355	3760	4193	4742	5275	5569	4251	760	4182	124	6405	2139	0.18	4193	4726	其他分布	4251	4665
Tl	4411	0.45	0.49	0.56	0.66	0.77	0.88	0.95	0.67	0.15	0.66	1.40	1.10	0.25	0.23	0.66	0.63	剔除后对数正态分布	0.63	0.70
U	899	2.20	2.38	2.67	2.99	3.37	3.76	4.03	3.03	0.53	2.99	1.93	4.50	1.60	0.18	2.99	2.71	其他分布	2.99	2.90
V	13713	32.03	37.80	47.80	60.3	77.2	94.5	105	63.5	21.95	59.6	10.72	129	7.03	0.35	60.3	101	偏峰分布	101	106
W	879	1.34	1.45	1.63	1.85	2.14	2.49	2.71	1.91	0.40	1.87	1.52	3.03	1.02	0.21	1.85	1.60	剔除后对数正态分布	1.87	1.80
Y	868	19.31	20.66	22.70	25.10	27.70	31.11	33.10	25.44	4.06	25.12	6.46	37.20	14.42	0.16	25.10	24.70	剔除后对数正态分布	25.12	25.00
Zn	14 068	43.60	48.40	56.9	67.7	81.8	97.8	107	70.5	18.93	68.0	11.50	126	20.03	0.27	67.7	59.0	其他分布	59.0	101
Zr	924	234	245	272	319	360	401	438	322	64.2	316	27.66	566	118	0.20	319	272	正态分布	322	243
SiO_2	891	68.0	69.6	72.4	75.0	78.0	80.1	81.1	74.9	4.09	74.8	12.06	86.1	63.1	0.05	75.0	74.4	剔除后正态分布	74.9	71.3
Al_2O_3	924	9.53	10.01	10.86	12.14	13.33	14.81	15.83	12.30	1.95	12.15	4.29	21.23	7.55	0.16	12.14	11.90	对数正态分布	12.15	13.20
TFe_2O_3	879	2.41	2.62	3.08	3.65	4.36	4.99	5.45	3.75	0.92	3.64	2.20	6.37	1.46	0.25	3.65	2.80	剔除后正态分布	3.75	3.74
MgO	924	0.40	0.45	0.55	0.71	0.91	1.16	1.35	0.77	0.32	0.72	1.53	2.93	0.21	0.42	0.71	0.55	对数正态分布	0.72	0.50
CaO	924	0.15	0.17	0.23	0.34	0.49	0.76	1.04	0.44	0.39	0.35	2.37	4.35	0.08	0.89	0.34	0.26	对数正态分布	0.35	0.24
Na_2O	917	0.17	0.21	0.36	0.62	0.92	1.19	1.36	0.67	0.37	0.56	2.10	1.76	0.10	0.55	0.62	0.64	其他分布	0.64	0.19
K_2O	14 633	1.20	1.40	1.80	2.34	2.86	3.35	3.64	2.36	0.74	2.23	1.78	4.46	0.24	0.32	2.34	2.35	其他分布	2.35	2.35
TC	924	0.79	0.87	1.05	1.25	1.50	1.84	2.09	1.32	0.45	1.27	1.39	7.09	0.44	0.34	1.25	1.27	对数正态分布	1.27	1.43
Corg	12 134	0.48	0.62	0.87	1.15	1.45	1.77	1.97	1.17	0.44	1.08	1.57	2.40	0.04	0.38	1.15	1.15	剔除后对数正态分布	1.08	1.31
pH	13 711	4.33	4.51	4.81	5.14	5.51	5.99	6.30	4.88	4.72	5.19	2.60	6.85	3.65	0.97	5.14	5.12	其他分布	5.12	5.10

注：Tl 原始样本数为 4540 件，Corg 为 12 451 件，Ge 为 12 800 件，V 为 14 448 件，B、Mn、Mo、P、K_2O 为 14 715 件，Se 为 14 716 件，Co 为 14 715 件，Hg 为 14 722 件，As、Cd、Cr、Cu、N、Ni、Pb、Zn、pH 为 14 723 件，其他元素/指标为 453 件。

第四章 土壤元素背景值

背景值明显高于浙江省背景值,是浙江省背景值的1.4倍以上,其中 Na_2O 背景值最高,是浙江省背景值的3.37倍;其他元素/指标背景值则与浙江省背景值基本接近。

六、水稻土土壤元素背景值

浙江省水稻土区土壤元素背景值数据经正态分布检验,结果表明,原始数据中TC符合对数正态分布,Ag、Cl、Ga、S、Th剔除异常值后符合对数正态分布,其他元素/指标不符合正态分布或对数正态分布(表4-26)。

表层土壤总体呈酸性,土壤pH背景值为5.11,极大值为8.23,极小值为3.24,基本接近于浙江省背景值。

在表层土壤各元素/指标中,绝大多数元素/指标变异系数在0.40以下,分布相对均匀;Cr、N、Corg、B、Br、Na_2O、Mn、MgO、Ni、I、CaO、Sn、Au、Hg、pH共15项元素/指标变异系数在0.40以上,其中pH变异系数在0.80以上,空间变异性较大。

与浙江省土壤元素背景值相比,水稻土区土壤元素背景值中Ce背景值略低于浙江省背景值,为浙江省背景值的73%;而 TFe_2O_3、Sc、Se、Bi背景值略高于浙江省背景值,为浙江省背景值的1.2~1.4倍;F、Au、Li、Br、Cu、Sn、MgO、B、CaO、Na_2O背景值明显高于浙江省背景值,是浙江省背景值的1.4倍以上,其中Li、Br、Cu、Sn、MgO、B、CaO、Na_2O明显相对富集,背景值是浙江省背景值的2.0倍以上,Na_2O背景值最高,是浙江省背景值的7.53倍;其他元素/指标背景值则与浙江省背景值基本接近。

七、潮土土壤元素背景值

浙江省潮土区土壤元素背景值数据经正态分布检验,结果表明,原始数据中Be、F、Sc、Th、Ti、Tl、SiO_2符合正态分布,Bi、Br、Ga、I、La、P、Rb、Sn、U、W、Al_2O_3、TFe_2O_3、TC符合对数正态分布,B、Ce、Zr剔除异常值后符合正态分布,Cl、S、Sb剔除异常值后符合对数正态分布,其他元素/指标不符合正态分布或对数正态分布(表4-27)。

表层土壤总体呈碱性,土壤pH背景值为8.02,极大值为9.13,极小值为3.73,明显高于浙江省背景值。

在表层土壤各元素/指标中,绝大多数元素/指标变异系数在0.40以下,分布相对均匀;Au、Bi、Hg、P、Br、I、CaO、Sn、pH共9项元素/指标变异系数在0.40以上,其中Sn和pH变异系数在0.80以上,空间变异性较大。

与浙江省土壤元素背景值相比,潮土区土壤元素背景值中Mo背景值明显偏低,为浙江省背景值的59%;As、Co、Pb、Ce、Corg背景值略低于浙江省背景值,为浙江省背景值的60%~80%;F、Sc、Au、Sb、Cd、Sr、Bi背景值略高于浙江省背景值,为浙江省背景值的1.2~1.4倍;CaO、Cu、P、I、Sn、Li、Br、B、MgO、Na_2O背景值明显高于浙江省背景值,在浙江省背景值的1.4倍以上,其中Li、Br、B、MgO、Na_2O明显相对富集,背景值是浙江省背景值的2.0倍以上,Na_2O背景值最高,是浙江省背景值的8.63倍;其他元素/指标背景值则与浙江省背景值基本接近。

八、滨海盐土土壤元素背景值

浙江省滨海盐土区土壤元素背景值数据经正态分布检验,结果表明,原始数据中Ce符合正态分布,Br、I、La、S、Th、U、W、Zr符合对数正态分布,Ag剔除异常值后符合正态分布,Au、Cl、Sn、TC、Corg剔除异常值后符合对数正态分布,其他元素/指标不符合正态分布或对数正态分布(表4-28)。

表层土壤总体呈碱性,土壤pH背景值为8.28,极大值为9.47,极小值为6.48,明显高于浙江省背景值。

在表层土壤各元素/指标中,绝大多数元素/指标变异系数在0.40以下,分布相对均匀;Bi、Cu、Mn、Corg、Mo、N、As、CaO、I、Br、pH、W、S共13项元素/指标变异系数在0.40以上,其中Br、pH、W、S变异系数在0.80以上,空间变异性较大。

表4-26 水稻土土壤元素背景值参数统计表

元素/指标	N	$X_{5\%}$	$X_{10\%}$	$X_{25\%}$	$X_{50\%}$	$X_{75\%}$	$X_{90\%}$	$X_{95\%}$	$\bar{X}$	S	$\bar{X}_g$	S_g	X_{max}	X_{min}	CV	X_{me}	X_{mo}	分布类型	水稻土背景值	浙江省背景值
Ag	4846	60.0	70.0	85.0	109	137	171	193	114	39.49	108	15.32	234	11.00	0.35	109	100.0	剔除后对数分布	108	100.0
As	102 459	2.75	3.57	5.13	6.96	8.69	10.50	11.80	7.01	2.66	6.43	3.27	14.59	0.10	0.38	6.96	10.10	其他分布	10.10	10.10
Au	4857	0.91	1.15	1.70	2.60	3.80	5.30	6.30	2.94	1.61	2.52	2.20	7.83	0.15	0.55	2.60	2.30	其他分布	2.30	1.50
B	104 494	13.41	18.50	34.54	57.1	68.0	76.4	82.0	52.0	21.82	45.47	10.38	118	0.90	0.42	57.1	63.7	其他分布	63.7	20.00
Ba	4764	349	390	453	491	557	649	702	507	97.7	497	36.21	777	262	0.19	491	479	其他分布	479	475
Be	5109	1.62	1.76	2.01	2.31	2.54	2.76	2.89	2.28	0.38	2.25	1.65	3.34	1.23	0.17	2.31	2.00	其他分布	2.00	2.00
Bi	4939	0.23	0.26	0.32	0.40	0.48	0.56	0.61	0.40	0.11	0.39	1.84	0.72	0.14	0.28	0.40	0.38	其他分布	0.38	0.28
Br	5017	1.96	2.19	2.81	4.10	5.50	7.05	7.97	4.36	1.87	3.97	2.53	9.90	0.98	0.43	4.10	4.80	其他分布	4.80	2.20
Cd	99 658	0.08	0.10	0.13	0.17	0.22	0.27	0.30	0.18	0.06	0.17	2.96	0.37	0.01	0.36	0.17	0.16	其他分布	0.16	0.14
Ce	4950	64.6	67.8	72.2	77.5	86.1	95.3	101	79.6	10.85	78.9	12.47	111	50.2	0.14	77.5	74.0	其他分布	74.0	102
Cl	4949	41.46	46.59	56.0	69.1	86.0	105	115	72.5	22.29	69.2	11.65	138	20.60	0.31	69.1	81.0	剔除后对数分布	69.2	71.0
Co	102 377	3.94	5.02	8.05	12.40	15.20	17.00	18.07	11.70	4.54	10.59	4.39	26.00	0.85	0.39	12.40	15.00	其他分布	15.00	14.80
Cr	105 962	18.30	23.90	41.99	71.4	85.8	93.9	98.7	64.7	26.71	57.2	11.59	152	0.20	0.41	71.4	82.0	其他分布	82.0	82.0
Cu	102 903	11.39	14.09	19.90	27.44	33.70	39.70	44.10	27.22	9.88	25.19	7.03	56.0	1.00	0.36	27.44	35.00	其他分布	35.00	16.00
F	5084	314	352	425	522	615	693	747	523	132	506	37.06	909	177	0.25	522	658	其他分布	658	453
Ga	5122	12.30	13.30	14.98	16.60	18.30	20.00	21.10	16.62	2.55	16.42	5.09	23.34	9.99	0.15	16.60	16.00	剔除后对数分布	16.42	16.00
Ge	74 858	1.19	1.25	1.34	1.44	1.54	1.63	1.69	1.44	0.15	1.43	1.26	1.84	1.04	0.10	1.44	1.46	其他分布	1.46	1.44
Hg	99 611	0.044	0.054	0.079	0.125	0.190	0.270	0.320	0.145	0.085	0.122	3.502	0.413	0.001	0.586	0.125	0.110	其他分布	0.110	0.110
I	4719	0.81	0.99	1.30	1.80	2.50	3.47	4.10	2.02	0.98	1.81	1.82	5.21	0.33	0.49	1.80	1.80	其他分布	1.80	1.70
La	5042	33.00	34.87	38.00	41.92	46.00	50.6	53.2	42.25	6.05	41.82	8.65	59.1	25.26	0.14	41.92	41.00	其他分布	41.00	41.00
Li	5174	22.20	25.49	31.60	40.00	48.40	54.1	58.0	40.02	10.95	38.43	8.43	72.3	14.80	0.27	40.00	53.0	其他分布	53.0	25.00
Mn	102 860	180	225	334	479	648	835	952	507	230	453	35.99	1169	1.31	0.45	479	482	其他分布	482	440
Mo	98 726	0.42	0.47	0.57	0.71	0.90	1.15	1.31	0.76	0.27	0.72	1.49	1.58	0.07	0.35	0.71	0.62	其他分布	0.62	0.66
N	105 394	0.68	0.83	1.12	1.55	2.09	2.57	2.84	1.63	0.67	1.49	1.70	3.59	0.02	0.41	1.55	1.30	其他分布	1.30	1.28
Nb	4949	14.30	15.00	16.73	18.50	20.80	23.30	24.80	18.86	3.13	18.60	5.43	27.73	10.30	0.17	18.50	16.83	其他分布	16.83	16.83
Ni	106 119	6.38	8.18	14.34	28.45	36.90	41.40	44.00	26.34	12.73	22.32	7.10	70.8	0.56	0.48	28.45	36.00	其他分布	36.00	35.00
P	100 891	0.32	0.39	0.52	0.68	0.89	1.13	1.28	0.72	0.28	0.67	1.60	1.56	0.04	0.39	0.68	0.63	其他分布	0.63	0.60
Pb	100 325	23.30	25.50	29.10	33.20	38.60	44.70	48.54	34.22	7.49	33.41	7.79	56.1	13.39	0.22	33.20	31.00	其他分布	31.00	32.00

第四章 土壤元素背景值

续表 4-26

元素/指标	N	$X_{5\%}$	$X_{10\%}$	$X_{25\%}$	$X_{50\%}$	$X_{75\%}$	$X_{90\%}$	$X_{95\%}$	$\bar{X}$	S	$\bar{X}_g$	S_g	X_{max}	X_{min}	CV	X_{me}	X_{mo}	分布类型	水稻土背景值	浙江省背景值
Rb	5061	81.5	89.9	104	118	130	143	149	117	20.17	115	15.60	171	63.9	0.17	118	120	其他分布	120	120
S	5041	157	182	232	296	368	442	486	305	99.1	288	26.44	588	50.00	0.33	296	282	剔除后对数分布	288	248
Sb	4834	0.45	0.49	0.56	0.68	0.85	1.03	1.15	0.72	0.21	0.69	1.43	1.39	0.10	0.30	0.68	0.55	其他分布	0.55	0.53
Sc	5160	6.24	6.94	8.43	10.50	12.34	13.73	14.50	10.42	2.58	10.08	3.93	17.94	3.33	0.25	10.50	11.40	其他分布	11.40	8.70
Se	103 100	0.14	0.16	0.21	0.28	0.35	0.42	0.47	0.29	0.10	0.27	2.26	0.57	0.01	0.34	0.28	0.28	其他分布	0.28	0.21
Sn	4911	2.95	3.50	4.78	7.45	10.90	14.80	17.30	8.37	4.46	7.25	3.65	22.33	0.60	0.53	7.45	8.20	其他分布	8.20	3.60
Sr	5109	39.73	48.38	68.7	103	114	124	134	93.2	29.99	87.3	13.63	180	15.80	0.32	103	113	其他分布	113	105
Th	5015	10.59	11.20	12.30	13.70	15.10	16.60	17.47	13.79	2.09	13.63	4.55	19.70	7.90	0.15	13.70	13.50	剔除后对数分布	13.63	13.30
Ti	4963	3496	3756	4103	4423	4841	5237	5432	4464	574	4427	128	6070	2920	0.13	4423	4312	其他分布	4312	4665
Tl	15 884	0.47	0.53	0.62	0.73	0.85	0.95	1.03	0.74	0.17	0.72	1.35	1.21	0.27	0.22	0.73	0.65	其他分布	0.65	0.70
U	5031	2.16	2.26	2.48	2.82	3.30	3.70	3.96	2.91	0.57	2.86	1.87	4.58	1.29	0.19	2.82	2.90	其他分布	2.90	2.90
V	102 738	36.30	44.00	63.6	91.2	107	116	121	85.4	27.83	79.9	13.30	174	7.57	0.33	91.2	106	其他分布	106	106
W	4874	1.41	1.54	1.70	1.89	2.11	2.38	2.55	1.92	0.33	1.89	1.50	2.85	1.04	0.17	1.89	1.82	其他分布	1.82	1.80
Y	5038	20.60	21.86	24.00	26.00	28.92	31.00	32.00	26.26	3.51	26.02	6.58	36.32	16.60	0.13	26.00	29.00	其他分布	29.00	25.00
Zn	102 677	52.0	59.2	73.7	90.6	106	121	132	90.6	23.85	87.3	13.69	158	24.27	0.26	90.6	102	其他分布	102	101
Zr	5081	198	212	235	265	319	362	388	278	58.5	273	25.51	454	126	0.21	265	243	其他分布	243	243
SiO₂	5171	63.4	65.0	67.1	70.1	74.1	77.5	79.3	70.7	4.91	70.5	11.65	84.5	56.7	0.07	70.1	68.7	其他分布	68.7	71.3
Al₂O₃	5147	10.20	10.85	12.06	13.55	14.59	15.33	15.81	13.30	1.74	13.18	4.49	18.20	8.29	0.13	13.55	13.97	其他分布	13.97	13.20
TFe₂O₃	5132	2.60	2.90	3.51	4.28	4.94	5.55	5.93	4.25	1.01	4.12	2.38	7.14	1.35	0.24	4.28	4.66	其他分布	4.66	3.74
MgO	5172	0.40	0.46	0.63	1.07	1.47	1.65	1.79	1.07	0.48	0.95	1.65	2.64	0.22	0.45	1.07	1.56	其他分布	1.56	0.50
CaO	5021	0.19	0.24	0.38	0.70	0.98	1.14	1.31	0.71	0.36	0.60	1.96	1.87	0.06	0.52	0.70	0.98	其他分布	0.98	0.24
Na₂O	5184	0.21	0.33	0.69	1.11	1.40	1.57	1.66	1.04	0.46	0.89	1.88	2.35	0.08	0.44	1.11	1.43	其他分布	1.43	0.19
K₂O	101 111	1.51	1.76	2.11	2.43	2.70	3.02	3.23	2.41	0.49	2.35	1.72	3.69	1.13	0.20	2.43	2.51	其他分布	2.51	2.35
TC	5186	0.93	1.06	1.29	1.61	1.96	2.34	2.57	1.66	0.51	1.59	1.50	6.17	0.38	0.31	1.61	1.70	对数正态分布	1.59	1.43
Corg	76 226	0.65	0.80	1.09	1.47	1.97	2.48	2.79	1.56	0.64	1.42	1.70	3.39	0.01	0.41	1.47	1.12	其他分布	1.12	1.31
pH	105 306	4.51	4.71	5.08	5.59	6.31	7.17	7.72	5.12	4.80	5.76	2.77	8.23	3.24	0.94	5.59	5.11	其他分布	5.11	5.10

注：Tl 原始样本数为 16 311 件，Ge 为 77 524 件，Corg 为 77 823 件，V 为 104 039 件，Co 104 173 件，Mo 为 104 735 件，Mn 为 106 039 件，B 为 106 678 件，P 为 106 702 件，K₂O 为 106 773 件，Cr、Pb、Zn 为 106 895 件，Hg、Se 为 106 925 件，Cd、Cu、Ni 为 106 926 件，As、pH 为 106 922 件，N 为 106 629 件，其他元素/指标为 5186 件。

233

表 4-27 潮土土壤元素背景值参数统计表

元素/指标	N	$X_{5\%}$	$X_{10\%}$	$X_{25\%}$	$X_{50\%}$	$X_{75\%}$	$X_{90\%}$	$X_{95\%}$	$\overline{X}$	S	$\overline{X}_g$	S_g	X_{max}	X_{min}	CV	X_{me}	X_{mo}	分布类型	潮土背景值	浙江省背景值
Ag	437	66.0	71.0	82.0	97.0	122	154	170	105	32.52	100.0	14.32	205	18.00	0.31	97.0	82.0	其他分布	82.0	100.0
As	8320	3.73	4.18	5.21	6.65	8.39	10.28	11.41	6.95	2.34	6.56	3.11	13.67	0.30	0.34	6.65	6.80	偏峰分布	6.80	10.10
Au	438	1.30	1.40	1.70	2.20	3.30	4.32	4.91	2.60	1.18	2.36	1.94	6.30	0.60	0.45	2.20	1.90	其他分布	1.90	1.50
B	7839	50.8	55.1	61.5	68.2	74.7	81.7	85.4	68.2	10.28	67.3	11.44	96.4	37.47	0.15	68.2	71.0	剔除后正态分布	68.2	20.00
Ba	437	361	398	418	448	485	528	568	454	58.0	450	33.95	618	300	0.13	448	416	其他分布	416	475
Be	471	1.54	1.66	1.84	2.18	2.52	2.73	2.91	2.19	0.43	2.15	1.61	3.58	1.15	0.20	2.18	2.19	正态分布	2.19	2.00
Bi	471	0.23	0.24	0.29	0.37	0.47	0.56	0.65	0.40	0.20	0.38	1.97	2.43	0.19	0.49	0.37	0.38	对数正态分布	0.38	0.28
Br	471	2.66	3.20	4.85	6.60	9.15	11.43	13.08	7.24	3.91	6.43	3.38	41.39	1.56	0.54	6.60	7.30	对数正态分布	6.43	2.20
Cd	8039	0.10	0.11	0.14	0.17	0.20	0.23	0.25	0.17	0.04	0.16	2.91	0.29	0.05	0.26	0.17	0.18	其他分布	0.18	0.14
Ce	443	62.1	64.6	69.0	73.2	77.7	82.5	86.3	73.4	6.85	73.1	11.89	92.3	56.0	0.09	73.2	74.0	剔除后正态分布	73.4	102
Cl	437	45.09	51.4	57.9	68.7	85.0	101	114	73.1	19.84	70.6	12.03	133	37.00	0.27	68.7	64.0	剔除后对数正态分布	70.6	71.0
Co	8461	7.21	8.74	10.18	12.29	14.60	16.65	17.70	12.39	3.20	11.93	4.32	21.40	3.40	0.26	12.29	10.10	其他分布	10.10	14.80
Cr	8012	52.1	56.8	62.2	70.1	79.8	88.9	94.1	71.3	13.01	70.0	11.74	108	32.80	0.18	70.1	68.0	其他分布	68.0	82.0
Cu	8196	14.71	16.70	20.37	26.61	32.01	38.00	41.90	26.84	8.28	25.50	6.78	51.4	4.80	0.31	26.61	27.00	其他分布	27.00	16.00
F	471	301	363	453	565	644	725	766	550	142	529	38.36	1183	180	0.26	565	590	正态分布	550	453
Ga	471	10.79	11.59	12.93	14.99	17.44	19.50	20.49	15.31	3.04	15.01	4.81	24.10	8.42	0.20	14.99	19.00	对数正态分布	15.01	16.00
Ge	7900	1.18	1.22	1.30	1.39	1.49	1.57	1.62	1.39	0.13	1.39	1.24	1.77	1.02	0.10	1.39	1.35	其他分布	1.35	1.44
Hg	7990	0.044	0.051	0.067	0.091	0.130	0.180	0.210	0.105	0.051	0.093	3.867	0.262	0.007	0.485	0.091	0.110	对数正态分布	0.110	0.110
I	471	1.35	1.60	2.00	2.90	4.50	6.60	7.98	3.59	2.13	3.07	2.33	12.72	0.49	0.59	2.90	1.90	其他分布	3.07	1.70
La	471	32.94	34.00	36.00	39.00	42.17	46.00	49.00	39.62	5.52	39.28	8.32	89.0	27.00	0.14	39.00	37.00	对数正态分布	39.28	41.00
Li	471	25.50	26.60	29.71	37.70	47.00	54.4	57.7	39.07	10.59	37.67	8.22	69.0	19.00	0.27	37.70	53.0	偏峰分布	53.0	25.00
Mn	8298	320	367	457	587	725	876	985	605	197	572	39.41	1157	83.0	0.33	587	392	其他分布	392	440
Mo	8028	0.30	0.32	0.37	0.47	0.64	0.82	0.93	0.53	0.20	0.49	1.71	1.15	0.15	0.37	0.47	0.39	其他分布	0.39	0.66
N	8082	0.58	0.68	0.83	1.03	1.27	1.58	1.77	1.08	0.35	1.02	1.41	2.07	0.20	0.33	1.03	1.11	其他分布	1.11	1.28
Nb	451	12.87	13.86	14.85	15.84	17.90	19.80	21.10	16.48	2.47	16.30	5.01	23.40	10.17	0.15	15.84	14.85	其他分布	14.85	16.83
Ni	8286	15.20	20.56	24.00	29.01	35.00	40.50	43.31	29.51	8.29	28.15	7.09	52.1	6.95	0.28	29.01	31.00	其他分布	31.00	35.00
P	8579	0.48	0.58	0.76	1.05	1.42	1.80	2.12	1.15	0.56	1.03	1.59	12.00	0.13	0.49	1.05	0.63	对数正态分布	1.03	0.60
Pb	8248	18.37	19.80	22.00	25.31	30.90	36.10	39.29	26.78	6.41	26.05	6.77	46.30	11.20	0.24	25.31	22.00	其他分布	22.00	32.00

第四章 土壤元素背景值

续表 4-27

元素/指标	N	$X_{5\%}$	$X_{10\%}$	$X_{25\%}$	$X_{50\%}$	$X_{75\%}$	$X_{90\%}$	$X_{95\%}$	$\bar{X}$	S	$\bar{X}_g$	S_g	X_{max}	X_{min}	CV	X_{me}	X_{mo}	分布类型	潮土背景值	浙江省背景值
Rb	471	74.5	77.0	89.0	110	129	140	146	109	24.38	107	14.74	185	57.0	0.22	110	107	对数正态分布	107	120
S	454	157	172	198	254	317	375	438	266	83.5	253	24.91	505	50.00	0.31	254	189	剔除后对数分布	253	248
Sb	435	0.47	0.49	0.55	0.67	0.81	0.94	1.05	0.70	0.18	0.68	1.41	1.27	0.36	0.26	0.67	0.53	剔除后对数分布	0.68	0.53
Sc	471	6.95	8.08	9.30	10.60	11.80	13.54	14.31	10.66	2.16	10.43	3.98	17.30	4.31	0.20	10.60	11.20	正态分布	10.66	8.70
Se	8052	0.13	0.14	0.17	0.21	0.27	0.33	0.37	0.22	0.07	0.21	2.48	0.43	0.03	0.32	0.21	0.21	其他分布	0.21	0.21
Sn	471	3.20	3.50	4.40	6.40	9.95	15.30	19.35	8.50	6.85	6.95	3.73	63.7	2.49	0.81	6.40	3.60	对数正态分布	6.95	3.60
Sr	450	61.8	78.2	105	127	142	154	158	121	29.37	117	16.38	181	41.59	0.24	127	136	其他分布	136	105
Th	471	10.20	10.60	11.52	12.70	14.06	15.30	16.30	12.89	1.93	12.75	4.34	24.90	8.27	0.15	12.70	13.20	正态分布	12.89	13.30
Ti	471	3413	3696	3988	4243	4584	5012	5202	4291	527	4258	125	5695	2781	0.12	4243	4119	正态分布	4291	4665
Tl	784	0.46	0.49	0.59	0.73	0.83	0.94	1.05	0.73	0.18	0.71	1.42	1.62	0.30	0.25	0.73	0.68	正态分布	0.73	0.70
U	471	1.95	2.03	2.20	2.44	2.90	3.28	3.54	2.58	0.53	2.53	1.73	5.15	1.57	0.21	2.44	2.90	对数正态分布	2.53	2.90
V	8511	55.9	65.1	71.7	83.4	99.9	112	118	85.4	19.45	83.0	13.04	143	29.16	0.23	83.4	105	其他分布	105	106
W	471	1.21	1.28	1.50	1.80	2.05	2.30	2.54	1.83	0.51	1.77	1.49	5.15	0.90	0.28	1.80	1.84	对数正态分布	1.77	1.80
Y	463	20.04	21.50	23.00	25.00	27.95	30.00	31.00	25.34	3.41	25.11	6.46	35.00	15.78	0.13	25.00	24.00	其他分布	24.00	25.00
Zn	8128	61.5	66.4	74.1	85.6	98.7	113	121	87.4	18.10	85.5	13.27	140	36.86	0.21	85.6	101	偏峰分布	101	101
Zr	465	201	213	233	264	299	339	357	270	48.24	266	25.17	400	166	0.18	264	281	剔除后正态分布	270	243
SiO₂	471	60.5	62.5	65.6	69.0	71.8	75.5	77.0	68.8	4.97	68.7	11.45	82.6	51.6	0.07	69.0	69.0	正态分布	68.8	71.3
Al₂O₃	471	10.27	10.50	11.25	12.63	14.27	15.33	15.71	12.78	1.83	12.65	4.34	17.00	8.32	0.14	12.63	12.95	对数正态分布	12.65	13.20
TFe₂O₃	471	2.97	3.16	3.45	4.15	4.88	5.61	6.02	4.22	0.97	4.11	2.34	7.15	1.89	0.23	4.15	3.55	对数正态分布	4.11	3.74
MgO	471	0.49	0.56	1.23	1.68	2.00	2.18	2.29	1.55	0.58	1.40	1.74	2.73	0.31	0.37	1.68	1.73	其他正态分布	1.73	0.50
CaO	471	0.22	0.36	0.85	1.61	2.49	3.05	3.28	1.66	0.98	1.27	2.41	4.09	0.10	0.59	1.61	1.73	其他分布	1.73	0.24
Na₂O	471	0.35	0.63	1.07	1.47	1.78	1.93	2.00	1.37	0.48	1.25	1.71	2.14	0.18	0.35	1.47	1.64	偏峰分布	1.64	0.19
K₂O	8166	1.88	1.93	2.04	2.24	2.48	2.80	2.94	2.29	0.34	2.27	1.63	3.26	1.31	0.15	2.24	1.92	正态分布	1.92	2.35
TC	471	0.95	1.06	1.17	1.39	1.65	2.00	2.25	1.47	0.43	1.42	1.40	3.85	0.62	0.29	1.39	1.29	对数正态分布	1.42	1.43
Corg	7416	0.49	0.58	0.71	0.88	1.13	1.46	1.65	0.95	0.34	0.89	1.45	1.94	0.11	0.36	0.88	0.99	对数正态分布	0.99	1.31
pH	8588	4.91	5.24	6.35	7.78	8.08	8.28	8.39	5.62	5.04	7.21	3.12	9.13	3.73	0.90	7.78	8.02	其他分布	8.02	5.10

注：Tl 原始样本数为 784 件，Corg 为 7899 件，Ge 为 8002 件，B 为 8531 件，Co、Mn、Mo、N、P、V 为 8579 件，As、Cd、Cr、Cu、Hg、Ni、Pb、Se、Zn、pH 为 8590 件，其他元素指标为 471 件。

表 4-28 滨海盐土元素背景值参数统计表

元素/指标	N	$X_{5\%}$	$X_{10\%}$	$X_{25\%}$	$X_{50\%}$	$X_{75\%}$	$X_{90\%}$	$X_{95\%}$	$\bar{X}$	S	$\bar{X}_g$	S_g	X_{max}	X_{min}	CV	X_{me}	X_{mo}	分布类型	滨海盐土背景值	浙江省背景值
Ag	286	51.2	56.5	63.2	74.0	85.3	101	111	76.4	18.00	74.4	11.89	135	34.00	0.24	74.0	63.0	剔除后正态分布	76.4	100.0
As	7536	3.58	4.02	4.77	6.25	10.14	13.16	14.45	7.57	3.54	6.81	3.44	18.30	0.97	0.47	6.25	4.50	其他分布	4.50	10.10
Au	286	0.90	1.00	1.19	1.50	1.90	2.30	2.50	1.56	0.53	1.47	1.49	3.40	0.35	0.34	1.50	1.50	剔除后对数分布	1.47	1.50
B	6872	43.69	49.60	57.4	64.6	71.9	78.4	82.3	64.3	11.44	63.2	11.05	95.6	30.85	0.18	64.6	65.0	其他分布	65.0	20.00
Ba	278	380	390	402	422	479	520	574	444	60.5	440	32.98	640	296	0.14	422	398	其他分布	398	475
Be	313	1.56	1.62	1.70	1.89	2.41	2.69	2.80	2.06	0.43	2.02	1.52	3.33	1.29	0.21	1.89	1.70	其他分布	1.70	2.00
Bi	307	0.18	0.19	0.22	0.27	0.41	0.50	0.56	0.32	0.13	0.30	2.34	0.73	0.15	0.41	0.27	0.23	其他分布	0.23	0.28
Br	313	2.40	3.10	4.69	6.82	9.41	12.93	16.09	8.20	7.00	6.66	3.51	62.4	0.25	0.85	6.82	7.88	对数分布	6.66	2.20
Cd	7285	0.08	0.09	0.11	0.14	0.17	0.20	0.22	0.14	0.04	0.14	3.19	0.27	0.02	0.31	0.14	0.14	其他分布	0.14	0.14
Ce	313	58.8	60.9	65.5	72.9	81.2	91.8	97.2	74.8	12.72	73.8	11.77	135	45.42	0.17	72.9	74.5	正态分布	74.8	102
Cl	276	57.8	62.9	71.0	84.2	107	132	148	91.7	28.19	87.8	13.39	177	42.53	0.31	84.2	82.0	剔除后对数分布	87.8	71.0
Co	7472	6.69	8.88	9.99	11.44	16.00	18.60	19.63	12.69	4.00	12.04	4.45	25.23	1.22	0.31	11.44	10.40	其他分布	10.40	14.80
Cr	7305	37.20	52.1	58.8	67.8	83.0	94.8	100.0	70.1	18.20	67.4	11.64	120	21.23	0.26	67.8	61.0	其他分布	61.0	82.0
Cu	7420	12.41	13.71	16.31	21.70	32.41	39.37	43.30	24.71	10.21	22.73	6.65	58.0	5.23	0.41	21.70	16.50	其他分布	16.50	16.00
F	310	362	399	440	495	606	726	764	526	128	511	35.80	869	179	0.24	495	453	其他分布	453	453
Ga	313	10.96	11.34	12.14	14.70	18.42	20.70	21.64	15.39	3.65	14.98	4.65	24.70	9.71	0.24	14.70	17.30	其他分布	17.30	16.00
Ge	313	1.16	1.21	1.27	1.35	1.46	1.57	1.62	1.37	0.14	1.36	1.23	1.76	0.98	0.10	1.35	1.30	其他分布	1.30	1.44
Hg	7080	0.030	0.033	0.042	0.056	0.070	0.090	0.100	0.059	0.022	0.055	5.096	0.125	0.010	0.366	0.056	0.040	其他分布	0.040	0.110
I	6954	1.20	1.45	2.00	3.00	4.80	7.18	8.94	3.72	2.66	3.06	2.35	25.70	0.50	0.71	3.00	2.60	对数正态分布	3.06	1.70
La	313	31.00	32.00	35.00	39.00	45.00	50.00	54.0	40.17	7.29	39.56	8.22	69.9	24.00	0.18	39.00	35.00	对数正态分布	39.56	41.00
Li	312	23.00	24.42	26.48	30.05	43.70	57.0	59.4	35.60	12.56	33.67	7.43	69.0	16.00	0.35	30.05	59.0	其他分布	59.0	25.00
Mn	7471	357	389	437	553	858	1068	1162	654	269	603	42.38	1503	122	0.41	553	429	其他分布	429	440
Mo	7227	0.27	0.30	0.35	0.47	0.71	0.90	1.01	0.55	0.24	0.50	1.73	1.32	0.08	0.44	0.47	0.32	其他分布	0.32	0.66
N	7324	0.33	0.39	0.58	0.84	1.15	1.49	1.71	0.90	0.42	0.80	1.65	2.11	0.04	0.46	0.84	0.68	其他分布	0.68	1.28
Nb	308	12.87	12.87	13.86	16.12	18.73	21.56	22.96	16.72	3.25	16.42	4.93	26.00	11.17	0.19	16.12	14.85	其他分布	14.85	16.83
Ni	7541	9.93	19.25	22.50	26.10	37.99	45.00	47.53	29.17	10.87	26.77	7.11	61.4	2.65	0.37	26.10	25.00	其他分布	25.00	35.00
P	7224	0.49	0.59	0.69	0.85	1.13	1.48	1.66	0.94	0.35	0.88	1.48	1.94	0.12	0.37	0.85	0.88	其他分布	0.88	0.60
Pb	7400	15.40	16.10	17.87	22.70	31.75	36.60	40.10	25.18	8.46	23.87	6.74	53.3	10.42	0.34	22.70	20.00	其他分布	20.00	32.00

第四章 土壤元素背景值

续表 4-28

元素/指标	N	$X_{5\%}$	$X_{10\%}$	$X_{25\%}$	$X_{50\%}$	$X_{75\%}$	$X_{90\%}$	$X_{95\%}$	$\overline{X}$	S	$\overline{X}_g$	S_g	X_{max}	X_{min}	CV	X_{me}	X_{mo}	分布类型	滨海盐土背景值	浙江省背景值
Rb	313	74.0	75.2	80.0	95.0	131	143	146	105	27.10	102	13.85	162	65.5	0.26	95.0	75.0	其他分布	75.0	120
S	313	132	154	192	244	316	417	514	287	324	251	24.04	5612	81.0	1.13	244	248	对数正态分布	251	248
Sb	308	0.41	0.43	0.46	0.57	0.72	0.85	0.93	0.60	0.17	0.58	1.54	1.08	0.33	0.28	0.57	0.45	其他分布	0.45	0.53
Sc	305	7.02	7.84	9.00	9.70	11.60	14.07	14.71	10.31	2.29	10.07	3.79	15.90	5.50	0.22	9.70	9.40	其他分布	9.40	8.70
Se	7202	0.07	0.09	0.13	0.17	0.21	0.26	0.30	0.17	0.07	0.16	2.93	0.35	0.03	0.38	0.17	0.20	其他分布	0.20	0.21
Sn	282	2.40	2.50	2.90	3.40	4.00	4.68	5.10	3.54	0.86	3.44	2.09	6.20	2.00	0.24	3.40	3.30	剔除后对数分布	3.44	3.60
Sr	309	81.0	93.0	118	149	163	171	175	139	31.49	135	17.74	224	48.61	0.23	149	120	其他分布	120	105
Th	313	9.31	9.60	10.60	11.90	14.06	15.40	16.36	12.33	2.24	12.13	4.15	17.40	7.89	0.18	11.90	11.50	对数正态分布	12.13	13.30
Ti	306	3665	3740	3909	4156	4800	5245	5374	4346	603	4306	123	6350	2556	0.14	4156	3992	其他分布	3992	4665
Tl	392	0.43	0.45	0.49	0.67	0.84	1.00	1.12	0.70	0.23	0.66	1.54	1.37	0.35	0.33	0.67	0.49	其他分布	0.49	0.70
U	313	1.83	1.88	2.04	2.30	2.80	3.30	3.60	2.48	0.59	2.42	1.69	5.50	1.62	0.24	2.30	2.70	其他正态分布	2.42	2.90
V	7486	54.7	65.1	69.1	76.5	106	121	127	85.7	23.54	82.5	13.20	162	15.95	0.27	76.5	70.0	对数正态分布	70.0	106
W	313	1.05	1.13	1.29	1.57	1.94	2.21	2.40	1.76	1.91	1.60	1.50	33.58	0.83	1.08	1.57	1.34	对数正态分布	1.60	1.80
Y	313	20.00	21.00	22.00	24.00	28.00	30.00	31.00	24.89	3.62	24.63	6.25	35.00	15.33	0.15	24.00	23.00	其他分布	23.00	25.00
Zn	7450	53.4	56.6	63.6	78.1	102	117	125	83.6	23.85	80.4	13.27	162	33.54	0.29	78.1	107	对数正态分布	107	101
Zr	313	189	196	238	280	312	365	387	281	66.6	274	26.41	717	167	0.24	280	283	其他正态分布	274	243
SiO₂	301	59.4	60.9	65.8	68.5	69.9	72.1	73.6	67.5	4.13	67.3	11.43	77.5	56.9	0.06	68.5	68.8	其他分布	68.8	71.3
Al₂O₃	313	9.99	10.13	10.43	11.60	14.36	15.31	15.88	12.29	2.09	12.12	4.13	16.85	9.71	0.17	11.60	10.43	其他分布	10.43	13.20
TFe₂O₃	309	3.07	3.21	3.36	3.65	4.84	5.99	6.31	4.15	1.12	4.02	2.24	7.05	2.07	0.27	3.65	3.29	其他分布	3.29	3.74
MgO	266	1.04	1.35	1.74	1.88	2.02	2.23	2.39	1.84	0.35	1.81	1.51	2.66	0.82	0.19	1.88	1.83	其他分布	1.83	0.50
CaO	313	0.32	0.49	1.23	2.94	3.49	3.73	3.86	2.44	1.25	1.92	2.57	5.30	0.17	0.52	2.94	3.29	其他分布	3.29	0.24
Na₂O	313	0.65	0.79	1.09	1.76	1.91	2.05	2.10	1.53	0.50	1.42	1.64	2.41	0.11	0.33	1.76	1.89	其他分布	1.89	0.19
K₂O	7511	1.92	1.97	2.05	2.24	2.82	3.09	3.24	2.42	0.47	2.38	1.73	3.96	0.89	0.19	2.24	2.01	其他分布	2.01	2.35
TC	298	1.07	1.11	1.21	1.37	1.56	1.75	1.85	1.40	0.24	1.38	1.27	2.11	0.81	0.17	1.37	1.37	剔除后对数分布	1.38	1.43
Corg	6870	0.30	0.38	0.54	0.75	1.00	1.27	1.47	0.79	0.35	0.72	1.64	1.80	0.09	0.43	0.75	0.87	剔除后对数分布	0.72	1.31
pH	6354	7.21	7.57	7.93	8.18	8.40	8.63	8.76	7.77	7.41	8.13	3.34	9.47	6.48	0.95	8.18	8.28	其他分布	8.28	5.10

注：Tl 原始样本数为 399 件，Corg 为 7229 件，Ge 为 7274 件，B、Co、Mn 为 7513 件，V 为 7513 件，N 为 7570 件，As、Cd、Cr、Cu、Hg、Mo、Ni、P、Pb、Se、Zn、K₂O、pH 为 7571 件，其他元素/指标为 313 件。

与浙江省土壤元素背景值相比，滨海盐土区土壤元素背景值中 Hg、As、Mo、N、Corg 背景值明显偏低，在浙江省背景值的 60% 以下；而 Rb、Pb、V、Tl、Co、Ni、Ce、Cr、Ag、Al_2O_3 背景值略低于浙江省背景值，为浙江省背景值的 60%～80%；Cl 背景值略高于浙江省背景值，为浙江省背景值的 1.24 倍；P、I、Li、Br、B、MgO、Na_2O、CaO 背景值明显高于浙江省背景值，是浙江省背景值的 1.4 倍以上，其中 Li、Br、B、MgO、Na_2O、CaO 明显相对富集，背景值是浙江省背景值的 2.0 倍以上，CaO 背景值最高，是浙江省背景值的 13.71 倍；其他元素/指标背景值则与浙江省背景值基本接近。

九、基性岩土土壤元素背景值

浙江省基性岩土区土壤元素背景值数据经正态分布检验，结果表明，原始数据中 As、B、Ba、Bi、Cd、Ce、Cr、Ga、Ge、Hg、La、Li、Mn、Mo、N、P、Pb、Rb、S、Sb、Sc、Se、Sr、Th、Tl、U、V、Y、Zn、Zr、SiO_2、Al_2O_3、MgO、CaO、Na_2O、K_2O、TC、Corg、pH 符合正态分布，Ag、Au、Be、Br、Cl、Co、Cu、F、I、Nb、Sn、W、TFe_2O_3 符合对数正态分布，其他元素/指标不符合正态分布或对数正态分布（表 4-29）。

表层土壤总体呈酸性，土壤 pH 背景值为 5.20，极大值为 6.48，极小值为 4.48，基本接近于浙江省背景值。

在表层土壤各元素/指标中，大多数元素/指标变异系数在 0.40 以下，分布相对均匀；Cl、P、MgO、Hg、Mn、B、Br、V、Na_2O、Sr、Sn、Ti、TFe_2O_3、Ag、Cu、Co、Cr、Au、CaO、F、Ni、pH、I 共 23 项元素/指标变异系数在 0.40 以上，其中 F、Ni、pH、I 变异系数在 0.80 以上，空间变异性较大。

与浙江省土壤元素背景值相比，基性岩土区土壤元素背景值中 As 背景值明显偏低，为浙江省背景值的 50%；而 Hg 背景值略低于浙江省背景值，为浙江省背景值的 71%；Zr、Se、Sr、Br、S、Co、P 背景值略高于浙江省背景值，为浙江省背景值的 1.2～1.4 倍；B、Sc、Cd、Ni、Mn、Nb、Mo、TFe_2O_3、Ti、Cu、MgO、CaO、Na_2O 背景值明显高于浙江省背景值，是浙江省背景值的 1.4 倍以上，其中 MgO、CaO、Na_2O 明显相对富集，背景值是浙江省背景值的 2.0 倍以上，Na_2O 背景值最高，是浙江省背景值的 4.84 倍；其他元素/指标背景值则与浙江省背景值基本接近。

第四节　主要土地利用类型元素背景值

一、水田土壤元素背景值

浙江省水田区土壤元素背景值数据经正态分布检验，结果表明，原始数据中 Ga 符合正态分布，TC 符合对数正态分布，Ag、Cl、Nb、S、Th、Ti 剔除异常值后符合对数正态分布，其他元素/指标不符合正态分布或对数正态分布（表 4-30）。

表层土壤总体呈酸性，土壤 pH 背景值为 5.11，极大值为 7.82，极小值为 3.31，基本接近于浙江省背景值。

在表层土壤各元素/指标中，绝大多数元素/指标变异系数在 0.40 以下，分布相对均匀；P、Cu、Br、Co、As、Mn、MgO、Na_2O、Cr、I、B、Sn、Au、Hg、CaO、Ni、pH 共 17 项元素/指标变异系数在 0.40 以上，其中 pH 变异系数在 0.80 以上，空间变异性较大。

与浙江省土壤元素背景值相比，水田区土壤元素背景值中 Ce 背景值略低于浙江省背景值，为浙江省背景值的 74%；而 Cr 背景值略高于浙江省背景值，为浙江省背景值的 1.23 倍；F、Bi、Au、Cu、Li、B、CaO、Na_2O 背景值明显高于浙江省背景值，在浙江省背景值的 1.4 倍以上，其中 Li、B、CaO、Na_2O 明显相对富集，背景值是浙江省背景值的 2.0 倍以上，Na_2O 背景值最高，是浙江省背景值的 5.58 倍；其他元素/指标背景值则与浙江省背景值基本接近。

第四章 土壤元素背景值

表4-29 基性岩土土壤元素背景值参数统计表

元素/指标	N	$X_{5\%}$	$X_{10\%}$	$X_{25\%}$	$X_{50\%}$	$X_{75\%}$	$X_{90\%}$	$X_{95\%}$	$\bar{X}$	S	$\bar{X}_g$	S_g	X_{max}	X_{min}	CV	X_{me}	X_{mo}	分布类型	基性岩土背景值	浙江省背景值
Ag	61	51.0	60.0	65.0	74.0	90.0	132	177	90.0	55.3	80.9	12.95	341	34.00	0.61	74.0	60.0	对数正态分布	80.9	100.0
As	61	2.51	2.61	3.35	4.63	6.45	7.88	7.94	5.05	1.92	4.68	2.76	9.47	2.22	0.38	4.63	4.19	正态分布	5.05	10.10
Au	61	0.63	0.69	0.92	1.24	1.45	1.90	2.67	1.40	1.04	1.22	1.62	8.14	0.49	0.74	1.24	0.82	对数正态分布	1.22	1.50
B	61	14.54	15.79	19.68	24.94	32.52	43.57	50.8	28.37	13.74	25.70	6.97	86.4	4.51	0.48	24.94	22.96	正态分布	28.37	20.00
Ba	61	361	398	468	517	607	715	760	541	127	527	37.10	932	309	0.23	517	583	正态分布	541	475
Be	61	1.79	1.80	1.99	2.30	2.50	2.80	3.11	2.35	0.66	2.29	1.69	6.45	1.37	0.28	2.30	2.30	对数正态分布	2.29	2.00
Bi	61	0.16	0.18	0.23	0.26	0.30	0.34	0.40	0.27	0.07	0.26	2.24	0.49	0.14	0.27	0.26	0.29	正态分布	0.27	0.28
Br	61	1.85	1.90	2.15	2.63	3.35	4.26	4.83	3.00	1.45	2.79	2.00	11.47	1.66	0.48	2.63	2.13	对数正态分布	2.79	2.20
Cd	61	0.13	0.14	0.17	0.19	0.23	0.29	0.35	0.21	0.07	0.20	2.73	0.43	0.08	0.32	0.19	0.18	正态分布	0.21	0.14
Ce	61	61.2	65.0	72.3	81.6	91.0	96.0	103	81.7	14.10	80.5	12.51	133	50.1	0.17	81.6	81.6	正态分布	81.7	102
Cl	61	44.70	47.50	53.8	66.3	76.0	87.9	134	71.9	31.84	67.5	11.96	214	41.60	0.44	66.3	63.4	对数正态分布	67.5	71.0
Co	61	6.48	7.99	10.00	16.32	39.20	49.90	54.5	24.44	16.79	19.05	6.39	62.9	4.07	0.69	16.32	17.50	对数正态分布	19.05	14.80
Cr	61	21.85	25.50	37.43	66.4	135	181	203	91.0	63.4	70.2	13.09	267	19.28	0.70	66.4	98.0	正态分布	91.0	82.0
Cu	61	12.50	13.30	19.30	26.47	51.4	62.5	79.2	34.72	21.86	29.01	7.78	96.7	9.20	0.63	26.47	23.80	对数正态分布	29.01	16.00
F	61	284	319	363	423	500	625	716	492	416	440	32.87	3526	243	0.85	423	363	正态分布	440	453
Ga	61	14.08	16.00	16.50	17.65	20.20	22.44	25.60	18.72	3.67	18.41	5.37	34.00	12.75	0.20	17.65	16.00	正态分布	18.72	16.00
Ge	61	1.17	1.25	1.34	1.42	1.52	1.71	1.79	1.44	0.18	1.43	1.27	1.92	1.14	0.13	1.42	1.42	正态分布	1.44	1.44
Hg	61	0.046	0.049	0.058	0.070	0.086	0.111	0.120	0.078	0.035	0.073	4.694	0.290	0.039	0.455	0.070	0.076	对数正态分布	0.078	0.110
I	61	0.87	0.92	1.07	1.32	1.83	2.96	3.95	1.87	2.06	1.50	1.83	15.49	0.56	1.10	1.32	1.46	对数正态分布	1.50	1.70
La	61	32.49	35.60	39.30	43.93	47.84	51.0	53.1	43.87	7.13	43.31	8.75	71.2	26.72	0.16	43.93	44.79	正态分布	43.87	41.00
Li	61	19.82	22.50	25.40	28.90	34.50	37.60	42.35	29.81	6.87	28.99	6.91	45.20	12.70	0.23	28.90	34.50	正态分布	29.81	25.00
Mn	61	338	360	413	563	866	1209	1304	679	320	612	41.30	1393	281	0.47	563	680	正态分布	679	440
Mo	61	0.61	0.71	0.78	1.03	1.34	1.61	1.74	1.09	0.37	1.03	1.40	2.04	0.58	0.34	1.03	0.72	正态分布	1.09	0.66
N	61	1.07	1.13	1.22	1.41	1.61	1.75	1.84	1.43	0.26	1.40	1.31	1.94	0.69	0.18	1.41	1.55	正态分布	1.43	1.28
Nb	61	17.30	18.00	22.80	25.60	35.00	50.00	51.2	29.44	11.43	27.54	7.25	62.6	10.90	0.39	25.60	27.50	对数正态分布	27.54	16.83
Ni	61	8.38	10.51	15.50	29.03	85.4	104	130	51.4	45.29	33.74	9.70	190	4.40	0.88	29.03	53.5	其他分布	53.5	35.00
P	61	0.46	0.49	0.56	0.72	0.98	1.38	1.49	0.83	0.37	0.76	1.55	2.08	0.31	0.45	0.72	0.83	正态分布	0.83	0.60
Pb	61	20.70	23.20	26.53	29.34	32.36	34.80	39.40	29.66	6.48	29.03	7.01	56.7	15.29	0.22	29.34	30.69	正态分布	29.66	32.00

续表 4-29

元素/指标	N	$X_{5\%}$	$X_{10\%}$	$X_{25\%}$	$X_{50\%}$	$X_{75\%}$	$X_{90\%}$	$X_{95\%}$	$\bar{X}$	S	$\bar{X}_g$	S_g	X_{max}	X_{min}	CV	X_{me}	X_{mo}	分布类型	基性岩土背景值	浙江省背景值
Rb	61	49.63	56.5	72.6	96.5	119	139	143	97.3	32.60	91.6	13.75	187	30.69	0.33	96.5	96.5	正态分布	97.3	120
S	61	220	236	264	310	352	408	455	318	73.2	310	27.18	524	156	0.23	310	314	正态分布	318	248
Sb	61	0.37	0.40	0.45	0.57	0.67	0.80	0.99	0.60	0.19	0.58	1.51	1.29	0.35	0.32	0.57	0.65	正态分布	0.60	0.53
Sc	61	6.80	7.48	9.15	11.12	14.62	18.82	21.42	12.35	4.54	11.59	4.19	26.70	4.85	0.37	11.12	13.46	正态分布	12.35	8.70
Se	61	0.16	0.17	0.19	0.24	0.32	0.38	0.39	0.26	0.09	0.25	2.37	0.58	0.16	0.33	0.24	0.19	对数正态分布	0.26	0.21
Sn	61	2.19	2.54	3.08	3.80	4.79	5.79	6.90	4.16	2.10	3.84	2.29	16.79	1.80	0.50	3.80	5.00	正态分布	3.84	3.60
Sr	61	49.08	61.3	82.2	122	157	222	232	130	64.2	116	16.57	397	33.00	0.49	122	130	偏峰分布	130	105
Th	61	6.90	8.10	10.19	13.00	14.80	16.60	19.90	12.72	3.74	12.14	4.44	21.50	4.30	0.29	13.00	9.80	正态分布	12.72	13.30
Ti	61	3528	4232	5069	7080	12 438	15 241	16 238	8631	4332	7638	178	17 673	3248	0.50	7080	8179	正态分布	8179	4665
Tl	61	0.30	0.37	0.47	0.63	0.78	0.90	1.05	0.63	0.22	0.59	1.61	1.08	0.17	0.34	0.63	0.63	正态分布	0.63	0.70
U	61	1.80	1.90	2.31	2.75	3.27	3.70	4.28	2.88	0.97	2.74	1.94	7.91	0.96	0.34	2.75	2.60	正态分布	2.88	2.90
V	61	45.79	62.9	72.8	111	166	201	228	122	58.9	108	15.36	271	28.00	0.48	111	119	正态分布	122	106
W	61	1.07	1.20	1.42	1.59	1.77	2.12	2.35	1.68	0.68	1.59	1.50	5.88	0.67	0.40	1.59	1.73	对数正态分布	1.59	1.80
Y	61	19.20	20.53	24.68	29.31	34.30	37.60	39.40	29.70	7.32	28.83	6.85	54.6	16.17	0.25	29.31	33.88	正态分布	29.70	25.00
Zn	61	60.2	64.5	74.1	88.9	117	131	140	94.5	25.43	91.2	13.51	142	51.0	0.27	88.9	72.6	正态分布	94.5	101
Zr	61	210	233	271	300	332	356	362	297	47.07	293	26.57	381	176	0.16	300	306	正态分布	297	243
SiO$_2$	61	51.9	55.1	62.1	68.8	72.6	74.5	75.7	66.5	7.90	66.0	11.22	78.5	46.52	0.12	68.8	66.7	正态分布	66.5	71.3
Al$_2$O$_3$	61	11.09	11.51	12.47	13.28	14.77	16.98	17.55	13.69	2.02	13.55	4.44	20.13	10.08	0.15	13.28	13.28	正态分布	13.69	13.20
TFe$_2$O$_3$	61	2.93	3.61	4.12	5.78	10.20	12.26	13.81	7.19	3.65	6.34	3.22	17.17	2.12	0.51	5.78	4.06	对数正态分布	6.34	3.74
MgO	61	0.60	0.62	0.78	1.06	1.39	2.11	2.19	1.20	0.54	1.09	1.55	2.87	0.39	0.45	1.06	1.06	正态分布	1.20	0.50
CaO	61	0.26	0.32	0.39	0.72	1.05	1.63	1.84	0.84	0.66	0.66	2.11	4.04	0.07	0.78	0.72	0.32	正态分布	0.84	0.24
Na$_2$O	61	0.37	0.44	0.60	0.85	1.08	1.48	1.80	0.92	0.45	0.82	1.69	2.19	0.16	0.48	0.85	0.82	正态分布	0.92	0.19
K$_2$O	61	1.08	1.15	1.51	2.33	2.76	3.04	3.14	2.18	0.73	2.04	1.74	3.29	0.73	0.33	2.33	2.33	正态分布	2.18	2.35
TC	61	1.16	1.20	1.35	1.49	1.64	1.84	1.92	1.50	0.26	1.48	1.32	2.13	0.71	0.17	1.49	1.48	正态分布	1.50	1.43
Corg	61	1.05	1.10	1.22	1.34	1.53	1.64	1.70	1.36	0.24	1.34	1.27	1.96	0.64	0.17	1.34	1.41	正态分布	1.36	1.31
pH	61	4.75	4.81	4.97	5.49	5.92	6.09	6.25	5.20	5.15	5.47	2.65	6.48	4.48	0.99	5.49	5.25	正态分布	5.20	5.10

注：原始样本数为61件。

第四章 土壤元素背景值

表4-30 水田土壤元素背景值参数统计表

元素/指标	N	$X_{5\%}$	$X_{10\%}$	$X_{25\%}$	$X_{50\%}$	$X_{75\%}$	$X_{90\%}$	$X_{95\%}$	$\bar{X}$	S	$\bar{X}_g$	S_g	X_{max}	X_{min}	CV	X_{me}	X_{mo}	分布类型	水田背景值	浙江省背景值
Ag	2446	55.0	63.5	79.0	100.0	124	156	176	104	35.41	98.6	14.58	209	11.00	0.34	100.0	100.0	剔除后对数分布	98.6	100.0
As	139 864	1.88	2.48	3.92	6.00	8.25	10.47	12.04	6.29	3.06	5.48	3.20	15.47	0.13	0.49	6.00	10.20	其他分布	10.20	10.10
Au	2454	0.74	0.93	1.38	2.20	3.30	4.40	5.20	2.45	1.35	2.08	2.07	6.63	0.15	0.55	2.20	2.30	偏峰分布	2.30	1.50
B	143 920	10.68	14.15	23.40	47.80	64.7	74.6	80.7	45.54	23.56	37.87	9.59	127	0.90	0.52	47.80	61.0	其他分布	61.0	20.00
Ba	2403	327	370	443	487	560	673	731	505	114	493	36.24	820	226	0.23	487	475	其他分布	475	475
Be	2564	1.60	1.70	1.94	2.27	2.52	2.74	2.87	2.24	0.40	2.20	1.64	3.43	1.04	0.18	2.27	2.00	其他分布	2.00	2.00
Bi	2498	0.21	0.24	0.30	0.38	0.46	0.54	0.59	0.38	0.12	0.37	1.91	0.72	0.14	0.30	0.38	0.42	其他分布	0.42	0.28
Br	2517	1.86	2.08	2.51	3.80	5.49	7.00	8.16	4.20	1.97	3.77	2.52	10.39	0.99	0.47	3.80	2.40	其他分布	2.40	2.20
Cd	134 815	0.09	0.10	0.13	0.17	0.22	0.27	0.31	0.18	0.07	0.17	2.96	0.38	0.01	0.37	0.17	0.16	其他分布	0.16	0.14
Ce	2496	63.5	66.6	71.8	78.0	88.6	98.8	106	80.8	12.72	79.8	12.59	119	44.72	0.16	78.0	75.0	其他分布	75.0	102
Cl	2494	39.23	44.47	54.3	68.7	86.0	105	117	71.7	23.31	68.0	11.64	141	21.10	0.33	68.7	79.0	剔除后对数分布	68.0	71.0
Co	141 228	3.14	3.91	6.10	10.41	14.40	16.80	18.20	10.45	4.96	9.09	4.16	27.24	0.01	0.47	10.41	14.80	其他分布	14.80	14.80
Cr	144 162	14.65	18.40	29.51	58.4	81.2	92.1	98.2	56.6	28.92	47.70	10.71	160	0.20	0.51	58.4	101	偏峰分布	101	82.0
Cu	140 786	9.02	11.20	16.10	23.90	31.96	38.60	43.45	24.61	10.68	22.12	6.65	57.6	0.14	0.43	23.90	30.00	偏峰分布	30.00	16.00
F	2561	306	340	403	501	604	689	757	511	137	492	36.45	915	180	0.27	501	658	其他分布	658	453
Ga	2614	11.77	12.74	14.75	16.66	18.60	20.50	21.50	16.69	2.96	16.43	5.10	29.78	8.70	0.18	16.66	16.00	正态分布	16.69	16.00
Ge	116 695	1.13	1.20	1.31	1.42	1.53	1.63	1.70	1.42	0.17	1.41	1.26	1.87	0.96	0.12	1.42	1.44	其他分布	1.44	1.44
Hg	135 341	0.040	0.048	0.066	0.099	0.152	0.220	0.258	0.117	0.067	0.100	3.885	0.326	0.001	0.570	0.099	0.110	其他分布	0.110	0.110
I	2396	0.75	0.90	1.20	1.77	2.50	3.43	3.94	1.97	0.99	1.74	1.84	5.18	0.40	0.51	1.77	1.60	偏峰分布	1.60	1.70
La	2530	32.91	34.40	38.00	42.00	47.00	52.0	55.0	42.72	6.76	42.19	8.72	62.0	24.00	0.16	42.00	39.00	偏峰分布	39.00	41.00
Li	2609	21.38	24.00	29.60	37.00	46.70	53.4	57.0	38.15	11.07	36.50	8.16	70.0	15.40	0.29	37.00	56.0	其他分布	56.0	25.00
Mn	139 242	154	188	271	404	563	753	869	438	215	386	33.21	1065	1.31	0.49	404	440	其他分布	440	440
Mo	134 347	0.39	0.45	0.57	0.72	0.95	1.22	1.39	0.78	0.30	0.73	1.52	1.71	0.07	0.38	0.72	0.62	其他分布	0.62	0.66
N	142 995	0.70	0.87	1.16	1.54	2.03	2.50	2.77	1.62	0.63	1.49	1.67	3.41	0.02	0.39	1.54	1.48	其他分布	1.48	1.28
Nb	2492	14.00	14.85	16.83	18.81	21.40	24.20	25.94	19.22	3.54	18.90	5.49	29.50	10.12	0.18	18.81	16.83	剔除后对数分布	18.90	16.83
Ni	143 946	5.42	6.76	10.43	21.70	34.40	40.70	43.94	22.88	13.32	18.50	6.54	71.2	0.05	0.58	21.70	36.00	其他分布	36.00	35.00
P	137 568	0.31	0.37	0.49	0.65	0.87	1.13	1.29	0.70	0.29	0.64	1.64	1.57	0.03	0.42	0.65	0.60	其他分布	0.60	0.60
Pb	136 046	22.23	25.00	29.30	33.70	39.30	45.90	50.1	34.62	8.15	33.65	7.84	58.3	12.37	0.24	33.70	32.00	其他分布	32.00	32.00

续表 4-30

元素/指标	N	$X_{5\%}$	$X_{10\%}$	$X_{25\%}$	$X_{50\%}$	$X_{75\%}$	$X_{90\%}$	$X_{95\%}$	$\overline{X}$	S	$\overline{X}_g$	S_g	X_{max}	X_{min}	CV	X_{me}	X_{mo}	分布类型	水田背景值	浙江省背景值
Rb	2561	77.0	84.0	100.0	117	130	144	151	116	22.14	113	15.46	176	56.2	0.19	117	121	其他分布	121	120
S	2542	149	173	218	282	354	425	472	291	96.6	275	25.74	570	50.00	0.33	282	316	剔除后对数分布	275	248
Sb	2441	0.42	0.46	0.54	0.65	0.80	0.98	1.09	0.69	0.20	0.66	1.46	1.29	0.21	0.30	0.65	0.57	其他分布	0.57	0.53
Sc	2595	5.90	6.60	8.00	10.10	12.17	13.80	14.60	10.15	2.71	9.77	3.87	18.43	3.33	0.27	10.10	9.10	其他分布	9.10	8.70
Se	141 076	0.13	0.15	0.20	0.27	0.34	0.41	0.46	0.28	0.10	0.26	2.33	0.57	0.01	0.36	0.27	0.21	其他分布	0.21	0.21
Sn	2487	2.78	3.19	4.04	6.37	9.50	12.80	15.08	7.23	3.85	6.30	3.36	19.30	0.64	0.53	6.37	4.00	其他分布	4.00	3.60
Sr	2568	38.37	44.57	63.7	98.0	114	130	150	92.1	33.66	85.1	13.55	184	17.10	0.37	98.0	108	其他分布	108	105
Th	2512	10.30	10.92	12.20	13.60	15.20	16.70	17.61	13.73	2.22	13.55	4.54	19.80	8.06	0.16	13.60	14.80	剔除后对数分布	13.55	13.30
Ti	2469	3361	3660	4042	4412	4859	5263	5526	4444	641	4397	127	6304	2697	0.14	4412	4491	剔除后对数分布	4397	4665
Tl	18 053	0.47	0.52	0.62	0.74	0.85	0.96	1.03	0.74	0.17	0.72	1.36	1.22	0.26	0.23	0.74	0.65	其他分布	0.65	0.70
U	2541	2.10	2.23	2.50	2.89	3.37	3.80	4.01	2.95	0.61	2.89	1.90	4.75	1.30	0.21	2.89	2.60	其他分布	2.60	2.90
V	141 148	29.70	36.50	52.4	78.7	103	116	123	78.2	31.10	71.1	12.60	181	0.07	0.40	78.7	106	其他分布	106	106
W	2444	1.34	1.47	1.68	1.87	2.10	2.35	2.50	1.89	0.34	1.86	1.49	2.83	1.01	0.18	1.87	1.92	偏峰分布	1.92	1.80
Y	2531	19.95	21.17	23.56	26.00	29.00	31.00	32.66	26.14	3.85	25.86	6.57	36.87	15.76	0.15	26.00	29.00	其他分布	29.00	25.00
Zn	140 321	49.95	56.5	69.5	87.3	105	122	134	88.5	25.38	84.7	13.48	163	18.40	0.29	87.3	102	其他分布	102	101
Zr	2566	197	212	238	276	330	374	399	286	62.8	280	25.88	478	126	0.22	276	236	其他分布	236	243
SiO_2	2599	62.7	64.6	67.2	70.4	74.6	78.2	80.1	70.9	5.25	70.7	11.66	84.9	56.3	0.07	70.4	72.1	其他分布	72.1	71.3
Al_2O_3	2602	9.97	10.50	11.77	13.47	14.66	15.50	16.09	13.23	1.95	13.09	4.47	19.01	7.70	0.15	13.47	11.70	其他分布	11.70	13.20
TFe_2O_3	2554	2.47	2.74	3.35	4.09	4.88	5.56	6.06	4.14	1.07	4.00	2.35	7.22	1.46	0.26	4.09	3.29	其他分布	3.29	3.74
MgO	2613	0.39	0.44	0.59	0.98	1.46	1.72	1.94	1.05	0.51	0.92	1.70	2.74	0.24	0.49	0.98	0.49	其他分布	0.49	0.50
CaO	2454	0.18	0.22	0.33	0.58	0.93	1.09	1.30	0.65	0.37	0.54	2.05	1.93	0.08	0.57	0.58	0.98	其他分布	0.98	0.24
Na_2O	2612	0.19	0.28	0.60	1.02	1.38	1.60	1.77	0.99	0.49	0.83	1.98	2.40	0.10	0.50	1.02	1.06	其他分布	1.06	0.19
K_2O	141 207	1.34	1.61	2.05	2.45	2.82	3.23	3.50	2.43	0.61	2.35	1.76	4.04	0.86	0.25	2.45	2.35	其他分布	2.35	2.35
TC	2614	0.94	1.04	1.28	1.54	1.90	2.28	2.54	1.62	0.51	1.55	1.49	5.46	0.43	0.31	1.54	1.56	对数正态分布	1.55	1.43
Corg	116 803	0.66	0.82	1.12	1.48	1.94	2.42	2.71	1.56	0.61	1.43	1.67	3.27	0.04	0.39	1.48	1.37	其他分布	1.37	1.31
pH	136 076	4.51	4.68	4.97	5.34	5.93	6.64	7.14	5.06	4.84	5.51	2.71	7.82	3.31	0.96	5.34	5.11	其他分布	5.11	5.10

注：T]原始样本数为 18 570 件，Corg 为 119 930 件，Ge 为 120 093 件，V 为 143 504 件，Co 为 143 935 件，B 为 144 143 件，Mn 为 144 500 件，P 为 145 533 件，N 为 145 579 件，K_2O 为 145 607 件，Cr 为 145 733 件，Pb、Zn 为 145 735 件，As 为 145 750 件，pH 为 145 751 件，Se 为 145 752 件，Hg 为 145 753 件，Cd、Cu、Ni 为 145 756 件，其他元素/指标为 2614 件。

第四章 土壤元素背景值

二、旱地土壤元素背景值

浙江省旱地区土壤元素背景值数据经正态分布检验,结果表明,原始数据中 Ga、SiO_2、Al_2O_3 符合正态分布,Au、Bi、Br、Ce、F、I、La、Li、Nb、Rb、Sc、Th、U、W、Y、Zr、TFe_2O_3、TC 符合对数正态分布,Be、Cl、Ti 剔除异常值后符合正态分布,S、Sb、Tl、CaO 剔除异常值后符合对数正态分布,其他元素/指标不符合正态分布或对数正态分布(表 4-31)。

表层土壤总体呈酸性,土壤 pH 背景值为 5.00,极大值为 8.29,极小值为 3.47,基本接近于浙江省背景值。

在表层土壤各元素/指标中,约一半元素/指标变异系数在 0.40 以下,分布相对均匀;Se、Cd、Sr、V、Hg、Mo、Co、Mn、Sn、As、Cu、P、Br、MgO、Cr、Na_2O、B、Ni、CaO、W、I、pH、F、Bi、Au 共 25 项元素/指标变异系数在 0.40 以上,其中 pH、F、Bi、Au 变异系数在 0.80 以上,空间变异性较大。

与浙江省土壤元素背景值相比,旱地区土壤元素背景值中 B 背景值明显偏低,为浙江省背景值的 5.5%;而 As、Co、Ni、Pb 背景值略低于浙江省背景值,为浙江省背景值的 60%~80%;K_2O、Sb、Nb、Zr、Au、Bi、Li 背景值略高于浙江省背景值,为浙江省背景值的 1.2~1.4 倍;I、Cu、Br、CaO 背景值明显高于浙江省背景值,在浙江省背景值的 1.4 倍以上;其他元素/指标背景值则与浙江省背景值基本接近。

三、园地土壤元素背景值

浙江省园地区土壤元素背景值数据经正态分布检验,结果表明,原始数据中 SiO_2 和 Al_2O_3 符合正态分布,Au、I、La、Li、Sc、TC 符合对数正态分布,Be、Ga、Th、Ti 剔除异常值后符合正态分布,Ag、Ba、Cl、Nb、S、U、Y、TFe_2O_3 剔除异常值后符合对数正态分布,其他元素/指标不符合正态分布或对数正态分布(表 4-32)。

表层土壤总体呈酸性,土壤 pH 背景值为 4.75,极大值为 8.01,极小值为 3.25,基本接近于浙江省背景值。

在表层土壤各元素/指标中,大多数元素/指标变异系数在 0.40 以下,分布相对均匀;Se、Sr、As、Br、Cd、Mo、Sn、Co、Cu、P、Cr、B、MgO、Mn、Hg、Ni、Na_2O、CaO、I、pH、Au 共 21 项元素/指标变异系数在 0.40 以上,其中 I、pH、Au 变异系数在 0.80 以上,空间变异性较大。

与浙江省土壤元素背景值相比,园地区土壤元素背景值中 Mn、Sr 背景值明显偏低,在浙江省背景值的 60% 以下;而 Corg、Ce 背景值略低于浙江省背景值,为浙江省背景值的 60%~80%;F、Au、Bi、Li 背景值略高于浙江省背景值,为浙江省背景值的 1.2~1.4 倍;I、Cu、B 背景值明显高于浙江省背景值,是浙江省背景值的 1.4 倍以上,其中 B 背景值最高,为浙江省背景值的 3.19 倍;其他元素/指标背景值则与浙江省背景值基本接近。

四、林地土壤元素背景值

浙江省林地区土壤元素背景值数据经正态分布检验,结果表明,原始数据中 Al_2O_3 符合对数正态分布,Ga 剔除异常值后符合正态分布,Th、U、Zr 剔除异常值后符合对数正态分布,其他元素/指标不符合正态分布或对数正态分布(表 4-33)。

表层土壤总体呈酸性,土壤 pH 背景值为 4.78,极大值为 6.53,极小值为 3.70,基本接近于浙江省背景值。

在表层土壤各元素/指标中,大多数元素/指标变异系数在 0.40 以下,分布相对均匀;Sn、Sr、V、Cd、Hg、Se、Mo、CaO、P、As、Au、Cu、Mn、Br、Co、B、Cr、Na_2O、Ni、I、pH 共 21 项元素/指标变异系数在 0.40 以上,其中 pH 变异系数在 0.80 以上,空间变异性较大。

与浙江省土壤元素背景值相比,林地区土壤元素背景值中 Ni、Cr、As、Sr 背景值明显偏低,在浙江省背

表 4-31 旱地土壤元素背景值参数统计表

元素/指标	N	$X_{5\%}$	$X_{10\%}$	$X_{25\%}$	$X_{50\%}$	$X_{75\%}$	$X_{90\%}$	$X_{95\%}$	$\overline{X}$	S	$\overline{X}_g$	S_g	X_{max}	X_{min}	CV	X_{me}	X_{mo}	分布类型	旱地背景值	浙江省背景值
Ag	524	59.0	63.0	74.0	90.8	114	149	167	98.0	32.44	93.0	14.01	192	40.00	0.33	90.8	100.0	偏峰分布	100.0	100.0
As	22 943	1.96	2.55	3.86	5.82	8.34	11.37	13.22	6.42	3.39	5.52	3.21	16.96	0.29	0.53	5.82	6.30	其他分布	6.30	10.10
Au	560	0.63	0.75	1.20	1.71	2.70	4.71	6.48	2.75	6.13	1.87	2.25	123	0.30	2.23	1.71	1.40	对数正态分布	1.87	1.50
B	24 381	7.51	10.30	16.60	30.70	60.4	74.1	81.3	38.16	25.14	29.15	8.57	126	0.90	0.66	30.70	1.10	其他分布	1.10	20.00
Ba	530	335	368	430	486	630	754	846	532	151	512	36.75	994	246	0.28	486	482	其他分布	482	475
Be	541	1.60	1.70	1.89	2.14	2.40	2.60	2.80	2.16	0.36	2.13	1.60	3.20	1.28	0.17	2.14	2.10	剔除后正态分布	2.16	2.00
Bi	560	0.21	0.23	0.27	0.35	0.46	0.60	0.72	0.43	0.57	0.37	2.03	12.10	0.15	1.35	0.35	0.28	对数正态分布	0.37	0.28
Br	560	1.93	2.10	2.79	4.19	6.16	8.20	9.99	4.80	2.66	4.18	2.65	17.77	1.30	0.56	4.19	3.20	对数正态分布	4.18	2.20
Cd	22 635	0.05	0.07	0.10	0.15	0.20	0.25	0.29	0.15	0.07	0.14	3.48	0.37	0.01	0.46	0.15	0.14	其他分布	0.14	0.14
Ce	560	63.0	67.1	73.1	80.5	94.0	109	127	87.4	33.01	84.4	13.26	644	53.5	0.38	80.5	77.0	对数正态分布	84.4	102
Cl	530	37.86	42.78	53.0	65.1	79.8	92.8	103	67.2	19.65	64.3	11.04	129	22.50	0.29	65.1	69.0	剔除后正态分布	67.2	71.0
Co	23 153	3.19	3.95	5.75	9.27	13.54	17.35	19.80	10.06	5.26	8.66	3.94	27.10	0.38	0.52	9.27	10.20	其他分布	10.20	14.80
Cr	23 786	11.10	14.30	22.40	40.30	69.0	85.2	94.5	46.62	28.10	37.51	9.24	143	0.24	0.60	40.30	70.0	对数正态分布	70.0	82.0
Cu	23 245	6.80	8.51	12.50	19.20	28.10	37.10	43.00	21.25	11.16	18.32	6.00	56.2	1.00	0.53	19.20	26.00	其他分布	26.00	16.00
F	560	292	330	398	490	612	718	791	547	696	494	36.44	16 310	217	1.27	490	540	对数正态分布	494	453
Ga	560	12.36	13.13	14.59	16.85	18.80	20.80	21.80	16.93	3.08	16.66	5.16	29.35	8.77	0.18	16.85	16.80	正态分布	16.93	16.00
Ge	21 418	1.12	1.18	1.29	1.41	1.54	1.68	1.77	1.42	0.19	1.41	1.27	1.95	0.90	0.14	1.41	1.40	其他分布	1.40	1.44
Hg	22 602	0.028	0.034	0.047	0.066	0.094	0.130	0.156	0.075	0.038	0.066	4.799	0.196	0.001	0.509	0.066	0.110	其他分布	0.110	0.110
I	560	0.86	1.01	1.41	2.30	3.99	6.41	8.50	3.12	2.49	2.42	2.38	18.08	0.47	0.80	2.30	1.90	对数正态分布	2.42	1.70
La	560	33.50	35.00	38.53	42.94	49.00	55.2	59.3	44.43	8.40	43.69	8.98	83.0	25.26	0.19	42.94	41.00	对数正态分布	43.69	41.00
Li	560	20.57	22.61	27.29	34.10	41.60	50.4	56.6	35.61	12.36	33.84	7.78	148	13.40	0.35	34.10	36.00	对数正态分布	33.84	25.00
Mn	23 818	170	224	371	581	817	1092	1253	622	325	531	39.83	1554	11.00	0.52	581	502	其他分布	502	440
Mo	22 523	0.37	0.43	0.60	0.84	1.21	1.69	1.98	0.96	0.48	0.85	1.66	2.51	0.10	0.51	0.84	0.61	其他分布	0.61	0.66
N	23 846	0.46	0.59	0.80	1.05	1.33	1.64	1.82	1.08	0.40	1.00	1.54	2.21	0.04	0.37	1.05	1.05	其他分布	1.05	1.28
Nb	560	13.88	14.98	17.09	19.70	23.10	27.20	32.02	21.08	6.58	20.33	5.83	85.7	10.10	0.31	19.70	16.83	对数正态分布	20.33	16.83
Ni	23 633	4.15	5.20	7.75	13.93	27.00	37.00	42.55	18.23	12.61	14.03	5.56	60.00	0.09	0.69	13.93	26.00	其他分布	26.00	35.00
P	23 649	0.18	0.26	0.42	0.66	0.96	1.27	1.46	0.72	0.39	0.60	2.00	1.88	0.01	0.54	0.66	0.70	其他分布	0.70	0.60
Pb	22 967	18.90	21.40	26.30	31.87	38.10	45.24	50.00	32.67	9.23	31.34	7.59	59.8	7.11	0.28	31.87	25.00	其他分布	25.00	32.00

续表 4-31

元素/指标	N	$X_{5\%}$	$X_{10\%}$	$X_{25\%}$	$X_{50\%}$	$X_{75\%}$	$X_{90\%}$	$X_{95\%}$	$\overline{X}$	S	$\overline{X}_g$	S_g	X_{max}	X_{min}	CV	X_{me}	X_{mo}	分布类型	旱地背景值	浙江省背景值
Rb	560	77.0	86.0	98.0	114	131	146	158	116	27.27	113	15.45	357	53.5	0.24	114	124	对数正态分布	113	120
S	537	141	156	187	245	308	374	415	255	86.0	241	23.92	510	24.10	0.34	245	222	剔除后对数分布	241	248
Sb	516	0.40	0.45	0.52	0.63	0.79	1.03	1.13	0.68	0.22	0.64	1.50	1.37	0.21	0.33	0.63	0.53	对数正态分布	0.64	0.53
Sc	560	6.08	6.60	7.80	9.50	11.20	12.98	14.40	9.77	2.79	9.40	3.76	22.80	4.24	0.29	9.50	10.30	对数正态分布	9.40	8.70
Se	23 303	0.12	0.14	0.18	0.25	0.35	0.46	0.52	0.28	0.12	0.25	2.45	0.65	0.03	0.44	0.25	0.21	其他分布	0.21	0.21
Sn	523	2.50	2.90	3.54	4.67	7.28	10.28	12.00	5.75	3.00	5.09	2.91	15.80	0.63	0.52	4.67	3.80	其他分布	3.80	3.60
Sr	548	34.87	40.11	52.9	90.7	121	150	164	91.1	42.07	80.9	12.89	224	16.10	0.46	90.7	115	其他分布	115	105
Th	560	10.18	10.92	12.10	13.70	15.40	17.61	18.90	14.03	3.12	13.72	4.62	39.10	6.18	0.22	13.70	12.80	对数正态分布	13.72	13.30
Ti	518	3284	3548	4005	4373	4843	5415	5759	4442	711	4385	127	6446	2612	0.16	4373	4427	剔除后正态分布	4442	4665
Tl	2545	0.46	0.51	0.61	0.74	0.87	1.01	1.10	0.75	0.19	0.73	1.39	1.31	0.21	0.26	0.74	0.65	剔除后对数分布	0.73	0.70
U	560	2.05	2.19	2.52	2.98	3.52	4.12	4.73	3.17	1.27	3.02	2.02	22.89	1.35	0.40	2.98	3.33	对数正态分布	3.02	2.90
V	23 140	26.35	32.00	45.17	68.5	93.4	115	130	71.5	32.81	63.7	11.55	176	4.64	0.46	68.5	101	其他分布	101	106
W	560	1.27	1.39	1.62	1.90	2.24	2.76	3.00	2.07	1.55	1.94	1.65	34.20	1.01	0.75	1.90	1.94	对数正态分布	1.94	1.80
Y	560	20.09	21.40	23.13	25.60	28.80	32.05	34.90	26.39	5.40	25.94	6.62	73.9	15.20	0.20	25.60	24.00	对数正态分布	25.94	25.00
Zn	23 311	47.5	53.8	65.8	81.1	99.4	119	132	84.1	25.43	80.3	12.94	159	16.06	0.30	81.1	101	偏峰分布	101	101
Zr	560	210	226	252	290	340	391	438	304	76.2	295	26.94	729	149	0.25	290	265	对数正态分布	295	243
SiO_2	560	62.0	64.5	67.4	70.4	73.6	77.0	79.2	70.4	5.15	70.2	11.64	84.3	49.65	0.07	70.4	68.6	正态分布	70.4	71.3
Al_2O_3	560	10.45	10.84	11.79	13.24	14.50	15.67	16.90	13.31	2.01	13.16	4.48	21.10	8.60	0.15	13.24	14.93	正态分布	13.31	13.20
TFe_2O_3	560	2.53	2.82	3.42	4.05	4.88	5.81	6.94	4.34	1.62	4.12	2.42	15.94	1.67	0.37	4.05	4.31	剔除后对数分布	4.12	3.74
MgO	558	0.38	0.43	0.54	0.83	1.44	2.03	2.17	1.03	0.59	0.88	1.78	2.74	0.24	0.57	0.83	0.48	其他分布	0.48	0.50
CaO	487	0.15	0.20	0.27	0.43	0.81	1.42	1.42	0.58	0.42	0.46	2.33	2.13	0.06	0.72	0.43	0.21	剔除后对数分布	0.46	0.24
Na_2O	559	0.17	0.22	0.42	0.87	1.40	1.68	1.85	0.92	0.55	0.72	2.24	2.41	0.08	0.60	0.87	0.19	其他分布	0.19	0.19
K_2O	24 266	1.17	1.42	2.00	2.47	3.05	3.63	3.94	2.51	0.82	2.36	1.85	4.68	0.40	0.33	2.47	2.82	对数正态分布	2.82	2.35
TC	560	0.89	0.98	1.21	1.43	1.74	2.08	2.30	1.50	0.45	1.44	1.44	4.60	0.52	0.30	1.43	1.30	对数正态分布	1.44	1.43
Corg	21 644	0.44	0.56	0.76	1.02	1.35	1.67	1.88	1.07	0.43	0.98	1.58	2.30	0.03	0.40	1.02	1.06	其他分布	1.06	1.31
pH	23 926	4.38	4.54	4.81	5.20	6.06	7.78	8.04	4.93	4.76	5.60	2.73	8.29	3.47	0.96	5.20	5.00	其他分布	5.00	5.10

注：Tl 原始样本数为 2635 件，Ge 为 22 101 件，Corg 为 22 278 件，V 为 24 423 件，B 为 24 492 件，Co 为 24 451 件，Mn 为 24 475 件，Mo 为 24 553 件，P 为 24 555 件，Cr 为 24 558 件，N、K_2O 为 24 559 件，As、Pb、Zn 为 24 564 件，Cd、Cu、Hg、Ni、Se、pH 为 24 565 件，其他元素/指标为 560 件。

表4-32 园地土壤元素背景值参数统计表

元素/指标	N	$X_{5\%}$	$X_{10\%}$	$X_{25\%}$	$X_{50\%}$	$X_{75\%}$	$X_{90\%}$	$X_{95\%}$	$\bar{X}$	S	$\bar{X}_g$	S_g	X_{max}	X_{min}	CV	X_{me}	X_{mo}	分布类型	园地背景值	浙江省背景值
Ag	1509	52.4	59.8	70.0	87.0	111	139	160	93.3	32.09	88.2	13.63	193	25.00	0.34	87.0	70.0	剔除后对数分布	88.2	100.0
As	30 425	2.52	3.21	4.59	6.50	8.62	11.23	12.90	6.87	3.08	6.15	3.25	16.24	0.44	0.45	6.50	10.10	其他分布	10.10	10.10
Au	1647	0.69	0.83	1.16	1.71	2.70	4.36	5.90	2.36	2.47	1.83	2.11	50.4	0.33	1.05	1.71	1.50	对数正态分布	1.83	1.50
B	32 189	10.81	14.80	24.52	45.60	64.7	75.2	81.6	45.48	23.47	37.93	9.61	125	0.90	0.52	45.60	63.7	其他分布	63.7	20.00
Ba	1543	297	335	420	502	626	752	825	529	160	504	37.08	1023	144	0.30	502	491	剔除后正态分布	504	475
Be	1612	1.44	1.61	1.85	2.14	2.44	2.70	2.82	2.14	0.43	2.10	1.62	3.37	0.94	0.20	2.14	2.20	偏峰分布	2.14	2.00
Bi	1557	0.21	0.23	0.28	0.35	0.44	0.52	0.59	0.37	0.11	0.35	1.96	0.72	0.13	0.31	0.35	0.36	其他分布	0.36	0.28
Br	1570	1.88	2.09	2.52	3.70	5.33	6.90	7.82	4.12	1.91	3.72	2.48	10.03	0.98	0.46	3.70	2.60	其他分布	2.60	2.20
Cd	30 540	0.05	0.06	0.10	0.14	0.19	0.24	0.28	0.15	0.07	0.13	3.52	0.35	0.01	0.46	0.14	0.14	其他分布	0.14	0.14
Ce	1553	63.0	66.9	72.2	78.8	89.2	100.0	107	81.4	13.25	80.4	12.67	122	43.91	0.16	78.8	76.0	其他分布	76.0	102
Cl	1573	35.00	39.22	48.52	60.6	75.7	92.1	103	63.3	20.17	60.2	10.77	122	20.60	0.32	60.6	61.1	剔除后对数分布	60.2	71.0
Co	30 827	3.55	4.39	6.42	10.30	14.50	17.39	19.60	10.77	5.22	9.42	4.19	27.93	0.33	0.48	10.30	14.50	其他分布	14.50	14.80
Cr	31 852	14.50	18.89	29.80	55.5	78.8	90.2	96.7	55.2	28.29	46.68	10.42	155	1.37	0.51	55.5	68.0	其他分布	68.0	82.0
Cu	31 119	7.70	9.89	14.70	22.76	31.38	39.14	45.00	23.86	11.52	20.90	6.51	59.4	1.00	0.48	22.76	28.00	其他分布	28.00	16.00
F	1572	284	319	383	476	578	691	762	491	142	471	35.67	913	183	0.29	476	546	偏峰分布	546	453
Ga	1602	11.90	13.01	14.90	16.74	18.60	20.30	21.40	16.72	2.78	16.48	5.14	24.30	9.39	0.17	16.74	17.00	剔除后对数分布	16.72	16.00
Ge	25 619	1.15	1.22	1.32	1.44	1.56	1.68	1.76	1.44	0.18	1.43	1.27	1.94	0.95	0.13	1.44	1.49	其他分布	1.49	1.44
Hg	30 036	0.033	0.040	0.056	0.081	0.127	0.187	0.220	0.098	0.058	0.083	4.263	0.287	0.003	0.589	0.081	0.110	其他分布	0.110	0.110
I	1647	0.82	0.98	1.36	2.20	3.98	6.64	8.55	3.17	2.82	2.38	2.46	30.33	0.40	0.89	2.20	2.20	对数正态分布	2.38	1.70
La	1647	32.45	34.84	38.25	42.80	48.05	53.8	58.3	43.75	8.20	43.04	8.85	95.0	21.43	0.19	42.80	41.00	对数正态分布	43.04	41.00
Li	1647	21.00	23.00	27.55	34.31	44.03	52.5	57.7	36.44	12.05	34.60	7.96	97.7	11.67	0.33	34.31	22.00	对数正态分布	34.60	25.00
Mn	31 529	155	196	304	484	697	924	1056	524	275	449	36.53	1338	34.10	0.53	484	196	其他分布	196	440
Mo	30 049	0.40	0.46	0.59	0.79	1.11	1.50	1.75	0.89	0.41	0.81	1.60	2.19	0.06	0.46	0.79	0.64	其他分布	0.64	0.66
N	31 821	0.57	0.69	0.91	1.21	1.57	1.94	2.18	1.27	0.48	1.17	1.55	2.63	0.01	0.38	1.21	1.30	其他分布	1.30	1.28
Nb	1546	14.59	15.61	17.41	19.40	22.00	24.70	26.60	19.84	3.62	19.51	5.61	30.40	10.83	0.18	19.40	16.83	剔除后对数分布	19.51	16.83
Ni	31 763	5.23	6.70	10.27	19.29	32.60	39.75	43.07	21.73	13.04	17.53	6.29	68.6	0.76	0.60	19.29	35.00	其他分布	35.00	35.00
P	30 999	0.21	0.28	0.44	0.65	0.91	1.22	1.41	0.70	0.35	0.61	1.86	1.74	0.01	0.50	0.65	0.62	其他分布	0.62	0.60
Pb	30 599	20.60	22.80	26.80	31.20	36.28	42.04	45.83	31.84	7.47	30.95	7.47	53.6	11.28	0.23	31.20	31.00	其他分布	31.00	32.00

续表 4-32

元素/指标	N	$X_{5\%}$	$X_{10\%}$	$X_{25\%}$	$X_{50\%}$	$X_{75\%}$	$X_{90\%}$	$X_{95\%}$	$\bar{X}$	S	$\bar{X}_g$	S_g	X_{max}	X_{min}	CV	X_{me}	X_{mo}	分布类型	园地背景值	浙江省背景值
Rb	1616	71.0	79.7	99.0	116	131	145	155	114	24.56	112	15.45	180	50.00	0.21	116	117	偏峰分布	117	120
S	1585	147	166	212	267	328	398	442	275	87.4	261	24.97	522	50.00	0.32	267	260	剔除后对数分布	261	248
Sb	1490	0.42	0.46	0.54	0.66	0.83	1.04	1.22	0.71	0.24	0.67	1.49	1.47	0.20	0.33	0.66	0.55	对数正态分布	0.55	0.53
Sc	1647	5.98	6.66	7.70	9.41	11.39	13.60	14.90	9.84	2.99	9.42	3.82	28.60	3.54	0.30	9.41	8.70	其他分布	9.42	8.70
Se	30 865	0.14	0.17	0.21	0.28	0.38	0.49	0.56	0.30	0.12	0.28	2.29	0.68	0.02	0.41	0.28	0.21	其他分布	0.21	0.21
Sn	1522	2.60	2.94	3.60	4.91	7.10	9.60	11.20	5.65	2.65	5.10	2.87	14.16	0.60	0.47	4.91	4.20	其他分布	4.20	3.60
Sr	1603	35.40	40.00	50.5	73.3	108	126	145	80.5	35.55	72.8	12.46	197	14.60	0.44	73.3	51.0	其他分布	51.0	105
Th	1573	9.95	10.85	12.16	13.69	15.30	17.00	18.24	13.82	2.41	13.61	4.59	20.33	7.49	0.17	13.69	13.30	剔除后正态分布	13.82	13.30
Ti	1556	3136	3470	4007	4515	5069	5638	6031	4544	851	4462	129	6929	2326	0.19	4515	4787	其他分布	4544	4665
Tl	4774	0.45	0.50	0.60	0.72	0.86	0.98	1.07	0.73	0.19	0.71	1.39	1.27	0.20	0.26	0.72	0.60	其他分布	0.60	0.70
U	1571	2.14	2.31	2.60	3.04	3.47	3.91	4.20	3.08	0.63	3.01	1.95	4.90	1.31	0.21	3.04	3.30	剔除后正态分布	3.01	2.90
V	31 021	31.50	38.40	54.0	78.0	103	117	128	79.0	31.55	72.1	12.54	180	4.59	0.40	78.0	102	其他分布	102	106
W	1541	1.37	1.49	1.68	1.88	2.18	2.55	2.75	1.95	0.41	1.91	1.54	3.12	0.91	0.21	1.88	1.73	其他分布	1.73	1.80
Y	1597	18.50	20.20	22.60	25.33	28.47	31.20	33.00	25.60	4.32	25.23	6.49	38.20	13.30	0.17	25.33	27.00	剔除后正态分布	25.23	25.00
Zn	31 268	47.20	53.4	65.7	82.2	100.0	117	130	84.1	24.87	80.3	13.06	158	16.16	0.30	82.2	101	其他分布	101	101
Zr	1615	199	220	250	296	343	381	412	299	64.0	292	26.45	487	155	0.21	296	243	其他分布	243	243
SiO$_2$	1647	61.6	64.7	67.9	71.7	75.6	78.6	79.8	71.5	5.65	71.3	11.70	84.4	45.52	0.08	71.7	70.0	正态分布	71.5	71.3
Al$_2$O$_3$	1647	9.90	10.51	11.71	13.20	14.55	15.75	16.74	13.20	2.11	13.03	4.49	22.49	7.51	0.16	13.20	13.30	正态分布	13.20	13.20
TFe$_2$O$_3$	1590	2.39	2.68	3.29	4.06	4.90	5.67	6.13	4.13	1.14	3.98	2.36	7.53	1.61	0.27	4.06	4.24	剔除后正态分布	3.98	3.74
MgO	1627	0.38	0.42	0.54	0.74	1.23	1.61	1.79	0.90	0.46	0.79	1.67	2.31	0.25	0.52	0.74	0.41	其他分布	0.41	0.50
CaO	1568	0.15	0.18	0.24	0.37	0.72	1.02	1.17	0.50	0.34	0.40	2.30	1.61	0.05	0.67	0.37	0.24	其他分布	0.24	0.24
Na$_2$O	1635	0.16	0.21	0.38	0.72	1.15	1.51	1.65	0.80	0.48	0.63	2.19	2.24	0.07	0.61	0.72	0.19	其他分布	0.19	0.19
K$_2$O	31 784	1.16	1.42	1.95	2.37	2.81	3.28	3.59	2.37	0.70	2.26	1.79	4.18	0.61	0.29	2.37	2.35	其他正态分布	2.35	2.35
TC	1647	0.91	1.02	1.23	1.49	1.81	2.19	2.49	1.57	0.54	1.50	1.48	6.06	0.55	0.34	1.49	1.55	其他分布	1.50	1.43
Corg	25 584	0.54	0.67	0.90	1.20	1.55	1.90	2.11	1.24	0.47	1.15	1.57	2.58	0.01	0.38	1.20	0.94	对数正态分布	0.94	1.31
pH	31 486	4.22	4.38	4.67	5.10	5.87	6.90	7.52	4.78	4.59	5.37	2.68	8.01	3.25	0.96	5.10	4.75	其他分布	4.75	5.10

注:Tl 原始样本数为 4894 件,Corg 为 26 278 件,Ge 为 26 494 件,B 为 32 257 件,V 为 32 289 件,Co 为 32 342 件,Mn 为 32 436 件,Mo 为 32 667 件,P 为 32 673 件,N 为 32 676 件,K$_2$O 为 32 684 件,Cr 为 32 696 件,Zn 为 32 704 件,Pb 为 32 706 件,As 为 32 707 件,Cu、Hg、Ni、Se、pH 为 32 708 件,其他元素指标为 1647 件。

表 4-33 林地土壤元素背景值参数统计表

元素/指标	N	$X_{5\%}$	$X_{10\%}$	$X_{25\%}$	$X_{50\%}$	$X_{75\%}$	$X_{90\%}$	$X_{95\%}$	$\overline{X}$	S	$\overline{X}_g$	S_g	X_{max}	X_{min}	CV	X_{me}	X_{mo}	分布类型	林地背景值	浙江省背景值
Ag	9 723	50.00	59.1	70.0	90.0	118	150	171	97.2	36.50	91.0	14.00	217	8.00	0.38	90.0	110	其他分布	110	100.0
As	28 232	2.29	2.84	4.02	5.77	8.15	10.90	12.90	6.39	3.18	5.64	3.14	16.62	0.10	0.50	5.77	4.30	其他分布	4.30	10.10
Au	9 700	0.56	0.66	0.86	1.21	1.74	2.43	2.86	1.38	0.69	1.23	1.66	3.58	0.06	0.50	1.21	1.30	其他分布	1.30	1.50
B	30 347	11.50	14.40	20.30	31.67	53.9	70.0	77.9	37.83	21.62	31.74	8.37	106	0.90	0.57	31.67	20.00	其他分布	20.00	20.00
Ba	9 971	296	341	423	544	706	872	981	579	209	542	38.06	1 208	95.0	0.36	544	421	偏峰分布	421	475
Be	10 023	1.52	1.66	1.88	2.14	2.45	2.79	2.99	2.18	0.44	2.14	1.62	3.46	0.97	0.20	2.14	2.10	偏峰分布	2.10	2.00
Bi	9 770	0.21	0.23	0.28	0.36	0.47	0.58	0.65	0.39	0.14	0.36	1.94	0.81	0.11	0.36	0.36	0.28	其他分布	0.28	0.28
Br	10 054	2.10	2.31	3.13	4.80	7.10	9.60	11.10	5.41	2.81	4.73	2.86	14.01	1.00	0.52	4.80	3.40	其他分布	3.40	2.20
Cd	28 582	0.06	0.08	0.11	0.15	0.20	0.26	0.30	0.16	0.07	0.14	3.27	0.38	0.01	0.45	0.15	0.14	其他分布	0.14	0.14
Ce	9 880	65.1	69.9	77.0	86.4	98.2	110	119	88.4	16.25	86.9	13.32	137	41.80	0.18	86.4	102	其他分布	102	102
Cl	10 158	35.40	39.30	46.60	59.0	73.9	89.5	99.1	61.8	19.54	58.9	10.51	120	20.40	0.32	59.0	69.0	其他分布	69.0	71.0
Co	29 852	3.35	4.04	5.55	8.12	12.60	16.60	18.77	9.36	4.86	8.15	3.81	24.41	0.32	0.52	8.12	10.30	其他分布	10.30	14.80
Cr	30 463	12.70	15.84	22.56	34.90	61.6	80.5	88.6	42.65	24.84	35.60	8.81	123	0.48	0.58	34.90	27.00	其他分布	27.00	82.0
Cu	29 563	7.11	8.57	11.50	16.40	25.00	33.60	38.47	18.98	9.75	16.66	5.64	49.10	1.00	0.51	16.40	10.10	其他分布	10.10	16.00
F	9 929	285	319	380	465	573	695	777	487	147	466	35.12	926	83.0	0.30	465	465	偏峰分布	465	453
Ga	10 325	13.40	14.40	16.00	17.73	19.50	21.10	22.10	17.75	2.60	17.56	5.28	25.00	10.60	0.15	17.73	18.20	剔除后正态分布	17.75	16.00
Ge	28 789	1.16	1.23	1.33	1.45	1.58	1.71	1.79	1.46	0.19	1.45	1.29	1.98	0.95	0.13	1.45	1.44	其他分布	1.44	1.44
Hg	28 345	0.037	0.044	0.060	0.080	0.110	0.146	0.170	0.088	0.039	0.080	4.291	0.209	0.005	0.446	0.080	0.100	其他分布	0.100	0.110
I	10 167	0.89	1.09	1.84	3.63	6.05	8.79	10.40	4.30	2.97	3.30	2.84	13.21	0.05	0.69	3.63	1.30	其他分布	1.30	1.70
La	10 170	33.01	35.66	40.00	45.00	49.70	54.4	58.0	45.00	7.29	44.40	9.05	65.3	25.00	0.16	45.00	46.00	其他分布	46.00	41.00
Li	10 216	19.20	21.27	25.41	31.30	38.89	46.40	51.0	32.74	9.65	31.36	7.52	61.2	12.20	0.29	31.30	22.00	其他分布	22.00	25.00
Mn	29 773	180	224	336	511	735	965	1 108	558	283	485	37.88	1 401	35.30	0.51	511	404	其他分布	404	440
Mo	28 343	0.45	0.53	0.68	0.92	1.28	1.74	2.04	1.03	0.48	0.93	1.57	2.57	0.10	0.46	0.92	0.66	其他分布	0.66	0.66
N	29 988	0.59	0.74	0.99	1.30	1.67	2.04	2.27	1.35	0.50	1.25	1.57	2.77	0.04	0.37	1.30	1.18	偏峰分布	1.18	1.28
Nb	10 057	15.91	17.10	18.90	21.40	24.50	28.20	30.60	22.00	4.33	21.58	5.95	34.30	10.17	0.20	21.40	20.00	其他分布	20.00	16.83
Ni	30 028	5.00	6.10	8.58	12.80	23.10	34.50	38.83	16.69	10.72	13.64	5.30	48.11	0.30	0.64	12.80	11.30	其他分布	11.30	35.00
P	29 611	0.18	0.23	0.35	0.52	0.73	0.96	1.11	0.56	0.28	0.49	1.94	1.39	0.01	0.49	0.52	0.44	其他分布	0.44	0.60
Pb	28 554	22.00	24.42	28.50	33.00	38.99	45.98	50.6	34.17	8.45	33.14	7.78	59.7	10.50	0.25	33.00	32.00	其他分布	32.00	32.00

续表 4-33

元素/指标	N	$X_{5\%}$	$X_{10\%}$	$X_{25\%}$	$X_{50\%}$	$X_{75\%}$	$X_{90\%}$	$X_{95\%}$	$\overline{X}$	S	$\overline{X}_g$	S_g	X_{max}	X_{min}	CV	X_{me}	X_{mo}	分布类型	林地背景值	浙江省背景值
Rb	10 210	82.6	91.2	108	126	142	159	171	126	26.23	123	16.12	197	56.0	0.21	126	128	其他分布	128	120
S	10 252	140	156	192	248	307	365	404	254	81.0	241	23.88	490	31.49	0.32	248	181	其他分布	181	248
Sb	9455	0.38	0.42	0.51	0.64	0.83	1.08	1.25	0.70	0.26	0.66	1.53	1.56	0.11	0.37	0.64	0.55	其他分布	0.55	0.53
Sc	10 297	5.70	6.20	7.30	8.68	10.10	11.50	12.50	8.79	2.06	8.55	3.55	14.80	3.08	0.23	8.68	7.90	其他分布	7.90	8.70
Se	29 387	0.16	0.19	0.24	0.33	0.46	0.61	0.70	0.37	0.17	0.33	2.14	0.86	0.03	0.45	0.33	0.25	其他分布	0.25	0.21
Sn	9727	2.52	2.80	3.38	4.30	5.87	7.86	9.08	4.84	1.99	4.47	2.63	11.05	0.60	0.41	4.30	3.50	其他分布	3.50	3.60
Sr	10 028	29.57	33.90	42.20	56.1	78.9	104	118	62.8	27.10	57.4	10.41	145	13.70	0.43	56.1	56.0	其他分布	56.0	105
Th	10 023	10.20	11.09	12.60	14.40	16.40	18.43	19.82	14.60	2.88	14.32	4.70	22.84	6.61	0.20	14.40	14.20	剔除后对数分布	14.32	13.30
Ti	10 328	2860	3159	3704	4367	5116	5734	6074	4416	991	4301	127	7313	1621	0.22	4367	4556	其他分布	4556	4665
Tl	13 772	0.51	0.57	0.69	0.83	0.98	1.14	1.25	0.84	0.22	0.81	1.34	1.46	0.23	0.26	0.83	0.90	其他分布	0.90	0.70
U	9931	2.32	2.51	2.87	3.28	3.73	4.20	4.54	3.33	0.66	3.26	2.03	5.27	1.48	0.20	3.28	3.20	剔除后对数分布	3.26	2.90
V	29 571	27.34	33.10	44.50	62.0	86.8	108	120	67.0	29.16	60.6	11.34	158	5.08	0.44	62.0	110	其他分布	110	106
W	9931	1.40	1.53	1.76	2.07	2.49	2.95	3.22	2.16	0.55	2.09	1.65	3.81	0.67	0.26	2.07	1.80	其他分布	1.80	1.80
Y	10 113	18.80	20.20	22.68	25.40	28.80	32.40	34.80	25.89	4.73	25.47	6.58	39.20	13.00	0.18	25.40	25.00	其他分布	25.00	25.00
Zn	29 356	50.4	56.0	66.4	80.7	96.9	114	125	83.0	22.52	79.9	12.93	150	20.58	0.27	80.7	102	其他分布	102	101
Zr	10 134	204	226	260	300	346	392	425	305	65.0	298	26.78	493	124	0.21	300	267	剔除后对数分布	298	243
SiO$_2$	10 343	64.7	66.3	69.0	71.7	74.4	76.8	78.2	71.6	4.04	71.5	11.76	82.6	60.5	0.06	71.7	71.6	偏峰分布	71.6	71.3
Al$_2$O$_3$	10 556	10.68	11.30	12.28	13.50	14.84	16.20	17.04	13.64	1.94	13.50	4.52	22.60	7.55	0.14	13.50	13.20	对数正态分布	13.50	13.20
TFe$_2$O$_3$	10 380	2.35	2.62	3.10	3.85	4.79	5.62	6.07	4.00	1.15	3.83	2.33	7.43	1.09	0.29	3.85	3.74	其他分布	3.74	3.74
MgO	9901	0.35	0.39	0.48	0.62	0.82	1.06	1.21	0.68	0.26	0.63	1.58	1.46	0.19	0.38	0.62	0.50	其他分布	0.50	0.50
CaO	9603	0.13	0.15	0.19	0.26	0.36	0.51	0.59	0.30	0.14	0.27	2.44	0.74	0.06	0.47	0.26	0.24	其他分布	0.24	0.24
Na$_2$O	10 363	0.15	0.19	0.29	0.51	0.81	1.11	1.29	0.59	0.35	0.48	2.27	1.64	0.07	0.60	0.51	0.20	其他分布	0.20	0.19
K$_2$O	30 582	1.38	1.65	2.10	2.59	3.10	3.59	3.87	2.61	0.74	2.49	1.85	4.61	0.61	0.28	2.59	2.60	偏峰分布	2.60	2.35
TC	10 048	0.91	1.03	1.27	1.57	1.96	2.38	2.63	1.64	0.52	1.56	1.52	3.17	0.31	0.32	1.57	1.43	其他分布	1.43	1.43
Corg	28 268	0.58	0.75	1.01	1.33	1.71	2.11	2.37	1.38	0.53	1.27	1.61	2.90	0.02	0.38	1.33	1.36	偏峰分布	1.36	1.31
pH	28 190	4.34	4.49	4.73	5.00	5.32	5.75	6.04	4.83	4.78	5.06	2.56	6.53	3.70	0.99	5.00	4.78	其他分布	4.78	5.10

注：TJ原始样本数为 14 374 件，Corg 为 29 450 件，Ge 为 29 614 件，B、V 为 30 723 件，Co 为 30 730 件，Mo 为 30 828 件，Mn 为 30 893 件，N 为 30 894 件，P 为 30 896 件，K$_2$O 为 30 901 件，Cr、Pb、Zn 为 30 911 件，Hg、pH 为 30 912 件，As、Cd、Cu、Ni、Se 为 30 913 件，其他元素/指标为 10 556 件。

景值的 60％ 以下；而 Cu、Co、S、P、I 背景值略低于浙江省背景值，为浙江省背景值的 60％～80％；Zr、Tl 背景值略高于浙江省背景值，为浙江省背景值的 1.2～1.4 倍；Br 背景值明显高于浙江省背景值，为浙江省背景值的 1.55 倍；其他元素/指标背景值则与浙江省背景值基本接近。

第五节　主要水系流域土壤元素背景值

一、鳌江流域土壤元素背景值

浙江省鳌江流域土壤元素背景值数据经正态分布检验，结果表明，原始数据中 Ba、Ga、Rb、Ti、Zr、SiO_2、Al_2O_3 符合正态分布，Au、Br、La、Li、Nb、Sb、Sc、Sn、Tl、U、W、Y、TFe_2O_3、Corg 符合对数正态分布，Bi、Th、TC 剔除异常值后符合正态分布，As、Be、Ce、Cl、F、Ge、MgO 剔除异常值后符合对数正态分布，其他元素/指标不符合正态分布或对数正态分布（表 4-34）。

表层土壤总体呈酸性，土壤 pH 背景值为 5.06，极大值为 6.36，极小值为 3.94，基本接近于浙江省背景值。

在表层土壤各元素/指标中，多数元素/指标变异系数在 0.40 以下，分布相对均匀；Sb、As、Cd、Li、V、Corg、Hg、Mn、Mo、Cu、P、Co、Sr、CaO、B、Cr、Ni、Na_2O、Br、I、Sn、pH、Au 共 23 项元素/指标变异系数在 0.40 以上，其中 Sn、pH、Au 变异系数在 0.80 以上，空间变异性较大。

与浙江省土壤元素背景值相比，鳌江流域土壤元素背景值中 Cr、Ni、As 背景值明显偏低，在浙江省背景值的 60％ 以下；而 CaO、Cu、S、Co、Cd 背景值略低于浙江省背景值，为浙江省背景值的 60％～80％；Ga、La、Tl、W、U、Pb、Zr、Nb 背景值略高于浙江省背景值，为浙江省背景值的 1.2～1.4 倍；Sn、Bi、Br 背景值明显高于浙江省背景值，在浙江省背景值的 1.4 倍以上，其中 Br 明显相对富集，背景值是浙江省背景值的 2.35 倍；其他元素/指标背景值则与浙江省背景值基本接近。

二、飞云江流域土壤元素背景值

浙江省飞云江流域土壤元素背景值数据经正态分布检验，结果表明，原始数据中 Ga、Ti、SiO_2、Al_2O_3 符合正态分布，Bi、Br、La、Sb、Sc、W、Y、Zr、TFe_2O_3、TC 符合对数正态分布，Ba、Ce、Rb 剔除异常值后符合正态分布，Be、Li、S、Sn、Th、U、MgO 剔除异常值后符合对数正态分布，其他元素/指标不符合正态分布或对数正态分布（表 4-35）。

表层土壤总体呈酸性，土壤 pH 背景值为 5.02，极大值为 6.20，极小值为 3.93，基本接近于浙江省背景值。

在表层土壤各元素/指标中，约一多半元素/指标变异系数在 0.40 以下，分布相对均匀；Se、N、Corg、Cd、Mo、P、CaO、As、Hg、V、Au、Sr、Cu、B、Mn、Co、Na_2O、Cr、Ni、Br、Sb、I、Bi、pH 共 24 项元素/指标变异系数在 0.40 以上，其中 Bi、I、pH 变异系数在 0.80 以上，空间变异性较大。

与浙江省土壤元素背景值相比，飞云江流域土壤元素背景值中 Cr、V、As、Co、Ni 背景值明显低于浙江省背景值，在浙江省背景值的 60％ 以下；而 Au、P、Cu、S、CaO、Na_2O、F 背景值略低于浙江省背景值，为浙江省背景值的 60％～80％；La、K_2O、W、Zr 背景值略高于浙江省背景值，为浙江省背景值的 1.2～1.4 倍；Nb、Bi、I、Br 背景值明显高于浙江省背景值，是浙江省背景值的 1.4 倍以上，其中 Br 明显相对富集，背景值是浙江省背景值的 2.15 倍；其他元素/指标背景值则与浙江省背景值基本接近。

三、椒江流域土壤元素背景值

浙江省椒江流域土壤元素背景值数据经正态分布检验，结果表明，原始数据中 Al_2O_3 符合正态分布，

第四章 土壤元素背景值

表 4-34 鳌江流域土壤元素背景值参数统计表

元素/指标	N	$X_{5\%}$	$X_{10\%}$	$X_{25\%}$	$X_{50\%}$	$X_{75\%}$	$X_{90\%}$	$X_{95\%}$	$\overline{X}$	S	$\overline{X}_g$	S_g	X_{max}	X_{min}	CV	X_{me}	X_{mo}	分布类型	鳌江流域背景值	浙江省背景值
Ag	615	62.0	68.4	79.0	91.0	110	132	150	96.5	26.14	93.0	13.86	170	28.00	0.27	91.0	110	其他分布	110	100.0
As	7878	1.87	2.33	3.27	4.43	5.85	7.48	8.62	4.70	1.98	4.28	2.65	10.71	0.67	0.42	4.43	3.80	剔除后对数分布	4.28	10.10
Au	648	0.63	0.69	0.94	1.30	2.02	3.00	4.00	2.03	4.73	1.44	1.94	89.2	0.43	2.33	1.30	2.70	对数正态分布	1.44	1.50
B	8298	9.50	11.59	15.62	22.20	36.60	57.4	64.0	28.17	16.93	23.73	7.21	72.9	1.96	0.60	22.20	19.00	其他分布	19.00	20.00
Ba	648	241	292	395	501	588	693	752	496	155	470	34.82	1027	125	0.31	501	512	正态分布	496	475
Be	629	1.39	1.56	1.87	2.17	2.74	3.11	3.39	2.29	0.61	2.21	1.67	4.07	0.94	0.27	2.17	1.93	剔除后分布	2.21	2.00
Bi	602	0.28	0.31	0.39	0.49	0.59	0.70	0.79	0.50	0.15	0.47	1.72	0.91	0.19	0.30	0.49	0.42	剔除后对数正态分布	0.50	0.28
Br	648	2.30	2.60	3.40	4.80	7.30	10.80	15.36	6.20	4.54	5.16	3.03	41.80	1.10	0.73	4.80	4.60	剔除后对数正态分布	5.16	2.20
Cd	8184	0.05	0.07	0.10	0.15	0.19	0.23	0.26	0.15	0.06	0.13	3.34	0.33	0.01	0.42	0.15	0.11	其他分布	0.11	0.14
Ce	635	79.0	82.7	88.5	95.7	105	116	121	97.2	12.90	96.3	13.90	132	62.1	0.13	95.7	104	剔除后对数分布	96.3	102
Cl	626	36.80	40.10	46.02	57.9	78.9	97.0	109	64.0	22.60	60.3	10.70	133	30.10	0.35	57.9	86.0	剔除后分布	60.3	71.0
Co	8305	2.84	3.60	5.30	8.38	12.89	15.98	17.40	9.23	4.76	7.93	3.89	25.04	0.43	0.52	8.38	10.10	其他分布	10.10	14.80
Cr	8370	11.42	13.95	20.40	31.66	59.5	89.7	95.7	42.01	27.86	33.61	9.07	122	2.10	0.66	31.66	16.90	其他分布	16.90	82.0
Cu	8311	6.38	7.68	10.64	16.35	24.10	29.49	33.02	17.76	8.62	15.63	5.63	45.07	1.93	0.49	16.35	10.70	其他分布	10.70	16.00
F	630	256	287	333	394	489	609	676	421	123	405	31.86	739	195	0.29	394	729	剔除后对数分布	405	453
Ga	648	15.40	16.17	17.70	19.40	21.20	22.80	23.80	19.51	2.70	19.33	5.50	42.10	13.00	0.14	19.40	20.40	正态分布	19.51	16.00
Ge	8253	1.16	1.22	1.32	1.44	1.55	1.67	1.75	1.44	0.17	1.43	1.27	1.92	0.97	0.12	1.44	1.44	偏峰分布	1.43	1.44
Hg	8080	0.043	0.052	0.069	0.100	0.144	0.190	0.217	0.111	0.054	0.099	3.747	0.275	0.005	0.484	0.100	0.110	其他分布	0.110	0.110
I	619	1.02	1.24	1.97	3.70	6.80	9.80	11.61	4.77	3.48	3.60	2.91	15.60	0.22	0.73	3.70	1.60	其他分布	1.60	1.70
La	648	39.80	41.97	45.38	50.00	55.4	62.8	66.1	51.00	8.48	50.3	9.59	89.5	23.00	0.17	50.00	47.00	对数正态分布	50.3	41.00
Li	648	17.27	18.57	20.90	24.85	31.32	50.00	56.6	28.87	12.33	26.90	6.87	115	14.20	0.43	24.85	24.00	对数正态分布	26.90	25.00
Mn	8079	210	262	369	503	707	966	1112	560	266	500	37.68	1314	77.2	0.47	503	476	其他分布	476	440
Mo	7928	0.43	0.49	0.66	0.94	1.37	1.81	2.08	1.06	0.51	0.95	1.62	2.69	0.17	0.48	0.94	0.61	其他分布	0.61	0.66
N	8334	0.60	0.76	1.02	1.35	1.78	2.28	2.54	1.43	0.58	1.31	1.66	2.99	0.10	0.40	1.35	1.26	其他分布	1.26	1.28
Nb	648	17.40	18.30	20.00	23.10	26.80	30.80	33.83	24.02	5.55	23.46	6.24	55.5	13.90	0.23	23.10	20.00	对数正态分布	23.46	16.83
Ni	8305	4.80	5.81	8.28	12.40	22.24	37.00	40.26	16.70	11.32	13.38	5.48	45.86	0.10	0.68	12.40	10.20	其他分布	10.20	35.00
P	8060	0.18	0.24	0.37	0.53	0.74	0.98	1.12	0.57	0.28	0.50	1.92	1.38	0.02	0.49	0.53	0.51	其他分布	0.51	0.60
Pb	7810	26.80	29.78	34.50	39.70	45.32	52.6	57.7	40.44	8.92	39.45	8.63	66.7	16.45	0.22	39.70	42.00	其他分布	42.00	32.00

续表 4-34

元素/指标	N	$X_{5\%}$	$X_{10\%}$	$X_{25\%}$	$X_{50\%}$	$X_{75\%}$	$X_{90\%}$	$X_{95\%}$	$\bar{X}$	S	$\bar{X}_g$	S_g	X_{max}	X_{min}	CV	X_{me}	X_{mo}	分布类型	鳌江流域背景值	浙江省背景值
Rb	648	82.0	90.4	105	119	136	151	158	121	25.21	118	15.66	251	55.9	0.21	119	120	正态分布	121	120
S	616	130	137	152	173	219	314	347	199	67.6	189	20.30	385	106	0.34	173	169	其他分布	169	248
Sb	648	0.38	0.42	0.50	0.61	0.74	0.91	1.00	0.65	0.27	0.62	1.54	3.98	0.26	0.41	0.61	0.61	对数正态分布	0.62	0.53
Sc	648	5.90	6.47	7.60	8.95	11.20	13.70	14.70	9.58	2.73	9.21	3.65	22.00	4.40	0.29	8.95	8.70	对数正态分布	9.21	8.70
Se	7823	0.17	0.19	0.23	0.28	0.35	0.45	0.51	0.30	0.10	0.28	2.21	0.61	0.05	0.34	0.28	0.25	其他分布	0.25	0.21
Sn	648	2.84	3.19	3.90	5.48	7.50	10.23	12.40	6.65	6.17	5.67	3.04	90.1	1.60	0.93	5.48	3.40	对数正态分布	5.67	3.60
Sr	640	22.00	28.00	37.80	55.0	90.0	111	123	64.1	32.96	55.9	10.40	170	15.40	0.51	55.0	103	其他分布	103	105
Th	598	11.50	12.37	13.90	15.35	17.00	19.00	20.40	15.54	2.55	15.33	4.89	22.40	9.32	0.16	15.35	15.00	剔除后正态分布	15.54	13.30
Ti	648	2734	3106	3798	4452	5122	5623	6119	4470	1025	4348	125	8252	2040	0.23	4452	4971	正态分布	4470	4665
Tl	2350	0.58	0.63	0.73	0.85	1.02	1.20	1.35	0.90	0.26	0.87	1.32	3.08	0.38	0.29	0.85	0.84	对数正态分布	0.87	0.70
U	648	2.70	2.80	3.13	3.59	4.17	4.91	5.50	3.75	0.88	3.66	2.18	8.55	2.03	0.24	3.59	3.10	对数正态分布	3.66	2.90
V	8281	26.20	33.20	48.40	72.7	100.0	115	123	74.4	32.15	66.6	12.28	181	7.80	0.43	72.7	103	其他分布	103	106
W	648	1.54	1.71	1.86	2.18	2.65	3.16	3.71	2.38	0.88	2.27	1.74	14.60	1.18	0.37	2.18	1.76	对数正态分布	2.27	1.80
Y	648	19.43	21.00	23.80	27.30	31.00	34.33	37.16	27.90	6.25	27.30	6.71	80.1	14.50	0.22	27.30	31.00	对数正态分布	27.30	25.00
Zn	8307	52.0	58.4	72.0	93.4	113	128	140	93.7	27.26	89.6	14.06	176	25.59	0.29	93.4	105	其他分布	105	101
Zr	648	206	225	277	326	372	417	448	328	78.7	319	27.99	813	163	0.24	326	298	正态分布	328	243
SiO₂	648	61.9	63.8	66.6	69.7	72.6	75.5	77.0	69.5	4.68	69.4	11.62	80.1	50.3	0.07	69.7	68.8	正态分布	69.5	71.3
Al₂O₃	648	11.64	12.46	13.72	14.94	16.16	17.30	18.47	14.97	2.00	14.83	4.72	22.99	9.90	0.13	14.94	15.50	正态分布	14.97	13.20
TFe₂O₃	648	2.39	2.73	3.36	4.09	5.01	5.80	6.27	4.23	1.25	4.05	2.33	10.33	1.79	0.30	4.09	3.66	对数正态分布	4.05	3.74
MgO	569	0.32	0.35	0.40	0.49	0.60	0.74	0.83	0.52	0.16	0.50	1.66	1.07	0.25	0.30	0.49	0.47	剔除后对数分布	0.50	0.50
CaO	620	0.14	0.15	0.19	0.26	0.44	0.65	0.75	0.34	0.20	0.29	2.50	0.93	0.09	0.58	0.26	0.15	其他分布	0.15	0.24
Na₂O	638	0.12	0.14	0.19	0.32	0.62	0.96	1.05	0.43	0.30	0.34	2.63	1.23	0.09	0.70	0.32	0.18	其他分布	0.18	0.19
K₂O	8398	1.11	1.36	1.86	2.45	2.79	3.04	3.28	2.33	0.67	2.21	1.79	4.19	0.47	0.29	2.45	2.68	其他分布	2.68	2.35
TC	610	0.92	1.02	1.19	1.42	1.67	1.89	2.11	1.44	0.35	1.40	1.37	2.51	0.55	0.24	1.42	1.42	剔除后正态分布	1.44	1.43
Corg	8466	0.67	0.82	1.09	1.45	1.92	2.45	2.79	1.56	0.68	1.41	1.70	9.23	0.02	0.44	1.45	1.32	对数正态分布	1.41	1.31
pH	7836	4.48	4.60	4.82	5.06	5.34	5.74	5.95	4.93	4.95	5.11	2.58	6.36	3.94	1.00	5.06	5.06	其他分布	5.06	5.10

注：Tl 原始样本数为 2350 件，B、Co、Ge、Mn、Mo、N、P、Se、V、K₂O、Corg、pH 为 8466 件，As、Cd、Cr、Cu、Hg、Ni、Pb、Zn 为 8467 件，其他元素/指标为 648 件。

第四章 土壤元素背景值

表 4-35 飞云江流域土壤元素背景值参数统计表

元素/指标	N	$X_{5\%}$	$X_{10\%}$	$X_{25\%}$	$X_{50\%}$	$X_{75\%}$	$X_{90\%}$	$X_{95\%}$	$\bar{X}$	S	$\bar{X}_g$	S_g	X_{max}	X_{min}	CV	X_{me}	X_{mo}	分布类型	飞云江流域背景值	浙江省背景值
Ag	854	57.0	64.0	75.0	89.0	110	131	148	94.1	27.49	90.1	13.64	179	31.00	0.29	89.0	110	其他分布	110	100.0
As	9582	1.57	1.88	2.60	3.74	5.43	7.31	8.79	4.23	2.18	3.70	2.60	11.13	0.13	0.52	3.74	2.62	其他分布	2.62	10.10
Au	811	0.52	0.60	0.77	1.07	1.60	2.50	2.88	1.29	0.71	1.12	1.69	3.60	0.15	0.55	1.07	0.98	其他分布	0.98	1.50
B	10 047	10.24	12.40	16.77	22.80	35.48	58.1	64.9	28.45	16.60	24.29	7.25	71.8	2.59	0.58	22.80	19.80	剔除后正态分布	19.80	20.00
Ba	885	240	275	356	487	569	671	754	476	153	449	34.39	903	95.0	0.32	487	510	其他分布	476	475
Be	858	1.58	1.67	1.88	2.17	2.53	2.86	3.01	2.23	0.45	2.18	1.63	3.64	1.20	0.20	2.17	1.95	对数后正态分布	2.18	2.00
Bi	899	0.22	0.25	0.30	0.41	0.54	0.72	0.93	0.48	0.44	0.42	2.01	9.39	0.16	0.92	0.41	0.34	对数正态分布	0.42	0.28
Br	899	2.00	2.30	3.00	4.40	7.10	10.80	14.41	5.79	4.37	4.74	2.92	40.80	1.20	0.75	4.40	4.40	其他分布	4.74	2.20
Cd	10 074	0.05	0.07	0.10	0.14	0.19	0.24	0.27	0.15	0.07	0.13	3.40	0.35	0.01	0.45	0.14	0.12	其他分布	0.12	0.14
Ce	870	72.0	78.5	86.4	97.0	108	119	126	97.8	15.97	96.5	14.02	141	55.4	0.16	97.0	101	剔除后正态分布	97.8	102
Cl	837	31.60	33.30	37.60	45.30	64.0	82.0	95.0	52.6	19.61	49.47	9.62	114	24.80	0.37	45.30	71.0	其他分布	71.0	71.0
Co	10 265	2.15	2.70	3.99	6.68	11.70	15.99	17.42	8.11	5.02	6.59	3.73	23.95	0.01	0.62	6.68	4.30	其他分布	4.30	14.80
Cr	10 023	10.09	12.10	17.50	26.45	45.28	80.9	90.2	35.50	24.78	28.28	8.30	98.6	0.41	0.70	26.45	17.00	其他分布	17.00	82.0
Cu	10 201	5.71	6.92	9.53	14.20	24.10	31.77	36.32	17.21	9.74	14.64	5.54	47.66	0.14	0.57	14.20	10.80	其他分布	10.80	16.00
F	865	266	292	333	388	468	562	609	408	103	395	31.93	703	169	0.25	388	353	偏峰分布	353	453
Ga	899	14.30	15.40	17.10	19.00	21.05	22.50	23.50	19.00	2.79	18.79	5.43	27.10	11.80	0.15	19.00	17.60	正态分布	19.00	16.00
Ge	10 022	1.18	1.24	1.35	1.47	1.58	1.68	1.75	1.47	0.17	1.46	1.28	1.94	1.00	0.12	1.47	1.48	其他分布	1.48	1.44
Hg	9588	0.039	0.046	0.058	0.078	0.116	0.179	0.209	0.095	0.051	0.083	4.127	0.253	0.008	0.541	0.078	0.110	其他分布	0.110	0.110
I	865	0.71	0.87	1.59	3.02	6.20	9.90	11.60	4.28	3.46	3.02	2.92	14.80	0.33	0.81	3.02	2.45	其他分布	2.45	1.70
La	899	37.99	40.76	45.00	50.3	55.8	62.5	68.3	51.0	9.21	50.2	9.71	98.1	15.00	0.18	50.3	45.00	对数正态分布	50.2	41.00
Li	817	16.78	18.00	20.70	24.50	28.30	33.40	37.24	25.14	6.07	24.44	6.48	44.00	13.90	0.24	24.50	20.00	剔除后对数分布	24.44	25.00
Mn	10 139	159	199	298	448	697	1038	1190	531	309	447	36.47	1374	32.32	0.58	448	507	其他分布	507	440
Mo	9630	0.43	0.50	0.63	0.84	1.21	1.68	1.95	0.97	0.46	0.87	1.58	2.43	0.08	0.48	0.84	0.57	其他分布	0.57	0.66
N	9925	0.54	0.71	0.96	1.25	1.67	2.21	2.54	1.35	0.58	1.22	1.66	2.96	0.09	0.43	1.25	1.23	其他分布	1.23	1.28
Nb	897	18.40	19.00	21.00	25.20	30.10	34.20	36.50	25.91	5.85	25.27	6.48	43.90	10.30	0.23	25.20	24.10	偏峰分布	24.10	16.83
Ni	9711	4.10	5.05	7.33	10.90	17.58	32.77	37.79	14.30	9.97	11.50	5.10	41.39	0.34	0.70	10.90	11.80	其他分布	11.80	35.00
P	10 041	0.16	0.20	0.32	0.49	0.68	0.88	1.01	0.52	0.26	0.45	2.02	1.29	0.01	0.50	0.49	0.40	其他分布	0.40	0.60
Pb	9712	23.63	26.64	32.10	39.10	47.48	58.1	65.0	40.77	12.22	38.99	8.75	77.5	9.89	0.30	39.10	37.00	其他分布	37.00	32.00

续表 4-35

元素/指标	N	$X_{5\%}$	$X_{10\%}$	$X_{25\%}$	$X_{50\%}$	$X_{75\%}$	$X_{90\%}$	$X_{95\%}$	$\bar{X}$	S	$\bar{X}_g$	S_g	X_{max}	X_{min}	CV	X_{me}	X_{mo}	分布类型	飞云江流域背景值	浙江省背景值
Rb	889	87.9	94.0	105	119	133	147	154	119	20.00	118	15.74	174	72.0	0.17	119	119	剔除后正态分布	119	120
S	806	119	127	141	162	191	256	294	176	49.80	170	19.38	323	98.2	0.28	162	155	剔除后对数分布	170	248
Sb	899	0.32	0.35	0.41	0.49	0.62	0.78	0.92	0.56	0.43	0.51	1.69	8.18	0.19	0.76	0.49	0.42	对数正态分布	0.51	0.53
Sc	899	4.90	5.40	6.70	8.10	9.85	12.00	13.30	8.45	2.49	8.09	3.44	18.30	3.70	0.29	8.10	8.40	对数正态分布	8.09	8.70
Se	9685	0.14	0.16	0.21	0.28	0.37	0.48	0.56	0.30	0.12	0.28	2.26	0.68	0.04	0.41	0.28	0.18	其他分布	0.18	0.21
Sn	822	2.41	2.62	3.02	3.58	4.27	5.20	5.83	3.75	1.01	3.63	2.16	6.84	1.85	0.27	3.58	3.70	剔除后对数分布	3.63	3.60
Sr	879	18.79	22.32	29.90	43.00	68.0	102	110	52.1	28.97	44.88	9.50	135	13.70	0.56	43.00	105	其他分布	105	105
Th	850	10.70	11.90	13.30	14.95	16.70	18.90	20.31	15.16	2.84	14.90	4.83	23.20	7.65	0.19	14.95	15.10	剔除后对数分布	14.90	13.30
Ti	899	2455	2713	3183	3974	4734	5278	5916	4023	1107	3878	118	9640	1789	0.28	3974	3860	正态分布	4023	4665
Tl	5802	0.55	0.61	0.71	0.80	0.92	1.06	1.15	0.82	0.17	0.80	1.28	1.30	0.37	0.21	0.80	0.80	其他分布	0.80	0.70
U	836	2.42	2.60	2.87	3.17	3.58	4.00	4.26	3.24	0.55	3.19	1.99	4.84	1.80	0.17	3.17	2.90	剔除后对数分布	3.19	2.90
V	10 219	19.00	23.50	34.91	54.3	87.5	111	118	62.0	33.68	52.8	11.11	174	0.07	0.54	54.3	27.00	其他分布	27.00	106
W	899	1.53	1.68	1.92	2.31	2.84	3.55	4.12	2.51	0.93	2.38	1.80	9.54	1.06	0.37	2.31	2.12	对数正态分布	2.38	1.80
Y	899	20.30	22.00	24.40	27.80	30.40	33.42	35.81	27.69	4.74	27.30	6.82	46.10	15.60	0.17	27.80	30.00	对数正态分布	27.30	25.00
Zn	10 113	48.92	56.6	70.7	90.6	114	131	142	92.8	29.16	88.0	14.07	182	11.99	0.31	90.6	102	其他分布	102	101
Zr	899	200	229	276	320	380	439	477	331	85.8	321	28.01	787	132	0.26	320	327	对数正态分布	321	243
SiO$_2$	899	61.9	64.1	67.7	71.3	74.8	77.5	79.0	71.1	5.08	70.9	11.75	82.9	54.5	0.07	71.3	70.2	正态分布	71.1	71.3
Al$_2$O$_3$	899	10.47	11.22	12.64	14.48	15.89	17.41	18.49	14.40	2.45	14.19	4.63	22.60	8.38	0.17	14.48	14.27	正态分布	14.40	13.20
TFe$_2$O$_3$	899	2.02	2.23	2.83	3.53	4.52	5.50	6.17	3.75	1.29	3.54	2.22	10.10	1.39	0.34	3.53	3.58	对数正态分布	3.54	3.74
MgO	819	0.26	0.31	0.36	0.46	0.60	0.75	0.89	0.50	0.18	0.47	1.76	1.08	0.21	0.37	0.46	0.34	剔除后对数分布	0.47	0.50
CaO	796	0.11	0.12	0.15	0.20	0.28	0.41	0.49	0.24	0.12	0.21	2.77	0.65	0.06	0.51	0.20	0.17	其他分布	0.17	0.24
Na$_2$O	861	0.11	0.13	0.17	0.29	0.49	0.79	0.96	0.37	0.26	0.30	2.64	1.07	0.09	0.69	0.29	0.14	其他分布	0.14	0.19
K$_2$O	10 284	1.19	1.43	1.90	2.45	2.83	3.12	3.39	2.36	0.67	2.25	1.78	4.25	0.49	0.28	2.45	2.91	其他正态分布	2.91	2.35
TC	899	0.89	0.99	1.19	1.45	1.84	2.33	2.67	1.59	0.63	1.49	1.51	6.84	0.55	0.40	1.45	1.50	对数正态分布	1.49	1.43
Corg	10 029	0.59	0.74	1.02	1.37	1.85	2.38	2.75	1.47	0.64	1.33	1.71	3.28	0.03	0.43	1.37	1.10	对数正态分布	1.10	1.31
pH	9577	4.33	4.49	4.75	5.02	5.26	5.53	5.74	4.84	4.82	5.02	2.55	6.20	3.93	1.00	5.02	5.02	其他分布	5.02	5.10

注：Tl 原始样本数为 6116 件，Cd 为 10 415 件，Cd 为 10 416 件，As、B、Co、Cr、Cu、Ge、Hg、Mn、Mo、N、Ni、P、Pb、Se、V、Zn、K$_2$O、Corg、pH 为 10 416 件，其他元素，指标为 899 件。

Ba、Be、Ce、F、Ga、Li、N、Sr、Ti、Y、Zr、TFe$_2$O$_3$、MgO、TC符合对数正态分布,La、Rb、Th、K$_2$O剔除异常值后符合正态分布,Cl、Nb、Tl、U、W、CaO、Corg剔除异常值后符合对数正态分布,其他元素/指标不符合正态分布或对数正态分布(表4-36)。

表层土壤总体呈酸性,土壤pH背景值为5.16,极大值为6.06,极小值为3.98,基本接近于浙江省背景值。

在表层土壤各元素/指标中,大多数元素/指标变异系数在0.40以下,分布相对均匀;N、V、P、As、MgO、Na$_2$O、B、Cu、Hg、Ni、Cr、Au、Co、Sr、Mn、CaO、Br、I、pH共19项元素/指标变异系数在0.40以上,其中pH变异系数在0.80以上,空间变异性较大。

与浙江省土壤元素背景值相比,椒江流域土壤元素背景值中B、Cr、Ni、As、Au、I、Mn背景值明显偏低,在浙江省背景值的60%以下,其中B背景值为浙江省背景值的6%;而Co、Ag、Cu、P、Sr、Se、Bi背景值略低于浙江省背景值,为浙江省背景值的60%~80%;Tl、MgO、Li、Ba、Zr、Nb背景值略高于浙江省背景值,为浙江省背景值的1.2~1.4倍;Na$_2$O背景值明显高于浙江省背景值,是浙江省背景值的3.37倍;其他元素/指标背景值则与浙江省背景值基本接近。

四、瓯江流域土壤元素背景值

浙江省瓯江流域土壤元素背景值数据经正态分布检验,结果表明,原始数据中Rb符合正态分布,Be、Br、F、Ga、I、Li、Nb、Sb、Sc、Sr、Y、Al$_2$O$_3$、TFe$_2$O$_3$、TC符合对数正态分布,Ba、Ce、Cl、Ge、La、Th、Ti、U、W、Zr、MgO剔除异常值后符合对数正态分布,其他元素/指标不符合正态分布或对数正态分布(表4-37)。

表层土壤总体呈酸性,土壤pH背景值为4.98,极大值为6.03,极小值为3.92,基本接近于浙江省背景值。

在表层土壤各元素/指标中,大多数元素/指标变异系数在0.40以下,分布相对均匀;Mo、Se、CaO、Cd、Sr、Cu、B、V、Na$_2$O、Co、Cr、P、Ni、As、Mn、Au、Br、I、Sb、pH、F共21项元素/指标变异系数在0.40以上,其中I、Sb、pH、F变异系数在0.80以上,空间变异性较大。

与浙江省土壤元素背景值相比,瓯江流域土壤元素背景值中Cr、As、Ni、Mn、V、Sr、Au背景值明显低于浙江省背景值,在浙江省背景值的60%以下;而S、Se背景值略低于浙江省背景值,为浙江省背景值的60%~80%;K$_2$O、TC、Ba、Tl、Zr背景值略高于浙江省背景值,为浙江省背景值的1.2~1.4倍;Nb、P、I、Na$_2$O、Br背景值明显高于浙江省背景值,是浙江省背景值的1.4倍以上,其中Br明显相对富集,背景值是浙江省背景值的2.44倍;其他元素/指标背景值则与浙江省背景值基本接近。

五、钱塘江流域土壤元素背景值

浙江省钱塘江流域土壤元素背景值数据经正态分布检验,结果表明,原始数据中Al$_2$O$_3$符合对数正态分布,Ga剔除异常值后符合正态分布,Li、S、U、SiO$_2$剔除异常值后符合对数正态分布,其他元素/指标不符合正态分布或对数正态分布(表4-38)。

表层土壤总体呈酸性,土壤pH背景值为5.02,极大值为7.16,极小值为3.48,基本接近于浙江省背景值。

在表层土壤各元素/指标中,大多数元素/指标变异系数在0.40以下,分布相对均匀;Sb、V、MgO、Mo、Sr、Cd、Cu、P、Sn、Co、Hg、Cr、Br、Mn、As、Au、CaO、B、Ni、Na$_2$O、I、pH共22项元素/指标变异系数在0.40以上,其中pH变异系数在0.80以上,空间变异性较大。

与浙江省土壤元素背景值相比,钱塘江流域土壤元素背景值中Ni、Cr、Sr、Mn背景值明显低于浙江省背景值,在浙江省背景值的60%以下;而Au、Cl、Co、Ag背景值略低于浙江省背景值,为浙江省背景值的60%~80%;Nb、Mo、Sb、Li背景值略高于浙江省背景值,为浙江省背景值的1.2~1.4倍;其他元素/指标背景值则与浙江省背景值基本接近。

六、苕溪流域土壤元素背景值

浙江省苕溪流域土壤元素背景值数据经正态分布检验,结果表明,原始数据中SiO$_2$、Al$_2$O$_3$符合正态分

表 4-36 椒江流域土壤元素背景值参数统计表

元素/指标	N	$X_{5\%}$	$X_{10\%}$	$X_{25\%}$	$X_{50\%}$	$X_{75\%}$	$X_{90\%}$	$X_{95\%}$	$\overline{X}$	S	$\overline{X}_g$	S_g	X_{max}	X_{min}	CV	X_{me}	X_{mo}	分布类型	椒江流域背景值	浙江省背景值
Ag	1368	58.7	64.4	74.0	90.0	117	148	166	97.9	32.67	92.9	14.20	199	28.00	0.33	90.0	70.0	其他分布	70.0	100.0
As	11 763	1.89	2.31	3.14	4.31	5.84	7.63	8.78	4.66	2.05	4.21	2.64	10.79	0.22	0.44	4.31	4.30	偏峰分布	4.30	10.10
Au	1367	0.52	0.62	0.79	1.07	1.60	2.20	2.53	1.26	0.63	1.12	1.63	3.20	0.29	0.50	1.07	0.70	其他分布	0.70	1.50
B	11 683	8.06	11.24	15.90	21.10	28.70	38.60	44.40	23.01	10.60	20.21	6.58	53.1	1.10	0.46	21.10	1.10	对数正态分布	1.10	20.00
Ba	1482	389	456	548	657	788	937	1042	682	208	652	42.23	2030	202	0.30	657	594	对数正态分布	652	475
Be	1482	1.69	1.79	1.97	2.19	2.46	2.74	2.95	2.26	0.79	2.21	1.66	28.02	1.23	0.35	2.19	2.12	其他分布	2.21	2.00
Bi	1369	0.17	0.19	0.21	0.25	0.32	0.40	0.45	0.27	0.08	0.26	2.25	0.53	0.13	0.31	0.25	0.22	其他分布	0.22	0.28
Br	1392	1.70	2.00	2.50	3.60	5.80	7.90	9.40	4.37	2.40	3.80	2.65	12.10	1.00	0.55	3.60	2.20	其他分布	2.20	2.20
Cd	11 658	0.06	0.08	0.11	0.14	0.18	0.22	0.25	0.15	0.06	0.14	3.33	0.31	0.01	0.38	0.14	0.14	其他分布	0.14	0.14
Ce	1482	61.3	65.4	73.7	83.7	96.9	108	117	85.9	18.04	84.1	13.24	205	28.70	0.21	83.7	97.0	对数正态分布	84.1	102
Cl	1415	47.07	51.4	59.7	71.4	85.5	99.2	109	73.7	18.78	71.4	11.91	130	30.40	0.25	71.4	74.0	剔除后正态分布	71.4	71.0
Co	11 654	2.75	3.21	4.17	5.76	8.42	11.90	14.00	6.68	3.37	5.92	3.14	16.73	0.33	0.50	5.76	10.30	其他分布	10.30	14.80
Cr	11 347	10.00	12.10	16.00	21.70	31.26	42.10	49.40	24.71	11.97	22.04	6.52	64.4	0.30	0.48	21.70	15.80	其他分布	15.80	82.0
Cu	11 748	6.40	8.00	10.90	14.90	20.32	27.60	31.20	16.22	7.46	14.50	5.21	38.20	1.00	0.46	14.90	11.80	其他分布	11.80	16.00
F	1482	318	338	385	455	525	606	673	468	122	455	35.03	2221	223	0.26	455	445	对数正态分布	455	453
Ga	1482	12.49	13.41	15.10	17.00	19.43	22.25	25.28	17.69	4.12	17.27	5.38	49.70	9.71	0.23	17.00	16.50	对数正态分布	17.27	16.00
Ge	9391	1.20	1.25	1.35	1.44	1.55	1.66	1.72	1.45	0.15	1.44	1.27	1.87	1.04	0.11	1.44	1.44	其他分布	1.44	1.44
Hg	11 645	0.029	0.035	0.046	0.062	0.087	0.120	0.140	0.069	0.032	0.062	4.797	0.167	0.004	0.464	0.062	0.110	其他分布	0.110	0.110
I	1375	0.61	0.74	1.12	2.05	4.00	6.23	7.56	2.84	2.21	2.11	2.54	9.79	0.30	0.78	2.05	0.94	其他分布	0.94	1.70
La	1428	31.33	34.54	39.23	44.78	50.00	55.1	59.2	44.74	8.13	43.98	8.99	68.0	22.32	0.18	44.78	48.00	剔除后正态分布	44.74	41.00
Li	1482	20.00	21.95	25.31	30.37	37.11	46.37	52.1	32.46	10.17	31.06	7.49	86.0	13.67	0.31	30.37	25.00	对数正态分布	31.06	25.00
Mn	11 903	184	215	288	433	659	916	1059	501	270	435	34.76	1308	61.0	0.54	433	261	其他分布	261	440
Mo	11 405	0.42	0.47	0.56	0.72	0.95	1.23	1.40	0.79	0.30	0.73	1.51	1.75	0.11	0.38	0.72	0.58	其他分布	0.58	0.66
N	12 439	0.64	0.76	0.99	1.31	1.70	2.14	2.48	1.40	0.58	1.29	1.58	5.12	0.19	0.41	1.31	1.45	对数正态分布	1.29	1.28
Nb	1405	17.40	18.20	19.90	21.99	24.41	27.00	28.70	22.31	3.42	22.06	6.06	32.10	12.87	0.15	21.99	20.20	剔除后正态分布	22.06	16.83
Ni	11 144	3.88	4.58	5.81	7.75	10.60	14.40	17.05	8.68	3.97	7.86	3.66	22.00	0.91	0.46	7.75	10.10	其他分布	10.10	35.00
P	11 812	0.28	0.34	0.45	0.61	0.84	1.09	1.25	0.67	0.29	0.61	1.70	1.53	0.07	0.43	0.61	0.45	其他分布	0.45	0.60
Pb	11 430	22.20	24.30	28.23	32.91	38.40	45.83	50.7	34.02	8.37	33.02	7.85	59.4	11.20	0.25	32.91	31.40	其他分布	31.40	32.00

第四章 土壤元素背景值

续表 4-36

元素/指标	N	$X_{5\%}$	$X_{10\%}$	$X_{25\%}$	$X_{50\%}$	$X_{75\%}$	$X_{90\%}$	$X_{95\%}$	$\bar{X}$	S	$\bar{X}_g$	S_g	X_{max}	X_{min}	CV	X_{me}	X_{mo}	分布类型	椒江流域背景值	浙江省背景值
Rb	1448	94.5	101	113	126	139	149	159	126	18.98	124	16.31	179	73.8	0.15	126	112	剔除后正态分布	126	120
S	1429	150	170	204	250	307	363	397	259	74.3	248	24.87	481	40.00	0.29	250	268	偏峰分布	268	248
Sb	1381	0.40	0.43	0.48	0.54	0.63	0.72	0.79	0.56	0.11	0.55	1.49	0.89	0.27	0.20	0.54	0.53	其他分布	0.53	0.53
Sc	1468	4.69	5.25	6.30	7.90	9.61	11.03	12.18	8.08	2.27	7.76	3.47	14.65	3.33	0.28	7.90	8.50	其他分布	8.50	8.70
Se	11544	0.12	0.13	0.15	0.19	0.25	0.31	0.36	0.21	0.07	0.20	2.62	0.43	0.04	0.35	0.19	0.16	其他分布	0.16	0.21
Sn	1381	2.40	2.55	2.84	3.25	3.87	4.50	4.90	3.40	0.77	3.32	2.10	5.74	1.16	0.23	3.25	3.30	偏峰分布	3.30	3.60
Sr	1482	37.85	44.48	57.0	80.0	108	141	172	88.6	44.95	79.5	12.55	430	19.20	0.51	80.0	101	对数正态分布	79.5	105
Th	1423	9.61	10.60	11.97	13.30	14.80	16.45	17.23	13.41	2.26	13.21	4.46	19.53	7.41	0.17	13.30	13.50	剔除后正态分布	13.41	13.30
Ti	1482	3057	3256	3609	4095	4709	5432	6028	4322	1238	4193	125	15671	2102	0.29	4095	4269	对数正态分布	4193	4665
Tl	1464	0.62	0.67	0.75	0.85	0.95	1.07	1.13	0.85	0.15	0.84	1.23	1.29	0.43	0.18	0.85	0.86	剔除后对数正态分布	0.84	0.70
U	1437	2.30	2.50	2.73	3.01	3.34	3.67	3.87	3.05	0.46	3.01	1.92	4.30	1.80	0.15	3.01	3.10	剔除后对数正态分布	3.01	2.90
V	11911	29.49	33.09	40.39	53.8	73.2	97.5	109	59.3	24.36	54.6	10.41	130	10.30	0.41	53.8	109	其他分布	109	106
W	1424	1.32	1.42	1.60	1.82	2.07	2.40	2.59	1.87	0.38	1.83	1.50	2.92	0.91	0.20	1.82	1.68	剔除后对数正态分布	1.83	1.80
Y	1482	20.00	21.00	22.90	25.25	28.48	31.69	33.10	25.84	4.18	25.25	6.63	45.40	16.00	0.16	25.25	24.00	对数正态分布	25.51	25.00
Zn	11885	43.80	48.60	58.9	73.1	90.9	110	121	76.5	23.47	73.0	12.36	147	16.40	0.31	73.1	101	其他分布	101	101
Zr	1482	229	252	284	317	355	396	417	320	57.7	315	27.81	586	149	0.18	317	316	偏峰分布	315	243
SiO₂	1460	64.5	66.8	69.7	72.8	75.7	78.0	79.3	72.6	4.38	72.4	11.81	84.3	60.3	0.06	72.8	72.5	正态分布	72.5	71.3
Al₂O₃	1482	10.33	11.13	12.32	13.68	15.01	16.39	17.21	13.71	2.04	13.56	4.60	20.53	7.51	0.15	13.68	12.48	剔除后正态分布	13.71	13.20
TFe₂O₃	1482	2.17	2.36	2.72	3.24	3.98	5.10	5.83	3.53	1.22	3.35	2.19	11.58	1.32	0.35	3.24	3.51	对数正态分布	3.35	3.74
MgO	1482	0.35	0.39	0.46	0.58	0.75	0.98	1.20	0.65	0.29	0.60	1.60	2.74	0.19	0.44	0.58	0.52	对数正态分布	0.60	0.50
CaO	1389	0.12	0.15	0.19	0.27	0.41	0.59	0.71	0.32	0.18	0.28	2.50	0.85	0.06	0.54	0.27	0.24	其他分布	0.28	0.24
Na₂O	1472	0.32	0.38	0.52	0.78	1.09	1.36	1.49	0.83	0.37	0.74	1.72	1.88	0.12	0.44	0.78	0.64	其他分布	0.64	0.19
K₂O	12302	1.77	2.02	2.37	2.77	3.21	3.59	3.79	2.78	0.61	2.71	1.84	4.47	1.10	0.22	2.77	2.59	剔除后正态分布	2.78	2.35
TC	1482	0.91	1.06	1.24	1.56	1.95	2.53	2.89	1.69	0.65	1.58	1.58	6.06	0.36	0.39	1.56	1.11	对数正态分布	1.58	1.43
Corg	8974	0.73	0.85	1.10	1.41	1.76	2.12	2.34	1.45	0.49	1.36	1.53	2.84	0.12	0.34	1.41	1.46	剔除后对数正态分布	1.36	1.31
pH	11647	4.39	4.52	4.74	4.99	5.22	5.49	5.68	4.84	4.87	5.00	2.54	6.06	3.98	1.01	4.99	5.16	其他分布	5.16	5.10

注:Tl原始样本数为1552件,Corg为9276件,Ge为9716件,Cr为12434件。As,B,Cd,Co,Cu,Hg,Mn,Mo,N,Ni,P,Pb,Se,V,Zn,K₂O,pH为12439件。其他元素/指标为1482件。

表 4-37 瓯江流域土壤元素背景值参数统计表

元素/指标	N	$X_{5\%}$	$X_{10\%}$	$X_{25\%}$	$X_{50\%}$	$X_{75\%}$	$X_{90\%}$	$X_{95\%}$	$\overline{X}$	S	$\overline{X}_g$	S_g	X_{max}	X_{min}	CV	X_{me}	X_{mo}	分布类型	瓯江流域背景值	浙江省背景值
Ag	1076	57.0	62.0	77.0	97.0	126	160	190	106	40.04	98.5	14.85	230	15.00	0.38	97.0	110	其他分布	110	100.0
As	22 579	1.13	1.43	2.13	3.26	4.95	6.89	8.11	3.75	2.13	3.18	2.53	10.44	0.24	0.57	3.26	2.67	其他分布	2.67	10.10
Au	1029	0.51	0.59	0.76	1.08	1.76	2.82	3.60	1.41	0.94	1.18	1.85	4.63	0.22	0.66	1.08	0.89	其他分布	0.89	1.50
B	22 682	6.32	7.97	11.39	16.26	22.85	30.21	34.82	17.79	8.59	15.71	5.59	44.19	1.60	0.48	16.26	17.00	偏峰分布	17.00	20.00
Ba	1081	298	352	497	615	767	942	1080	636	223	595	39.55	1259	134	0.35	615	541	剔除后对数分布	595	475
Be	1164	1.57	1.68	1.93	2.19	2.50	2.88	3.13	2.25	0.49	2.20	1.65	6.45	0.99	0.22	2.19	2.12	对数正态分布	2.20	2.00
Bi	1099	0.22	0.25	0.29	0.36	0.48	0.59	0.65	0.40	0.13	0.37	1.87	0.82	0.13	0.34	0.36	0.29	其他分布	0.29	0.28
Br	1164	2.30	2.70	3.50	5.00	7.74	11.70	15.28	6.42	4.56	5.36	3.13	46.96	1.20	0.71	5.00	3.70	对数正态分布	5.36	2.20
Cd	22 641	0.06	0.07	0.10	0.14	0.19	0.25	0.29	0.15	0.07	0.14	3.38	0.36	0.01	0.45	0.14	0.12	其他分布	0.12	0.14
Ce	1101	75.0	80.1	89.0	100.0	112	128	138	102	18.06	100.0	14.44	152	55.3	0.18	100.0	102	剔除后对数分布	100.0	102
Cl	1089	41.44	44.98	51.1	59.9	72.2	92.0	102	63.9	17.92	61.7	11.02	116	30.70	0.28	59.9	48.50	对数正态分布	61.7	71.0
Co	22 536	2.28	2.65	3.43	4.77	7.19	10.36	12.25	5.68	3.02	4.98	2.92	14.95	0.38	0.53	4.77	12.30	其他分布	12.30	14.80
Cr	22 028	9.51	11.77	16.20	23.00	33.05	46.99	55.9	26.27	13.86	22.92	6.83	70.3	0.20	0.53	23.00	17.00	对数正态分布	17.00	82.0
Cu	22 410	5.76	6.79	8.92	12.38	17.27	23.37	27.43	13.80	6.50	12.39	4.78	33.80	1.45	0.47	12.38	13.20	其他分布	13.20	16.00
F	1164	238	265	325	404	528	672	751	458	592	416	32.57	19679	88.0	1.29	404	401	对数正态分布	416	453
Ga	1164	15.21	15.90	16.90	18.30	20.20	21.80	22.88	18.63	2.37	18.48	5.44	28.80	12.20	0.13	18.30	16.80	对数正态分布	18.48	16.00
Ge	23 686	1.02	1.09	1.20	1.34	1.48	1.61	1.70	1.35	0.20	1.33	1.25	1.92	0.78	0.15	1.34	1.48	剔除后对数分布	1.33	1.44
Hg	22 342	0.034	0.039	0.049	0.065	0.085	0.109	0.124	0.070	0.027	0.064	4.671	0.154	0.004	0.391	0.065	0.110	其他分布	0.110	0.110
I	1164	0.81	1.03	1.76	3.21	6.05	9.46	12.15	4.44	3.76	3.21	2.93	29.03	0.38	0.85	3.21	1.30	对数正态分布	3.21	1.70
La	1123	36.32	39.22	43.90	49.00	55.0	61.2	65.5	49.68	8.56	48.94	9.56	73.9	27.40	0.17	49.00	49.00	剔除后对数分布	48.94	41.00
Li	1164	17.30	18.60	21.77	26.45	33.64	44.00	53.0	29.23	10.94	27.56	6.98	96.4	12.20	0.37	26.45	29.00	对数正态分布	27.56	25.00
Mn	22784	119	142	200	306	477	677	794	361	207	306	29.02	999	30.10	0.57	306	154	其他分布	154	440
Mo	22 078	0.43	0.49	0.63	0.82	1.10	1.44	1.65	0.90	0.37	0.83	1.51	2.08	0.13	0.41	0.82	0.68	其他分布	0.68	0.66
N	23 462	0.57	0.74	1.02	1.32	1.65	2.01	2.23	1.35	0.49	1.24	1.60	2.69	0.06	0.36	1.32	1.38	其他分布	1.38	1.28
Nb	1164	18.52	19.50	21.30	23.80	26.80	30.50	33.37	24.54	4.75	24.11	6.33	53.7	10.90	0.19	23.80	23.60	对数正态分布	24.11	16.83
Ni	22 017	3.59	4.35	5.87	8.44	12.60	17.37	20.80	9.77	5.22	8.50	4.02	26.83	0.05	0.53	8.44	10.40	其他分布	10.40	35.00
P	22 954	0.16	0.22	0.33	0.50	0.73	0.97	1.13	0.55	0.29	0.47	2.04	1.43	0.01	0.53	0.50	1.06	偏峰分布	1.06	0.60
Pb	21 953	25.10	27.73	32.19	37.76	45.33	56.2	62.9	39.83	11.20	38.33	8.56	74.7	7.80	0.28	37.76	33.80	其他分布	33.80	32.00

续表 4-37

元素/指标	N	$X_{5\%}$	$X_{10\%}$	$X_{25\%}$	$X_{50\%}$	$X_{75\%}$	$X_{90\%}$	$X_{95\%}$	$\overline{X}$	S	$\overline{X}_g$	S_g	X_{max}	X_{min}	CV	X_{me}	X_{mo}	分布类型	瓯江流域背景值	浙江省背景值
Rb	1164	94.2	103	117	131	145	161	170	132	23.61	130	16.49	243	58.0	0.18	131	132	正态分布	132	120
S	1105	143	150	166	194	281	347	391	227	81.3	214	22.23	477	117	0.36	194	155	其他分布	155	248
Sb	1164	0.33	0.37	0.43	0.54	0.69	0.88	1.01	0.61	0.58	0.56	1.62	18.32	0.21	0.95	0.54	0.40	对数正态分布	0.56	0.53
Sc	1164	5.70	6.00	6.70	7.80	9.50	11.60	13.10	8.38	2.27	8.11	3.48	21.52	4.13	0.27	7.80	7.40	对数正态分布	8.11	8.70
Se	22 754	0.11	0.12	0.15	0.20	0.27	0.36	0.41	0.22	0.09	0.20	2.61	0.49	0.02	0.41	0.20	0.14	其他分布	0.14	0.21
Sn	1063	2.57	2.79	3.22	3.72	4.54	5.90	6.70	4.03	1.19	3.87	2.31	7.62	1.20	0.30	3.72	3.60	其他分布	3.60	3.60
Sr	1164	28.41	33.43	43.00	58.3	82.4	105	119	64.8	29.40	58.8	11.00	220	15.80	0.45	58.3	105	对数正态分布	58.8	105
Th	1105	11.10	12.10	13.60	15.30	17.10	19.00	20.58	15.42	2.74	15.18	4.84	23.10	8.10	0.18	15.30	14.60	剔除后对数分布	15.18	13.30
Ti	1124	2794	2987	3380	4002	4712	5219	5535	4066	879	3971	121	6777	1784	0.22	4002	3719	剔除后对数分布	3971	4665
Tl	4033	0.55	0.63	0.74	0.85	0.96	1.07	1.13	0.85	0.17	0.83	1.26	1.31	0.40	0.20	0.85	0.89	其他分布	0.89	0.70
U	1107	2.80	2.92	3.16	3.40	3.70	4.00	4.20	3.43	0.42	3.41	2.05	4.61	2.30	0.12	3.40	3.20	对数正态分布	3.41	2.90
V	22 811	20.58	24.30	31.72	43.00	60.5	84.2	99.0	48.76	23.06	43.79	9.51	116	4.64	0.47	43.00	40.00	其他分布	40.00	106
W	1098	1.43	1.56	1.81	2.07	2.44	2.81	3.06	2.14	0.48	2.09	1.63	3.60	0.98	0.23	2.07	1.87	偏峰分布	2.09	1.80
Y	1164	19.40	20.60	22.60	25.21	28.60	32.00	34.19	25.90	4.78	25.49	6.57	67.3	15.20	0.18	25.21	30.00	对数正态分布	25.49	25.00
Zn	22 684	46.90	52.9	63.7	78.0	96.0	118	131	81.7	24.95	78.0	12.90	156	17.26	0.31	78.0	102	其他分布	102	101
Zr	1092	209	232	274	318	370	430	462	325	75.1	317	27.84	549	170	0.23	318	318	剔除后对数分布	317	243
SiO$_2$	1144	63.8	65.6	68.8	71.6	73.7	75.4	76.2	71.0	3.72	70.9	11.70	81.1	60.9	0.05	71.6	68.5	偏峰分布	68.5	71.3
Al$_2$O$_3$	1164	11.74	12.11	12.86	13.96	15.20	16.60	17.50	14.19	1.79	14.08	4.64	21.36	9.94	0.13	13.96	13.20	对数正态分布	14.08	13.20
TFe$_2$O$_3$	1164	2.22	2.41	2.77	3.34	4.18	5.30	6.03	3.62	1.21	3.46	2.19	14.12	1.74	0.33	3.34	3.27	对数正态分布	3.46	3.74
MgO	1043	0.32	0.35	0.40	0.47	0.58	0.74	0.81	0.51	0.15	0.49	1.65	1.01	0.22	0.30	0.47	0.40	剔除后对数分布	0.49	0.50
CaO	1047	0.14	0.16	0.19	0.25	0.32	0.46	0.52	0.28	0.12	0.25	2.41	0.64	0.09	0.42	0.25	0.23	其他分布	0.23	0.24
Na$_2$O	1160	0.17	0.21	0.34	0.54	0.80	0.99	1.10	0.58	0.29	0.50	2.02	1.48	0.10	0.51	0.54	0.32	其他分布	0.32	0.19
K$_2$O	24 022	1.19	1.48	2.11	2.70	3.25	3.73	4.02	2.66	0.84	2.51	1.88	4.97	0.42	0.32	2.70	2.82	其他分布	2.82	2.35
TC	1164	1.04	1.16	1.41	1.73	2.17	2.74	3.25	1.88	0.72	1.77	1.59	6.33	0.57	0.38	1.73	1.57	对数正态分布	1.77	1.43
Corg	23 261	0.61	0.80	1.08	1.40	1.77	2.17	2.44	1.44	0.54	1.33	1.63	2.94	0.03	0.37	1.40	1.32	其他分布	1.32	1.31
pH	22 803	4.31	4.46	4.70	4.95	5.20	5.44	5.61	4.79	4.78	4.95	2.52	6.03	3.92	1.00	4.95	4.98	其他分布	4.98	5.10

注：Tl 原始样本数为 4242 件，Ge、Mo、pH 为 24 146 件，As、B、Cd、Co、Cr、Cu、Hg、Mn、N、Ni、P、Pb、Se、V、Zn、K$_2$O、Corg 为 24 147 件，其他元素/指标为 1164 件。

浙江省土壤元素背景值

表 4-38 钱塘江流域土壤元素背景值参数统计表

元素/指标	N	$X_{5\%}$	$X_{10\%}$	$X_{25\%}$	$X_{50\%}$	$X_{75\%}$	$X_{90\%}$	$X_{95\%}$	$\overline{X}$	S	$\overline{X}_g$	S_g	X_{max}	X_{min}	CV	X_{me}	X_{mo}	分布类型	钱塘江流域背景值	浙江省背景值
Ag	8106	50.00	58.0	70.0	87.0	113	150	177	95.8	37.44	89.4	13.97	217	28.00	0.39	87.0	70.0	其他分布	70.0	100.0
As	91 642	2.39	3.03	4.27	6.11	9.08	12.57	14.78	7.03	3.75	6.09	3.32	19.07	0.10	0.53	6.11	10.80	其他分布	10.80	10.10
Au	8113	0.59	0.70	0.95	1.36	1.98	2.86	3.36	1.57	0.84	1.38	1.74	4.23	0.06	0.53	1.36	1.00	其他分布	1.00	1.50
B	98 590	10.40	14.20	22.98	38.50	59.2	72.9	80.4	41.69	22.55	34.75	8.85	114	0.90	0.54	38.50	16.80	其他分布	16.80	20.00
Ba	8195	294	333	400	490	636	789	899	531	182	502	37.04	1098	116	0.34	490	471	其他分布	471	475
Be	8430	1.50	1.60	1.82	2.10	2.44	2.79	2.99	2.15	0.46	2.11	1.62	3.48	0.88	0.21	2.10	1.90	其他分布	1.90	2.00
Bi	8211	0.21	0.23	0.28	0.35	0.45	0.55	0.62	0.37	0.13	0.36	1.94	0.77	0.11	0.33	0.35	0.28	其他分布	0.28	0.28
Br	8440	1.88	2.05	2.43	3.44	5.40	7.36	8.55	4.12	2.11	3.65	2.55	10.55	0.91	0.51	3.44	2.20	其他分布	2.20	2.20
Cd	90 565	0.07	0.09	0.13	0.17	0.23	0.31	0.37	0.19	0.09	0.17	3.08	0.46	0.01	0.46	0.17	0.14	其他分布	0.14	0.14
Ce	8115	61.9	66.6	73.2	80.8	90.8	101	108	82.5	13.77	81.4	12.78	125	43.68	0.17	80.8	102	其他分布	102	102
Cl	8459	33.30	37.60	45.14	56.6	71.1	86.7	95.6	59.5	18.97	56.6	10.40	116	20.40	0.32	56.6	48.40	偏峰分布	48.40	71.0
Co	93 117	3.59	4.37	6.06	8.94	12.70	17.14	19.80	9.87	4.93	8.69	3.89	25.38	0.59	0.50	8.94	10.30	其他分布	10.30	14.80
Cr	95 746	15.00	18.80	28.04	45.52	66.8	82.2	91.7	48.77	24.86	41.96	9.39	131	0.47	0.51	45.52	32.00	其他分布	32.00	82.0
Cu	93 166	8.91	10.80	14.74	20.20	28.50	37.62	43.33	22.43	10.40	20.11	6.09	54.5	1.00	0.46	20.20	16.00	其他分布	16.00	16.00
F	8264	319	348	405	486	595	730	811	513	148	493	36.46	957	165	0.29	486	453	其他分布	453	453
Ga	8720	12.10	13.10	14.90	16.93	18.90	20.60	21.60	16.92	2.87	16.67	5.15	25.10	8.77	0.17	16.93	18.10	剔除后正态分布	16.92	16.00
Ge	86 317	1.19	1.24	1.34	1.45	1.58	1.71	1.80	1.46	0.18	1.45	1.28	1.97	0.96	0.12	1.45	1.46	其他分布	1.46	1.44
Hg	92 496	0.032	0.040	0.056	0.081	0.115	0.155	0.180	0.090	0.045	0.079	4.468	0.232	0.003	0.501	0.081	0.110	其他分布	0.110	0.110
I	8481	0.83	0.96	1.29	2.19	3.98	5.79	6.89	2.84	1.93	2.27	2.37	8.78	0.05	0.68	2.19	1.70	其他分布	1.70	1.70
La	8619	32.80	35.00	39.00	43.73	47.90	51.6	54.2	43.53	6.49	43.04	8.86	62.0	25.22	0.15	43.73	41.00	其他分布	41.00	41.00
Li	8484	22.80	25.10	29.12	34.90	41.40	48.40	52.9	35.85	9.06	34.71	7.91	62.4	11.67	0.25	34.90	32.00	剔除后对数分布	34.71	25.00
Mn	94 034	144	172	241	366	528	728	849	409	214	355	31.28	1056	1.31	0.52	366	227	其他分布	227	440
Mo	91 028	0.39	0.50	0.67	0.89	1.21	1.63	1.89	0.98	0.44	0.89	1.59	2.37	0.06	0.45	0.89	0.82	其他分布	0.82	0.66
N	97 528	0.55	0.70	0.98	1.32	1.69	2.07	2.29	1.35	0.52	1.24	1.60	2.81	0.02	0.38	1.32	1.28	其他分布	1.28	1.28
Nb	8175	15.00	16.20	18.00	20.10	22.60	25.50	27.70	20.49	3.68	20.16	5.68	31.19	10.50	0.18	20.10	20.20	其他分布	20.20	16.83
Ni	94 279	5.40	6.63	9.40	15.40	24.80	34.45	39.90	18.20	10.83	15.13	5.44	52.3	0.22	0.60	15.40	11.00	其他分布	11.00	35.00
P	93 864	0.24	0.31	0.42	0.59	0.81	1.09	1.26	0.65	0.30	0.57	1.79	1.54	0.01	0.47	0.59	0.48	其他分布	0.48	0.60
Pb	93 155	20.07	23.00	27.60	32.10	37.05	42.80	46.52	32.52	7.65	31.59	7.52	54.1	12.16	0.24	32.10	31.00	其他分布	31.00	32.00

续表 4-38

元素/指标	N	$X_{5\%}$	$X_{10\%}$	$X_{25\%}$	$X_{50\%}$	$X_{75\%}$	$X_{90\%}$	$X_{95\%}$	$\overline{X}$	S	$\overline{X}_g$	S_g	X_{max}	X_{min}	CV	X_{me}	X_{mo}	分布类型	钱塘江流域背景值	浙江省背景值
Rb	8654	74.1	81.3	97.0	117	139	159	172	119	30.15	115	15.62	206	35.40	0.25	117	128	其他分布	128	120
S	8491	151	173	211	261	320	386	426	270	81.7	258	25.14	502	49.63	0.30	261	224	剔除后对数分布	258	248
Sb	7949	0.43	0.48	0.59	0.77	1.02	1.35	1.59	0.85	0.34	0.78	1.51	1.98	0.11	0.41	0.77	0.72	其他分布	0.72	0.53
Sc	8544	5.90	6.47	7.44	8.85	10.30	11.60	12.67	8.97	2.04	8.73	3.61	14.99	3.08	0.23	8.85	8.70	其他分布	8.70	8.70
Se	93 969	0.14	0.17	0.21	0.28	0.37	0.47	0.54	0.30	0.12	0.28	2.32	0.66	0.02	0.40	0.28	0.20	其他分布	0.20	0.21
Sn	8156	2.74	3.10	3.87	5.18	7.44	10.24	11.90	5.98	2.83	5.39	2.92	15.11	0.60	0.47	5.18	3.60	其他分布	3.60	3.60
Sr	8286	32.40	36.00	43.55	56.6	79.7	110	126	64.9	28.76	59.4	10.75	153	17.60	0.44	56.6	46.00	其他分布	46.00	105
Th	8429	9.80	10.60	12.04	13.94	15.94	18.16	19.56	14.14	2.94	13.83	4.58	22.58	5.82	0.21	13.94	14.30	偏峰分布	14.30	13.30
Ti	8523	3027	3375	3906	4529	5264	5848	6202	4586	976	4479	131	7503	1841	0.21	4529	4398	其他分布	4398	4665
Tl	23 909	0.44	0.49	0.57	0.69	0.83	0.98	1.06	0.71	0.19	0.69	1.41	1.25	0.18	0.27	0.69	0.63	其他分布	0.63	0.70
U	8326	2.14	2.35	2.71	3.17	3.69	4.22	4.60	3.23	0.73	3.15	2.00	5.42	1.15	0.23	3.17	3.12	剔除后对数分布	3.15	2.90
V	92 532	30.80	37.03	49.20	67.6	89.1	112	128	71.3	29.39	65.3	11.61	162	5.08	0.41	67.6	102	其他分布	102	106
W	8266	1.30	1.45	1.68	1.96	2.33	2.77	3.04	2.04	0.51	1.97	1.60	3.57	0.65	0.25	1.96	1.80	其他分布	1.80	1.80
Y	8433	19.38	20.78	23.04	25.90	29.30	33.20	35.81	26.45	4.85	26.02	6.64	40.19	13.00	0.18	25.90	26.00	其他分布	26.00	25.00
Zn	94 506	48.20	53.7	63.9	78.4	98.0	119	132	82.6	25.36	78.9	12.76	158	12.50	0.31	78.4	101	其他分布	101	101
Zr	8496	195	218	252	289	338	381	412	296	64.0	289	26.12	482	118	0.22	289	267	偏峰分布	267	243
SiO_2	8629	64.8	66.7	69.6	72.3	75.5	78.4	80.1	72.4	4.48	72.3	11.81	84.5	60.2	0.06	72.3	70.8	剔除后对数分布	72.3	71.3
Al_2O_3	8841	10.07	10.55	11.60	12.81	14.17	15.48	16.37	12.96	1.93	12.82	4.41	21.23	7.55	0.15	12.81	12.50	对数正态分布	12.82	13.20
TFe_2O_3	8605	2.51	2.80	3.34	4.12	5.05	5.85	6.30	4.24	1.18	4.07	2.41	7.78	1.09	0.28	4.12	3.63	其他分布	3.63	3.74
MgO	8433	0.40	0.45	0.55	0.74	1.02	1.33	1.52	0.82	0.34	0.75	1.54	1.83	0.22	0.42	0.74	0.55	其他分布	0.55	0.50
CaO	7920	0.15	0.18	0.22	0.30	0.43	0.65	0.80	0.36	0.19	0.32	2.30	0.98	0.06	0.53	0.30	0.24	其他分布	0.24	0.24
Na_2O	8578	0.15	0.18	0.28	0.53	0.87	1.23	1.44	0.62	0.40	0.49	2.31	1.82	0.06	0.65	0.53	0.19	其他分布	0.19	0.19
K_2O	8302	1.10	1.35	1.86	2.34	2.93	3.49	3.81	2.39	0.81	2.24	1.83	4.60	0.22	0.34	2.34	2.35	其他分布	2.35	2.35
TC	8486	0.85	0.97	1.19	1.47	1.82	2.20	2.44	1.53	0.47	1.46	1.49	2.88	0.31	0.31	1.47	1.30	偏峰分布	1.30	1.43
Corg	86 186	0.52	0.68	0.96	1.28	1.63	2.00	2.23	1.31	0.51	1.20	1.61	2.72	0.01	0.39	1.28	1.23	其他分布	1.23	1.31
pH	90 936	4.38	4.55	4.83	5.16	5.59	6.11	6.48	4.91	4.76	5.25	2.62	7.16	3.48	0.97	5.16	5.02	其他分布	5.02	5.10

注:Tl 原始样本数为 24 823 件,Corg 为 88 722 件,Ge 为 89 119 件,V 为 98 758 件,B 为 99 264 件,Mo 为 99 376 件,Co 为 99 379 件,Cr 为 99 440 件,N、pH 为 99 447 件,Hg 为 99 448 件,As、Se 为 99 450 件,Cd、Cu、Ni、Pb、Zn 为 99 452 件,其他元素 8841 件,Mn、P 为 99 378 件,K_2O 为 99 375 件,其他元素/指标为 8841 件。

布,Au、Br、Li、Rb、Sc、Ti、Tl、Zr、TFe$_2$O$_3$ 符合对数正态分布,Be、F、La、Y 剔除异常值后符合正态分布,Ce、Cl、Th、U、W、TC 剔除异常值后符合对数正态分布,其他元素/指标不符合正态分布或对数正态分布(表 4-39)。

表层土壤总体呈酸性,土壤 pH 背景值为 5.26,极大值为 7.61,极小值为 3.56,基本接近于浙江省背景值。

在表层土壤各元素/指标中,绝大多数元素/指标变异系数在 0.40 以下,分布相对均匀;Ag、Sn、Mn、Cd、Hg、Na$_2$O、Br、CaO、I、pH、Au 共 11 项元素/指标变异系数在 0.40 以上,其中 pH 和 Au 变异系数在 0.80 以上,空间变异性较大。

与浙江省土壤元素背景值相比,苕溪流域土壤元素背景值中 Sr 背景值明显偏低,为浙江省背景值的 50%;而 Ag、Ce、I、CaO 背景值略低于浙江省背景值,为浙江省背景值的 60%~80%;Zr、Cd、W 背景值略高于浙江省背景值,为浙江省背景值的 1.2~1.4 倍;Au、B、Bi、Br、Cu、Li、Sb、Se、Sn、Na$_2$O 背景值明显高于浙江省背景值,在浙江省背景值的 1.4 倍以上,其中 B 背景值最高,为浙江省背景值的 3.25 倍;其他元素/指标背景值则与浙江省背景值基本接近。

七、甬江流域土壤元素背景值

浙江省甬江流域土壤元素背景值数据经正态分布检验,结果表明,原始数据中 Ga、La、SiO$_2$、Al$_2$O$_3$ 符合正态分布,Ag、Be、Br、Li、S、Sc、Tl、Zr、TC 符合对数正态分布,Rb、Th、Ti、TFe$_2$O$_3$ 剔除异常值后符合正态分布,F、Sb、W 剔除异常值后符合对数正态分布,其他元素/指标不符合正态分布或对数正态分布(表 4-40)。

表层土壤总体呈碱性,土壤 pH 背景值为 8.08,极大值为 10.01,极小值为 3.24,明显高于浙江省背景值。

在表层土壤各元素/指标中,绝大多数元素/指标变异系数在 0.40 以下,分布相对均匀;Se、Br、P、MgO、S、N、Corg、Sn、Au、CaO、I、Hg、pH、Ag 共 14 项元素/指标变异系数在 0.40 以上,其中 pH 和 Ag 变异系数在 0.80 以上,空间变异性较大。

与浙江省土壤元素背景值相比,甬江流域土壤元素背景值中 Corg、Mo 背景值明显低于浙江省背景值,在浙江省背景值的 60% 以下;而 As、Ce、Co、Pb、N、Ni 背景值略低于浙江省背景值,为浙江省背景值的 60%~80%;Cd、Sc、I、U、Li、Sn 背景值略高于浙江省背景值,为浙江省背景值的 1.2~1.4 倍;MgO、P、Cu、Br、CaO、B、Na$_2$O 背景值明显高于浙江省背景值,在浙江省背景值的 1.4 倍以上,其中 Br、CaO、B、Na$_2$O 明显相对富集,背景值在浙江省背景值的 2.0 倍以上,Na$_2$O 背景值最高,为浙江省背景值的 6.84 倍;其他元素/指标背景值则与浙江省背景值基本接近。

八、运河流域土壤元素背景值

浙江省运河流域土壤元素背景值数据经正态分布检验,结果表明,原始数据中 Sc、Th、Ti 符合正态分布,Br 符合对数正态分布,Ce、La、U、W 剔除异常值后符合正态分布,B、Cl、Sn、Sr、Zr、SiO$_2$、Na$_2$O 剔除异常值后符合对数正态分布,其他元素/指标不符合正态分布或对数正态分布(表 4-41)。

表层土壤总体呈酸性,土壤 pH 背景值为 6.00,极大值为 8.33,极小值为 4.11,基本接近于浙江省背景值。

在表层土壤各元素/指标中,绝大多数元素/指标变异系数在 0.40 以下,分布相对均匀;Au、N、Corg、Hg、pH 共 5 项元素/指标变异系数在 0.40 以上,其中 pH 变异系数在 0.80 以上,空间变异性较大。

与浙江省土壤元素背景值相比,运河流域土壤元素背景值中 Corg、Ce、TC 背景值略低于浙江省背景值,为浙江省背景值的 60%~80%;而 Be、TFe$_2$O$_3$、Hg、Sc、F 背景值略高于浙江省背景值,为浙江省背景值的 1.2~1.4 倍;Se、Bi、Au、Li、Br、Cu、Sn、MgO、B、CaO、Na$_2$O 背景值明显高于浙江省背景值,是浙江省背景值的 1.4 倍以上,其中 Br、Cu、Sn、MgO、B、CaO、Na$_2$O 明显相对富集,背景值是浙江省背景值的 2.0 倍以上,Na$_2$O 背景值最高,为浙江省背景值的 7.74 倍;其他元素/指标背景值则与浙江省背景值基本接近。

第四章 土壤元素背景值

表 4-39 苕溪流域土壤元素背景值参数统计表

元素/指标	N	$X_{5\%}$	$X_{10\%}$	$X_{25\%}$	$X_{50\%}$	$X_{75\%}$	$X_{90\%}$	$X_{95\%}$	$\bar{X}$	S	$\bar{X}_g$	S_g	$X_{\max}$	$X_{\min}$	CV	X_{me}	X_{mo}	分布类型	苕溪流域背景值	浙江省背景值
Ag	1512	60.0	66.0	80.0	110	141	190	210	118	48.10	109	15.73	272	11.00	0.41	110	70.0	其他分布	70.0	100.0
As	16 554	3.31	4.29	5.99	7.80	9.80	12.09	13.53	8.01	2.99	7.40	3.43	16.88	0.91	0.37	7.80	10.80	其他分布	10.80	10.10
Au	1620	0.85	1.02	1.38	2.10	3.32	5.00	6.70	3.22	12.48	2.22	2.24	479	0.49	3.87	2.10	1.70	对数正态分布	2.22	1.50
B	17 001	27.63	34.75	50.3	61.2	68.0	75.4	80.8	58.5	15.30	56.1	10.49	97.3	19.40	0.26	61.2	64.9	其他分布	64.9	20.00
Ba	1467	299	324	379	461	561	676	751	481	138	462	35.76	925	130	0.29	461	426	偏峰分布	426	475
Be	1558	1.29	1.44	1.75	2.19	2.56	2.89	3.12	2.18	0.56	2.11	1.70	3.84	0.84	0.26	2.19	2.19	剔除后正对数分布	2.18	2.00
Bi	1509	0.29	0.32	0.38	0.46	0.56	0.69	0.76	0.48	0.14	0.46	1.68	0.92	0.18	0.30	0.46	0.43	偏峰分布	0.43	0.28
Br	1620	2.20	2.60	3.53	5.33	8.07	11.80	14.12	6.37	3.89	5.40	3.25	32.45	1.20	0.61	5.33	2.20	对数正态分布	5.40	2.20
Cd	16 564	0.06	0.08	0.12	0.17	0.23	0.30	0.34	0.18	0.09	0.16	3.12	0.44	0.01	0.47	0.17	0.17	其他分布	0.17	0.14
Ce	1513	65.6	69.2	73.9	79.5	85.9	93.9	98.7	80.4	9.63	79.8	12.67	108	55.0	0.12	79.5	77.0	剔除后对数正态分布	79.8	102
Cl	1547	42.83	46.00	53.0	61.0	70.6	81.6	87.4	62.4	13.44	61.0	10.95	100.0	28.00	0.22	61.0	64.0	剔除后对数正态分布	61.0	71.0
Co	17 602	5.31	6.49	9.13	11.85	14.00	16.00	17.44	11.58	3.60	10.93	4.21	21.48	1.91	0.31	11.85	12.10	其他分布	12.10	14.80
Cr	17 741	23.23	30.40	49.90	66.5	79.1	88.8	94.4	63.6	21.54	58.8	11.10	123	6.10	0.34	66.5	71.7	其他分布	71.7	82.0
Cu	17 272	12.00	14.33	18.24	23.60	28.81	33.53	36.70	23.79	7.52	22.51	6.44	45.80	3.40	0.32	23.60	24.00	其他分布	24.00	16.00
F	1546	267	306	387	484	589	692	765	494	148	471	37.12	918	171	0.30	484	512	剔除后正态分布	494	453
Ga	1599	10.70	11.91	14.30	16.70	18.56	19.95	21.08	16.34	3.12	16.02	5.19	24.90	7.92	0.19	16.70	18.00	偏峰分布	18.00	16.00
Ge	17 426	1.21	1.25	1.33	1.43	1.52	1.60	1.66	1.43	0.14	1.42	1.25	1.81	1.05	0.10	1.43	1.49	其他分布	1.49	1.44
Hg	16 311	0.044	0.055	0.079	0.113	0.160	0.210	0.242	0.124	0.060	0.110	3.559	0.306	0.007	0.485	0.113	0.110	其他分布	0.110	0.110
I	1602	1.00	1.30	1.91	4.22	6.90	9.23	10.80	4.75	3.12	3.69	3.07	14.40	0.40	0.66	4.22	1.20	其他分布	1.20	1.70
La	1586	34.00	35.60	39.01	42.42	45.90	49.40	51.3	42.49	5.17	42.17	8.82	56.5	28.88	0.12	42.42	43.00	剔除后正态分布	42.49	41.00
Li	1620	25.40	27.10	31.10	36.40	42.90	49.71	54.1	37.82	9.56	36.74	8.26	121	20.20	0.25	36.40	34.50	对数正态分布	36.74	25.00
Mn	17 197	169	203	277	384	537	708	805	423	193	380	32.19	984	53.6	0.46	384	393	其他分布	393	440
Mo	16 462	0.39	0.45	0.54	0.69	0.89	1.16	1.33	0.75	0.28	0.70	1.51	1.62	0.17	0.37	0.69	0.75	其他分布	0.75	0.66
N	17 658	0.72	0.88	1.22	1.65	2.11	2.49	2.74	1.68	0.62	1.55	1.69	3.46	0.01	0.37	1.65	1.51	其他分布	1.51	1.28
Nb	1568	13.59	14.92	16.90	18.82	21.32	24.09	25.72	19.21	3.52	18.88	5.64	28.70	10.11	0.18	18.82	16.83	其他分布	16.83	16.83
Ni	17 695	9.39	11.70	16.73	23.98	31.60	37.23	40.30	24.34	9.67	22.20	6.52	54.0	2.27	0.40	23.98	30.00	其他分布	30.00	35.00
P	16 639	0.30	0.35	0.43	0.55	0.70	0.88	1.00	0.58	0.21	0.55	1.62	1.21	0.06	0.36	0.55	0.54	其他分布	0.54	0.60
Pb	17 074	22.90	24.80	28.42	32.54	36.50	41.00	43.98	32.71	6.21	32.11	7.65	50.1	15.91	0.19	32.54	32.00	其他分布	32.00	32.00

续表 4-39

元素/指标	N	$X_{5\%}$	$X_{10\%}$	$X_{25\%}$	$X_{50\%}$	$X_{75\%}$	$X_{90\%}$	$X_{95\%}$	$\bar{X}$	S	$\bar{X}_g$	S_g	X_{max}	X_{min}	CV	X_{me}	X_{mo}	分布类型	苕溪流域背景值	浙江省背景值
Rb	1620	66.0	74.0	91.5	113	143	172	187	119	39.17	113	16.44	380	49.00	0.33	113	113	对数正态分布	113	120
S	1572	210	226	253	291	344	390	422	301	64.5	294	26.64	491	127	0.21	291	261	偏峰分布	261	248
Sb	1439	0.58	0.63	0.72	0.85	1.06	1.34	1.55	0.93	0.30	0.88	1.36	1.91	0.10	0.32	0.85	0.80	其他分布	0.80	0.53
Sc	1620	6.85	7.40	8.30	9.42	10.89	12.41	13.55	9.75	2.15	9.53	3.74	21.92	4.80	0.22	9.42	8.50	对数正态分布	9.53	8.70
Se	16 626	0.22	0.24	0.29	0.35	0.42	0.51	0.56	0.36	0.10	0.35	1.93	0.66	0.08	0.28	0.35	0.33	其他分布	0.33	0.21
Sn	1502	2.94	3.37	4.16	5.42	7.39	9.42	10.97	5.99	2.44	5.51	2.92	13.80	0.63	0.41	5.42	6.30	其他分布	6.30	3.60
Sr	1609	34.90	38.68	47.20	64.2	89.7	104	112	68.8	25.39	64.2	11.45	152	20.50	0.37	64.2	52.0	其他分布	52.0	105
Th	1555	10.70	11.36	12.60	14.04	15.69	17.20	18.10	14.20	2.25	14.02	4.68	20.80	7.81	0.16	14.04	14.00	剔除后对数正态分布	14.02	13.30
Ti	1620	3170	3488	4051	4500	5190	5753	6031	4590	862	4507	131	8661	1812	0.19	4500	4727	对数正态分布	4507	4665
Tl	1978	0.44	0.49	0.59	0.73	0.88	1.03	1.16	0.75	0.24	0.72	1.40	2.81	0.22	0.31	0.73	0.68	正态分布	0.72	0.70
U	1521	2.30	2.45	2.78	3.20	3.72	4.19	4.52	3.28	0.68	3.21	2.04	5.36	1.74	0.21	3.20	3.40	剔除后对数正态分布	3.21	2.90
V	17 519	45.15	53.5	69.4	86.5	101	112	119	84.7	22.60	81.3	13.04	150	21.02	0.27	86.5	102	其他分布	102	106
W	1529	1.58	1.68	1.94	2.19	2.55	2.94	3.16	2.27	0.48	2.22	1.67	3.68	1.08	0.21	2.19	2.02	剔除后正态分布	2.22	1.80
Y	1549	17.56	19.22	22.40	25.06	27.90	30.90	32.47	25.13	4.32	24.74	6.54	36.97	14.00	0.17	25.06	27.00	剔除后正态分布	25.13	25.00
Zn	17 233	42.20	47.26	59.3	76.2	91.3	106	116	76.4	22.42	73.0	12.48	142	18.32	0.29	76.2	102	其他分布	102	101
Zr	1620	215	229	257	295	334	372	394	299	57.7	293	26.33	547	139	0.19	295	281	对数正态分布	293	243
SiO$_2$	1620	64.3	65.8	68.4	71.5	74.9	78.3	79.9	71.7	4.77	71.5	11.67	85.0	55.5	0.07	71.5	73.4	正态分布	71.7	71.3
Al$_2$O$_3$	1620	9.56	10.30	11.54	13.09	14.37	15.38	16.08	12.98	1.99	12.82	4.48	19.54	7.83	0.15	13.09	10.54	正态分布	12.98	13.20
TFe$_2$O$_3$	1620	2.97	3.21	3.70	4.23	4.89	5.54	6.06	4.33	0.92	4.23	2.42	8.04	1.93	0.21	4.23	4.16	对数正态分布	4.23	3.74
MgO	1578	0.45	0.49	0.57	0.72	1.00	1.25	1.37	0.80	0.30	0.75	1.47	1.72	0.33	0.37	0.72	0.59	其他分布	0.59	0.50
CaO	1550	0.15	0.17	0.23	0.35	0.59	0.85	0.96	0.43	0.26	0.36	2.31	1.25	0.08	0.61	0.35	0.19	其他分布	0.19	0.24
Na$_2$O	1620	0.19	0.23	0.34	0.60	0.94	1.23	1.33	0.67	0.38	0.56	2.05	1.80	0.10	0.56	0.60	0.27	其他分布	0.27	0.19
K$_2$O	17 068	1.21	1.32	1.62	2.11	2.49	3.06	3.45	2.14	0.66	2.04	1.69	3.95	0.52	0.31	2.11	2.33	其他分布	2.33	2.35
TC	1503	1.04	1.19	1.42	1.74	2.08	2.49	2.74	1.79	0.51	1.71	1.55	3.31	0.54	0.28	1.74	1.78	剔除后对数正态分布	1.71	1.43
Corg	17 498	0.68	0.85	1.17	1.54	2.03	2.44	2.67	1.61	0.61	1.48	1.67	3.38	0.06	0.38	1.54	1.34	其他分布	1.34	1.31
pH	16 982	4.49	4.69	5.05	5.44	5.97	6.56	6.93	5.06	4.77	5.54	2.71	7.61	3.56	0.94	5.44	5.26	其他分布	5.26	5.10

注：Tl 原始样本数为 1993 件，N 为 17 400 件，K$_2$O 为 17 403 件，As、B、Cd、Co、Cr、Cu、Ge、Hg、Mn、Mo、Ni、P、Pb、Se、V、Zn、Corg、pH 为 17 404 件，其他元素/指标为 1635 件。

第四章 土壤元素背景值

表 4-40 甬江流域土壤元素背景值参数统计表

元素/指标	N	$X_{5\%}$	$X_{10\%}$	$X_{25\%}$	$X_{50\%}$	$X_{75\%}$	$X_{90\%}$	$X_{95\%}$	$\overline{X}$	S	$\overline{X}_g$	S_g	$X_{\max}$	$X_{\min}$	CV	X_{me}	X_{mo}	分布类型	甬江流域背景值	浙江省背景值
Ag	1330	47.45	55.0	72.0	106	154	211	282	131	162	108	15.73	3768	18.00	1.23	106	82.0	对数正态分布	108	100.0
As	17 096	3.29	3.97	5.07	6.27	7.51	8.84	9.64	6.33	1.87	6.02	2.99	11.38	1.32	0.30	6.27	6.30	偏峰分布	6.30	10.10
Au	1239	0.80	0.95	1.30	2.10	3.70	5.40	6.50	2.69	1.77	2.18	2.18	8.40	0.37	0.66	2.10	1.50	其他分布	1.50	1.50
B	17 226	25.18	32.90	50.7	63.6	72.9	80.6	85.4	60.5	17.72	57.2	10.68	107	14.86	0.29	63.6	69.8	其他分布	69.8	20.00
Ba	1293	394	416	456	536	660	788	852	569	145	551	39.30	990	142	0.26	536	503	其他分布	503	475
Be	1330	1.65	1.73	1.90	2.16	2.44	2.66	2.80	2.20	0.41	2.16	1.62	5.31	1.20	0.19	2.16	2.07	对数正态分布	2.16	2.00
Bi	1265	0.22	0.24	0.28	0.36	0.45	0.53	0.59	0.37	0.12	0.36	1.94	0.72	0.14	0.31	0.36	0.28	其他分布	0.28	0.28
Br	1330	3.12	3.70	4.80	6.09	7.85	10.21	12.27	6.70	3.02	6.14	3.04	25.85	1.10	0.45	6.09	5.00	对数正态分布	6.14	2.20
Cd	16 745	0.07	0.09	0.13	0.17	0.20	0.24	0.27	0.17	0.06	0.16	3.01	0.33	0.01	0.34	0.17	0.17	其他分布	0.17	0.14
Ce	1294	64.8	69.1	72.9	79.0	87.8	96.4	102	80.8	11.05	80.1	12.77	112	53.5	0.14	79.0	81.1	其他正态分布	81.1	102
Cl	1291	40.10	41.70	49.20	75.0	97.0	120	131	77.3	29.70	71.8	12.16	172	36.80	0.38	75.0	83.0	其他分布	83.0	71.0
Co	17 103	5.42	6.64	9.56	11.53	13.27	14.79	15.72	11.22	3.00	10.74	4.10	19.06	3.67	0.27	11.53	11.80	对数正态分布	11.80	14.80
Cr	16 614	27.00	34.69	56.1	67.0	77.3	86.3	91.5	64.8	18.48	61.5	11.23	111	19.80	0.29	67.0	70.0	其他分布	70.0	82.0
Cu	16 806	11.03	14.46	20.89	27.81	34.00	40.60	45.00	27.70	9.91	25.66	7.15	55.8	1.05	0.36	27.81	27.00	其他分布	27.00	16.00
F	1253	357	398	469	552	630	734	796	558	130	543	37.94	934	207	0.23	552	565	剔除后对数正态分布	543	453
Ga	1330	12.98	13.93	15.50	17.06	18.80	20.16	21.00	17.09	2.40	16.92	5.21	24.60	10.45	0.14	17.06	18.30	正态分布	17.09	16.00
Ge	17 210	1.15	1.20	1.28	1.38	1.47	1.56	1.61	1.38	0.14	1.37	1.24	1.75	1.00	0.10	1.38	1.38	其他分布	1.38	1.44
Hg	16 280	0.041	0.049	0.071	0.130	0.255	0.374	0.460	0.177	0.133	0.133	3.518	0.611	0.008	0.752	0.130	0.110	其他分布	0.110	0.110
I	1266	1.20	1.48	2.00	3.30	5.96	9.27	10.69	4.32	3.02	3.42	2.70	13.66	0.30	0.70	3.30	2.10	其他分布	2.10	1.70
La	1330	32.16	34.20	37.58	41.00	45.00	48.86	51.0	41.36	5.76	40.95	8.61	61.2	10.71	0.14	41.00	39.00	正态分布	41.36	41.00
Li	1330	21.70	23.64	27.75	33.66	41.30	48.49	51.6	34.85	9.19	33.65	7.60	69.0	15.75	0.26	33.66	31.00	对数正态分布	33.65	25.00
Mn	17 172	238	276	355	482	610	736	804	494	176	462	34.29	1013	74.6	0.36	482	520	其他分布	520	440
Mo	16 666	0.33	0.37	0.46	0.62	0.83	1.06	1.20	0.67	0.27	0.62	1.58	1.50	0.18	0.40	0.62	0.39	其他分布	0.39	0.66
N	17425	0.54	0.69	0.98	1.53	2.46	3.21	3.60	1.77	0.98	1.50	2.02	4.73	0.03	0.55	1.53	0.91	其他分布	0.91	1.28
Nb	1243	14.85	14.98	16.82	17.82	20.00	22.35	23.76	18.43	2.78	18.23	5.46	26.40	11.88	0.15	17.82	16.83	其他分布	16.83	16.83
Ni	17 189	8.44	10.81	21.53	27.50	32.38	36.38	39.00	26.02	9.16	23.84	6.68	49.25	4.68	0.35	27.50	25.00	其他分布	25.00	35.00
P	16 698	0.30	0.44	0.62	0.83	1.15	1.52	1.74	0.91	0.42	0.81	1.69	2.10	0.06	0.46	0.83	0.87	其他分布	0.87	0.60
Pb	17 162	17.40	19.50	24.15	34.01	42.00	50.6	56.4	34.42	11.94	32.35	8.21	69.8	10.42	0.35	34.01	22.00	其他分布	22.00	32.00

续表 4-40

元素/指标	N	$X_{5\%}$	$X_{10\%}$	$X_{25\%}$	$X_{50\%}$	$X_{75\%}$	$X_{90\%}$	$X_{95\%}$	$\overline{X}$	S	$\overline{X}_g$	S_g	X_{max}	X_{min}	CV	X_{me}	X_{mo}	分布类型	甬江流域背景值	浙江省背景值
Rb	1285	90.0	96.0	111	124	137	148	157	124	19.70	122	16.24	181	76.0	0.16	124	122	剔除后正态分布	124	120
S	1330	82.7	158	212	281	389	490	561	308	156	273	26.62	1662	50.00	0.51	281	50.00	对数正态分布	273	248
Sb	1270	0.43	0.47	0.53	0.63	0.74	0.87	0.93	0.65	0.15	0.63	1.44	1.08	0.22	0.24	0.63	0.53	剔除后对数正态分布	0.63	0.53
Sc	1330	7.30	7.91	9.40	10.80	12.12	13.69	14.40	10.81	2.21	10.58	3.95	20.97	4.10	0.20	10.80	11.20	对数正态分布	10.58	8.70
Se	16 914	0.12	0.15	0.20	0.31	0.40	0.49	0.55	0.31	0.13	0.28	2.25	0.71	0.03	0.42	0.31	0.19	其他分布	0.19	0.21
Sn	1307	2.70	3.20	4.30	7.51	12.60	16.99	19.79	8.95	5.45	7.34	3.72	25.30	0.85	0.61	7.51	4.90	其他分布	4.90	3.60
Sr	1317	49.16	58.5	80.8	105	125	149	162	105	33.25	98.7	14.14	194	29.30	0.32	105	108	其他分布	108	105
Th	1288	11.00	11.76	12.94	14.63	16.30	17.96	19.08	14.74	2.43	14.54	4.79	21.63	8.71	0.16	14.63	12.80	剔除后正态分布	14.74	13.30
Ti	1239	3471	3669	4044	4310	4606	4931	5106	4310	467	4284	125	5540	3088	0.11	4310	4622	剔除后正态分布	4310	4665
Tl	1360	0.52	0.57	0.67	0.79	0.93	1.10	1.33	0.83	0.26	0.80	1.34	2.62	0.33	0.32	0.79	0.80	对数正态分布	0.80	0.70
U	1299	2.11	2.22	2.56	3.09	3.50	3.91	4.19	3.07	0.64	3.01	1.99	4.95	1.62	0.21	3.09	3.60	其他分布	3.60	2.90
V	17 272	45.70	55.1	70.6	83.0	96.4	107	112	82.3	19.38	79.7	12.90	135	30.80	0.24	83.0	105	其他分布	105	106
W	1255	1.40	1.52	1.75	2.04	2.39	2.81	3.09	2.11	0.50	2.05	1.64	3.54	0.99	0.24	2.04	1.84	剔除后对数正态分布	2.05	1.80
Y	1309	17.70	19.08	21.60	24.49	26.81	28.90	30.00	24.17	3.76	23.87	6.27	34.85	13.80	0.16	24.49	25.00	其他分布	25.00	25.00
Zn	16 795	58.1	64.1	75.0	90.0	106	121	132	91.5	22.23	88.7	13.96	156	30.50	0.24	90.0	102	其他分布	102	101
Zr	1330	207	214	239	267	306	348	376	277	57.0	272	25.94	591	164	0.21	267	252	对数正态分布	272	243
SiO$_2$	1330	64.7	65.7	67.3	69.6	72.3	74.5	75.7	69.9	3.54	69.8	11.64	80.5	57.5	0.05	69.6	70.0	正态分布	69.9	71.3
Al$_2$O$_3$	1330	11.18	11.59	12.57	13.80	15.04	16.09	16.81	13.85	1.70	13.75	4.59	19.25	9.86	0.12	13.80	13.97	正态分布	13.85	13.20
TFe$_2$O$_3$	1298	2.55	2.86	3.38	3.89	4.43	4.94	5.24	3.90	0.80	3.81	2.21	6.13	1.73	0.20	3.89	4.06	剔除后正态分布	3.90	3.74
MgO	1328	0.43	0.51	0.67	0.98	1.43	1.98	2.13	1.10	0.53	0.98	1.65	2.39	0.30	0.48	0.98	0.70	其他分布	0.70	0.50
CaO	1154	0.12	0.16	0.26	0.59	0.81	1.09	1.40	0.60	0.40	0.47	2.47	2.01	0.05	0.66	0.59	0.69	其他分布	0.69	0.24
Na$_2$O	1327	0.44	0.55	0.81	1.23	1.52	1.75	1.88	1.18	0.45	1.08	1.57	2.54	0.19	0.38	1.23	1.30	其他分布	1.30	0.19
K$_2$O	16 324	1.99	2.06	2.18	2.35	2.53	2.73	2.88	2.37	0.27	2.36	1.68	3.18	1.59	0.11	2.35	2.35	其他分布	2.35	2.35
TC	1330	0.96	1.09	1.28	1.61	2.14	2.71	3.05	1.76	0.64	1.65	1.60	4.47	0.37	0.37	1.61	1.53	对数正态分布	1.65	1.43
Corg	17 418	0.47	0.59	0.83	1.47	2.27	3.01	3.36	1.63	0.93	1.36	2.03	4.47	0.07	0.57	1.47	0.66	其他分布	0.66	1.31
pH	17 544	4.38	4.58	5.05	5.76	7.86	8.22	8.39	5.05	4.72	6.22	2.82	10.01	3.24	0.93	5.76	8.08	其他分布	8.08	5.10

注：①原始样本数为1360件，Corg为17 544件，Ge为17 508件，pH为17 545件，B、Co、Cr、Cu、Hg、Mn、Mo、Ni、P、Pb、V、Zn、K$_2$O为17 544件，As、Cd、N、Se、pH为17 507件，其他元素/指标为1635件。

第四章 土壤元素背景值

表 4-41 运河流域土壤元素背景值参数统计表

元素/指标	N	$X_{5\%}$	$X_{10\%}$	$X_{25\%}$	$X_{50\%}$	$X_{75\%}$	$X_{90\%}$	$X_{95\%}$	$\bar{X}$	S	$\bar{X}_g$	S_g	X_{max}	X_{min}	CV	X_{me}	X_{mo}	分布类型	运河流域背景值	浙江省背景值
Ag	1300	81.0	88.0	101	114	132	155	169	118	26.17	115	15.35	194	51.0	0.22	114	105	其他分布	105	100.0
As	33 701	4.96	5.50	6.51	7.57	8.60	9.52	10.10	7.55	1.53	7.38	3.25	11.81	3.31	0.20	7.57	10.10	其他分布	10.10	10.10
Au	1299	1.80	2.10	2.50	3.30	4.40	5.70	6.70	3.60	1.47	3.31	2.19	8.00	0.15	0.41	3.30	2.80	其他分布	2.80	1.50
B	30 890	47.80	51.4	57.5	64.7	72.2	79.1	83.8	65.1	10.77	64.1	11.11	95.3	35.00	0.17	64.7	63.7	剔除后对数分布	64.1	20.00
Ba	1316	428	441	457	473	487	500	511	472	24.21	471	34.89	537	406	0.05	473	479	偏峰分布	479	475
Be	1300	1.99	2.12	2.27	2.40	2.51	2.63	2.71	2.38	0.20	2.38	1.66	2.91	1.84	0.08	2.40	2.44	偏峰分布	2.44	2.00
Bi	1313	0.28	0.32	0.35	0.40	0.45	0.51	0.54	0.41	0.08	0.40	1.77	0.61	0.21	0.19	0.40	0.41	其他分布	0.41	0.28
Br	1397	3.10	3.40	4.00	4.70	5.67	6.74	7.59	4.94	1.46	4.75	2.60	15.19	1.70	0.30	4.70	4.80	对数正态分布	4.75	2.20
Cd	32 918	0.09	0.11	0.13	0.16	0.20	0.24	0.27	0.17	0.05	0.16	2.91	0.33	0.01	0.31	0.16	0.16	其他分布	0.16	0.14
Ce	1379	63.6	65.7	69.1	72.5	75.6	78.0	79.5	72.2	4.74	72.0	11.83	85.2	59.7	0.07	72.5	74.0	剔除后正态分布	72.2	102
Cl	1332	45.53	49.03	56.0	65.4	76.6	88.2	94.5	67.1	14.80	65.5	11.11	112	32.65	0.22	65.4	55.5	剔除后对数分布	65.5	71.0
Co	30 357	10.90	11.80	13.50	14.90	16.10	17.20	17.80	14.71	2.03	14.56	4.72	20.10	9.35	0.14	14.90	15.20	其他分布	15.20	14.80
Cr	32 901	65.1	69.7	77.4	84.4	90.1	95.2	98.1	83.4	9.78	82.8	12.85	110	57.0	0.12	84.4	83.0	其他分布	83.0	82.0
Cu	32 180	21.30	23.65	27.60	31.80	36.10	40.80	43.83	32.05	6.62	31.34	7.53	50.7	14.10	0.21	31.80	35.00	其他分布	35.00	16.00
F	1373	402	443	518	581	638	688	718	575	93.3	567	38.87	815	329	0.16	581	629	偏峰分布	629	453
Ga	1363	12.34	13.12	14.86	16.00	17.18	18.14	19.00	15.93	1.92	15.81	4.96	20.88	10.98	0.12	16.00	16.00	其他分布	16.00	16.00
Ge	8302	1.32	1.36	1.42	1.49	1.56	1.62	1.65	1.49	0.10	1.48	1.27	1.77	1.21	0.07	1.49	1.49	其他分布	1.49	1.44
Hg	31 457	0.064	0.082	0.120	0.170	0.240	0.310	0.360	0.186	0.088	0.165	2.871	0.455	0.004	0.475	0.170	0.150	其他分布	0.150	0.110
I	1353	1.10	1.30	1.60	1.90	2.40	2.90	3.30	2.04	0.63	1.94	1.68	3.80	0.50	0.31	1.90	1.80	其他分布	1.80	1.70
La	1367	31.58	33.00	35.00	37.50	40.00	42.00	43.00	37.48	3.54	37.31	8.14	47.10	27.90	0.09	37.50	38.00	剔除后正态分布	37.48	41.00
Li	1324	34.41	38.00	43.50	47.80	51.5	54.9	57.0	47.15	6.55	46.66	9.22	64.4	29.40	0.14	47.80	48.10	其他分布	48.10	25.00
Mn	32 502	361	406	478	573	699	817	886	594	159	572	38.86	1048	143	0.27	573	506	其他分布	506	440
Mo	32 724	0.37	0.41	0.50	0.61	0.72	0.83	0.90	0.61	0.16	0.59	1.47	1.06	0.19	0.26	0.61	0.58	其他分布	0.58	0.66
N	33 899	0.68	0.82	1.10	1.62	2.21	2.63	2.87	1.68	0.70	1.53	1.73	3.87	0.13	0.41	1.62	1.10	其他分布	1.10	1.28
Nb	1336	13.52	13.86	14.85	15.84	16.83	17.82	18.81	15.92	1.49	15.85	4.98	19.50	11.93	0.09	15.84	15.84	其他分布	15.84	16.83
Ni	33 051	26.00	28.60	32.90	36.40	39.50	42.20	43.90	35.95	5.22	35.55	7.90	49.95	21.90	0.15	36.40	36.00	其他分布	36.00	35.00
P	32 004	0.48	0.52	0.61	0.73	0.90	1.10	1.23	0.77	0.23	0.74	1.39	1.44	0.14	0.29	0.73	0.69	其他分布	0.69	0.60
Pb	32 993	22.40	24.10	27.10	30.20	33.20	36.10	38.10	30.22	4.67	29.85	7.30	43.00	17.52	0.15	30.20	30.00	其他分布	30.00	32.00

续表 4-41

元素/指标	N	$X_{5\%}$	$X_{10\%}$	$X_{25\%}$	$X_{50\%}$	$X_{75\%}$	$X_{90\%}$	$X_{95\%}$	$\overline{X}$	S	$\overline{X}_g$	S_g	X_{max}	X_{min}	CV	X_{me}	X_{mo}	分布类型	运河流域背景值	浙江省背景值
Rb	1323	91.0	98.2	109	117	124	130	134	116	12.52	115	15.52	146	82.0	0.11	117	117	其他分布	117	120
S	1378	153	177	217	275	348	413	450	285	89.9	271	25.04	553	81.0	0.32	275	225	偏峰分布	225	248
Sb	1316	0.47	0.49	0.53	0.60	0.70	0.83	0.90	0.63	0.13	0.62	1.43	1.03	0.41	0.21	0.60	0.53	其他分布	0.53	0.53
Sc	1397	9.00	9.63	10.75	11.97	13.10	14.16	14.70	11.93	1.74	11.80	4.18	18.70	4.70	0.15	11.97	11.20	正态分布	11.93	8.70
Se	33 478	0.13	0.16	0.21	0.27	0.33	0.38	0.41	0.27	0.08	0.26	2.27	0.51	0.03	0.31	0.27	0.30	其他分布	0.30	0.21
Sn	1327	5.40	6.40	8.00	10.20	13.30	16.64	18.40	10.82	3.95	10.09	4.00	22.40	2.10	0.37	10.20	8.20	剔除后对数分布	10.09	3.60
Sr	1281	101	104	108	113	119	125	130	114	8.27	113	15.40	138	91.8	0.07	113	112	剔除后对数分布	113	105
Th	1397	10.44	10.96	11.80	12.80	13.90	14.80	15.40	12.83	1.60	12.73	4.38	20.34	4.43	0.12	12.80	12.80	正态分布	12.83	13.30
Ti	1397	3860	3970	4176	4393	4592	4772	4909	4387	324	4376	127	6034	3386	0.07	4393	4326	正态分布	4387	4665
Tl	1423	0.48	0.51	0.57	0.63	0.68	0.73	0.75	0.63	0.08	0.62	1.36	0.84	0.41	0.13	0.63	0.65	其他分布	0.65	0.70
U	1339	2.07	2.13	2.24	2.39	2.53	2.67	2.76	2.39	0.21	2.38	1.66	2.99	1.82	0.09	2.39	2.39	剔除后正态分布	2.39	2.90
V	30 298	82.0	87.4	96.5	105	112	118	121	104	11.76	103	14.56	136	70.8	0.11	105	110	其他分布	110	106
W	1337	1.41	1.50	1.65	1.79	1.93	2.08	2.19	1.79	0.22	1.78	1.43	2.39	1.21	0.12	1.79	1.82	剔除后对数分布	1.79	1.80
Y	1387	20.76	21.55	23.00	25.00	26.75	28.00	29.00	24.82	2.54	24.69	6.41	32.00	17.65	0.10	25.00	25.00	其他分布	25.00	25.00
Zn	32 209	67.6	73.8	83.8	93.5	103	113	120	93.5	15.34	92.3	13.87	136	52.8	0.16	93.5	101	其他分布	101	101
Zr	1268	218	222	231	242	255	274	289	245	20.48	244	23.98	306	193	0.08	242	243	剔除后对数分布	244	243
SiO₂	1354	64.5	65.3	66.5	67.8	69.5	71.3	72.5	68.1	2.32	68.0	11.44	74.3	61.9	0.03	67.8	68.3	剔除后对数分布	68.0	71.3
Al₂O₃	1302	12.25	12.79	13.57	14.22	14.74	15.21	15.49	14.11	0.94	14.08	4.60	16.66	11.38	0.07	14.22	13.93	其他分布	13.93	13.20
TFe₂O₃	1381	3.38	3.68	4.23	4.69	5.01	5.26	5.43	4.59	0.60	4.55	2.42	6.14	3.05	0.13	4.69	4.87	偏峰分布	4.87	3.74
MgO	1334	1.16	1.24	1.39	1.53	1.61	1.72	1.76	1.50	0.18	1.49	1.30	1.98	0.99	0.12	1.53	1.56	其他分布	1.56	0.50
CaO	1229	0.82	0.86	0.92	0.99	1.07	1.17	1.25	1.00	0.12	1.00	1.13	1.38	0.66	0.12	0.99	0.98	其他分布	0.98	0.24
Na₂O	1331	1.25	1.29	1.37	1.47	1.58	1.68	1.77	1.48	0.16	1.47	1.29	1.91	1.05	0.11	1.47	1.48	剔除后正态分布	1.47	0.19
K₂O	33 952	1.87	1.95	2.14	2.38	2.54	2.65	2.72	2.34	0.27	2.32	1.65	3.15	1.53	0.12	2.38	2.51	其他分布	2.51	2.35
TC	1392	0.95	1.06	1.26	1.59	1.96	2.26	2.41	1.63	0.46	1.57	1.45	2.91	0.66	0.28	1.59	1.12	其他分布	1.12	1.43
Corg	9761	0.63	0.76	1.01	1.47	2.06	2.63	2.93	1.59	0.71	1.42	1.74	3.66	0.16	0.45	1.47	0.90	其他分布	0.90	1.31
pH	33 850	4.96	5.25	5.69	6.17	6.74	7.45	7.82	5.59	5.21	6.25	2.87	8.33	4.11	0.93	6.17	6.00	其他分布	6.00	5.10

注：Tl原始样本数为1444件，Ge为8423件，Corg为9817件，Co,V为31175件，B为31 709件，Mn为33 064件，Mo为33 912件，N,P为33 959件，K₂O为34 065件，Cr,Pb,Zn为34 161件。As,Se为34 191件，Cd,Cu,Hg,Ni,pH为34 192件，其他元素/指标为1397件。

第四章 土壤元素背景值

九、独流入海流域土壤元素背景值

浙江省独流入海流域土壤元素背景值数据经正态分布检验,结果表明,原始数据中 Ga、Al_2O_3 符合正态分布,Corg 符合对数正态分布,Th 剔除异常值后符合正态分布,Br、Ce、Cl、TC 剔除异常值后符合对数正态分布,其他元素/指标不符合正态分布或对数正态分布(表 4-42)。

表层土壤总体呈酸性,土壤 pH 背景值为 5.12,极大值为 9.32,极小值为 1.72,基本接近于浙江省背景值。

在表层土壤各元素/指标中,绝大多数元素/指标变异系数在 0.40 以下,分布相对均匀;P、Cu、Mn、Corg、Br、Co、Au、B、Hg、As、Cr、Ni、MgO、I、CaO、pH 共 16 项元素/指标变异系数在 0.40 以上。

与浙江省土壤元素背景值相比,独流入海流域土壤元素背景值中 Ni 背景值明显偏低,为浙江省背景值的 29%;而 Sc 背景值略低于浙江省背景值,为浙江省背景值的 74%;K_2O、Ag、S、Cr、P、B、I 背景值略高于浙江省背景值,为浙江省背景值的 1.2~1.4 倍;Bi、Mn、Cu、Br、Na_2O 背景值明显高于浙江省背景值,是浙江省背景值的 1.4 倍以上,其中 Mn、Cu、Br、Na_2O 明显相对富集,背景值在浙江省背景值的 2.0 倍以上,Na_2O 背景值最高,为浙江省背景值的 5.53 倍;其他元素/指标背景值则与浙江省背景值基本接近。

第六节 主要地貌单元土壤元素背景值

一、浙北平原区土壤元素背景值

浙北平原区土壤元素背景值数据经正态分布检验,结果表明,原始数据中 Sc 符合正态分布,S、TC 符合对数正态分布,Ti 剔除异常值后符合正态分布,Br、Cl、Sn、Th、SiO_2 剔除异常值后符合对数正态分布,其他元素/指标不符合正态分布或对数正态分布(表 4-43)。

表层土壤总体呈酸性,土壤 pH 背景值为 6.10,极大值为 9.47,极小值为 3.27,基本接近于浙江省背景值。

在表层土壤各元素/指标中,绝大多数元素/指标变异系数在 0.40 以下,分布相对均匀;S、N、Au、Sn、Corg、Hg、pH 共 7 项元素/指标变异系数在 0.40 以上,其中 pH 变异系数在 0.80 以上,空间变异性较大。

与浙江省土壤元素背景值相比,浙北平原区土壤元素背景值中 Corg、N、Ce、U 背景值略低于浙江省背景值,为浙江省背景值的 60%~80%;Be、Sc、Hg 背景值略高于浙江省背景值,为浙江省背景值的 1.2~1.4 倍;Se、Bi、Au、Li、Cu、Br、Sn、MgO、B、CaO、Na_2O 背景值明显高于浙江省背景值,在浙江省背景值的 1.4 倍以上,其中 Cu、Br、Sn、MgO、B、CaO、Na_2O 明显相对富集,背景值在浙江省背景值的 2.0 倍以上,Na_2O 背景值最高,为浙江省背景值的 7.53 倍;其他元素/指标背景值则与浙江省背景值基本接近。

二、浙东南沿海岛屿与丘陵港湾平原区土壤元素背景值

浙东南沿海岛屿与丘陵港湾平原区土壤元素背景值数据经正态分布检验,结果表明,原始数据中 Ga、TC 符合对数正态分布,Br、Ce、Cl、S、Th 剔除异常值后符合对数正态分布,其他元素/指标不符合正态分布或对数正态分布(表 4-44)。

表层土壤总体呈酸性,土壤 pH 背景值为 5.12,极大值为 9.61,极小值为 1.95,基本接近于浙江省背景值。

在表层土壤各元素/指标中,绝大多数元素/指标变异系数在 0.40 以下,分布相对均匀;Br、Cu、Corg、Co、Mn、P、As、B、Au、Cr、Hg、Ni、I、CaO、MgO、pH 共 16 项元素/指标变异系数在 0.40 以上,其中 pH 变异系数在 0.80 以上,空间变异性较大。

与浙江省土壤元素背景值相比,浙东南沿海岛屿与丘陵港湾平原区土壤元素背景值中 Ni 背景值明显

表4-42 独流入海流域土壤元素背景值参数统计表

元素/指标	N	$X_{5\%}$	$X_{10\%}$	$X_{25\%}$	$X_{50\%}$	$X_{75\%}$	$X_{90\%}$	$X_{95\%}$	$\overline{X}$	S	$\overline{X}_g$	S_g	X_{max}	X_{min}	CV	X_{me}	X_{mo}	分布类型	独流入海流域背景值	浙江省背景值
Ag	2192	55.0	62.0	76.0	92.0	117	147	163	98.6	32.61	93.4	13.95	199	8.00	0.33	92.0	120	其他分布	120	100.0
As	28 291	2.44	3.01	4.45	6.65	9.93	12.43	13.80	7.32	3.57	6.40	3.27	18.30	0.43	0.49	6.65	10.20	其他分布	10.20	10.10
Au	2191	0.80	0.94	1.30	1.76	2.40	3.40	3.90	1.96	0.93	1.76	1.76	4.80	0.20	0.47	1.76	1.50	其他分布	1.50	1.50
B	28 443	13.30	17.00	27.00	50.4	67.0	76.5	82.1	48.13	22.92	41.39	9.45	126	1.10	0.48	50.4	25.00	其他分布	25.00	20.00
Ba	2278	418	454	502	596	719	842	916	621	158	601	40.79	1088	160	0.25	596	505	其他分布	505	475
Be	2362	1.71	1.82	2.01	2.27	2.57	2.76	2.86	2.29	0.36	2.26	1.63	3.37	1.26	0.16	2.27	2.21	其他分布	2.21	2.00
Bi	2255	0.22	0.24	0.30	0.38	0.46	0.55	0.61	0.39	0.12	0.37	1.92	0.74	0.15	0.31	0.38	0.40	其他分布	0.40	0.28
Br	2266	2.60	3.10	4.22	5.90	8.05	10.60	12.18	6.40	2.87	5.77	3.09	15.00	0.25	0.45	5.90	4.70	剔除后对数分布	5.77	2.20
Cd	26 799	0.08	0.10	0.13	0.16	0.20	0.24	0.27	0.16	0.06	0.15	3.08	0.32	0.01	0.34	0.16	0.15	其他分布	0.15	0.14
Ce	2253	69.1	72.4	78.7	87.7	97.8	110	117	89.4	14.52	88.2	13.43	131	51.6	0.16	87.7	94.6	剔除后对数分布	88.2	102
Cl	2208	50.6	58.1	69.8	83.0	98.8	116	128	85.3	22.53	82.4	12.78	153	38.70	0.26	83.0	85.0	剔除后对数分布	82.4	71.0
Co	28147	4.01	4.70	6.59	12.10	16.52	18.34	19.30	11.76	5.37	10.35	4.21	31.58	1.07	0.46	12.10	17.40	其他分布	17.40	14.80
Cr	28 170	15.14	19.30	29.00	63.2	88.6	98.3	104	60.1	32.04	49.80	10.55	178	2.72	0.53	63.2	101	其他分布	101	82.0
Cu	27 420	10.09	11.94	16.70	26.97	34.60	41.11	46.45	26.71	11.57	23.99	6.75	63.0	1.93	0.43	26.97	33.60	其他分布	33.60	16.00
F	2355	265	299	366	471	604	719	771	491	158	465	34.89	964	83.0	0.32	471	436	其他分布	436	453
Ga	2380	14.40	15.10	16.40	18.00	19.60	20.90	21.70	18.02	2.30	17.87	5.31	29.90	10.70	0.13	18.00	18.20	正态分布	18.02	16.00
Ge	27 517	1.10	1.17	1.29	1.41	1.52	1.63	1.69	1.41	0.18	1.39	1.26	1.90	0.92	0.13	1.41	1.42	其他分布	1.42	1.44
Hg	26 625	0.042	0.048	0.060	0.079	0.116	0.160	0.186	0.092	0.044	0.083	4.115	0.231	0.001	0.478	0.079	0.110	其他分布	0.110	0.110
I	2288	1.17	1.47	2.25	3.95	6.58	9.59	11.05	4.76	3.11	3.80	2.91	14.10	0.42	0.65	3.95	2.28	其他分布	2.28	1.70
La	2277	34.24	37.00	41.00	45.14	51.0	56.1	60.0	46.01	7.62	45.38	9.15	67.0	25.00	0.17	45.14	41.00	其他分布	41.00	41.00
Li	2380	19.00	20.00	23.28	29.27	45.00	44.85	59.0	34.18	13.43	31.77	7.52	72.0	13.00	0.39	29.27	22.00	其他分布	22.00	25.00
Mn	28 179	265	322	471	745	986	1164	1287	747	327	668	43.23	1775	98.3	0.44	745	881	其他分布	881	440
Mo	26 036	0.49	0.54	0.63	0.76	0.95	1.21	1.37	0.82	0.26	0.78	1.40	1.64	0.19	0.32	0.76	0.64	其他分布	0.64	0.66
N	27 903	0.71	0.84	1.08	1.43	1.85	2.27	2.52	1.50	0.55	1.39	1.58	3.07	0.07	0.37	1.43	1.13	其他分布	1.13	1.28
Nb	2310	17.20	17.70	18.60	20.52	23.40	25.80	27.30	21.20	3.22	20.96	5.86	31.10	11.71	0.15	20.52	18.20	其他分布	18.20	16.83
Ni	28 176	19.00	20.00	23.28	29.27	40.10	44.85	47.20	25.54	15.53	19.98	6.58	85.5	1.41	0.61	25.70	10.10	其他分布	10.10	35.00
P	27 361	0.30	0.39	0.57	0.76	1.01	1.26	1.43	0.80	0.33	0.73	1.65	1.77	0.05	0.42	0.76	0.75	其他分布	0.75	0.60
Pb	26 461	25.89	27.70	31.00	35.14	40.90	47.50	52.0	36.49	7.82	35.69	8.15	60.4	14.10	0.21	35.14	31.00	其他分布	31.00	32.00

第四章 土壤元素背景值

续表 4-42

元素/指标	N	$X_{5\%}$	$X_{10\%}$	$X_{25\%}$	$X_{50\%}$	$X_{75\%}$	$X_{90\%}$	$X_{95\%}$	$\overline{X}$	S	$\overline{X}_g$	S_g	X_{max}	X_{min}	CV	X_{me}	X_{mo}	分布类型	独流入海流域背景值	浙江省背景值
Rb	2317	103	109	119	130	139	148	153	129	14.98	128	16.49	169	90.0	0.12	130	129	偏峰分布	129	120
S	2300	162	180	223	286	359	435	481	297	98.6	280	26.03	587	60.0	0.33	286	301	偏峰分布	301	248
Sb	2291	0.40	0.43	0.50	0.60	0.71	0.83	0.90	0.62	0.15	0.60	1.48	1.04	0.23	0.24	0.60	0.50	偏峰分布	0.50	0.53
Sc	2369	6.00	6.50	7.60	9.40	12.00	13.90	14.90	9.85	2.81	9.45	3.76	18.56	3.69	0.29	9.40	6.40	其他分布	6.40	8.70
Se	26 940	0.14	0.16	0.20	0.26	0.33	0.42	0.47	0.27	0.10	0.26	2.29	0.57	0.01	0.36	0.26	0.22	其他分布	0.22	0.21
Sn	2244	2.43	2.70	3.30	4.20	5.43	7.01	8.00	4.53	1.66	4.25	2.49	9.40	0.98	0.37	4.20	3.50	其他分布	3.50	3.60
Sr	2327	43.90	50.7	67.0	93.0	114	130	144	92.2	31.22	86.5	13.32	185	21.10	0.34	93.0	116	其他分布	116	105
Th	2313	10.70	11.50	12.90	14.20	15.70	17.13	18.00	14.29	2.15	14.12	4.66	20.10	8.60	0.15	14.20	14.50	剔除后正态分布	14.29	13.30
Ti	2312	3221	3438	3908	4506	5071	5353	5630	4479	780	4409	127	6873	2305	0.17	4506	5152	其他分布	5152	4665
Tl	5151	0.63	0.68	0.75	0.82	0.90	0.99	1.05	0.83	0.12	0.82	1.20	1.16	0.51	0.15	0.82	0.78	其他分布	0.78	0.70
U	2330	2.31	2.50	2.70	3.10	3.50	3.88	4.10	3.14	0.54	3.09	1.97	4.69	1.60	0.17	3.10	2.90	其他分布	2.90	2.90
V	28 209	33.38	39.40	52.8	89.3	112	121	126	83.4	32.48	76.0	12.58	200	10.60	0.39	89.3	112	其他分布	112	106
W	2202	1.43	1.56	1.73	1.92	2.17	2.43	2.62	1.96	0.35	1.93	1.52	2.94	1.04	0.18	1.92	1.90	其他分布	1.90	1.80
Y	2359	19.39	20.90	23.62	27.00	29.20	31.00	32.45	26.44	4.12	26.10	6.60	38.00	14.60	0.16	27.00	29.00	其他分布	29.00	25.00
Zn	27 382	56.5	63.9	80.0	98.7	113	128	140	97.5	24.81	94.1	14.10	167	29.23	0.25	98.7	102	其他分布	102	101
Zr	2321	190	198	236	303	351	395	430	300	75.4	291	26.99	529	161	0.25	303	195	其他分布	195	243
SiO_2	2366	60.6	62.5	66.0	70.1	73.1	75.5	76.6	69.4	4.96	69.3	11.57	83.5	55.2	0.07	70.1	70.2	其他分布	70.2	71.3
Al_2O_3	2380	10.86	11.51	12.66	13.91	14.95	15.85	16.52	13.82	1.73	13.71	4.55	20.81	8.99	0.13	13.91	14.40	正态分布	13.82	13.20
TFe_2O_3	2357	2.38	2.59	2.99	3.71	4.90	5.87	6.24	3.99	1.24	3.80	2.27	7.79	1.31	0.31	3.71	3.01	其他分布	3.01	3.74
MgO	2316	0.34	0.38	0.47	0.64	1.15	1.81	2.05	0.87	0.54	0.73	1.83	2.36	0.19	0.62	0.64	0.44	其他分布	0.44	0.50
CaO	2191	0.15	0.18	0.26	0.45	0.73	1.10	1.35	0.55	0.37	0.44	2.32	1.71	0.06	0.67	0.45	0.24	其他分布	0.24	0.24
Na_2O	2342	0.35	0.45	0.67	0.93	1.13	1.33	1.45	0.91	0.33	0.84	1.56	1.84	0.13	0.37	0.93	1.05	其他分布	1.05	0.19
K_2O	26 138	2.22	2.37	2.62	2.84	3.05	3.29	3.48	2.84	0.36	2.82	1.84	3.81	1.88	0.13	2.84	2.82	其他分布	2.82	2.35
TC	2312	0.99	1.14	1.36	1.61	1.89	2.19	2.38	1.63	0.41	1.58	1.45	2.75	0.53	0.25	1.61	1.42	剔除后对数分布	1.58	1.43
Corg	26 786	0.63	0.75	1.00	1.35	1.79	2.27	2.62	1.45	0.64	1.32	1.65	14.56	0.05	0.44	1.35	1.12	对数正态分布	1.32	1.31
pH	28 454	4.47	4.65	4.98	5.56	7.25	8.14	8.32	4.97	3.70	6.04	2.81	9.32	1.72	0.75	5.56	5.12	其他分布	5.12	5.10

注：Tl 原始样本数为 5533 件，Corg 为 26 786 件，Ge 为 27 947 件，As 为 28 459 件，B、Cd、Co、Cr、Cu、Hg、Mn、Mo、N、Ni、P、Pb、Se、V、Zn、K_2O、pH 为 28 461 件，其他元素/指标为 2380 件。

表 4-43　浙北平原区土壤元素背景值参数统计表

元素/指标	N	$X_{5\%}$	$X_{10\%}$	$X_{25\%}$	$X_{50\%}$	$X_{75\%}$	$X_{90\%}$	$X_{95\%}$	$\overline{X}$	S	$\overline{X}_g$	S_g	X_{max}	X_{min}	CV	X_{me}	X_{mo}	分布类型	浙北平原区背景值	浙江省背景值
Ag	2838	66.0	75.0	94.0	115	141	174	193	120	37.38	114	15.60	229	40.00	0.31	115	105	其他分布	105	100.0
As	60 399	4.28	4.86	5.96	7.23	8.48	9.60	10.30	7.24	1.81	7.00	3.21	12.43	2.13	0.25	7.23	10.10	其他分布	10.10	10.10
Au	2823	1.21	1.60	2.30	3.20	4.40	6.00	6.90	3.51	1.68	3.12	2.27	8.70	0.15	0.48	3.20	2.30	偏峰分布	2.30	1.50
B	57 078	47.46	51.6	58.4	65.2	72.3	79.0	83.3	65.3	10.63	64.4	11.13	94.4	36.02	0.16	65.2	63.7	其他分布	63.7	20.00
Ba	2775	398	411	443	472	497	536	561	472	47.10	470	34.89	603	350	0.10	472	479	其他分布	479	475
Be	2998	1.68	1.79	2.07	2.33	2.50	2.66	2.75	2.28	0.32	2.26	1.64	3.14	1.43	0.14	2.33	2.40	其他分布	2.40	2.00
Bi	2886	0.23	0.27	0.34	0.40	0.46	0.53	0.57	0.40	0.10	0.39	1.86	0.66	0.15	0.25	0.40	0.42	其他分布	0.42	0.28
Br	2887	2.80	3.20	3.99	4.90	6.10	7.45	8.36	5.14	1.65	4.88	2.69	9.89	1.10	0.32	4.90	4.88	其他分布	4.88	2.20
Cd	58 969	0.09	0.10	0.13	0.17	0.21	0.25	0.27	0.17	0.05	0.16	2.91	0.32	0.02	0.32	0.17	0.16	剔除后对数分布	0.16	0.14
Ce	2845	63.3	65.8	70.0	73.7	77.5	81.6	85.0	73.7	6.10	73.5	11.92	90.5	58.0	0.08	73.7	74.0	其他分布	74.0	102
Cl	2875	47.23	51.4	59.5	70.8	87.1	106	117	74.9	20.91	72.1	11.99	136	32.65	0.28	70.8	64.0	剔除后对数分布	72.1	71.0
Co	57 951	8.97	9.83	11.50	13.70	15.40	16.70	17.50	13.42	2.68	13.13	4.52	21.38	5.42	0.20	13.70	14.80	其他分布	14.80	14.80
Cr	59 917	56.0	60.1	69.2	79.6	87.5	93.6	97.1	78.2	12.85	77.0	12.46	116	39.70	0.16	79.6	83.0	其他分布	83.0	82.0
Cu	58 925	16.40	19.30	24.80	30.00	34.90	40.00	43.30	29.86	7.89	28.72	7.36	51.8	8.97	0.26	30.00	35.00	其他分布	35.00	16.00
F	3002	363	415	474	552	616	679	717	548	104	537	38.18	832	260	0.19	552	453	偏峰分布	453	453
Ga	3019	11.62	12.46	14.27	16.00	17.50	18.84	19.50	15.86	2.38	15.67	4.94	22.09	9.46	0.15	16.00	16.00	其他分布	16.00	16.00
Ge	35 538	1.20	1.25	1.33	1.42	1.51	1.59	1.63	1.42	0.13	1.42	1.25	1.78	1.06	0.09	1.42	1.44	其他分布	1.44	1.44
Hg	57 252	0.046	0.060	0.100	0.160	0.240	0.330	0.391	0.180	0.105	0.150	3.133	0.514	0.004	0.582	0.160	0.150	其他分布	0.150	0.110
I	2805	1.10	1.20	1.60	2.00	2.60	3.30	3.70	2.13	0.78	1.99	1.74	4.50	0.30	0.37	2.00	1.80	其他分布	1.80	1.70
La	2966	32.23	33.73	36.00	39.00	42.00	45.02	47.00	39.14	4.47	38.88	8.27	51.00	27.00	0.11	39.00	39.00	其他分布	39.00	41.00
Li	3038	26.10	28.10	34.73	43.20	48.93	53.0	55.2	41.89	9.20	40.78	8.65	67.9	14.00	0.22	43.20	44.40	其他分布	44.40	25.00
Mn	59 589	290	336	420	522	651	779	850	542	169	515	36.81	1022	74.6	0.31	522	434	其他分布	434	440
Mo	59 050	0.33	0.37	0.47	0.59	0.73	0.87	0.96	0.61	0.19	0.58	1.53	1.17	0.07	0.31	0.59	0.58	其他分布	0.58	0.66
N	61 147	0.57	0.73	1.02	1.56	2.22	2.71	3.02	1.65	0.77	1.46	1.84	4.06	0.03	0.47	1.56	0.91	其他分布	0.91	1.28
Nb	2930	13.20	13.86	14.85	16.48	17.82	18.87	19.94	16.48	2.03	16.36	5.04	22.20	10.87	0.12	16.48	16.83	其他分布	16.83	16.83
Ni	60 692	20.70	22.90	27.39	33.30	37.80	41.10	43.00	32.53	7.13	31.66	7.53	53.9	10.81	0.22	33.30	35.00	其他分布	35.00	35.00
P	57 867	0.45	0.51	0.61	0.76	0.98	1.27	1.43	0.82	0.30	0.77	1.48	1.70	0.06	0.36	0.76	0.69	其他分布	0.69	0.60
Pb	58 786	18.37	21.00	25.90	30.60	35.00	40.10	43.50	30.61	7.24	29.71	7.51	50.6	11.80	0.24	30.60	30.00	其他分布	30.00	32.00

续表 4-43

元素/指标	N	$X_{5\%}$	$X_{10\%}$	$X_{25\%}$	$X_{50\%}$	$X_{75\%}$	$X_{90\%}$	$X_{95\%}$	$\bar{X}$	S	$\bar{X}_g$	S_g	X_{max}	X_{min}	CV	X_{me}	X_{mo}	分布类型	浙北平原区背景值	浙江省背景值
Rb	2998	78.0	83.0	99.0	114	124	133	139	111	18.43	110	15.17	161	62.0	0.17	114	117	其他分布	117	120
S	3039	161	182	228	299	376	458	516	315	135	294	26.76	3455	73.9	0.43	299	319	对数正态分布	294	248
Sb	2863	0.47	0.49	0.55	0.64	0.78	0.93	1.02	0.68	0.17	0.66	1.42	1.22	0.19	0.25	0.64	0.53	其他分布	0.53	0.53
Sc	3039	8.30	8.98	10.00	11.33	12.73	13.97	14.57	11.39	1.97	11.22	4.08	21.92	4.70	0.17	11.33	11.20	正态分布	11.39	8.70
Se	60 418	0.12	0.15	0.21	0.29	0.35	0.42	0.46	0.28	0.10	0.26	2.26	0.58	0.03	0.36	0.29	0.30	其他分布	0.30	0.21
Sn	2882	3.30	4.30	6.80	9.62	13.60	17.80	20.50	10.50	5.07	9.25	4.07	25.40	1.30	0.48	9.62	8.20	剔除后对数分布	9.25	3.60
Sr	2626	87.9	95.0	105	112	121	136	144	113	15.37	112	15.47	154	74.1	0.14	112	114	其他分布	114	105
Th	2969	10.20	10.82	11.80	13.00	14.35	15.67	16.41	13.12	1.88	12.99	4.40	18.40	7.89	0.14	13.00	12.80	剔除后正态分布	12.99	13.30
Ti	2948	3754	3885	4093	4318	4549	4773	4931	4324	348	4310	126	5256	3386	0.08	4318	4312	其他分布	4324	4665
Tl	3103	0.46	0.49	0.57	0.65	0.72	0.80	0.84	0.65	0.11	0.64	1.38	0.96	0.33	0.18	0.65	0.65	其他分布	0.65	0.70
U	2872	1.99	2.10	2.26	2.47	2.76	3.15	3.36	2.54	0.40	2.51	1.72	3.69	1.57	0.16	2.47	2.20	其他分布	2.20	2.90
V	58 143	67.0	71.1	84.0	98.2	108	115	119	95.8	16.64	94.2	14.04	145	46.27	0.17	98.2	106	其他分布	106	106
W	2902	1.28	1.41	1.63	1.82	2.02	2.26	2.41	1.83	0.32	1.80	1.46	2.69	1.01	0.17	1.82	1.82	其他分布	1.82	1.80
Y	2950	20.65	21.59	23.00	25.00	27.00	29.00	30.00	25.18	2.85	25.01	6.43	32.80	17.12	0.11	25.00	24.00	其他分布	24.00	25.00
Zn	58 789	59.5	66.0	78.2	91.0	102	114	123	90.6	18.52	88.6	13.76	141	41.60	0.20	91.0	101	其他分布	101	101
Zr	2909	213	220	233	250	277	308	328	258	33.70	256	24.55	353	175	0.13	250	243	其他分布	243	243
SiO_2	2951	64.7	65.5	66.9	68.5	70.6	72.5	73.9	68.8	2.75	68.8	11.49	76.4	61.4	0.04	68.5	68.3	剔除后对数分布	68.8	71.3
Al_2O_3	3028	10.43	10.98	12.51	13.82	14.60	15.20	15.56	13.47	1.56	13.37	4.48	17.66	9.40	0.12	13.82	13.97	其他分布	13.97	13.20
TFe_2O_3	3037	3.15	3.32	3.73	4.32	4.84	5.17	5.39	4.29	0.72	4.23	2.35	6.46	2.08	0.17	4.32	4.18	其他分布	4.18	3.74
MgO	2978	0.67	0.84	1.18	1.45	1.62	1.84	1.98	1.40	0.37	1.34	1.44	2.29	0.50	0.26	1.45	1.56	其他分布	1.56	0.50
CaO	2497	0.47	0.60	0.79	0.95	1.07	1.25	1.43	0.94	0.27	0.89	1.39	1.82	0.23	0.29	0.95	0.98	其他分布	0.98	0.24
Na_2O	2888	1.01	1.13	1.30	1.46	1.63	1.84	1.93	1.46	0.27	1.44	1.34	2.14	0.75	0.18	1.46	1.43	其他正态分布	1.43	0.19
K_2O	60 167	1.84	1.94	2.09	2.32	2.51	2.64	2.72	2.30	0.28	2.28	1.64	3.15	1.44	0.12	2.32	2.51	其他分布	2.51	2.35
TC	3039	1.00	1.11	1.32	1.65	2.05	2.42	2.71	1.72	0.54	1.64	1.51	4.64	0.52	0.31	1.65	1.53	对数正态分布	1.64	1.43
Corg	37 146	0.48	0.62	0.88	1.42	2.11	2.70	3.06	1.55	0.81	1.33	1.91	4.00	0.07	0.52	1.42	0.87	其他分布	0.87	1.31
pH	61 826	4.78	5.09	5.55	6.17	7.12	8.06	8.27	5.42	4.92	6.36	2.87	9.47	3.27	0.91	6.17	6.10	其他分布	6.10	5.10

注：Tl 原始样本数为 3219 件，Ge 为 36 027 件，Corg 为 37 420 件，Co、V 为 58 816 件，B 为 59 350 件，Mn 为 60 705 件，Mo 为 61 553 件，P 为 61 600 件，K_2O 为 61 706 件，Zn 为 61 802 件，As、Se 为 61 831 件，Cd、pH 为 61 832 件，Cu、Hg、Ni 为 61 833 件，N 为 61 599 件，其他元素/指标为 3039 件，Cr、Pb、其他元素/指标为 3039 件。

表 4-44 浙东南沿海岛屿与丘陵港湾平原区土壤元素背景值参数统计表

元素/指标	N	$X_{5\%}$	$X_{10\%}$	$X_{25\%}$	$X_{50\%}$	$X_{75\%}$	$X_{90\%}$	$X_{95\%}$	$\bar{X}$	S	$\bar{X}_g$	S_g	X_{max}	X_{min}	CV	X_{me}	X_{mo}	分布类型	浙东南沿海岛屿与丘陵港湾平原区背景值	浙江省背景值
Ag	2424	55.0	62.0	76.0	93.0	120	153	173	101	35.47	95.1	14.14	211	16.00	0.35	93.0	75.0	其他分布	75.0	100.0
As	34 914	2.67	3.26	4.53	6.50	9.74	12.30	13.60	7.26	3.44	6.43	3.21	17.78	0.22	0.47	6.50	10.20	其他分布	10.20	10.10
Au	2420	0.95	1.10	1.43	2.00	2.80	3.80	4.45	2.23	1.06	2.00	1.85	5.63	0.30	0.48	2.00	2.00	其他分布	2.00	1.50
B	35 243	13.31	17.00	27.40	50.8	66.1	75.2	80.9	47.94	22.37	41.44	9.39	124	1.70	0.47	50.8	24.00	其他分布	24.00	20.00
Ba	2521	398	448	495	558	660	761	823	581	128	567	39.03	939	229	0.22	558	500	其他分布	500	475
Be	2615	1.68	1.82	2.06	2.36	2.66	2.86	3.00	2.35	0.41	2.32	1.68	3.58	1.17	0.18	2.36	2.70	其他分布	2.70	2.00
Bi	2540	0.22	0.25	0.31	0.40	0.50	0.59	0.65	0.41	0.13	0.39	1.85	0.80	0.15	0.32	0.40	0.40	其他分布	0.40	0.28
Br	2511	2.65	3.10	4.10	5.60	7.50	9.50	10.91	6.03	2.49	5.53	2.94	13.40	0.25	0.41	5.60	5.00	剔除后对数分布	5.53	2.20
Cd	33 136	0.07	0.09	0.13	0.16	0.20	0.25	0.28	0.17	0.06	0.15	3.06	0.33	0.01	0.36	0.16	0.15	其他分布	0.15	0.14
Ce	2541	69.9	73.6	79.9	88.4	97.0	107	113	89.2	13.09	88.3	13.38	126	53.7	0.15	88.4	93.2	剔除后对数分布	88.3	102
Cl	2437	57.5	63.0	72.9	85.8	102	121	133	88.9	22.56	86.1	13.20	158	31.40	0.25	85.8	86.0	其他分布	86.1	71.0
Co	34 963	4.20	5.07	7.35	12.69	16.39	18.15	19.09	12.03	5.06	10.76	4.26	29.80	0.55	0.42	12.69	16.30	其他分布	16.30	14.80
Cr	34 934	17.00	21.38	32.50	69.0	89.3	98.6	104	62.8	31.05	53.2	10.86	174	2.72	0.49	69.0	101	其他分布	101	82.0
Cu	33 875	9.93	12.20	18.08	27.20	34.30	40.80	46.00	26.93	11.12	24.31	6.82	60.4	1.00	0.41	27.20	31.60	其他分布	31.60	16.00
F	2632	273	304	366	471	621	725	768	496	159	470	35.42	996	83.0	0.32	471	417	其他分布	417	453
Ga	2642	14.40	15.10	16.50	18.20	20.19	21.70	22.60	18.35	2.55	18.17	5.41	26.90	10.50	0.14	18.20	18.00	对数正态分布	18.17	16.00
Ge	34 561	1.13	1.20	1.31	1.44	1.54	1.64	1.70	1.43	0.17	1.42	1.26	1.90	0.95	0.12	1.44	1.49	其他分布	1.49	1.44
Hg	33 103	0.044	0.050	0.063	0.088	0.135	0.188	0.220	0.104	0.054	0.092	3.911	0.276	0.001	0.521	0.088	0.110	其他分布	0.110	0.110
I	2541	1.31	1.60	2.29	3.78	6.22	8.91	10.20	4.55	2.80	3.74	2.76	13.10	0.42	0.62	3.78	1.60	其他分布	1.60	1.70
La	2532	35.00	37.00	41.00	46.00	51.0	55.5	58.5	46.12	7.03	45.58	9.13	65.6	26.99	0.15	46.00	45.00	其他分布	45.00	41.00
Li	2642	18.72	20.00	24.00	32.00	49.00	58.0	61.0	36.11	14.28	33.39	7.85	72.0	13.00	0.40	32.00	25.00	其他分布	25.00	25.00
Mn	34 906	287	347	482	733	991	1185	1308	754	325	678	43.14	1770	61.0	0.43	733	471	其他分布	471	440
Mo	32 111	0.48	0.53	0.62	0.76	0.98	1.28	1.47	0.84	0.30	0.79	1.43	1.78	0.19	0.35	0.76	0.67	其他分布	0.67	0.66
N	34 607	0.70	0.83	1.07	1.44	1.92	2.40	2.68	1.53	0.60	1.41	1.64	3.27	0.07	0.39	1.44	1.13	其他分布	1.13	1.28
Nb	2532	17.20	17.70	18.60	20.11	22.90	25.70	27.57	21.02	3.20	20.79	5.80	30.90	12.42	0.15	20.11	20.00	其他分布	20.00	16.83
Ni	34 965	6.00	7.61	11.30	28.43	40.10	44.82	47.36	26.66	15.13	21.39	6.77	83.4	0.34	0.57	28.43	10.20	其他分布	10.20	35.00
P	33 755	0.28	0.37	0.54	0.73	0.98	1.24	1.41	0.78	0.33	0.70	1.69	1.75	0.01	0.43	0.73	0.82	其他分布	0.82	0.60
Pb	32 784	26.40	28.50	32.10	36.96	43.13	50.4	55.4	38.23	8.62	37.29	8.40	64.1	13.53	0.23	36.96	34.00	其他分布	34.00	32.00

第四章 土壤元素背景值

表 4-51 丽水-余姚结合带土壤元素背景值参数统计表

元素/指标	N	$X_{5\%}$	$X_{10\%}$	$X_{25\%}$	$X_{50\%}$	$X_{75\%}$	$X_{90\%}$	$X_{95\%}$	$\bar{X}$	S	$\bar{X}_g$	S_g	X_{max}	X_{min}	CV	X_{me}	X_{mo}	分布类型	丽水-余姚结合带背景值	浙江省背景值
Ag	941	52.0	60.0	70.0	84.0	103	125	141	88.7	26.33	84.9	13.26	170	30.00	0.30	84.0	80.0	其他分布	80.0	100.0
As	20 629	1.30	1.75	2.98	4.64	6.27	7.81	8.89	4.75	2.31	4.10	2.81	11.63	0.26	0.49	4.64	6.30	其他分布	6.30	10.10
Au	998	0.51	0.60	0.82	1.33	2.03	3.46	4.72	1.84	2.43	1.37	2.04	49.18	0.30	1.32	1.33	1.40	对数正态分布	1.37	1.50
B	21 135	7.61	9.49	14.05	22.89	41.64	67.1	74.3	30.39	21.19	23.77	7.68	86.3	1.60	0.70	22.89	14.80	其他分布	14.80	20.00
Ba	992	388	417	482	649	852	1035	1134	686	245	645	42.63	1402	190	0.36	649	458	偏峰分布	458	475
Be	983	1.64	1.70	1.90	2.11	2.32	2.50	2.60	2.12	0.30	2.10	1.57	2.97	1.30	0.14	2.11	2.20	剔除后正态分布	2.12	2.00
Bi	942	0.20	0.22	0.25	0.28	0.34	0.39	0.43	0.30	0.07	0.29	2.10	0.49	0.15	0.23	0.28	0.26	其他分布	0.26	0.28
Br	937	2.06	2.21	2.52	3.23	4.47	5.73	6.62	3.63	1.43	3.39	2.19	8.16	0.98	0.39	3.23	2.45	其他分布	2.45	2.20
Cd	20 564	0.06	0.08	0.11	0.15	0.19	0.23	0.26	0.15	0.06	0.14	3.26	0.32	0.01	0.38	0.15	0.14	其他分布	0.14	0.14
Ce	998	65.6	69.4	74.8	84.3	95.0	104	111	85.7	14.33	84.5	13.08	146	47.10	0.17	84.3	92.0	对数正态分布	84.5	102
Cl	957	44.17	48.34	57.2	67.4	80.2	92.0	99.7	69.3	16.82	67.2	11.32	119	30.36	0.24	67.4	71.3	剔除后对数分布	67.2	71.0
Co	19 958	2.61	3.14	4.42	6.67	10.45	13.09	14.84	7.62	4.01	6.60	3.47	21.55	0.56	0.53	6.67	10.50	其他分布	10.50	14.80
Cr	20 365	9.96	12.65	18.44	29.70	53.9	70.0	78.7	36.83	22.99	29.95	8.43	118	0.20	0.62	29.70	63.0	其他分布	63.0	82.0
Cu	20 136	6.31	7.54	10.65	16.20	23.15	30.28	34.92	17.73	8.90	15.55	5.60	45.97	1.00	0.50	16.20	21.00	其他分布	21.00	16.00
F	961	319	341	393	462	540	616	647	470	102	459	33.99	771	220	0.22	462	372	剔除后正态分布	470	453
Ga	998	12.56	13.30	15.00	16.75	18.20	19.80	20.81	16.68	2.60	16.48	5.11	29.27	10.30	0.16	16.75	17.10	正态分布	16.68	16.00
Ge	20 740	1.05	1.12	1.24	1.35	1.47	1.59	1.67	1.36	0.18	1.34	1.24	1.84	0.88	0.13	1.35	1.40	其他分布	1.40	1.44
Hg	19 459	0.034	0.039	0.050	0.067	0.091	0.121	0.143	0.074	0.033	0.068	4.569	0.180	0.003	0.442	0.067	0.060	其他分布	0.060	0.110
I	998	0.85	0.95	1.30	1.92	3.35	5.00	6.41	2.58	1.95	2.08	2.13	17.28	0.50	0.76	1.92	1.90	对数正态分布	2.08	1.70
La	998	35.00	36.68	39.83	43.68	48.00	51.2	53.7	44.14	6.44	43.70	8.94	93.4	25.22	0.15	43.68	39.00	对数正态分布	43.70	41.00
Li	998	22.04	23.70	27.10	32.00	37.40	42.90	47.10	32.96	8.40	32.01	7.35	96.4	15.78	0.25	32.00	27.10	其他分布	32.01	25.00
Mn	20 568	132	160	227	352	531	675	788	393	204	340	30.29	1039	40.43	0.52	352	201	其他分布	201	440
Mo	19 875	0.38	0.44	0.57	0.74	0.98	1.27	1.47	0.80	0.32	0.74	1.54	1.80	0.18	0.40	0.74	0.64	其他分布	0.64	0.66
N	20 914	0.61	0.76	1.03	1.37	1.79	2.24	2.50	1.44	0.57	1.32	1.65	3.04	0.06	0.39	1.37	1.50	其他分布	1.50	1.28
Nb	893	14.85	16.38	19.00	20.91	23.20	25.70	27.73	21.12	3.63	20.80	5.95	31.37	12.40	0.17	20.91	16.83	其他分布	16.83	16.83
Ni	20 206	3.75	4.55	6.40	10.05	20.71	29.00	32.93	13.90	9.79	10.90	4.99	49.23	0.58	0.70	10.05	25.00	其他分布	25.00	35.00
P	20 148	0.20	0.27	0.40	0.57	0.81	1.11	1.29	0.63	0.32	0.55	1.92	1.60	0.01	0.51	0.57	0.60	其他分布	0.60	0.60
Pb	19 943	20.40	23.73	29.35	34.14	39.12	44.59	48.26	34.29	8.01	33.30	7.81	57.0	13.40	0.23	34.14	20.00	其他分布	20.00	32.00

续表 4-51

元素/指标	N	$X_{5\%}$	$X_{10\%}$	$X_{25\%}$	$X_{50\%}$	$X_{75\%}$	$X_{90\%}$	$X_{95\%}$	$\overline{X}$	S	$\overline{X}_g$	S_g	X_{max}	X_{min}	CV	X_{me}	X_{mo}	分布类型	丽水-余姚结合带背景值	浙江省背景值
Rb	998	83.0	90.0	106	126	145	157	163	125	25.93	122	16.09	193	46.09	0.21	126	93.0	其他分布	93.0	120
S	956	146	163	195	242	309	379	423	258	84.1	245	25.05	509	68.2	0.33	242	231	剔除后对数分布	245	248
Sb	998	0.40	0.43	0.50	0.59	0.74	0.92	1.07	0.65	0.22	0.62	1.48	2.41	0.32	0.35	0.59	0.53	对数正态分布	0.62	0.53
Sc	998	5.69	6.08	7.02	8.27	10.10	11.80	14.24	8.81	2.67	8.47	3.54	22.92	4.31	0.30	8.27	7.60	对数正态分布	8.47	8.70
Se	20 543	0.11	0.13	0.16	0.21	0.27	0.34	0.39	0.22	0.08	0.21	2.55	0.46	0.03	0.36	0.21	0.18	其他分布	0.18	0.21
Sn	905	2.52	2.79	3.33	4.11	5.60	8.23	9.67	4.79	2.13	4.39	2.60	11.50	0.60	0.45	4.11	3.20	其他分布	3.20	3.60
Sr	971	47.02	53.0	69.4	94.0	128	159	177	101	40.62	93.2	13.75	223	29.30	0.40	94.0	113	剔除后正态分布	93.2	105
Th	998	11.10	11.70	13.30	15.28	16.86	18.40	19.60	15.17	2.66	14.93	4.84	24.15	6.40	0.18	15.28	14.90	偏峰分布	15.17	13.30
Ti	865	3181	3412	3876	4283	4685	5179	5551	4309	702	4252	125	6512	2472	0.16	4283	4307	其他分布	4307	4665
Tl	3527	0.45	0.50	0.58	0.73	0.89	1.01	1.10	0.74	0.20	0.72	1.41	1.33	0.15	0.27	0.73	0.70	正态分布	0.70	0.70
U	998	2.21	2.39	2.81	3.19	3.54	3.90	4.16	3.19	0.62	3.13	2.01	6.76	1.54	0.19	3.19	2.91	其他分布	3.19	2.90
V	20 155	23.40	28.42	39.13	54.8	74.4	90.4	101	57.8	24.18	52.6	10.57	136	4.64	0.42	54.8	48.40	其他分布	48.40	106
W	957	1.36	1.45	1.62	1.81	2.08	2.36	2.50	1.86	0.35	1.83	1.49	2.87	1.01	0.19	1.81	1.73	偏峰分布	1.73	1.80
Y	998	19.19	20.10	21.70	23.71	26.44	29.77	32.43	24.59	4.72	24.21	6.36	65.9	15.58	0.19	23.71	24.00	对数正态分布	24.21	25.00
Zn	20 353	48.46	53.2	62.5	74.6	90.0	106	116	77.4	20.45	74.7	12.41	138	20.47	0.26	74.6	73.0	偏峰分布	73.0	101
Zr	968	251	260	286	322	354	387	414	324	49.69	320	28.43	465	188	0.15	322	288	剔除后正态分布	324	243
SiO$_2$	998	62.3	65.2	68.6	71.7	75.0	78.3	79.8	71.6	5.24	71.4	11.79	84.7	51.0	0.07	71.7	72.0	正态分布	71.6	71.3
Al$_2$O$_3$	998	10.33	10.95	11.96	13.14	14.39	15.47	16.27	13.20	1.77	13.08	4.43	19.79	8.52	0.13	13.14	13.34	正态分布	13.20	13.20
TFe$_2$O$_3$	899	2.44	2.64	2.96	3.51	3.97	4.45	4.96	3.54	0.76	3.46	2.09	5.91	1.39	0.22	3.51	3.74	剔除后正态分布	3.54	3.74
MgO	904	0.38	0.42	0.50	0.62	0.81	1.10	1.27	0.69	0.26	0.64	1.55	1.51	0.22	0.38	0.62	0.57	其他分布	0.57	0.50
CaO	903	0.17	0.20	0.26	0.36	0.54	0.80	0.93	0.43	0.24	0.38	2.18	1.24	0.09	0.54	0.36	0.24	剔除后对数分布	0.38	0.24
Na$_2$O	997	0.38	0.46	0.65	0.90	1.28	1.63	1.75	0.98	0.43	0.88	1.63	2.13	0.14	0.44	0.90	0.68	其他分布	0.68	0.19
K$_2$O	21 236	1.06	1.32	1.98	2.40	3.06	3.58	3.88	2.47	0.84	2.31	1.84	4.71	0.35	0.34	2.40	2.36	偏峰分布	2.36	2.35
TC	998	0.88	0.99	1.17	1.43	1.74	2.10	2.34	1.49	0.45	1.43	1.46	3.26	0.43	0.30	1.43	1.30	对数正态分布	1.43	1.43
Corg	20 320	0.57	0.72	1.00	1.37	1.80	2.26	2.58	1.44	0.59	1.30	1.67	3.08	0.03	0.41	1.37	1.31	其他分布	1.31	1.31
pH	19 337	4.34	4.52	4.78	5.07	5.40	5.78	6.02	4.85	4.73	5.11	2.58	6.71	3.67	0.97	5.07	5.02	其他分布	5.02	5.10

注：Tl 原始样本数为 3578 件，Corg 为 20 909 件，Mo 为 21 421 件，Ge、Mn、P、V、K$_2$O 为 21 425 件，B、Co 为 21 426 件，As、Cd、Cr、Cu、Hg、N、Ni、Pb、Se、Zn、pH 为 21 435 件/指标为其他元素 998 件。

第四章 土壤元素背景值

表 4-52 温州-舟山陆缘弧土壤元素背景值参数统计表

元素/指标	N	$X_{5\%}$	$X_{10\%}$	$X_{25\%}$	$X_{50\%}$	$X_{75\%}$	$X_{90\%}$	$X_{95\%}$	$\overline{X}$	S	$\overline{X}_g$	S_g	X_{max}	X_{min}	CV	X_{me}	X_{mo}	分布类型	温州-舟山陆缘弧背景值	浙江省背景值
Ag	7429	54.0	61.0	74.0	91.0	119	150	170	98.7	34.73	93.0	14.03	206	8.00	0.35	91.0	110	其他分布	110	100.0
As	86 236	1.83	2.30	3.38	5.12	7.48	10.20	11.74	5.70	2.99	4.92	3.02	14.30	0.13	0.52	5.12	10.20	其他分布	10.20	10.10
Au	7305	0.59	0.69	0.92	1.38	2.10	3.10	3.70	1.64	0.94	1.40	1.80	4.78	0.06	0.58	1.38	1.50	其他分布	1.50	1.50
B	88 644	9.74	12.60	18.39	29.92	56.6	70.8	77.1	37.19	22.64	30.08	8.55	114	1.04	0.61	29.92	20.00	其他分布	20.00	20.00
Ba	7671	315	385	486	580	710	835	911	597	175	570	38.85	1088	132	0.29	580	500	其他分布	500	475
Be	7808	1.63	1.74	1.95	2.21	2.51	2.77	2.92	2.24	0.40	2.20	1.63	3.42	1.09	0.18	2.21	2.30	其他分布	2.30	2.00
Bi	7562	0.20	0.22	0.27	0.35	0.46	0.57	0.63	0.38	0.14	0.35	1.96	0.80	0.13	0.36	0.35	0.28	其他分布	0.28	0.28
Br	7567	2.10	2.40	3.30	5.00	7.10	9.50	10.99	5.50	2.73	4.86	2.87	13.87	0.25	0.50	5.00	3.30	偏峰分布	3.30	2.20
Cd	83 993	0.06	0.08	0.11	0.15	0.19	0.24	0.27	0.16	0.06	0.14	3.22	0.33	0.01	0.39	0.15	0.14	其他分布	0.14	0.14
Ce	7698	66.5	71.1	78.6	88.9	100.0	112	120	90.2	16.00	88.8	13.60	136	46.40	0.18	88.9	102	剔除后对数分布	88.8	102
Cl	7648	39.20	42.90	54.4	71.0	90.0	109	123	74.0	25.37	69.8	11.61	149	24.80	0.34	71.0	86.0	其他分布	86.0	71.0
Co	86 433	2.90	3.54	5.09	8.40	13.73	17.05	18.42	9.55	5.22	8.08	3.94	27.67	0.01	0.55	8.40	16.40	其他分布	16.40	14.80
Cr	87 071	12.00	14.90	21.50	35.86	75.7	92.1	99.3	47.45	30.93	37.52	9.62	161	0.30	0.65	35.86	17.00	其他分布	17.00	82.0
Cu	85 612	7.19	8.78	12.24	19.43	30.57	38.20	43.57	22.01	11.78	18.86	6.28	60.6	0.14	0.54	19.43	11.80	其他分布	11.80	16.00
F	7995	274	306	366	451	568	690	768	485	200	457	34.50	6807	83.0	0.41	451	465	对数正态分布	457	453
Ga	7838	14.10	14.90	16.40	18.00	19.86	21.46	22.40	18.12	2.53	17.94	5.38	25.30	11.10	0.14	18.00	18.20	剔除后对数分布	17.94	16.00
Ge	83 114	1.12	1.19	1.30	1.41	1.53	1.63	1.70	1.41	0.17	1.40	1.26	1.88	0.94	0.12	1.41	1.42	其他分布	1.42	1.44
Hg	80 147	0.036	0.042	0.056	0.076	0.111	0.162	0.195	0.090	0.048	0.079	4.247	0.248	0.001	0.534	0.076	0.110	其他分布	0.110	0.110
I	7617	0.82	1.05	1.71	3.18	5.85	8.91	10.46	4.13	3.04	3.10	2.84	13.40	0.22	0.74	3.18	1.60	其他分布	1.60	1.70
La	7702	33.80	36.28	40.90	45.80	51.3	57.0	60.9	46.25	8.02	45.55	9.23	68.5	24.68	0.17	45.80	45.00	其他分布	45.00	41.00
Li	7774	18.00	19.63	23.00	28.00	36.10	48.00	53.0	30.72	10.55	29.09	7.07	59.1	11.67	0.34	28.00	25.00	其他分布	25.00	25.00
Mn	87 170	198	242	343	524	807	1067	1201	597	316	515	38.47	1549	32.32	0.53	524	337	其他分布	337	440
Mo	81 430	0.44	0.50	0.62	0.79	1.06	1.41	1.63	0.88	0.36	0.81	1.50	2.00	0.08	0.41	0.79	0.64	其他分布	0.64	0.66
N	85 482	0.65	0.79	1.03	1.36	1.80	2.30	2.59	1.45	0.58	1.34	1.63	3.12	0.03	0.40	1.36	1.13	其他分布	1.13	1.28
Nb	7682	16.78	17.60	19.00	21.52	24.70	28.20	30.50	22.20	4.19	21.82	6.03	34.30	10.10	0.19	21.52	19.80	其他分布	19.80	16.83
Ni	86 790	4.63	5.64	8.12	13.30	31.34	41.10	44.65	19.39	13.90	14.75	5.94	69.0	0.05	0.72	13.30	31.00	其他分布	31.00	35.00
P	84 791	0.22	0.29	0.45	0.65	0.91	1.19	1.37	0.70	0.34	0.61	1.84	1.72	0.01	0.49	0.65	0.66	其他分布	0.66	0.60
Pb	82 337	23.30	26.05	30.56	35.86	42.84	51.0	56.4	37.24	9.76	35.99	8.28	66.2	9.85	0.26	35.86	34.00	其他分布	34.00	32.00

续表 4-52

元素/指标	N	$X_{5\%}$	$X_{10\%}$	$X_{25\%}$	$X_{50\%}$	$X_{75\%}$	$X_{90\%}$	$X_{95\%}$	$\overline{X}$	S	$\overline{X}_g$	S_g	X_{max}	X_{min}	CV	X_{me}	X_{mo}	分布类型	温州-舟山陆缘弧背景值	浙江省背景值
Rb	7725	95.0	102	114	127	139	150	157	127	18.51	125	16.28	179	75.2	0.15	127	122	其他分布	122	120
S	7742	134	148	180	244	324	405	458	260	101	241	23.74	559	0.19	0.39	244	155	其他分布	155	248
Sb	7699	0.36	0.40	0.48	0.58	0.69	0.82	0.90	0.59	0.16	0.57	1.53	1.05	0.17	0.27	0.58	0.53	其他分布	0.53	0.53
Sc	7901	5.40	6.00	7.20	8.84	11.01	13.18	14.20	9.23	2.68	8.85	3.66	17.00	3.33	0.29	8.84	7.20	其他分布	7.20	8.70
Se	83 981	0.13	0.15	0.19	0.26	0.34	0.44	0.50	0.28	0.11	0.26	2.33	0.61	0.01	0.40	0.26	0.16	其他分布	0.16	0.21
Sn	7263	2.43	2.65	3.12	3.81	5.04	6.88	7.90	4.30	1.66	4.02	2.44	9.70	0.60	0.39	3.81	3.50	其他分布	3.50	3.60
Sr	7806	29.61	37.00	52.3	79.4	107	127	144	81.7	35.74	73.3	12.06	193	13.70	0.44	79.4	105	其他分布	105	105
Th	7624	10.70	11.60	13.00	14.50	16.10	17.70	18.71	14.58	2.40	14.38	4.74	21.28	8.07	0.16	14.50	14.50	偏峰分布	14.50	13.30
Ti	7692	2874	3173	3674	4266	4878	5303	5615	4270	849	4182	124	6829	1847	0.20	4266	4787	其他分布	4787	4665
Tl	19 516	0.58	0.64	0.73	0.83	0.94	1.06	1.14	0.84	0.16	0.82	1.25	1.29	0.41	0.19	0.83	0.86	其他分布	0.86	0.70
U	7676	2.37	2.54	2.82	3.20	3.56	3.93	4.18	3.21	0.54	3.16	2.01	4.73	1.70	0.17	3.20	2.90	其他分布	2.90	2.90
V	86 919	26.74	32.60	44.70	68.2	101	116	124	72.9	33.45	64.8	11.97	190	0.07	0.46	68.2	109	其他分布	109	106
W	7562	1.42	1.54	1.74	1.99	2.33	2.73	2.97	2.06	0.46	2.01	1.60	3.42	0.86	0.22	1.99	1.80	其他分布	1.80	1.80
Y	7905	19.00	20.30	22.87	25.80	29.00	31.17	33.00	25.85	4.31	25.48	6.55	38.10	13.80	0.17	25.80	29.00	其他分布	29.00	25.00
Zn	85 494	50.5	57.4	71.2	90.6	110	128	141	92.0	27.49	87.8	13.85	174	11.99	0.30	90.6	102	其他分布	102	101
Zr	7757	199	213	257	305	349	395	424	306	67.1	298	27.14	498	132	0.22	305	310	其他分布	310	243
SiO_2	7884	62.3	64.2	67.4	70.8	73.7	76.1	77.6	70.5	4.59	70.3	11.64	83.2	57.8	0.07	70.8	71.2	偏峰分布	71.2	71.3
Al_2O_3	7893	11.02	11.71	12.81	14.11	15.30	16.43	17.18	14.08	1.84	13.96	4.63	19.11	9.07	0.13	14.11	14.40	剔除后正态分布	14.08	13.20
TFe_2O_3	7811	2.22	2.46	2.91	3.58	4.53	5.50	5.97	3.78	1.15	3.62	2.24	7.12	1.09	0.30	3.58	3.15	其他分布	3.15	3.74
MgO	7327	0.33	0.36	0.44	0.57	0.79	1.15	1.34	0.66	0.30	0.60	1.68	1.59	0.19	0.46	0.57	0.47	其他分布	0.47	0.50
CaO	7421	0.13	0.15	0.20	0.31	0.55	0.79	0.94	0.40	0.26	0.33	2.48	1.26	0.05	0.64	0.31	0.24	其他分布	0.24	0.24
Na_2O	7920	0.17	0.24	0.44	0.77	1.09	1.35	1.51	0.79	0.42	0.66	2.09	2.07	0.06	0.53	0.77	0.14	其他分布	0.14	0.19
K_2O	83 941	1.67	1.95	2.35	2.70	3.03	3.41	3.66	2.69	0.56	2.63	1.81	4.12	1.24	0.21	2.70	2.82	其他分布	2.82	2.35
TC	7663	0.95	1.07	1.28	1.56	1.90	2.28	2.54	1.62	0.47	1.55	1.48	2.96	0.36	0.29	1.56	1.42	偏峰分布	1.42	1.43
Corg	80 695	0.63	0.76	1.03	1.39	1.83	2.31	2.61	1.47	0.60	1.34	1.65	3.18	0.02	0.41	1.39	1.37	其他分布	1.37	1.31
pH	77 777	4.36	4.51	4.77	5.07	5.45	6.03	6.48	4.87	4.77	5.18	2.60	7.22	3.44	0.98	5.07	5.10	其他分布	5.10	5.10

注：Ti 原始样本数为 20 590 件，Corg 为 83 530 件，Ge 为 85 133 件，Cr 为 88 725 件，Cd、Se 为 88 728 件，As、pH 为 88 727 件，B、Co、Mn、Mo、N、P、V、K_2O 为 88 729 件，Cu、Hg、Ni、Pb、Zn 为 88 730 件，其他元素/指标为 7995 件。

以上,其中pH变异系数在0.80以上,空间变异性较大。

与浙江省土壤元素背景值相比,温州-舟山陆缘弧土壤元素背景值中Cr背景值明显低于浙江省背景值,为浙江省背景值的21%;而S、Na$_2$O、Cu、Se、Mn背景值略低于浙江省背景值,为浙江省背景值的60%~80%;K$_2$O、Cl、Tl、Zr背景值略高于浙江省背景值,为浙江省背景值的1.2~1.4倍;Br背景值明显高于浙江省背景值,是浙江省背景值的1.50倍;其他元素/指标背景值则与浙江省背景值基本接近。

五、武夷地块土壤元素背景值

武夷地块土壤元素背景值数据经正态分布检验,结果表明,原始数据中Ce、Ga、La、Rb、S、Zr、SiO$_2$、Al$_2$O$_3$、K$_2$O符合正态分布,Be、Cl、Nb、Sc、Sn、Th、U、W、TFe$_2$O$_3$、Na$_2$O符合对数正态分布,Ba、Li、Ti、Y剔除异常值后符合正态分布,Ag、Au、Bi、Cu、F、N、Sb、Sr、Zn、MgO、CaO、TC剔除异常值后符合对数正态分布,其他元素/指标不符合正态分布或对数正态分布(表4-53)。

表层土壤总体呈酸性,土壤pH背景值为4.96,极大值为6.26,极小值为3.79,基本接近于浙江省背景值。

在表层土壤各元素/指标中,绝大多数元素/指标变异系数在0.40以下,分布相对均匀;Cu、CaO、Ni、Co、Sr、Au、As、Cr、P、B、Br、Mn、Na$_2$O、Sn、I、pH共16项元素/指标变异系数在0.40以上,其中pH变异系数在0.80以上,空间变异性较大。

与浙江省土壤元素背景值相比,武夷地块土壤元素背景值中Ni、Cr、As、V、Mn背景值明显低于浙江省背景值,在浙江省背景值的60%以下;而Au、P、Sr、Co、Zn、Ag、I背景值略低于浙江省背景值,为浙江省背景值的60%~80%;Nb、Li背景值略高于浙江省背景值,为浙江省背景值的1.2~1.4倍;Zr、Sn、Ba、Na$_2$O背景值明显高于浙江省背景值,是浙江省背景值的1.4倍以上,其中Na$_2$O明显相对富集,背景值是浙江省背景值的3.00倍;其他元素/指标背景值则与浙江省背景值基本接近。

六、浙北周缘前陆盆地土壤元素背景值

浙北周缘前陆盆地土壤元素背景值数据经正态分布检验,结果表明,原始数据中La、Sc符合对数正态分布,Br、Cl、Th、SiO$_2$、TC剔除异常值后符合对数正态分布,其他元素/指标不符合正态分布或对数正态分布(表4-54)。

表层土壤总体呈酸性,土壤pH背景值为5.70,极大值为8.81,极小值为3.34,基本接近于浙江省背景值。

在表层土壤各元素/指标中,绝大多数元素/指标变异系数在0.40以下,分布相对均匀;N、Corg、Sn、Na$_2$O、Au、Hg、CaO、I、pH共9项元素/指标变异系数在0.40以上,其中pH变异系数在0.80以上,空间变异性较大。

与浙江省土壤元素背景值相比,浙北周缘前陆盆地土壤元素背景值中Corg、Ce、N背景值略低于浙江省背景值,为浙江省背景值的60%~80%;而Be、TFe$_2$O$_3$、Hg、Se背景值略高于浙江省背景值,为浙江省背景值的1.2~1.4倍;Bi、Au、Li、Cu、Br、Sn、MgO、B、CaO、Na$_2$O背景值明显高于浙江省背景值,在浙江省背景值的1.4倍以上,其中Cu、Br、Sn、MgO、B、CaO、Na$_2$O明显相对富集,背景值是浙江省背景值的2.0倍以上,Na$_2$O背景值最高,是浙江省背景值的7.53倍;其他元素/指标背景值则与浙江省背景值基本接近。

七、浙西被动陆缘盆地土壤元素背景值

浙西被动陆缘盆地土壤元素背景值数据经正态分布检验,结果表明,原始数据中Ga、MgO符合对数正态分布,SiO$_2$、TFe$_2$O$_3$剔除异常值后符合正态分布,Li、Rb、Sc、Th、Al$_2$O$_3$、TC剔除异常值后符合对数正态分布,其他元素/指标不符合正态分布或对数正态分布(表4-55)。

表层土壤总体呈酸性,土壤pH背景值为5.08,极大值为7.37,极小值为3.43,基本接近于浙江省背景值。

表 4-53 武夷地块土壤元素背景值参数统计表

元素/指标	N	$X_{5\%}$	$X_{10\%}$	$X_{25\%}$	$X_{50\%}$	$X_{75\%}$	$X_{90\%}$	$X_{95\%}$	$\bar{X}$	S	$\bar{X}_g$	S_g	X_{max}	X_{min}	CV	X_{me}	X_{mo}	分布类型	武夷地块背景值	浙江省背景值
Ag	496	44.00	50.00	60.0	70.0	90.0	106	120	74.6	21.98	71.4	11.96	138	30.00	0.29	70.0	60.0	剔除后对数分布	71.4	100.0
As	9554	1.55	1.94	2.82	4.12	5.64	7.34	8.41	4.40	2.06	3.90	2.59	10.51	0.37	0.47	4.12	3.81	其他分布	3.81	10.10
Au	490	0.47	0.55	0.66	0.85	1.25	1.63	1.98	1.00	0.46	0.91	1.56	2.44	0.22	0.46	0.85	0.76	剔除后对数分布	0.91	1.50
B	9803	6.80	8.79	12.98	19.40	28.14	36.80	42.19	21.28	10.76	18.48	6.11	52.8	1.60	0.51	19.40	17.00	剔除后正态分布	17.00	20.00
Ba	521	343	401	533	693	888	1079	1199	720	254	673	42.84	1419	116	0.35	693	759	其他分布	720	475
Be	530	1.50	1.60	1.79	2.04	2.38	2.74	3.02	2.14	0.57	2.08	1.65	6.90	1.25	0.27	2.04	1.70	对数正态分布	2.08	2.00
Bi	501	0.17	0.19	0.22	0.27	0.33	0.40	0.44	0.28	0.08	0.27	2.18	0.50	0.11	0.29	0.27	0.24	剔除后对数分布	0.27	0.28
Br	499	1.78	1.91	2.23	2.83	4.58	6.94	8.06	3.66	1.99	3.23	2.40	9.88	1.31	0.54	2.83	2.28	其他分布	2.28	2.20
Cd	9584	0.06	0.07	0.11	0.15	0.20	0.24	0.27	0.16	0.06	0.14	3.28	0.34	0.01	0.40	0.15	0.12	其他分布	0.12	0.14
Ce	530	61.4	64.9	73.4	83.9	94.8	108	116	85.1	16.92	83.5	13.17	151	43.86	0.20	83.9	101	正态分布	85.1	102
Cl	530	42.99	46.19	53.7	62.6	74.3	89.1	102	66.9	22.63	64.2	10.95	284	35.30	0.34	62.6	71.0	对数正态分布	64.2	71.0
Co	9265	2.70	3.17	4.18	5.62	7.65	10.50	12.20	6.24	2.84	5.65	2.97	15.10	0.38	0.45	5.62	10.30	其他分布	10.30	14.80
Cr	9311	11.49	13.80	18.20	25.00	34.70	46.80	55.0	27.75	12.96	24.93	6.88	67.8	2.70	0.47	25.00	19.80	其他分布	19.80	82.0
Cu	9507	6.50	7.71	10.50	14.20	18.66	23.90	27.38	15.08	6.19	13.81	4.93	33.40	1.78	0.41	14.20	13.90	剔除后对数分布	13.81	16.00
F	492	299	327	388	481	620	785	893	520	180	492	37.33	1083	221	0.35	481	327	正态分布	492	453
Ga	530	12.24	13.21	14.61	16.95	18.90	20.41	21.70	16.82	2.98	16.55	5.23	28.80	9.78	0.18	16.95	18.90	剔除后正态分布	16.82	16.00
Ge	9658	1.11	1.18	1.30	1.42	1.53	1.64	1.72	1.42	0.18	1.41	1.27	1.90	0.94	0.12	1.42	1.46	其他分布	1.46	1.44
Hg	9451	0.034	0.040	0.049	0.064	0.084	0.106	0.120	0.069	0.026	0.064	4.697	0.149	0.005	0.380	0.064	0.100	其他分布	0.100	0.110
I	497	0.76	0.86	1.08	1.73	3.35	5.22	6.56	2.47	1.84	1.93	2.30	8.33	0.43	0.75	1.73	1.28	其他分布	1.28	1.70
La	530	31.94	34.11	38.50	43.52	48.80	52.9	58.1	43.80	8.01	43.05	8.87	73.4	12.16	0.18	43.52	43.20	正态分布	43.80	41.00
Li	512	24.10	25.80	29.88	34.34	38.20	41.76	43.83	34.13	6.04	33.58	7.54	51.0	20.29	0.18	34.34	31.40	剔除后正态分布	34.13	25.00
Mn	9484	116	140	194	291	440	621	726	338	187	290	27.53	902	30.10	0.55	291	221	其他分布	221	440
Mo	9369	0.46	0.52	0.63	0.77	0.96	1.19	1.32	0.81	0.26	0.77	1.41	1.59	0.13	0.31	0.77	0.72	剔除后对数分布	0.72	0.66
N	9906	0.65	0.81	1.07	1.36	1.67	1.98	2.16	1.38	0.45	1.30	1.52	2.60	0.17	0.32	1.36	1.16	其他分布	1.30	1.28
Nb	530	16.14	17.65	19.53	22.05	24.70	27.91	30.41	22.56	4.80	22.09	6.19	49.20	10.60	0.21	22.05	23.60	对数正态分布	22.09	16.83
Ni	8940	3.90	4.69	6.05	7.79	10.30	14.20	17.00	8.64	3.82	7.88	3.61	21.30	0.75	0.44	7.79	6.70	其他分布	6.70	35.00
P	9507	0.18	0.24	0.36	0.51	0.71	0.96	1.10	0.56	0.27	0.49	1.93	1.36	0.03	0.49	0.51	0.38	其他分布	0.38	0.60
Pb	9162	23.00	25.40	29.10	33.40	38.20	44.10	48.10	34.07	7.43	33.26	7.77	56.2	13.50	0.22	33.40	32.40	其他分布	32.40	32.00

续表 4-53

元素/指标	N	$X_{5\%}$	$X_{10\%}$	$X_{25\%}$	$X_{50\%}$	$X_{75\%}$	$X_{90\%}$	$X_{95\%}$	$\bar{X}$	S	$\bar{X}_g$	S_g	X_{max}	X_{min}	CV	X_{me}	X_{mo}	分布类型	武夷地块背景值	浙江省背景值
Rb	530	79.7	87.4	108	137	158	176	191	134	35.54	130	17.19	254	44.17	0.26	137	150	正态分布	134	120
S	530	151	176	219	272	322	372	423	275	83.8	262	25.86	831	62.4	0.31	272	273	正态分布	275	248
Sb	497	0.38	0.40	0.46	0.54	0.61	0.70	0.77	0.54	0.12	0.53	1.54	0.88	0.28	0.22	0.54	0.40	剔除后对数正态分布	0.53	0.53
Sc	530	5.58	5.95	6.73	7.80	9.40	11.27	13.00	8.33	2.45	8.03	3.46	22.30	3.08	0.29	7.80	7.40	对数正态分布	8.03	8.70
Se	9582	0.12	0.14	0.16	0.20	0.25	0.32	0.35	0.21	0.07	0.20	2.59	0.42	0.02	0.33	0.20	0.20	其他分布	0.20	0.21
Sn	530	2.60	2.90	3.69	5.03	7.19	10.85	13.68	6.29	4.67	5.38	2.96	59.2	2.00	0.74	5.03	4.60	对数正态分布	5.38	3.60
Sr	506	33.12	39.50	49.22	69.7	95.5	121	139	75.6	33.74	68.6	11.39	176	19.60	0.45	69.7	51.0	剔除后对数正态分布	68.6	105
Th	530	9.80	11.22	13.10	15.50	19.10	22.50	24.75	16.31	4.64	15.67	5.16	35.30	5.70	0.28	15.50	13.80	剔除后正态分布	15.67	13.30
Ti	489	2805	3095	3548	4083	4703	5389	5886	4179	951	4072	122	6999	1625	0.23	4083	3959	正态分布	4179	4665
Tl	5972	0.43	0.48	0.58	0.70	0.83	0.97	1.04	0.71	0.19	0.68	1.43	1.22	0.19	0.26	0.70	0.65	其他分布	0.65	0.70
U	530	2.30	2.50	2.80	3.12	3.60	4.13	4.38	3.23	0.70	3.16	2.04	7.91	1.60	0.22	3.12	2.60	对数正态分布	3.16	2.90
V	9219	22.70	27.55	36.60	47.90	61.0	76.8	88.4	50.3	19.46	46.55	9.52	111	7.32	0.39	47.90	51.0	其他分布	51.0	106
W	530	1.31	1.41	1.60	1.88	2.28	2.73	3.12	2.03	0.70	1.94	1.63	8.83	0.98	0.34	1.88	1.90	对数正态分布	1.94	1.80
Y	498	19.18	20.28	22.46	24.59	26.80	30.03	32.50	24.83	3.69	24.57	6.39	35.07	17.30	0.15	24.59	25.60	剔除后正态分布	24.83	25.00
Zn	9489	45.50	50.2	59.6	72.2	87.3	104	116	74.9	20.88	72.1	12.05	137	21.00	0.28	72.2	101	剔除后对数正态分布	72.1	101
Zr	530	236	258	300	346	385	426	456	345	71.3	338	28.53	779	165	0.21	346	349	正态分布	345	243
SiO_2	530	64.8	66.4	69.6	73.2	77.0	79.7	81.3	73.1	5.31	72.9	11.82	86.0	50.8	0.07	73.2	68.5	正态分布	73.1	71.3
Al_2O_3	530	9.79	10.33	11.36	13.05	14.52	15.83	16.72	13.04	2.20	12.86	4.50	20.80	7.75	0.17	13.05	13.20	正态分布	13.04	13.20
TFe_2O_3	530	2.32	2.56	2.88	3.46	4.32	5.80	6.86	3.86	1.51	3.64	2.29	14.12	1.73	0.39	3.46	2.93	对数正态分布	3.64	3.74
MgO	494	0.36	0.39	0.45	0.53	0.69	0.84	0.95	0.58	0.18	0.56	1.56	1.10	0.22	0.30	0.53	0.50	剔除后对数正态分布	0.56	0.50
CaO	473	0.15	0.17	0.21	0.27	0.37	0.47	0.54	0.30	0.13	0.28	2.39	0.71	0.07	0.42	0.27	0.23	剔除后对数正态分布	0.28	0.24
Na_2O	530	0.21	0.27	0.38	0.58	0.90	1.20	1.44	0.67	0.38	0.57	2.03	1.97	0.12	0.56	0.58	0.37	对数正态分布	0.57	0.19
K_2O	10064	1.40	1.66	2.19	2.76	3.33	3.83	4.19	2.77	0.85	2.63	1.91	6.46	0.13	0.31	2.76	2.54	正态分布	2.77	2.35
TC	499	0.95	1.05	1.27	1.51	1.81	2.24	2.50	1.58	0.45	1.52	1.48	2.87	0.69	0.28	1.51	1.30	剔除后对数正态分布	1.52	1.43
Corg	9750	0.67	0.82	1.07	1.33	1.63	1.92	2.09	1.35	0.42	1.28	1.49	2.52	0.21	0.31	1.33	1.12	其他分布	1.12	1.31
pH	9691	4.22	4.41	4.71	5.00	5.30	5.61	5.81	4.76	4.66	5.00	2.54	6.26	3.79	0.98	5.00	4.96	其他分布	4.96	5.10

注：Tl 原始样本数为 6100 件，Corg 为 10 020 件，V 为 10 063 件，B、Co、Ge、Mn、Mo、P、K_2O 为 10 077 件，其他元素/指标为 530 件。

表 4-54 浙北周缘前陆盆地土壤元素背景值参数统计表

元素/指标	N	$X_{5\%}$	$X_{10\%}$	$X_{25\%}$	$X_{50\%}$	$X_{75\%}$	$X_{90\%}$	$X_{95\%}$	$\bar{X}$	S	$\bar{X}_g$	S_g	X_{max}	X_{min}	CV	X_{me}	X_{mo}	分布类型	浙北周缘前陆盆地背景值	浙江省背景值
Ag	3377	60.0	70.0	86.0	110	133	167	187	113	37.40	107	15.16	225	11.00	0.33	110	100.0	其他分布	100.0	100.0
As	56 430	4.05	4.71	5.99	7.39	8.70	9.95	10.80	7.38	2.04	7.07	3.27	13.26	1.75	0.28	7.39	10.10	其他分布	10.10	10.10
Au	3449	0.86	1.09	1.55	2.48	3.60	4.90	5.80	2.75	1.50	2.35	2.12	7.30	0.15	0.55	2.48	2.50	偏峰分布	2.50	1.50
B	53 214	43.90	49.20	56.8	64.1	71.3	78.3	83.1	63.9	11.47	62.8	11.02	95.1	31.90	0.18	64.1	63.7	其他分布	63.7	20.00
Ba	3167	334	368	416	464	493	546	585	459	69.9	453	34.50	661	280	0.15	464	468	其他分布	468	475
Be	3533	1.46	1.64	1.92	2.30	2.52	2.74	2.93	2.23	0.44	2.19	1.67	3.45	1.02	0.20	2.30	2.44	其他分布	2.44	2.00
Bi	3389	0.24	0.29	0.35	0.42	0.50	0.60	0.66	0.43	0.12	0.41	1.80	0.78	0.15	0.28	0.42	0.41	其他分布	0.41	0.28
Br	3400	2.40	2.90	3.78	4.90	6.37	8.38	9.80	5.29	2.13	4.88	2.79	11.62	1.20	0.40	4.90	4.80	剔除后对数分布	4.88	2.20
Cd	56 129	0.08	0.10	0.13	0.16	0.20	0.25	0.28	0.17	0.06	0.16	3.01	0.35	0.01	0.36	0.16	0.16	其他分布	0.16	0.14
Ce	3361	63.0	65.9	70.4	75.0	80.1	87.5	92.3	75.8	8.39	75.4	12.15	100.0	53.5	0.11	75.0	74.0	其他分布	74.0	102
Cl	3486	43.00	47.00	53.9	63.4	75.0	87.7	95.1	65.4	15.71	63.6	11.16	112	22.00	0.24	63.4	64.0	剔除后对数分布	63.6	71.0
Co	55 734	7.17	8.87	10.92	13.70	15.50	16.90	17.80	13.20	3.25	12.73	4.53	22.60	3.88	0.25	13.70	15.00	其他分布	15.00	14.80
Cr	56 941	46.80	55.5	66.4	79.0	87.5	93.7	97.3	76.3	15.48	74.5	12.32	122	30.06	0.20	79.0	83.0	其他分布	83.0	82.0
Cu	57 653	14.10	16.60	22.00	28.60	34.00	39.20	42.88	28.29	8.73	26.79	7.17	53.3	3.78	0.31	28.60	35.00	其他分布	35.00	16.00
F	3547	301	349	437	528	615	687	731	524	129	507	37.75	892	171	0.25	528	453	其他分布	453	453
Ga	3615	11.28	12.12	14.27	16.28	18.00	19.40	20.20	16.07	2.73	15.82	5.04	23.61	8.64	0.17	16.28	16.00	其他分布	16.00	16.00
Ge	33 094	1.21	1.25	1.33	1.43	1.53	1.61	1.66	1.43	0.14	1.43	1.26	1.83	1.04	0.10	1.43	1.49	其他分布	1.49	1.44
Hg	55 766	0.043	0.057	0.090	0.140	0.210	0.280	0.330	0.157	0.087	0.133	3.283	0.434	0.004	0.555	0.140	0.150	其他分布	0.150	0.110
I	3428	1.08	1.30	1.70	2.30	3.93	6.34	7.40	3.07	1.97	2.56	2.26	9.09	0.35	0.64	2.30	1.80	其他分布	1.80	1.70
La	3662	32.30	34.00	36.50	40.00	44.00	48.30	50.8	40.61	6.02	40.19	8.51	92.9	20.00	0.15	40.00	38.00	对数正态分布	40.19	41.00
Li	3643	26.00	27.60	32.70	40.70	48.00	52.8	55.6	40.62	9.57	39.46	8.54	71.1	20.20	0.24	40.70	48.10	其他分布	48.10	25.00
Mn	57 265	221	281	394	505	643	781	859	521	188	484	36.70	1039	53.6	0.36	505	434	其他分布	434	440
Mo	55 416	0.33	0.38	0.48	0.61	0.75	0.90	1.02	0.63	0.20	0.60	1.53	1.24	0.07	0.32	0.61	0.58	其他分布	0.58	0.66
N	59 105	0.59	0.74	1.06	1.56	2.12	2.56	2.80	1.61	0.69	1.45	1.77	3.74	0.01	0.43	1.56	1.02	其他分布	1.02	1.28
Nb	3540	13.03	13.86	15.39	17.03	19.40	21.78	23.20	17.55	3.02	17.29	5.26	26.24	9.55	0.17	17.03	15.84	其他分布	15.84	16.83
Ni	59 373	13.10	17.40	24.20	32.70	37.80	41.10	43.10	30.76	9.23	28.98	7.45	58.1	3.82	0.30	32.70	36.00	其他分布	36.00	35.00
P	55 637	0.37	0.44	0.55	0.69	0.89	1.13	1.29	0.74	0.27	0.69	1.52	1.53	0.06	0.36	0.69	0.69	其他分布	0.69	0.60
Pb	57 266	19.20	22.10	26.50	30.40	34.00	37.80	40.40	30.18	6.06	29.54	7.35	46.30	14.76	0.20	30.40	32.00	其他分布	32.00	32.00

续表 4-54

元素/指标	N	$X_{5\%}$	$X_{10\%}$	$X_{25\%}$	$X_{50\%}$	$X_{75\%}$	$X_{90\%}$	$X_{95\%}$	$\bar{X}$	S	$\bar{X}_g$	S_g	X_{max}	X_{min}	CV	X_{me}	X_{mo}	分布类型	浙北周缘前陆盆地背景值	浙江省背景值
Rb	3503	73.0	78.0	94.0	114	127	146	162	113	26.08	110	15.53	182	49.00	0.23	114	117	其他分布	117	120
S	3582	175	197	236	285	346	402	438	293	79.1	282	25.98	519	81.0	0.27	285	254	偏峰分布	254	248
Sb	3313	0.47	0.50	0.59	0.72	0.90	1.14	1.28	0.77	0.25	0.74	1.43	1.59	0.10	0.32	0.72	0.53	其他分布	0.53	0.53
Sc	3662	7.30	7.90	9.00	10.39	11.99	13.40	14.20	10.55	2.17	10.33	3.92	21.92	4.70	0.21	10.39	9.20	对数正态分布	10.33	8.70
Se	56 744	0.13	0.16	0.22	0.29	0.35	0.42	0.46	0.29	0.10	0.27	2.26	0.56	0.03	0.34	0.29	0.29	其他分布	0.29	0.21
Sn	3460	3.07	3.58	4.79	7.30	10.50	14.20	16.70	8.10	4.15	7.10	3.53	20.80	0.63	0.51	7.30	8.20	其他分布	8.20	3.60
Sr	3660	38.60	44.30	59.0	101	116	135	155	92.6	35.56	85.0	13.79	194	20.50	0.38	101	114	其他分布	114	105
Th	3540	10.20	10.84	11.90	13.20	14.70	16.22	17.30	13.38	2.09	13.22	4.48	19.30	7.50	0.16	13.20	13.00	剔除后对数分布	13.22	13.30
Ti	3437	3540	3771	4070	4391	4740	5297	5564	4439	579	4402	128	5929	2943	0.13	4391	4474	其他分布	4474	4665
Tl	3903	0.45	0.48	0.56	0.65	0.77	0.91	0.98	0.67	0.16	0.66	1.40	1.11	0.27	0.24	0.65	0.65	其他分布	0.65	0.70
U	3478	2.02	2.14	2.33	2.62	3.26	3.87	4.20	2.83	0.68	2.76	1.86	4.98	1.57	0.24	2.62	2.48	其他分布	2.48	2.90
V	55 534	59.3	67.2	80.1	97.8	109	116	120	94.1	19.52	91.8	13.93	153	35.50	0.21	97.8	106	其他分布	106	106
W	3467	1.30	1.47	1.69	1.93	2.26	2.68	2.91	2.00	0.47	1.95	1.56	3.34	0.83	0.23	1.93	1.82	其他分布	1.82	1.80
Y	3472	19.61	21.00	23.00	25.00	27.00	29.01	30.80	24.97	3.23	24.76	6.44	33.70	16.48	0.13	25.00	24.00	其他分布	24.00	25.00
Zn	57 234	51.1	58.6	72.5	87.8	99.8	111	120	86.4	20.41	83.8	13.42	143	31.57	0.24	87.8	101	其他分布	101	101
Zr	3592	215	223	239	266	307	344	365	275	47.43	271	25.21	413	139	0.17	266	243	其他分布	243	243
SiO_2	3568	64.6	65.7	67.3	69.5	72.1	75.0	76.7	69.9	3.62	69.8	11.56	79.9	59.9	0.05	69.5	68.3	剔除后对数分布	69.8	71.3
Al_2O_3	3646	10.12	10.57	12.00	13.52	14.49	15.18	15.60	13.21	1.75	13.09	4.47	18.26	8.32	0.13	13.52	14.10	其他分布	14.10	13.20
TFe_2O_3	3637	3.10	3.30	3.75	4.41	4.96	5.38	5.72	4.38	0.82	4.30	2.40	6.76	2.06	0.19	4.41	4.87	其他分布	4.87	3.74
MgO	3637	0.49	0.55	0.73	1.22	1.55	1.73	1.86	1.17	0.46	1.07	1.57	2.77	0.33	0.39	1.22	1.56	其他分布	1.56	0.50
CaO	3384	0.17	0.20	0.30	0.78	1.01	1.19	1.41	0.72	0.42	0.58	2.15	2.16	0.08	0.59	0.78	0.98	其他分布	0.98	0.24
Na_2O	3662	0.23	0.28	0.51	1.20	1.51	1.74	1.89	1.06	0.55	0.87	2.03	2.19	0.10	0.52	1.20	1.43	其他分布	1.43	0.19
K_2O	56 103	1.54	1.78	2.01	2.28	2.51	2.66	2.78	2.25	0.37	2.22	1.64	3.31	1.23	0.16	2.28	2.51	其他分布	2.51	2.35
TC	3485	1.00	1.12	1.34	1.67	2.03	2.35	2.60	1.71	0.48	1.64	1.50	3.20	0.54	0.28	1.67	1.53	剔除后对数分布	1.64	1.43
Corg	34 669	0.50	0.68	0.99	1.42	1.95	2.43	2.71	1.50	0.67	1.33	1.76	3.45	0.06	0.45	1.42	0.79	其他分布	0.79	1.31
pH	59 431	4.68	4.94	5.39	6.01	6.75	7.85	8.17	5.32	4.87	6.16	2.85	8.81	3.34	0.92	6.01	5.70	其他分布	5.70	5.10

注：Tl 原始样本数为 4067 件，Ge 为 59 542 件，As、Se 为 59 572 件，Cd、Cu、Hg、Ni、Pb、Zn 为 59 542 件，Corg 为 33 767 件，Co、V 为 35 161 件，Mn 为 58 445 件，Zn 为 59 542 件，As、Se 为 59 572 件，Cd、Cu、Hg、Ni、Pb、Zn 为 59 542 件，Corg 为 33 767 件，Co、V 为 35 161 件，Mn 为 58 445 件，B 为 57 090 件，Mo 为 56 556 件，N 为 59 334 件，P 为 59 310 件，K₂O 为 59 445 件，SiO_2 为 59 542 件，As、Se 为 59 572 件，Cd、Cu、Hg、Ni、Pb、Zn 为 59 542 件，Corg 为 33 767 件，Co、V 为 35 161 件，Mn 为 58 445 件，其他元素/指标为 3662 件。

表 4-55 浙西被动陆缘盆地土壤元素背景值参数统计表

元素/指标	N	$X_{5\%}$	$X_{10\%}$	$X_{25\%}$	$X_{50\%}$	$X_{75\%}$	$X_{90\%}$	$X_{95\%}$	$\bar{X}$	S	$\bar{X}_g$	S_g	X_{max}	X_{min}	CV	X_{me}	X_{mo}	分布类型	浙西被动陆缘盆地背景值	浙江省背景值
Ag	4638	50.00	60.0	73.0	95.0	130	180	210	107	46.50	98.6	14.81	250	30.00	0.43	95.0	100.0	其他分布	100.0	100.0
As	47 874	2.96	3.63	5.14	7.68	11.30	15.70	18.72	8.76	4.77	7.56	3.72	24.21	0.10	0.54	7.68	10.50	其他分布	10.50	10.10
Au	4654	0.69	0.82	1.08	1.54	2.33	3.32	3.90	1.82	0.98	1.59	1.79	4.99	0.16	0.54	1.54	1.24	其他分布	1.24	1.50
B	51 814	14.00	19.70	31.54	48.16	64.9	77.7	85.8	48.73	22.18	42.55	9.63	116	0.90	0.46	48.16	26.20	其他分布	26.20	20.00
Ba	4515	281	320	381	455	552	673	743	477	138	457	34.98	938	117	0.29	455	415	偏峰分布	415	475
Be	4826	1.41	1.56	1.80	2.11	2.49	2.84	3.04	2.16	0.50	2.10	1.63	3.61	0.78	0.23	2.11	2.00	其他分布	2.00	2.00
Bi	4641	0.25	0.27	0.32	0.40	0.49	0.59	0.65	0.42	0.12	0.40	1.81	0.80	0.14	0.30	0.40	0.39	其他分布	0.39	0.28
Br	4911	1.85	2.03	2.50	3.76	5.84	7.98	9.18	4.42	2.33	3.87	2.68	11.47	0.91	0.53	3.76	2.20	其他分布	2.20	2.20
Cd	47 469	0.08	0.10	0.15	0.21	0.29	0.41	0.48	0.23	0.12	0.20	2.88	0.62	0.01	0.52	0.21	0.16	其他分布	0.16	0.14
Ce	4503	61.8	67.4	73.3	79.9	88.5	99.1	106	81.6	12.96	80.6	12.76	122	44.97	0.16	79.9	79.3	其他分布	79.3	102
Cl	4809	30.80	34.40	41.40	50.9	65.1	80.3	88.4	54.3	17.45	51.7	9.81	107	20.40	0.32	50.9	39.30	偏峰分布	39.30	71.0
Co	50 071	4.15	5.03	7.06	10.20	14.30	18.36	20.80	11.04	5.11	9.86	4.13	26.69	0.66	0.46	10.20	10.20	其他分布	10.20	14.80
Cr	51 296	19.10	24.20	35.42	55.0	72.5	85.7	94.2	55.0	23.80	49.17	10.04	130	1.63	0.43	55.0	32.00	其他分布	32.00	82.0
Cu	49 356	11.00	13.36	17.90	24.10	32.30	41.30	47.35	25.90	10.84	23.65	6.58	58.6	1.00	0.42	24.10	16.00	其他分布	16.00	16.00
F	4782	320	349	411	509	653	823	927	549	183	521	37.95	1101	76.0	0.33	509	470	其他分布	470	453
Ga	5041	12.34	13.30	14.90	16.90	19.00	20.83	22.00	17.05	3.05	16.78	5.18	36.10	6.94	0.18	16.90	18.10	对数正态分布	16.78	16.00
Ge	42 892	1.20	1.26	1.36	1.47	1.61	1.75	1.83	1.49	0.19	1.48	1.29	2.01	0.97	0.13	1.47	1.44	其他分布	1.44	1.44
Hg	48 577	0.036	0.045	0.065	0.093	0.130	0.170	0.199	0.101	0.048	0.089	4.154	0.248	0.003	0.478	0.093	0.110	其他分布	0.110	0.110
I	4904	0.82	0.97	1.33	2.51	4.53	6.40	7.55	3.15	2.15	2.47	2.53	9.77	0.05	0.68	2.51	1.40	其他分布	1.40	1.70
La	4952	32.90	35.41	39.40	44.20	48.00	51.4	53.8	43.76	6.28	43.29	8.92	61.3	26.10	0.14	44.20	45.40	其他分布	45.40	41.00
Li	4809	24.46	26.70	31.20	36.81	43.80	51.0	55.9	38.03	9.45	36.87	8.22	66.1	13.10	0.25	36.81	36.50	剔除后对数分布	36.87	25.00
Mn	49 820	136	164	232	356	543	757	885	411	229	351	31.30	1101	1.31	0.56	356	192	其他分布	192	440
Mo	47 220	0.44	0.53	0.71	0.97	1.33	1.79	2.10	1.07	0.50	0.97	1.59	2.72	0.06	0.46	0.97	0.82	其他分布	0.82	0.66
N	51 317	0.58	0.73	1.01	1.33	1.69	2.06	2.29	1.37	0.51	1.26	1.58	2.78	0.02	0.37	1.33	1.27	其他分布	1.27	1.28
Nb	4646	15.20	16.10	17.60	19.30	21.70	24.60	26.70	19.83	3.40	19.55	5.60	29.90	10.40	0.17	19.30	18.50	其他分布	18.50	16.83
Ni	50 696	7.05	8.66	12.21	19.40	29.00	38.29	43.29	21.58	11.41	18.59	5.96	57.0	1.31	0.53	19.40	11.00	其他分布	11.00	35.00
P	49 734	0.25	0.32	0.43	0.59	0.80	1.05	1.20	0.64	0.28	0.58	1.76	1.48	0.04	0.44	0.59	0.51	其他分布	0.51	0.60
Pb	48 956	21.06	23.50	27.49	31.84	37.01	43.19	47.17	32.61	7.68	31.70	7.57	54.8	11.60	0.24	31.84	29.00	其他分布	29.00	32.00

续表 4-55

元素/指标	N	$X_{5\%}$	$X_{10\%}$	$X_{25\%}$	$X_{50\%}$	$X_{75\%}$	$X_{90\%}$	$X_{95\%}$	$\bar{X}$	S	$\bar{X}_g$	S_g	X_{max}	X_{min}	CV	X_{me}	X_{mo}	分布类型	浙西被动陆缘盆地背景值	浙江省背景值
Rb	4923	72.8	80.4	93.5	112	128	145	157	112	25.36	109	15.22	183	40.90	0.23	112	120	剔除后对数分布	109	120
S	4797	161	180	214	261	316	380	420	271	76.9	260	24.87	494	76.5	0.28	261	224	偏峰分布	224	248
Sb	4517	0.53	0.60	0.73	0.94	1.27	1.76	2.12	1.06	0.46	0.98	1.50	2.59	0.28	0.44	0.94	0.72	其他分布	0.72	0.53
Sc	4907	6.34	6.90	7.90	9.22	10.50	11.80	12.70	9.30	1.91	9.10	3.66	14.79	3.90	0.21	9.22	10.00	剔除后对数分布	9.10	8.70
Se	49 459	0.16	0.19	0.24	0.32	0.42	0.54	0.61	0.34	0.14	0.32	2.15	0.75	0.02	0.40	0.32	0.23	其他分布	0.23	0.21
Sn	4631	2.95	3.39	4.21	5.60	7.90	10.70	12.32	6.35	2.89	5.76	3.00	15.70	0.76	0.46	5.60	4.70	其他分布	4.70	3.60
Sr	4610	30.50	33.48	39.40	48.50	61.6	80.2	92.8	52.7	18.30	49.86	9.53	108	17.60	0.35	48.50	41.00	剔除后对数分布	41.00	105
Th	4841	9.61	10.40	11.60	13.20	14.80	16.30	17.30	13.26	2.34	13.05	4.45	19.80	6.70	0.18	13.20	13.30	其他分布	13.05	13.30
Ti	4949	3261	3614	4137	4803	5428	5899	6180	4780	902	4691	134	7415	2217	0.19	4803	5579	其他分布	5579	4665
Tl	12 382	0.44	0.48	0.56	0.66	0.78	0.91	0.99	0.68	0.17	0.66	1.41	1.16	0.21	0.24	0.66	0.63	其他分布	0.63	0.70
U	4694	2.16	2.35	2.65	3.11	3.67	4.26	4.69	3.21	0.77	3.12	2.01	5.58	1.02	0.24	3.11	3.43	偏峰分布	3.43	2.90
V	49 320	36.10	42.50	56.2	76.1	97.1	119	136	78.9	29.84	73.2	12.30	169	6.32	0.38	76.1	102	其他分布	102	106
W	4687	1.33	1.48	1.74	2.03	2.44	2.94	3.21	2.12	0.57	2.05	1.66	3.78	0.65	0.27	2.03	2.02	其他分布	2.02	1.80
Y	4817	20.00	21.54	24.00	26.95	30.60	35.00	37.65	27.56	5.17	27.08	6.81	41.90	13.40	0.19	26.95	26.00	其他分布	26.00	25.00
Zn	49 955	48.47	55.5	67.8	84.4	105	126	140	87.8	27.44	83.5	13.28	169	16.16	0.31	84.4	108	其他分布	108	101
Zr	4741	187	204	237	268	310	364	393	277	60.4	270	25.17	451	115	0.22	268	253	其他分布	253	243
SiO_2	4903	65.5	67.1	69.8	72.4	75.0	77.9	79.6	72.4	4.11	72.3	11.82	83.2	61.5	0.06	72.4	72.6	剔除后正态分布	72.4	71.3
Al_2O_3	4935	10.08	10.62	11.60	12.60	13.70	14.80	15.48	12.67	1.60	12.56	4.35	17.04	8.30	0.13	12.60	13.20	剔除后正态分布	12.56	13.20
TFe_2O_3	4964	2.80	3.12	3.78	4.54	5.29	5.98	6.36	4.55	1.08	4.41	2.49	7.61	1.48	0.24	4.54	4.23	其他分布	4.55	3.74
MgO	5041	0.43	0.49	0.62	0.84	1.12	1.48	1.77	0.94	0.48	0.85	1.56	6.22	0.08	0.51	0.84	0.65	对数正态分布	0.85	0.50
CaO	4489	0.16	0.18	0.22	0.29	0.42	0.61	0.73	0.35	0.18	0.31	2.32	0.92	0.07	0.51	0.29	0.24	其他分布	0.24	0.24
Na_2O	4882	0.14	0.16	0.21	0.37	0.67	0.97	1.16	0.48	0.33	0.38	2.50	1.45	0.16	0.68	0.37	0.19	其他分布	0.19	0.19
K_2O	51 956	1.06	1.28	1.72	2.24	2.75	3.26	3.58	2.12	0.75	2.12	1.79	4.34	0.31	0.33	2.24	2.35	其他分布	2.35	2.35
TC	4853	0.85	0.98	1.20	1.51	1.86	2.24	2.48	1.56	0.48	1.48	1.50	2.94	0.31	0.31	1.51	1.39	剔除后对数分布	1.48	1.43
Corg	43 804	0.53	0.70	0.97	1.28	1.64	2.02	2.26	1.32	0.51	1.21	1.62	2.73	0.01	0.38	1.28	1.14	其他分布	1.14	1.31
pH	49 038	4.43	4.59	4.88	5.24	5.74	6.34	6.73	4.97	4.79	5.36	2.65	7.37	3.43	0.96	5.24	5.08	其他分布	5.08	5.10

注:Tl 原始样本数为 12 770 件,Ge 为 44 379 件,Corg 为 52 407 件,其他元素/指标为 5041 件。Cr、Cu、Ni、Pb、Se、Zn 为 52 407 件,其他元素/指标为 5041 件。B、Co、Mn、Mo、P 为 52 403 件,N 为 52 405 件,As、Cd、Hg 为 52 360 件,pH 为 52 404 件,K_2O 为 52 358 件,V 为 45 109 件,SiO_2 为 52 356 件。

在表层土壤各元素/指标中，大多数元素/指标变异系数在 0.40 以下，分布相对均匀；Cu、Ag、Cr、P、Sb、B、Co、Mo、Sn、Hg、MgO、CaO、Cd、Br、Ni、As、Au、Mn、I、Na_2O、pH 共 21 项元素/指标变异系数在 0.40 以上，其中 pH 变异系数在 0.80 以上，空间变异性较大。

与浙江省土壤元素背景值相比，浙西被动陆缘盆地土壤元素背景值中 Ni、Cr、Sr、Mn、Cl 背景值明显低于浙江省背景值，在浙江省背景值的 60% 以下；而 Co、Ce 背景值略低于浙江省背景值，为浙江省背景值的 60%～80%；TFe_2O_3、Mo、Sn、B、Sb、Bi 背景值略高于浙江省背景值，为浙江省背景值的 1.2～1.4 倍；Li、MgO 背景值明显高于浙江省背景值，是浙江省背景值的 1.4 倍以上；其他元素/指标背景值则与浙江省背景值基本接近。

第五章 土壤地球化学分区与应用

第一节 土壤地球化学分区

土壤地球化学分区是对长期地质历史过程中地球表生带在各种综合地质作用下所形成的性质不同的地球化学场特征的归纳与合并。本书以浙江省1∶5万土壤地球化学数据为基础，依据不同地区土壤元素地球化学特征和元素组合特征的差异，结合形成的有关土壤地质背景、自然地理与生态景观等条件，进行地球化学分区，共划分为6个一级分区、18个二级分区、80个三级分区（图5-1）。

一、浙北平原地球化学区（Ⅰ）

（一）杭州-嘉兴-湖州土壤地球化学区（Ⅰ1）

该地球化学区位于浙江省北部杭嘉湖水网平原区，包括湖州市、杭州市小部分和嘉兴市全部。区内地质背景以第四系镇海组淤泥质亚黏土、亚砂土为主，局部零星分布古生界寒武系—石炭系灰岩、砂岩、泥岩和中生界白垩系黄尖组流纹质火山碎屑岩等。受周边自然地理环境影响，成土母质来源具有一定地域性分布特点，区内湖州市部分成土母质来源多为湖沼相松散沉积物，嘉兴市全境由北至南则由湖沼相逐步向滨海相过渡，杭州市部分自西向东由滨海相向河口相过渡。区内主要发育水稻土，沿海或沿江区发育滨海盐土、潮土，局部丘陵区发育红壤、石灰岩土等。土地利用以水田为主，主要种植水稻、蔬菜、小麦等，为浙江省重要的粮食主产区。

区内成土母质元素地球化学特征表现为高Au、B、Cl、Co、Cr、Cu、Ni、P、Sc、Sr、V、MgO、CaO、Na$_2$O、TC（是浙江省基准值的1.2倍以上，下同），低Br、Hg、I、Mo、S、Se、Tl、U（不足浙江省基准值的80%，下同）的特点；表层土壤中元素地球化学特征总体上承袭了成土母质的地球化学特征，同样表现为高Co、Cr、Cu、Hg、Ni、V，低Mo的特点。经R型因子分析，共识别出3组特征值大于1的元素组合，分别为F1(Co-Cr-K-Ni-V)、F2(N-Pb-Se)、F3(As-Mo)，3个主因子成分的特征根累积贡献率达48.65%，基本反映了本区表层土壤的地球化学元素组合信息。

根据区内成土母质、土壤类型、元素含量等要素的空间分布差异性，进一步细分出13个地球化学小区，分区特征见表5-1。

（二）萧山-慈溪土壤地球化学区（Ⅰ2）

该地球化学区位于钱塘江和杭州湾南部的河口滨海平原区，包括萧山区、柯桥区、上虞区、余姚市和慈溪市等的北部地区。区内地质背景以第四系镇海组亚砂土为主，沉积环境主要为河口相和滨海相沉积，主要发育滨海盐土和潮土，熟化程度和保肥蓄水力相对较低，土地利用以旱地、水田为主，主要种植蔬菜、苗

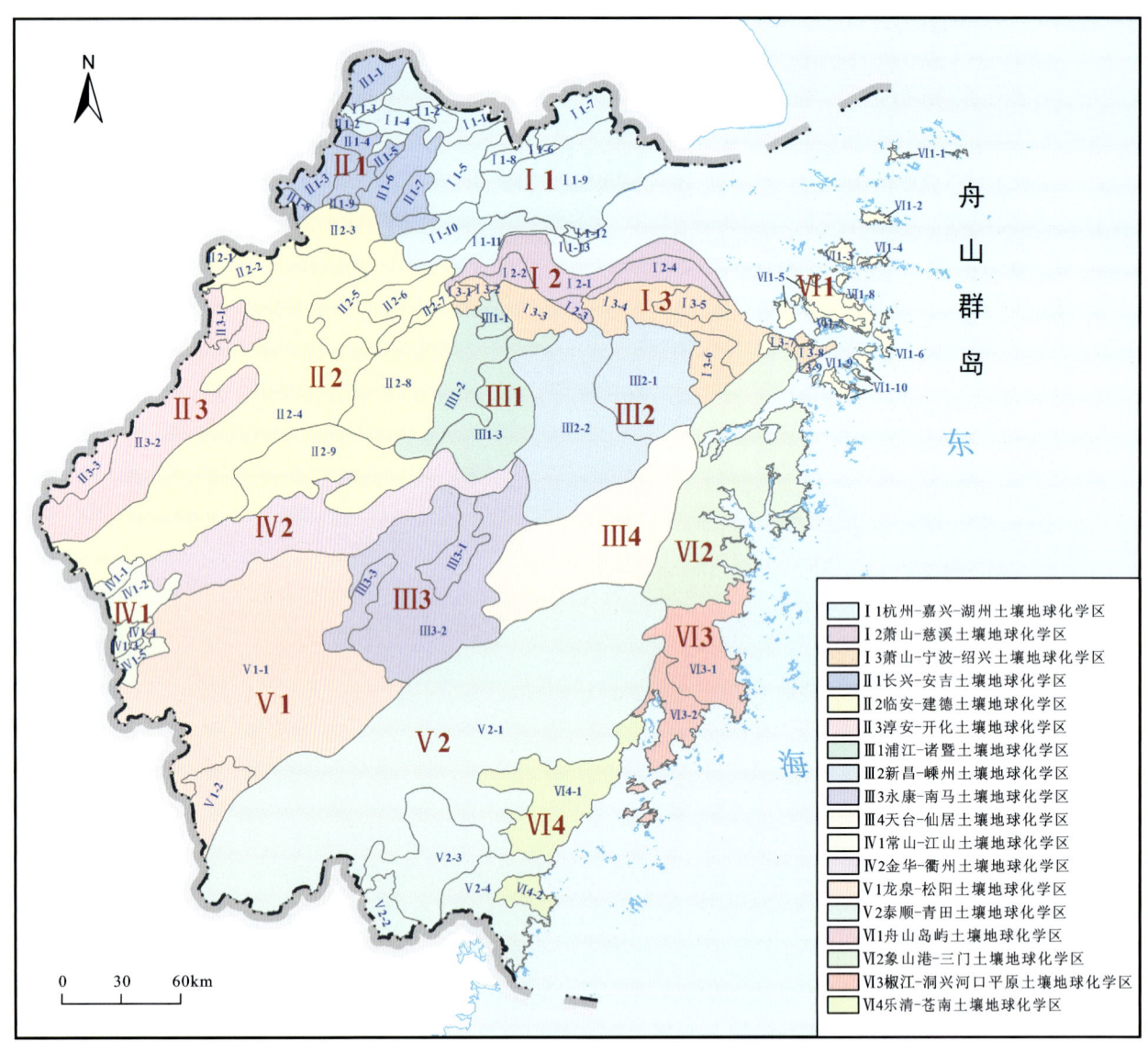

图 5-1 浙江省土壤地球化学分区图

木、瓜果、小麦、水稻等。

区内成土母质中元素地球化学特征表现为高 B、Cl、Cr、Ni、P、Sr、MgO、CaO、Na$_2$O、TC，低 As、Bi、Ce、Ga、Mn、Mo、Nb、Pb、Rb、Sb、Se、Th、Tl、U、W、TFe$_2$O$_3$、Corg 的特点。表层土壤中元素地球化学特征表现为高 Co、Cr、Ni、P，低 Hg、Mo、N、Pb、Se、Corg 的特点。经 R 型因子分析，共识别出 4 组特征值大于 1 的元素组合，分别为 F1(As-Co-K-Ni-V)、F2(Hg-N-Pb-Se)、F3(Cr-Cu-Zn)、F4(B-P)，4 个主因子成分的特征根累积贡献率达 58.03%。

根据区内成土母质、土壤类型、元素含量等要素的空间分布差异性，进一步细分出 4 个地球化学小区，分区特征见表 5-2。

表 5-1　杭州-嘉兴-湖州土壤地球化学区特征表

编号	成土母质类型	土壤类型	元素组合特征
Ⅰ1-1	湖沼相粉砂质淤泥	以潴育水稻土为主,局部发育红壤、石灰岩土	Co-Cr-Ge-K-Ni-V、As-Cd-Pb-Se、P-Zn、Mn-N
Ⅰ1-2	碎屑岩类风化物	以红壤为主,局部发育石灰岩土和水稻土	Cr-K-Ni-V、Cd-Cu-Hg-N-P-Zn、Mo-Se、Co-Mn、B-Ge
Ⅰ1-3	以河流相冲积物和古红土风化物为主	以红壤为主,局部发育石灰岩土、紫色土和水稻土	Co-Cr-Mn-Ni-V、K-N-Zn、As-Pb、Cd-Se
Ⅰ1-4	以湖沼相碳质淤泥	以脱潜水稻土为主,局部发育石灰岩土、紫色土和红壤	Co-Cr-Cu-Ni-V、N-Se、B-K-Zn、Cr-Mo-Ni
Ⅰ1-5	以湖沼相淤泥为主	以脱潜水稻土为主,局部发育渗育水稻土和潮土	Co-Cr-Ni-V、N-Se、As-Mo、Mn-P-Zn、Ge-K
Ⅰ1-6	以湖沼相碳质淤泥为主	以潴育水稻土为主,局部发育脱潜水稻土	Co-K-Ni-V、Hg-Mo-Pb-Se、Cd-Zn
Ⅰ1-7	以湖沼相淤泥为主	以脱潜水稻土为主,局部发育潴育水稻土	Co-Cr-K-Ni-V、Cd-Cu-P-Zn、Hg-Pb、Mn-N-Se
Ⅰ1-8	以滨海相砂(粉砂)为主	以潴育水稻土为主,局部发育渗育水稻土	Cd-Cu-Mo-N-P-Se-Zn、As-Co-Cr-Ni-V、Hg-Pb
Ⅰ1-9	以滨海相粉砂质淤泥、粉砂为主	以脱潜水稻土、潴育水稻土为主	As-Co-K-Ni-V、Mn-N-Se、Cr-Cu-Zn
Ⅰ1-10	以滨海相粉砂质淤泥、粉砂为主	以脱潜水稻土为主	Co-Cr-Ge-Ni-V、Cd-Mo-N-Pb-Se、B-K
Ⅰ1-11	以河口相粉砂为主	以渗育水稻土为主	Co-K-Mn-Ni-V、Cd-Mo-N-Pb-Se、B-Hg、P-Zn
Ⅰ1-12	以中酸性火成岩类风化物、滨海相粉砂质淤泥为主	以红壤、脱潜水稻土为主	As-B-Co-Cr-Cu-Ni-V-Zn、Hg-N-Pb-Se
Ⅰ1-13	滨海海相粉砂淤泥、河口相粉砂、中酸性火成岩类风化物	以滨海盐土为主,局部发育红壤	As-Co-Cr-Cu-Mn-Ni-V-Zn、K-Mo-N-Pb-Se、B-Hg-P

表 5-2　萧山-慈溪土壤地球化学区特征表

编号	成土母质类型	土壤类型	元素组合特征
Ⅰ2-1	以河口相粉砂为主	以滨海相盐土为主	As-Co-K-Mn-Ni-V、Cd-Cu-N-P-Pb-Se、Cr-Ge
Ⅰ2-2	河口相粉砂	以潮土为主	Cd-Cu-N-Se-Zn、Co-K-Ni-P-V、As-Mn、Cr-Mo
Ⅰ2-3	滨海相砂(粉砂)、河口相粉砂	以潮土为主	Hg-N-Pb-Se、Co-Cr-K-Ni-V、Cd-Zn
Ⅰ2-4	以滨海相粉砂、滨海相粉砂质淤泥和河口相粉砂为主	以潮土为主	As-Cd-Co-Mn-Ni、N-Se、Cu-Pb-Zn、K-V、Mo-Se

(三)萧山-绍兴-宁波土壤地球化学区（Ⅰ3）

该地球化学区位于萧绍宁水网平原区，呈东西向条带状展布，包括萧山区中部、绍兴市中北部和宁波市北部地区。区内地质背景以第四系镇海组淤泥质亚黏土为主，局部出露古生界志留系、泥盆系粉砂岩，以及中生界白垩系酸性火山碎屑岩、流纹质晶屑熔结凝灰岩等，其中第四系沉积环境以湖沼相沉积为主，主要发育水稻土，熟化程度高。土地利用现状多为水田，是浙江省内的粮食主产区。

区内成土母质中元素地球化学特征表现为高 Au、B、Cl、Co、Cr、Cu、Hg、Li、N、Ni、P、S、Sc、Sn、Sr、V、MgO、CaO、Na_2O、TC、Corg，低 I、Mn、Mo、U 的特点。表层土壤中元素地球化学特征表现为高 Co、Cr、Cu、Hg、N、Ni、P、Se、Corg 的特点。经 R 型因子分析，共识别出 4 组特征值大于 1 的元素组合，分别为 F1(B-Co-Cr-Ni-V)、F2(As-Pb)、F3(K-Mn-N)、F4(Mo-Zn)，4 个主因子成分的特征根累积贡献率达 52.37%。

根据区内成土母质、土壤类型、元素含量等要素的空间分布差异性，进一步细分出 9 个地球化学小区，分区特征见表 5-3。

表 5-3 萧山-绍兴-宁波土壤地球化学区特征表

编号	成土母质类型	土壤类型	元素组合特征
Ⅰ3-1	以碎屑岩类风化物为主	以红壤、渗育水稻土为主	As-Cu-Hg-N-P-Pb-Se、Co-Cr-K-Mn-Ni-V、Ge-Mo
Ⅰ3-2	以河口相粉砂、河流相冲(洪)积物为主	以渗育水稻土为主	Cd-Cu-Pb-Zn、Cr-Ni-V、Hg-N-Se、B-K-Mn-P
Ⅰ3-3	以湖沼相淤泥为主	以脱潜水稻土为主	Mo-Se-Zn、Cr-Ni-V、Mn-N、As-Pb
Ⅰ3-4	湖沼相淤泥	以脱潜水稻土为主	Co-Ni-V、Hg-N-Pb、B-K、Cu-Mo
Ⅰ3-5	以中酸性火成岩类风化物、湖沼相淤泥质粉砂为主	以红壤、潴育水稻土为主	B-Co-Cr-K-Ni-V、As-Mo、Cd-Cu-P-Zn、Mn-N
Ⅰ3-6	湖沼相淤泥质粉砂	以脱潜水稻土为主	As-B-Co-Cr-Ni-V、K-Mn-N、Mo-Zn、Hg-P
Ⅰ3-7	滨海相粉砂质淤泥	以潮土、渗育水稻土为主	As-B-Co-Cr-Cu-Ge-Ni-P-V-Zn、Hg-N-Pb-Se
Ⅰ3-8	以中酸性火成岩类风化物、滨海相粉砂质淤泥为主	以粗骨土、红壤为主	B-Co-Cr-Cu-Ge-Ni-V、Cd-Mn-Pb-Zn、K-Se
Ⅰ3-9	滨海相粉砂质淤泥、滨海相砂(粉砂)	以滨海盐土、渗育水稻土为主	As-B-Co-Cr-Cu-Ki-Ni-Se-V-Zn、Hg-N-P-Pb、Ge-Mn

二、浙西北山地丘陵地球化学区（Ⅱ）

(一)长兴-安吉土壤地球化学区（Ⅱ1）

该地球化学区位于湖州市西南部，包括长兴县西北部、安吉县大部和德清县西部等丘陵河谷区。区内主要出露古生界寒武系、奥陶系、志留系灰岩、泥岩、砂岩，中生界白垩系流纹质火山碎屑岩等。成土母质类型多为碎屑岩类风化物和中酸性火成岩类风化物，主要发育红壤，局部发育紫色土、粗骨土和石灰岩土。土地利用现状多为林地，是浙江省的毛竹主产区。

成土母质中大多数元素/指标含量居于浙江省平均水平，B、Co、Sb 含量相对较高，Cd、Hg 则较低。表层土壤中元素地球化学特征表现为高 Se，低 Cu、Mn、P 的特点，其他元素/指标则与浙江省平均值相当。经 R 型因子分析，共识别出 4 组特征值大于 1 的元素组合，分别为 F1(B-Co-Cr-K-Ni)、F2(Cd-Mo-Se-V-Zn)、F3(Co-Mn)、F4(Hg-P)，4 个主因子成分的特征根累积贡献率达 62.38%。

根据区内成土母质、土壤类型、元素含量等要素的空间分布差异性，进一步细分出 9 个地球化学小区，分区特征见表 5-4。

表 5-4 长兴-安吉土壤地球化学区特征表

编号	成土母质类型	土壤类型	元素组合特征
Ⅱ1-1	以碎屑岩类风化物为主	以红壤为主，局部发育粗骨土、紫色土和石灰岩土	B-Co-Cr-Ni-V、As-Pb-Zn、Hg-N、Mo-Se、Mn-P
Ⅱ1-2	以碎屑岩类风化物为主	以紫色土为主	Co-Cr-Mn-Ni-V、Cd-N-P-Pb、B-K-Mo-Zn
Ⅱ1-3	以碎屑岩类风化物为主	以红壤为主，局部发育粗骨土	As-B-Co-Cr-Cu-Ni-Se-V、Cd-K-Pb-Zn、Ge-Mn、Hg-N
Ⅱ1-4	以河流相冲（洪）积物为主	以水稻土为主，局部发育红壤、紫色土和潮土	B-Co-Cr-K-Ni-V、Cu-Ni-Zn、Mn-N、As-Mo-Se、Hg-P
Ⅱ1-5	以碎屑岩类风化物为主	红壤、粗骨土	Co-Cr-Cu-Ge-Ni-V、B-K-Zn、Mo-Se、N-P
Ⅱ1-6	以中酸性火成岩类风化物为主	以红壤为主，局部发育粗骨土、水稻土	B-Co-Cr-K-Ni-V、Cd-Pb-Zn、Mo-Se
Ⅱ1-7	以碎屑岩类风化物为主	以红壤为主，局部发育粗骨土、水稻土	Co-Cr-Ni-V、Cu-P-Zn、B-Ge-K-Pb、Cd-Mo-Se
Ⅱ1-8	以碳酸盐岩类风化物为主	红壤、粗骨土为主，局部发育石灰岩土	As-B-Cd-Cr-Cu-K-Mo-Ni-Se-V-Zn、Co-Ge-Mn、P-Pb、Hg-N
Ⅱ1-9	以碳酸盐岩类风化物为主	以石灰岩土、粗骨土为主	Cd-Cu-Ni-Zn、B-Cr-K、Co-Ge-Mn-N、Mo-Se-V、Hg-Pb

（二）临安-建德土壤地球化学区（Ⅱ2）

该地球化学区位于江山-绍兴断裂带以西，包括余杭区、富阳区、临安区、桐庐县、建德市、淳安县、开化县等丘陵谷地区。该区属江南地层区，自元古宇至新生界各地层发育基本齐全，基底由新元古界浅变质的平水群、双溪坞群和河上镇群组成，其上发育一套南华系、震旦系—新生界的巨厚沉积盖层。其中，新元古界平水群及双溪坞群为岛弧型钙碱火山岩系列，岩石组合以细碧岩-角斑岩建造及酸性火山岩建造为主；新元古界河上镇群骆家门组为磨拉石建造，虹赤村组为浅海—滨海相硬砂岩建造，上墅组为陆相双峰式火山岩建造，南华系—震旦系为准地台型碎屑岩、冰碛岩、碳酸岩建造；下古生界属准地台型沉积，寒武系主要为碳酸盐建造，奥陶系为泥质钙硅质岩建造及复理石建造，志留系为以碎屑岩为主的类复理石-陆源碎屑岩建造；上古生界到下三叠统为典型的地台型沉积，上泥盆统为滨海—海陆交互相的石英粗碎屑建造，石炭系为滨海—滨海沼泽相碎屑岩和台地相碳酸岩建造，中侏罗统为河湖相含煤建造，上侏罗统为陆相火山-沉积岩系。成土母质以碎屑岩类风化物为主，局部为钙质碎屑岩类风化物和中酸性火成岩类风化物，主要发育红壤，局部发育紫色土、石灰岩土。该地球化学区土地利用现状多为林地，以自然林为主，是毛竹、山核桃等经济作物的主产区。

成土母质中除 Au、Ba、Bi、Ce、Cl、Ga、I、Pb、Rb、Sc、Se、Sr、Th、Tl、Zr、Al_2O_3 和 TC 含量略低于浙江省

平均值外,其余元素/指标均高于浙江省平均值。表层土壤中元素地球化学特征总体上承袭了成土母质的地球化学特点,除 B、Mn 呈明显低背景分布外,其余元素/指标均处于中高背景。经 R 型因子分析,共识别出 4 组特征值大于 1 的土壤元素组合,分别为 F1(B-Co-Cr-Ni)、F2(Pb-Zn)、F3(N-P)、F4(Mo-Se),4 个主因子成分的特征根累积贡献率达 51.55%。

根据区内成土母质、土壤类型、元素含量等要素的空间分布差异性,进一步细分出 9 个地球化学小区,分区特征见表 5-5。

表 5-5　临安-建德土壤地球化学区特征表

编号	成土母质类型	土壤类型	元素组合特征
Ⅱ2-1	以碳酸盐岩类风化物为主	以石灰岩土、黄壤为主	Mo-Se-V,Co-Cr-Ge-Ni,As-Cd-Pb-Zn,N-P,B-K
Ⅱ2-2	以中酸性火成岩类风化物为主	以黄壤、红壤为主	Cd-Cr-Cu-Mo-Ni-Se-V-Zn,Co-Mn,N-Pb,B-K
Ⅱ2-3	以中酸性火成岩类风化物为主	以黄壤、红壤为主,局部发育粗骨土	Co-Cr-Cu-Ni-V,Cd-Pb-Zn,N-Se,Hg-P
Ⅱ2-4	以碎屑岩类风化物为主	以红壤为主,局部发育黄壤、紫色土、粗骨土、水稻土	Co-Cr-Mn-Ni,Mo-Se-V,N-P,As-Pb-Zn
Ⅱ2-5	以碎屑岩类风化物为主	以石灰岩土、红壤为主,局部发育水稻土	Mo-V,Ge-Hg,B-Co-Cr-Ni,Mn-Pb-Zn
Ⅱ2-6	以碎屑岩类风化物为主	红壤,局部发育水稻土	Co-Cr-Mn-Ni-V,Pb-Zn,Hg-P
Ⅱ2-7	以河流相冲(洪)积物、滨海相砂(粉砂)为主	以渗育水稻土为主	As-B-K-Mo,Co-Cr-Ni-V,Cu-P-Zn,Hg-Pb-Se,Mn-N
Ⅱ2-8	以中酸性火成岩类风化物为主	红壤,局部发育黄壤、水稻土、粗骨土	Co-Cr-K-Ni-V,Cu-Pb-Zn,As-Mo,Hg-N,B-Mn
Ⅱ2-9	以钙质碎屑岩类风化物、中酸性火成岩类风化物为主	以紫色土、红壤、粗骨土为主,局部发育黄壤、水稻土	Co-Cu-Mn-Ni-V-Zn,B-Ge,As-Mo-Se

(三)淳安-开化土壤地球化学区(Ⅱ3)

该地球化学区位于浙江省西部与江西省交界处,包括临安区、淳安县、开化县等小部分低中山区。区内主要出露新元古界—下古生界沉积岩地层和新元古代侵入岩,其中新元古界南华系—震旦系为准地台型碎屑岩、冰碛岩、碳酸盐岩建造;下古生界寒武系主要为碳酸盐岩建造;新元古代侵入岩主要为正长花岗斑岩。成土母质类型多样,包括碎屑岩类风化物、碳酸盐岩类风化物、中酸性火成岩类风化物和中深变质岩类风化物。主要发育红壤、石灰岩土,局部发育黄壤和粗骨土。土地利用现状多为林地,林地多以自然林为主。

成土母质中元素地球化学特征表现为高 Ag、As、B、Br、Cd、Co、Cr、Cu、F、Hg、N、Ni、P、Sb、V、W、MgO,低 Cl、Sr、Na_2O 的特点。表层土壤中元素地球化学特征总体上承袭了成土母质的地球化学特点,表现为高 As、Cd、Co、Cr、Cu、Mo、Ni、Se、V,低 Mn 的特点。经 R 型因子分析,共识别出 5 组特征值大于 1 的土壤元素组合,分别为 F1(Mo-Se-V)、F2(Co-Cr-Mn-Ni)、F3(Cd-Zn)、F4(As-Pb)、F5(Ge-K),5 个主因子成分的特征根累积贡献率达 63.70%。

根据区内成土母质、土壤类型、元素含量等要素的空间分布差异性,进一步细分出 3 个地球化学小区,分区特征见表 5-6。

第五章 土壤地球化学分区与应用

表 5-6 淳安-开化土壤地球化学区特征表

编号	成土母质类型	土壤类型	元素组合特征
Ⅱ3-1	以碎屑岩类风化物为主	以黄壤为主,局部发育红壤	Cr-Cu-Mo-Se-V、As-Co-Mn-Ni、Cd-Pb-Zn、Ge-K、N
Ⅱ3-2	以碎屑岩类风化物、碳酸盐岩类风化物为主	以石灰岩土、红壤为主,局部发育紫色土、粗骨土	Mo-Se-V、Co-Cr-Mn-Ni、Cd-Zn、As-Pb、Ge-K、N-P
Ⅱ3-3	以中酸性火成岩类风化物为主	以红壤为主,局部发育黄壤、粗骨土	Co-Cr-Cu-Ge-K-Mn-Ni-Pb-Zn、As-B、Cd-Mo-Se-V、N-P

三、浙中丘陵地球化学区（Ⅲ）

（一）浦江-诸暨土壤地球化学区（Ⅲ1）

该地球化学区位于浙江省中部,包括萧山区、诸暨市、浦江县、永康市等丘陵山地区和河谷区,属浦江-诸暨盆地地貌亚区。区内地质背景较复杂,以中生界白垩系磨石山群—永康群为主,间夹新元古界平水组、南华系志棠组、新生界第四系镇海组亚黏土和新元古代石英闪长岩。丘陵山区成土母质以中酸性火成岩类风化物为主,主要发育红壤;河谷区成土母质为河流相冲（洪）积物,主要发育水稻土。

成土母质中元素含量整体趋于中等水平,与浙江省基准值相接近。表层土壤中元素地球化学特征总体上承袭了成土母质的地球化学特点,与浙江省背景值相比,表现为高 As、Cd、Co、Mo、Se,低 B 的特点。经 R 型因子分析,共识别出 5 组特征值大于 1 的土壤元素组合,分别为 F1(Cd-Cu-Pb-Zn)、F2(Co-Cr-Ni-V)、F3(Hg-N)、F4(B-Ge)、F5(As-Mn-Mo),5 个主因子成分的特征根累积贡献率达 63.45%。

根据区内成土母质、土壤类型、元素含量等要素的空间分布差异性,进一步细分出 3 个地球化学小区,分区特征见表 5-7。

表 5-7 浦江-诸暨土壤地球化学区特征表

编号	成土母质类型	土壤类型	元素组合特征
Ⅲ1-1	以中酸性火成岩类风化物为主	红壤	Cr-Ni-V、Cu-P-Pb-Zn、Mo-Se、Co-Hg-N、B-Ge
Ⅲ1-2	河流相冲（洪）积物	水稻土,局部发育红壤、紫色土	Cd-Cr-Cu-Pb-Zn、As-Co-Mo-Ni-V、Hg-N、B-K
Ⅲ1-3	以中酸性火成岩类风化物为主	红壤	Cd-Cu-Mn-Mo-Pb-Zn、Co-Cr-K-Ni-V、Hg-N

（二）新昌-嵊州土壤地球化学区（Ⅲ2）

该地球化学区位于浙江省中东部,包括绍兴市大部分、宁波市、金华市部分盆地区。区内地质背景较复杂,以中生界白垩系磨石山群为主,间夹白垩系天台群、永康群和新生界新近系嵊县组玄武岩、早白垩世早期正长花岗斑岩等,且以玄武岩最具代表性,集中分布于新昌县、嵊州市两地。成土母质以中酸性火成岩类风化物为主,局部发育基性岩类风化物和河流相冲（洪）积物。在成土环境作用下,区内主要发育红壤、基性岩土、粗骨土和水稻土。

成土母质中各元素含量较均衡,整体与浙江省基准值接近,表现为高 Ba、Sr、CaO、Na_2O,低 B、Bi、Li 的特点。表层土壤中元素地球化学特征表现为高 Mo,低 As、B、Hg、Ni。经 R 型因子分析,共识别出 4 组特征值大于1的土壤元素组合,分别为F1(Co-Cr-Cu-K-Mn-Ni-P-V-Zn)、F2(As-B-Se)、F3(Cd-Pb)、F4(Hg-N),4个主因子成分的特征根累积贡献率达69.53%。

根据区内成土母质、土壤类型、元素含量等要素的空间分布差异性,进一步细分出2个地球化学小区,分区特征见表5-8。

表5-8 新昌-嵊州土壤地球化学区特征表

编号	成土母质类型	土壤类型	元素组合特征
Ⅲ2-1	以中酸性火成岩类风化物为主	以红壤、粗骨土为主,局部发育黄壤、水稻土	Co-Cr-Ni-V、Cd-Mn-Pb-Zn、As-B-K-Se、Hg-N-P
Ⅲ2-2	以中酸性火成岩类风化物为主	以红壤为主,局部发育粗骨土、紫色土、水稻土	Co-Cr-Cu-K-Mn-Ni-P-V-Zn、B-Hg-N、Cd-Pb、As-Se

(三)永康-南马土壤地球化学区(Ⅲ3)

该地球化学区位于浙江省中部,包括金华市大部分和台州市、丽水市部分盆地区。区内地质背景以中生界白垩系磨石山群、永康群为主,岩性以流纹质火山碎屑岩和砂砾岩类为主。成土母质以中酸性火成岩类风化物、钙质碎屑岩类风化物为主。在成土环境作用下,区内主要发育粗骨土、红壤和紫色土。

成土母质中元素含量整体偏低,表现为高Ba,低B、Bi、Br、Co、Cr、Cu、Hg、I、Ni、P、S、Se、Sn、V、Zn、MgO的特点。表层土壤中元素地球化学特征总体继承了成土母质特性,表现为低B、Co、Cr、Cu、Hg、Mn、Ni、Se、V的特点。经R型因子分析,共识别出4组特征值大于1的土壤元素组合,分别为F1(Co-Cr-Ni-V)、F2(B-K)、F3(Cd-Pb-Zn)、F4(As-Mo),4个主因子成分的特征根累积贡献率达54.00%。

根据区内成土母质、土壤类型、元素含量等要素的空间分布差异性,进一步细分出3个地球化学小区,分区特征见表5-9。

表5-9 永康-南马土壤地球化学区特征表

编号	成土母质类型	土壤类型	元素组合特征
Ⅲ3-1	钙质碎屑岩类风化物	以紫色土为主,局部发育粗骨土、水稻土	Co-Mn-Ni-V、B-Cr-K、Cd-Cu、As-Mo、P-Zn
Ⅲ3-2	中酸性火成岩类风化物	以粗骨土、红壤为主,局部发育紫色土、水稻土	Co-Cr-Cu-Ni-V、Cd-Pb-Zn、As-Mo、B-Ge
Ⅲ3-3	钙质碎屑岩类风化物	以紫色土、粗骨土为主,局部发育水稻土	Co-Cr-Cu-Mn-Ni-V-Zn、Cd-Hg-N、B-K、Mo-Se

(四)天台-仙居土壤地球化学区(Ⅲ4)

该地球化学区位于浙江省东部,包括台州市天台县、仙居县、临海市及宁波市宁海县和金华市磐安县等盆地区。区内地质背景以中生界白垩系磨石山群、天台群为主,岩性以酸性火山碎屑岩夹紫砂岩为主,局部出露晚白垩世二长花岗岩、正长花岗岩和早白垩世晚期石英二长闪长岩。成土母质以中酸性火成岩类风化物为主,局部为钙质碎屑岩类风化物。在成土环境作用下,区内主要发育红壤、黄壤、粗骨土和紫色土。

成土母质中元素含量整体偏低,表现为高Ba,低As、Au、B、Bi、Cd、Co、Cr、Cu、Ni、V、MgO、TFe$_2$O$_3$的特点。表层土壤中元素地球化学特征总体继承了成土母质特性,表现为低As、B、Cd、Co、Cr、Cu、Ge、Hg、

Mn、Mo、N、Ni、P、Pb、Se、V 的特点。经 R 型因子分析,共识别出特征值大于1的土壤元素组合两组,分别为 F1(Co-Cr-Cu-Ni)、F2(As-B-K),2 个主因子成分的特征根累积贡献率达 34.97%。

四、浙中盆地地球化学区(Ⅳ)

(一)常山-江山土壤地球化学区(Ⅳ1)

该地球化学区位于浙江省西部,包括衢州常山县、江山市等盆地区。区内地质背景以古生界奥陶系泥岩、粉砂质泥岩、钙质泥岩,寒武系碳质硅质泥岩和中生界白垩系砂砾岩、粉砂岩、钙质粉砂岩等为主。成土母质以碎屑岩类风化物为主,局部为钙质碎屑岩类风化物、碳酸盐岩类风化物、中基性火成岩类风化物和河流相冲(洪)积物。在成土环境作用下,区内主要发育粗骨土、红壤、紫色土和水稻土。

成土母质中元素含量整体偏高,表现为高 As、Au、B、Cd、Co、Cr、Cu、Hg、Mo、Ni、S、Sb、Sc、Se、V、TFe_2O_3,低 Ag、Ba、Cl、Sr、CaO、Na_2O 的特点。表层土壤中元素地球化学特征总体继承了成土母质特性,表现为高 Cd、Co、Cr、Mo、Se,低 B、Mn 的特点。经 R 型因子分析,共识别出 4 组特征值大于 1 的土壤元素组合,分别为 F1(Co-Cr-Cu-Mn-Ni-V-Zn)、F2(K-Pb)、F3(Mo-Se)、F4(Hg-N),4 个主因子成分的特征根累积贡献率达 64.99%。

根据区内成土母质、土壤类型、元素含量等要素的空间分布差异性,进一步细分出 5 个地球化学小区,分区特征见表 5-10。

表 5-10 常山-江山土壤地球化学区特征表

编号	成土母质类型	土壤类型	元素组合特征
Ⅳ1-1	以钙质碎屑岩类风化物为主	以红壤为主,局部发育紫色土、水稻土	As-Cd-Cr-Cu-Mo-Ni-Pb-Se-V-Zn,Co-K_2O-Mn、Ge-Hg
Ⅳ1-2	以碎屑岩类风化物为主	以粗骨土、红壤为主	Cd-Cr-P-V-Zn,Cu-Ge-Mo-Se、B-Co-Mn
Ⅳ1-3	钙质碎屑岩类风化物、中基性火成岩类风化物、碎屑岩类风化物	以红壤为主,局部发育粗骨土	Co-Cr-Cu-K-Ni-V,As-Mo、P-Zn、B-N
Ⅳ1-4	河流相冲(洪)积物、钙质碎屑岩类风化物	水稻土,局部发育红壤	Co-Cr-Cu-Mn-Ni-V,Cd-Hg-N-Pb、B-K、Cu-P-Zn
Ⅳ1-5	钙质碎屑岩类风化物	紫色土,局部发育水稻土	Co-Cr-Cu-Ni-V,Mo-P-Zn、As-K-Se、Hg-N

(二)金华-衢州土壤地球化学区(Ⅳ2)

该地球化学区位于浙江省中部,包括衢州市和金华市中部盆地平原区,属河流 Ⅰ~Ⅱ 级阶地。区内地质背景相对较简单,河流 Ⅰ 级阶地区以新生界第四系鄞江桥组砂、亚黏土和黏土为主,Ⅱ 级阶地则以中生界白垩系金华组粉砂质泥岩、泥质粉砂岩夹砂岩为主。成土母质以河流相冲(洪)积物、钙质碎屑岩类风化物为主。在成土环境作用下,区内主要发育水稻土、紫色土和粗骨土,为浙江省中部的粮食主产区。

成土母质中元素含量整体呈中下水平,表现为高 As、Sb,低 Ba、Br、Cl、Co、Hg、I、Mn、P、Sr、Zn、TC、Corg 的特点。表层土壤中元素地球化学特征总体继承了成土母质特性,多数元素/指标含量低于浙江省背景值,表现为高 Mo,低 B、Ni 的特点。经 R 型因子分析,共识别出 4 组特征值大于 1 的土壤元素组合,分别为 F1(Co-Cr-Ni-V)、F2(K-Zn)、F3(Hg-N)、F4(Mo-Se),4 个主因子成分的特征根累积贡献率达 58.94%。

五、浙南山地地球化学区（Ⅴ）

（一）龙泉-松阳土壤地球化学区（Ⅴ1）

该地球化学区位于浙江省中部，包括衢州市南部山区和丽水市西部遂昌县、松阳县、龙泉市、云和县、莲都区等地区。区内地质背景较复杂，以中生界白垩系磨石山群大爽组流纹质火山碎屑岩、高坞组流纹质晶屑熔结凝灰岩和西山头组酸性火山碎屑岩夹沉积岩、酸性—基性熔岩为主，区内间杂零星分布石英正长岩、石英二长岩、正长花岗岩、二长花岗岩和黑云变粒岩等。成土母质以中酸性火成岩类风化物为主，局部为变质岩类风化物。在成土环境作用下，区内主要发育红壤、黄壤、粗骨土。该地球化学区为浙江省南部的茶叶主产区。

成土母质中元素含量整体呈中下水平，表现为高 Br、Mo、Rb、Th、Tl，低 Au、B、Bi、Cl、Co、Cr、Cu、Ni、Sr、V、MgO、CaO、Na$_2$O 的特点。表层土壤中元素地球化学特征总体继承了成土母质特性，多数指标含量低于浙江省背景值，表现为高 Pb，低 As、B、Co、Cr、Cu、Hg、Mn、Ni、V 的特点。经 R 型因子分析，共识别出 4 组特征值大于 1 的土壤元素组合，分别为 F1(Co-Cr-Cu-Ni-V)、F2(Hg-N-P)、F3(B-Se)、F4(Cd-Pb)，4 个主因子成分的特征根累积贡献率达 54.61%。

根据区内成土母质、土壤类型、元素含量等要素的空间分布差异性，进一步细分出 2 个地球化学小区，分区特征见表 5-11。

表 5-11　龙泉-松阳土壤地球化学区特征表

编号	成土母质类型	土壤类型	元素组合特征
Ⅴ1-1	中酸性火成岩类风化物	以红壤、黄壤、粗骨土为主，局部发育紫色土、水稻土	Co-Cr-Cu-Ni-V、Hg-N-P、As-B-Se
Ⅴ1-2	以变质岩类风化物为主	以红壤为主，局部发育水稻土	Co-Ge-Mn-V、Cd-Pb-Zn、Hg-N-P、As-B-Se、Cr-Ni

（二）泰顺-青田土壤地球化学区（Ⅴ2）

该地球化学区位于浙江省南部，包括丽水市庆元县、龙泉市、云和县、景宁县、青田县，台州市仙居县、临海市、黄岩区，温州市乐清市、永嘉县、瑞安市、文成县、苍南县、泰顺县等中山谷地区。区内地质背景主要为中生界白垩系磨石山群大爽组流纹质火山碎屑岩，高坞组流纹质晶屑熔结凝灰岩，西山头组酸性火山碎屑岩夹沉积岩、酸性—基性熔岩，小雄组流纹质凝灰岩、沉凝灰岩，小平田组中酸性火山碎屑岩夹火山碎屑沉积岩、钙质粉砂质泥岩和馆头组砾岩、砂砾岩夹薄层页岩、钙质泥岩等，区内间杂零星分布晶洞碱长花岗岩、正长花岗岩、二长花岗岩等。成土母质以中酸性火成岩类风化物为主，局部为碎屑岩类风化物。在成土环境作用下，区内主要发育红壤、黄壤、粗骨土和少量紫色土。

成土母质中元素含量整体呈中下水平，表现为高 Br、I、Mo、Pb、Se、Tl，低 As、Au、B、Cd、Co、Cr、Cu、Li、Ni、P、Sr、MgO、CaO、Na$_2$O、TC 的特点。表层土壤中元素地球化学特征总体继承了成土母质特性，多数指标含量低于浙江省背景值，表现为低 As、B、Co、Cr、Cu、Hg、Mn、Ni、P、V 的特点。经 R 型因子分析，共识别出 4 组特征值大于 1 的土壤元素组合，分别为 F1(Co-Ni-V)、F2(Cd-Pb-Zn)、F3(N-P)、F4(As-B-Se)，4 个主因子成分的特征根累积贡献率达 51.17%。

根据区内成土母质、土壤类型、元素含量等要素的空间分布差异性，进一步细分出 4 个地球化学小区，分区特征见表 5-12。

表 5-12　泰顺-青田土壤地球化学区特征表

编号	成土母质类型	土壤类型	元素组合特征
V2-1	中酸性火成岩类风化物	以红壤、黄壤、粗骨土为主，局部发育水稻土、紫色土	Co-Cr-Ni-V、Cd-Pb-Zn、B-Se
V2-2	以中酸性火成岩类风化物为主	以红壤、黄壤为主，局部发育水稻土、粗骨土	Co-Ge-Mn-V、Pb-Zn、B-K_2O-Se、Cr-Ni、As-Mo、N-P
V2-3	碎屑岩类风化物	以红壤、紫色土、黄壤为主，局部发育粗骨土、水稻土	N-P、As-Mo、Co-Cr-Ni-V、Pb-Zn
V2-4	以中酸性火成岩类风化物为主	以红壤为主，局部发育水稻土、粗骨土	Co-Cu-Ni-P-V-Zn、As-Se

六、浙东南沿海地球化学区（Ⅵ）

（一）舟山岛屿土壤地球化学区（Ⅵ1）

该地球化学区位于浙江省东北部，包括舟山市主要陆域范围。嵊泗县本岛地质背景以晶洞碱长花岗岩、正长花岗岩为主，成土母质为中酸性火成岩类风化物，主要发育粗骨土、红壤、紫色土和滨海盐土等；岱山县本岛地质背景以中生界白垩系高坞组流纹质晶屑熔结凝灰岩、馆头组砂砾岩和新生界第四系镇海组亚黏土为主，成土母质多为中酸性火成岩类风化物和滨海相粉砂质淤泥沉积物，在成土环境作用下，区内主要发育红壤、粗骨土和少量滨海盐土、水稻土；舟山本岛定海区和普陀区地质背景以中生界白垩系西山头组酸性火山碎屑岩夹沉积岩、酸性基性熔岩建造，高坞组流纹质晶屑熔结凝灰岩和少量晶洞碱长花岗岩、石英正长斑岩、二长花岗岩、流纹斑岩等，成土母质多为中酸性火成岩类风化物和少量滨海相粉砂质淤泥沉积物，在成土环境作用下，区内主要发育红壤、粗骨土、滨海盐土、潮土和水稻土。

成土母质中元素含量整体呈中上水平，表现为高 B、Br、Cl、Co、Cr、I、Ni、P、S、Sr、MgO、CaO、Na_2O，低 Hg 的特点。受成土作用影响，表层土壤中元素含量总体呈中等水平，表现为高 Mn、低 Ni 的特点。经 R 型因子分析，共识别出 4 组特征值大于 1 的土壤元素组合，分别为 F1(As-B-Co-Cr-Ge-Ni-V)、F2(Cd-Cu-P-Zn)、F3(K-Mn-N)、F4(Pb-Se)，4 个主因子成分的特征根累积贡献率达 65.59%。

根据区内成土母质、土壤类型、元素含量等要素的空间分布差异性，进一步细分出 10 个地球化学小区，分区特征见表 5-13。

表 5-13　舟山岛屿土壤地球化学区特征表

编号	成土母质类型	土壤类型	元素组合特征
Ⅵ1-1	中酸性火成岩类风化物	以红壤为主	Co-Cr-K-Ni-V、As-Cd-Cu-K-P-Zn、Mo-N-Pb
Ⅵ1-2	以变质岩类风化物、中酸性火成岩类风化物为主	以红壤为主	Co-Cr-Cu-Ge-Ni-V-Zn、As-B-K-N、Cd-Pb、P-Se
Ⅵ1-3	以滨海相粉砂质淤泥、中酸性火成岩类风化物为主	以水稻土为主	As-B-Co-Cr-Ge-Mn-Ni-V、Cd-Cu-Pb-Zn、K-Mo

续表 5-13

编号	成土母质类型	土壤类型	元素组合特征
Ⅶ1-4	中酸性火成岩类风化物	以粗骨土为主	As-Co-Cr-Cu-Ge-K-Mn-Ni-P-Se-V-Zn、Cd-Hg-Pb、B-Mo-N
Ⅶ1-5	以中酸性火成岩类风化物为主	以粗骨土、红壤为主,局部发育水稻土	As-B-Co-Cr-Ni-V、Cd-Cu-Zn、K-Mn-N
Ⅶ1-6	滨海相粉砂质淤泥、中酸性火成岩类风化物	水稻土、滨海盐土、粗骨土	As-B-Co-Cr-Cu-Ni-Se-V、Cd-Hg-N-P、K-Mo-Pb
Ⅶ1-7	以滨海相粉砂质淤泥为主	以水稻土为主,局部发育潮土、粗骨土	B-Co-Cr-Cu-Ni-V、Cd-Pb-Zn、Mn-N-Se、As-Mo
Ⅶ1-8	以滨海相粉砂质淤泥为主	以水稻土为主	As-Co-Cr-Ge-Ni-V、Cu-P-Zn、B-K-N、Cd-Hg
Ⅶ1-9	以滨海相粉砂质淤泥为主	以潮土、滨海盐土为主	As-B-Co-Cr-Ni-Se-V、Cu-Zn、N-P
Ⅶ1-10	中酸性火成岩类风化物	以红壤为主	As-B-Co-Cr-Cu-Ni-P-V、Pb-Se、Cd-Zn

(二)象山-三门土壤地球化学区(Ⅶ2)

该地球化学区位于浙江省东部,包括宁波市鄞州区、奉化区、象山县、宁海县,以及台州市三门县、临海市等地。地质背景主要为中生界白垩系西山头组酸性火山碎屑岩夹沉积岩、酸性基性熔岩建造,小雄组流纹质凝灰岩,小平田组流纹质玻屑熔结凝灰岩,馆头组砂砾岩,茶湾组粉砂岩和新生界第四系镇海组亚黏土,局部出露石英二长岩、二长花岗岩和晶洞碱长花岗岩等。成土母质以中酸性火成岩类风化物为主,沿海以滨海相淤泥沉积物为主。在成土环境作用下,区内主要发育红壤、粗骨土、滨海盐土和少量水稻土。

成土母质中元素含量整体呈中上水平,表现为高 Ba、Br、Cl、S、Sr、CaO、Na_2O、TC,低 Hg 的特点。表层土壤中元素含量总体呈中等水平,表现为高 Co、Mn,低 B 的特点。经 R 型因子分析,共识别出 3 组特征值大于 1 的土壤元素组合,分别为 F1(Co-Cr-Cu-Ni-V)、F2(Pb-Zn)、F3(Mo-Se),3 个主因子成分的特征根累积贡献率达 52.26%。

(三)椒江-洞头河口平原土壤地球化学区(Ⅶ3)

该地球化学区位于浙江省东南部,包括台州市椒江区、黄岩区、路桥区、温岭市、玉环市和温州市洞头区等地。地质背景主要为新生界第四系镇海组亚黏土,中生界白垩系高坞组流纹质晶屑熔结凝灰岩、西山头组酸性火山碎屑岩夹沉积岩、酸性基性熔岩建造,小雄组流纹质凝灰岩等,局部出露少量晶洞碱长花岗岩、正长花岗岩等侵入岩。沿海平原区成土母质多为滨海相粉砂质淤泥沉积物,山地丘陵区则为中酸性火成岩类风化物。在成土环境作用下,区内主要发育水稻土、红壤和少量滨海盐土、潮土。

成土母质中元素含量整体呈中上水平,表现为高 Bi、Br、Cd、Cl、Co、Cr、Cu、I、Li、Mn、N、Ni、P、Sc、Sr、V、MgO、CaO、Na_2O、TC 的特点。表层土壤中元素地球化学特征总体继承了成土母质特性,多数指标含量高于浙江省背景值,表现为高 Co、Cr、Cu、Mn、Ni、P、Zn 的特点。经 R 型因子分析,共识别出 4 组特征值大于 1 的土壤元素组合,分别为 F1(B-Co-Cr-Ni-V)、F2(Cd-Cu-Pb-Zn)、F3(Mn-N)、F4(K-Se),4 个主因子成分的特征根累积贡献率达 65.23%。

根据区内成土母质、土壤类型、元素含量等要素的空间分布差异性,进一步细分出 2 个地球化学小区,分区特征见表 5-14。

表 5-14 椒江-洞头河口平原土壤地球化学区特征表

编号	成土母质类型	土壤类型	元素组合特征
Ⅵ3-1	以滨海相粉砂质淤泥为主	以水稻土为主,局部发育潮土、滨海盐土	B-Co-Cr-Ni-V、Cd-Cu-Mo-Pb-Zn、As-Mn-N
Ⅵ3-2	以中酸性火成岩类风化物为主	以红壤、滨海盐土为主,局部发育滨水稻土、粗骨土	As-B-Co-Cr-Ni-V、Mn-N、K-Se

(四)乐清-苍南土壤地球化学区(Ⅵ4)

该地球化学区位于浙江省东南部,包括温州市乐清市、鹿城区、瓯海区、瑞安市、平阳县和苍南县等沿海低山丘陵平原区。平原区地质背景以新生界第四系镇海组亚黏土为主,低山丘陵区则以中生界白垩系高坞组流纹质晶屑熔结凝灰岩、西山头组酸性火山碎屑岩夹沉积岩、酸性基性熔岩建造,小雄组流纹质凝灰岩、馆头组砂砾岩等为主,局部出露少量碱长花岗岩、正长花岗岩、流纹岩等侵入岩。沿海平原区成土母质多为滨海相淤泥质粉砂沉积物和滨海相粉砂质淤泥沉积物,低山丘陵区则为中酸性火成岩类风化物。在成土环境作用下,区内主要发育水稻土、红壤和少量滨海盐土、潮土。

成土母质中元素含量整体呈中上水平,表现为高 Ag、B、Be、Bi、Br、Cl、Co、Cr、Cu、F、I、Li、Mn、N、Ni、P、Pb、S、Sc、Sr、V、Zn、MgO、CaO、Na_2O、TC、Corg,低 Mo、Zr 的特点。表层土壤中元素地球化学特征总体继承了成土母质特性,多数指标含量高于浙江省背景值,表现为高 Co、Cr、Hg、Mn、Ni、Pb、Zn,低 B 的特点。经 R 型因子分析,共识别出 4 组特征值大于 1 的土壤元素组合,分别为 F1(B-Co-V)、F2(Cr-Cu-Mo-Ni)、F3(Mn-N)、F4(Cd-Pb-Zn),4 个主因子成分的特征根累积贡献率达 58.05%。

根据区内成土母质、土壤类型、元素含量等要素的空间分布差异性,进一步细分出 2 个地球化学小区,分区特征见表 5-15。

表 5-15 乐清-苍南低山丘陵平原土壤地球化学区特征表

编号	成土母质类型	土壤类型	元素组合特征
Ⅵ4-1	以湖沼相淤泥质粉砂为主	以水稻土为主,局部发育粗骨土、潮土、滨海盐土	B-Co-V、Cd-Pb-Zn、Hg-Mn-N、Cr-Cu-Mo-Ni、K-Se
Ⅵ4-2	以湖沼相淤泥质粉砂为主	以水稻土为主,局部发育红壤	B-Co-V、Cr-Cu-Ni-P、Hg-Mn-N、Cd-Pb-Se、As-K

第二节 土壤地球化学分区的应用

一、在土地质量地球化学监测区划分中的应用

浙江省土地质量地球化学监测立足于地质背景,结合土壤地球化学流域的空间分异特征,兼顾不同成因富含天然有益元素土地的分布情况,同时考虑地形地貌、土壤侵蚀、土壤类型等地质环境因子和土地整治、生态修复、矿山开采等人类活动影响,在遵循覆盖性原则、精准性原则、经济性原则的基础上,建立了浙江省土地质量地球化学分区分类分级监测体系,以全面精确地掌握浙江省土地质量地球化学特征及变化

规律,预测防控污染风险,提升土地管护科学水平。

土地质量地球化学监测区划分以流域为单元,在土壤地球化学分区的基础上,结合重金属元素地球化学异常分布和天然富硒土地分布,采用地理信息技术多要素叠加分区法,将以地质背景为主导的重金属元素地球化学高异常区划分为高背景监测区,天然富硒土地集中分布区划分为特色元素监测区,其他区域划分为土地质量地球化学综合监测区。浙江省土地质量地球化学监测区共划分出10个一级监测区、33个二级监测区(图5-2),各监测分区特征见表5-16。

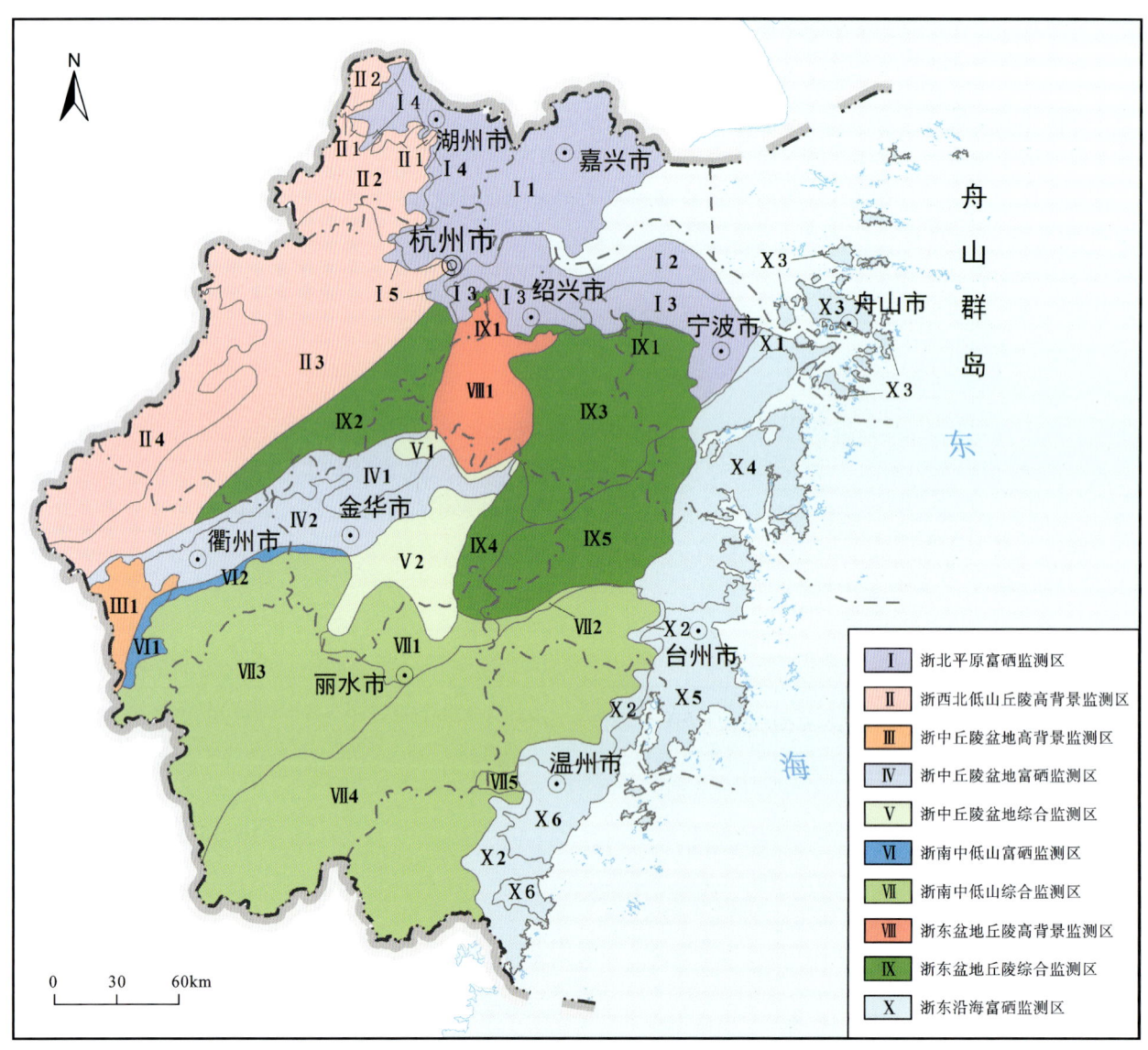

图5-2 浙江省土地质量地球化学监测分区图

表 5-16 浙江省土地质量地球化学监测分区特征

一级监测区	二级监测区	一级监测分区特征	二级监测分区表层土壤地球化学特征
浙北平原富硒监测区	Ⅰ1	地势平坦,河网纵横密布;区内成土母质来源多为滨海相粉砂、滨海相淤泥、湖沼相淤泥、河口相砂等;区内主要发育水稻土,沿海沿江地区发育滨海盐土、潮土,局部地区发育红壤等;土地利用方式以水田为主,萧山到慈溪一带分布有旱地,局部有林地;富硒土壤成因类型主要为湖沼相沉积型	高 Co、Cr、Cu、Hg、Ni、V,低 Mo
	Ⅰ2		高 Co、Cr、Ni、P,低 Hg、Mo、N、Pb、Se、Corg
	Ⅰ3		高 Co、Cr、Cu、Hg、N、Ni、P、Se、Corg
	Ⅰ4		高 Se,低 Cu、Mn、P
	Ⅰ5		大多元素/指标处于中高背景,低 B、Mn
浙西北低山丘陵高背景监测区	Ⅱ1	地形支离,以低山丘陵为主,带状河谷小平原、溶蚀洼地、构造小盆地镶嵌其中;区内成土母质主要为泥页岩、粉砂质泥岩砂岩风化物,部分地区为中酸性火成岩类风化物、碳酸盐岩类风化物等;区内主要发育红壤,部分地区发育紫色土、石灰岩土,局部发育黄壤和粗骨土,土地利用方式以林地为主;区内东北部和南部分布有黑色岩系型富硒土壤	高 Co、Cr、Cu、Hg、Ni、V,低 Mo
	Ⅱ2		高 Se,低 Cu、Mn、P
	Ⅱ3		大多元素/指标处于中高背景,低 B、Mn
	Ⅱ4		高 As、Cd、Co、Cr、Cu、Mo、Ni、Se、V,低 Mn
浙中丘陵盆地高背景监测区	Ⅲ1	区内盆地面积大;分布集中;成土母质来源主要为泥页岩、粉砂质泥岩砂岩风化物,部分地区为钙质紫色泥岩、粉砂质泥岩风化物等;区内发育紫色土、红壤、水稻土和粗骨土等;土地利用方式有水田、林地等;区内有黑色岩系型和第四纪网纹红土沉积型富硒土壤	高 Cd、Co、Cr、Mo、Se,低 B、Mn
浙中丘陵盆地富硒监测区	Ⅳ1	区内盆地面积大;分布集中;成土母质来源主要为钙质籽实泥岩、粉砂质泥岩风化物以及河流相冲(洪)积物等;区内主要发育水稻土、紫色土、红壤等;土地利用方式以水田、林地为主,富硒土壤成因类型主要为第四纪网纹红土沉积型	大多元素/指标处于中高背景,低 B、Mn
	Ⅳ2		高 Mo,低 B、Ni
浙中丘陵盆地综合监测区	Ⅴ1	区内盆地面积大;分布集中;成土母质来源主要有中酸性火成岩类风化物及河流相冲(洪)积物、钙质紫色泥岩、粉砂质泥岩风化物等;区内发育有水稻土、紫色土、红壤等;土地利用方式有水田、林地、旱地等	高 As、Cd、Co、Mo、Se,低 B
	Ⅴ2		含量偏低,呈现低 B、Co、Cr、Cu、Hg、Mn、Ni、Se、V
浙南中低山富硒监测区	Ⅵ1	地形以低山为主;区内成土母质主要为钙质紫色泥岩、粉砂质泥岩风化物和河流相冲(洪)积物等;区内主要发育红壤、紫色土、水稻土等;土地利用方式以水田、林地等为主;富硒土壤成因类型主要为火山岩型	高 Cd、Co、Cr、Mo、Se,低 B、Mn
	Ⅵ2		高 Mo,低 B、Ni

续表 5-16

一级监测区	二级监测区	一级监测分区特征	二级监测分区表层土壤地球化学特征
浙南中低山综合监测区	Ⅶ1	地形以低山为主；区内成土母质主要为中酸性火成岩类风化物，部分地区分布有中深变质岩类风化物、钙质紫色泥岩和粉砂质泥岩风化物等；区内发育水稻土、紫色土、红壤、黄壤、粗骨土等；土地利用方式以林地为主，局部分布有水田等	含量偏低，呈现低 B、Co、Cr、Cu、Hg、Mn、Ni、Se、V
	Ⅶ2		含量偏低，呈现低 As、B、Cd、Co、Cr、Cu、Ge、Hg、Mn、Mo、N、Ni、P、Pb、Se、V
	Ⅶ3		高 Pb，低 As、B、Co、Cr、Cu、Hg、Mn、Ni、V
	Ⅶ4		含量偏低，呈现低 As、Au、B、Co、Cr、Cu、Hg、Mn、Ni、P、V
	Ⅶ5		大多元素/指标处于中高背景，呈现高 Co、Cr、Hg、Mn、Ni、Pb、Zn，低 B
浙东盆地丘陵高背景监测区	Ⅷ1	地形以丘陵为主，盆地、河谷相间分布；区内成土母质主要为中酸性火成岩类风化物，中深变质岩类风化物、河流相冲(洪)积物、泥页岩、粉砂质泥岩、砂岩风化物等；区内发育红壤，河谷区发育水稻土，土地利用方式以水田、旱地和林地为主；区内北部分布有黑色岩系型富硒土壤	高 As、Cd、Co、Mo、Se，低 B
浙东盆地丘陵综合监测区	Ⅸ1	地形以丘陵为主，盆地、河谷相间分布；区内成土母质主要为中酸性火成岩类风化物，局部分布有河流相冲(洪)积物、中深变质岩类风化物、钙质紫色泥岩、粉砂质泥岩风化物、基性岩类风化物等，区内发育红壤、水稻土、粗骨土、基性岩土等；土地利用方式以水田、旱地、林地为主；区内东北部分布有火山岩型富硒土壤	高 Co、Cr、Cu、Hg、N、Ni、P、Se、Corg
	Ⅸ2		大多元素/指标处于中高背景，低 B、Mn
	Ⅸ3		高 Mo，低 As、B、Hg、Ni
	Ⅸ4		含量偏低，呈现低 B、Co、Cr、Cu、Hg、Mn、Ni、Se、V
	Ⅸ5		含量偏低，呈现低 As、B、Cd、Co、Cr、Cu、Ge、Hg、Mn、Mo、N、Ni、P、Pb、Se、V
浙东沿海富硒监测区	Ⅹ1	地形呈平原、丘陵、港湾交错分布；区内成土母质来源多为滨海相粉砂、滨海相淤泥、中酸性火成岩类风化物；区内发育红壤、水稻土、滨海盐土、潮土等；土地利用方式以水田、旱地和林地为主；富硒土壤成因类型主要为火山岩型	高 Co、Cr、Cu、Hg、N、Ni、P、Se、Corg
	Ⅹ2		含量偏低，呈现低 As、Au、B、Co、Cr、Cu、Hg、Mn、Ni、V
	Ⅹ3		高 Mn，低 Ni
	Ⅹ4		高 Co、Mn，低 B
	Ⅹ5		大多元素/指标处于中高背景，呈现高 Co、Cr、Cu、Mn、Ni、P、Zn
	Ⅹ6		大多元素/指标处于中高背景，呈现高 Co、Cr、Hg、Mn、Ni、Pb、Zn，低 B

二、在土壤重金属污染生态风险评价中的应用

土壤是生态系统的有机组成部分，是人类赖以生存和发展的基础。受人类活动的影响，耕地土壤受到一定重金属污染的威胁，进而通过食物链的传递，对人体健康产生影响。目前，关于土壤重金属污染的风

险评价方法一般多基于重金属(全量)的环境质量标准或背景值(即参比值)评价法,合理确定参比值和风险评价分级标准是提升土壤重金属污染风险评价结果准确性的重要前提。

浙江省土壤重金属污染生态风险评价基于 Håkanson 生态风险评价法,在土壤地球化学分区的基础上,结合重金属高累积主控成因解析结果,将浙江省划分为浙北流域性农业面源主控成因区、浙东工矿活动主控成因区、浙西黑色岩系背景叠加人为活动主控成因区和其他人为活动主控成因区 4 个土壤重金属生态风险主控成因区(图 5-3);以 1∶5 万土壤地球化学数据为基础,采用数理统计法,分别建立不同主控成因区土壤元素背景值作为参比值(表 5-17);同时,根据不同主控成因区稻米质量安全现状,对重金属单指标风险分级标准(E_r^i)和综合风险分级标准(RI)进行了修正(表 5-18)。

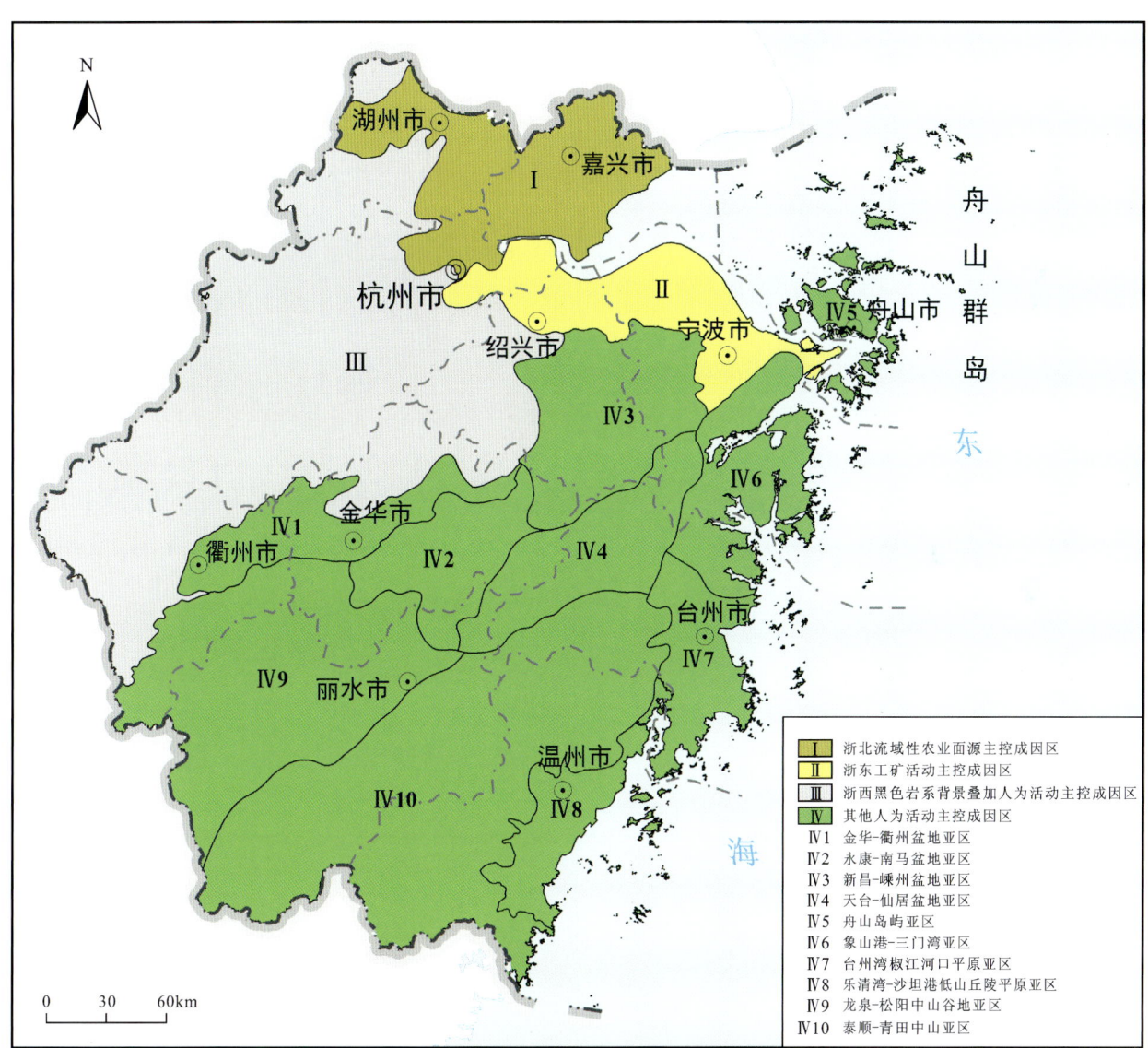

图 5-3 浙江省土壤重金属生态风险主控成因区分布图

修正的 Håkanson 法 E_r^i 和 RI 的分级标准及不同主控成因区土壤环境地球化学基准值或背景值见表 5-17 和表 5-18。

表 5-17　修正的土壤重金属污染生态风险评价分级标准

风险分级	浙北流域性农业面源主控成因区		浙东工矿活动主控成因区		浙西黑色岩系背景叠加人为活动主控成因区		其他人为活动主控成因区	
	E_r^i	RI	E_r^i	RI	E_r^i	RI	E_r^i	RI
轻微风险	<60	<110	<140	<200	<60	<100	<60	<110
中等风险	60~120	110~220	140~280	200~400	60~120	100~200	60~120	110~220
强风险	120~240	220~440	280~560	400~800	120~240	200~400	120~240	220~440
很强风险	240~480	≥440	560~1120	≥800	240~480	≥400	240~480	≥440
极强风险	≥480	—	≥1120		≥480		≥480	—

表 5-18　不同主控成因区土壤重金属元素背景值　　　　　　　　　　　　　　　　　单位：mg/kg

主控成因区		浙江省土壤元素背景值				
		As	Cd	Cr	Hg	Pb
浙北流域性农业面源主控成因区		7.48	0.190	82.06	0.180 0	31.27
浙东工矿活动主控成因区		6.93	0.230	77.22	0.800 0	58.40
浙西黑色岩系背景叠加人为活动主控成因区		12.10	0.570	66.63	0.120 0	42.29
其他人为活动主控成因区	金华-衢州盆地亚区	8.91	0.120	50.20	0.042 5	27.60
	永康-南马盆地亚区	6.87	0.132	27.60	0.042 0	29.20
	新昌-嵊州盆地亚区	5.99	0.114	40.60	0.045 0	28.60
	天台-仙居盆地亚区	5.45	0.089	23.60	0.044 4	29.80
	舟山岛屿亚区	8.67	0.108	58.70	0.038 9	29.40
	象山港-三门湾亚区	7.91	0.137	44.90	0.045 6	32.00
	台州湾椒江河口平原亚区	8.28	0.138	71.10	0.054 0	34.00
	乐清湾-沙坦港低山丘陵平原亚区	6.30	0.131	75.70	0.064 3	37.00
	龙泉-松阳中山谷地亚区	6.04	0.129	28.80	0.053 0	34.10
	泰顺-青田中山亚区	5.58	0.081	24.40	0.063 0	36.60

浙江省土壤重金属污染生态风险评价结果显示（图 5-4），浙江省土壤重金属污染生态风险以无风险为主，占总调查样点的 65.0%；轻微风险样点占总调查样点的 30.4%；中等风险样点占总调查样点的 4.0%；强风险样点占总调查样点的 0.6%，主要集中分布于浙西北山区，呈北东向条带状展布，另零散分布于浙东南沿海一带。

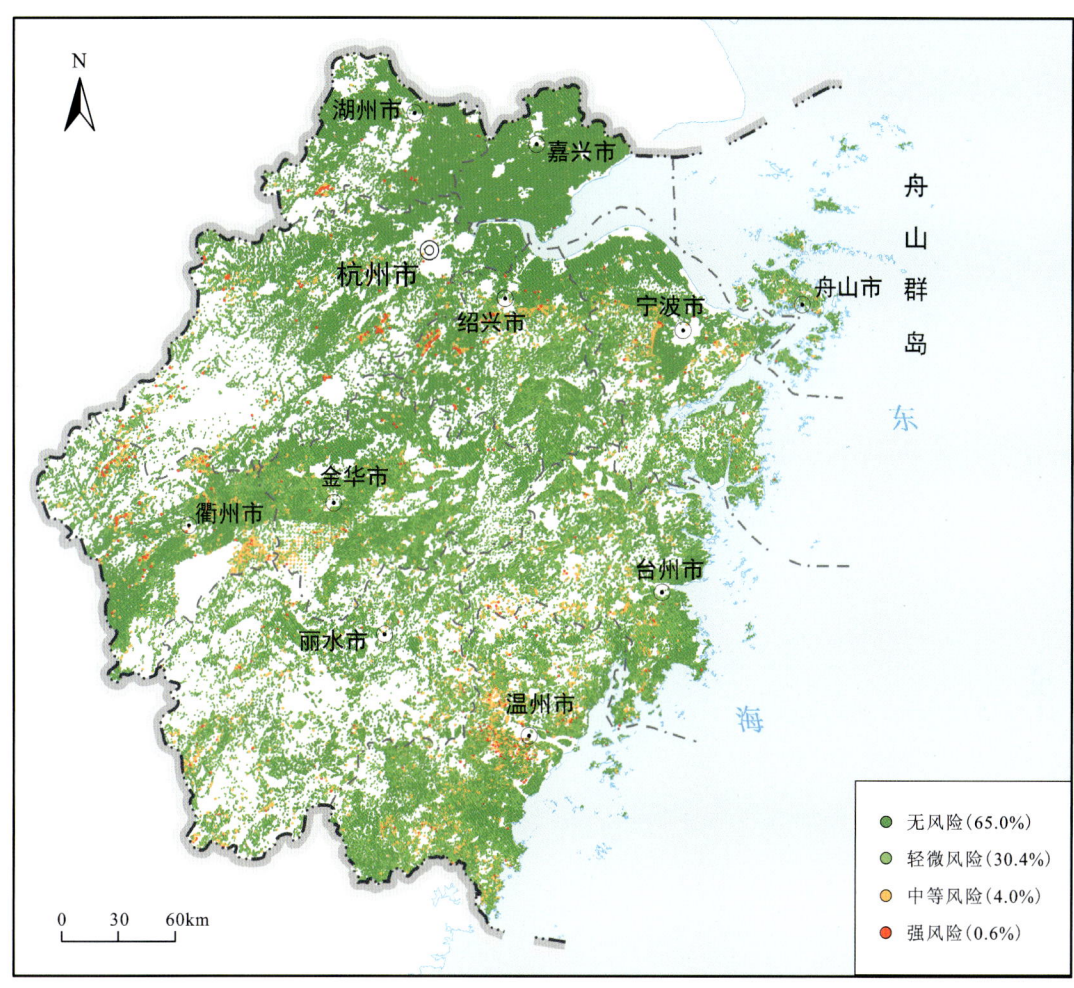

图 5-4 浙江省土壤重金属污染生态风险评价结果

主要参考文献

符宁平,闫彦,刘柏良,等,2009.浙江八大水系[M].杭州:浙江大学出版社.
王学求,周建,徐善法,等,2016.全国地球化学基准网建立与土壤地球化学基准值特征[J].中国地质,43(5):1469-1480.
代杰瑞,庞绪贵,2019.山东省县(区)级土壤地球化学基准值与背景值[M].北京:海洋出版社.
张伟,刘子宁,贾磊,等,2021.广东省韶关市土壤环境背景值[M].武汉:中国地质大学出版社.
苗国文,马瑛,姬丙艳,等,2020.青海东部土壤地球化学背景值[M].武汉:中国地质大学出版社.
陈永宁,邢润华,贾十军,等,2014.合肥市土壤地球化学基准值与背景值及其应用研究[M].北京:地质出版社.
浙江省地质调查院,2005.浙江省农业地质环境调查成果报告[R].杭州:浙江省地质调查院.
浙江省地质调查院,2017.浙江省1:25万地质简图[R].杭州:浙江省地质调查院.
浙江省地质调查院,2019.浙江省区域地质志[R].杭州:浙江省地质调查院.